图 0.1–2　宁夏白芨滩自然保护区的员工在毛乌素沙地边缘的沙丘上扎草方格

图 0.1–5　2007 年夏无锡太湖蓝藻大面积爆发直接威胁到市民用水

图 0.2–1　流经工业中心城市的汾河河段里，塞满了各种污染物以及工厂排放的肉眼看不见的重金属和有毒化学物质

图 2.3–66　卢浮宫小雕像 LED 照明

图 2.3–67　武汉美术馆 3 号厅大画面展示照明采用了陶瓷金卤灯

图 2.3–68　带有遮光片的灯具照明效果

图 2.3-69　瑞士 Fondation Beyeler 美术馆陈列照明

图 2.3-70　隐藏在顶棚内的宽配光小型泛光灯为墙面提供均匀的展示照明

图 2.3-71　宽配光型导轨式泛光灯，为画面提供均匀的照度

图 2.3-72　德国 K21 画廊，顶棚安装导轨式投光灯

图 2.3-74　武汉美术馆 4 号展厅照明

图 3.4–34 国家大剧院戏剧场观众厅实景，显示为改善声音扩散反射的 MLS 墙面特征及人工照明设计

图 3.4–37 国家大剧院音乐厅顶棚下悬挂大型玻璃反射板及演奏台周边的 MLS 扩散反射墙面实景

图 3.4–38 国家大剧院音乐厅，显示“岛式”演奏台及管风琴等的设置实景

图 3.4–41（*e*） 卢塞恩文化和会议中心音乐厅内景，显示音质、照明与建筑设计的整合

图 3.4–41（*f*） 卢塞恩文化和会议中心音乐厅，周边设置可调节大厅混响及反射声分布的门

图 3.4–41（*g*） 卢塞恩文化和会议中心音乐厅，周边设置的可调节大厅混响及反射声分布的门结合装饰照明显示的混响室

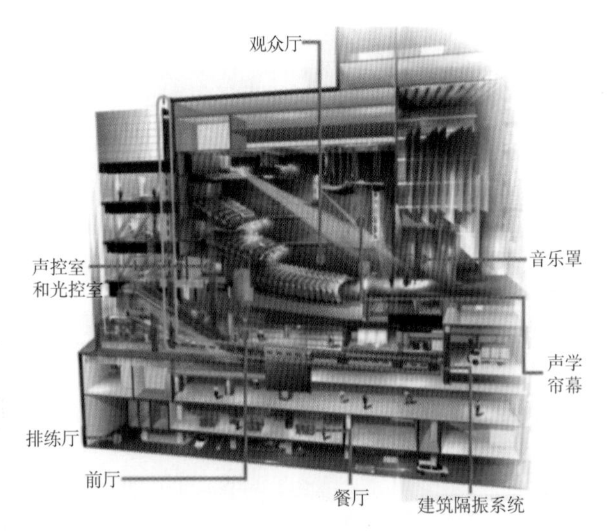

图 3.4–42（*c*） 首尔 LG 艺术中心大厅的建筑隔振系统等设计分布图

图 3.4–42（*d*） 首尔 LG 艺术中心的观众厅及舞台实景

图 3.4–42（*e*） 首尔 LG 艺术中心的观众厅显示音质、照明与建筑设计的整合

图 3.4–43（*g*） 西拜柳斯大厅周边倾斜的木质外墙构造及外围的玻璃幕墙系统（左）

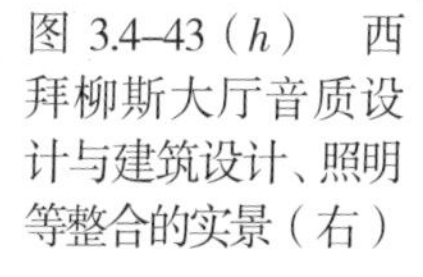

图 3.4–43（*h*） 西拜柳斯大厅音质设计与建筑设计、照明等整合的实景（右）

图 3.4–43（*i*） 西拜柳斯大厅周边设置的用于调节混响及反射声分布的可启闭的门

图 3.4–43（*j*） 西拜柳斯大厅内可调节高度的顶棚

图 3.4–46（*b*） 主剧场顶棚仰视景观

图 3.4–46（*a*） 主剧场各界面结合音质要求的设计

图 3.4–46（*c*） 台口侧墙上的采光口大部分关闭；乐池升起成为舞台的一部分

图 3.4–52（*a*） 东南大学礼堂改造后的内景之一，保留了原有高大穹顶

图 3.4–52（*b*） 东南大学礼堂改造后的内景之二，增设的台口两侧大尺度扩散体将扬声器结合其中

图 3.4–52（*c*） 东南大学礼堂改造后的内景之三，既保留原有建筑风格，又改善了听闻条件

“十二五”普通高等教育本科国家级规划教材
住房城乡建设部土建类学科专业“十三五”规划教材
高校建筑学专业指导委员会规划推荐教材
教育部2011年度普通高等教育精品教材

建筑物理

（第三版）

BUILDING PHYSICS

东南大学　柳孝图　编著

中国建筑工业出版社

图书在版编目（CIP）数据

建筑物理/柳孝图编著. —3版. —北京：中国建筑工业出版社，2010（2024.2重印）
“十二五”普通高等教育本科国家级规划教材. 住房城乡建设部土建类学科专业“十三五”规划教材. 高校建筑学专业指导委员会规划推荐教材. 教育部2011年度普通高等教育精品教材

ISBN 978-7-112-11786-4

Ⅰ. 建… Ⅱ. 柳… Ⅲ. 建筑物理学-高等学校-教材
Ⅳ. TU11

中国版本图书馆CIP数据核字（2010）第023793号

责任编辑：陈 桦 王玉容
责任设计：赵明霞
责任校对：陈晶晶

为了更好地支持相应课程的教学，我们向采用本书作为教材的教师提供课件，有需要者可与出版社联系。
建工书院：http://edu.cabplink.com/index
邮箱：jckj@cabp.com.cn 电话：01058337285

“十二五”普通高等教育本科国家级规划教材
住房城乡建设部土建类学科专业“十三五”规划教材
高校建筑学专业指导委员会规划推荐教材
教育部2011年度普通高等教育精品教材
建筑物理
（第三版）
东南大学 柳孝图 编著
*
中国建筑工业出版社出版、发行（北京海淀三里河路9号）
各地新华书店、建筑书店经销
北京鸿文瀚海文化传媒有限公司制版
天津翔远印刷有限公司印刷
*
开本：787×1092毫米 1/16 印张：33¼ 插页：4 字数：842千字
2010年7月第三版 2024年2月 第五十三次印刷
定价：**58.00**元（赠教师课件）
ISBN 978-7-112-11786-4
（33494）

第三版前言

《建筑物理》（第三版）是教育部"'十二五'普通高等教育本科规划教材选题"之一。

随着我国社会、经济和城市化进程的发展，编者认识到必须把物理环境诸因素的变化及控制，置于人类活动与自然环境这一大的背景中考察、分析。现代社会人居环境的改变，除了偶发的自然灾害外，就是人类以不可持续的理念、方法对自然资源、能源的开发、应用引起的环境改变。以密集居住的人群及其从事的高强度经济活动为特征的城市区域，是对自然资源、能源消耗最多，排废最集中的地域。

根据上述认识，对于第三版，编者在努力把握作为专业基础课之一的本课程教学内容改革方向的前提下，把城市区域环境与建筑物理环境品质（包括出现的恶化趋势及改善措施）的关系，作了必要的阐述和分析。此外，和前版相比，各篇的内容及整合都有所调整，主要是：

一、建筑热工学篇　由于室外热环境是影响室内热环境品质的最主要因素，增加了微气候和健康通风方面的知识；理顺建筑热工、建筑节能计算中几个计算参数的关系；增加了居住建筑群日照分析和可调节遮阳的介绍。

二、建筑光学篇　为适应不同学校、不同专业及不同学时的需要，对一些内容进行了整合，例如：把"采光标准"移到"采光设计"中。新增加了有关颜色的知识、国际照明委员会（CIE）天空类型的说明以及武汉美术馆展厅照明设计。

三、建筑声学篇　增加了双耳听觉、扩散反射构造设计、声景观方面的知识；选用了一些新近测量的吸声材料的数值；更换了声环境规划设计的工程案例分析；新增了国家大剧院工程实例以及近些年国外建造的厅堂实例。

全书反映了最新版本的国家标准、规范，增加了计算机软件介绍。附录中选用了有较好实用性的建筑隔声构造资料。

经过更新、调整、修订，并着力改进面向全国的适应性和可选择性的第三版，总体篇幅与第二版相当。

第三版的撰稿人及承担的工作分别是：

东南大学傅秀章副教授　第1篇第1.1章至1.4章，相关软件介绍以及建筑热工学实验指示纲要。

山东建筑大学刘琦副教授　第1.5章及建筑日照软件介绍。

重庆大学陈仲林教授、严永红教授、杨光璿教授及张文青高级工程师　第2篇全部及建筑光学软件介绍、实验指示纲要。重庆大学研究生刘炜、罗玮、黄彦、黄珂、吴欣、李晶参加了第2篇的修订工作。

浙江工业大学郜惠鑫副教授　参加撰写第3.1章，负责撰写建筑声学软件介绍、建筑声学实验指示纲要。

太原理工大学陆凤华教授　第3.2章书稿的初稿。

第三版其余章节的撰写，部分书稿的再修改、补充、更新、调整，及全书的定稿均由本人完成。东南大学研究生马晶琼、郑彬、王莎莎、陈蕾参与了全部书稿的录入、整理及绘图工作。

全国高校建筑学专业指导委员会聘请的审阅人、天津大学沈天行教授审阅书稿后指出：“《建筑物理》（第三版）内容丰富了很多，特别增加了很多新的内容、新的实例。建筑物理是一门技术性较强的课，因此随着建筑技术的发展，需要更新、发展的内容较多，本书做到了这一点。应该说是一本内容充实又有时代气息的好教材。望该教材能早日印出，投入市场，为不同类型的建筑物理学子使用。”此外，编者已依沈教授审阅中提出的几点具体意见对书稿作了相应的修改、补充。

在本书修订过程中，同济大学、上海申华声学装备公司提供了新的建筑隔声、降噪资料，中国中元国际工程公司周茜高级工程师、北京市建筑设计研究院王峥高级工程师提供了建筑声环境规划分析实例，中国国家大剧院李国棋博士、清华大学燕翔博士以及朱相栋老师提供了国家大剧院资料，美国ARTEC顾问公司Russ Johnson先生提供了国外厅堂工程实例。北京天正软件公司、深圳斯维尔软件公司提供了相关的软件资料。此外，中国标准建筑设计研究院张生友高级工程师、中国恩菲工程技术有限公司李涛建筑师、东南大学石邢副教授、清华大学郝文璟老师也都提供了可贵的帮助。

对在本书修订中付出辛勤劳动的各位学者和提供支持、帮助的单位、专家、学者、朋友致以衷心的感谢。

对本书审阅人、天津大学沈天行教授和一直关注、支持、帮助本书修订工作的中国建筑工业出版社陈桦编辑同样致以深切的谢意。

《建筑物理》第一版（1990年）及第二版（2000年）先后共计印刷25次（其中第一版印刷6次），累计印数113320册（其中第一版39820册）。希望第三版能继续为培养土建类专业人才及相关人员的继续教育提供应有的服务。

限于编者的水平，书中的不妥之处切盼得到各方面的批评、指正。

柳孝图

2009年12月

第二版前言

本书第一版自 1991 年出版发行以来，虽为许多高等学校选用，被全国注册建筑师管理委员会指定为一级注册建筑师资格考试的复习用书，和获建设部优秀教材一等奖，但编者认为还应着力提高内容的先进性、科学性、系统性以及教学的适用性，才能适应时代的需要。编者对该书修订再版的设想于 1997 年获准列入建设部“九五”重点教材建设计划。

我国高等学校建筑类学科设置建筑物理课程始于 20 世纪 50 年代，主要以各类单体建筑为对象介绍室内空间物理环境诸因素与人们生产、生活的关系，以及为优化这些物理因素刺激作用可以采取的建筑措施。事实上除了地下空间等特殊的环境条件外，室内空间物理环境无不受外界环境的影响。作为人类生存环境组成部分的物理环境，与城市的发展变化密切相关，或者说城市物理环境诸因素的变化和作用是与在城市区域集居密度不断增加的居民及其从事的消耗大量矿物燃料的高强度经济活动密切相关。因此，第二版增列了“人与物理环境概论”一章，其中包括了“人类活动与自然环境”的简述，以及简要分析在为实现包括改善物理环境在内的可持续发展进程中，建筑学专业人员可以发挥的作用。

本书除保留第一版的基本特点外，还从以下几方面作了修订。

1. 优化编写体例

单独编列一章“室内热环境”，把室外气候作为影响室内环境的因素之一，以便较系统、简要地介绍室内热环境理论。把“湿空气的概念”移至第三章，使对“蒸汽渗透”及“内部冷凝”的介绍衔接。“建筑日照”和“遮阳”都是以地球绕太阳运行规律为基础，分析直射阳光对室内空间的热作用，因此，归并为一章。此外，将“建筑声学篇”的六章调整、归并为四章。

2. 以典型的、先进而又实用的内容代替某些陈旧内容

尽可能按国家近年制订的“规范”、“标准”组织相关内容，既可使在城市规划和建筑设计中解决建筑物理问题时有准确的依据，又有助于建立和加强使用技术法规的观念。

第二版从热环境角度增加了对玻璃幕墙、被动式太阳能建筑的介绍。“建筑照明”增加了对上海博物馆新馆的介绍，以及若干室内、外照明的彩色照片，希望有助于加深对相关内容的理解。“建筑声学篇”精选了一些新的而又实用的内容，对于大型厅堂实例的介绍，既有现今仍然使用且音质良好的传统体形音乐厅，又有新竣工交付使用的上海大剧院。

此外，对于第一版在出版发行前未及勘误的错漏也作了仔细校核和改正。

第二版仍由本人主编。各部分书稿的撰稿人是：东南大学柳孝图教授（第0.1章及第Ⅲ篇），湖南大学杨新民高级建筑师（第Ⅰ篇），重庆建筑大学杨光璿教授及张青文工程师（第Ⅱ篇）。全国建筑类学科专业指导委员会聘请的主审人是天津大学沈天行教授。编者依主审人提出的意见对书稿作了若干修改和补充。

本书的修订工作得到许多专家、学者及单位的关心和帮助。中国建筑科学研究院张绍纲教授、肖辉乾教授，中国气象科学研究院朱瑞兆教授，同济大学俞丽华教授、钟祥璋教授，华东建筑设计研究院章奎生高级工程师，南京大学孙广荣教授、吴启学副教授以及人民大会堂管理局都提供了十分宝贵的资料。此外，华南理工大学吴硕贤教授，重庆建筑大学陈延训教授、林泰勇副教授，浙江大学葛坚老师、张三明老师等都对本书的修订给予很多关心和帮助，在此一并致衷心的谢意。我还要感谢中国建筑工业出版社王玉容编辑自本书第一版出版以来持续至今的合作和热情支持。

就我们的主观愿望而言，希望第二版能更好地为我国高校建筑类学科的建筑物理教学和跨世纪的建筑工作者服务，但限于编者的水平，书中的不妥之处，恳切希望得到各方面的及时批评和指正。

柳孝图

1999年8月

第一版序

建筑物理主要是从生理、心理的角度，分析人们对房屋建筑内、外环境的物质和精神要求；并综合运用工程技术手段，在规划和建筑设计中，为人们创造适宜的物理环境的学科。

以学校的教学环境而论，如果对教室的设计，只考虑其长、宽、高的尺度，就将与贮藏空间没有区别。教室是供教学活动使用的空间，应能满足师生在物质和精神两方面的需要。教室的外围护结构不能只考虑防止外界自然力的作用，而应当使自然力与人们自身的热觉、视觉和听觉系统的适应能力相平衡。也就是说，学校建筑要为师生提供适宜的热环境、光环境和声环境，以有利于身心健康和提高学习、工作效率。在古代，虽然对科学道理懂得很少，但人们还是根据实际的感受和当时的物质条件，力求创造相对适宜的活动空间。随着时代发展出现的另一类房屋建筑，例如恒温、恒湿车间，录音室、演播厅等，需要为人们提供与自然力完全隔绝的热环境、光环境和声环境。因此，社会生产力的发展和科学技术的进步，一方面使许多建筑师对"建筑功能"的理解，有了新的概念，注入新的内容；另一方面也促使了与许多学科相互交叉的、以建筑热工学、建筑光学和建筑声学为基本内容的建筑物理学科的形成。自60年代以来，有些工业发达国家的建筑科学工作者，认为"建筑环境设计取代了作为建筑科学主要问题的建筑结构"，这种见解并非没有道理。当然，建筑环境设计的内涵并不只是建筑物理环境设计。

随着时代的发展，人们对物理环境的要求日益重视。在住宅区的规划设计时，必须考虑为保证日照应有的建筑间距和建筑热工设计规程的要求。在室内欣赏音乐，除了适宜的混响时间，还要求有声音的"环绕感"。在最近的四分之一世纪里，在环境的设计和研究中，已经得到发展的一项活动是对竣工的（包括交付使用的）房屋建筑的性能进行系统的评价。从环境功能考虑的这种评价，主要包括外部环境、空间环境、热觉环境、视觉环境和听觉环境等五个方面。

此外，当今整个社会所要实现的各项目标中，存在着相互矛盾的一面。例如，一座现代化的城市，不可能没有空中交通。但是航空港的修建，必然给城市带来强烈的飞机噪声。作为现代化城市标志之一的城市中心的高层建筑群，会引起“热岛效应”。正在研究和不断开发的轻型建筑材料和预制装配的干法施工，要求有新的技术手段解决房屋建筑的隔声问题。因此，城市化和工业、科学技术的发展，使设计人员对城市布局和建筑功能的考虑与实现，对科学技术的依赖关系日益明显。当代的建筑师，如果具有坚实的基础理论和较宽的知识面，就能将建筑创作的艺术构思与反映时代要求的工程技术揉合在一起。我国高等学校建筑系，自50年代以来设置的建筑物理课程，正是反映了对培养建筑师考虑物理环境设计和综合能力的要求。

本书在编写时着重考虑以下几点：

一、着眼于宏观的通用性　现在全国约有40余所高等学校设置建筑学专业，大多数为4年制，少数是5年制。考虑作为面向全国高校同类专业的教材，只能着眼于宏观的通用性。因此，本课程的内容仍按原全国建筑学专业教学计划中分配的90学时（包括实验课）为依据。各篇分别为：建筑热工学32学时，建筑光学26学时，建筑声学32学时。

二、反映对专业基础课的要求　建筑物理是建筑学专业的专业基础课程之一。依我的理解，“专业”是指对物理环境的要求，本质上属于建筑设计的范畴；是对城市和建筑物功能要求与质量评价的组成部分。“基础”是指其内容属于建筑学专业所要求的基本理论的组成部分；但须运用物理学的知识和分析方法于总体布局、单体建筑设计、建筑围护结构和室内装修等的设计中。基于这样的认识，本书着重讲述建筑师必备的物理环境基本概念，基本知识，经验公式，有实用价值的规划、设计原则，以及为达到标准或规范要求可以采用的工程技术措施，而减少数学公式和物理细节。因为是专业基础课，可以采用一些不同的，但又相互补充的教学方法。例如，选择最基本的部分作系统的讲授，甚至可以考虑把分别编入三篇的人对环境感觉的物理基础，集中在一起讲授。有些内容可以结合不同的课程设计题目，安排和组织教学（例如，建筑日照结合住宅区的规划设计，室内音质结合影剧院设计等）；还可以通过开设选修课、指导毕业设计等，组织教学。

三、注意内、外空间物理环境的联系　人们熟知的是外部环境和建筑空间环境之间的必然联系，并且一般建筑内部空间的物理环境受到外部环境的制约。建筑师在着手一项工程设计时，总是从总图布置开始，继而进入单体建筑设计。尽管对于人们所处的外部环境和建筑内部空间物理环境的设计，没有固定的程式可供遵循，但是如果能从接受任务开始，就把对物理环境的功能要求，结合到用地选择和总图布置中去，必将有助于比较合理和经济地进行建筑空间的物理环境设计。基于这样的认识，本书内容适当反映外部空间（包括建筑群布局）和建筑物内部空间物理环境的关系。

四、提供参考选用的实验指示纲要　实验是本课程的组成部分。从建筑学专业的特点考虑，依实验要求的繁简和使用仪器设备的种类，有些属示范性的实验；有些实验项目则可由学生自己动手作。各校可依不同的条件选择开出若干实验。

五、西安冶金建筑学院等四校合编的建筑物理（高等学校试用教材），在总体安排和内容选编等方面的许多特色，本书编者均注意认真地研究和借鉴。此外，书中也包括了编者的某些比较成熟的、有实用价值的研究成果。

本书由柳孝图主编。建筑热工学的编者是管荔君（东南大学副教授），建筑光学的编者是杨光璿（重庆建筑工程学院教授）和罗茂羲（重庆建筑工程学院副研究员），建筑声学的编者是柳孝图（东南大学教授）。

全国建筑学类学科专业指导委员会聘请林其标教授（华南理工大学）担任本书的主审人。林教授除负责全书的审阅外，还建议学科委聘请沈天行教授（天津大学）和谢德安副教授（重庆建筑工程学院）分别参加审阅本书建筑光学篇和建筑声学篇的书稿。对于在审阅中所提出的意见，除由主编、各篇编者认真考虑并参照修改书稿外，谨向主审人及审稿人表示衷心的谢意。

对于本书的错漏和不妥之处，恳切希望得到各方面的及时批评和指正。

柳孝图

1990 年 5 月

目 录

绪论 物理环境概论

第1篇 建筑热工学

第3篇 建筑声学

实验指示纲要

常用分析软件与工具介绍

附　录

基本符号表

建筑热工学

A_{sa}	室外综合温度振幅,℃;
A_s	太阳方位角，deg;
a	材料的热扩散系数（或称导温系数），m^2/s;
c	材料比热容，J/(kg·K)；
c_ρ	空气比热容，J/(kg·K)；
D	热惰性指标，无量纲;
H_0	围护结构的总蒸汽渗透阻，$m^2\cdot h\cdot Pa/g$;
h_s	太阳高度角，deg;
I	太阳辐射照度，W/m^2;
K_0	围护结构传热系数，$W/(m^2\cdot K)$；
P	水蒸气分压力，Pa;
q	热流强度，W/m^2;
q_H	采暖耗热量指标，W/m^2;
q_m	人体新陈代谢产热率，W/m^2;
Δq	人体得失的热量，W/m^2;
$R_{0,\min}$	最小总热阻，$m^2\cdot K/W$;
R_{ag}	封闭空气间层热阻，$m^2\cdot K/W$;
R_0	围护结构传热阻，$m^2\cdot K/W$;
R_e	外表面换热阻，$m^2\cdot K/W$;
R_i	内表面换热阻，$m^2\cdot K/W$;
r_h	对辐射热的反射系数，无量纲;
S	材料的蓄热系数，$W/(m^2\cdot K)$;
SC	窗玻璃遮阳系数，无量纲;
SD	遮阳设施的遮阳系数，无量纲;
$SHGC$	窗系统（包括窗玻璃和遮阳设施）的太阳辐射得热系数，无量纲;
S_w	窗口综合遮阳系数，无量纲;
t_d	露点温度,℃;
t_e	室外空气温度,℃;
t_i	室内空气温度,℃;
t_{sa}	室外综合温度,℃;
v	气流速度，m/s;

Y　材料层表面蓄热系数，W/($m^2 \cdot K$)；
Z　温度波的周期，h；
　采暖期天数，d；
α_c　对流换热系数，W/($m^2 \cdot K$)；
α_e　外表面换热系数，W/($m^2 \cdot K$)；
α_i　内表面换热系数，W/($m^2 \cdot K$)；
α_r　辐射换热系数，W/($m^2 \cdot K$)；
δ　太阳赤纬角，deg；
ε　黑度（或发射率），无量纲；
　朝向修正系数；
φ　空气相对湿度,%；
λ　材料导热系数，W/($m \cdot K$)；
ρ_h　对辐射热的吸收系数，无量纲；
ρ_s　围护结构外表面对太阳辐射的吸收系数；
τ_h　对辐射热的透射系数，无量纲；
υ_0　围护结构衰减倍数，无量纲；
υ_i　室内温度谐波传到围护结构内表面时的衰减度，无量纲；
ξ_0　围护结构延迟时间，h；
ξ_i　室内温度谐波传到围护结构内表面时的延迟时间，h；
ω　蒸汽渗透强度，g/($m^2 \cdot h$)；
　角速度，deg/h；
μ　材料的蒸汽渗透系数，g/($m \cdot h \cdot Pa$)。

建筑光学

A　面积，m^2；
C　采光系数,%；亮度对比；
C_{av}　采光系数平均值,%；
C_{min}　采光系数最低值,%；
C_d　天窗窗洞口的采光系数,%；
C'_d　侧窗窗洞口的采光系数,%；
C_u　照明装置的利用系数；
d　识别对象的最小尺寸，mm；
E　照度，lx；
E_n　在全阴天空漫射光照射下，室内给定平面上的某一点由天空漫射光所产生的照度，lx；
E_w　在全阴天空漫射光照射下，与室内某一点照度同一时间、同一地点，在室外无遮挡水平面上由天空漫射光所产生的室外照度，lx；
Φ　光通量，1m；

I_{α}　发光强度，cd；
K_{f}　晴天方向系数；
K　光气候系数；维护系数；
K_{c}　侧面采光的窗宽修正系数；
K_{q}　高跨比系数；
K_{ρ}　顶部采光的室内反射光增量系数；
K'_{ρ}　侧面采光的室内反射光增量系数；
K_{τ}　顶部采光的总透射比；
K'_{τ}　侧面采光的总透射比；
K_{w}　侧面采光的室外建筑物挡光折减系数；
L_{α}　亮度，cd/m^2；
L_{t}　目标亮度，cd/m^2；
L_{b}　背景亮度，cd/m^2；
L_{θ}　仰角为 θ 的天空亮度，cd/m^2；
L_{Z}　天顶亮度，cd/m^2；
R_{a}　一般显色指数；
ΔE　色差；
RCR　室空间比；
CCR　顶棚空间比；
$V(\lambda)$　光谱光（视）效率；
α　材料的光吸收比；视角，分；
τ　采光材料的光透射比；
ρ　材料的光反射比；
$\bar{\rho}$　室内各表面光反射比的加权平均值；
η　灯具效率,%；
λ　波长，nm；
Ω　立体角，sr；
CRF　对比显现因数；
LPD　照明功率密度，W/m^2。

建筑声学

AI　清晰度指数；
C　声速，m/s；
f　声波的频率，Hz；
I　声强，W/m^2；
L_{A}　A 计权声级，dB（A）；
L_{dn}　昼夜等效［连续］声级，dB（A）；
$L_{Aeq,T}$　等效［连续 A 计权］声级，dB（A）；

L_I	声强级，dB；
L_p	声压级，dB；
$L'_{pnT,w}$	计权标准化撞击声压级，dB；
L_w	声功率级，dB；
N	菲涅尔数；
NR	噪声评价数；
NRC	降噪系数
p	有效声压，N/m^2；
Phon	响度级，方；
Q	声源的指向性因数；
R	隔声量，dB；
	房间常数，m^2；
R_w	计权隔声量，dB；
SIL	语言干扰级，dB；
T_{60}	混响时间，s；
TNI	交通噪声指数，dB（A）；
W	声源的功率，W；
α	吸声系数,%；
λ	声波的波长，m；
τ	声透射系数,%。

绪论

物理环境概论

An Introduction to Physical Environment

0.1 人类活动与自然环境

0.1.1 简述

数百万年来，生活在地球上的人类为谋求生存、繁衍的各种活动都是依托自然环境、顺应和利用自然条件，环境的变化大部分与人类活动没有关系。自近代工业革命以来，以人居、营建、交通、生活用电器为代表的人居活动可以概括为人与自然关系的两个方面：一是以向自然界索取资源、能源，享受生态系统提供的生态服务，向环境排放废弃物和无序能量为代表的人类对自然界的影响与作用；二是以自然环境对人类生存发展的制约、自然灾害（例如2008年我国的汶川地震）、环境污染及生态退化为代表的负面影响。

随着社会发展、人口增加，尤其是近代科学技术的进步，人居、营建活动已发展为大都会、摩天楼、海陆空交通系统，不只限于朴素的庇护功能，而是追求高品质的建筑空间环境，特别是舒适的热环境、明亮的光环境、温馨的声环境和洁净的空气环境；甚至误认为可依托“无限的”地球资源，以人工手段创造与自然环境隔离的室内空间环境。

由于过多的热衷于人为选择取代自然选择，破坏了人与环境的和谐平衡，从而出现了全世界都关心的环境生态和环境污染问题。

0.1.2 人类活动对环境和人类自身的伤害

现在全世界人口相当于1900年的三倍，工业产品在同期增加五千倍，淡水消费量增加七倍，矿物燃料的消费量增加十七倍，对各种自然资源的需求更是惊人。联合国的相关报告指出，全世界沙漠覆盖的陆地面积已由1970年的22%增至2000年的33%。见图0.1－1及图0.1－2。地球人均可用地从1900年的7.91hm^2减至2005年的2.02hm^2。截至1995年，世界上仅有17%的地域处于原生状态，即卫星检测不到人口、庄稼、道路以及夜间灯光。各大洋都交错着众多的航道，欧洲长达2.2万km的海岸线建造了公路。

图0.1－1　我国的库姆塔格沙漠正以每年1～4m的速度整体向东扩展，逼近历史文化名城敦煌。图为一位村民骑自行车经过敦煌市杨家桥乡一个风沙口

资料来源：新华网，2007.

在改变地球陆地面貌和消耗地球资源及排废中，人居、营建活动都占很大份额。以欧洲为例，占丧失耕地的80%，能源、水资源及原材料消耗量分别占50%、50%及40%，对臭氧层有破坏作用的化学品消耗量占50%。

人类活动是气候变暖的主要因素，大多数有据可查的全球平均温度上升都极有可能是在人类温室气体排放集中时出现的。所谓温室气体，指大气层中易吸收红外线的水汽、二氧化碳（CO_2）、甲烷（CH_4）、氧化亚氮（N_2O）以及氯氟烃类化合物（CFCs）等。图0.1－3为联合国气候变化研究小组公布的全世界空气中温室气体浓度的增加情况。

图0.1－2　宁夏白芨滩自然保护区的员工在毛乌素沙地边缘的沙丘上扎草方格

资料来源：新华网，2007.

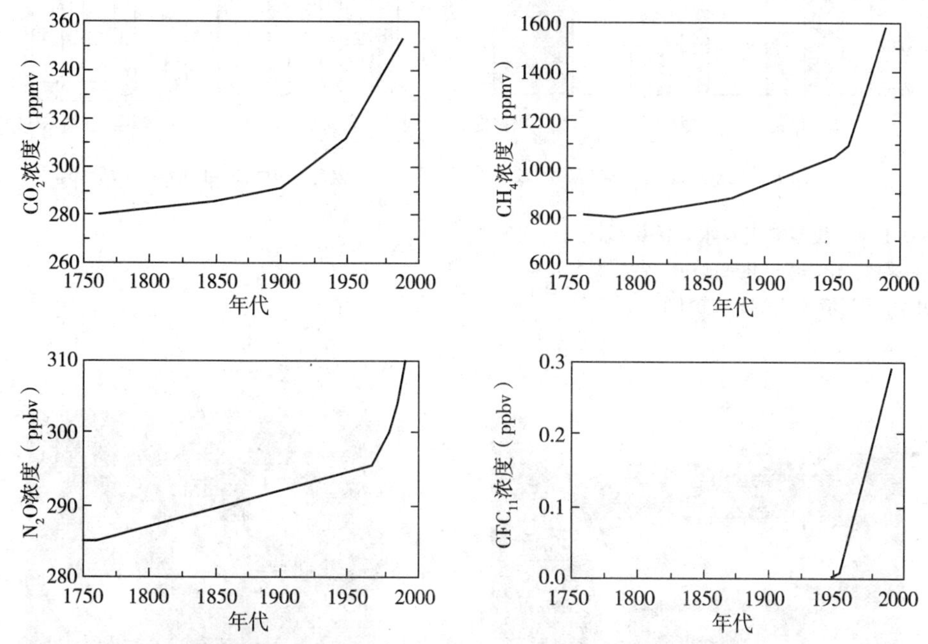

图0.1－3　由于世界剧增的购车人口、使用空调，全世界空气中温室气体的增加变化

资料来源：Sue Roaf, et al., Adapting Buildings and Cities for Climate Change [M], P.4, 2005.

在高空大气平流层的臭氧，能够抵挡有害的紫外线、保护地球生物，降低人们受日晒后患皮肤癌的几率。然而人类活动排放的温室气体严重损耗了大气臭氧层，即出现了“臭氧空洞”。2006年美国观测到南极上空的臭氧含量急剧减少了69%，出现臭氧空洞的范围达到创纪录的2745万km^2。2007年日本观测到北冰洋的冰块面积不断缩小，与三年前相比，消失面积相当于约四个日本列岛。依这样的变化趋势，到本世纪末，北冰洋覆盖的冰面将会全部消失。2007年夏天北冰洋表面的水温是0.6～0.8℃，是2000年以来的最高纪录。联合国的相关机构预测，到本世纪末，全球温度会上升1.1～5.6℃，海平面将升高18～59cm。我国气象专家预测到2020年将升温1.3～2.1℃。

图0.1－4反映我国空气及水系污染情况。由于扬尘和工业排废污染，空气

质量最差的城市多在北方，全国酸雨分布区域主要集中在长江沿线及以南—青藏高原以东地区。在人口密集的东部地区则有水系、河网的影响，据统计，我国有1/3 河段、75%的主要湖泊和25%的沿海水域正遭受严重污染。2007 年夏，太湖大面积爆发蓝藻，直接威胁市民用水，见图 0. 1-5。水污染散发的毒臭刺激也严重威胁人们身心健康，见图 0. 1-6。

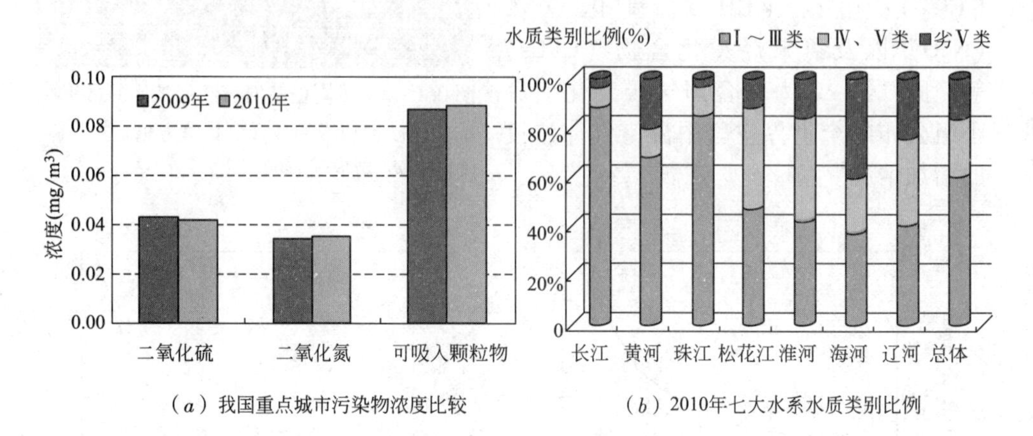

（*a*）我国重点城市污染物浓度比较

（*b*）2010年七大水系水质类别比例

图 0. 1-4 我国空气及水系污染概况

资料来源：中华人民共和国环境保护部．2010 中国环境状况公报，2011. 05

图 0. 1-5 2007 年夏无锡太湖蓝藻大面积爆发直接威胁到市民用水

图 0. 1-6 学生因为不堪忍受邻近河水散发的有毒臭气刺激，只好戴口罩和墨镜上课

人类对自然的索取超过自然界承受限度造成的人与自然的矛盾，既伤害了地球，也伤害了人类自己。时间越长，矛盾越激化，并且还会引起人际之间的矛盾。

0.1.3 人居、营建活动的耗能与排废

过去100年工程技术的快速发展和应用，使一些设计人员和业主产生了错觉：认为只要有工程技术支撑，就可以保证实现对建造人工环境的任何需要，使人居及许多营建活动步入误区。

对自然光的应用，原本已积累并逐渐形成了一系列有实用功能并与建筑景观结合的设计策略与技术。例如建筑布局朝向、建筑物体形、房间高度和进深、门窗尺度和形式以及屋檐、遮阳等，都考虑了引入（或遮挡一部分）自然光的需求；并且通过对光与建筑材料、建筑形式、建筑部件及其表现之间相互作用的研究，拓宽了建筑创作的思路。然而，现今许多房屋把已经成为建筑物功能组成部分的自然光，用整体围蔽的金属结构和染色玻璃阻隔在建筑物之外，为人们提供仅有荧光灯照明的工作环境。事实上，人类生存的先天生理要求（包括大脑、视觉神经系统）都需要自然光；由于荧光灯不具备自然光的品质，终年依靠人工照明的室内环境，不仅对常年使用者的健康有累加的不利影响，也增加了能源消费。

过去半个世纪里，利用空气调节技术改善热舒适是建筑物室内环境特征的最大变化之一。现在为整幢房屋建筑提供自己设定的温、湿度和风速范围的室内空间热环境已是业主对环境条件的基本要求。大量使用空调向城市区域排放无序的能量，加重了城市区域气候不利因素的影响。人类在自身的进化过程中，习惯于温度、湿度、气流有起伏变化的自然环境。自然通风和人工气流有明显区别，模拟实验结果表明按正弦周期改变速度的气流，在夏季给人的感觉比较凉爽；此外，与关窗并仅仅使用空气调节相比，利用自然通风的办公室有更大的舒适温度范围。

营建活动从建筑材料生产、建筑施工、建筑物竣工后的数十年使用，以及最终的拆除、处理，无不需要消耗大量资源、能源和排放废弃物并导致环境污染。图0.1－7说明建筑过程和建筑材料生命周期及其对环境的影响。据建设主管部门统计，未来5年至10年，建筑耗能占全社会耗能的份额将由现在的27.8%增加至35%以上。在增加的耗能中有相当一部分是居住者用于改善热舒适。

美国纽约市各类建筑物使用中消耗能源排放的温室气体占该市排放量的79%。我国台湾地区对一幢钢筋混凝土结构四层楼住宅建筑40年全寿命周期排放CO_2的评估表明，建材生产、运输及施工仅占22.52%，按日常使用耗电量计算的CO_2排放量则占62.94%。日本对办公类建筑考虑采取各种措施及相应减少CO_2排放量的分析表明：采取节能措施（包括空气调节、人工照明）减排CO_2占总量的15%，延长建筑物使用年限（包括结构安全、改变使用功能的建筑物适应性）可减排25%，运用生态材料（包括可回收再利用材料）可减排28%，运用适宜技术的废弃物处理（例如不用氯氟烃制冷，或在处理时细心地回收）可

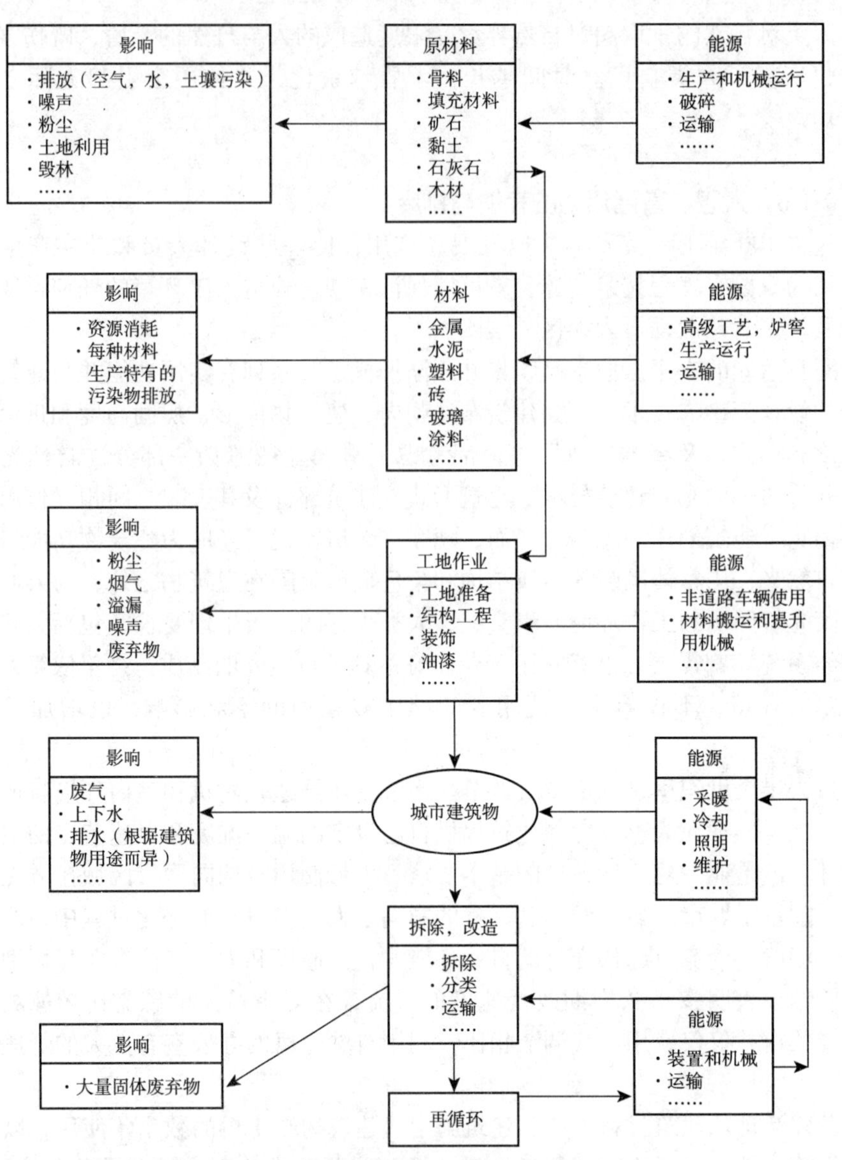

图 0.1－7　建筑过程和建筑材料生命周期及对环境的影响

资料来源：洪紫萍等编著. 生态材料概论. P. 219，2001.

减排 32%。

20 世纪 70 年代因能源危机，开始特别关注空调系统节能，并连同建筑围护结构节能设计一并考虑。至 20 世纪 90 年代，人们开始觉醒并认识到地球环境恶化导致的灾难性后果，重新考虑经济、社会发展、人居要求与保护自然环境的关系，提出了“绿色建筑”理念。

“绿色建筑”是以人为本的设计理念和追求实现的目标。因此，建筑设计，绝不能以消耗大量资源、能源及大量排废的工程技术手段，创造与自然环境隔离的人工环境；而是传承尽量利用自然条件、与自然和谐的设计策略，减少资源、能源消耗和排废，运用适宜的工程技术创造现代社会的人居环境品质。

0.2　人与物理环境

物理环境是指在城市区域范围或建筑物室内空间，由热（包括温度、湿度）、光、声、空气（流速、气味）等因素共同作用的与人们身心健康息息相关的环境条件（品质）。

0.2.1　城市物理环境

在上节归纳、分析的人类活动与自然环境关系的背景下，在城市区域生活、从事各种高强度经济活动的人及消耗大量矿物燃料的排废，纵横的道路交通系统，鳞次栉比、高低错落的建筑物、广场等构成的人工下垫面，形成了人工条件与自然条件共同作用的城市区域物理环境。图 0.2－2 分析了城市区域的特殊条件及可能出现的物理环境问题。

图 0.2－1　流经工业中心城市的汾河河段里，塞满了各种污染物以及工厂排放的肉眼看不见的重金属和有毒化学物质

资料来源：National Geographic [J], Mar., P. 70－71, 2004

我国有六亿人生活在城市，城市住宅占城市用地的 30%；住宅能耗占城市总能耗的 37%，比发达国家高 3.5 倍；城市住宅用水量占城市耗水量的 32%；包括生活垃圾、建筑垃圾及有毒有害垃圾在内的固体废弃物堆放量多达 70 多亿 t，侵占土地约 6 亿 m^2，一些城市已是垃圾围城。见图 0.2－1。在人类活动对自然环境的影响及城市的特殊条件下，城市物理环境在一些局域范围和时段往往较多地呈现出人为因素的影响。

0.2.2　城市物理环境变化浅析

（1）热（湿）环境

苏南地区是我国经济增长速度最快、人口集居密度最高的地区之一。依气象部门从 1961 年至 2002 年的记录可知，苏南五市（南京、镇江、常州、无锡、苏州，下同）41 年冬季的平均气温由 5.5℃ 上升至 6.8℃；全年平均相对湿度由 78.6% 减为 76%；全年平均风速由 3.31m/s 减为 2.50m/s。

此外，各城市中心区域人为因素的作用比其郊区更为突出，中心区域的空气温度都高于其郊区的温度。

（2）光环境

产业、建筑物、交通、人口密集的城市区域能见度均比较差。以苏南地区为例，从 1961 年至 2002 年，苏南五市的年均日照时数由 2164h 减至 1884h。因为一些对环境有污染的产业向郊区迁移，与上述五市相邻的五县年均日照时数更由

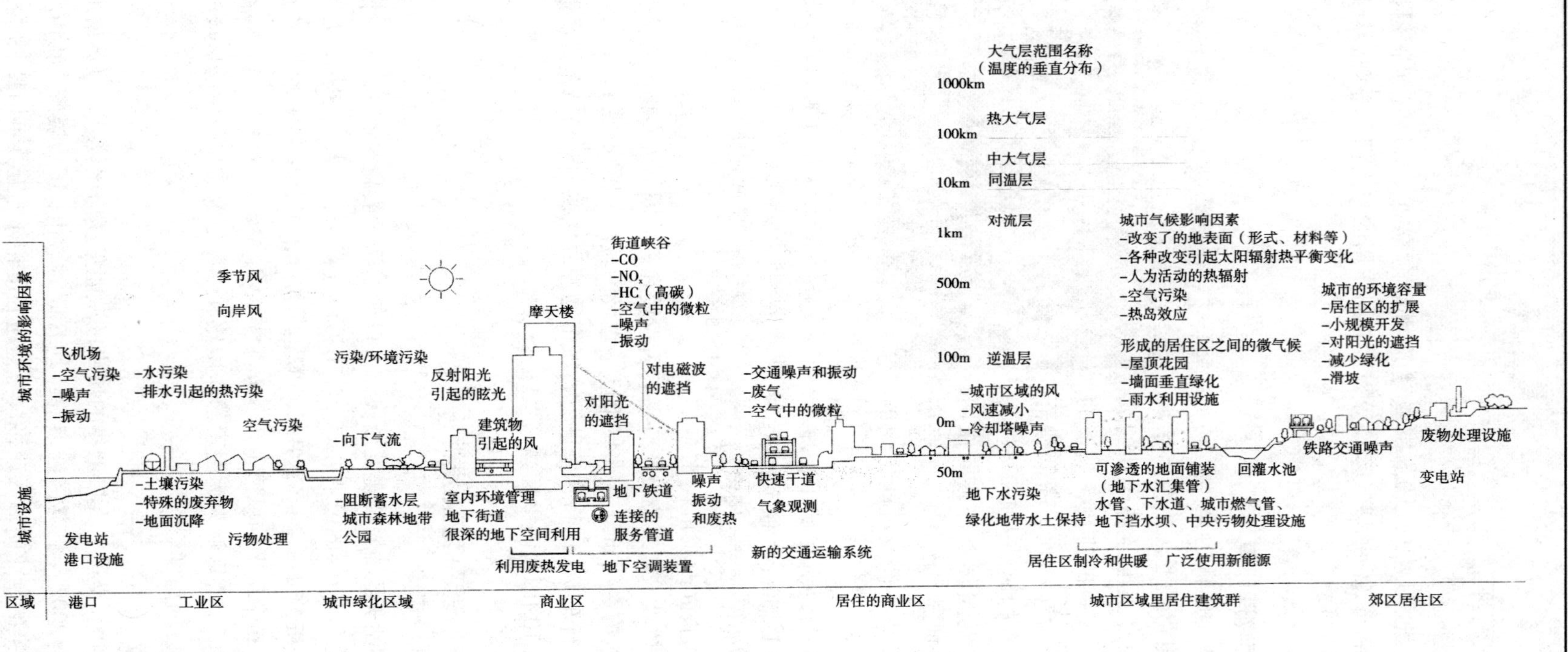

图 0.2-2　城市环境问题

资料来源：Anna Ray-Jones，Sustainable Architecture [M]，P.157，2000

2210h 减至 1815h。

华灯璀璨本是香港夜景特色，但过分的夜景照明，并且将灯光直接射向天空则产生光污染。依香港的调查，城市区域的天空比郊外亮 30 倍，市区只能看到天空约 40 颗星星。近年西班牙的调查表明：在城市、小城镇及农村的居民夜间能看到的天空星体分别是 10%、20% 及 50%。

（3）声环境

交通噪声是城市声环境的主要污染源。据统计至 2006 年，我国汽车保有量接近 5000 万辆。依 1976 年至 2006 年在南京长江大桥的测量、统计，每小时行驶通过大桥的机动车由 328 辆增至 5880 辆。由于大桥路面的机动车道及大桥两侧的自然情况都是固定不变的，仅仅是车流量的增加，统计的平均噪声级 L_{50} 由 63.0dB（A）增至 79.4dB（A），统计的峰值噪声级 L_{10} 由 78.5dB（A）增至 83.6dB（A）。

（4）空气环境

涉及空气中含有的物理（如粉尘）、化学（如有机挥发物）以及生物（如霉菌）等成分。此处仅概述物理方面的因素。

北京上空经常被大部分来自邻近省区火电厂、工厂散发的粉尘、可吸入颗粒物等形成的浓稠空气笼罩。无风、无雨时，粉尘浓度往往超出世界卫生组织规定的限值。

空气污染的另一原因是建筑施工扬尘。以南京市为例，房屋建筑施工面积由 2000 年的 1700 万 m^2 增加为 2005 年的 5872 万 m^2，可见急速增加的城市开发产生的扬尘对空气污染的作用。

废气主要来源于汽车尾气，长时间拥堵令一些城市汽车的行驶速度由 45km/h 减至 12km/h，废气的浓度必然显著增加。

受污染空气威胁的主要是老幼和患者以及从事耐力项目的运动员。在户外连续拼搏数小时的自行车运动员、马拉松运动员每分钟最多可吸入 150L 空气，相当于坐办公室人的 10 倍。

此外，人居环境中电磁辐射量剧增已是当今社会关注的问题之一。有些高压变电所已处于延伸的城市区域内；有的城市广播发射系统周围有永久性的居住建筑，在向市民传递信息的同时，电磁波也污染了周围环境；一些与设在建筑物屋顶上的移动电话基站天线主轴方向较近的居住建筑，受到了超过国家相关标准规定的电磁辐射。

以上的粗略分析，说明传统的工业化方式（包括人居、营建活动）导致城市区域物理环境出现了恶化趋势，环境污染已是人们在相当长的时间内难以摆脱的重大负担。

0.3　物理环境（品质）的优化

无论是户外空间（包括整个城市区域）或建筑物内空间，环境的热（温度、湿度）、光（天然光、人工光）、声、空气（流速、气味）等物理因素的适当刺激（或说一定的刺激量）都有助于人们增进身心健康和有效地从事各种活动。物理环境品质是人们对刺激量的主观感受。图0.3-1反映刺激量与主观感受的关系。

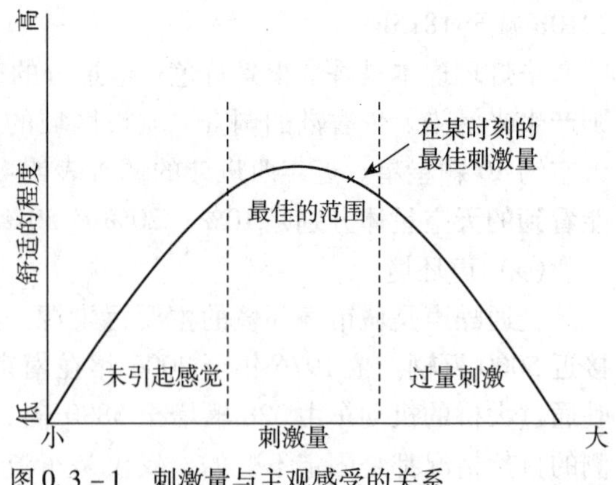

图0.3-1　刺激量与主观感受的关系

现今人们对自己最直接（最接近）的物理环境条件更为敏感。一方面是自己对各种刺激因素的精神和物质的调节机能有限；另一方面是某些客观的刺激因素呈现出恶化趋势。城市规划和建筑设计人员在方案构思时就应结合考虑控制和优化物理环境因素。城市功能分区，干道系统，建筑群总体布局，单体建筑的用地选择、朝向、体形，建筑材料的选择和建筑物外围护结构构造等，都有助于优化物理环境品质或是为优化物理环境创造条件并减少资源、能源花费。表0.3-1为在城市规划和建筑设计中涉及的主要物理环境因素及优化物理环境品质所寻求的目标。

主要物理环境因素及优化目标　　**表0.3-1**

作用因素	主要参数	优化目标
热 （温度、湿度）	t_i（℃），v（m/s）， v_0，φ（%），R_0（$m^2\cdot k/W$），ξ_0（h）	热舒适，节能
光	E（lx），L（cd/m^2），LPD（W/m^2）	视觉清楚、真实 视觉舒适，节能
声	L_p（dB），T_{60}（s），NR，R_w（dB）	环境安静，听觉舒适
空气品质*	已知的对健康有负面影响的物质的阈值	足够的新鲜空气量， 嗅觉舒适

* 空气品质可能受到物理、化学、生物等类的污染，本书仅介绍以物理方法对空气的过滤和利用。

表0.3-1中的“优化目标”实际包含两个层次的要求，一是在人们长时期逗留的建筑空间，达到有助于增进身心健康、提高效率的环境舒适标准，也就是宜居标准；另一是达到防止危害健康（包括累加的负面影响）的环境卫生标准。国家“规范”及国际的相关标准都是优化设计的依据。

0.3.1　城市范围的物理环境问题

传统的建筑物理主要考虑依据相关的理论知识，运用工程技术措施，改善建筑室内空间的热、光、声环境品质，现在面临许多新矛盾要在城市规划中加以整合、设计。

（1）依前节介绍，最近40年苏南地区市、县减少的日照时数分别平均为280h和395h，导致原已用地紧张的城市居住区在冬至日（包括大寒日）中午能够受到太阳直射的楼层逐渐减少。一些大、中城市流行开阔的步行商业街，因两侧密集的商场向室外排放无序热量和地面硬质不透水铺装的热特性，使城市中心区户外空间过热。据在南京观测，夏日当中山门外车行道路上空气温度为32℃时，市中心步行商业街相当于行人高度的气温达37℃，人们不愿在此久留。

（2）许多城市着力投资的夜景照明已是城市设计中展现城市活力的重要手段之一，是城市光环境的重要组成部分。上海的调查表明，该市夜景照明亮度大致是澳大利亚首都堪培拉的100倍。此外，调查统计表明，南京市民夜晚在23:00之前睡觉的占72%，而一些夜景照明的熄灯时间则在23:00之后，各种广告牌的强烈灯光影响最大。现在城市居民难以用肉眼看到北极星，天文台光学望远镜已经进行电子设备升级，但很少能参加世界级的天文观测项目。

人类一直着力研究提高人工光源亮度但忽略其在使用中的危害。据美国鸟类学家统计，每年约有400万只鸟因撞上高层建筑的广告灯死亡。海边浴场沿岸的强光照明超过月亮、星星在海水中倒影的亮度，许多小海龟误将陆地当海洋，死在沙滩上。

（3）为缓解地面交通梗阻状况，许多城市正在开发利用地下空间和建造高架道路。近年南京市修建了贯穿玄武湖底的隧道，其出入口分别在玄武湖情侣园附近和居民文教区，出、入口引来的重型车辆行驶噪声，改变了邻近地域原先划定的声学功能分区。此外，邻近居住区的多层次高架道路昼夜繁忙的交通运输噪声严重干扰居民正常生活。有些浅埋地下铁路车辆行驶引发的固体振动已影响地上医疗设施、精密仪器的正常使用。

（4）电磁辐射对人体健康的影响是多种因素的综合效应，在尚未研究清楚之前，不从事与电有关职业的人唯一可靠的保护措施是与电磁辐射源保持距离。现今一些移动通信基站就设在密集建筑群的高层建筑屋顶上。快速发展的城市化进程使城市区域范围不断扩大，原先考虑了防护距离的强电磁辐射源（例如广播电视发射系统、高压输电线等）已经或将被围合在城市区域范围里。

0.3.2 新建筑类型、新材料（构造）的物理环境问题

（1）公共建筑流行设计有数层楼高的中庭，一方面成为建筑的新特征，另一方面则须特别考虑物理环境品质（包括引入自然光、空气品质、语言私密等）和建筑节能设计。现今日益增多的开放式（或网格式）办公室的光环境不仅要求整个大空间有适当的采光、照明，还要有适合不同作业（例如传统的文书工作或电脑工作）的局部照明；对声环境的要求则是不同程度的安静和语言私密。以往较少涉及的法庭、新闻中心、教堂、跳舞休闲的夜总会等，对热、光、声等环境品质都有相关的要求。

（2）城市中心区域大型建筑为追求时尚，使用玻璃幕墙。有些玻璃幕墙在盛夏骄阳之下反射到邻近住宅内的光热辐射每天持续长达10h，使居室内的气温高达37℃。居民除受“火团”烘烤还引起白内障眼疾，儿童在家无法做作业。南京近年调查统计表明，占68%的市民认为城市光污染主要源自一些建筑物立面玻璃幕墙的强反射光、广告牌的强烈灯光及娱乐场所闪烁的彩光。

此外，有些体形怪异（例如凹弧形立面或有大凹凸起伏的立面）的沿街建

筑玻璃幕墙，反射呈现的景观杂乱，在车辆快速行驶中的驾驶人员难以准确识别周围景物和路况，甚至判断失误引发交通事故。

(3) 据北京市疾控中心2007年发布的数据，小学生、初中生、高中生及大学生视力不良检出率呈明显上升趋势，各年龄组分别比2000年增加8.89%、11.82%、5.59%和10.9%。为调查相关原因，对教室的夜间照明抽查检测，结果显示只有32.5%的教室课桌面平均照度、15.4%的教室黑板平均照度达到要求。

(4) 现今一些多、高层住宅主卧室的专用卫生间，因上、下水管的刚性连接，不同楼层住户使用时，水流引起的固体传声时常被放大到邻户难于容忍的程度。

高层公寓住宅的整体性（结构的整体性、连接整幢建筑的管线）、室内的设备（电梯、水泵、空调、管道井等）以及使用轻质墙体材料、预制干法施工等，导致建筑围护结构绝热（热桥、渗透、冷凝等）和隔声（结构声、空气声的传声途径，住户的语言私密等）都不同程度地出现了需要解决的新矛盾。

(5) 打印机制造微尘环境。澳大利亚的一项研究发现，一些激光打印机会产生高浓度的微小颗粒释放到空气中。打印机在工作繁忙时，产生的超微小颗粒上升了五倍，这些微小颗粒可以穿透动脉和血液，导致或加剧呼吸系统和心血管疾病。在对整幢大楼的62台打印机的调查中，放射微尘的打印机占47%。墨粉颗粒的直径不足0.1μm，此种飘浮在空气中的微尘，释放不到15min后就可能被人吸入。

(6) 一些地下商场虽有连片的商铺，但顾客寥寥无几。究其原因主要是没有足够的通风，空气中充满了有毒的甲醛、苯类化学物质。一些商场开门后1h，空气里的细菌含量就比室外高45%；营业9h后，空气中悬浮颗粒比室外高9倍，加上闷热、刺眼、嘈杂等诸因素构成的严重恶化的物理环境，必然是顾客稀少，职工体力不支，难以维系经营。

2007年北京市对公共场所中央空调卫生质量的抽样调查表明，管道积尘量超标率为64.3%，送风中细菌总数超标率为31.2%。此外，地面以上的一些办公建筑的网格式办公区因缺少足够的通风换气量，常年弥漫着装修材料散发的化学物质刺鼻气味、油漆味，以及工作人员自己的烟味、饭菜味、夏日的汗味，在这类空间里工作的人时常感觉头昏、胸闷，呼吁“需要呼吸新鲜空气权”。

0.3.3 居民对环境品质追求及生活、休闲方式改变衍生的物理环境问题

(1) 城市居民剧增的电力消费主要是用于改善热舒适。占我国国土面积约1/6的夏热冬冷地区的居民改善热舒适度的特点是：自己设定舒适标准（主要是室内空气温度），自己决定采暖、制冷时段，自己选择设备。使用设备改善热舒适，必然与城市耗能总需求及对城市总体环境品质的影响、建筑物外围护结构的节能设计等方面紧密相连。

(2) 现今的居住区，除密集分布住宅建筑外，还为儿童嬉戏、老人休闲提供各种户外活动空间，包括水面及与其相邻的场地、步行道路、假山、绿化配置

等；居住区内还有日益增多的机动车辆频繁出入。这些情况要求夜间照明能够保证清楚识别水面、陆地景物，车行和步行道的全部长度，并有助于识别住宅楼幢号码。而有些居住区户外照明一方面缺少对安全要求的仔细考虑，另一方面又将住户的居室内照得如同白昼，影响住户的正常生活和私密。

（3）人们对噪声的敏感和公寓住宅里各户之间噪声干扰日益明显。城市居民对自己家庭不断更新装修的施工噪声，家用电器（尤其是音响设备）噪声，都觉得是不可避免和可以理解的，但对邻居类似噪声的干扰就难以容忍。近年曾发生因邻居装修噪声干扰，老人出面交涉、争吵诱发心脏病丧命提出法律诉讼的事件。

（4）除了人体、燃煤、烹调等固有的污染源外，现今由于建筑、装饰装修和家具造成的污染已构成室内空气环境主要的污染源。中国室内环境监测委员会对6000户家庭的调查表明，新婚房间和母婴房间家庭的室内环境有70%存在污染问题，其中包括各种有机挥发物（VOC）、电磁辐射、铅以及放射性等方面的污染。

0.3.4　尽量利用自然条件创造宜居物理环境

在加速发展的城市化进程中，坚持节约资源和保护环境的基本国策，无论现有城市的改造，或新城市乃至市镇建设，都可以为创造宜居物理环境提供很多条件和机会。

就整体而言，城市区域是人工构筑的下垫面与天然下垫面的复杂组合，包括高低错落的房屋建筑，不同尺度的道路、广场、公园，以及天然的地形、湖泊、河川、港湾等。然而同一座城市某个地域（例如一个居住区）的环境（一般称作微环境），则更多地与其紧邻地段的条件密切相关。在规划、设计中可以利用地形、地势、绿地、水面等的导风、降温、增湿改善热微环境；利用林带、水域改善空气质量；依反射、集光、折射、投射的原理，乃至利用光纤传送，将直射阳光导入室内环境；利用天然地形（屏障）、绿化与地形的组合，以及建筑群的合理布局改善人居声环境。

尽量利用自然条件不仅可以改善城市区域物理环境，还为建筑室内物理环境品质的优化准备了条件。

0.3.5　全面考虑物理环境（品质）的优化及设计整合

（1）以城市居住区总体布局而言，为减少城市交通噪声干扰，往往考虑沿干道建造连续的障壁建筑作为声屏障（可能长达数百米），试图以“牺牲”一条临干道建筑声环境的布局得到一片安静的居住区，然而对居住区建筑群布局还要求组织、诱导有利于夏季散热的自然通风和有利于争取建筑物在冬季的日照。

（2）窗在建筑造型、美观、功能等方面的重要性是不言而喻的。从物理环境考虑，对窗的设计有保温、节能、遮阳、通风、采光、隔声、防尘等诸方面要求，而为满足不同功能可采取的设计、技术措施往往相互制约。此外，过多过大的玻璃窗还可能降低建筑物所确定的抗震设防烈度。因此须依情况抓住主要矛盾，分析不同需要的相互制约关系并加以整合，寻求优化的设计方案和技术措施。

(3) 现今人们对声环境的要求不只是降噪或沉寂，还盼望有以自然声为主的声环境。此种声环境的创造必然与居住区依绿色建筑理念考虑的规划设计整合在一起，例如包括从居住区的增湿、降温，改善空气品质、美化等考虑的绿化系统、水体景观、地面铺装等。

复习思考题

(1) 简述人类活动累加的对环境和人类自身的伤害。

(2) 概述人居、营建活动的耗能、排废及对环境的影响。

(3) 分析城市化进程中可能引起的城市物理环境变化。

(4) 举例说明物理环境与城市规划、建筑设计的相互影响。

(5) 依自己的感受和了解，概述热环境、光环境、声环境、空气环境与人居身心健康的关系。

(6) 概要分析物理环境诸因素的刺激作用及优化目标。

(7) 概述城市规划、建筑设计工作在优化物理环境品质、实现社会可持续发展进程中的作用。

第 1 篇
建筑热工学

Part I
Building Thermophysics

建筑物常年经受室内外各种气候因素的作用，这些气候因素不仅直接影响室内热环境，也在一定程度上影响建筑物的耐久性。

建筑热工学的任务是依建筑热工原理，论述通过规划和建筑设计的手段，有效地防护或利用室内外气候因素，合理地解决房屋的日照、保温、隔热、通风、防潮等问题，以创造良好的室内气候环境并提高围护结构的耐久性。当然，在大多数情况下，单靠建筑措施未必能够完全满足人们对室内气候的要求，往往需要有适当的空调设备，才能创造理想的室内气候。但应指出，只有首先充分发挥各种建筑措施的作用，再配备一些必不可少的设备，才能做出技术上和经济上都合理的设计。

随着时代的发展，人们对环境品质的要求日益提高，房屋中将广泛采用各种先进的采暖和空调设备；随着建筑工业化程度的提高，日益广泛采用各种预制装配或现场浇筑的新型围护结构。因此，建筑热工学的知识，对提高设计水平，保证工程质量，延长建筑物使用寿命，节约能源消耗，降低采暖和空调费用，取得全面的技术经济效果，意义尤为明显。

本篇主要论述建筑热工学的基本知识和一般的建筑热工设计技术。对于有特殊室内热环境要求的建筑，在设计过程中，还应满足这类建筑相关的设计标准要求和采用相应的建筑技术措施。

第1.1章　室内外热环境

室内热环境的品质直接影响人们的工作、学习和生活，甚至人体的健康。营造相对舒适的室内热环境是建筑热工学的主要研究目的之一。为此，首先要了解室内热环境的概念、人体与周围环境的热交换以及室内热环境舒适性的评价方法。

室外热环境也称为室外气候，是指作用在建筑外围护结构上的一切热、湿物理因素的总称，是影响室内热环境的首要因素。只有掌握影响室内热环境的室外气候因素方面的知识，才能针对各地气候的不同特点，采取适宜的建筑设计方法和技术手段，以改善室内的热环境。

1.1.1　室内热环境

1.1.1.1　室内热环境组成要素

室内热环境主要是由室内气温、湿度、气流及壁面热辐射等因素综合而成的室内微气候。各种室内微气候因素的不同组合，形成不同的室内热环境。

在一般民用建筑和冷加工车间内，只有人体新陈代谢，生活、生产设备及照明灯具散发的热量和水分，室内气候主要决定于室外热环境。因此，需要通过建筑围护结构优化室外热湿状况对室内环境的作用。

1.1.1.2　人体热平衡与热舒适

热舒适是指人们对所处室内气候环境满意程度的感受。舒适的热环境是增进人们身心健康、保证有效地工作和学习的重要条件。人体对周围环境的热舒适程度主要反映在人的冷热感觉上。

人的冷热感觉不仅取决于室内气候，还与人体本身的条件（健康状况、种族、性别、年龄、体形等）、活动量、衣着状况等诸多因素有关。人们在某一环境中感到热舒适的必要条件是：人体内产生的热量与向环境散发的热量相等，即保持人体的热平衡。人体与环境之间的热平衡关系可用图1.1－1及式（1.1－1）表示：

$$\Delta q = q_m \pm q_c \pm q_r - q_w \tag{1.1-1}$$

式中　q_m——人体产热量，W/m²；

q_c——人体与周围空气之间的对流换热量，W/m²；

q_r——人体与环境间的辐射换热量，W/m²；

q_w——人体蒸发散热量，W/m²；

Δq——人体得失的热量，W/m²。

图 1.1－1 人体与所处环境之间的热交换

从式（1.1－1）看出，人体与周围环境的换热方式有对流、辐射和蒸发三种，而换热的余量即为人体热负荷 Δq。据卫生学研究，Δq 值与人们的体温变化率成正比。当 $\Delta q>0$ 时，体温将升高；当 $\Delta q<0$ 时，体温将降低。如果这种体温变化的差值不大、时间也不长，可以通过环境因素的改善和肌体本身的调节，逐渐消除，恢复正常体温状态，不致对人体产生有害影响；若变动幅度大，时间长，人体将出现不舒适感，严重者将出现病态征兆，甚至死亡。因此，从环境条件上应当控制 Δq 值，而要维持人体体温的恒定不变，必须使 $\Delta q=0$，即人体的新陈代谢产热量正好与人体在所处环境的热交换量处于平衡状态。显然，人体的热平衡是达到人体热舒适的必要条件。由于式中各项还受一些条件的影响，可以在较大的范围内变动，许多种不同的组合都可能满足上述热平衡方程，但人体的热感却可能有较大的差异。换句话说，从人体热舒适考虑，单纯达到热平衡是不够的，还应当使人体与环境的各种方式换热限制在一定的范围内。据研究，当达到热平衡状态时，对流换热约占总散热量的25%～30%，辐射散热量占45%～50%，呼吸和无感觉蒸发散热量占25%～30%时，人体才能达到热舒适状态，能达到这种适宜比例的环境便是人体热舒适的充分条件。

1.1.1.3 人体热平衡的影响因素

根据热平衡方程，可以从对式（1.1－1）中各项的分析得出其影响因素。

（1）人体新陈代谢产热量 q_m 主要决定于人体的新陈代谢率及对外作机械功的效率。单位时间内人体新陈代谢所产生的能量，称为新陈代谢率，通常用符号 m 表示，单位为 W/m^2（人体表面积），亦常以“met”表示，$1met=58.2W/m^2$。新陈代谢率的数值随人的活动量而异，人体新陈代谢过程释放出的能量有时部分用来对外作机械功，大部分则转化为人体内部的热量，即人体新陈代谢产热量。表1.1－1为各种活动新陈代谢产热量举例。

（2）对流换热量 q_c 是当着衣体表面与周围空气间存在温度差时的热交换值，取决于着衣体表面和空气间的温差、气流速度以及衣着的热物理性质。

人体皮肤的温度并非均匀一致，也会受到环境因素一定的影响。在卫生学研究中最常用的平均皮肤温度是体表上不同部位几个点皮肤温度的平均值，每个测定值是按其所代表的人体表面积的比例加权计算而得。人体在休息时或认为所在环境舒适时，皮肤温度在28～34℃之间；开始感到温热时，皮肤温度为35～37℃。当人体平均皮肤温度高于空气温度时，则 q_c 为负值，人体向周围空气散热，且气流速度愈大，散热愈多；如果空气温度高于人体平均皮肤温度，则 q_c 为正值，人体从空气中得热，成为人体对流附加热负荷，且气流速度愈大，得热愈多。因此，气流速度对人体的对流换热影响很大，至于人体是散热还是得热，则取决于空气温度的高低。

各种新陈代谢产热量举例

表1.1-1

活　动	产热量（W/m^2）	活　动	产热量（W/m^2）
休息		各种职业活动	
睡眠	40	烹饪	90～115
静坐	60	家庭清理	115～200
放松站立	70	机械操作	
步行		锯工（台锯）	105
0.89m/s	115	电子工业	115～140
1.34m/s	150	重工业	235
1.79m/s	220	搬运50kg的袋子	235
办公室工作		各种休闲活动	
阅读	55	跳舞、社交	140～225
书写	60	健美体操	175～235
打字	65	网球（单人）	210～270
坐姿文秘工作	70	篮球	290～440
立姿文秘工作	80	摔跤比赛	410～505
驾驶/飞行			
驾驶	60～115		
常规飞机维护	70		
引导仪表着陆	140		
驾驶战机	185		

资料来源：C. Gallo, et al.. Architecture: Comfort and Energy [M]. P.41, 1998

在人体与周围空气的对流换热中，人体所着服装会有影响。衣服的热阻越大，则对流换热量越小。

（3）辐射换热量q_r　是在着衣体表面与周围环境表面间进行的，它取决于两者的温度、辐射系数、相对位置以及人体的有效辐射面积。当人体温度高于周围表面温度时，辐射换热的结果，人体失热，q_r为负值；反之，人体得热，q_r为正值。

（4）人体的蒸发散热量q_w　是由无感蒸发散热量与有感的显汗蒸发散热量组成的。无感蒸发是通过肺部呼吸和皮肤的隐汗蒸发进行的，属于无明显感觉的生理现象。由呼吸引起的散热量与通过肺部的空气量成正比，也即与新陈代谢率成正比。至于通过皮肤的隐汗散热，是因皮肤水分扩散引起的，取决于皮肤表面和周围空气的水蒸气压力差。有感的显汗蒸发散热量是指靠皮下汗腺分泌的汗液蒸发来散热。散热量的大小决定于排汗率，当排汗率不大，而环境允许人体的蒸发散热量很大时，体表上没有汗珠形成，此时蒸发所需的热量几乎全部取自人体。但当体表积累的汗水较多，形成一定大小的水珠，甚至全身湿透时，汗液蒸发的热量将有相当数量取自周围空气，有的还可能是因吸收环境辐射热量而蒸发的。显然，在这种情况下，蒸发汗液所消耗的热量远大于人体的蒸发散热量。人体靠有感的汗液蒸发散失的热量，在整个皮肤表面100%为汗液湿透时，达最大值。它与空气流速、从皮肤表面经衣服到周围空气的水蒸气压力分布、衣服对蒸汽的渗透阻等因素有关。

综上所述，可知影响人体热感的因素为：空气温度 t_i，空气相对湿度 φ_i，气流速度 v_i，环境平均辐射温度 $\overline{\theta}_i$，人体新陈代谢率 m 和人体衣着状况等，它们对热环境的影响是综合性的，各因素之间具有互补性。特别是前四个因素都是物理因素，它们与建筑设计有着较为密切的关系，在设计中应结合建筑物所在地区的气候特点和对建筑物的功能要求，充分利用上述诸因素的变化规律使所设计的建筑空间具有良好的热环境条件。

1.1.1.4 室内热环境综合评价

由于建筑热环境的影响因素较多，且具有综合性和相互补偿性，因此，难以简单地用单一因素指标正确评价热环境的优劣。数十年来，许多学者探求了对热环境的综合评价方法，至今已从不同的途径提出了多种不同的评价指标或评价方法。为便于对室内热舒适的影响因素有较为全面的了解，以下简要介绍几个常用的评价指标和方法。

(1) 有效温度（Effective Temperature，*ET*）

有效温度是依据半裸的人和穿夏季薄衫的人，在一定条件的环境中所反映的瞬时热感觉，作为决定各项因素综合作用的评价标准。它是学者们在20世纪30年代提出的表征室内气温、室内空气湿度和室内气流速度三者对人体综合影响的指标，曾广泛用于空调房间设计中。其不足之处在于对湿度的影响可能估计过高，另外未考虑热辐射的影响。后经相关研究者修正，用黑球温度代替气温，称为新有效温度（ET^*）。该指标被美国采暖、制冷、空调工程师协会（ASHRAE）正式采用至今。

(2) 热应力指数（Heat Stress Index，*HSI*）

热应力指数即人体所需的蒸发散热量与室内环境条件下最大可能的蒸发散热量之比，一般用百分比表示，即：

$$HSI = \frac{q_{req}}{q_{max}} \times 100 \qquad (1.1-2)$$

式中 q_{req}——人体所需的蒸发散热量，其值由人体的热平衡方程而定，即：

$$q_{req} = q_m \pm q_c \pm q_r$$

q_{max}——最大可能的蒸发散热量，其值决定于室内空气湿度、气流速度以及人体衣着等因素。

热应力指数全面考虑了室内热微气候中的四个物理因素以及人体活动状况与衣着等因素的影响，因而是一个较为全面的评价指标。但根据实验范围，它只适用于空气温度偏高，即在20~50℃，且衣着较单薄的情况，因此常用于评价夏季热环境状况。

(3) 预计热感觉指数（*PMV*）

为了全面评价室内热环境参数以及人体状况（人体活动和衣着）对人体热舒适的影响，丹麦学者房格尔（P. O. Fanger）在大量实验研究和调查统计的基础上提出了预计热感觉指数 *PMV* 以及不满意百分比 *PPD* 的评价指标①。*PMV-PPD* 指标较全面客观地反映各因素间的关系，经过数十年的实践检验，已被国际公认为评价室内热环境质量的较好方法。

房格尔在人体热平衡方程式（1.1－1）的基础上进行了推导，得出人体得失的热量 Δq 是四个环境参数（气温 t_i、相对湿度 φ_i、环境表面平均辐射温度 $\overline{\theta_i}$ 及气流速度 v_i）、人体活动量（或新陈代谢率 m）、皮肤平均温度（$\overline{t_{sk}}$）、汗液蒸发率（q_{sw}）及所着衣服热阻（R_{cl}）的函数，可以下式表示：

$$\Delta q = f(t_i, \varphi_i, \overline{\theta_i}, v_i, \mathrm{m}, R_{cl}, \overline{t_{sk}}, q_{sw}) \tag{1.1-3}$$

人体感到热舒适的必要条件是 $\Delta q = 0$，即

$$f(t_i, \varphi_i, \overline{\theta_i}, v_i, m, R_{cl}, \overline{t_{sk}}, q_{sw}) = 0 \tag{1.1-4}$$

人体在环境中感到热舒适的充分条件，还必须使人体的皮肤温度 $\overline{t_{sk}}$ 处于舒适的温度范围，而且汗液蒸发率 q_{sw} 也处于舒适的蒸发范围内。房格尔根据大量实验得出人体舒适时 $\overline{t_{sk}}$ 及 q_{sw} 与人体活动量 m 间存在着线性的函数关系。把这一关系代入式（1.1－4），经整理后就得出房格尔的热舒适方程：

$$f(t_i, \varphi_i, \overline{\theta_i}, v_i, m, R_{cl}) = 0 \tag{1.1-5}$$

该方程比较全面合理地描述了人体热舒适与上述六个物理量间的定量关系。式中衣服热阻的单位是clo，1clo＝0.155$\mathrm{m^2 \cdot K/W}$。表1.1－2是一般服装组合的 R_{cl} 及相应的clo。

一般服装组合的热阻　　表1.1－2

服装组合	$\mathrm{m^2 \cdot K/W}$	clo
裸露	0	0
短裤	0.015	0.1
一般的热天服装（短衫、短裤、短袖开领衬衫、短袜和凉鞋）	0.045	0.3
浅色夏装（短衫、轻便长裤、短袖开领衬衫、短袜和鞋）	0.08	0.5
轻便工作服（轻便衬衣、长袖棉质衬衫、工作衫、羊毛袜和鞋）	0.11	0.7
一般的室内冬季服装（衬衣、长袖衬衫、夹克衫或长袖运动衫、厚袜和鞋）	0.16	1.0
厚的传统欧式商务套装（长袖和长裤脚棉衬衣、衬衫包括工作衫、夹克衫、马甲外套、羊毛袜和厚鞋）	0.19	1.2

资料来源：C. Gallo, et. al. Architecture: Comfort and Energy [M]. P.44, 1998

房格尔将热舒适方程中的某些参数以若干常数代入，并用计算机求解出其余参数的值，绘制成三种不同类型的热舒适线图计28张（参见图1.1－2～图1.1－4）。借助于这些线图，可以根据房间的用途，求得在不同衣着及活动量时，确保人体热舒适状态的气候因素的组合，作为设计依据。

【例1.1－1】 在一个洁净室内，气流速度是0.5m/s，工作人员都坐着工作（1.2met），穿统一的薄工作服（0.5clo），相对湿度 φ_i ＝ 50%。求舒适的室内温度。

【解】 查图1.1－2，根据插入法找出风速0.5m/s与1.2met的相交线，从横坐标上即可找出其舒适的室内气温及平均辐射温度为26.6℃（见图中虚线）。

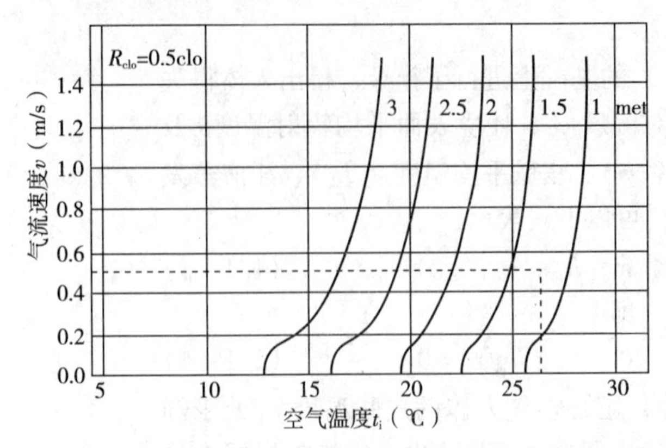

图1.1－2 风速与空气温度之间的热舒适线（衣着0.5clo，相对湿度50%，$t_i=\overline{\theta}_i$）

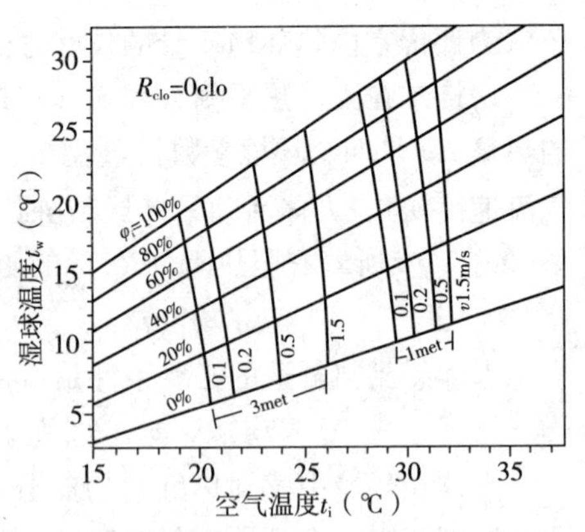

图1.1－3 湿球温度与空气温度之间的热舒适线（衣着0.5clo，$t_i=\overline{\theta}_i$）

【例1.1－2】在一座有空调设施的电影院中，观众坐着（1.0met）穿1.0clo的衣服，若$\varphi_i=50\%$，$v_i<0.1\text{m/s}$，而且假定$t_i=\overline{\theta}_i$，求舒适的室内温度。

【解】查图1.1－4，根据已知条件可找出舒适的室内温度$t_i=\overline{\theta}_i=23℃$（见图中虚线）。

*PMV*是在热舒适方程及实验的基础上，运用统计方法得出的人的热感觉与环境等六个量的定量函数关系，即：

$$PMV=f\ (t_i,\ \varphi_i,\ \overline{\theta}_i,\ v_i,\ m,\ R_{cl}) \tag{1.1－6}$$

然后，把*PMV*值按人的热感觉分成很热、热、稍热、舒适、稍冷、冷、很冷七个等级，并通过大量试验获得感到不满意等级的热感觉人数占全部人数的百分比*PPD*，画出*PMV-PPD*曲线。见图1.1－5。

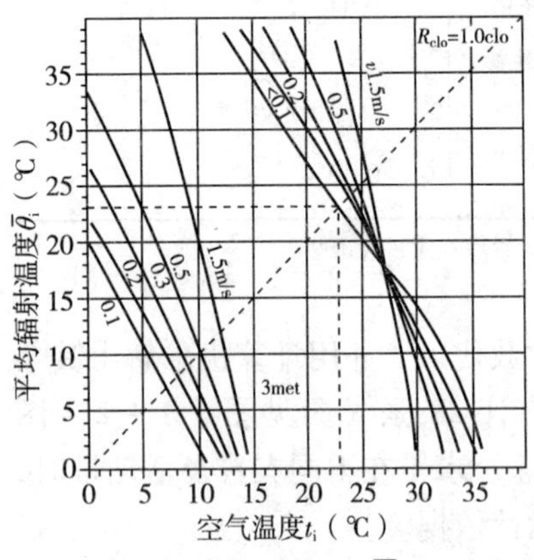

图1.1－4 平均辐射温度$\overline{\theta}_i$与空气温度t_i之间关系的热舒适线（衣着1.0clo，相对湿度50%）

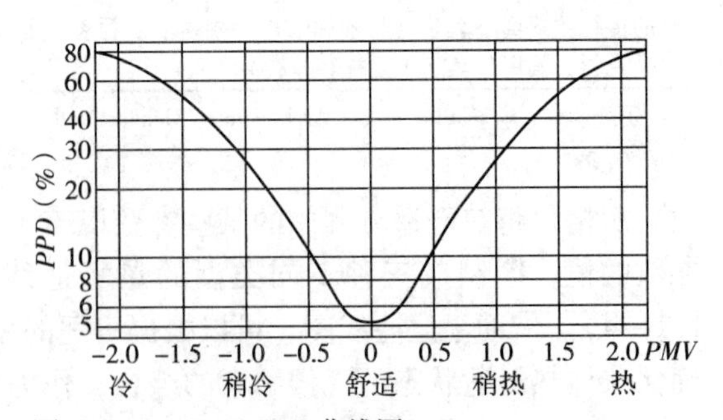

图1.1－5 *PMV-PPD*曲线图

使用*PMV-PPD*曲线，可以获得不同着装、从事不同工作的人在不同热环境中的热感觉。例如，在夏季，当人静坐在某居室内，该居室气温为30℃，房间平均辐射温度为29℃，风速为0.1m/s，相对湿度60%，着装热阻为0.4clo，着衣表面和裸体表面的比值为1.05。根据式（1.1－6）可求得$PMV=1.38$。查图1.1－5，可知人对该居室热环境的反应是比稍热还感到热一点，不满意该环境的人数约占总人数的43%。

国际标准化组织（ISO）已规定，PMV在$-0.5\sim0.5$范围内为室内热舒适指标。只有舒适性空调建筑才具有这一指标。然而新近的研究发现，即便四个环境参数都在舒适范围，如果身体某一部分暖而另一部分冷，就会感觉不舒适。例如：

①对流冷　现今已是公认的办公空间里环境干扰因素之一。当人们感觉到对流冷时，通常要求提高温度或停止通风。变化的气流比稳定气流引起的不舒适更明显。

②不对称热辐射　一般是由冷窗、低热阻墙、冷或热的装置、墙或顶棚上不合适的取暖装置所致。在居住建筑中，导致热不舒适的最主要原因常是冬天大窗或辐射式取暖器的不对称辐射。

③垂直温差　在大部分建筑空间里，空气温度常随着离地面的高度而升高。这种温度梯度如果过大，就会引起头部感觉热不舒适或足部的冷不舒适。

④暖或冷地板　与地面直接接触的脚底，会因地面温度过高或过低而产生热不舒适。地面温度也是影响室内平均辐射温度的重要因素。人体感觉舒适的地板温度通常在19～29℃之间。

（4）心理适应性模型

尽管*PMV-PPD*评价方法比较全面、科学，但也有一定的局限。它对相对舒适的室内环境（即PMV在$-1.0\sim+1.0$之间时）的评价较为准确，而当PMV值超过±2.0时，PMV值和人体的热感觉之间的差异较大。如在自然通风建筑中，PMV值和人体热感觉就有较大偏差。特别是在较热的环境中，人体感觉舒适的中性温度往往远高于PMV值为0时的舒适温度。造成这种偏差的原因是多方面的，Brager等提出了三种适应性模型：生理适应性、行为适应性以及心理适应性，认为其中心理适应性模型是解释自然通风建筑中实际观测结果和PMV预测结果不同的主要原因，并归纳出室内热中性温度和室外月平均气温之间的关系：

$$t_{ic}=17.8+0.31t_e \tag{1.1-7}$$

式中　t_{ic}——室内热中性温度（即室内热舒适温度），℃；

t_e——室外月平均温度，℃。

适应性模型以热中性温度为中心，以90%的人可接受舒适温度变化范围为5℃和80%的人可接受舒适温度变化范围为7℃定义自然通风建筑的热舒适温度区。图1.1－6比较了不同舒适标准及不同室内控制条件下的室内热舒适温度与室内气温之间的关系，其中（*a*）表示室内空调环境设计的舒适温度区；（*b*）表示ASHRAE②标准建议热舒适区；（*c*）和（*d*）分别表示90%和80%可接受的自然通风建筑室内舒适温度区。

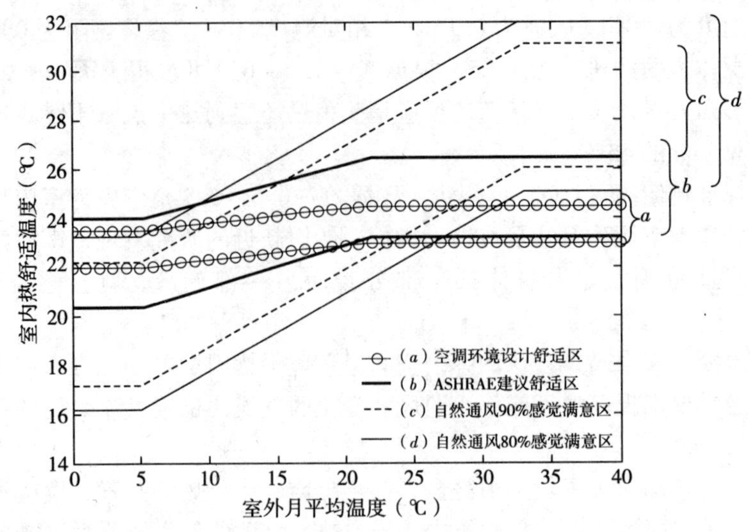

图1.1-6　室内舒适温度与室外月平均温度的关系

1.1.1.5　室内热环境的影响因素

(1) 室外气候因素

建筑物基地的各种气候因素，通过建筑物的围护结构、外门窗及各类开口，直接影响室内的气候条件。为了获得良好的室内热环境，必须了解当地各主要气候因素的概况及变化规律特征，以作为建筑设计的依据。

(2) 热环境设备的影响

这里所说的热环境设备是指以改善室内热环境为主要功能的设备，例如用于冬季采暖的电加热器，用于夏季制冷、增风、去湿的空气调节器、风扇、空气去湿机等。只要使用得当，就可以有效地或不同程度地直接改善室内热环境的某个或某几个因素，从而增加人体的舒适感。

(3) 其他设备的影响

在一般民用建筑中，还有灯具、电视机、冰箱等家用电器。这些设备在使用中都向所在的空间散发热量，至于对室内热环境的影响程度，则取决于室外的气候状况、建筑空间的大小以及所使用设备的种类和功率。例如，在小空间居室使用白炽灯，在炎热的夏日会增加人体的热感；相比之下，采用节能型灯具，感觉就不一样了。

另外，在住宅中厨房对环境的影响不可忽视。目前我国城市家庭厨房所用的燃料以固体和气体燃料为主，在燃烧过程中会产生热、多种废气和水蒸气，如通风不良，将对其他空间的卫生状况和热环境产生不利影响。至于工业建筑中的热车间，因其热源种类不同，发热量又特别大，只能根据具体情况单独处理。

(4) 人体活动的影响

前已述及，人体也是“发热器”。在空间大、人数又不多的场所，对环境的影响并不明显；但若在会堂、体育馆、候车室等人群集聚场所，夏季就易于感到过热。而在人群密集的地方，往往自然通风不畅，人体呼出的水蒸气等气体也会对环境的湿度和卫生状况产生不良影响。

1.1.2　室外气候

一个地区的气候是在许多因素综合作用下形成的。与建筑密切有关的气候要素有：太阳辐射、气温、湿度、风、降水等。

1.1.2.1　太阳辐射

太阳辐射能是地球上热量的基本来源，是决定气候的主要因素，也是建筑物外部最主要的气候条件之一。

太阳辐射通过大气层时，其中的一部分辐射能被云层反射到宇宙空间；另一部分则受到天空中各种气体分子、尘埃、微小水珠等质点的散射；还有一部分被大气中的氧、臭氧、二氧化碳和水蒸气所吸收（见图1.1－7）。由于反射、散射和吸收的共同影响，使到达地球表面的太阳辐射照度大大地削弱了，辐射光谱也因而发生变化。到达地面的太阳辐射由两部分组成，一部分是太阳直接射达地面的，它的射线平行，称为直接辐射；另一部分是经大气散射后到达地面的，它的射线来自各个方向，称为散射辐射。直接辐射与散射辐射之和就是到达地面的太阳辐射总量，称为总辐射。

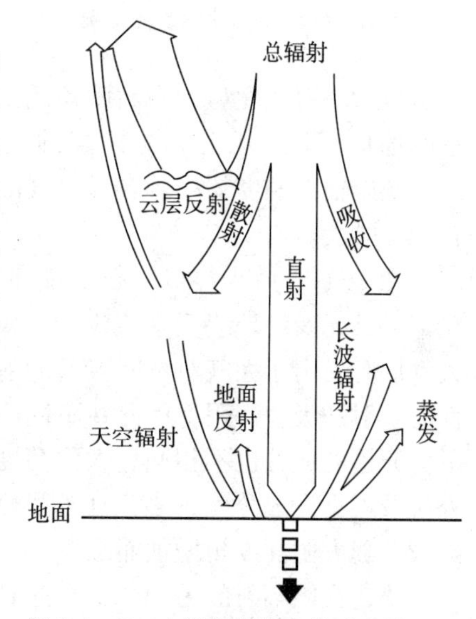

图1.1－7　太阳辐射热交换示意图

大气对太阳辐射的削弱程度决定于射线在大气中射程的长短及大气质量。而射程长短又与太阳在天空的位置和地面海拔高度有关。水平面上太阳直接辐射照度与太阳高度角、大气透明度成正比。如在低纬度地区，太阳高度角大，阳光通过的大气层厚度较薄，因而太阳直接辐射照度较大。高纬度地区，太阳高度角小，阳光通过的大气层厚度较厚，因而太阳直接辐射照度较小（见图1.1－8）。又如在中午太阳高度角大，太阳射线穿过大气层的射程短，直接辐射照度就大；早晨和傍晚太阳斜射，太阳高度角小，射程长，直接辐射照度就小，如图1.1－9所示。在夏季最热月份，不同纬度在水平面上太阳辐射照度的日变化，可参见图1.1－10。从图中同样可以看出，高纬度地区太阳辐射照度比低纬度地区弱，而最高值均出现在当地时间的中午。至于大气透明度，要视大气中含有的烟雾、灰尘、水汽及二氧化碳等造成的混浊状况而异。城市上空的大气较农村混浊，透明度差，因此城市的太阳直接辐射照度要比农村弱。在海拔较高的地区，大气中的云量及灰尘都较少，而且阳光通过大气层的射程也短，太阳直接辐射照度就大。

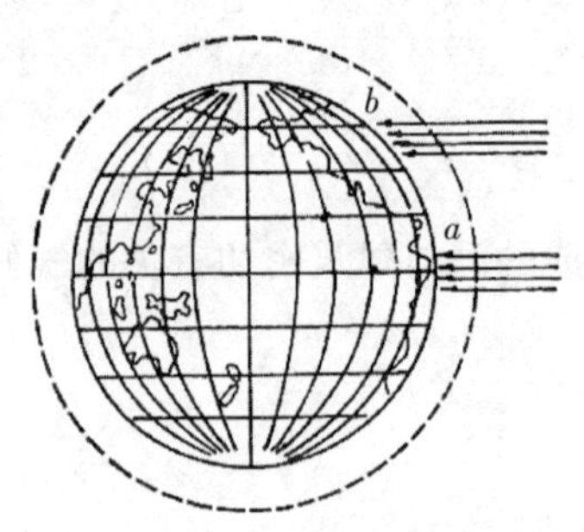

图 1.1-8　不同纬度受照情况

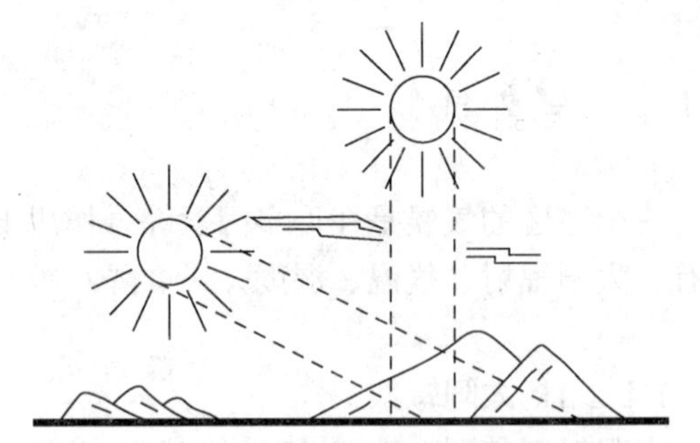

图 1.1-9　正午和傍晚地面受照情况

散射辐射照度与太阳高度角成正比，与大气透明度成反比。因此，海拔高的地方或农村地区，散射辐射照度就小，多云天气散射辐射照度较无云时大。

在大气层上界太阳辐射的能量集中在紫外线、可见光及红外线三个波段。当太阳辐射透过大气层时，由于大气对不同波长的射线具有选择性的反射和吸收作用，因此在不同的太阳高度角下，光谱的成分也不相同，太阳高度角越高，紫外线及可见光成分就越多；红外线恰好相反，它的成分随太阳高度角增加而减少。

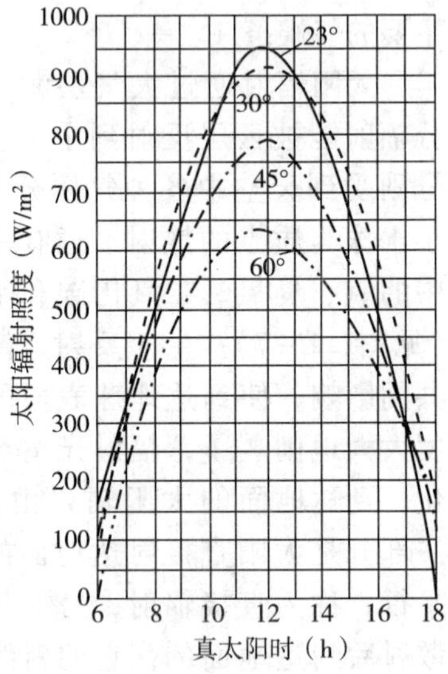

图 1.1-10　不同纬度水平面上太阳辐射照度

描述太阳辐射的另一个指标是日照时数。在晴朗天气时，从日出到日没一天内阳光照射大地的时间，称为可照时数。它决定于纬度及日期。实际上，由于云、烟、雾等遮挡，地面上接受直接太阳辐射的时间要小于可照时数，实际日照时数与可照时数的比值，称为日照百分率。日照百分率越大，则到达地面上的太阳辐射能的总和就越多；反之就少。我国各地全年的日照百分率以西北、华北和东北地区为最大，以四川盆地、贵州东部和两湖盆地为最小，华南及长江下游介于中间。

在工程应用中，不仅要了解水平面的太阳辐射照度，还要了解任意倾斜面和各朝向垂直面的太阳辐射照度。在《民用建筑热工设计规范》GB 50176—93 中汇集了有关数据，可以直接选用。

1.1.2.2　气温

大气中的气体分子在吸收和放射辐射能时具有选择性。它对太阳辐射几乎是透明体，直接受太阳辐射而增温是非常微弱的，主要靠吸收地面的长波辐射（3～120μm）而增温。因此，地面与空气的热量交换是气温升降的直接原因。影响地面附近气温的因素主要有：首先是入射到地面上的太阳辐射热量，它起着决定性的作用。空气温度的日变化、年变化，以及随地理纬度而产生的变化，都是由于太阳辐射热量的变化而引起的。其次，大气的对流作用对空气温度的影响最大，无论是水平方向还是垂直方向的空气流动，都会使高、低温空气混合，从而减少地域间空气温度的差异。第三，下垫面对空气温度的影响也很重要，草原、森林、水面、沙漠等不同的地面覆盖层对太阳辐射的吸收及与空气的热交换状况各不相同，对空气温度的影响不同，因此各地温度也就有了差别。最后，海拔高度、地形地貌都对气温及其变化有一定影响。

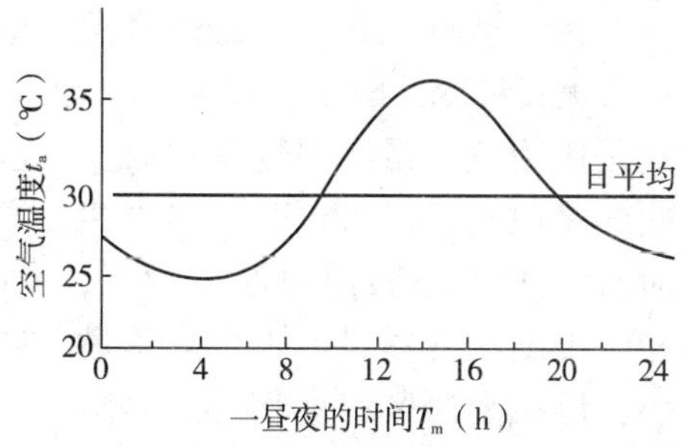

图1.1－11　气温日变化曲线

气温有明显的日变化与年变化。一般在晴朗天气下，气温的昼夜变化是有规律的。图1.1－11是将一天24h所测得的温度数值，经谐量分析后取一阶谐量所绘制的曲线。从图中可以看出，气温日变化有一个最高值和最低值。最高值通常出现在午后2h左右，而不在正午太阳高度角最大的时刻；最低气温一般出现在日出前后，而不是在午夜。这是由于空气与地面间因辐射换热而增温或降温都需要经历一段时间。一日内气温的最高值与最低值之差称为气温的日较差，通常用来表示气温的日变化。由于海陆分布和地形起伏的影响，我国各地气温的日较差一般从东南向西北递增。

一年中各月平均气温也有最高值与最低值。对北半球来说，年最高气温出现在7月份（大陆上）或8月份（沿海地方或岛屿上），而年最低气温出现在1月份或2月份。一年内最热月与最冷月的平均气温差称为气温的年较差。我国气温的年较差自南到北、自沿海到内陆逐渐增大。华南和云贵高原约为10～20℃，长江流域增到20～30℃，华北和东北的南部约为30～40℃，东北的北部与西北部则超过40℃。

一般所说的气温是指距地面1.5m高处的空气温度。高度的变化也会使气温发生改变，气温的垂直递减率平均为0.6℃/100m。有时上层空气较接近地面的空气为热，这种现象叫做逆温现象（或称倒置现象）。产生逆温现象的原因很多，最常见的情形是在晴朗无风的夜晚，当地面急剧冷却而引起贴近地面的空气强烈变冷时，便产生逆温现象。此外，在地形交错的地区，冷空气沿山坡下降，停滞在低凹处，也会形成逆温现象。

1.1.2.3　空气湿度

空气湿度是指空气中水蒸气的含量。这些水蒸气来源于江河湖海的水面、植物以及其他水体的水面蒸发，通常以绝对湿度和相对湿度来表示。相对湿度的日变化受地面性质、水陆分布、季节寒暑、天气阴晴等因素影响，一般是大陆大于海面，夏季大于冬季，晴天大于阴天。相对湿度日变化趋势与气温日变化趋势相反（见图1.1－12）。在晴天，其最高值出现在黎明前后，虽然此时空气中的水汽含量少，但温度最低，故相对湿度最大；最低值出现在午后，此时虽然空气所含的水蒸气量较多（因蒸发较强），但温度已达最高，故相对湿度低。

在一年中，最热月的绝对湿度最大；最冷月的绝对湿度最小。这是因为蒸发量随温度变化而变化的缘故。一般来说，一年中相对湿度的大小和绝对湿度相反，相对湿度在冷季最大，在热季最小，但在季风区有些例外。我国因受海洋气候影响，南方大部分地区相对湿度在一年内以夏季为最大，秋季最小。华南地区和东南沿海一带，因春季海洋气团侵入，且此时气温还不高，故形成较大的相对湿度，大约每年3月份至5月份为最大，秋季最小，所以在南方地区春夏之交气候较潮湿，室内地面常出现泛潮（凝结水）现象。

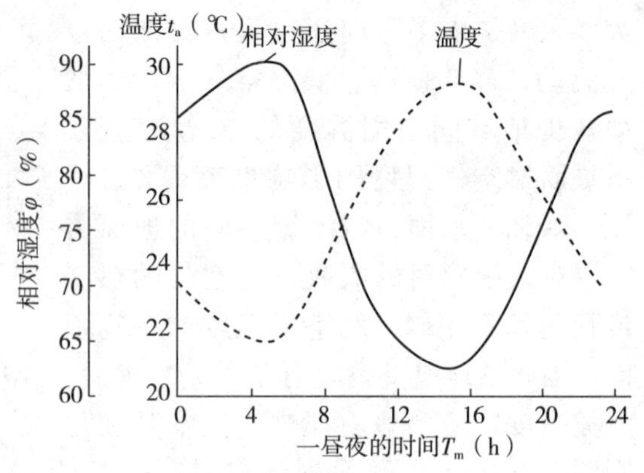

图1.1－12 相对湿度的日变化

空气中水蒸气的浓度随着海拔高度增加而降低，上部空气层的水蒸气含量低于近地的空气层。

1.1.2.4 风

风是指由大气压力差所引起的大气水平方向的运动。地表增温不同是引起大气压力差的主要原因，也是风的主要成因。风可分为大气环流与地方风两大类。由于太阳辐射热在地球上照射不均匀，引起赤道和两极间出现温差，从而引起大气从赤道到两极和从两极到赤道的经常性活动，称为大气环流，它是造成各地气候差异的主要原因之一。控制大气环流的主要因素是地球形状和地球的运动（自转和公转）。由于地表水陆分布、地势起伏、表面覆盖等地方性条件的不同而引起的风称为地方风，如海陆风、季风、山谷风、庭院风及巷道风等。上述地方风除季风外，都是由局部地方昼夜受热不均引起的，所以都以一昼夜为周期，风向产生日夜交替的变化。季风是因海陆间季节气温的差异而引起的，冬季大陆冷却，气压增高，季风从大陆吹向海洋；夏季大陆增温，气压降低，季风由海洋吹向大陆。因此，季风的变化以年为周期。我国广大地区（主要是东部地区），夏季湿润多雨而冬季干燥，就是受强大季风的影响。我国的季风大部分来自热带海洋，故多为东南风和南风。

风向和风速是描述风特性的两个要素。通常人们把风吹来的地平方向确定为风的方向，如风来自西北方叫西北风，风来自东南方叫东南风。在陆地上风向常用16个方位来表示。风速即单位时间风所行进的距离，以m/s表示。根据测定和统计可获得各地的年、季、月的风速平均值、最大值以及风向频率的数据，用以考虑房屋朝向、间距及平面布置的选择。

为了直观地反映一个地方的风速和风向，通常用风玫瑰图（见图1.1－13）表示。图中（a）是某地7月份的风向频率分布。它的作法是先将同一月中各个方位的风向出现次数统计出来，然后计算出各个方位出现次数占总次数的百分比

(即频率)，再按一定的比例在各个方位的射线上点出，最后将各点连接起来即成。由图可知该地7月份以东南风最盛。图中（b）表示各方位的风速。先统计其出现次数，然后计算它占总次数的百分比（频率），按照一定比例点在风向方位射线上，用符号将不同速度区分开来。由图可见，某地一年中以东南风最多，风速也较大，西北风发生频率虽较少，但高风速的次数有一定比例。

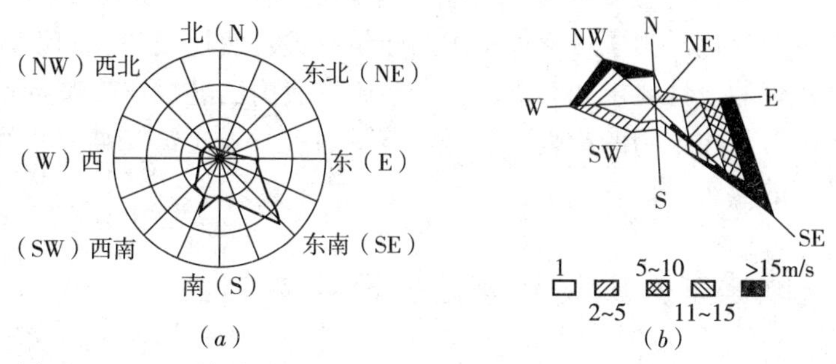

图1.1－13　风玫瑰图

（a）某地7月的风向频率分布图；（b）某地全年风速、风向分布图

根据我国各地1月份、7月份和年的风向频率玫瑰图，按其相似形状进行分类，可分为季节变化、主导风向、双主导风向、无主导风向和准静止风（风速 < 1.5m/s）等五大类。在城市规划和建筑设计时，不同风向类型的区域要采取不同的对策。

1.1.2.5　降水

从大地蒸发出来的水汽进入大气层，经过凝结后又降到地面上的液态或固态水分，简称降水。雨、雪、冰雹等都属于降水。降水性质包括降水量、降水时间和降水强度等方面。降水量是指降落到地面的雨、雪、雹等融化后，未经蒸发或渗透流失而积累在水平面上的水层厚度，以毫米（mm）为单位。降水时间是指一次降水过程从开始到结束的持续时间，用时（h）、分（min）表示。降水强度是指单位时间内的降水量，降水量的多少用雨量筒和雨量计测定。降水强度的等级以24h的总量（mm）划分：小雨 < 10；中雨10～25；大雨25～50；暴雨50～100。

影响降水量分布的因素是很复杂的。首先是气温。在寒冷地区水的蒸发量不大，而且冷空气也无力包容很多水汽。因此，当那里的水汽凝结时也不可能有大量的降水。在炎热地区，蒸发强烈，而且空气包容水汽的能力也很大，所以水汽凝结时会产生大量降水。此外，大气环流、地形，海陆分布的性质及洋流等对降水规律都有影响，它们往往同时作用。我国降水量大体由东南向西北递减，山岭的向风坡常为多雨的中心。因受季风影响，雨量都集中在夏季，变化特大，强度也很可观；年雨量的变化很大，全月雨量往往仅是数次暴雨的结果。例如北京最大年雨量近1100mm，最小年雨量不足200mm，两者差达900mm，相当于年平均雨量的1.5倍，可见年雨量变化之大。华南地区季风降水从5月份开始到10月份终止，长江流域为6～9月份间。梅雨是长江流域夏初气候的一个特殊现象，其特征是雨量缓而范围广，且持续时间长，雨期约20～25天不等。珠江口和台湾南部，在7、8月份多暴雨，这是由于西南季风和台风的合并影响所致，它的特征是单位时间内雨量很大，但一般出现范围小，持续时间短。

我国降雪量在不同地区差别很大，北纬35°以北至45°范围为降雪或多雪地区。

综合上述分析，可知驱使地球气候系统变化的物理机理包括接受太阳辐射的能量、地球的转动、气团的运动、土壤和水的升温、水的蒸发及随后的凝结和降水。这些机理以复杂的方式相互联系并产生随时间周期（例如日、年）规律的变化和一些无规变化。为了科学地提出与建筑有关自然气候条件的设计依据，明确各气候区建筑的设计要求和相应的技术措施。我国已经根据建筑特点、要求以及各种气候因素对建筑物的影响，在全国范围内进行了建筑气候分区的工作，以指导作出合宜的建筑设计。

1.1.3 我国建筑热工设计分区及设计要求

建筑热环境设计主要涉及冬季保温和夏季隔热以及为维持室内相对舒适的热环境所需消耗的采暖和制冷能耗，因此用累年最冷月（即1月份）和最热月（即7月份）平均温度作为分区主要指标，累年日平均温度≤5℃和≥25℃的天数作为辅助指标，我国《民用建筑热工设计规范》GB 50176—2016将全国划分为五个一级气候分区，即严寒地区、寒冷地区、夏热冬冷地区、夏热冬暖地区和温和地区，详见《民用建筑热工设计规范》GB 50176—2016图A.0.3。分区指标及设计原则如表1.1-3所示。

严寒地区：指累年最冷月平均温度低于或等于-10℃的地区。主要包括内蒙古和东北北部、新疆北部地区、西藏和青海北部地区。这一地区的建筑必须充分满足冬季保温要求，加强建筑物的防寒措施，一般可不考虑夏季防热。

寒冷地区：指累年最冷月平均温度为0~-10℃地区。主要包括华北地区、新疆和西藏南部地区及东北南部地区。这一地区的建筑应满足冬季保温要求，部分地区兼顾夏季防热。

夏热冬冷地区：指累年最冷月平均温度为0~10℃，最热月平均温度25~30℃地区。主要包括长江中下游地区，即南岭以北、黄河以南的地区。这一地区的建筑必须满足夏季防热要求，适当兼顾冬季保温。

夏热冬暖地区：指累年最冷月平均温度高于10℃，最热月平均温度25~29℃的地区。包括南岭以南及南方沿海地区。这一地区的建筑必须充分满足夏季防热要求，一般可不考虑冬季保温。

温和地区：指累年最冷月平均温度为0~13℃，最热月平均温度18~25℃的地区。主要包括云南、贵州西部及四川南部地区。这一地区中，部分地区的建筑应考虑冬季保温，一般可不考虑夏季防热。

在同一气候分区中，室外气候状况总体上较为接近，但仍有差别。为了更为准确描述当地的气候特点，便于采取针对性的建筑节能措施，我国《夏热冬暖地区民用建筑节能设计标准》JGJ 75—2003又将夏热冬暖地区细分为北区和南区；而在我国《公共建筑节能设计标准》GB 50189—2005中则将严寒地区细分为A区和B区。

建筑热工设计一级区划指标及设计原则　　表 1.1-3

一级区划名称	区划指标		典型城市	设计原则
	主要指标*	辅助指标**		
严寒地区 (1)	$t_{min \cdot m} \leqslant -10$	$d_{\leqslant 5} \geqslant 145$	哈尔滨，呼和浩特，西宁	必须充分满足冬季保温要求，一般可不考虑夏季防热
寒冷地区 (2)	$-10 < t_{min \cdot m} \leqslant 0$	$90 \leqslant d_{\leqslant 5} < 145$	唐山，太原，兰州	应满足冬季保温要求，部分地区兼顾夏季防热
夏热冬冷地区 (3)	$0 < t_{min \cdot m} \leqslant 10$ $25 < t_{max \cdot m} \leqslant 30$	$0 \leqslant d_{\leqslant 5} < 90$ $40 \leqslant d_{\geqslant 25} < 110$	南京，长沙，泸州	必须满足夏季防热要求，适当兼顾冬季保温
夏热冬暖地区 (4)	$t_{min \cdot m} > 10$ $25 < t_{max \cdot m} \leqslant 29$	$100 \leqslant d_{\geqslant 25} < 200$	福州，广州，南宁	必须充分满足夏季防热要求，一般可不考虑冬季保温
温和地区 (5)	$0 < t_{min \cdot m} \leqslant 13$ $18 < t_{max \cdot m} \leqslant 25$	$0 \leqslant d_{\leqslant 5} < 90$	贵阳，昆明，攀枝花	部分地区应考虑冬季保温，一般可不考虑夏季防热

说明：* 主要指标包括：最冷月平均温度 $t_{min \cdot m}$（℃）和为最热月平均温度 $t_{max \cdot m}$（℃）；

** 辅助指标包括：为日平均温度≤5℃的天数 $d_{\leqslant 5}$ 和为日平均温度≥25℃的天数 $d_{\geqslant 25}$。

1.1.4 城市气候和微气候

在气象学中，一般根据气候影响的范围从大到小将气候系统分为全球性气候、区域性气候、局域性气候以及微气候等四种。上述各分区的气候特征就属于区域性气候。

任何一种类型气候区域内，并非全区域的气候都完全一致。由于地形、土壤、植被、水面等地面情况的不同，一些地方往往具有独特的气候。这种在小地区因受各种地方因素影响而形成的气候，称为局域性气候（亦称小气候）。根据地区下垫面的特性，可以形成不同的局域气候类型，如地势气候、森林气候、湖泊气候及城市气候等。夏季晴朗无风的时候，局域性气候的差异表现得最为明显。

1.1.4.1 城市气候

城市气候是在不同区域气候的条件下，在人类活动特别是城市化的影响下形成的一种特殊气候。其成因主要有两个方面：首先，城市中由于街道纵横，建筑物鳞次栉比，高低不一，形成特殊的下垫面；其次，城市密集人口的生活和生产活动，消耗大量能源，排放很多“人为热”、“人为水汽”和污染物。这些都使城市气候要素产生显著变化。这些变化主要体现在：

(1) 大气透明度较小，削弱了太阳辐射

由于大气污染，城市的太阳辐射比郊区减少15%~20%。且工业区比非工业区减少得多。

（2）气温较高，形成“热岛效应”

由于城市的“人为热”及下垫面向地面近处大气层散发的热量比郊区多，气温也就不同程度地比郊区高，而且由市区中心地带向郊区方向逐渐降低，这种气温分布的特殊现象叫做“热岛效应”（如图1.1-14所示）。热岛效应影响所及的高度叫做混合高度，在小城市约为50m，大城市则可达500m以上。热岛范围内的空气易于对流混合，但其上部的大气则呈稳定状态而不扩散，就像盖子一样，使发生在热岛范围内的各种气体污染物质都被围闭在热岛之中。因此，热岛效应对大范围内的空气污染有很大影响。

一般将市区最高温度与郊区温度之间的差称为城市热岛强度。热岛强度的大小和城市规模、季节以及天气状况等有关。大城市的热岛效应很明显，热岛强度一般在1.1~6.5℃。在晴朗、无风或微风的稳定天气条件下，热岛效应较为明显，而大风、阴雨天气则不利于热岛形成。

由于热岛效应，为改善热舒适对制冷、供热的需求出现了明显区别，也直接影响建筑物耗能。根据对北美洲9座城市30年的统计比较，在夏季的制冷度日数，市中心比郊区高出10%~92%；冬季供热度日数，市中心比郊区少6%~32%。

（3）风速减小、风向随地而异

由于城市房屋高低不同，街道又纵横交错，使城市区域下垫面粗糙程度增大，因而市区内风速减小。如北京城区年平均风速比郊区小20%~30%，上海市中心比郊区小40%，城市边缘比郊区小10%。且城市区域内的风向不定，往往受街道走向等因素的影响。

（4）蒸发减弱、湿度变小

城区降水容易排泄，地面较为干燥，蒸发量小，而且气温较高，所以年平均相对湿度比郊区低。如广州约低9%，上海约低5%。

（5）雾多、能见度差

由于城市中的大气污染程度比郊区大，故大气中具有丰富的凝结核，一旦条件适宜就产生大量的雾。如雾都重庆，城区雾日比郊区多1~2倍，甚至高达4倍。

人类的各种活动已经明显影响城市气候，例如：工业化导致大气中二氧化碳含量增加，气候改变可能表现为地球温暖化（温室效应），因为大气中的温室气体增加了对红外线的吸收；地面覆盖层的改变（砍伐树木、建造房屋、修筑道路等）因涉及反射比、粗糙度以及热湿作用，都直接影响城市的气候因素。在城市规划设计和建筑设计时，应重视其可能对城市气候变化所产生的影响。

1.1.4.2 微气候

微气候（亦称热微环境）是更小范围的气候变化，如某个住区、街区，甚至一个建筑组团等，由于建筑形式、布局等的不同导致相同城市气候条件下微环境的差异，主要表现在日照状况、气温、湿度以及气流分布等方面。其中，日照与气流不仅包含了水平方向的变化，还包含垂直方向的变化。

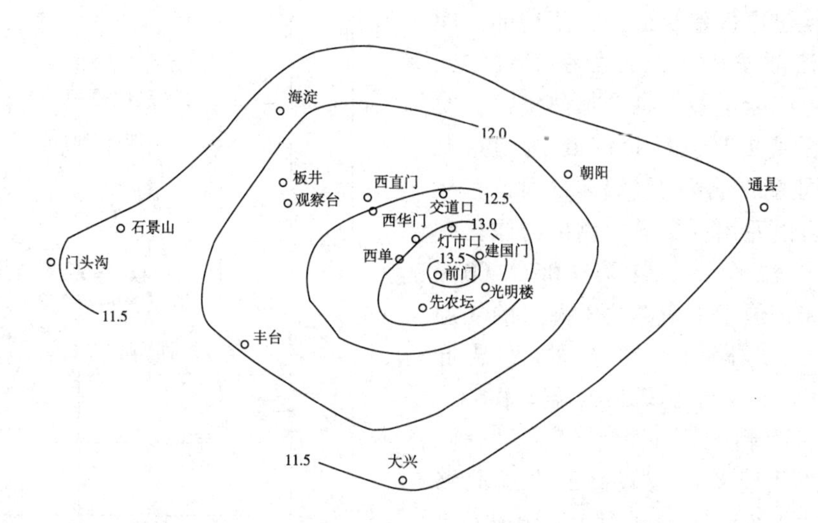

图 1.1-14　北京市的热岛效应：北京城、郊年平均气温分布图（单位：℃）

影响区域内热微环境的因素主要有：地段下垫面、建筑群布局、选用的建筑材料等，其中以区域内下垫面以及建筑物的影响为甚。有些存在特殊热源或热汇的地段也会造成其微气候和周边地段有明显的差异。

（1）下垫面的影响　以土壤、植被或水体为主要覆盖物的天然下垫面在白天吸收的太阳辐射分别用于加热空气、土壤和植物，以及蒸发水体。通过树木和其他植被的蒸腾作用和光合作用将吸收大部分的热量，部分热量被反射，而土壤中贮存的剩余热量会使得土壤的温度有所上升，从而通过对流的方式加热空气。在城市居住区中，人工构筑的下垫面多为硬性下垫面，可以蒸发的水分很少，下垫面接收到的太阳辐射除部分被反射外，大部分必然用于加热下垫面，进而加热表面附近的空气。被反射的太阳辐射又会被其他的建筑物或构筑物所吸收，使这些建筑物表面的温度升高，进一步加热空气。因此，不同的下垫面对附近空气温度状况会有不同的影响。另外，由于材料的蒸发率不同，下垫面也会对空气的湿度有影响。

图 1.1-15 所示为草坪、混凝土表面、泥土以及树荫下泥土等不同下垫面的实测结果：在太阳辐射下，混凝土表面温度最高，其次为干泥土、草坪，最高温度分别高出气温 26℃、19℃、10℃。草坪的初始温度最低，在午后下降也较快，到 18:00 以后低于气温。

（2）建筑物的影响　建筑表面也可称为“立体下垫面”。这些立体下垫面的存在，使得进入该区域的太阳辐射对该区域的空气的升温作用更加明显和快速。

建筑物的存在使换热过程变得更为复杂。首先，建筑表面遮挡了部分原应照射在地面上的太阳辐射，这些太阳辐射被建筑吸收而使表面温度升高；其次，被地面反射的太阳辐射也被建筑表面吸收或再反射到地面，增加了居住区内的能量累积；另外，原本地面与天空之间的辐射换热也被建筑遮挡，使这部分能量无法散发出去，而留在了居住区内。这些能量最终将会加热空气，使空气温度更高。图1.1-16为南京夏季不同道路环境的气温测试对比。从图中可以看出：街道两侧植树绿化有明显降温作用。白天（06：00~20：00）位于中华路（3线）的气温比洪武北路（1线）的气温低0.76℃，14：00出现最大温差1.6℃。而道路两侧的建筑物对气温也有影响。两侧建筑层数较高的洪武北路（1线）因建筑较高，对太阳辐射的遮挡作用明显，具体表现为在09：00~11：00及15：00~19：00时段，该道路上的气温略低于洪武路（2线），而在13：00~15：00时段内，太阳处于直射状态，不存在遮挡，前者比后者气温高0.5℃；19：00以后，洪武北路又由于两侧的建筑物较高，遮挡了地面与天空之间的长波辐射换热，空气温度下降较洪武路慢。

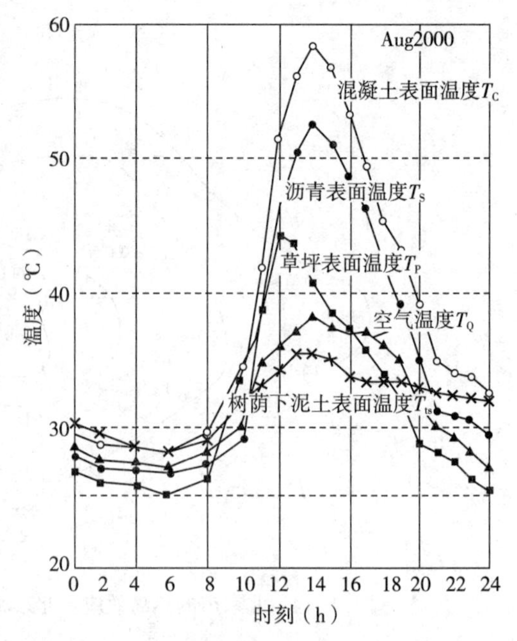

图1.1-15 各种地表材料夏季表面温度变化

资料来源：夏热冬冷地区建筑节能技术［M］．P.57，2002

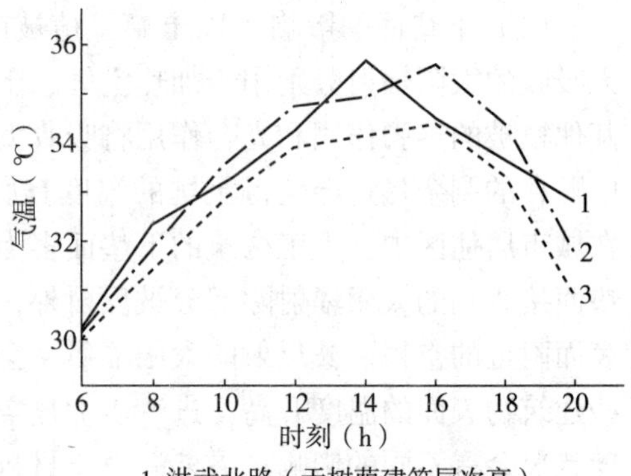

图1.1-16 南京不同街道状况的气温对比

建筑物对居住区内热微环境的影响取决于多方面的因素，建筑物外表面的颜色、绿化、建筑密度以及建筑朝向、布局方式等均会影响到区内的温度、湿度以及气流。

（3）气流的影响 气流是居住区热微环境的要素之一，又是引起区内空气温度及相对湿度等要素变化的因素之一。气流对空气温度及湿度的影响取决于气流的强弱。气流越强，区内的环境与区外环境的交流越充分，越接近区外的环境。相应地，前面分析的那些影响也会越弱。

气流的强弱，主要取决于外界的风资源状况，但也与建筑组团的布局、朝向以及建筑的疏密程度等因素有关。另外，由于不同高度的温差而引起的垂直方向的气流有时会对区内的环境起到一定的改善作用。

居住区内的气流状况，不但对室外热环境有影响，对于夏季利用自然通风改善建筑室内热环境也是非常重要的。

综上所述，城市气候及城市区域内微气候的形成及变化和城市建筑及城市空间之间有着密切关系。在城市规划及建筑设计时除应根据城市气候的特征采取相应的措施外，还应该考虑到所作的城市规划及建筑设计对城市气候及微气候可能造成的影响。

复习思考题

（1）为什么从事建筑设计的技术人员需要学习热环境知识、研究热环境问题？

（2）人体有哪几种散热方式？各受哪些因素的制约与影响？

（3）影响人体热舒适的物理参数有哪些？它们各自涉及哪些因素？

（4）为什么人体达到了热平衡，并不一定就是热舒适？

（5）评价热环境的综合指标主要有哪些？各有何特点？

（6）根据人体心理适应性模型，你所在地区最热月份的热舒适温度上限为多少？作简单的问卷调查，验证其准确性。

（7）影响室内热环境的室外气候因素主要有哪些？

（8）我国民用建筑热工设计气候分区是如何划分的？它们对设计有何要求？

（9）何谓城市气候？其成因主要有哪些？城市气候有哪些主要的特征？

（10）分析城市热岛效应形成的原因及其可能产生的影响。

（11）城市区域内微气候的影响因素主要有哪些？

第 1.1 章注释

① *PMV* 为英文 Predicted Mean Vote 的缩写，意为表决的平均预测值；*PPD* 是英文 Predicted Percentage Dissatisfied 的缩写，意为预测不满意百分比。

② ASHRAE 是美国采暖、制冷与空调工程师协会（American Society of Heating, Refrigerating and Air - conditioning Engineers）的缩写。它是建筑环境领域国际上最具影响力的组织之一。

第1.2章　建筑的传热与传湿

室内热环境受室外环境的影响，它们之间的热量交换是通过围护结构完成的。当室内温度高于室外温度，热量就会通过围护结构从室内传向室外，即建筑失热；反之，当室外温度高于室内，热量就会通过围护结构传向室内，即建筑得热。那么，热量究竟是如何传递的呢?

处于自然环境中的房屋建筑，除受热的作用和影响之外，潮湿是另一个重要的影响因素。建筑师在设计时，除需考虑改善热环境和围护结构热状况外，还应注意改善建筑物的湿环境和围护结构的湿状况。传热和传湿既有本质的区别，又有相互的联系和影响，是研究和处理建筑热环境的不可分割的问题。

本章将分析建筑传热与传湿的机理及其相互关系。

1.2.1　传热方式

传热是指物体内部或者物体与物体之间热能转移的现象。凡是一个物体的各个部分或者物体与物体之间存在着温度差，就必然有热能的传递、转移现象发生。根据传热机理的不同，传热的基本方式分为导热、对流和辐射三种。

热能传递的动力是温度差。通常建筑围护结构及其两侧空气环境中各点的温度是不同的，它是时间和空间的函数。例如，室内一般靠近地板的空气温度要比靠近顶棚的空气温度低；一天中，室外午后的气温要比其他时刻高。空间中各点的温度分布称为“温度场”。如果温度场不随时间变化而变化，则称为“稳定温度场”，在两个稳定温度场之间发生的传热过程，则称为“稳态传热过程”；反之，则称为“非稳态传热过程”。

1.2.1.1　导热

1）导热的机理

导热是由温度不同的质点（分子、原子、自由电子）在热运动中引起的热能传递现象。在固体、液体和气体中均能产生导热现象，但其机理却并不相同。固体导热是由于相邻分子发生的碰撞和自由电子迁移所引起的热能传递；在液体中的导热是通过平衡位置间歇移动着的分子振动引起的；在气体中则是通过分子无规则运动时互相碰撞而导热。单纯的导热仅能在密实的固体中发生。

在建筑工程中，由密实固体材料构成的建筑墙体和屋顶，通常可以认为透过这些材料的传热是导热过程。尽管在固体内部可能因细小孔隙的存在而产生其他方式的传热，但这部分所占的比例甚微，可以忽略。

假定如图1.2－1所示由某一密实材料构成的壁体（假定 $l \gg d$；$h \gg d$），其两侧表面的温度分别为 θ_i 和 θ_e。若 $\theta_i > \theta_e$，则热流将以导热方式从 θ_i 侧传向 θ_e 侧。依据实验可知，通过截面 F 以导热方式传递的热量 Q 为：

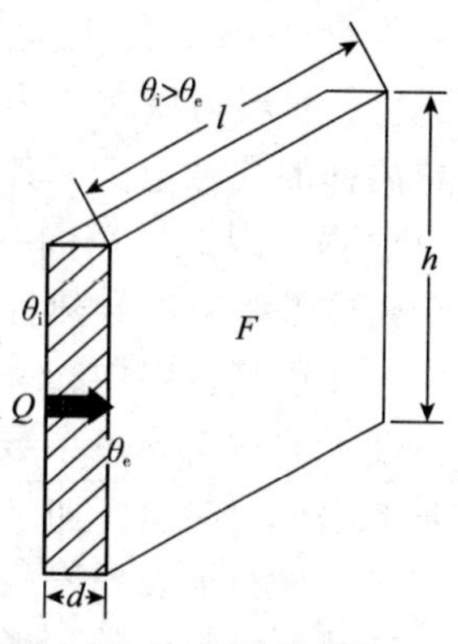

图1.2－1　平壁的导热

$$Q = \lambda \frac{\theta_i - \theta_e}{d} F \qquad (1.2-1)$$

式中　Q——导热热量，W；

F——壁体的截面积，m^2；

θ_i，θ_e——分别为壁体两侧表面的温度，℃；

d——壁体的厚度，m；

λ——壁体材料导热系数，W/(m·K)。

在单位面积、单位时间内透过该壁体的导热热量，称为热流强度，通常用 q 表示，其值为：

$$q = \lambda \frac{\theta_i - \theta_e}{d} \qquad (1.2-2)$$

从上式可以看出，导热系数 λ 值反映了壁体材料的导热能力，在数值上等于：当材料层单位厚度的温度差为1K时，在单位时间内通过 $1m^2$ 表面积的热量。

在建筑热工学中，大量的问题是涉及非金属固体材料的导热，有时也会涉及气体、液体与金属材料的导热问题。

2）材料的导热系数及其影响因素

从公式（1.2－1）可知，材料的导热系数 λ 值的大小直接关系到导热传热量，是一个非常重要的热物理参数。这一参数通常由专门的实验获得，各种不同的材料或物质在一定的条件下都有确定的导热系数。气态物质的导热系数最小，如空气在27℃状态下仅为0.02624W/(m·K)；而纯银在0℃时，导热系数达410W/(m·K)，两者相差约1.56万倍，可见材料或物质的导热系数值变动范围之大。常用建筑材料的导热系数值已列入本书附录Ⅰ中，未列入的材料或新材料的 λ 值可在其他参考资料中查到或直接通过实验获得。

材料或物质的导热系数的大小受多种因素的影响，归纳起来，大致有以下几个主要方面：

（1）材质的影响

由于不同材料的组成成分或者结构的不同，其导热性能也就各不相同，甚至相差悬殊，导热系数值就有不同程度的差异，前面所说的空气与纯银就是明显的例子。就常用非金属建筑材料而言，其导热系数值的差异仍然是明显的，如矿棉、泡沫塑料等材料的 λ 值比较小，而砖砌体、钢筋混凝土等材料的 λ 值就比较大。至于金属建筑材料如钢材、铝合金等的导热系数就更大了。工程上常把 λ 值小于0.3W/(m·K)的材料称为绝热材料，作保温、隔热之用，以充分发挥其材料的特性。

（2）材料干密度的影响

材料的干密度反映材料密实的程度，材料愈密实干密度愈大，材料内部的孔隙愈少，其导热性能也就愈强。因此，在同一类材料中，干密度是影响其导热性能的重要因素。在建筑材料中，一般来说，干密度大的材料导热系数也大，尤其是像泡沫混凝土、加气混凝土等一类多孔材料，表现得很明显；但是也有某些材料例外，当干密度降低到某一程度后，如再继续降低，其导热系数不仅不随之变小，反而会增大，图1.2－2所示玻璃棉的导热系数与干密度的关系即是一例。显然，这类材料存在着一个最佳干密度，即在该干密度时，其导热系数最小。在实用中应充分注意这一特点。

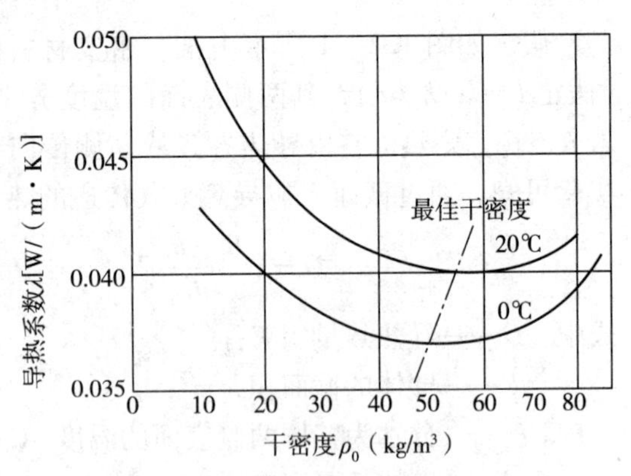

图1.2－2 玻璃棉导热系数与干密度的关系

（3）材料含湿量的影响

在自然条件下，一般非金属建筑材料常常并非绝对干燥，而是含有不同程度的水分。材料的含湿量表明在材料中水分占据了一定体积的孔隙。含湿量愈大，水分所占有的体积愈多。水的导热性能约比空气高20倍，因此，材料含湿量的增大必然使导热系数值增大。图1.2－3表示砖砌体导热系数λ与重量湿度ω_w的关系。从图中看出：当砖砌体的重量湿度由0增至4%时，导热系数由0.5W/（m·K）增至1.04W/（m·K），可见影响之大。因此，在工程建设中，材料的生产、运输、堆放、保管及施工过程对湿度的影响都必须予以重视。

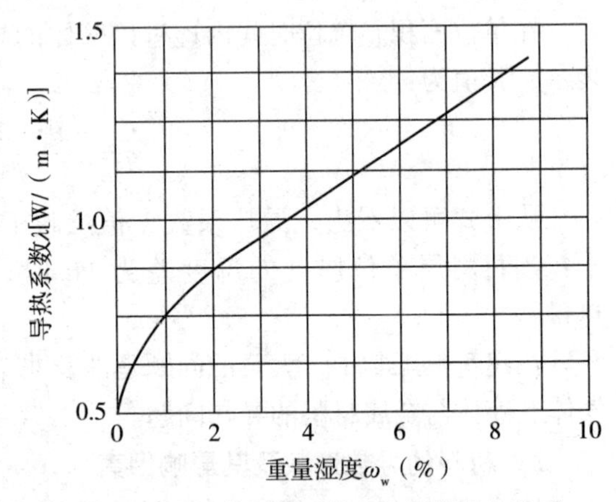

图1.2－3 砖砌体导热系数与重量湿度的关系

除上述因素对材料的导热系数有较大影响之外，使用的温度状况，甚至某些材料的方向性也有一定的影响。不过，在一般工程中往往忽略不计。

3）热阻

式（1.2－2）也可写成

$$q=\frac{\theta_i-\theta_e}{\frac{d}{\lambda}}=\frac{\theta_i-\theta_e}{R} \tag{1.2-3}$$

式中 $R=\frac{d}{\lambda}$，称为热阻，它的单位是（m²·K/W）。热阻是热流通过壁体时遇到的阻力，或者说它反映了壁体抵抗热流通过的能力。在同样的温差条件下，热阻越大，通过壁体的热量越少。要想增加热阻，可以加大平壁的厚度 d，或选用导热系数 λ 值小的材料。

【例1.2-1】已知实心黏土砖的导热系数为0.81W/(m·K)，发泡型聚苯乙烯泡沫塑料（简称EPS板）的导热系数为0.042W/(m·K)。问多厚的EPS板的保温性能（热阻）与240mm厚砖墙相当？

【解】(1) 计算240mm厚砖墙的导热热阻

$$R=\frac{d}{\lambda}=\frac{0.24}{0.81}=0.296\text{m}^2\cdot\text{K/W}$$

(2) 计算EPS板的厚度

$$d=R\cdot\lambda=0.296\times0.042=0.012\text{m}=12\text{mm}$$

以上介绍的是单一材料的情况。在实际工程中，常会使用由几种材料复合而成的壁体，如双面粉刷的砖砌体或主体结构复合保温材料的墙体等。壁体中各材料层之间紧密贴合，常称为多层壁体，或复合壁体。这种壁体热阻值的计算可以类比成大家熟知的串联电路中电阻的计算。在串联电路中，总电阻等于各个串联电阻之和。同样，多层复合壁体的总热阻也等于各层材料热阻之和，即：

$$R=R_1+R_2+\cdots+R_n=\sum_{j=1}^{n}R_j \tag{1.2-4}$$

式中 R——多层复合壁体的总热阻，$\text{m}^2\cdot\text{K/W}$；

n——材料的层数；

R_1、R_2……R_n——分别为第1、2……n层材料的热阻，一般计算顺序为由室内侧向室外侧。

对于多层复合壁体而言，由于每一层都是由单一材料组成的，在壁体两侧稳定温度场的作用下，流经各层材料的热流强度是相等的，即：

$$q_1=q_2=\cdots=q_n=q=\frac{\theta_i-\theta_e}{R}=\frac{\theta_i-\theta_e}{\sum_{j=1}^{n}R_j}$$

前面讨论的多层复合壁体中，各层材料的布置顺序和热流方向平行。多层平壁中每一层都是单一、匀质的材料。在实际建筑工程中，有时会出现在围护结构内部个别层次由两种以上材料组合而成的情况，如各种形式的空心砖、空心砌块、填充保温材料的墙体等。这样的构造称为组合壁。组合壁中除了由室内向室外方向的热流之外，不同材料之间还可能存在着垂直于上述热流方向的横向热流。因此，组合壁的传热是非常复杂的现象，工程中一般采用“平均热阻”的概念来反映其对热流的影响，具体的计算方法将在后面介绍。

1.2.1.2 对流

对流是由于温度不同的各部分流体之间发生相对运动、互相掺合而传递热能。因此，对流换热只发生在流体之中或者固体表面和与其紧邻的运动流体之间。图1.2-4表示一固体表面与其紧邻的流体对流传热的情况。假定固体表面温度 θ 高于流体温度 t，因而有传热现象发生，热流由固体表面传向流体。若仔细观察对流传热过程，可以看出：因受摩擦力的影响，在紧贴固体壁面处有一平行于固体壁面流动的流体薄层，称为层流边界层，其垂直壁面的方向主要传热方式是导热，它的温度分布呈倾斜直线状；而在远离壁面的流体核心部分，流体呈紊流状态，因流体的剧烈运动而使温度分布比较均匀，呈一水平线；在层流边界层与流体核心部分之间为过渡区，温度分布可近似看作抛物线。由此可知，对流换热的强弱主要取决于层流边界层内的换热与流体运动发生的原因、流体运动状况、流体与固体壁面温差、流体的物性、固体壁面的形状、大小及位置等因素。

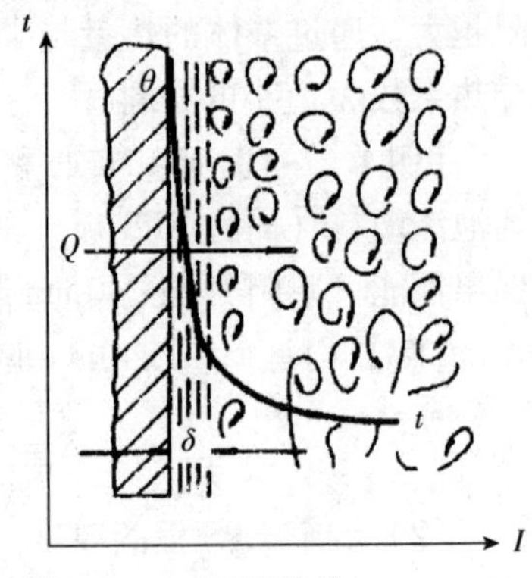

图 1.2－4 对流换热

对流换热的传热量常用下式计算：

$$q_c = \alpha_c\ (\theta - t) \tag{1.2-5}$$

式中 q_c——对流换热强度，W/m^2；

α_c——对流换热系数，W/(m^2 · K)；

θ——壁面温度,℃；

t——流体主体部分温度,℃。

值得注意的是：对流换热系数 α_c 不是固定不变的常数，而是一个取决于许多因素的物理量。

结合建筑围护结构实际情况并为简化计算起见，通常只考虑气流状况是自然对流还是受迫对流；构件是处于垂直的、水平的或是倾斜的；壁面是有利于气流流动还是不利于流动；传热方向是由下而上或是由上而下等主要影响因素。为此特推荐以下公式：

（1）自然对流换热

原本温度相同的流体或与流体紧邻的固体表面，因其中某一部分受热或冷却，温度发生了变化，使流体各部分之间或者流体与紧邻的固体表面产生了温度差，形成了对流运动而传递热能。这种因温差而引起的对流换热称为自然对流换热。其对流换热量仍可按式（1.2－5）计算，其对流换热系数为：

当平壁处于垂直状态时：

$$\alpha_c = 2.0\ \sqrt[4]{(\theta - t)} \tag{1.2-6a}$$

当平壁处于水平状态时：

若热流由下而上 $\alpha_c = 2.5\ \sqrt[4]{(\theta - t)}$ （1.2－6b）

若热流由上而下 $\alpha_c = 1.3\ \sqrt[4]{(\theta - t)}$ （1.2－6c）

（2）受迫对流换热

当流体各部分之间或者流体与紧邻的固体表面之间存在着温度差，但同时流体又受到外部因素如气流、泵等的扰动而产生传热的现象，称为受迫对流换热。绝大多数建筑物是处于大气层内，建筑物与空气紧邻，风成为主要的扰动因素。

值得注意的是，由于流体各部分之间或者流体与紧邻固体表面之间存在着温度差，因温差而引起的自然对流换热也就必然存在，也就是说，在受迫对流换热之中必然包含着自然对流换热的因素。这样一来，受迫对流换热主要取决于温差的大小、风速的大小与固体表面的粗糙度。对于中等粗糙度的固体表面，受迫对流换热时的对流换热系数可按下列近似公式计算：

对于围护结构外表面　$\alpha_c = (2.5 \sim 6.0) + 4.2v$　(1.2-6d)

对于围护结构内表面　$\alpha_c = 2.5 + 4.2v$　(1.2-6e)

上两式中，v 表示风速（m/s），常数项反映了自然对流换热的影响，其值取决于温度差的大小。

1.2.1.3　辐射

1）热辐射的本质与特点

凡是温度高于绝对零度的物体，由于物体原子中的电子振动或激动，就会从表面向外界空间辐射出电磁波。不同波长的电磁波落到物体上可产生各种不同的效应。人们根据这些不同的效应将电磁波分成许多波段（见图1.2-5），其中波长在0.8~600μm之间的电磁波称为红外线，照射物体能产生热效应。通常把波长在0.4~40μm范围内的电磁波（包括可见光和红外线的短波部分）称为热射线，因为它照射到物体上的热效应特别显著。热射线的传播过程叫做热辐射。通过热射线传播热能就称为辐射传热。因此，辐射传热与导热和对流传热有着本质的区别。

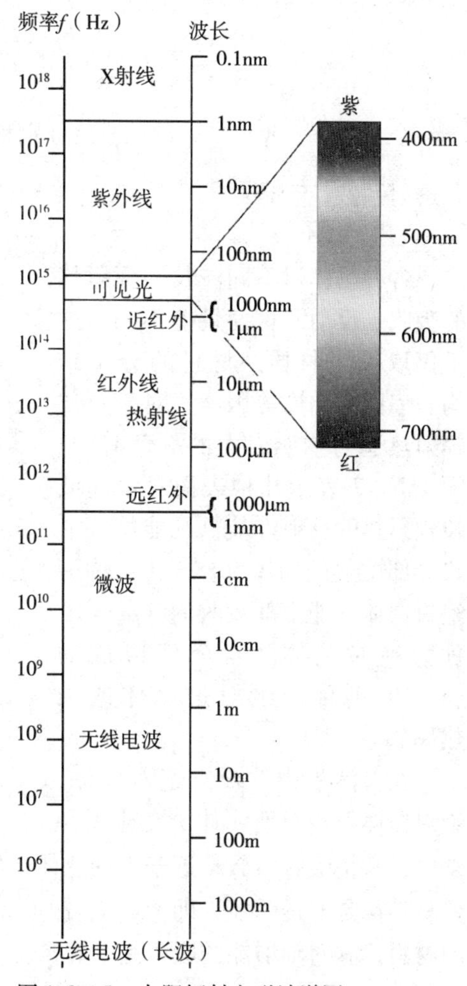

图1.2-5　太阳辐射电磁波谱图

热辐射的本质决定了辐射传热有如下特点：

（1）在辐射传热过程中伴随着能量形式的转化，即物体的内能首先转化为电磁能向外界发射，当此电磁能落到另一物体上而被吸收时，电磁能又转化为吸收物体的内能。

（2）电磁波的传播不需要任何中间介质，也不需要冷、热物体的直接接触。太阳辐射热穿越辽阔的真空空间到达地球表面就是很好的例证。

（3）凡是温度高于绝对零度的一切物体，不论它们的温度高低都在不间断地向外辐射不同波长的电磁波。因此，辐射传热是物体之间互相辐射的结果。当两个物体温度不同时，高温物体辐射给低温物体的能量大于低温物体辐射给高温物体的能量，从而使高温物体的能量传递给了低温物体。

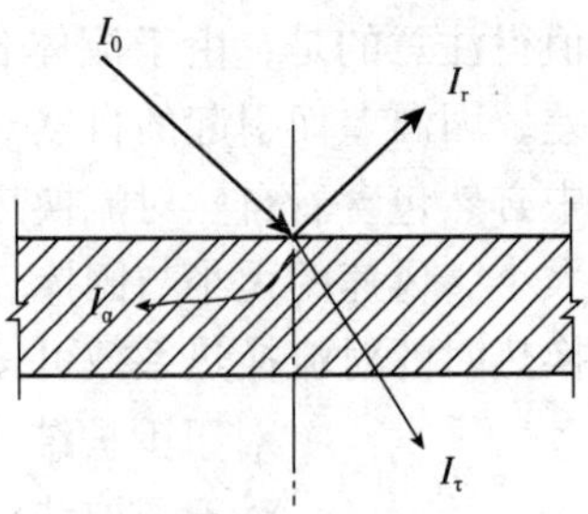

图 1.2－6　辐射热的吸收、反射与透射

2）辐射能的吸收、反射和透射

当能量为 I_0 的热辐射能投射到一物体的表面时，其中一部分 I_α 被物体表面吸收，一部分 I_r 被物体表面反射，还有一部分 I_τ 可能透过物体从另一侧传出去，如图 1.2－6 所示。根据能量守恒定律：

$$I_\alpha + I_r + I_\tau = I_0$$

如等式两侧同除以 I_0，则：

$$\frac{I_\alpha}{I_0} + \frac{I_r}{I_0} + \frac{I_\tau}{I_0} = 1$$

令 $\rho_h = \frac{I_\alpha}{I_0}$，$r_h = \frac{I_r}{I_0}$，$\tau_h = \frac{I_\tau}{I_0}$，分别称为物体对辐射热的吸收系数、反射系数及透射系数，于是：

$$\rho_h + r_h + \tau_h = 1$$

各种物体对不同波长的辐射热的吸收、反射及透射性能不同，这不仅取决于材质、材料的分子结构、表面光洁度等因素，对于短波辐射热还与物体表面的颜色有关。图 1.2－7 表示几种表面对不同波长辐射热的反射性能。凡能将辐射热全部反射的物体（$r_h = 1$）称为绝对白体，能全部吸收的（$\rho_h = 1$）称为绝对黑体，能全部透过的（$\tau_h = 1$）则称为绝对透明体或透热体。

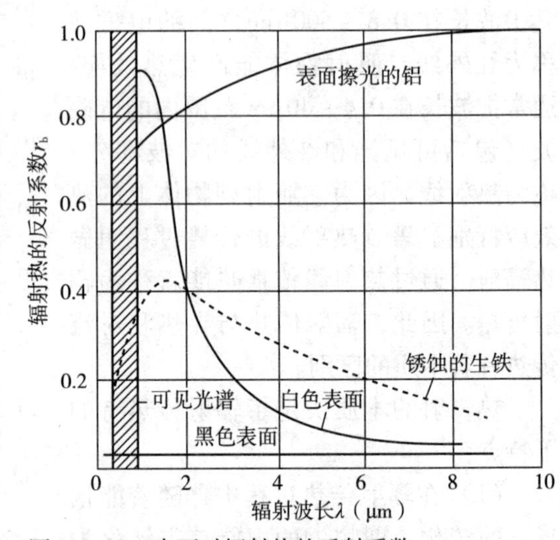

图 1.2－7　表面对辐射热的反射系数

在自然界中并没有绝对黑体、绝对白体及绝对透明体。在应用科学中，常把吸收系数接近于 1 的物体近似地当作黑体。而在建筑工程中，绝大多数材料都是非透明体，即 $\tau_h = 0$，故而 $\rho_h + r_h = 1$。由此可知，对辐射能反射越强的材料，其对辐射能的吸收越少；反之亦然。

3）辐射本领、辐射系数和黑度

前已述及，凡是温度高于绝对零度的物体都具有向外辐射能量的本领。为此，用辐射本领来表示物体对外放射辐射能的能力。单位时间内在物体单位表面积上辐射的波长从 0 到 ∞ 范围的总能量，称作物体的全辐射本领，通常用 E 表示，单位为 W/m^2。单位时间内在物体单位表面积上辐射的某一波长的能量称为单色辐射本领，通常用 E_λ 表示，其单位为 W/(m^2·μm)。由于物体在同一温度状态下不同波长的辐射能力并不相同，从而形成各自特有的辐射光谱。图 1.2-8 所表示的为同温度下不同物体的辐射光谱。图中曲线 1 表示黑体的辐射光谱。对于黑体，

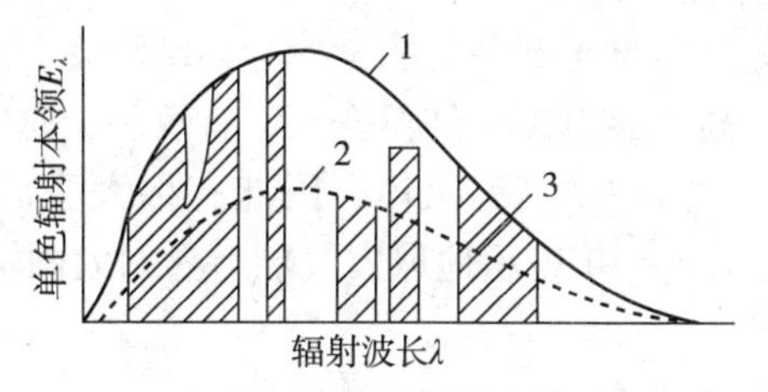

图 1.2-8　同温度物体的辐射光谱示例
1—黑体；2—灰体；3—选择性辐射体

我们已经知道它能吸收一切波长的外来辐射（$\rho_h = 1$）。由图中可以看出，它还能向外发射一切波长的辐射能，且在同温度下其辐射本领最大，只是随着波长的变化，它的单色辐射本领有所不同。值得注意的是“黑体”并不是指物体的颜色，例如粗晶冰，尽管并非黑色，其辐射特性却极接近黑体；人们常用的书写纸，其辐射特性也接近黑体。另一类物体的辐射光谱如图中曲线 2 所示。这类物体的辐射特性是其辐射光谱曲线的形状与黑体辐射光谱曲线的形状相似，且单色辐射本领 E_λ 不仅小于黑体同波长的单色辐射本领 $E_{b,\lambda}$，两者的比值为不大于 1 的常数，这类物体称之为灰体。大多数建筑材料都可近似地看作灰体。图中 3 所表示的为选择性辐射物体的辐射光谱。由图可见，这类物体只能吸收和发射某些波长的辐射能，并且其单色辐射本领总小于同温度黑体同波长的单色辐射本领，故将这类物体称为选择性辐射体。

根据斯蒂芬-波尔兹曼定律，绝对黑体全辐射本领 E_b 与其绝对温度的四次幂成正比，即：

$$E_b = C_b\left(\frac{T_b}{100}\right)^4 \tag{1.2-7}$$

式中　E_b——绝对黑体全辐射本领，W/m^2；

T_b——绝对黑体的绝对温度，K；

C_b——绝对黑体的辐射系数，$C_b = 5.68$W/(m^2·K^4)。

由于灰体的辐射光谱形状与黑体相似，且两者的单色辐射本领的比值为常数，故灰体的全辐射本领 E 也可按斯蒂芬-波尔兹曼定律来计算：

$$E = C\left(\frac{T}{100}\right)^4 \tag{1.2-8}$$

式中　E——灰体的辐射本领，W/m^2；

T——灰体的绝对温度，K；

C——灰体的辐射系数，W/(m^2·K^4)。

由上两式可知，同一物体的辐射本领随着温度的升高而急剧增加；反之，若要减少辐射本领，设法降低其温度是最为有效的措施。绝对黑体在不同温度时的辐射光谱如图 1.2-9 所示。由图可见，当黑体温度升高时，不仅其辐射本领增大，而且短波辐射所占的比例逐渐增多，最大单色辐射本领向短波方向移动。从图中还可以看出，当黑体的表面温度较低时，其辐射能量处于长波辐射范围，可见光部分的辐射能量相当少，可以忽略不计。当温度进一步提高时，红外线部分

和可见光部分的能量就会逐渐增多。一个在炉中煅烧的铁件，随着温度的逐渐升高，会由黑变红再变亮，就反映了这一规律。至于与地球息息相关的太阳，本身就是一个高温黑体，因此有很大一部分辐射能量集中在可见光的波段范围，图1.2－10表示地球大气层上界的太阳辐射光谱。

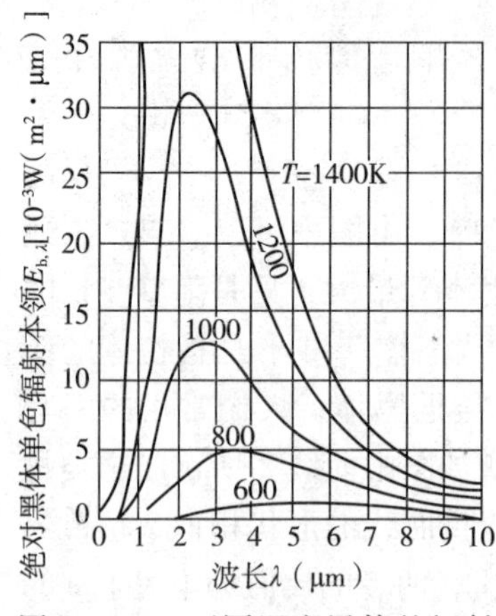

图1.2－9　不同温度黑体的辐射光谱

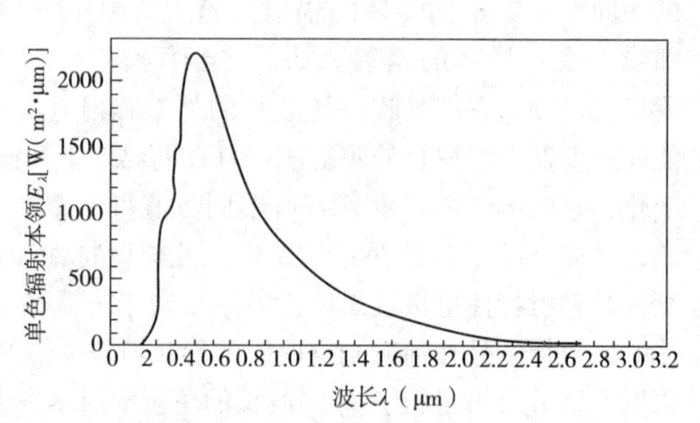

图1.2－10　地球大气层上界的太阳辐射光谱

从以上两式还可以看出，物体的辐射本领与其辐射系数成正比，因此，物体的辐射系数表征物体向外发射辐射能的能力，其数值取决于物体表层的化学性质、光洁度与温度等因素。所有物体的辐射系数值均处于0～5.68W/($m^2 \cdot K^4$)之间。

灰体的全辐射本领与同温度下绝对黑体全辐射本领的比值称为灰体的黑度（亦称“发射率”），通常用ε表示，即：

$$\varepsilon=\frac{E}{E_b}=\frac{C\left(\frac{T}{100}\right)^4}{C_b\left(\frac{T_b}{100}\right)^4}=\frac{C}{C_b} \tag{1.2-9}$$

由公式（1.2－9）可知，灰体的黑度在数值上等于灰体的辐射系数与绝对黑体的辐射系数之比，它表明灰体的辐射本领接近绝对黑体的程度，其值处于0～1之间。

根据克希荷夫定律，在一定温度下，物体对辐射热的吸收系数ρ_h在数值上与其黑度ε是相等的。这就是说，物体辐射能力愈大，它对外来辐射的吸收能力也愈大；反之，若辐射能力愈小，则吸收能力也愈小。

值得注意的是，建筑围护结构对太阳辐射热的吸收系数ρ_s并不等于其黑度值，这是因为太阳的表面温度比地球上普通物体的表面温度高得多，太阳辐射能主要处于短波范围（通常将波长$\lambda<3\mu m$的电磁波称为短波），而围护结构表面的黑度是反映长波热辐射的物理参数。各种建筑材料的太阳辐射热吸收系数ρ_s均可通过实测确定。在表1.2－1中列举了若干材料的黑度ε、辐射系数C和太阳辐射热吸收系数ρ_s值，以供参考。

一些材料的ε、C及ρ_s值 表1.2-1

序号	材料	ε（10~40℃）	$C=\varepsilon C_b$	ρ_s
1	黑体	1.00	5.68	1.00
2	开在大空腔上的小孔	0.97~0.99	5.50~5.62	0.97~0.99
3	黑色非金属表面（如沥青、纸等）	0.90~0.98	5.11~5.50	0.85~0.98
4	红砖、红瓦、混凝土、深色油漆	0.85~0.95	4.83~5.40	0.65~0.80
5	黄色的砖、石、耐火砖等	0.85~0.95	4.83~5.40	0.50~0.70
6	白色或淡奶油色砖、油漆、粉刷、涂料	0.85~0.95	4.83~5.40	0.30~0.50
7	窗玻璃	0.90~0.95	5.11~5.40	大部分透过
8	光亮的铝粉漆	0.40~0.60	2.27~3.40	0.30~0.50
9	铜、铝、镀锌薄钢板、研磨钢板	0.20~0.30	1.14~1.70	0.40~0.65
10	研磨的黄铜、铜	0.02~0.05	0.11~0.28	0.30~0.50
11	磨光的铝、镀锡薄钢板、镍铬板	0.02~0.04	0.11~0.23	0.10~0.40

从图1.2-7可以看出，物体对不同波长的外来辐射的反射能力也是不同的，白色表面对可见光的反射能力最强，对于长波热辐射，其反射性能则与黑色表面相差极小。至于磨光的表面，则不论其颜色如何，对长波辐射的反射能力都是很强的。

玻璃是与一般建筑材料性能不同的特殊材料，在建筑中的应用日趋广泛，种类也逐渐增多。但不同玻璃材料的热工特性可能相差悬殊，在应用中需正确选择才能取得良好的综合效益。

在建筑中应用最多的净片平板玻璃对于可见光的透过率高达85%，其反射率仅为7%，显然是相当透明的一种材料，但其对于长波辐射却几乎是不透明的。因此，用这种玻璃制作的温室，能透入大量的太阳辐射热而阻止室内的长波辐射向外透射，这种现象称为温室效应（如图1.2-11所示）。

通常平板玻璃的黑度（发射率）在0.90~0.95之间，和一般的建筑材料没有多大区别，但镀有低辐射涂层的Low-e玻璃的黑度可以低至0.05，可以有效抑制长波辐射换热。

4）辐射换热的计算

在建筑工程中，围护结构表面与其周围其他物体表面之间的辐射换热是一个应当研究的重要问题。辐射换热是互相“看得见”的两物体表面间互相辐射的结果（所谓“看得见”意指两物体之间没有其他的遮挡物）。因此，物体表面间的辐射换热量主要取决于各个表面的温度、发射和吸收辐射热的能力以及它们之间的相对位置。

以图1.2-12所示为例，设有两个表面温度不同的物体1和物体2，其表面积分别为F_1和F_2，各自的辐射系数为C_1和C_2，各自表面温度为T_1和T_2，它们两者之间的辐射换热量Q_{1-2}或Q_{2-1}可用下式计算：

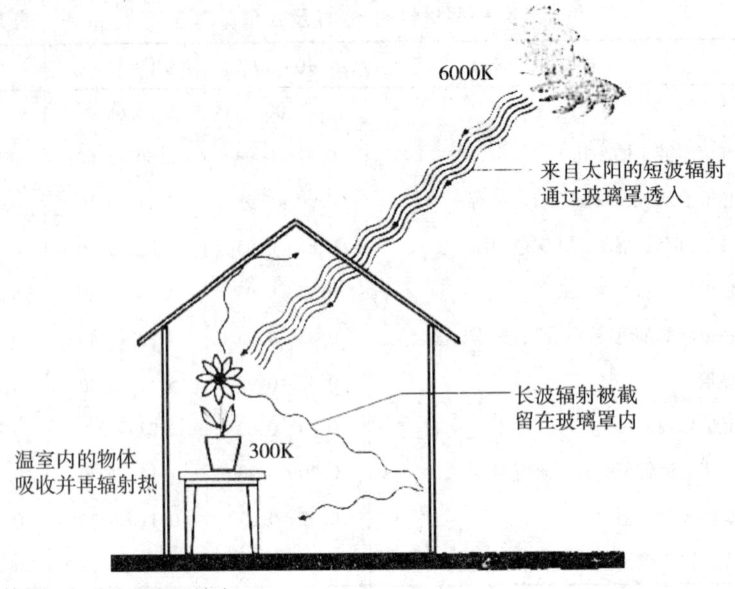

图 1.2－11 温室效应

$$Q_{1-2}=C_{12}\left[\left(\frac{T_1}{100}\right)^4-\left(\frac{T_2}{100}\right)^4\right]\overline{\psi}_{12}F_1 \tag{1.2－10a}$$

或

$$Q_{2-1}=C_{21}\left[\left(\frac{T_2}{100}\right)^4-\left(\frac{T_1}{100}\right)^4\right]\overline{\psi}_{21}F_2 \tag{1.2－10b}$$

式中 Q_{1-2}——物体 1 传给物体 2 的净辐射换热量，W；

Q_{2-1}——物体 2 传给物体 1 的净辐射换热量，W；

T_1，T_2——分别为两物体的表面绝对温度，K；

F_1，F_2——分别为两物体的表面积，m^2；

C_{12}或C_{21}——相当辐射系数，$W/(m^2\cdot K^4)$；

$\overline{\psi}_{12}$——物体 1 对物体 2 的平均角系数；

$\overline{\psi}_{21}$——物体 2 对物体 1 的平均角系数。

平均角系数$\overline{\psi}_{12}$（或$\overline{\psi}_{21}$）表示单位时间内，物体1（或2）投射到物体2（或1）的辐射换热量 Q_{12}（或 Q_{21}），与物体 1（或 2）向外界辐射的总热量 Q_1（或 Q_2）的比值，即 Q_{12}/Q_1（或 Q_{21}/Q_2）。$\overline{\psi}_{12}$（或$\overline{\psi}_{21}$）越大，说明 F_1（或 F_2）发射出去的总辐射热中投射到 F_2（或 F_1）上的越多，反之则越少。角系数是一个纯几何关系量，它与物体的辐射性能无关，它的数值取决于两表面的相对位置、大小及形状等几何因素，一般都将常用的平均角系数绘制成图表以供选用。此外，理论证明两辐射表面的平均角系数间存在着“互易定理”，即：

$$\overline{\psi}_{12}F_1=\overline{\psi}_{21}F_2$$

相当辐射系数 C_{12}（或 C_{21}）的数值除与两物体的辐射系数 C_1、C_2有关外，还与两物体的相对位置及计算精度有关。几种典型辐射换热情况的 C_{12}（或 C_{21}）计算公式可见表 1.2－2。

几种典型情况的相当辐射系数计算公式　　表 1.2-2

辐射两表面相对位置示意图	C_{12}的计算公式	说明
 图 1.2-12　两辐射系数大于 4.7 的灰体表面间的辐射换热	$C_{12}=\frac{C_1\cdot C_2}{C_b}$	F_1和F_2分别为物体 1 和物体 2 "相互看得见" 的表面积（下同）。 C_1及C_2均需大于 4.7。 推导公式时仅考虑一次吸收及反射
 图 1.2-13　两平行无限大灰体表面间的辐射换热	$C_{12}=\frac{1}{\frac{1}{C_1}+\frac{1}{C_2}-\frac{1}{C_b}}$	$\overline{\psi}_{12}=\overline{\psi}_{21}=1$ 推导公式时考虑了两灰体表面间的多次吸收及反射
 图 1.2-14　物体 1 被物体 2 完全包围时的辐射换热	$C_{12}=\frac{1}{\frac{1}{C_1}+\frac{F_1}{F_2}\left(\frac{1}{C_2}-\frac{1}{C_b}\right)}$	物体 1 表面无凹角，物体 2 表面无凸角。 $\overline{\psi}_{12}=1$；$\overline{\psi}_{21}=\frac{F_1}{F_2}$。 推导公式时考虑了多次吸收及反射

在建筑热工学中，常会遇到需要研究某一围护结构表面与其他相对应的表面（其他结构表面、人体表面等）以及室内、外空间之间的辐射换热。这类情况可按下式计算：

$$q_r=\alpha_r(\theta_1-\theta_2) \tag{1.2-11}$$

式中　q_r——辐射换热量，W/m^2；

α_r——辐射换热系数，$W/(m^2\cdot K)$；

θ_1——物体 1 的表面温度，℃；

θ_2——与物体1辐射换热的物体2的表面温度，℃。

按前式所导，可知

$$\alpha_r = C_{12}\frac{\left[\left(\frac{T_1}{100}\right)^4-\left(\frac{T_2}{100}\right)^4\right]}{\theta_1-\theta_2}\overline{\psi}_{12} \qquad (1.2-12)$$

式中 α_r——辐射换热系数，$W/(m^2 \cdot K)$；

C_{12}——相当辐射系数，$W/(m^2 \cdot K^4)$；

T_1——物体1的表面绝对温度，K，$T_1 = 273+\theta_1$；

T_2——物体2的表面绝对温度，K，$T_2 = 273+\theta_2$；

$\overline{\psi}_{12}$——物体1对物体2的平均角系数。

上式中，令 $\Delta T = T_1 - T_2 = \theta_1 - \theta_2$，则 $T_1^4 = T_2^4 + 4 \cdot T_2^3 \cdot \Delta T + 6 \cdot T_2^2 \cdot \Delta T^2 + 4 \cdot T_2 \cdot \Delta T^3 + \Delta T^4$。因此，$\alpha_r \approx \frac{4 \cdot C_{12} \cdot T_2^3}{10^8}\overline{\psi}_{12}$。

在实际计算中，当考虑一外围护结构的内表面与整个房间其他结构内表面之间辐射换热时，则取$\overline{\psi}_{12}=1$，并粗略地以室内气温代表所有对应表面的平均温度（辐射采暖房间例外）。当考虑围护结构外表面与室外空间辐射换热时，可将室外空间假想为一平行于围护结构外表面的无限大平面，此时$\overline{\psi}_{12}=1$，并以室外气温近似地代表该假想平面的温度。

当需要计算某围护结构与人体之间的辐射换热时，必须先确定它们的平均角系数值，才能进行辐射换热的计算。

根据以上分析可以看出，只要物体各部分之间或者物体与物体之间存在着温度差，它们必然发生传热的现象。传热的方式为导热、对流和辐射，它们传热的机理、条件和计算方法都各不相同。在实际工程中的传热并非单一的传热方式，往往是两种甚至三种方式的综合作用。为了满足工程设计的要求，计算方法也会在基本原理的基础上作一些相应的变化，从而使计算得以简化而又保证必要的精确度。

1.2.2 平壁的稳态传热

在建筑热工学中，“平壁”不仅是指平直的墙体，还包括地板、平屋顶及曲率半径较大的穹顶、拱顶等结构。显然，除了一些特殊结构外，建筑工程中大多数围护结构都属于这个范畴。

1.2.2.1 平壁传热过程

室内、外热环境通过围护结构进行的热量交换过程，包含导热、对流及辐射方式的换热，是一种复杂的换热过程。

假设有一由匀质材料组成的平壁，其长和宽的尺度都远大于壁体的厚度 d，壁体材料的导热系数为 λ，并假定室内空气温度 t_i高于室外气温 t_e，即 $t_i > t_e$。那么，其传热过程将如图1.2－15所示。由图中可看出，整个的传热过程可分为三个阶段：

1）平壁内表面吸热

由于 $t_i > t_e$，室内的热量经过壁体向室外传递，必然形成 $t_i > \theta_i > \theta_e > t_e$ 的温度分布状态。壁体内表面在向外侧传热的同时必须从室内空气中得到相等的热量，否则就不可能保持温度 θ_i 的稳定。因此，内表面从室内空气获得热量的过程称为吸热过程。在这一过程中，既有与室内空气的对流换热，同时也存在着内表面与室内空间各相对表面的辐射换热。即：

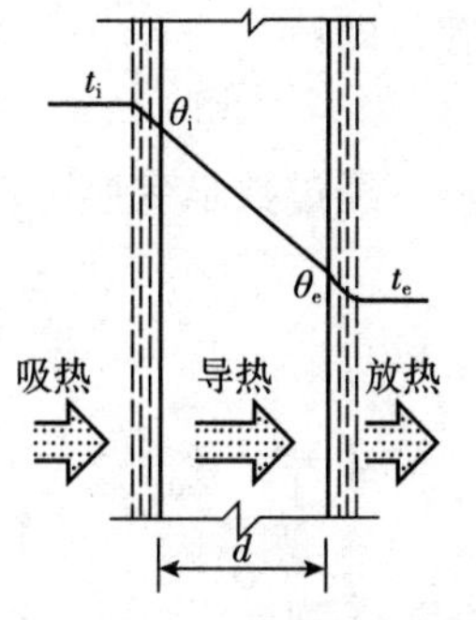

图 1.2－15　平壁传热过程

$$\begin{aligned} q_i &= q_{ic} + q_{ir} = \alpha_{ic}(t_i - \theta_i) + \alpha_{ir}(t_i - \theta_i) \\ &= (\alpha_{ic} + \alpha_{ir})(t_i - \theta_i) = \alpha_i(t_i - \theta_i) \end{aligned} \tag{1.2-13}$$

式中　q_i——平壁内表面单位时间、单位面积的吸热量（换热强度），W/m^2；

q_{ic}——单位时间内室内空气以对流换热方式传给单位面积平壁内表面的热量，W/m^2；

q_{ir}——单位时间内室内其他表面以辐射换热方式传给单位面积平壁内表面的热量，W/m^2；

α_{ic}——平壁内表面的对流换热系数，$W/(m^2 \cdot K)$；

α_{ir}——平壁内表面的辐射换热系数，$W/(m^2 \cdot K)$；

α_i——平壁内表面的换热系数，$\alpha_i = \alpha_{ic} + \alpha_{ir}$，$W/(m^2 \cdot K)$；

t_i——室内空气温度（或其他表面的平均温度），℃；

θ_i——平壁内表面温度，℃。

2）平壁材料层导热

该平壁为单层匀质材料，其导热系数为 λ，厚度为 d，热阻为 R，内外两侧的温度为 θ_i 和 θ_e，且 $\theta_i > \theta_e$，由式（1.2－3）可知，通过平壁材料层的热流强度为：

$$q_\lambda = \frac{\theta_i - \theta_e}{R}$$

3）平壁外表面散热（放热）

由于平壁外表面温度 θ_e 高于室外空气温度 t_e，即 $\theta_e > t_e$，平壁外表面向室外空气和环境散热。与内表面换热相类似，外表面的散热同样是对流换热和辐射换热的综合。所不同的是换热条件有所变化，因此换热系数亦随之变动。其换热强度为：

$$q_e = \alpha_e(\theta_e - t_e) \tag{1.2-14}$$

式中　q_e——单位时间内单位面积平壁外表面散出的热量（换热强度），W/m^2；

α_e——平壁外表面的换热系数，$\alpha_e = \alpha_{ec} + \alpha_{er}$，$W/(m^2 \cdot K)$。

综上所述，当室内气温高于室外气温时，围护结构经过上述三个阶段向外传热。由于温度只沿着围护结构厚度方向变化，也就是通常所说的一维温度场，而且各界面的温度都处于不随时间变化的稳定状态，因此各界面的传热量必然相等，即：

$$q_i = q_\lambda = q_e = q \tag{1.2-15}$$

经过数学变换可得：

$$q = \frac{1}{\frac{1}{\alpha_i} + \frac{d}{\lambda} + \frac{1}{\alpha_e}} (t_i - t_e) \tag{1.2-16}$$

或者

$$q = \frac{1}{R_i + R + R_e} (t_i - t_e)$$

$$= \frac{1}{R_0} (t_i - t_e) = K_0 \cdot (t_i - t_e) \tag{1.2-17}$$

式中 R_i——平壁内表面换热阻，$R_i = \frac{1}{\alpha_i}$，$m^2 \cdot K/W$；

R——平壁的导热热阻，$R = \frac{d}{\lambda}$，$m^2 \cdot K/W$；

R_e——平壁外表面换热阻，$R_e = \frac{1}{\alpha_e}$，$m^2 \cdot K/W$；

R_0——平壁的总热阻，$R_0 = R_i + R + R_e$，$m^2 \cdot K/W$；

K_0——平壁的总传热系数，$K_0 = \frac{1}{R_0}$，$W/(m^2 \cdot K)$。

从上式可知，在相同的室内、外温差条件下，平壁总热阻R_0愈大，通过平壁所传出的热量就愈少。由此亦可看出平壁的总热阻表示热量从平壁一侧空间传到另一侧空间所受到阻碍的大小。平壁的总热阻与总传热系数是互为倒数的关系，显然，平壁总传热系数K_0的物理意义是表示平壁的总传热能力，在数值上是当室内、外空气温度相差1℃时，在单位时间内通过平壁单位面积所传出的热量。总热阻和总传热系数都是衡量平壁在稳定传热条件下重要的热工性能指标。

1.2.2.2 封闭空气间层的传热

为了提高围护结构的保温、隔热性能，常在房屋建筑中设置封闭空气间层。

封闭空气间层的传热过程与实体材料层的传热迥然不同，这是在有限封闭空间内两个表面之间进行的热转移过程，是导热、对流和辐射三种传热方式综合作用的结果。图1.2-16表示垂直封闭空气间层的传热情况。从图中可以看到，当间层两界面存在温度差（$\theta_1 > \theta_2$）时，热面将热量通过空气层流边界层的导热传给空气层；由于空气的导热性能差，空气层的温度降落较大，随后附近的空气将上升，冷表面附近的空气则下沉，进入自然对流状态，温度变化较为平缓；当靠近冷表面时，又经过层流

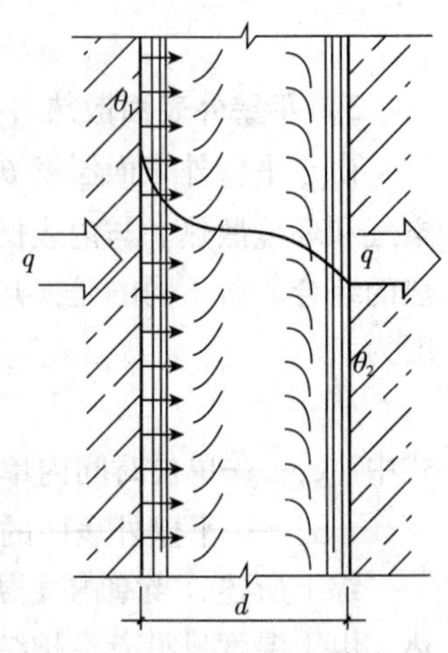

图1.2-16 空气间层传热

边界层导热，热量传到冷表面。在水平空气间层中，当上表面温度较高时，间层内空气难以形成对流；而当下表面温度较高时，热空气上升和冷空气下沉形成了自然对流。因此，间层下表面温度高于上表面时对流换热要比上表面温度高于下表面时强一些。总之，在有限封闭空间内空气伴随着导热会产生自然对流换热，对流换热的强度与间层的厚度、位置、形状等因素有关。图1.2－17就反映了这些因素的影响。

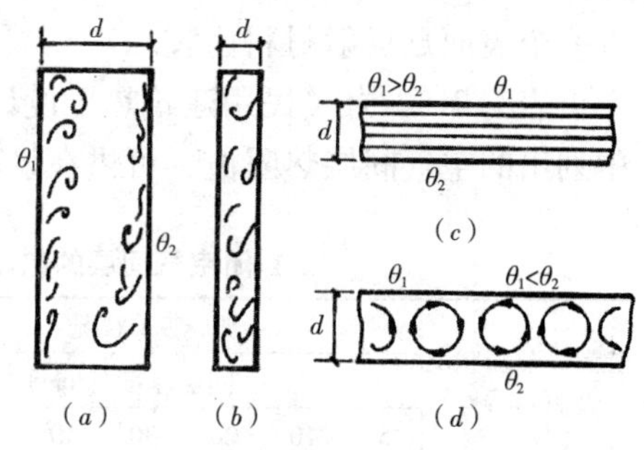

图1.2－17　不同封闭空气间层的自然对流情况

(a)“厚”垂直间层；(b)“薄”垂直间层；(c)热面在上水平间层；(d)热面在下水平间层

既然空气间层两侧表面存在着温度差，两表面材料又都有一定的辐射系数或者黑度，根据前面所述的辐射换热原理可知封闭空气间层中必然存在着辐射换热。其辐射换热量取决于间层表面材料的辐射系数（或黑度）和间层的温度状态。

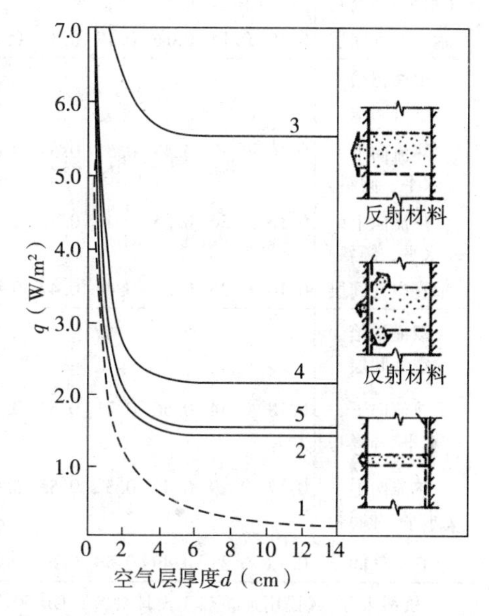

图1.2－18　垂直封闭空气间层内不同传热方式的传热量对比

图1.2－18是说明垂直空气间层内存在单位温度差时以不同传热方式传递的各部分热量的分配情况及与空气间层厚度的关系。图中曲线1与横坐标之间是表示间层内空气处于静止状态时纯导热方式传递的热量。可以看出，因空气的导热性差，纯导热量随着间层厚度的增加而迅速减少，尤其是在4cm以内变化十分显著。曲线2与横坐标之间表示的是当存在自然对流时的对流换热量；曲线3与曲线2之间是表示当间层用一般建筑材料（$\varepsilon\approx0.9$）作成时的辐射换热量；曲线3与横坐标之间表示通过间层的总传热量。由图示可知，对于用一般建筑材料做成的封闭空气间层，辐射换热量占总传热量的70%以上；另外还可以看出，当间层厚度超过4cm时，增加间层的厚度并不能有效地减少传热量。要减少空气间层传热量必须减少辐射传热量。为此，应设法减小间层表面的辐射系数。目前在建筑工程中常采用的是铝箔。因为一般建筑材料的辐射系数为4.65～5.23W/($m^2\cdot K^4$)，而铝箔的辐射系数仅为0.29～1.12W/($m^2\cdot K^4$)。所以将铝箔贴于间层壁面，改变壁面的辐射特性，能够有效地减少辐射换热量。图中曲线4和曲线5分别表示间层的1个表面和2个表面贴上铝箔后的传热情况。当一个表面贴上铝箔后，间层的总传热量由曲线3下降到曲线4，成效相当显著；当两个表面都贴上铝箔后，总传热量由曲线4下降到曲线5，较一个表面贴铝箔时的效果又有些增加，但减少的传热量并不很多。因此，在应用中常

以一个表面贴反射材料为宜。

表1.2－3为《民用建筑热工设计规范》GB 50176—93（以下简称《规范》）中列出的空气间层热阻值，可供在设计中选用。

封闭空气间层的热阻值 R_{ag}（单位：$m^2 \cdot K/W$）　　　**表1.2－3**

位置、热流状况及材料特性	冬季状况							夏季状况						
	间层厚度（mm）							间层厚度（mm）						
	5	10	20	30	40	50	60以上	5	10	20	30	40	50	60以上
一般空气间层														
热流向下（水平、倾斜）	0.10	0.14	0.17	0.18	0.19	0.20	0.20	0.09	0.12	0.15	0.15	0.16	0.16	0.15
热流向上（水平、倾斜）	0.10	0.14	0.15	0.16	0.17	0.17	0.17	0.09	0.11	0.13	0.13	0.13	0.13	0.13
垂直空气间层	0.10	0.14	0.16	0.17	0.18	0.18	0.18	0.09	0.12	0.14	0.14	0.15	0.15	0.15
单面铝箔空气间层														
热流向下（水平、倾斜）	0.16	0.28	0.43	0.51	0.57	0.60	0.64	0.15	0.25	0.37	0.44	0.48	0.52	0.54
热流向上（水平、倾斜）	0.16	0.26	0.35	0.40	0.42	0.42	0.43	0.14	0.20	0.28	0.29	0.30	0.30	0.28
垂直空气间层	0.16	0.26	0.39	0.44	0.47	0.49	0.50	0.15	0.22	0.31	0.34	0.36	0.37	0.37
双面铝箔空气间层														
热流向下（水平、倾斜）	0.18	0.34	0.56	0.71	0.84	0.94	1.01	0.16	0.30	0.49	0.63	0.73	0.81	0.86
热流向上（水平、倾斜）	0.17	0.29	0.45	0.52	0.55	0.56	0.57	0.15	0.25	0.34	0.37	0.38	0.38	0.35
垂直空气间层	0.18	0.31	0.49	0.59	0.65	0.69	0.71	0.15	0.27	0.39	0.46	0.49	0.50	0.50

资料来源：《民用建筑热工设计规范》GB 50176—93。

从以上分析的封闭空气间层传热特性，可使我们了解在应用中需要注意的几个问题：

（1）在建筑围护结构中采用封闭空气间层可以增加热阻，并且材料省、重量轻，是一项有效而经济的技术措施。

（2）如果构造技术可行，在围护结构中用一个“厚”的空气间层不如用几个“薄”的空气间层。

（3）为了有效地减少空气间层的辐射传热量，可以在间层表面涂贴反射材料，一般在一个表面涂贴，并且是在温度较高一侧的表面，以防止间层内结露。

1.2.2.3　平壁总热阻的计算

根据公式（1.2－17），可知平壁的总热阻为内表面换热阻、壁体传热阻及外表面换热阻之和。即：$R_0 = R_i + R + R_e$。因此，要计算出平壁的总热阻必须先求出各部分热阻值。

1）内表面换热阻

内表面换热阻是内表面换热系数的倒数，两者之间只要求得一个，另一个也就可以求出了。这两个参数在规范中都已列出，见表 1.2－4。

内表面换热系数 α_i 和内表面换热阻 R_i 值　　表 1.2－4

适用季节	表面特征	α_i [W/(m²·K)]	R_i (m²·K/W)
冬季和夏季	墙面、地面、表面平整或有肋状突出物的顶棚，当 $h/s<0.3$ 时	8.7	0.11
	有肋状突出物的顶棚，当 $h/s>0.3$ 时	7.6	0.13

注：表中 h 为肋高，s 为肋间净距。

2）外表面换热阻

外表面换热阻与内表面换热阻类似，为外表面换热系数的倒数。规范中确定的数值如表 1.2－5 所列。

外表面换热系数 α_e 和外表面换热阻 R_e 值　　表 1.2－5

适用季节	表面特征	α_e [W/(m²·K)]	R_e (m²·K/W)
冬　季	外墙、屋顶、与室外空气直接接触的表面	23.0	0.04
	与室外空气相通的不采暖地下室上面的楼板	17.0	0.06
	闷顶、外墙上有窗的不采暖地下室上面的楼板	12.0	0.08
	外墙上无窗的不采暖地下室上面的楼板	6.0	0.17
夏　季	外墙和屋顶	19.0	0.05

3）壁体传热阻

按照壁体构造与材料的不同，可分为单一材料层、多层匀质材料层、组合材料层与封闭空气间层等类型。对于以单一材料和多层匀质材料构成的壁体，其传热阻的计算已在 1.2.1.1 中作了介绍。对于在围护结构内部个别层次由两种以上不同材料组合而成的组合材料层壁体而言，这种构造层在垂直于热流方向已非匀质材料，内部也不是单向传热，通常较为粗略的计算方法是采用"平均热阻"法。在计算热阻时，在平行于热流方向沿着组合材料层中不同材料的界面，将其分成若干部分，如图 1.2－19所示。平均热阻按下式计算：

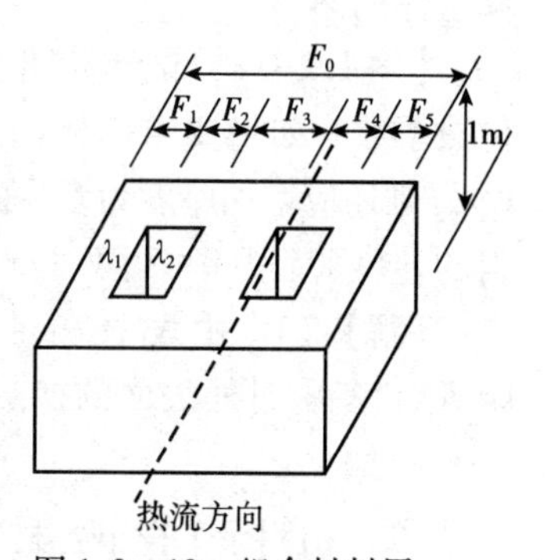

图 1.2－19　组合材料层

$$\overline{R}=\left[\frac{F_0}{\dfrac{F_1}{R_{0,1}}+\dfrac{F_2}{R_{0,2}}+\mathrm{L}+\dfrac{F_n}{R_{0,n}}}-(R_i+R_e)\right]\varphi \tag{1.2-18}$$

式中　$\overline{R}$——平均热阻，m²·K/W；

F_0——与热流方向垂直的总传热面积，m²；

F_1、$F_2 \cdots F_n$——组合壁各材料所占的面积，m^2；

$R_{0,1}$、$R_{0,2} \cdots R_{0,n}$——各个传热部位的总传热阻，$m^2 \cdot K/W$；

R_i——内表面换热阻，$m^2 \cdot K/W$；

R_e——外表面换热阻，$m^2 \cdot K/W$；

φ——修正系数，按表 1.2－6 取值。

修正系数 φ 值 **表 1.2－6**

$\frac{\lambda_2}{\lambda_1}$或$\frac{\lambda_2+\lambda_3}{2}/\lambda_1$	φ	$\frac{\lambda_2}{\lambda_1}$或$\frac{\lambda_2+\lambda_3}{2}/\lambda_1$	φ
0.09～0.19	0.86	0.40～0.69	0.96
0.20～0.39	0.93	0.70～0.99	0.98

注：1. 表中 λ 为材料的导热系数。当组合壁由两种材料组成时，λ_1 应取较大值，λ_2 应取较小值，然后求两者的比值。

2. 当组合壁由三种材料组成，或有两种厚度不同的封闭空气间层和一层实体材料组成时，φ 值应按比值 $\frac{\lambda_2+\lambda_3}{2}/\lambda_1$ 确定。封闭空气间层的 λ 值，应按照空气间层的厚度和相应热阻 R_{ag} 求得。

3. 当围护结构中存在圆孔时，应先将圆孔折算成相同面积的方孔，然后按上述规定计算。

壁体中若因构件、构造或装修的要求设有封闭空气间层，则要视具体的构造采取不同的计算方法。如果封闭空气间层是作为一个单独的层存在于壁体中，则应按构成间层的材料、间层位置、厚度和热流方向等因素按表 1.2－3 查出其热阻值，再根据复合壁体的计算方法将其计入围护结构总热阻之中。如果封闭空气间层仅是某构件的一部分（如空心砌块等），则应按照上面介绍的平均热阻的计算方法来计算壁体的热阻。

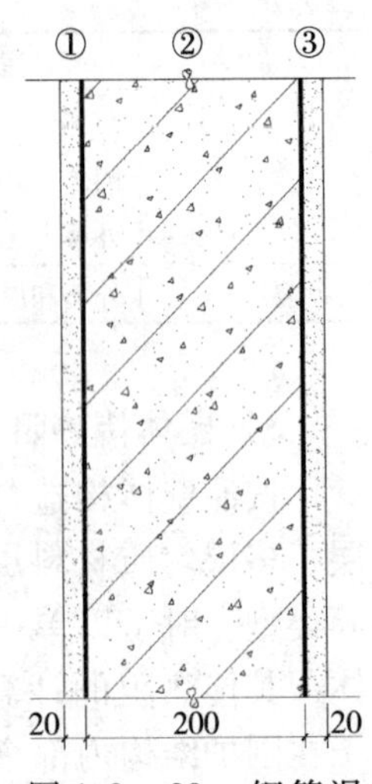

图 1.2－20 钢筋混凝土墙体

【**例 1.2－2**】试计算图 1.2－20 所示墙体的总热阻和总传热系数。如果要求墙体的总传热系数不超过 $1.0W/(m^2 \cdot K)$，则还应增加厚度为多少的保温层（假定拟采用的保温材料的导热系数为 $0.035W/(m \cdot K)$）？

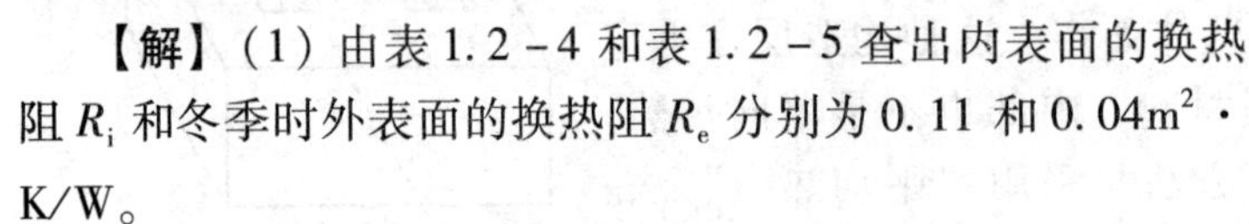

【**解**】（1）由表 1.2－4 和表 1.2－5 查出内表面的换热阻 R_i 和冬季时外表面的换热阻 R_e 分别为 0.11 和 $0.04m^2 \cdot K/W$。

（2）由附录 I 查出各材料层导热系数值

石灰砂浆内粉刷 $\lambda_1 = 0.81W/(m \cdot K)$

钢筋混凝土 $\lambda_2 = 1.74W/(m \cdot K)$

水泥砂浆外粉刷 $\lambda_3 = 0.93W/(m \cdot K)$

（3）计算壁体的传热阻

$$R = R_1 + R_2 + R_3 = \frac{d_1}{\lambda_1} + \frac{d_2}{\lambda_2} + \frac{d_3}{\lambda_3} = \frac{0.02}{0.81} + \frac{0.2}{1.74} + \frac{0.02}{0.93}$$

$$= 0.025 + 0.115 + 0.022 = 0.162m^2 \cdot K/W$$

(4) 计算平壁总热阻和传热系数

平壁的总热阻 $R_0=R_i+R+R_e=0.11+0.162+0.04=0.312\text{m}^2\cdot\text{K/W}$

平壁的总传热系数 $K_0=1/R_0=3.205\text{W/(m}^2\cdot\text{K)}$

(5) 计算所需保温层的厚度

若使平壁的总传热系数不超过 $1.0\text{W/(m}^2\cdot\text{K)}$，即总热阻不低于 $1.0\text{m}^2\cdot\text{K/W}$，则另需增加保温层的传热阻值 $R_4=1.0-0.312=0.688\text{m}^2\cdot\text{K/W}$。因此保温层的厚度 d 应不少于 $0.688\times0.035=0.0241\text{m}\approx25\text{mm}$。

【例 1.2-3】 试计算图 1.2-21 所示平屋顶的总热阻和总传热系数。

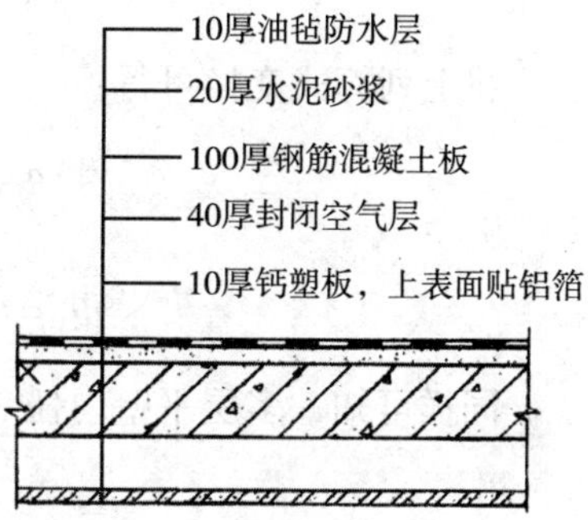

10厚油毡防水层
20厚水泥砂浆
100厚钢筋混凝土板
40厚封闭空气层
10厚钙塑板，上表面贴铝箔

图 1.2-21 平屋顶构造

【解】 (1) 由表 1.2-4 和表 1.2-5 查出内表面的换热阻 R_i 和冬季时外表面的换热阻 R_e 分别为 0.11、$0.04\text{m}^2\cdot\text{K/W}$。

(2) 吊顶中有 40mm 厚单面铝箔封闭空气间层，查表 1.2-3 得 $R_{ag}=0.42\text{m}^2\cdot\text{K/W}$。

(3) 由附录 I 查出各材料层导热系数值

钙塑板 $\lambda_1=0.049\text{W/(m}\cdot\text{K)}$

钢筋混凝土 $\lambda_3=1.74\text{W/(m}\cdot\text{K)}$

水泥砂浆层 $\lambda_4=0.93\text{W/(m}\cdot\text{K)}$

油毡防水层 $\lambda_5=0.17\text{W/(m}\cdot\text{K)}$

(4) 计算总热阻和总传热系数

$$\begin{aligned}R_0&=R_i+R+R_e=0.11+\frac{0.01}{0.049}+0.42+\frac{0.10}{1.74}+\frac{0.02}{0.93}+\frac{0.01}{0.17}+0.04\\&=0.11+0.204+0.42+0.057+0.022+0.059+0.04\\&=0.912\text{m}^2\cdot\text{K/W}\end{aligned}$$

$$K_0=1/R_0=1.096\text{W/(m}^2\cdot\text{K)}$$

1.2.2.4 平壁内部温度的确定

围护结构内部温度和内表面温度也是衡量和评价围护结构热工性能的重要依据。为了检验围护结构内表面及其内部是否会产生凝结水以及内表面温度对室内热环境的影响，都需要对所设计的围护结构内部进行温度核算。

现以图 1.2-20 所示 3 层匀质平壁为例。在稳定传热条件下，通过平壁的热流量与通过平壁各构造层的热流量相等。

根据 $q=q_i$ 得：

$$\frac{1}{R_0}(t_i-t_e)=\frac{1}{R_i}(t_i-\theta_i)$$

由此可得到平壁内表面温度

$$\theta_i=t_i-\frac{R_i}{R_0}(t_i-t_e)\tag{1.2-19}$$

根据 $q=q_1=q_2$ 得：

$$\frac{1}{R_0}(t_i - t_e) = \frac{\lambda_1}{d_1}(\theta_i - \theta_2)$$

$$\frac{1}{R_0}(t_i - t_e) = \frac{\lambda_2}{d_2}(\theta_2 - \theta_3)$$

由此可以得出：

$$\theta_2 = \theta_i - \frac{R_1}{R_0}(t_i - t_e)$$

$$\theta_3 = \theta_i - \frac{R_1 + R_2}{R_0}(t_i - t_e)$$

将上列算式变换可得：

$$\theta_2 = t_i - \frac{R_i + R_1}{R_0}(t_i - t_e)$$

$$\theta_3 = t_i - \frac{R_i + R_1 + R_2}{R_0}(t_i - t_e)$$

同样可知，多层平壁内任一层的内表面温度 θ_m 为：

$$\theta_m = t_i - \frac{R_i + \sum_{j=1}^{m-1} R_j}{R_0}(t_i - t_e) \qquad (1.2-20)$$

$$m = 1, 2, 3, \cdots n$$

式中 $\sum_{j=1}^{m-1} R_j = R_1 + R_2 + \cdots + R_{m-1}$，是顺着热流方向从第1层到第 $m-1$ 层的热阻之和。

又因 $q = q_e$ 得：

$$\frac{1}{R_0}(t_i - t_e) = \frac{1}{R_e}(\theta_e - t_e)$$

由此可得出外表面温度 θ_e：

$$\theta_e = t_e + \frac{R_e}{R_0}(t_i - t_e)$$

或

$$\theta_e = t_i - \frac{R_0 - R_e}{R_0}(t_i - t_e)$$

应当指出，在稳定传热条件下，当各层材料的导热系数为定值时，每一材料层内的温度分布是一直线，在多层平壁中则是一条连续的折线（如图1.2－22所示）。材料层内温度降落的程度与该层的热阻成正比，材料层的热阻愈大，在该层内的温度降落也愈大。

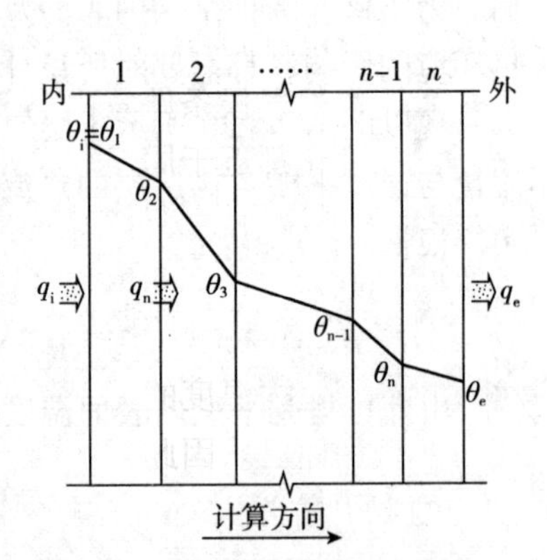

图1.2－22　多层平壁的温度分布

【例1.2－4】已知室内气温为16℃，室外气温为－8℃，试计算通过【例1.2－2】中图1.2－20所示三层平壁的内部温度分布。

【解】根据【例1.2－2】，已知 $R_i = 0.11$

$m^2 \cdot K/W$，$R_e = 0.04m^2 \cdot K/W$，$R_1 = 0.025m^2 \cdot K/W$，$R_2 = 0.115m^2 \cdot K/W$，$R_3 = 0.022m^2 \cdot K/W$，$R_0 = 0.312m^2 \cdot K/W$。

根据公式（1.2－20）分别求出平壁各层界面温度为：

$$\theta_i = t_i - \frac{R_i}{R_0}(t_i - t_e)$$
$$= 16 - \frac{0.11}{0.312}[16 - (-8)] = 7.5℃$$

$$\theta_2 = t_i - \frac{R_i + R_1}{R_0}(t_i - t_e)$$
$$= 16 - \frac{0.11 + 0.025}{0.312}[16 - (-8)] = 5.6℃$$

$$\theta_3 = t_i - \frac{R_i + R_1 + R_2}{R_0}(t_i - t_e)$$
$$= 16 - \frac{0.11 + 0.025 + 0.115}{0.312}[16 - (-8)]$$
$$= -3.2℃$$

$$\theta_e = t_i - \frac{R_0 - R_e}{R_0}(t_i - t_e)$$
$$= 16 - \frac{0.312 - 0.04}{0.312}[16 - (-8)] = -4.9℃$$

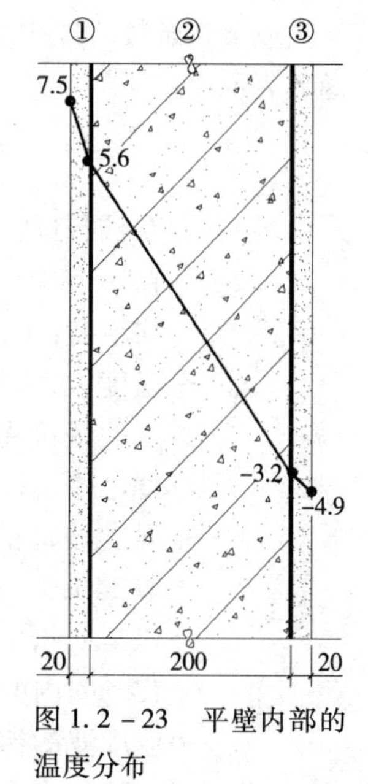

图 1.2－23　平壁内部的温度分布

计算结果如图 1.2－23 所示。由于各层内部温度呈直线变化，因此，连接各界面温度点，便可得到平壁内部温度分布曲线。

1.2.3　平壁的周期性传热

上节所讨论的稳定传热是假设围护结构的内、外热作用都不随时间而变。实际上，室内和室外热环境都在变化，围护结构所受到的热作用也会不同程度地随着时间而变化。这样，通过围护结构的热流量及围护结构内部的温度分布也就随着时间而变动，这种传热过程称为不稳定传热。如果外界热作用随时间呈周期性变化，则称为周期性传热。显然，周期性传热是不稳定传热的一种特例。

处于自然气候条件下的建筑物，必然受到大气层各种气候因素的影响。而气候因素的变化都近于周期性，春夏秋冬一年四季，周而复始，是以年为周期的变化；日出日没，昼夜交替是以日为周期的变化。如果将特定季节的某一段时间气候变化因素固定，例如夏季连续若干天太阳辐射和气温等因素都以有代表性的数值逐日变化，便可视为周期性的热作用。即使在严寒的冬季，采暖建筑倘若为间歇性供热，室内温度的波动也可视为周期性热作用，只是其影响程度远不及夏季室外热作用而已。因此，在建筑热工学中研究周期性热作用下的传递特征，具有广泛的实用意义。

1.2.3.1　简谐热作用

在周期性热作用中，最简单、最基本的是简谐热作用，即温度随时间呈正弦函数或余弦函数的规律变化，如图1.2－24所示。在建筑热工学中，一般用余弦函数表示：

$$t_\tau = \bar{t} + A_t \cos\left(\frac{360\,\tau}{Z} - \phi\right) \tag{1.2-21}$$

式中　t_τ——在τ时刻的空气温度，℃；

$\bar{t}$——在一个周期内空气的平均温度，℃；

A_t——温度波动的振幅，即空气的最高温度与平均温度之差，℃；

Z——温度波动的周期，通常取24h；

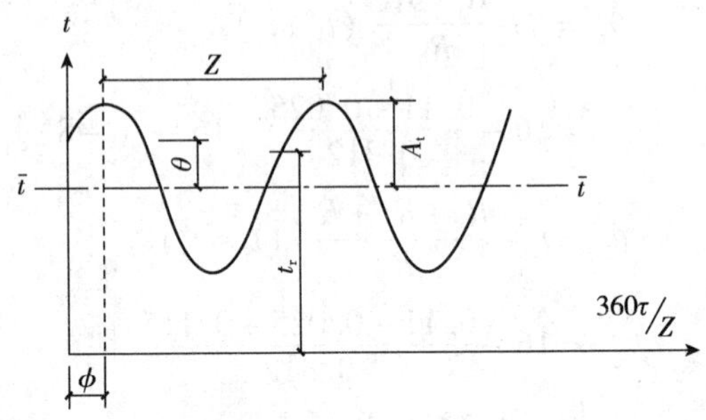

图1.2－24　简谐热作用

τ——以某一指定时刻（如昼夜时间内的零点）起算的计算时间，h；

ϕ——温度波的初始相位，deg；若坐标原点取在温度最大值处，则$\phi=0$。

式（1.2－21）也可以下式表达

$$t_\tau = \bar{t} + \Theta_\tau \tag{1.2-22}$$

式中　Θ_τ是以平均温度为基准的相对温度，它是一个谐量

$$\Theta_\tau = A_t \cos\left(\frac{360\,\tau}{Z} - \phi\right) = A_\tau \cos\ (\omega\,\tau - \phi) \tag{1.2-23}$$

式中　$\omega = \dfrac{360}{Z}$deg/h，称为角速度；如果温度波的周期$Z=24$h，则$\omega=15$deg/h。

事实上，围护结构所受到的周期性热作用，并不都是随时间呈余弦（或正弦）函数规律变化的，但可用傅立叶级数展开，通过谐量分析，把周期性的热作用变换成若干阶谐量的组合。所以通过研究简谐热作用下的传热过程，就能反映围护结构和房屋在周期性热作用下的传热特性。

1.2.3.2　半无限厚平壁在简谐热作用下的传热特征

一侧由一个平面所限制，另一侧延伸到无限远处，不能确定其厚度的壁体称为半无限厚平壁，如地层、地下室的侧壁等。对某些有限厚度的壁体，如在所讨论的时间内，外界的热作用不能影响到壁体的另一面，即外界的热作用未能穿透整个壁体，这种情况也可看作半无限厚平壁。

根据传热理论的分析和实测证明，半无限厚平壁在简谐热作用下，壁体内部的温度也将随之波动，温度波随时间和位置的变化情况如图1.2－25所示。为使讨论问题简单起见，假设壁体各点的平均温度都与空气的平均温度相同，都等于$\bar{t}$，空气温度的振幅为A_e，波动周期为Z，计算时间以空气温度出现最高值的时间为起点，(a)、(b) 图的横坐标表示时间τ，坐标原点取在壁体表面处，表示

空气温度、壁体表面温度及离表面 x 处的温度随时间而变化的情况；（c）图的横坐标为 x，表示谐波传入壁体其温度和温度振幅随与表面距离 x 而变化的情况。

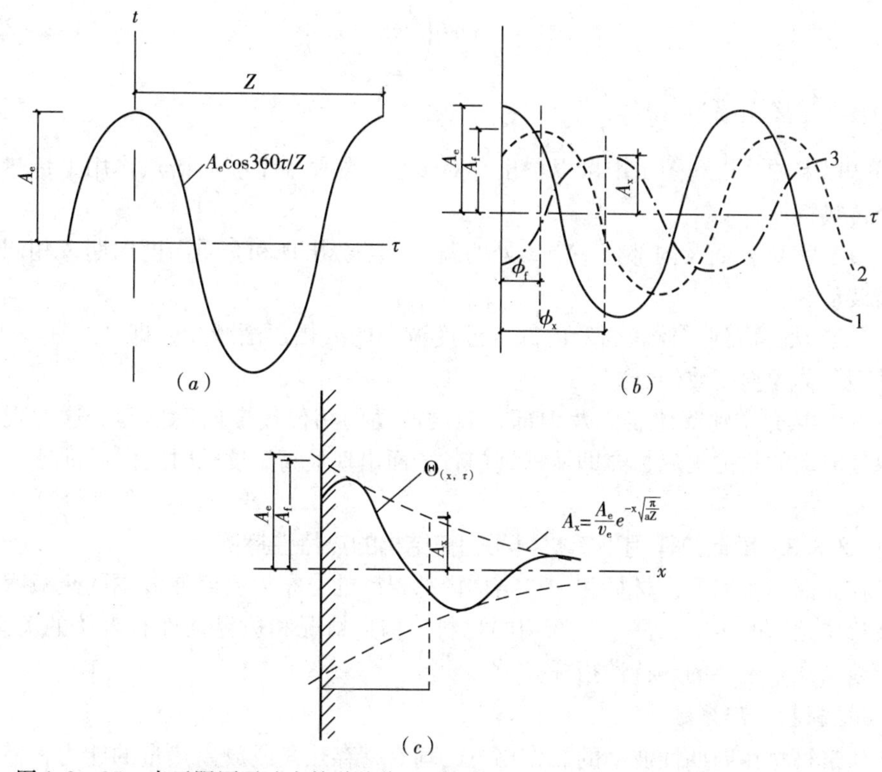

图 1.2－25　半无限厚平壁在简谐热作用下的传热

（a）简谐热作用；（b）空气温度 1，平壁表面温度 2 及壁体内部离表面 x 处的温度 3 随时间 τ 的变化曲线；（c）某瞬时平壁内部温度分布曲线及波幅变化

这种传热过程经理论分析和数学推导可解得壁体内部离表面任一距离 x 处在任一时刻的相对温度（即瞬时温度与平均温度之差）为：

$$\Theta_{(x,\tau)}=\frac{A_e}{v_e}e^{-x\sqrt{\frac{\pi}{aZ}}}\cos\left[\frac{2\pi\tau}{Z}-\left(\phi_e+x\sqrt{\frac{\pi}{aZ}}\right)\right] \quad (1.2-24)$$

式中　$\Theta_{(x,\tau)}$——离表面 x 处 τ 时刻的相对温度，℃；

a——材料的导温系数，m^2/h，$a=\lambda/(c\cdot\rho_0)$；

λ——材料的导热系数，W/(m · K)；

c——材料的比热容，kJ/(kg · K)；

ρ_0——材料的密度，kg/m^3；

τ——以空气温度出现最高值为起点的计算时刻，h；

Z——温度波的周期，通常取 24h；

ϕ_e——表面温度谐波相对于空气温度谐波的相位差，rad；

$x\sqrt{\frac{\pi}{aZ}}$——离表面 x 处温度谐波相对于表面温度谐波的相位差，rad；

υ_e——温度谐波从空气传至表面的振幅衰减度（无量纲）。

当 $x=0$ 时，即得任意时刻的表面温度为

$$\Theta_{(0,\tau)}=\frac{A_e}{\upsilon_e}\cos\left(\frac{2\pi\tau}{Z}-\phi_e\right) \tag{1.2-25}$$

表面温度振幅为：$A_f=\frac{A_e}{\upsilon_e}$

从以上的分析和图示中可以看出，对于半无限厚平壁在简谐热作用下传热的几个传热特征：

（1）平壁表面及内部任一点 x 处的温度，都会出现和介质温度周期 Z 相同的简谐波动。

（2）从介质到壁体表面及内部，温度波动的振幅逐渐减少，即 $A_e>A_f>A_x$。这种现象称为温度波的衰减。

（3）从介质到壁体表面及内部，温度波动的相位逐渐向后推延。这种现象叫温度波动的相位延迟，亦即从外到内各个面出现最高温度的时间向后推延。

1.2.3.3　简谐热作用下，材料和围护结构的热特性指标

在简谐热作用下，材料和围护结构内部温度的分布、温度波波幅的衰减程度以及相位延迟的多少，都与所选用的材料、构造情况和边界条件有直接的关系，其中涉及几个主要的热特性指标。

1）材料蓄热系数

建筑材料在周期性波动的热作用下，均有蓄存热量或放出热量的能力，借以调节材料层表面温度的波动。在建筑热工学中，把半无限厚物体表面热流波动的振幅 A_{q0} 与温度波动振幅 A_f 的比值称为物体在谐波热作用下的“材料蓄热系数”，常用 S 表示，其单位为 W/(m²·K)。经推算其计算式为：

$$S=\frac{A_{q0}}{A_f}=\sqrt{\frac{2\pi\lambda\cdot c\cdot\rho_0}{Z}} \tag{1.2-26}$$

式中　S——材料的蓄热系数，W/(m²·K)；

λ——材料的导热系数，W/(m·K)；

c——材料的比热容，kJ/(kg·K)；

ρ_0——材料的密度，kg/m³；

Z——温度波的周期，h。

当 $Z=24$h，式（1.2-26）可简化为：

$$S_{24}=0.27\sqrt{\lambda\cdot c\cdot\rho_0} \tag{1.2-27}$$

常用建筑材料的 S_{24} 值可在附录Ⅰ中查到。

从上式可以看出，材料蓄热系数不仅与谐波周期有关，而且是材料几个基本物理指标的复合参数。它的物理意义在于，半无限厚物体在谐波热作用下，表面对谐波热作用的敏感程度，即在同样的热作用下，材料蓄热系数越大，其表面温

度波动越小；反之，材料蓄热系数越小，则其表面温度波动越大。这样，我们在选择房屋围护结构的材料时，可通过材料蓄热系数的大小来调节温度波动的幅度，使围护结构具有良好的热工性能。

2）材料层的热惰性指标

如前所述，在谐波热作用下，物体内部的温度波是按指数函数规律衰减的，即：

$$A_x = \frac{A_e}{v_e} \cdot e^{-x\sqrt{\frac{\pi}{aZ}}} \tag{1.2-28}$$

式中的指数项可改写为

$$x\sqrt{\frac{\pi}{aZ}} = x\sqrt{\frac{\pi c\rho_0}{\lambda Z} \cdot \frac{\lambda Z}{\lambda Z}} = \frac{x}{\lambda} \cdot \frac{1}{\sqrt{2}} \cdot \sqrt{\frac{2\pi\lambda c\rho_0}{Z}} = \frac{1}{\sqrt{2}} R_x \cdot S \tag{1.2-29}$$

令 $D = R_x \cdot S$，D 就是厚度为 x 的材料层的热惰性指标。它是一个无因次量。因此，式（1.2-28）亦可表示为：$A_x = \frac{A_e}{v_e} \cdot e^{-\frac{1}{\sqrt{2}}D}$。由此可以看出，在 A_e 相同的条件下，若材料层的热惰性指标 D 愈大，则离表面 x 处的温度波动愈小，显然，它表示围护结构在谐波热作用下反抗温度波动的能力。

围护结构的热惰性指标 D 为各分层材料热惰性指标之和。若其中有封闭空气间层，因间层中空气的蓄热系数甚小，接近于零，间层的热惰性指标也就忽略不计。于是多层围护结构的热惰性指标为：

$$\begin{aligned} D &= D_1 + D_2 + D_3 + \cdots + D_n \\ &= R_1S_1 + R_2S_2 + R_3S_3 + \cdots + R_nS_n \end{aligned} \tag{1.2-30}$$

倘若多层围护结构中间某层由两种以上材料组成时，则应先求得该层的平均导热系数和平均蓄热系数，以其平均热阻求取该层热惰性指标。其计算方法为：

$$\overline{\lambda} = \frac{\lambda_1F_1 + \lambda_2F_2 + \lambda_3F_3 + \cdots + \lambda_nF_n}{F_1 + F_2 + F_3 + \cdots + F_n} \tag{1.2-31a}$$

$$\overline{S} = \frac{S_1F_1 + S_2F_2 + S_3F_3 + \cdots + S_nF_n}{F_1 + F_2 + F_3 + \cdots + F_n} \tag{1.2-31b}$$

$$\overline{R} = \frac{d}{\overline{\lambda}} \tag{1.2-31c}$$

$$D = \overline{R} \cdot \overline{S} \tag{1.2-31d}$$

以上各式中：

λ_1，λ_2，$\lambda_3 \cdots \lambda_n$——各个传热面积上材料的导热系数，W/(m·K)；

F_1，F_2，$F_3 \cdots F_n$——在该层中平行于热流划分的各个传热面积，m^2；

S_1，S_2，$S_3 \cdots S_n$——各个传热面积上材料的蓄热系数，W/(m^2·K)。

3）材料层表面蓄热系数

前面讨论的半无限厚壁体在谐波热作用下，波幅的衰减与相位的延迟都只涉及单一壁体材料的热物理参数，材料蓄热系数也就是在这种条件下提出来的。但在工程实践中，绝大多数是有限厚度的单层或多层围护结构。在这种情况下，材料层受到简谐温度波作用时，其表面温度的波动，不仅与各构造层材料的热物理性能有关，而且与边界条件有关，即在顺着温度波前进的方向，与该材料层相接触的材料或空气的热物理性能和换热条件对其表面温度的波动有影响。所以，对于有限厚度的材料层，必须研究如何适合这种实际情况，因此提出了材料层表面蓄热系数的概念，为区别起见，一般以 Y 表示。Y 与 S 的物理意义是相同的，其定义式都是材料层表面的热流波动振幅 A_q 与表面温度波动振幅 A_f 的比值，差别仅在于计算式的不同。当边界条件的影响可以忽略不计时，两者在数值上也可视为相等。

建筑热工学中的近似计算法是假设简谐温度波通过壁体某材料时，温度谐波振幅衰减到原来的一半，亦即在该材料层内振幅衰减度等于2时，则波动仅与该层材料的热物理性能有关，可忽略该边界条件的影响；如果达不到这一要求，该层边界条件的影响不能忽略。根据这一假设，明显的标志是该材料层的热惰性指标 D_x 不能小于1。因此，对于有限厚度的材料层，当该材料层的热惰性指标 $D \geq 1.0$ 时，便可近似取 Y 值等于 S 值；当材料层的热惰性指标 $D < 1.0$ 时，则材料层另侧表面的边界条件对表面温度的波动有不可忽视的影响，此时 Y 与 S 在数值上是不相等的。具体计算方法为：

（1）材料层外表面蓄热系数的计算

当温度谐波由外向内时，材料层外表面蓄热系数 $Y_{m,e}$（$m=1, 2, \cdots n$）的计算，要从平壁内侧第一层开始，逆着温度谐波前进的方向，依次向外逐层推算，如图1.2－26所示。

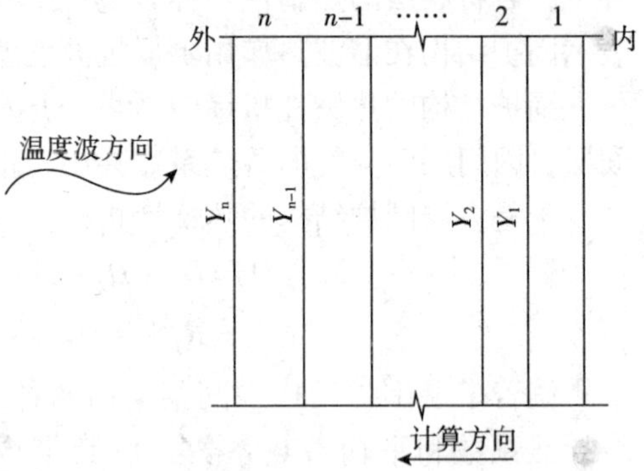

图1.2－26　材料层外表面蓄热系数计算顺序

第1层外表面蓄热系数 $Y_{1,e}$：

当 $D_1 \geq 1.0$ 时，

$$Y_{1,e} = S_1 \tag{1.2-32a}$$

当 $D_1 < 1.0$ 时，

$$Y_{1,e} = \frac{R_1 S_1^2 + \alpha_i}{1 + R_1 \alpha_i} \tag{1.2-32b}$$

其中 α_i 是平壁内表面的换热系数，表示平壁内侧第1层的边界条件（与室内空气热交换的程度）的影响，而 R_1、S_1 则是反映该层材料热物理性能的影响。

从第2层开始，以后任一层的外表面蓄热系数 $Y_{m,e}$：

当 $D_m \geq 1.0$ 时，

$$Y_{m,e} = S_m \tag{1.2-33a}$$

当 $D_m < 1.0$ 时，

$$Y_{m,e} = \frac{R_m S_m^2 + Y_{m-1,e}}{1 + R_m Y_{m-1,e}} \tag{1.2-33b}$$

$$(m = 2, 3, 4, \cdots n)$$

其中表示第 $m-1$ 层的蓄热特性对第 m 层的影响。

最外一层外表面蓄热系数，就是平壁外表面的蓄热系数。即

$$Y_{n,e} = Y_{ef} \tag{1.2-34}$$

（2）材料层内表面蓄热系数的计算

当温度波由内向外时，如果多层围护结构中每一层的热惰性指标 D 值均小于1，则材料层内表面蓄热系数 $Y_{m,i}$ 的计算还是逆着温度波前进方向从最外一层开始，然后从外向内逐层计算。

若层次编号仍如图1.2-26所示，则最外一层即第 n 层的内表面蓄热系数 $Y_{n,i}$：

当 $D_n \geqslant 1.0$ 时，

$$Y_{n,i} = S_n \tag{1.2-35a}$$

当 $D_n < 1.0$ 时，

$$Y_{n,i} = \frac{R_n S_n^2 + \alpha_e}{1 + R_n \alpha_e} \tag{1.2-35b}$$

其中 α_e 是平壁外表面的换热系数。

其他各层的内表面蓄热系数 $Y_{m,i}$：

当 $D_m \geqslant 1.0$ 时，

$$Y_{m,i} = S_m \tag{1.2-36a}$$

当 $D_m < 1.0$ 时，

$$Y_{m,i} = \frac{R_m S_m^2 + Y_{m+1,i}}{1 + R_m Y_{m+1,i}} \tag{1.2-36b}$$

$$(m = 1, 2, 3, \cdots n-1)$$

最内一层的内表面蓄热系数，即是平壁的内表面蓄热系数，即

$$Y_{1,i} = Y_{if} = \frac{R_1 S_1^2 + Y_{2,i}}{1 + R_1 Y_{2,i}} \tag{1.2-37}$$

若平壁的 $D_1 < 1.0$，而最接近内表面的第 m 层的 $D_m \geqslant 1.0$，则取 $Y_{m,i} = S_m$；然后从第 $m-1$ 层开始，按上述方法由外向内逐层计算。

若平壁的 $D_1 \geqslant 1.0$，则其内表面蓄热系数即为

$$Y_{if} = Y_{1,i} = S_1 \tag{1.2-38}$$

1.2.3.4　有限厚度平壁在简谐热作用下的传热

在建筑围护结构中，不论是单层结构还是多层结构，其厚度都是有限的，两侧都有空气介质的热影响，有的可能是一侧受简谐温度波作用，另一侧处于稳定或准稳定温度状态；有的两侧都受到简谐温度波作用，尽管它们波动周期是相同的，但是波动的振幅及作用到围护结构同一点的相位却有差异，这就是通常所说的“双向温度波”的作用。显然，在传热理论上，这种双向温度波的作用更为复杂些，所涉及的工程实际问题也更具普遍性。

在建筑热工学中，从实际应用出发，采用便于工程应用的近似方法，因为所关心的主要问题是与室内热环境密切相关的内表面温度状况，至于围护结构内部

的温度分布与变化，一般不去深究，这样就可以使所处理的问题大为简化。

假设平壁两侧受到的简谐温度波分别为：

外侧　　$t_e = \bar{t}_e + A_e \cos\left(\frac{360\,\tau}{Z} - \phi_e\right)$

内侧　　$t_i = \bar{t}_i + A_i \cos\left(\frac{360\,\tau}{Z} - \phi_i\right)$

在这样相对方向的热作用下，平壁内表面温度状态将怎样变化？任一时刻的温度怎样计算？内表面最高温度和出现的时间又怎样确定？

为了解决这些问题，可将整个过程分解成三个分过程，如图 1.2－27 所示。

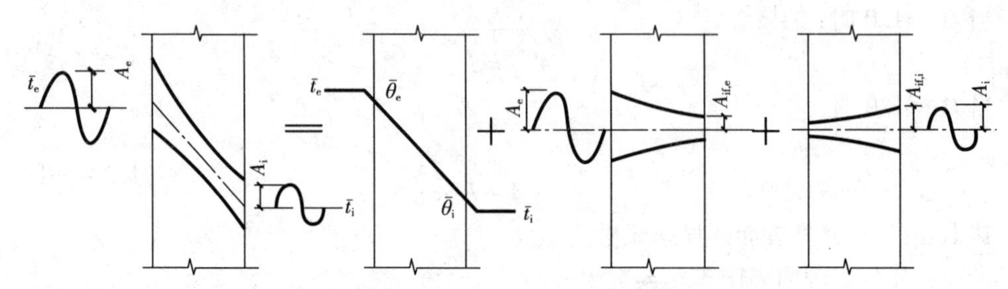

图 1.2－27　双向谐波热作用传热过程的分解

（1）在外侧和内侧空气平均温度$\bar{t}_e$、$\bar{t}_i$ 作用下的稳定传热过程，以计算出内表面的平均温度$\bar{\theta}_i$ 值。

（2）在外侧简谐温度波作用下的传热过程，此时不考虑内侧空气温度波的影响，以求得在外侧简谐温度波作用下，通过壁体到达内表面的温度波动状态。

（3）在内侧简谐温度波作用下的传热过程，此时不考虑外侧空气温度波的影响，以计算出内侧空气温度波对平壁内表面的温度波动状态。

对上述单一过程计算后，把各个单一过程的结果叠加起来，就得到最终结果。

由于我们所关心的主要是围护结构的内表面温度，按上述分解过程，用以下方法进行计算。

平壁内表面平均温度的计算采用前述稳定传热计算方法，直接运用式（1.2－19）便可得到结果。后两个过程同属一类，只是热作用方向和振幅大小、波动相位不同而已。有限厚度平壁在单向谐波热作用下，其传热特征与半无限厚壁体是类同的，也存在着温度振幅的衰减和相位的延迟现象。

这样，在双向谐波热作用下，任一时刻的内表面温度为：

$$\begin{aligned}\theta_{i(\tau)} &= \bar{\theta}_i + \Theta_{if,e} + \Theta_{if,i} \\ &= \bar{\theta}_i + A_{if,e}\cos\left(\frac{360\,\tau}{Z} - \phi_e - \phi_{e-if}\right) + A_{if,i}\cos\left(\frac{360\,\tau}{Z} - \phi_i - \phi_{i-if}\right)\end{aligned} \qquad (1.2-39)$$

式中　$\theta_{i(\tau)}$——平壁内表面任一时刻的温度，℃；

$\bar{\theta}_i$——平壁内表面的平均温度，℃；

$\Theta_{if,e}$——因室外空气温度波动引起的平壁内表面温度的波动,℃;

$\Theta_{if,i}$——因室内空气温度波动引起的平壁内表面温度的波动,℃;

$A_{if,e}$——因室外空气温度波动引起的平壁内表面温度波动的振幅,℃;

$A_{if,i}$——因室内空气温度波动引起的平壁内表面温度波动的振幅,℃;

ϕ_e——室外空气温度波动的初相位, deg;

ϕ_i——室内空气温度波动的初相位, deg;

ϕ_{e-if}——温度波动过程由室外空气传至平壁内表面的相位延迟, deg;

ϕ_{i-if}——温度波动过程由室内空气传至平壁内表面的相位延迟, deg;

τ——以午夜零时为起算的计算时刻, h。

根据衰减度的概念,可得:

$$A_{if,e}=\frac{A_e}{\upsilon_0},\qquad A_{if,i}=\frac{A_i}{\upsilon_i} \tag{1.2-40}$$

式中　A_e——室外空气温度的波动振幅,℃;

υ_0——温度波动过程由室外空气传至平壁内表面时的振幅总衰减度;

A_i——室内空气温度的波动振幅,℃;

υ_i——温度波动过程由室内空气传至平壁内表面时的振幅衰减度;

将式(1.2-40)代入式(1.2-39),可得:

$$\theta_{i(\tau)}=\bar{\theta}_i+\frac{A_e}{\upsilon_0}\cos\left(\frac{360\,\tau}{Z}-\phi_e-\phi_{e-if}\right)+\frac{A_i}{\upsilon_{if}}\cos\left(\frac{360\,\tau}{Z}-\phi_i-\phi_{i-if}\right) \tag{1.2-41}$$

式中后两项谐波的合成,往往因两个温度波的相位角不等(即温度波出现最高值的时间不一致),而不能将它们的波幅或相位角直接相加得出合成波的振幅和相位角,应该用谐量分析的方法来计算,或近似地把两者相加再乘以时差修正系数。

从式(1.2-41)可知,欲得出在双向温度谐波作用下平壁内表面的温度,还必须计算出谐波的衰减度 υ_0、υ_{if}和相位延迟 ϕ_{e-if}及 ϕ_{i-if}。

1.2.3.5　温度谐波在有限厚度平壁内的振幅衰减和相位延迟的计算

温度谐波在有限厚度平壁内的振幅衰减度和相位延迟的精确计算方法是很复杂的,从满足工程设计需要出发,特介绍《规范》采用的近似计算方法。

(1) 室外温度谐波传至平壁内表面时的总衰减度和总相位延迟的计算

室外温度谐波传至平壁内表面的总衰减度为:

$$\upsilon_0=0.9e^{\frac{\Sigma D}{\sqrt{2}}}\cdot\frac{S_1+\alpha_i}{S_1+Y_1}\cdot\frac{S_2+Y_1}{S_2+Y_2}\cdots\cdots\frac{S_n+Y_{n-1}}{S_n+Y_n}\cdot\frac{Y_n+\alpha_e}{\alpha_e} \tag{1.2-42}$$

式中　υ_0——围护结构的总衰减度;

$\sum D$——平壁总的热惰性指标,等于各材料层的热惰性指标之和;

S_1, $S_2\cdots S_n$——由内到外各材料层的蓄热系数, W/(m²·K);空气间层取 $S=0$;

Y_1, $Y_2\cdots Y_n$——由内到外各材料层的外表面蓄热系数, W/(m²·K);

α_i、α_e——分别为平壁内、外表面的换热系数, W/(m²·K)。

用上式计算时,要注意材料层的编号应由内向外(与温度波的前进方向相反),即邻接平壁内表面的一层是第 1 层,而邻接外表面的一层为第 n 层。

在建筑热工设计中，习惯于用延迟时间$\xi\left(=\frac{Z}{360}\phi\right)$来表示相位延迟。因此，温度谐波从室外空气传至平壁内表面的总延迟时间为：

$$\xi_0=\frac{1}{15}\left(40.5\sum D+\arctan\frac{Y_{\text{ef}}}{Y_{\text{ef}}+\alpha_{\text{e}}\sqrt{2}}-\arctan\frac{\alpha_{\text{i}}}{\alpha_{\text{i}}+Y_{\text{if}}\sqrt{2}}\right) \quad (1.2-43)$$

式中 ξ_0——总延迟时间，即室外空气温度谐波出现最大值的时间与受此作用的内表面温度谐波出现最大值的时间差，h；

Y_{ef}——平壁的外表面蓄热系数，$W/(m^2\cdot K)$；

Y_{if}——平壁的内表面蓄热系数，$W/(m^2\cdot K)$。

（2）室内温度谐波传至平壁内表面时的衰减和延迟的计算

室内空气温度谐波传到平壁内表面时，只经过一个边界层的振幅衰减和相位延迟过程。到达内表面的衰减度ξ_{if}和延迟时间ξ_{i}按下列公式计算：

$$\upsilon_{\text{if}}=0.95\frac{\alpha_{\text{i}}+Y_{\text{if}}}{\alpha_{\text{i}}} \quad (1.2-44)$$

$$\xi_{\text{i}}=\frac{1}{15}\arctan\frac{Y_{\text{if}}}{Y_{\text{if}}+\alpha_{\text{i}}\sqrt{2}} \quad (1.2-45)$$

以上各式中的反正切函数项均用度数（deg）计。

【例1.2-5】试计算【例1.2-2】中平壁的总衰减度和总延迟时间以及由室内侧传至内表面的衰减度和延迟时间。

【解】（1）各材料层热物理参数如下表：

序号	材料层	d	λ	R	S_{24}	D
①	石灰砂浆	0.02	0.81	0.025	10.07	0.249
②	钢筋混凝土	0.2	1.74	0.115	17.20	1.977
③	水泥砂浆	0.02	0.93	0.022	11.37	0.245
				$\sum R=0.162$		$\sum D=2.471$

（2）按表1.2-4查出内表面的α_{i}和R_{i}分别为$8.7W/(m^2\cdot K)$和$0.11m^2\cdot K/W$

（3）按表1.2-5查出夏季外表面的α_{e}和R_{e}分别为$19.0W/(m^2\cdot K)$和$0.05m^2\cdot K/W$

（4）计算各材料层外表面蓄热系数Y_{e}

计算顺序为由内向外：

①$D_1<1.0$：$Y_{1,\text{e}}=\frac{R_1S_1^2+\alpha_{\text{i}}}{1+R_1\alpha_{\text{i}}}=\frac{0.025\times(10.07)^2+8.7}{1+0.025\times8.7}=9.228\ W/(m^2\cdot K)$；

②$D_2>1.0$：$Y_{2,\text{e}}=S_2=17.20W/(m^2\cdot K)$；

③$D_3<1.0$：$Y_{3,\text{e}}=\frac{R_3S_3^2+Y_{2,\text{e}}}{1+R_3\cdot Y_{2,\text{e}}}=\frac{0.022\times(11.37)^2+17.20}{1+0.022\times17.20}$

$=14.542\ W/(m^2\cdot K)$

（5）计算各材料层内表面蓄热系数 Y_i

计算顺序为由外向内。由于中间层 $D_2>1.0$，故 $Y_{2,i}=S_2=17.20\text{W}/(\text{m}^2\cdot\text{K})$。

$$D_1<1.0:\ Y_{1,i}=\frac{R_1S_1^2+Y_{2,i}}{1+R_1\cdot Y_{2,i}}=\frac{0.025\times(10.07)^2+17.20}{1+0.025\times17.20}$$

$$=13.801\ \text{W}/(\text{m}^2\cdot\text{K})$$

（6）计算总衰减度 v_0 与总延迟时间 ξ_0

$$v_0=0.9e^{\frac{\Sigma D}{\sqrt{2}}}\cdot\frac{S_1+\alpha_i}{S_1+Y_1}\cdot\frac{S_2+Y_1}{S_2+Y_2}\cdot\frac{S_3+Y_2}{S_3+Y_3}\cdot\frac{Y_3+\alpha_e}{\alpha_e}$$

$$=0.9e^{\frac{2.471}{\sqrt{2}}}\cdot\frac{10.07+8.7}{10.07+9.228}\cdot\frac{17.20+9.228}{17.20+17.20}\cdot\frac{11.37+17.20}{11.37+14.542}\cdot\frac{14.542+19.0}{19.0}$$

$$=7.51$$

$$\xi_0=\frac{1}{15}\left(40.5\sum D+\arctan\frac{Y_{ef}}{Y_{ef}+\alpha_e\sqrt{2}}-\arctan\frac{\alpha_i}{\alpha_i+Y_{if}\sqrt{2}}\right)$$

$$=\frac{1}{15}\left(40.5\times2.471+\arctan\frac{14.542}{14.542+19.0\sqrt{2}}-\arctan\frac{8.7}{8.7+13.801\sqrt{2}}\right)$$

$$=\frac{1}{15}(100.08+19.35-17.14)=6.82\text{h}$$

（7）计算由室内侧传至内表面的衰减度 v_i 和延迟时间 ξ_i

$$v_i=0.95\frac{\alpha_i+Y_{if}}{\alpha_i}=0.95\times\frac{8.7+13.801}{8.7}=2.46$$

$$\xi_i=\frac{1}{15}\arctan\frac{Y_{if}}{Y_{if}+\alpha_i\sqrt{2}}=\frac{1}{15}\arctan\frac{13.801}{13.801+8.7\sqrt{2}}=1.86\text{h}$$

1.2.4　建筑传湿

大气层中存在的大量水分会以各种方式和途径渗入建筑围护结构。建筑材料受潮后，可能导致强度降低、变形、腐烂、脱落，从而降低使用质量，影响建筑物的耐久性。若围护结构中的保温材料受潮，将使其导热系数增大，保温能力降低。潮湿的材料还会孳生木菌、霉菌和其他微生物，严重危害环境卫生和人体健康。

影响围护结构湿状况的因素很多，属于建筑热工学研究范畴的，主要是空气中的水蒸气在围护结构内表面及内部凝结而引起的湿状况以及防止措施。

1.2.4.1　湿空气的概念

自然界中的空气都是干空气和水蒸气的混合物。凡是含有水蒸气的空气就是湿空气。因此，湿空气的压力等于干空气的分压力和水蒸气的分压力之和。即：

$$P_w=P_d+P \tag{1.2-46}$$

式中　P_w——湿空气的压力，Pa；

P_d——干空气的分压力，Pa；

P——水蒸气的分压力，Pa。

建筑环境中一般都是湿空气。从上式可知，空气中所含的水分愈多，则水蒸气分压力愈大。在一定的温度和压力条件下，一定容积的空气所能容纳的水蒸气量有一定的限度，也就是说空气中水蒸气的分压力有一个极限值，称为“饱和蒸汽压”或“最大水蒸气分压力”，常用 P_s 表示。水蒸气含量达到极限值时的空气称为饱和空气，水蒸气尚未达到极限值时的空气称作未饱和空气，未饱和空气的水蒸气分压力用 P 表示。饱和蒸汽压的大小随空气的温度和压力而变。P_s 值随温度的升高而增大，这是由于在一定的大气压力下，空气的温度愈高，一定容积中所能容纳的水蒸气愈多，因而其呈现的压力也愈大。

单位容积空气所含水蒸气的重量称为空气的绝对湿度，常用 f 表示，单位：g/m^3；饱和状态下的绝对湿度用饱和蒸气量 f_{max} 表示。绝对湿度说明空气在某一温度状态下实际所含水蒸气的重量，但并不能直接说明空气的干、湿程度。例如绝对湿度为 153g/m^3 的空气，当温度为18℃，水蒸气含量已达最大值，即已经处于饱和状态。如果空气的温度为30℃，此时空气的饱和水蒸气量则为 301g/m^3，水蒸气的含量几乎可以再增加1倍。可见只有在相同温度条件下，才能依据绝对湿度来比较空气的潮湿程度。

相对湿度，是指一定温度及大气压力下，空气的绝对湿度 f 与同温同压下饱和蒸气量 f_{max} 的比值。相对湿度一般用百分数表达，并用 φ 表示。即：

$$\varphi = \frac{f}{f_{max}} \times 100\% \qquad (1.2-47)$$

由于在一定温度条件下，空气中的水蒸气的含量与水蒸气分压力成正比，因此，相对湿度也可用空气中的水蒸气分压力 P 与同温度下的饱和蒸汽压力 P_s 之比的百分数来表示，即：

$$\varphi = \frac{P}{P_s} \times 100\% \qquad (1.2-48)$$

显然，相对湿度反映了空气在某一温度时所含水蒸气分量接近饱和的程度。相对湿度 φ 值小，表示空气比较干燥，容纳水蒸气的能力较强；相对湿度 φ 值大，则空气比较潮湿，能容纳水蒸气的能力较弱。当相对湿度 φ 为零时，表示空气中全是干空气，即绝对干燥；当 φ 为100%时，则表示空气已经达到饱和。依 φ 值的大小就可直接判断空气的干、湿程度。

相对湿度、温度以及水蒸气分压力之间的关系见图1.2-28。当相对湿度等于100%时，对应的水蒸气分压力即为该状态空气的饱和蒸汽压。

某一状态的空气，在含湿量不变的情况下，冷却到它的相对湿度达到100%时所对应的温度，称为该状态下空气的露点温度，以 t_d 表示。如果继续降温，空气就容纳不了原有的水蒸气，迫使其中的一部分凝结成水珠析出，温度降得愈低，析出的水愈多。这种由于温度降到露点温度以下，空气中水蒸气液化析出的现象称为结露（或冷凝）。冬天在寒冷地区的建筑物中，常常看到窗玻璃内表面上有很多露水，有的甚至结了厚厚的霜，原因就在于玻璃的保温性能低，其内表面温度远低于室内空气的露点温度。当室内较热的空气接触到玻璃表面时，就在表面上结成露水或冰霜。

利用图 1.2－28，可以非常方便地查出某一状态空气的露点温度。具体方法是：首先根据空气的温度（即图中干球温度）和相对湿度在图中找到对应的点，然后通过该点引水平线与最左侧的相对湿度 100% 线相交，再通过相交点引垂直线至干球温度坐标轴，其对应的温度即为露点温度。

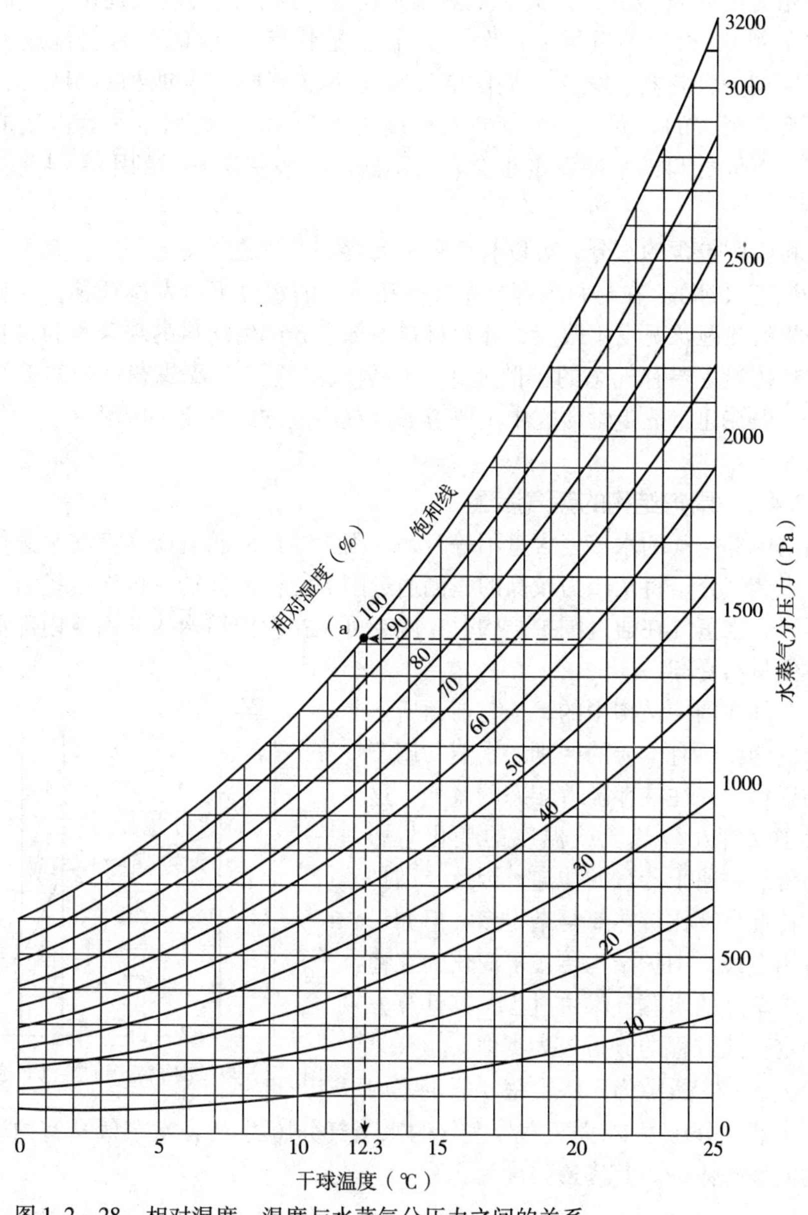

图 1.2－28　相对湿度、温度与水蒸气分压力之间的关系

【例 1.2－6】已知室内气温为 20℃，相对湿度为 60%。若窗户内表面温度为 10℃，问窗户内表面是否会结露？

【解】由图 1.2－28 可知：气温为 20℃，相对湿度为 60% 的空气露点温度

$t_d = 12.3$℃（见图中虚线），大于10℃，因此，窗户内表面会结露。

1.2.4.2 材料的吸湿和传湿

把一块干的材料放置在湿空气中，材料试件会从空气中吸收水分，这种现象称为材料的吸湿。经过放置一段时间后，材料试件可与所处的空气（一定的气温和相对湿度条件下）之间形成热湿平衡，即材料的温度与周围空气温度一致（热平衡），试件的重量不再发生变化（湿平衡），这时的材料湿度称为平衡湿度。同一种材料，处于不同的空气状态下（不同气温或相对湿度），其平衡湿度会有很大的不同，当空气相对湿度为100%时，材料的平衡湿度成为最大湿度。不同材料的平衡湿度也会有所不同。一般密实材料的平衡湿度较松散材料小。

材料中所包含的水分，可以有三种形态存在：气态（水蒸气）、液态（液态水）和固态（冰）。在材料内部只有气态和液态的水分可以发生迁移。当材料内部或外界的热湿状况发生改变，导致材料内部水分产生迁移的现象称为材料的传湿。材料传湿主要有气态的扩散方式（即蒸汽渗透）以及液态水分的毛细渗透方式。一般在建筑热工学研究中主要考虑蒸汽渗透方式的建筑传湿。

1.2.4.3 围护结构的蒸汽渗透

当室内外空气的水蒸气含量不等时，外围护结构的两侧就会存在水蒸气分压力差，水蒸气分子将从压力较高的一侧通过围护结构向低的一侧渗透扩散。如果设计不当，水蒸气在通过围护结构时，就有可能在围护结构的表面或内部形成凝结水，使材料受潮。

水蒸气在围护结构中的渗透与前面所述围护结构的传热有本质的区别。水蒸气属于物质的迁移，并往往伴随着相态的改变，这些变换中又存在着热流或温度的变化与影响；而传热是属于能量的传递。因此，围护结构的传湿计算比传热要复杂得多。但如果仅从应用考虑，围护结构传湿可简化为在稳定条件下单纯的水蒸气渗透过程，其计算方法与稳定传热过程的分析较为类似。

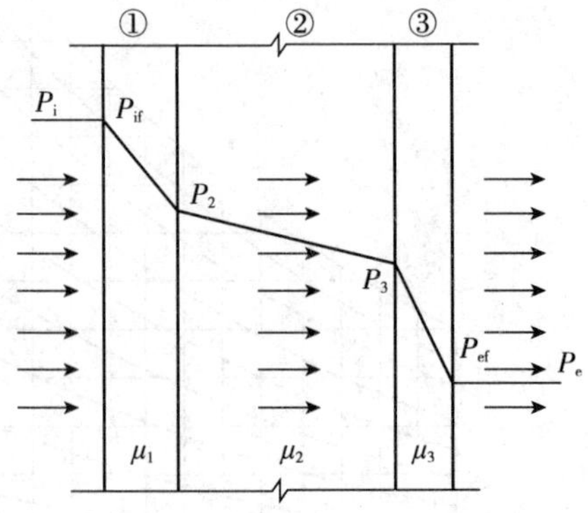

图1.2－29 围护结构的蒸汽渗透过程

图1.2－29所示为3层平壁，假定室内空气的水蒸气分压力 P_i 大于室外空气的水蒸气分压力 P_e，水蒸气从室内通过围护结构向室外渗透。其渗透强度为：

$$\omega = \frac{1}{H_0}(P_i - P_e) \qquad (1.2-49)$$

式中 ω——蒸汽渗透强度，g/(m²·h)；

H_0——围护结构的总蒸汽渗透阻，m²·h·Pa/g；

P_i——室内空气的水蒸气分压力，Pa；

P_e——室外空气的水蒸气分压力，Pa。

围护结构的总蒸汽渗透阻按下式确定：

$$H_0 = H_1 + H_2 + \cdots + H_n = \frac{d_1}{\mu_1} + \frac{d_2}{\mu_2} + \cdots + \frac{d_n}{\mu_n} \qquad (1.2-50)$$

式中　d_1、d_2……d_n——围护结构中某一分层的厚度，m；

μ_1、μ_2……μ_n——围护结构各层材料的蒸汽渗透系数，g/(m·h·Pa)。

蒸汽渗透系数表明材料的蒸汽渗透能力，与材料的材质和密实程度有关。材料的孔隙率愈大，透汽性愈强。如油毡的$\mu = 1.35 \times 10^{-6}$g/(m·h·Pa)，玻璃棉的$\mu = 4.88 \times 10^{-4}$ g/(m·h·Pa)，静止空气的$\mu = 6.08 \times 10^{-4}$g/(m·h·Pa)，垂直空气间层和热流由下而上的水平空气间层的$\mu = 1.01 \times 10^{-3}$g/(m·h·Pa)，玻璃和金属是不透蒸汽的。另外，材料的蒸汽渗透系数还与温度和相对湿度等因素有关，在计算中一般采用平均值。

由于空气的蒸汽渗透系数很大，围护结构内外表面的蒸汽渗透阻与结构材料层的蒸汽渗透阻本身相比很微小，所以在计算总蒸汽渗透阻时可忽略不计。这样，围护结构内、外表面的水蒸气分压力可近似地取为P_i和P_e。因此，围护结构内任一层内界面上的水蒸气分压力可按下式计算：

$$P_m = P_i - \frac{\sum_{j=1}^{m-1} H_j}{H_0}(P_i - P_e) \qquad (1.2-51)$$

$$m = 2, 3, 4, \cdots\cdots n$$

式中　$\sum_{j=1}^{m-1} H_j$——从室内一侧算起，由第一层至$m-1$层的蒸汽渗透阻之和。

复习思考题

(1) 传热有哪几种方式？各自的机理是什么？

(2) 材料导热系数的物理意义是什么？其值受哪些因素的影响与制约？试列举一些建筑材料的例子说明。

(3) 对流换热系数的物理意义是什么？其值与哪些因素有关？通常在工程中如何取值？

(4) 辐射换热系数的意义是什么？平均角系数的物理意义又是什么？它们各自受哪些因素的影响？

(5) 何谓稳定传热状态？稳定传热状态有些什么特征？

(6) 试分析封闭空气间层的传热特性，在围护结构设计中如何应用封闭空气间层？

(7) 试求出用同一材料构成的5层厚度为20mm封闭空气间层的热阻值与1层厚度为100mm的封闭空气间层的热阻值各为多少？

(8) 在稳定传热状态下，为减少围护结构的热损失，可采取哪些建筑措施？各自的机理是什么？

(9) 在简谐热作用下，半无限厚物体的传热有哪些特征？

(10) 围护结构材料层表面蓄热系数 Y 与材料蓄热系数 S 之间有何异同之处？各适用什么情况？

(11) 试选择当地一种常用节能墙体材料，计算其总热阻和总热惰性指标。

(12) 试计算【例1.2－3】中图1.2－21所示的屋顶构造在室外单向温度谐波作用下的总衰减度和延迟时间。

(13) 相对湿度和绝对湿度的相互关系是什么？为什么说相对湿度能够反映空气的干湿程度，而绝对湿度就不能？

(14) 露点温度的物理意义是什么？试举例说明生活中的结露现象，并解释。

(15) 已知：$t_i=20℃$；$\varphi_i=50\%$。问：若采用如【例1.2－2】中图1.2－20所示墙体，在保证内表面不结露的情况下，室外气温不得低于多少？若增加保温层使其传热系数不超过 $1.0W/(m^2 \cdot K)$，此时的室外气温又不得低于多少？

(16) 为什么在施工现场装配保温材料之前，应使保温材料先放置在现场一段时间？

第1.3章　建筑保温与节能

房屋建筑应当适应所在地区的气候条件。按照建筑热工设计气候分区及设计要求，在冬季时间长、气温低的严寒地区和寒冷地区，为使室内热环境满足人们正常工作和生活的需要，保证人体健康，通常都装有采暖设备。而为了节省采暖的能耗及维持室内所需的热环境条件，房屋建筑必须具有足够的保温能力。除上述两地区外，夏热冬冷地区、温和地区的冬季也相当冷，加上春寒的低温期，都要不同程度地补充供热，才能维持室内正常的热环境条件。近些年来，随着经济的发展，人民生活水平的提高，也迫切要求改善室内热环境，居民以不同的方式和设备调节室内环境因素，因此，妥善处理建筑围护结构的热工性能，无论是对于改善室内热环境，还是节约能源同样具有重要意义。

用于维持室内舒适热环境的建筑采暖能耗的多少与建筑围护结构本身的保温性能、所采用的供热设备以及设备的运行管理等多方面因素有关。建筑设计人员在处理建筑保温与节能问题时，应遵循综合处理的基本原则：充分利用太阳能；防止冷风的不利影响；选择合理的建筑体形和平面布局；房间的热特性应适合使用性质；选择合理的供热系统等。只有全面考虑上述原则，再合理进行外围护结构的保温设计，才能保证建筑内的热湿条件达到应有的标准，而且能降低房屋建筑的造价，提高其有效使用寿命。

1.3.1　建筑保温的途径

建筑作为一项艺术与技术结合的社会产品，在设计中无疑要兼顾各个方面，以充分利用有利因素，解决存在的问题。妥善处理建筑保温问题也是设计时必须考虑的问题之一。通常，有以下几方面途径。

1.3.1.1　建筑体形的设计，应尽量减少外围护结构的总面积

从前述传热原理可知，一幢建筑物在温差条件一定时，总传热量的多少是与建筑围护结构总面积成正比的。减少外围护结构总面积也就能减少能耗，既可节省经费开支又节约了能源。

依前所述，平壁在稳定传热状态下，其总传热量为：

$$Q = q \cdot \tau \cdot F \tag{1.3-1}$$

式中　Q——总传热量，W·h；

q——平壁的热流强度，W/m²；

τ——传热时数，h；

F——围护结构的总面积，m²。

由此可看出，在建筑设计中，优化平面形式和建筑体形、减少外围护结构的总面积是一项减少能耗的有效措施。

一般通过体形系数衡量建筑外表面面积与总建筑体积的关系。所谓建筑物体形系数，是指建筑物与室外大气接触的外表面积与其所包围的体积的比值。在外表面积中，不包括地面和不采暖楼梯间隔墙和户门的面积。研究表明：在建筑围护结构保温水平（主要指围护结构传热系数和窗墙面积比等参数）不变条件下，建筑物耗热量指标随体形系数的增大而增大。不同体形系数的建筑物，即使采用的材料构造一样，窗、墙面积比相同，其耗热量指标也还不同。低层和小单元住宅对节能不利，它们的建筑物采暖耗热量指标相对要大些。

为了在设计中控制建筑物体形，以便减少采暖的能耗，《民用建筑节能设计标准》（采暖居住建筑部分）JGJ 26—95 中规定：建筑物体形系数宜控制在 0.30 及 0.30 以下；如果体形系数大于 0.30，则屋顶和外墙应加强保温。而在《夏热冬冷地区居住建筑节能设计标准》JGJ 134—2001 中规定该地区条形建筑物的体形系数不应超过 0.35，点式建筑物的体形系数不应超过 0.40。对于除居住建筑以外的公共建筑，在《公共建筑节能设计标准》GB 50189—2005 中则规定：严寒、寒冷地区建筑的体形系数应小于或等于 0.40。

尽管限制建筑物体形系数会影响建筑的形式，对建筑设计创作带来一定影响，但这是减少建筑采暖能耗的有效措施。如果建筑物体形系数超过了上述的规定值，则应有提高围护结构保温性能的措施加以弥补。

1.3.1.2 围护结构应具有足够的保温性能

从式（1.3-1）中看出：平壁的热流强度 q 仍然是围护结构热损耗的基数。又从式（1.2-17）可知，在室内外温差一定和确定的边界条件下，热流强度 q 与平壁的传热系数 K_0 成正比。因此，为了控制围护结构的热损耗，也为了保证室内热环境的基本要求，我国建筑节能相关的设计规范、标准中，均对围护结构的传热系数提出了明确的限定要求。

在围护结构传热系数计算中，是假定室内外空气温度都不随时间而变的稳定传热状态。但实际上，即使是在冬季的阴寒天，室外空气温度也不会长时间不变，室内空气温度会因供热不均衡或使用上的某些变化而产生一些波动。由于不同构造方案抵抗室外温度变化的能力不同，即热稳定性不同，同样的温度变化对围护结构内表面温度的影响并不相同，对厚重的砖石或混凝土壁体影响小些，而对于轻质或轻型构件壁体的影响会大一些。针对这种情况，一般在建筑围护结构保温设计中，根据所采用的材料和构造的不同，采取不同的修正方式。当围护结构的热稳定性较好时，其传热系数可大些；若热稳定性较差，则应减小围护结构的传热系数加以弥补。

1.3.1.3 争取良好的朝向和适当的建筑物间距

在建筑设计和城乡规划中，规划师与建筑师们总是要争取良好的朝向和适当的间距，以便尽可能地使建筑物得到必要的日照。

太阳光包含大量的热辐射和丰富的紫外线，不仅是促进人体成长和保证室内环境卫生、保障人体健康所必需，而且对建筑保温也具有重要的意义。在建筑中，透过窗口射入室内的太阳辐射，直接供给一部分热量；入射到墙体和屋顶上的太阳辐射，可使围护结构的温度升高，减少通过围护结构的热损失，这些都有利于改善室内热环境。

我国严寒地区与寒冷地区的地理纬度相对较高，冬季的日照尤为可贵，何况建筑物的使用年限至少也有数十年，因此，在节约用地的同时，房屋建筑仍需保持适当的间距，以满足必需的日照要求。

1.3.1.4 增强建筑物的密闭性，防止冷风渗透的不利影响

风是空气流动的一种自然现象，冬季由于室外气温低，室内外温差大，室外空气通过门窗洞口或者其他缝隙进入室内，从而降低了室内温度并引起室内气温的波动，对室内热环境产生不利的影响；同时，当风作用在围护结构外表面时，使围护结构外表面换热系数增大，也影响了它的保温性能。因此，防止冷风的渗透对建筑保温同样具有重要意义。

防止冷风渗透的有效途径在于减少建筑围护结构的薄弱部位、增强建筑物在冬季的密闭性。为此，在设计中应尽可能避开迎风地段，减少门窗洞口，加强门窗的密闭性。在出入频繁的大门处设置门斗、并使门洞避开主导风向，也是防止冷空气大量渗入的有效措施。就保温而言，房屋的密闭性愈好，则热损失愈少，从而可以在节约能源的基础上保持室内气温的稳定。但从卫生要求考虑，房屋必须有一定的换气量，尤其是人员密集的场所，以便室外新鲜空气替换室内空气，避免室内空气中二氧化碳含量的浓度过大；并且，过分密闭会妨碍室内湿气的排除，使室内空气的湿度升高，从而容易造成围护结构内表面结露和结构内部受潮。

基于上述理由，原则上房屋应有足够的密闭性，但同时也需有适当的透气性。为此，在外窗上设置可开关的换气扇是一种较好的方式。必须防止由于设计和施工质量等原因导致的构件接缝不严密而产生的冷风渗透。

1.3.1.5 避免潮湿、防止壁内产生冷凝

前已述及，大多数建筑材料的导热系数值将随材料的含湿量增大而增长。因此，如果壁体材料受潮，定会使壁体的热阻降低，从而削弱了它的保温性能。这是必须避免和防止的。

略加分析，就会发现壁体材料受潮的原因很多。例如材料的原始湿度过大，运输、储藏保管不当，施工中大量用水，房屋在使用过程中外界水分的浸入；地下水通过毛细管作用使墙体受潮等。无疑，这些因素都应当在整个建造过程的各个环节或阶段予以防止或避免。此外，还可能因热工设计不当，导致围护结构的内表面或者壁体内部产生冷凝而使其受潮，因此，应当通过理论检验确认并采取有效技术措施予以防止。

对于采暖建筑，采暖系统的供热方式仍然是保证室内热环境的基本因素，如

果供热不均衡或者供热的间歇时间过长，都将导致室温过大的波动，甚至达不到标准要求。在这种情况下，仅仅提高建筑物的保温性能，可能既不合理也难以弥补其不足。

1.3.2 围护结构保温设计

1.3.2.1 保温设计的依据

房屋围护结构保温设计是建筑设计的重要组成部分，也是一项政策性强、涉及面宽的技术工作。为了指导和规范这项工作的进行，政府主管部门颁布了《民用建筑热工设计规范》GB 50176—93、《民用建筑节能设计标准》（采暖居住建筑部分）JGJ 26—95、《夏热冬冷地区居住建筑节能设计标准》JGJ 134—2001 以及《公共建筑节能设计标准》GB 50189—2005 等。为了顺利开展建筑节能工作，各地地方政府也配合出台了相关的地方建筑节能设计标准和实施细则，这些标准和实施细则一般均要比国标更加严格。随着建筑节能工作的逐步深入，对建筑保温性能的要求将越来越严格，如北京、天津等地区已开始执行节能 65% 的居住建筑节能设计标准。除此之外，还有一些规范和标准虽不属建筑设计范围，却与此项设计工作有着密切的关系。这些都是从事房屋围护结构保温设计的依据，在实际工程中应当依据这些规范、标准规定的有关要求设计。这些规范和标准所涉及的内容非常广泛，本节仅对涉及建筑保温的共性规定指标的计算方法作些介绍。

1.3.2.2 围护结构保温设计计算

《民用建筑热工设计规范》GB 50176—93 规定：设置集中采暖设备的建筑，其围护结构的保温性能应满足围护结构最小传热阻的要求。最小传热阻 $R_{0,\min}$ 是依据室内计算温度与围护结构内表面温度的允许温差确定的。按此热阻值进行设计，能够保证在采暖系统正常供热及室外实际空气温度不低于室外计算温度前提下，围护结构内表面温度不致低于室内空气的露点温度。为此，围护结构的实际热阻必须满足这一要求，否则，将严重影响使用功能和环境卫生，同时也将对人体产生过强的冷辐射。

在国家及地方建筑节能设计标准中则明确规定了外围护结构的传热系数限值以及建筑采暖能耗热量指标等要求。对于设计好的围护结构，应验算它的传热阻和传热系数是否符合热工设计规范和节能设计标准的要求。通常满足了节能设计标准中传热系数限值要求的围护结构，其传热阻一般要高于规范规定的最小总热阻。但对于特殊构造或特殊使用的房间（如轻质围护结构、高湿房间等）则有可能出现不满足的情况。这时需要计算最小总热阻，并加以比较。

需要特别指出的是，围护结构传热系数限值仅是建筑节能设计的规定性指标，对于严寒和寒冷地区，衡量一幢建筑是否达到节能标准的最终检验指标是建筑物采暖耗热量指标（即所谓“性能性指标”）。只有当所有的规定性指标都满足建筑节能设计标准中规定的要求，才能直接判定该建筑达到了节能要求，否则必须通过计算其采暖耗热量指标，来检验其是否节能。

1）最小传热阻 $R_{0,min}$ 的计算

《民用建筑热工设计规范》GB 50176—93 规定，最小传热阻 $R_{0,min}$ 的计算公式如下：

$$R_{0,min}=\frac{(t_i-t_e)\ n}{[\Delta t]}R_i \qquad (1.3-2)$$

式中 $R_{0,min}$——最小传热阻，$m^2 \cdot K/W$；

t_i——冬季室内计算温度，℃；一般居住建筑，取18℃；高级居住建筑、医疗、托幼建筑，取20℃；

t_e——冬季室外计算温度，℃；在规范中将围护结构按热惰性指标 D 值的不同分为4类（即 $D>6.0$ 者为Ⅰ型；$D=4.1\sim6.0$ 者为Ⅱ型；$D=1.6\sim4.0$ 者为Ⅲ型；$D\leqslant1.5$ 者为Ⅳ型。但对于实体砖墙，当 $D=1.6\sim4.0$ 时，其冬季室外计算温度仍按Ⅱ型取值），分别取不同的冬季室外计算温度；各地冬季室外计算温度的取值详见规范；

R_i——围护结构内表面换热阻，$m^2 \cdot K/W$；

n——温差修正系数，按表1.3-1取值；

$[\Delta t]$——室内空气与围护结构内表面之间的允许温差，℃，按表1.3-2取值。

温差修正系数 n 值　　　　**表1.3-1**

围护结构及其所处情况	n
外墙、平屋顶及与室外空气直接接触的楼板等	1.00
带通风间层的平屋顶、坡屋顶顶棚及与室外空气相通的不采暖地下室上面的楼板等	0.90
与有外门窗的不采暖楼梯间相邻的隔墙	
1~6层建筑	0.60
7~30层建筑	0.50
不采暖地下室上面的楼板	
外墙上有窗户时	0.75
外墙上无窗户且位于室外地坪以上时	0.60
外墙上无窗户且位于室外地坪以下时	0.40
与有外门窗的不采暖房间相邻的隔墙	0.70
与无外门窗的不采暖房间相邻的隔墙	0.40
伸缩缝、沉降缝墙	0.30
防震缝墙	0.70

室内空气与围护结构内表面之间的允许温差 [Δt]（℃）　　表 1.3-2

建筑物和房间类型	外墙	平屋顶和坡屋顶顶棚
居住建筑、医院和幼儿园等	6.0	4.0
办公楼、学校和门诊部等	6.0	4.5
礼堂、食堂和体育馆等	7.0	5.5
室内空气潮湿的公共建筑		
不允许外墙和顶棚内表面结露时	$t_i - t_d$	$0.8(t_i - t_d)$
允许外墙内表面结露，但不允许顶棚内表面结露时	7.0	$0.9(t_i - t_d)$

在表 1.3-2 中，t_i、t_d 分别为室内空气温度和露点温度。潮湿房间系指室内空气温度为 13~24℃，相对湿度大于 75%；或室内空气温度高于 24℃，相对湿度大于 60% 的房间。对于直接与室外空气接触的楼板和不采暖地下室上面的楼板，当有人长时间停留时，允许温差取 [Δt] =2.5℃；当无人长时间停留时，取 [Δt] =5.0℃。

由表中数值可以看出，使用要求较高的房间，室内空气温度与围护结构内表面温度的允许温差 [Δt] 小一些。这样，在相同的室内、外气温条件下确定的最小总热阻值，显然就大一些。也就是说，使用要求越高，其围护结构就愈应有更好的保温能力。

对于热稳定性要求较高的建筑（如居住建筑、医院和幼儿园等），当采用轻型结构时，外墙的最小传热阻应在按式（1.3-2）计算结果的基础上进行附加，其附加值按热工规范规定取值见表 1.3-3。

轻质外墙最小传热阻的附加值（%）　　表 1.3-3

外墙材料与构造	当建筑物处在连续供热热网中时	当建筑物处在间歇供热热网中时
密度为 800~1200kg/m³ 的轻骨料混凝土单一材料墙体	15~20	30~40
密度为 500~800kg/m³ 的轻混凝土单一材料墙体；外侧为砖或混凝土、内侧复合轻混凝土的墙体	20~30	40~60
密度小于 500kg/m³ 的轻质复合墙体；外侧为砖或混凝土，内侧复合轻质材料（如岩棉、矿棉、石膏板等）墙体	30~40	60~80

在围护结构保温设计中，由于建筑材料和构件种类繁多，情况各异，加之围护结构的保温性能又是以其最小传传热阻为指标，材料导热系数的取值是否符合实际情况往往是保温设计成败的关键，何况影响材料导热系数的因素较多，实际状况有时又难以预料。为了避免出现保温性能的隐患，凡符合表 1.3-4 中所列材料、构造、施工、地区及使用情况的，在计算围护结构实际传热阻时，材料的导热系数 λ 和蓄热系数 S 应按表中所规定的修正系数 α 予以修正，即将按附录 I 查得的数值乘以 α 值。

导热系数 **λ** 及蓄热系数 **S** 的修正系数 **α** 值 表 1.3－4

序号	材料、构造、施工、地区及使用情况	α
1	作为夹芯层浇筑在混凝土墙体及屋面构件中的块状多孔保温材料（如加气混凝土、泡沫混凝土及水泥膨胀珍珠岩等），因干燥缓慢及灰缝影响	1.60
2	铺设在密闭屋面中的多孔保温材料（如加气混凝土、泡沫混凝土及水泥膨胀珍珠岩、石灰炉渣等），因干燥缓慢	1.50
3	铺设在密闭屋面中及作为夹芯层浇筑在混凝土构件中的半硬质矿棉、岩棉、玻璃棉板等，因压缩及吸湿	1.20
4	作为夹芯层浇筑在混凝土构件中的泡沫塑料等，因压缩	1.20
5	开孔型保温材料（如水泥刨花板、木丝板、稻草板等），表面抹灰或与混凝土浇筑在一起，因灰浆渗入	1.30
6	加气混凝土、泡沫混凝土砌块墙体及加气混凝土条板墙体、屋面，因灰缝影响	1.25
7	填充在空心墙体及屋面构件中的松散保温材料（如稻壳、木屑、矿棉、岩棉等），因下沉	1.20
8	矿渣混凝土、炉渣混凝土、浮石混凝土、粉煤灰陶粒混凝土、加气混凝土等实心墙体及屋面构件，在严寒地区，且在室内平均相对湿度超过65%的采暖房间内使用，因干燥缓慢	1.15

资料来源：《民用建筑热工设计规范》GB 50176—93。

【例 1.3－1】已知北京市冬季室外计算温度 t_e 分别为－9，－12，－14，－16℃。某医院建筑拟采用如图 1.3－1 所示加气混凝土外墙板，试求保温层应为多厚才能满足最小传热阻的要求。已知墙体构造参数如下：

序号	材料名称	厚度 d（mm）	密度 ρ_0（kg/m^3）	导热系数 λ ［W/(m·K)］	蓄热系数 S ［$W/(m^2 \cdot K)$］	修正系数 α
①	混合砂浆	20	1700	0.87	10.75	/
②	加气混凝土	d_2（待求）	500	0.19	2.81	1.25
③	水泥砂浆	20	1800	0.93	11.37	/

【解】（1）因系与室外空气接触的外墙，查表 1.3－1 得温差修正系数 $n=1.0$；

（2）查表 1.3－2 得允许温差 $[\Delta t]=6.0$℃；

（3）首先假设该墙体热惰性指标为Ⅲ型，取 $t_e=-14$℃。依据式（1.3－2）得

$$R_{0,\min}=\frac{(t_i-t_e)\ n}{[\Delta t]}R_i$$

$$=\frac{(20+14)\ \times 1}{6}\times 0.11=0.623m^2\cdot K/W$$

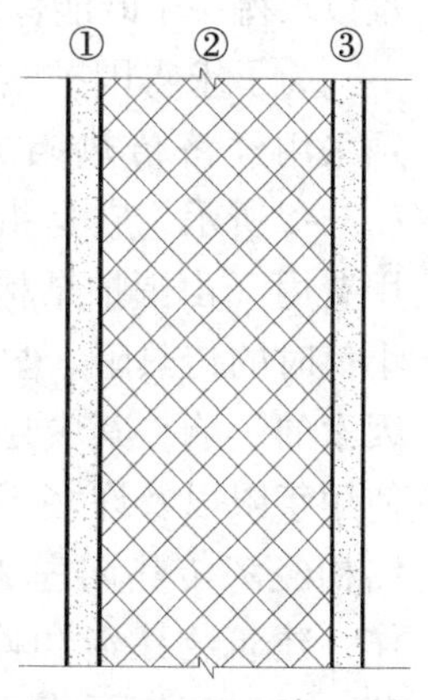

图 1.3－1 【例1.3－1】的墙板构造

（4）因为医院的热稳定性要求较高，采用的是加气混凝土单一墙板，根据表 1.3－3，最小传热阻应附加 30%，故：

$$R'_{0,\min} = 1.3 \times 0.623 = 0.810\mathrm{m^2 \cdot K/W}$$

（5）保温层应有热阻

$$\begin{aligned} R_2 &= R'_{0,\min} - R_i - R_1 - R_2 - R_e \\ &= 0.810 - 0.11 - \frac{0.02}{0.87} - \frac{0.02}{0.93} - 0.04 \\ &= 0.615\mathrm{m^2 \cdot K/W} \end{aligned}$$

（6）考虑到墙板的灰缝影响，λ_2 与 S_2 应予修正，即：

$\lambda'_2 = 1.25 \times 0.19 = 0.238\mathrm{W/(m \cdot K)}$；$S'_2 = 1.25 \times 2.81 = 3.51\mathrm{W/(m^2 \cdot K)}$

（7）保温层应有的最小厚度

$$d_2 = R_2 \times \lambda'_2 = 0.615 \times 0.238 = 0.146\mathrm{m}$$

（8）验算热惰性指标 D

$$D = 0.023 \times 10.75 + 0.615 \times 3.51 + 0.022 \times 11.37 = 2.66$$

D 在1.6～4.0之间，属Ⅲ型，假设成立。如果 D 值的验算结果不属于Ⅲ型，还应根据实际所属类型重新计算。

（9）结论：当加气混凝土的厚度为0.146m（工程上一般取150mm）时，可满足最小传热阻的要求。

2）围护结构的经济传热阻

按前述围护结构最小传热阻方法进行保温设计，不仅可以防止围护结构内表面温度过低出现结露，保证起码的保温性能，并在一定程度上节约了能源，而且计算方法简捷、方便。也可以看出，若围护结构的总热阻愈大，则热损失愈小，反之亦然。这就是说，如果要能耗少、采暖费用低，围护结构的土建投资就得加大；如果降低围护结构土建费用，采暖的设备费和运行费必然增加。因此，在设计方案的比较中，难以求得一个既能保证围护结构必要的保温性能，而总投资又最省的方案。

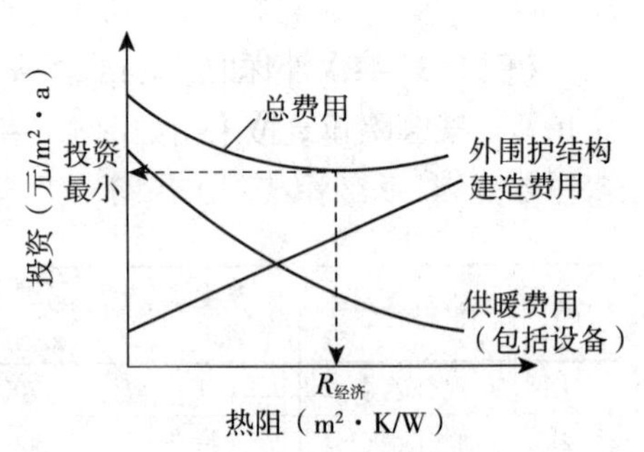

图1.3－2　围护结构的经济传热阻

为了求得围护结构造价、采暖设备费及运行费用之总和最为经济合理，必须采用经济传热阻方法进行围护结构保温设计。所谓经济传热阻，正如图1.3－2所示，它是指围护结构单位面积的建造费用（初次投资的折旧费）与使用费用（由围护结构单位面积分摊的采暖运行费用和设备折旧费）之和达到最小值时的传热阻。显然，经济传热阻受围护结构建造成本以及运行费用等诸多因素的影响，其中还包括能源价格、劳动力成本、材料价格、银行利率、建筑使用年限以及许多不可见因素，如环境效益、人体舒适需求等等。因而，围护结构经济传热阻基本上是无法具体确定的。近几年，建筑房地产市场化运作，建筑物建造和使用主体分离，如何估计围护结构经济传热阻变得更加复杂，它对房产开发企业的激励作用基本消失。因此，在建筑节能设计规范中规定，用于建筑保温的附加投资占建筑土建造价的比例一般应控制在10%～

20%，初期投资的回收期一般不超过10年。当然对经济传热阻这一概念有所了解，无疑将有助于全面处理设计中涉及的各个方面，使建筑设计方案更趋经济合理。

目前，建筑保温设计除需满足上述围护结构最小总热阻外，还应满足相关建筑节能设计标准中提出的传热系数限值或建筑物耗热量指标的要求。

3）围护结构平均传热系数的计算

在建筑节能设计标准中，外墙的传热系数值系指外墙的平均传热系数，它既要考虑外墙主体部分的传热系数，也要考虑周边热桥部位（例如梁、柱）的传热系数。其值可按下式计算：

$$K_m = \frac{K_p \cdot F_p + K_{B1} \cdot F_{B1} \cdot K_{B2} \cdot F_{B2} + K_{B3} \cdot F_{B3}}{F_P + F_{B1} + F_{B2} + F_{B3}} \tag{1.3-3}$$

式中　K_m——外墙平均传热系数，W/(m^2·K)；

K_p——外墙主体部位的传热系数，W/(m^2·K)；

F_p——外墙主体部位的面积，m^2；

K_{B1}、K_{B2}、K_{B3}——外墙周边热桥部位的传热系数，W/(m^2·K)；

F_{B1}、F_{B2}、F_{B3}——外墙周边热桥部位的面积，m^2。

【例1.3-2】外墙主体部分为KP1型黏土空心砖墙，带钢筋混凝土圈梁和抗震柱。房间开间尺寸为3.3m，层高2.7m，窗户1.5m×1.5m，外墙采用50mm厚纤维增强聚苯板外保温（图1.3-3），求外墙平均传热系数。已知所用材料的导热系数λ［单位：W/(m·K)］分别为：空心砖墙0.58，钢筋混凝土1.74，聚苯板0.04。

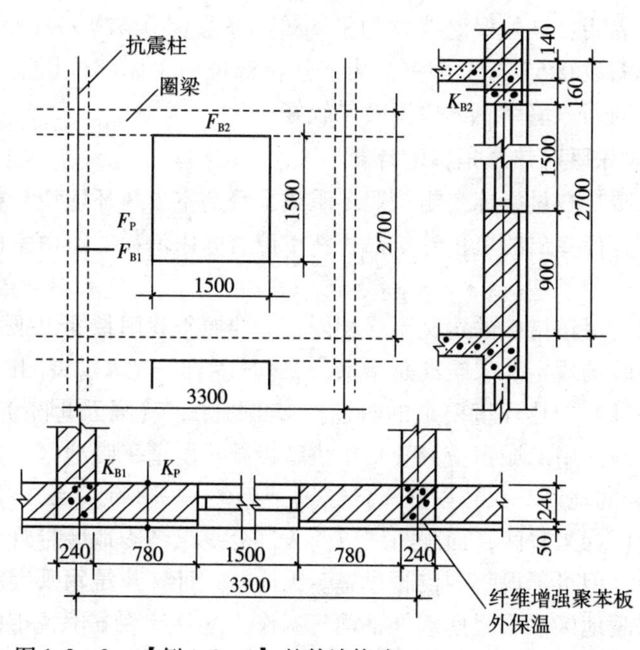

图1.3-3　【例1.3-2】的外墙构造

【解】(1) 主体部位的传热系数：

$$K_p = \frac{1}{0.11 + \frac{0.24}{0.58} + \frac{0.05}{0.04} + 0.04} = 0.55W/(m^2 \cdot K)$$

面积：$F_p = 5.09m^2$

(2) 热桥部位：

①抗震柱传热系数：

$$K_{B1} = \frac{1}{0.11 + \frac{0.24}{1.74} + \frac{0.05}{0.04} + 0.04} = 0.65W/(m^2 \cdot K)$$

面积：$F_{B1} = 2.7 \times 0.24 = 0.65m^2$

②圈梁传热系数：

$$K_{B2} = \frac{1}{0.11 + \frac{0.24}{1.74} + \frac{0.05}{0.04} + 0.04} = 0.65W/(m^2 \cdot K)$$

面积：$F_{B2} = 3.06 \times 0.30 = 0.92m^2$

(3) 外墙平均传热系数：

$$K_m = \frac{K_p \cdot F_p + K_{B1} \cdot F_{B1} + K_{B2} \cdot F_{B2}}{F_p + F_{B1} + F_{B2}} = \frac{0.55 \times 5.09 + 0.65 \times 0.65 + 0.65 \times 0.92}{5.09 + 0.65 + 0.92} = 0.57W/(m^2 \cdot K)$$

计算结果表明：该外保温墙体的平均传热系数为0.57W/(m^2·K)，仅比主体部位的传热系数0.55高3.64%。由于热桥部位与主体部位均采用了性能较高的保温材料，因而该墙体总体保温效果较好。

4）建筑物采暖耗热量指标的计算

建筑物采暖耗热量指标是指按照冬季或采暖期室内热环境设计标准和设定的室外计算条件，计算出的单位建筑面积在单位时间内消耗的需由室内采暖设备提供的热量。

不同气候区对该指标的定义不尽相同，主要源于我国长期以来所采用的采暖期以及集中供暖的规定。采暖期是指室外日均气温低于5℃、需由室内采暖设备提供热量以保证室内热环境要求的时期。多年以来，我国因为经济条件的限制，规定北方采暖地区中的城镇应设置集中供暖设施。所谓采暖地区，是指采暖期的天数超过90天的地区，大致以陇海铁路（或秦岭——淮河一线）作为分界。陇海线以北的地区为采暖区，而陇海线以南大部分夏热冬冷地区尽管冬季寒冷的时间也相当漫长，但可不设集中供暖设施。因此，在计算建筑物采暖耗热量指标的时候，北方采暖地区以采暖期室外平均气温作为室外计算条件，室内计算温度取16℃；而在《夏热冬冷地区居住建筑节能设计标准》JGJ 134—2001中，则是将建筑物在一年中最冷月份一个月的总耗热量除以该月的小时数和建筑面积获得该值，冬季室内计算温度取 18℃。

建筑物采暖耗热量指标是衡量建筑围护结构热工性能优劣的重要参量。它与前面介绍的传热阻或传热系数的区别在于：传热阻或传热系数仅反映了某个建筑部件的热工性能；建筑物采暖耗热量指标则反映建筑整体（包括建筑各部件以及通风）的热工性能，而且通过建筑物采暖耗热量指标还可以大致估计建筑物冬季采暖的总耗电量或耗煤量。

建筑物耗热量指标应按《民用建筑节能设计标准》（采暖居住建筑部分）JGJ 26—95 的规定进行计算：

$$q_H = q_{H \cdot T} + q_{INF} - q_{I \cdot H} \tag{1.3-4}$$

式中 q_H——建筑物耗热量指标，W/m^2；

$q_{H \cdot T}$——单位建筑面积通过围护结构的传热耗热量，W/m^2；

q_{INF}——单位建筑面积的空气渗透耗热量（包括透过门窗缝隙的冷风渗透耗热量和房间通风换气耗热量），W/m^2；

$q_{I \cdot H}$——单位建筑面积的内部得热量（包括炊事、照明、家电和人体散热），住宅建筑一般取 3.80W/m^2。

在式（1.3-4）中：

$$q_{H \cdot T} = (t_i - t_e)\left(\sum_{i=1}^{m} \varepsilon_i \cdot K_i \cdot F_i\right)/A_0 \tag{1.3-5}$$

式中 t_i——全部房间平均室内计算温度，一般住宅建筑取 16℃；

t_e——采暖期室外平均温度，部分城市的数据可在表 1.3-5 中查得；

ε_i——围护结构传热系数的修正系数，可在表 1.3-6 中查得；

K_i——围护结构的传热系数，$W/(m^2 \cdot K)$。对于外墙应取其平均传热系数，即当主体部位与其他部位的传热系数不同时，按各部位面积取其传热系数的加权平均值，详见标准附录 C；

F_i——围护结构的面积，m^2，按标准附录 D 规定计算；

A_0——建筑面积，m^2，按各层外墙包线围成面积的总和计算。

在式（1.3-4）中：

$$q_{INF} = (t_i - t_e)\ (c_\rho \cdot \rho \cdot N \cdot V)\ /A_0 \tag{1.3-6}$$

式中 c_ρ——空气比热容，取 0.28$W \cdot h/(kg \cdot K)$[①]；

ρ——空气密度，kg/m^3，取 t_e 条件下的数值；

N——换气次数，住宅建筑取 0.5h^{-1}；

V——换气体积，m^3。当楼梯间不采暖时，按建筑物体积 V_0 的 60% 计算；当楼梯间采暖时，按建筑物体积 V_0 的 65% 计算。

标准规定不同地区采暖住宅建筑耗热量指标不应超过表 1.3-5 规定的数值；同时，集体宿舍、招待所、旅馆、托幼建筑等采暖居住建筑围护结构的保温应达到当地采暖住宅建筑相同的水平。

若令 $K_{L,0} = \left[\left(\sum_{i=1}^{m} \varepsilon_i K_i F_i\right) + c_\rho \rho N V\right]/A_0$ 为热损失系数，则公式（1.3-4）可写成：

$$q_H = K_{L,0} \cdot (t_i - t_e) - q_{I \cdot H} \quad (1.3-7)$$

热损失系数既包含了单位温差条件下通过围护结构的热损失，也包含了单位温差条件下通风换气（或冷风渗透）的热损失，因而可以反映建筑物整体的热性能。整个采暖期内建筑总的采暖能耗 E_H 则为：

$$E_H = A_0 \cdot q_H \cdot Z \cdot 24/1000 \quad (1.3-8)$$

式中　E_H——采暖总能耗，kWh；

Z——采暖期天数。

1000——单位折算系数，1kWh = 1000Wh

部分城市采暖期有关参数及建筑采暖耗热量、耗煤量指标　　表 1.3-5

城　市	计算用采暖期			耗热量指标	耗煤量指标
	天数 Z（d）	室外平均温度 t_e（℃）	采暖度日数* D_{di}（℃·d）	q_H（W/m²）	q_c（kg/m²）
北　京**	125	-1.6	2450	20.6（14.7）	12.4（8.8）
西　安	100	0.9	1710	20.2	9.7
兰　州	132	-2.8	2746	20.8	13.2
沈　阳	152	-5.7	3602	21.2	15.5
长　春	170	-8.3	4471	21.7	17.8
哈尔滨	176	-10.0	4928	21.9	18.6
呼和浩特	166	-6.2	4017	21.3	17.0
乌鲁木齐	162	-8.5	4293	21.8	17.0

资料来源：《民用建筑节能设计标准》（采暖居住建筑部分）　JGJ 26—95。

* 采暖度日数：室内基准温度 18℃与采暖期室外平均温度之间的温差，乘以采暖期天数的数值。该数值反映了某地区冬季寒冷的程度。

** 北京地区现已执行节能 65% 的节能设计标准，括号内的数值为节能 65% 的指标。

围护结构传热系数的修正系数 ε_i 值　　表 1.3-6

地　区	窗户（包括阳台门上部）					外墙（包括阳台门下部）			屋　顶
	类　型	有无阳台	南	东、西	北	南	东、西	北	水　平
北　京	单层窗	有	0.57	0.78	0.88	0.70	0.86	0.92	0.91
		无	0.34	0.66	0.81				
	双玻窗及双层窗	有	0.50	0.74	0.86				
		无	0.18	0.57	0.76				
西　安	单层窗	有	0.69	0.80	0.86	0.79	0.88	0.91	0.94
		无	0.52	0.69	0.78				
	双玻窗及双层窗	有	0.60	0.76	0.84				
		无	0.28	0.60	0.73				
兰　州	单层窗	有	0.71	0.82	0.87	0.79	0.88	0.92	0.93
		无	0.54	0.71	0.80				
	双玻窗及双层窗	有	0.66	0.78	0.85				
		无	0.43	0.64	0.75				

续表

地　区	窗户（包括阳台门上部）					外墙（包括阳台门下部）			屋　顶
	类　型	有无阳台	南	东、西	北	南	东、西	北	水　平
沈　阳	双玻窗及双层窗	有	0.64	0.81	0.90	0.78	0.89	0.94	0.95
		无	0.39	0.69	0.83				
长　春	双玻窗及双层窗	有	0.62	0.81	0.91	0.77	0.89	0.95	0.92
		无	0.36	0.68	0.84				
	三玻窗及单层窗+双玻窗	有	0.60	0.79	0.90				
		无	0.34	0.66	0.84				
哈尔滨	双玻窗及双层窗	有	0.67	0.83	0.91	0.80	0.90	0.95	0.96
		无	0.45	0.71	0.85				
	三玻窗及单层窗+双玻窗	有	0.65	0.82	0.90				
		无	0.43	0.70	0.84				
呼和浩特	双玻窗及双层窗	有	0.55	0.76	0.88	0.73	0.86	0.93	0.89
		无	0.25	0.60	0.80				
乌鲁木齐	双玻窗及双层窗	有	0.60	0.75	0.92	0.76	0.85	0.95	0.95
		无	0.34	0.59	0.86				

注：1. 阳台门上部透明部分的 ε_i 按同朝向窗户采用；阳台门下部不透明部分的 ε_i 按同朝向外墙采用。
2. 不采暖楼梯间隔墙和户门，以及不采暖地下室上面的楼板的 ε_i 应以温差修正系数代替，详见标准。
3. 接触土的地面，取 $\varepsilon_i=1$。

1.3.2.3 围护结构保温构造

在设计围护结构保温性能时，可以根据建筑物的性质、材料特点与当地的建筑经验提出初步的构造方案。然后通过前述的最小传热阻、平均传热系数以及采暖耗热量指标的计算，验算其是否满足规范、标准的要求，从而确定保温层的设置与厚度。但设计计算的结果仍然要通过构造图体现出来，以便交付施工。需要指出的是，即使计算准确无误，如果构造设计不当，也可能带来隐患或造成损失。因此，对于室内热环境条件有要求的房屋建筑而言，热工设计与构造设计是相辅相成、密不可分的。为此应对目前常见的保温材料及构造特性有所了解。

保温材料按其材质构造，可分为多孔的、板（块）状的和松散状的。从化学成分看，有的属于无机材料，例如岩棉、玻璃棉、膨胀珍珠岩、加气混凝土等；有的属于有机材料，如软木、木丝板、稻壳等。随着化工工业的发展，各种泡沫塑料中有不少已成为很有发展前途的新型保温材料，如聚苯乙烯泡沫塑料、聚氨酯等。铝箔等发射率较低的材料，和其他构造结合，也可成为有效的新材料，在建筑中的应用日趋广泛。

为了正确选择保温材料，除首先考虑其热物理性能外，还应了解材料的强度、耐久性、防火及耐腐蚀性等，以便全面分析是否满足使用要求。表1.3－7比较了常用保温材料的不同性能特点。

常用保温材料的性能比较　　表1.3-7

类　别	导热系数 [W/(m·K)]	物理构成	特　点
玻璃纤维	0.045	卷筒、絮和毡片	防火性能好；受潮后传热系数增加；价格便宜
岩棉	0.066 0.033	松散填充 硬板	
珍珠岩	0.053	松散填充	防火性能非常好
膨胀型聚苯乙烯（EPS）	0.036	硬板	导热系数低；可燃、须做防火和防晒处理
挤压型聚苯乙烯（XPS）	0.028	硬板	导热系数低；防湿性能好、可用于地下；可燃、必须做防火和防晒处理
聚氨酯（PV）	0.023	现场发泡	导热系数很低；可燃、产生有毒气体、必须做防火和防潮处理；不规则和粗糙的表面
反射铝箔	贴于空气间层一侧或两侧		一般附着于其他材料或构造表面

与建筑设计方案相似，为实现某一建筑保温要求，可采用的构造方案往往多种多样，设计中应本着因地制宜、因建筑制宜的原则，经过分析比较后，选择一种最佳方案。一般而言，围护结构保温构造可分为：保温、承重合二为一（自保温）构造；保温层、结构层复合构造以及单一轻质保温构造三种。

1）保温、承重合二为一

如承重材料或构件除具有足够的力学性能外，还有一定的热阻值，二者就能合为一体，例如混凝土空心砌块、轻质实心砌块等。这类构造简单、施工方便，能保证保温构造与建筑同寿命，多用于低层或多层墙体承重的建筑。通常，这类构造的传热阻不会很高，一般不适宜在保温性能要求很高的严寒和寒冷地区采用。

2）复合构造

在房屋建筑中，由于承重层必须采用强度高、力学性能好的材料或构件，但这些材料的导热系数较大，在结构要求的厚度内，热阻远不能满足保温的要求。为此，必须用导热系数小的材料作保温层，铺设或粘贴在承重层上。由于保温层与承重层分开设置，对保温材料选择的灵活性较大，不论是板块状、纤维状以至松散颗粒材料，均可应用。

在复合构造中除采用实体保温层外，还可以用封闭空气间层作为保温构造，通常采用单层或多层封闭空气间层与带低辐射贴面的封闭空气间层。这样既有效地增加围护结构的传热阻、满足保温要求，也可减轻围护结构的自重，使承重结构更经济合理。在外墙复合构造中，考虑到墙体厚度的限制，一般空气间层的厚度在5cm以下，屋顶的空气间层厚度则可大些。根据保温层位置的不同，一般复合构造方案可分为内保温（保温层设置在结构层的内侧）、外保温以及夹芯保温三种方式。每种方式都有其特点，适用于不同场合。

保温层在承重层内侧，常称内保温。其特点是保温材料不受室外气候因素的影响，无须特殊的防护；且在间歇使用的建筑空间如影剧院观众厅、体育馆等，室内供热时温度上升快；但对间歇采暖的居室等连续使用的建筑空间则热稳定性不足，且极易在围护结构内部产生凝结水，影响保温材料的性能和寿命。

保温层在承重层外侧，常称外保温。与另两种方式相比其特点在于：首先，由于承重层材料如砖砌体、钢筋混凝土等都是密实且强度高的材料，其热容量很大。当供热不均匀时，围护结构内表面与室内气温不致急剧下降，房间热稳定性较好；其次，对防止或减少保温层内部产生凝结水和防止围护结构的热桥部位内表面局部凝结都有利；再次，保温层处于结构层外侧，有效地保护了主体结构，尤其是降低了主体结构内部温度应力的起伏，提高了结构的耐久性；最后，当原有房屋的围护结构须加强保温性能时，采用外保温效果较好，施工时对室内使用状况影响不大。但是由于保温层多为轻质多孔材料，放在结构层外侧，必须根据选材情况妥善防护。图1.3－4为常见的外墙外保温做法。

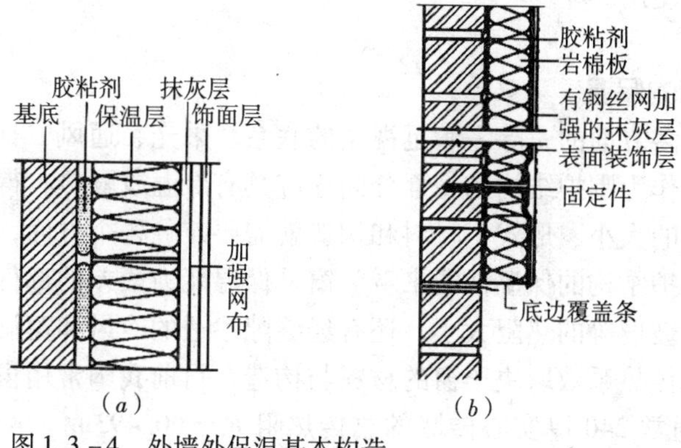

图1.3－4 外墙外保温基本构造

(a) 胶粘式；(b) 铆固式

将保温层布置在两个结构层中间，通常称为夹芯保温或中保温。这种方式可使保温层两侧都有所防护，且对保温材料的强度要求不高。但如两侧结构层都是非透气性材料，则应严格控制保温材料的湿度，更要防止外界水分的渗入，否则保温层将长时间处于潮湿状态下，使围护结构达不到应有的保温标准。

3）单一轻质保温构造

随着建筑工业化的发展，在多层和高层建筑中越来越多地采用框架结构或钢结构支撑体系，对墙体仅有自承重要求。新型轻质材料和轻型构件墙体应用日趋广泛，如加气混凝土砌块和配筋的加气混凝土墙板等。另外，在欧美等国，以木材或钢材作为龙骨，内填多孔保温材料的轻型围护结构非常普遍，见图1.3－5。这些轻质保温构造的热阻往往很大，可以满足围护结构保温要求，同时还可以减轻建筑的荷载。但由于采用的保温材料质量轻，其热稳定性较差，对于热稳定性要求较高的建筑（如间隙供暖的建筑、有夏季防热要求建

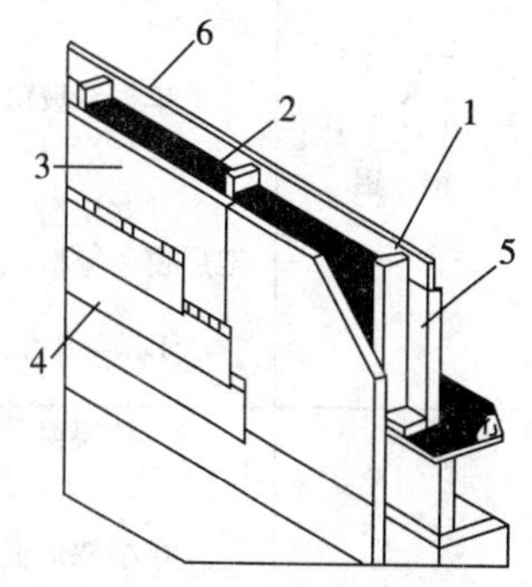

图1.3－5 木框架轻质墙体的基本构造

1—木框架；2—玻璃棉；3—XPS板材；4—外围护挂板；5—隔汽层；6—石膏板

筑等）来说，应根据需要对热阻进行附加的修正。木构或钢构轻质构造，通常采用干法施工，墙体的缝隙较大，需在施工完毕后仔细检查，并采取必要的补缝措施。另外，采用钢材作为龙骨的轻质构造中，龙骨处为明显的热桥部位，应采取必要的断热措施，如采用塑、钢复合保温龙骨等。

1.3.3 围护结构传热异常部位的保温措施

从传热的角度考虑，在房屋建筑的围护结构中，必然会有一些异常部位，其共同点在于它们的传热特性已超出了前述的一维传热范畴。这些部位包括：门窗洞、外围护结构转角及交角、围护结构中的各种嵌入体、地面等。对这些热工性能薄弱的部位，必须采取相应的保温措施，才能保证围护结构正常的热工状况和整个房间的正常使用。

1.3.3.1 窗的保温

窗的作用是多方面的，除需满足视觉的联系、采光、通风、日照及建筑造型等功能要求外，作为围护结构的一部分同样应具有保温或隔热、得热或散热的作用。因此，外窗的大小、形式、材料和构造就需要兼顾各个方面，以取得整体的最佳效果。从围护结构的保温性能来看，窗是保温能力最差的部件。主要原因是窗框、窗樘、窗玻璃等的热阻太小，还有经缝隙渗透的冷风和窗洞口的附加热损失。窗的热阻或传热系数取决于窗的材料与构造，目前我国常用窗户的传热系数见表1.3－8。通常240厚实心砖墙的总传热阻 R_0 = 0.493$m^2 \cdot K/W$，则其传热系数 K_0 为2.03$W/(m^2 \cdot K)$，而从表1.3－8中看到，单层钢、铝窗的传热系数为6.4$W/(m^2 \cdot K)$，即单位面积的热损失为240厚实心砖墙的3倍以上。

窗的类型及传热系数　　表1.3－8

窗框材料	窗户类型	空气层厚度 d (mm)	窗框窗洞面积比 f (%)	传热系数 K_0 [$W/(m^2 \cdot K)$]
钢、铝	单层窗	—	20～30	6.4
	单框双玻窗	12		3.9
		16		3.7
		20～30		3.6
	双层窗	100～140		3.0
	双层窗＋单框双玻窗	100～140		2.5
	Low-e中空	9		3.13
		12		2.85
木、塑料	单层窗	—	30～40	4.7
	单框双玻窗	12		2.7
		16		2.6
		20～30		2.5
	双层窗	100～140		2.3
	双层窗＋单框双玻窗	100～140		2.0
	Low-e中空	9		2.03
		12		1.79

续表

窗框材料	窗户类型	空气层厚度 d (mm)	窗框窗洞面积比 f (%)	传热系数 K_0 [W/(m^2·K)]
断热桥金属	单层窗	—	25~40	5.38
	双玻	9		3.44
		12		3.33
	Low-e 中空	9		2.63
		12		2.38

资料来源：王荣光主编. 可再生能源利用与建筑节能 [M]. P.404-405，2004

为了既保证各项使用功能、又改善窗的保温性能、减少能源消耗，必须采取以下措施。

1）提高窗的保温性能

窗的温差传热量大小取决于室内外的温差和窗的传热系数。传热系数越大，温差传热量越大，建筑的能耗就越大。因此，和其他的建筑围护结构部件一样，窗的传热系数是评价窗户热性能好坏的重要指标之一，各气候分区建筑节能设计规范中对窗的传热系数要求均有明确的规定。在经济条件许可的情况下，应尽量提高窗的保温性能，这对建筑节能和提高房间的热舒适均是有利的。提高窗的保温性能可以通过改善玻璃部分的保温性能以及提高窗框的保温性能两个途径。

通过窗框的热损失，在窗户的总热损失中占有一定的比例。特别是当玻璃部分的传热系数很低时，这种影响就会非常明显。一般铝合金窗框的传热系数达到了10.79W/(m^2·K)，断热铝合金窗框5.68W/(m^2·K)；无缝断热铝合金窗框3.97W/(m^2·K)；木框2.27W/(m^2·K)；塑料框1.70W/(m^2·K)。为此，为节约能源与提高建筑室内环境质量，宜推广应用塑料窗框。断热型铝合金窗框因其良好的保温、耐久性能以及表面色彩丰富的特点在节能建筑中也逐步得到广泛运用。但不论用什么材料做窗框，都应将窗框与墙之间的缝隙用保温砂浆或泡沫塑料等填充密封。此外，窗框不宜平墙体内表面安装，而应设在墙体的中间部位，以防止窗洞口周边内表面温度过低。

由于玻璃的厚度一般仅有3~6mm，因此玻璃本身的热阻很小。要提高玻璃部分的保温性能，降低传热系数，最主要的技术措施是增加空气层。提高封闭空气间层热阻的一些措施对于窗户来说也同样有效，如增加空腔的厚度、镀低辐射涂层（Low-e 玻璃）等。由于玻璃有透光的需求，因此，镀很薄的低辐射金属膜将导致材料的成本很高。另外，也可采取诸如在空腔中充入氩、氪、氙等惰性气体以替代空气，有的甚至将空腔抽成真空，进一步降低空气间层中导热和对流的传热量等技术措施。

在窗的内侧或双层窗的中间挂窗帘是提高窗户保温能力的一种灵活、简便的方法。如在窗内侧挂铝箔隔热窗帘（在玻璃纤维布或其他布质材料内侧贴铝箔）后，窗户的热阻值可比单层玻璃提高2.7倍。此外，以各种适宜的保温材料制作各种形式的保温窗扇，在白天开启、夜晚关上，可以大大地减少通过窗户的热损失。这一措施在太阳能建筑中得到了广泛的应用。

2）控制各向墙面的开窗面积

显然，窗面积愈大，对保温和节能愈不利。在建筑热工设计中应尽量控制各向墙面的开窗面积，通常以窗墙面积比为控制指标。窗墙面积比是表示窗洞口面积与房间立面单元面积（即房间层高与开间定位线围成的面积）的比值。《民用建筑节能设计标准》（采暖居住建筑部分）JGJ 26—95 规定居住建筑北向、东西向和南向的窗墙面积比，应分别控制在 0.25、0.30 和 0.35 以下。

窗的大小不仅影响建筑采暖能耗，还会影响建筑立面形式、建筑采光和通风，因此，有时因某种需要可能会突破以上的规定，这时应提高窗的保温性能加以弥补。

3）提高窗的气密性，减少冷风渗透

除少数空调房间的固定密闭窗外，一般窗户均有缝隙。特别是材质不佳、加工和安装质量不高时，缝隙更大。从而影响了室内热环境，加大了围护结构的热损失。为此，我国有关标准作了一系列的具体规定。如果达不到标准的要求，则应采取密封措施。通常可采取的方法是将弹性较好的橡皮条固定在窗框上，窗扇关闭时压紧在密封条上，效果良好。

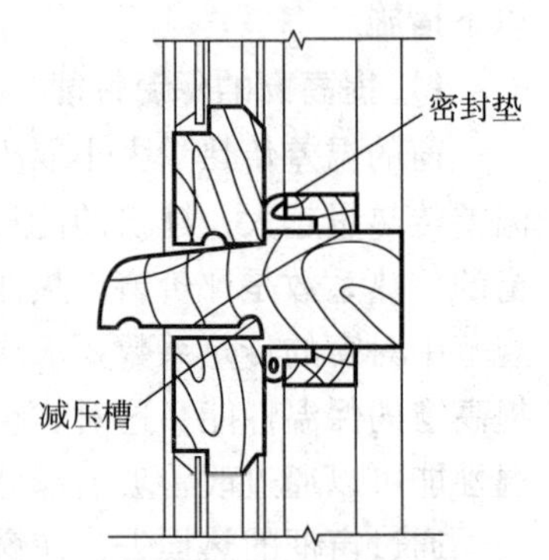

图 1.3－6　木窗窗缝密封处理

在木窗上同时采用密封条和减压槽效果较好，风吹进减压槽时，形成涡流，使冷风和灰尘的渗入减少，如图 1.3－6 所示。

为了保证室内空气质量，必须有一定的通风换气。现行的《民用建筑节能设计标准》（采暖居住建筑部分）JGJ 26—95 规定采暖房间换气次数应在 0.5 次/h；而《夏热冬冷地区居住建筑节能设计标准》JGJ 134—2001、《夏热冬暖地区居住建筑节能设计标准》JGJ 75—2003 以及《公共建筑节能设计标准》GB 10589—2005 等均要求室内通风换气次数应在 1.0 次/h 以上。换气次数与通风热损失成正比，换气次数越多意味着建筑能耗就越大。在冬季室外气温较低的北方严寒地区和寒冷地区，应采用可调节换气装置、热量回收装置等措施，尽量降低因窗户缝隙等不可人为控制的冷风渗透造成的热量损失。

4）提高窗户冬季太阳辐射得热

室内能够得到多少太阳辐射量，取决于当地太阳辐射条件、建筑朝向、窗墙比以及窗的特性。窗的特性主要包括窗玻璃的太阳辐射得热系数（Solar Heating Gain Coefficient，简写为 *SHGC*）以及窗框窗洞比。一般单层窗的窗框窗洞比在 20%～30% 左右。为了改善窗户的热性能，一般多采用双层甚至三层玻璃，窗户的窗框窗洞比也随之增大到 30%～40% 左右。室内实际获得的太阳辐射量包括透过玻璃直接传入室内的部分和经玻璃吸收后再传入室内的部分。室内实际获得的太阳辐射量与入射到玻璃外表面的太阳辐射量的比值称为玻璃的太阳辐射得热系数 *SHGC*。显然，*SHGC* 值越大，室内获得的太阳辐射就越多。

目前高保温性能的窗大多采用双层 Low-e 玻璃（即低辐射玻璃）或 Low-e 玻璃与其他玻璃的组合。Low-e 玻璃的发射率相差不大，但由于涂层成分不同，不同的Low-e玻璃对太阳光谱有着不同的透射和反射性能，一般可分为冬季型、夏季型以及遮阳型等。表1.3-9给出了不同类型的玻璃的光学特性。从表中可以看出，冬季型Low-e玻璃的太阳辐射得热系数和光透射比均低于普通透明玻璃。在冬季较为寒冷的地区，单层Low-e玻璃窗并不比普通透明玻璃窗节能。只有利用Low-e玻璃低发射率特性，和其他玻璃组合成双层玻璃后，窗保温性能可得到极大提高，其节能的优势才能有效发挥出来。

不同类型玻璃的光学特性对比　　**表1.3-9**

玻璃类型		发射率	可见光特性			太阳辐射得热系数 *SHGC*	遮阳系数 *SC*
			透射比	反射比	吸收比		
普通透明玻璃		0.84	0.89	0.08	0.03	0.85	0.98
吸热玻璃		0.84	0.55	0.06	0.39	0.67	0.77
反射玻璃		0.60	0.38	0.30	0.32	0.55	0.63
Low-e玻璃	冬季型	0.08	0.86	0.08	0.06	0.73	0.84
	夏季型	0.05	0.74	0.12	0.14	0.45	0.52
	遮阳型	0.08	0.59	0.31	0.10	0.41	0.47

注：1. 光透射比、反射比以及吸收比的定义详见“建筑光学”篇；
2. 遮阳系数*SC*的定义将在第1.5章中介绍。

窗的保温设计应兼顾考虑其保温与太阳辐射得热的性能。在太阳能资源较为丰富的地区，南向大开窗利于太阳能的利用，但仍应满足窗的保温性能要求，以免夜间室内温度波动过大。Low-e玻璃窗的选用也应根据各地区不同的气候特征，同时应兼顾夏季防热需求。

1.3.3.2　热桥保温

在围护结构中，一般都有保温性能远低于主体部分的嵌入构件，如外墙体中的钢或钢筋混凝土骨架、圈梁、板材中的肋等。这些构件或部位的热损失比相同面积主体部分的热损失多，它们的内表面温度也比主体部分低。在建筑热工学中，形象地将这类容易传热的构件或部分称为“热桥”。图1.3-7所示为高效轻质保温材料制成的轻板，其中的薄壁型钢骨架，就是板材的热桥。从图中可以看出，以热桥为中心的一小部分，内表面层失去的热量比其他部位多，所以该处内表面温度比主体部分低一些。在外表面上则相反，由于传到热桥外表面处的热量比主体部分多，所以该处外表面温度要比主体部分外表面温度高一些。

根据以上分析可知，热桥就是围护结构中热量容易通过的构件或部位。因此，热桥的特点是由相对比较才能表现出来。例如，在钢筋混凝土框架填充墙中的钢筋混凝土梁、柱都是砖墙的热桥；但如在加气混凝土砌块墙中有砖砌的柱子，那么砖柱就成了加气混凝土墙的热桥。

热桥部位的内表面温度比主体部位低，极易产生表面结露的情况，从而出现墙面受损、霉变的现象。因而必须采取相应的保温措施，才能保证围护结构正常的热工状况和整个房间的正常使用。

对于采用外保温构造的墙体，这些薄弱部位外侧也覆盖了一定厚度的保温材

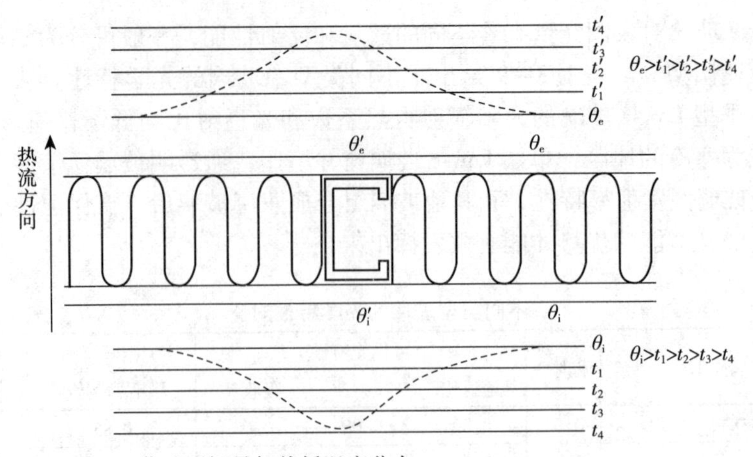

图 1.3－7 薄壁型钢骨架热桥温度分布

料，因此，热桥的影响并不明显。但对于采用夹芯保温和内保温的墙体而言，则应在内墙上加强保温，尽量减少热桥的影响。

1.3.3.3 外墙交角的保温

尽管从保温和节能的要求考虑，希望建筑师在平面设计中力求减少凹凸部位，但外墙角总是免不了的建筑部位。

由图 1.3－8（*a*）的分析，我们可以看出在外墙的主体部位，外表面的散热面积 F_e 与内表面的吸热面积 F_i 是相等的。但是在墙角部位的情况就不同，外表面的散热面积 F'_e 大于内表面的吸热面积 F'_i；加以室内交角部位气流不畅，于是该部位表面吸收的热量比主体表面少。致使交角内表面温度比主体内表面的温度低，也极易产生表面结露的情况。因而应采取额外的保温措施。图 1.3－8（*b*）表示了外墙交角部位的温度分布情况。根据模拟实验和有限元软件分析结果，外墙交角处的等温线是一列曲线，其明显弯曲的范围即为墙角的影响区，它的影响长度 l 与墙厚有关，大致是墙厚 d 的 1.5～2.0 倍。因此，墙角的附加保温层尺寸应不小于这个范围。

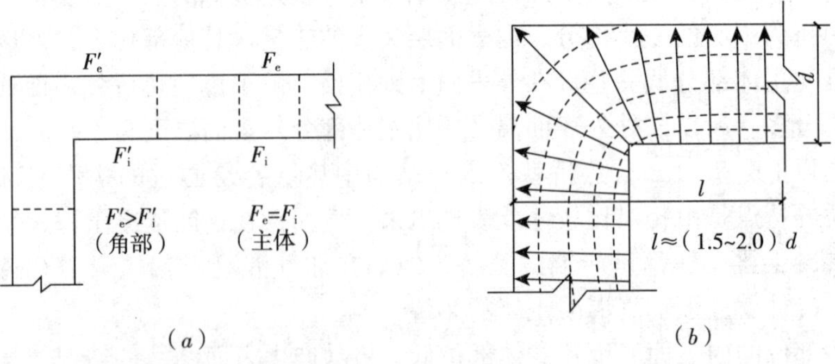

图 1.3－8 外墙交角的传热情况

（*a*）外墙交角内表面温度低的原因；（*b*）外墙交角部位的温度分布

和热桥部位相似，对于采用外保温构造的墙体，这些外墙交角部位外侧也覆盖了一定厚度的保温材料，因此，影响并不明显。但对于采用夹芯保温和内保温的墙体而言，由于有些传热异常部位无法铺设保温材料，因此必须在对应部位加强保温，如外墙和内墙的交接处为传热异常部位，应在内墙上加强保温，尽量减少热桥的影响。其他如外墙转角部位、踢脚部位、外墙与屋面交接的部位等均应有保温措施。几种节点的保温处理方法可参考图1.3－9。

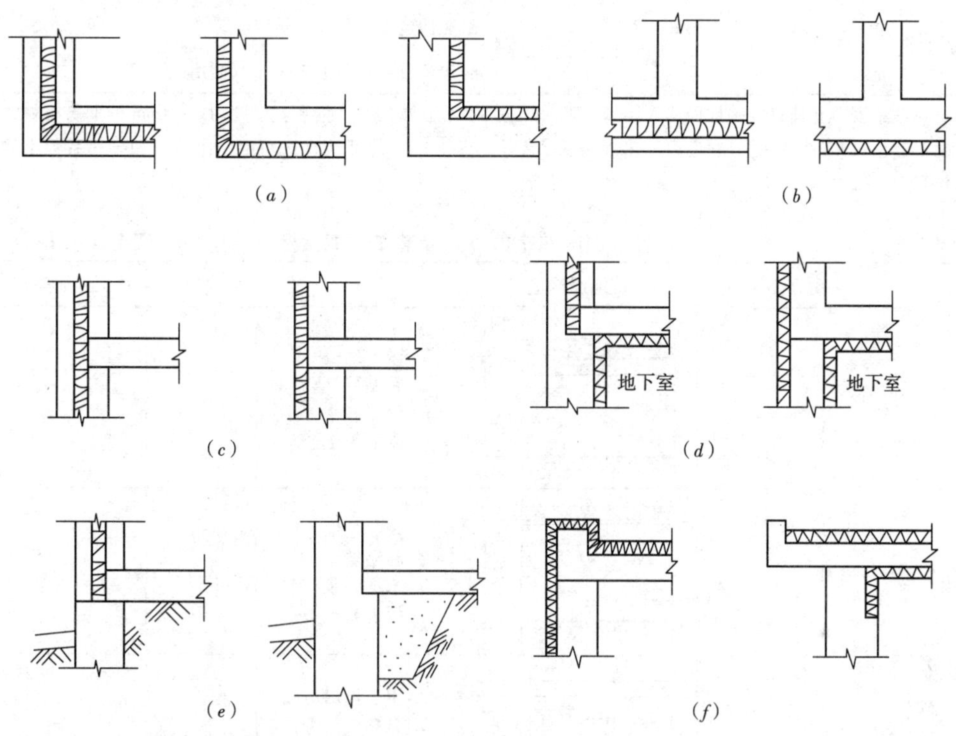

图1.3－9　几种节点的保温处理方法

(a) 外墙角节点；(b) 内、外墙连接节点；(c) 楼板与外墙连接节点；(d) 地下室楼板与外墙连接节点；(e) 勒脚节点；(f) 檐口节点

1.3.3.4　地面的保温

俗话说：寒从脚下起。这既说明，人体的足部在与地面直接接触时对地面冷暖变化甚为敏感，同时也说明地面热工质量的优劣直接关系到人体的健康与舒适。和围护结构其他部位不同，由于地面和人体直接接触，人体的热量会源源不断地传向地面。据测定，裸足直接接触地面所散失的热量约占人体其他部位向环境散热量的1/6。因此，为减少热损失和维持地面一定的温度状况，地面应有妥善的保温措施。

经验表明，即使水磨石地面与木地面温度相同，人们接触水磨石地面比接触木地面的感觉要冷。其原因在于水磨石地面比木地面从人体脚部夺走的热量多。

地面按其是否直接接触土壤分为两类：一类是不直接接触的地面，又称地板，这其中又分成接触室外空气的地板和不采暖地下室上部的地板，以及底部架空的地板等；另一类是直接接触土壤的地面，表1.3－10为其热工性能分类。表1.3－11为一些常用地面做法的热工性能。

地面热工性能分类　　表1.3－10

类别	吸热指数 B [$W/(m^2 \cdot h^{-1/2} \cdot K)$]	适用的建筑类型
Ⅰ	<17	高级居住建筑、托幼、医疗建筑
Ⅱ	17～23	一般居住建筑、办公、学校建筑等
Ⅲ	>23	临时逗留及室温高于23℃的采暖房间

注：表中 B 值是反映地面从人体脚部吸收热量多少和快慢的一个指数。厚度为3～4mm的面层材料的热渗透系数 b 对 B 值的影响最大。热渗透系数 $b=\sqrt{\lambda \cdot \rho \cdot c}$，故面层宜选密度、比热容和导热系数小的材料。

几种地面吸热指数 *B* 值及热工性能指标　　表1.3－11

名称	地面构造	B 值	热工性能类别
硬木地面	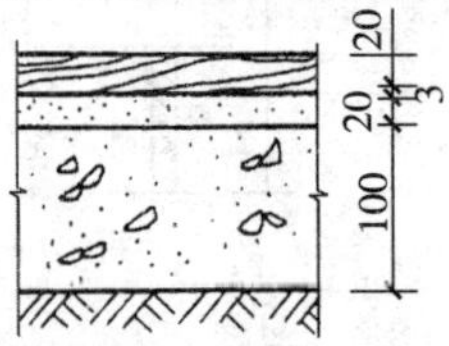 1. 硬木地板 2. 粘贴层 3. 水泥砂浆 4. 素混凝土	9.1	Ⅰ
厚层塑料地面	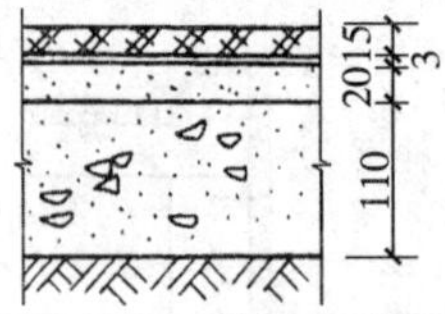 1. 聚氯乙烯地板 2. 粘贴层 3. 水泥砂浆 4. 素混凝土	8.6	Ⅰ
薄层塑料地面	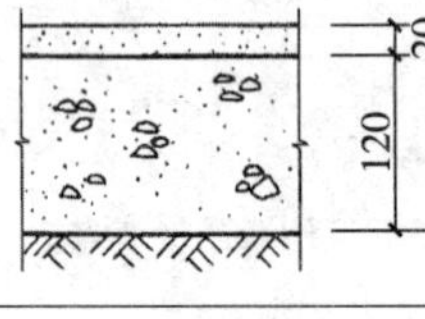 1. 聚氯乙烯地面 2. 粘贴层 3. 水泥砂浆 4. 素混凝土	18.2	Ⅱ
轻骨料混凝土垫层水泥砂浆地面	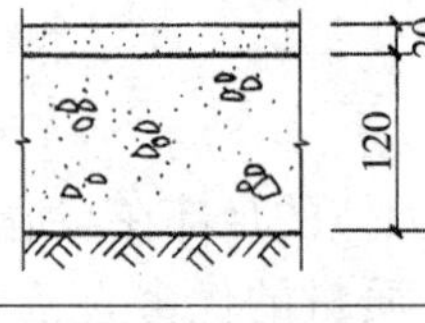 1. 水泥砂浆地面 2. 轻骨料混凝土 ($\rho_0<1500kg/m^3$)	20.5	Ⅱ
水泥砂浆地面	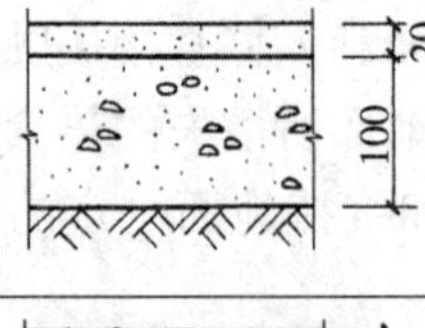 1. 水泥砂浆地面 2. 素混凝土	23.3	Ⅲ
水磨石地面	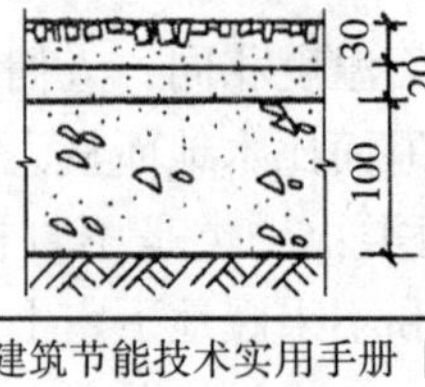 1. 水磨石地面 2. 水泥砂浆 3. 素混凝土	24.3	Ⅲ

资料来源：徐占发主编. 建筑节能技术实用手册 [M]. P.516，2005

在寒冷的冬季，采暖房间地面下土壤的温度一般都低于室内气温，特别是靠近外墙的地面下的土壤受室外空气和周围低温土壤的影响较大，通过这些周边部位散失的热量比房间中部的大得多。在严寒及寒冷地区，周边地面（即从外墙内侧算起2.0m范围内的地面），应采取措施加强保温。图1.3-10是满足节能标准要求的地面保温构造的两种做法。

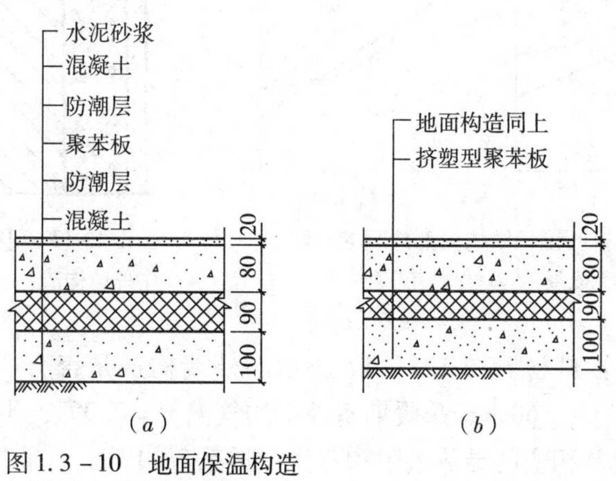

图1.3-10　地面保温构造

(a) 普通聚苯板保温地面；(b) 挤塑型聚苯板保温地面

1.3.4　围护结构受潮的防止与控制

外围护结构由于冷凝而受潮可分两种情况，即表面凝结和内部冷凝。所谓表面凝结，就是在外围护结构内表面出现凝结水，其原因是含有较多水蒸气且温度较高的空气遇到冷的表面所致。内部凝结是当水蒸气通过外围护结构时，遇到结构内部温度达到或低于露点温度时，水蒸气即形成凝结水。在这种情况下，外围护结构将在内部受潮，这是最不利的。建筑防潮设计的主要任务是通过围护结构的合理设计，尽量避免空气中的水蒸气在围护结构内表面及内部产生凝结。

1.3.4.1　围护结构内部冷凝的检验

围护结构内部是否会出现冷凝现象主要取决于内部各处的温度是否低于该处的露点温度，也可以根据水蒸气分压力是否高于该处温度所对应的饱和蒸气压加以判别。一般计算步骤如下：

（1）根据室内外空气的温湿度（t 和 φ），确定水蒸气分压力，然后按公式（1.2-51）计算围护结构各层的水蒸气分压力，并作出“P”分布线。对于冬季采暖房屋，设计中取当地采暖期室外空气的平均温度和平均相对湿度作为室外计算参数。

（2）根据室内外空气温度 t_i 和 t_e，由公式（1.2-20）确定各层温度的分布状况，并作出相应的饱和蒸气压“P_s”分布线。

（3）根据“P”线和“P_s”线相交与否判定围护结构内部是否会出现冷凝现

象。如图1.3－11（a）所示，"P"线和"P_s"线不相交，说明内部不会产生冷凝；反之，则内部会产生冷凝。见图1.3－11（b）。

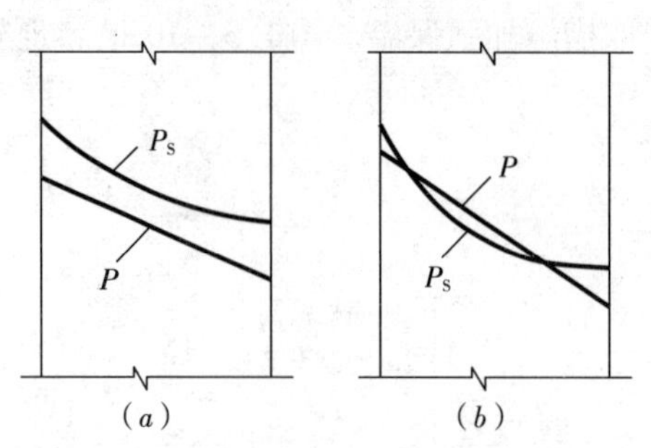

图1.3－11 围护结构内部冷凝的判断

（a）内部无冷凝；（b）内部有冷凝

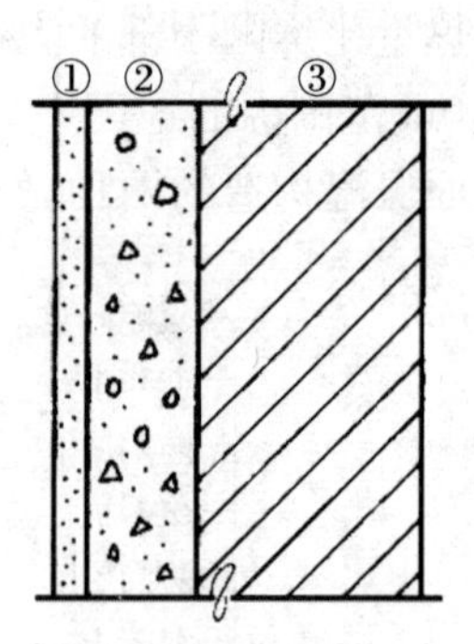

图1.3－12 【例1.3－3】中外墙构造

【例1.3－3】 试检验图1.3－12所示的外墙构造是否会产生内部冷凝。已知：$t_i=16.0$℃，$\varphi_i=60\%$，采暖期室外平均气温$t_e=0.0$℃，平均相对湿度$\varphi_e=50\%$。外墙构造及相应的导热系数和蒸汽渗透系数如下：

序号	材料名称（由内到外）	厚度d（mm）	导热系数λ [W/(m·K)]	蒸汽渗透系数μ [g/(m·h·Pa)]
①	石灰粉刷	20	0.81	1.20×10^{-4}
②	泡沫混凝土	50	0.19	1.99×10^{-4}
③	砖墙	120	0.81	6.67×10^{-5}

【解】（1）根据上表，计算外墙各层材料的热阻和蒸汽渗透阻

【例1.3－3】计算列表

序号	材料名称（由内到外）	厚度d（mm）	导热系数λ [W/(m·K)]	热阻R [m^2·K/W]	蒸汽渗透系数μ [g/(m·h·Pa)]	蒸汽渗透阻H [m^2·h·Pa/g]
①	石灰粉刷	20	0.81	0.025	1.20×10^{-4}	166.67
②	泡沫混凝土	50	0.19	0.263	1.99×10^{-4}	251.51
③	砖墙	120	0.81	0.148	6.67×10^{-5}	1799.1
				$\sum R=0.436$		$\sum H=2217.28$

由此得：外墙构造的总传热阻$R_0=0.436+0.11+0.04=0.586\text{m}^2\cdot\text{K/W}$；

总蒸汽渗透阻$H_0=2217.28\text{m}^2\cdot\text{h}\cdot\text{Pa/g}$。

（2）计算围护结构内部各层的温度和水蒸气分压力

①室内气温$t_i=16.0$℃，相对湿度$\varphi_i=60\%$，查图1.2－28得：$P_i=1090$Pa；

②室外气温$t_e=0.0$℃，相对湿度$\varphi_e=50\%$，查图1.2－28得：$P_e=390$Pa。

③根据公式（1.2－20）计算各材料层表面温度：

$$\theta_i = 16 - \frac{0.11}{0.586}(16+0) = 13.0℃$$

由图1.2-28得饱和蒸气压 $P_{s \cdot i} = 1450\text{Pa}$；

$$\theta_2 = 16 - \frac{0.11+0.025}{0.586}(16+0) = 12.3℃$$

饱和蒸气压 $P_{s \cdot 2} = 1420\text{Pa}$；

$$\theta_3 = 16 - \frac{0.11+0.025+0.263}{0.586}(16+0) = 5.1℃$$

饱和蒸气压 $P_{s \cdot 3} = 850\text{Pa}$；

$$\theta_e = 16 - \frac{0.586-0.04}{0.586}(16+0) = 1.1℃$$

饱和蒸气压 $P_{s \cdot e} = 630\text{Pa}$；

④根据公式（1.2-51）计算围护结构内部水蒸气分压力：

$$P_2 = 1090 - \frac{166.67}{2217.28}(1090-390) = 1037.4\text{Pa}$$

$$P_2 = 1090 - \frac{166.67+251.51}{2217.28}(1090-390) = 958.0\text{Pa}$$

（3）依据以上数据，比较各层的水蒸气分压力和饱和蒸气压的关系，发现 $P_3 > P_{s \cdot 3}$。说明该处会出现冷凝。

在工程设计中，也可根据一些经验方法来判断围护结构内部是否会产生冷凝。在蒸汽渗透过程中，若材料的蒸汽渗透系数出现由大到小的情况，水蒸气在这些界面上遇到了很大阻力，极易产生冷凝；另一方面，当材料的导热系数出现由小到大的情况，使得结构内部温度分布出现了很陡的下降时，也容易出现冷凝。一般把这些极易出现冷凝现象，且凝结最为严重的界面称为围护结构内部的“冷凝界面”，如图1.3-13所示。显然，当出现内部冷凝时，冷凝界面处的水蒸气分压力已达到该界面温度条件下的饱和蒸气压，部分的水蒸气变成液态水（有时甚至是固态冰的形式）蓄积在材料内部。如果材料吸收水分过多，严重受潮就会影响其热工性能，甚至造成材料受损。因此，应采取措施尽量避免围护结构产生内部冷凝。

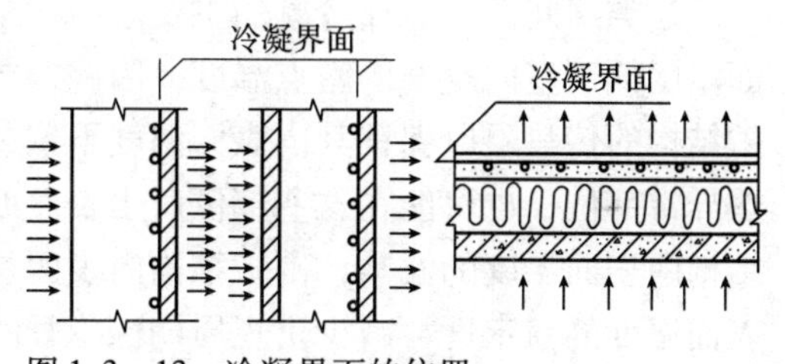

图1.3-13　冷凝界面的位置

当然，由于室内外的温、湿度状况不是一成不变的，在冬季围护结构产生冷凝的情况在暖季会得到有效改善，因此在冬季围护结构内部即使产生了少量凝结水，也是允许的。为保证围护结构内部处于正常的湿度状态，不影响材料的保温性能，保温层受潮后的湿度增量应控制在其允许增量范围内（见表1.3-12）。

采暖期间保温材料重量湿度的允许增量［$\Delta\omega$］（%）　　表1.3-12

保温材料名称	重量湿度允许增量
多孔混凝土（泡沫混凝土、加气混凝土等），$\rho_0=500\sim700kg/m^3$	4
水泥膨胀珍珠岩和水泥膨胀蛭石等，$\rho_0=300\sim500kg/m^3$	6
沥青膨胀珍珠岩和沥青膨胀蛭石等，$\rho_0=300\sim400kg/m^3$	7
水泥纤维板	5
矿棉、岩棉、玻璃棉及其制品（板或毡）	3
聚苯乙烯泡沫塑料	15
矿渣和炉渣填料	2

注：重量湿度为保温材料中水分重量与干燥保温材料重量之比，乘以100%。

1.3.4.2　防止和控制冷凝的措施

1）防止和控制表面冷凝

产生表面冷凝的原因，不外是由于室内空气湿度过高或表面温度过低，以致该处温度低于室内空气的露点温度而引起冷凝。这种现象不仅会在我国北方寒冷季节出现，南方地区春夏之交的地面泛潮也较常见，同样属于表面冷凝。因此，防止和控制表面冷凝具有广泛的实用意义。

（1）正常湿度的采暖房间

这类房间产生表面冷凝的主要原因在于外围护结构的保温性能太差导致内表面温度低于室内空气的露点温度，因此，要避免内表面产生冷凝，必须提高外围护结构的传热阻以保证其内表面温度不致过低。如果外围护结构中存在热桥等传热异常部位，也可能在这些部位产生表面冷凝。为防止室内供热不均而引起围护结构内表面温度的波动，围护结构内表面层宜采用蓄热性较好的材料，以保证内表面温度的稳定性，减少出现周期性冷凝的可能。另外，在使用中应尽可能使外围护结构内表面附近的气流畅通，家具不宜紧靠外墙布置。

（2）高湿房间

高湿房间一般指冬季室内空气温度处于18～20℃以上，而相对湿度高于75%的房间。这类房间表面冷凝几乎不可避免，应尽量防止表面显潮和滴水现象，以免结构受潮和影响房间的使用。具体处理时，应根据房间使用性质采用不同的措施。为避免围护结构内部受潮，高湿房间围护结构的内表面应设防水层。对于那些短暂或间歇性处于高湿状态的房间，为避免冷凝水形成水滴，围护结构内表面可采用吸湿能力强又耐潮湿的饰面层。对于那些连续地处于高湿的房间，围护结构内表面应设不透水的饰面层。为防止冷凝水滴落影响使用质量，应在构造上采取必要措施导流冷凝水，并有组织地排除。

（3）防止地面泛潮

在我国广大南方地区，由于春季大量降水，春夏之交气温骤升骤降，变化幅度甚大，加之空气的湿度大，当空气温度突然升高时，某些表面特别是地面的温度将低于露点温度，于是就会出现地面泛潮现象。要防止地面泛潮应妥善处理以下问题。首先，地面应具有一定的热阻，减少地面向土层的传热；其次，地面表层材料应尽量不具蓄热性，当空气温度上升时，表面温度能随之上升；最后，表层材料有一定的吸湿作用，以吸纳表层偶尔凝结的水分。水泥砂浆、混凝土、石材以及水磨石等材料无法满足上述的3个条件，容易泛潮，不宜作为地面表层材料；而木地面、黏土地面、三合土地面则基本满足上述条件，一般就不会泛潮。

除地面外，墙面、顶棚等部位也会出现泛潮现象，因此在一般非用水房间不宜采用隔汽材料做内饰面。

2）防止和控制内部冷凝

由于围护结构内部水分迁移方式和水蒸气冷凝过程比较复杂，影响围护结构传湿的因素很多，所以在设计中更多是根据实践经验，采取必要的构造措施来改善围护结构的湿度状况。

（1）材料层次的布置应遵循“难进易出”的原则

在同一气象条件下，围护结构采用相同的材料，由于材料层次布置的不同，防潮效果可能显著不同。第1.3.4.1条中介绍了“冷凝界面”的经验判别方法，即当材料的蒸汽渗透系数由大变小或材料的导热系数由小变大时，材料内部极易产生冷凝。因此，要避免内部冷凝就要改变材料的布置顺序，宜采用材料蒸汽渗透系数由小变大或材料导热系数由大变小的布置方式。如图1.3－14所示外墙。图中（*a*）方案是将导热系数小、蒸汽渗透系数大的保温材料层布置在水蒸气流入的一侧，将较为密实、导热系数大而蒸汽渗透系数小的材料布置在另一侧。由于内层材料热阻大，温度降落多，相应的饱和蒸汽压降落也多，但由于该层透气性好，水蒸气分压力变化较为平缓，极有可能出现水蒸气分压力高于饱和蒸汽压的情形，即产生内部冷凝。（*b*）方案将轻质保温材料布置在外侧，而将密实材料层布置在内侧。水蒸气难进易出，内部不易出现冷凝。显然，从防止围护结构内部冷凝来看，（*b*）方案较为合理，这一规律在设计中应当遵循。首先应尽量减少进入材料内部蒸汽渗透量，一旦水蒸气进入了材料内部则应采取措施使之尽快排出。必要时亦可在外侧构造中设置与室外相通的排汽孔洞。

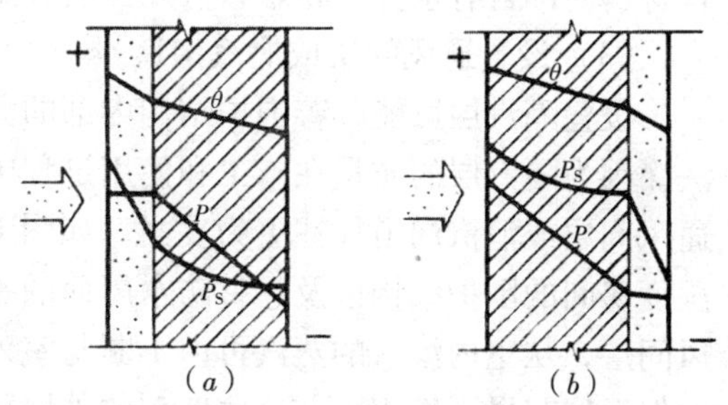

图1.3－14　材料布置层次对内部冷凝的影响

（*a*）易进难出，有内部冷凝；（*b*）难进易出，无内部冷凝

在屋面构造设计中，通常将防水层设置在屋面的最外侧。冬季室内水蒸气分压力高于室外，水蒸气传递方向是由室内传向室外。这种布置方式与水蒸气“难进易出”原则相左，进入围护结构的水蒸气难以排出，极易产生内部冷凝。有一种倒置屋面，其构造如图1.3－15所示，符合“难进易出”的原则。这种屋面将防水层设在保温层下，不仅消除了内部冷凝，又使防水层得到

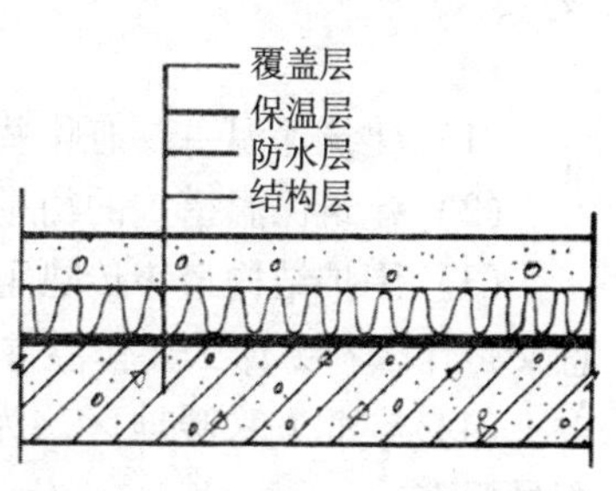

图1.3－15　倒置屋面构造示意

了保护，提高了耐久性。

(2) 设置隔汽层

设置隔汽层防止和控制围护结构内部冷凝，是目前设计中应用最普遍的一种措施。它适用于那些无法按照“难进易出”原则合理布置材料顺序的围护结构构造。通过在水蒸气流入的一侧设置隔汽层阻挡水蒸气进入材料内部，从而控制保温材料的湿度增量在其允许的范围内。当然，如果保温材料内部产生了内部冷凝，但冷凝量并不大，未超过其允许的湿度增量，亦可不设隔汽层。

冬季，采暖房间的蒸汽渗透方向为室内流向室外，因此应将隔汽层设置在保温层的内侧，但对于冷库建筑则应布置在保温层的外侧。若在全年中出现反向的蒸汽渗透现象，则要根据具体情况决定隔汽层的布置位置，一般以全年占主导的蒸汽渗透方向进行布置。应慎重采用内、外两侧均设隔汽层的构造方案，因为一旦材料内部含有水分，将难以蒸发出去，影响保温材料的质量和性能。

(3) 设置通风间层或泄汽沟道

设置隔汽层虽能改善围护结构内部的湿状况，但有时并不一定是最妥善的办法，因为隔汽层的质量在施工和使用过程中难以保证。为此，在围护结构中设置通风间层或泄汽沟道往往更为妥当。如图 1.3－16 所示。这项措施特别适用于高湿度房间的围护结构以及卷材防水屋面的平屋顶结构。由于保温材料外侧设有通风间层，从室内渗入的蒸汽可由不断与室外空气交换的气流带出，对围护结构中的保温层起风干作用。在一些新型的外墙外保温构造系统中，也可在外侧设置通风间层，一方面可避免保温材料直接暴露在室外，提高保温材料的寿命；另一方面则可起到风干作用。

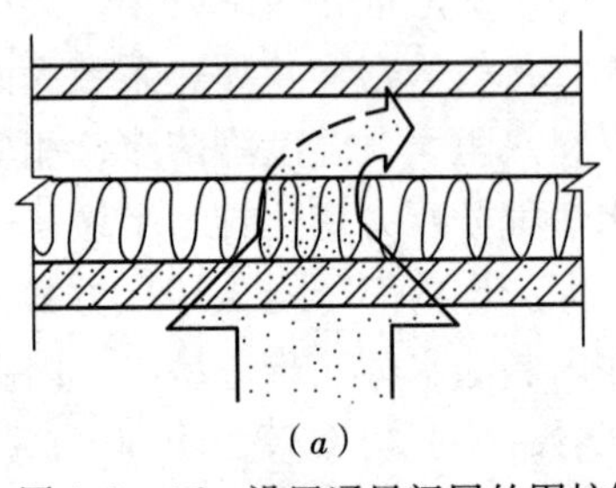

(a)

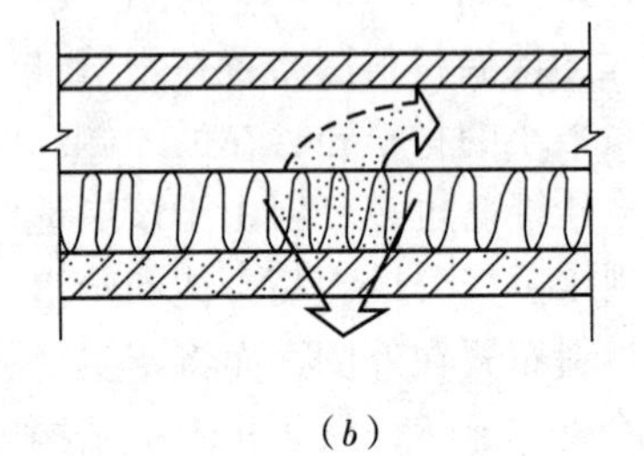

(b)

图 1.3－16　设置通风间层的围护结构

(a) 冬季冷凝受潮；(b) 暖季蒸发干燥

复习思考题

(1) 建筑保温主要有哪些途径？节能设计应遵循的原则是什么？

(2) 建筑保温措施的衡量指标主要有哪些？它们之间有什么区别？

(3) 围护结构最小传热阻的物理意义是什么？计算式中 [Δt] 值大小的含意又是什么？为什么要作温差修正？

(4) 在北方采暖地区，为什么说建筑物采暖耗热量指标是建筑节能的最终衡量标准？

(5) 围护结构保温层在构造上有几种设置方式？各有何特点？你所在地区常见的保温构造属于何种方式？

(6) 窗有哪些传热特点？应从哪几个方面提高其热工性能？

(7) 太阳辐射得热系数的定义是什么？在选择窗户时为什么需要考虑太阳辐射得热系数？

(8) 热桥的概念是什么？它会产生什么影响？应如何防止热桥的产生？

(9) 地面的热工性能对人体热舒适有什么影响？

(10) 如何判断围护结构内部是否会产生冷凝？应如何避免？

(11) 围护结构受潮对保温材料有何影响？为什么？在建筑设计中可采取哪些防潮措施？

(12) 在【例1.3－3】中，若室内的相对湿度为40%，室外相对湿度为60%，试分析该围护结构是否会出现内部冷凝？

第1.3章注释

① 1W·h/(kg·K) ＝3.6kJ/(kg·K)

第1.4章　建筑隔热与通风

现今人们对改善夏季热环境品质的要求日益普遍。除了传统的建筑围护结构防热、自然通风等技术措施外，还常依赖空调设备，这样就使建筑耗能大增。良好的建筑围护结构防热设计和健康、适宜的自然通风，对于保证人居身心健康、建筑节能都是极为重要的。

1.4.1　室内过热的原因及防热途径

我国从长江中下游地区、四川盆地、云贵部分地区到东南沿海各省和南海诸岛，因受东南季风和海洋暖气团北上的影响，以及强烈的太阳辐射热和下垫面共同作用，每年自6月份以后，大部分地区进入夏季。这些地区夏季时间长、气候炎热，除较高的温度特点外，空气潮湿，相对湿度通常高达80%以上，属于湿热气候。新疆西部吐鲁番盆地高山环绕，为世界著名洼地，干旱少雨，夏季酷热，气温可高达50℃，昼夜气温变化极大，为典型的干热气候（表1.4－1）。在这些地区的建筑物，若不采取防热措施，势必会造成室内过热，严重影响人们正常的生活和工作，甚至会造成人体生理上的伤害。为了防止夏季室内过热，需在建筑设计中采取必要的技术措施，改善室内热环境。

随着空调设备的日益普及，夏季空调能耗的问题也日显突出。如何在各种主动、被动技术措施中找到平衡，以最大限度地改善室内热环境和降低建筑空调能耗，同样需要面对不同室内环境要求的建筑制冷节能设计方法。随着气候的不断变化，传统的寒冷地区及温和地区夏季也出现了温度过高的情况，同样需要考虑夏季建筑防热和空调能耗的问题。

热气候类型与特征　　**表1.4－1**

气候参数	热气候类型	
	湿热气候	干热气候
日最高气温（℃）	34～39	30～40以上
温度日振幅（℃）	5～7	7～10
相对湿度（%）	75～95	10～55
年降雨量（mm）	900～1700	<250
风速	和风	热风

1.4.1.1　夏季室内过热的原因

造成夏季室内过热的原因，主要是室外气候因素的影响。图1.4－1分析了建筑物室内热量的主要来源，包括：

(1) 室外较高气温通过室内、外空气对流将大量的热量传入室内

南方炎热地区全年日平均温度超过 25℃的天数多在 50 天以上，有的甚至多达半年。这些地区 7 月份平均气温一般在 26～30℃，平均最高温度 33～34℃，极端最高气温可高达 44℃以上。室外高温空气通过通风换气进入室内，会使室内空气温度随之升高。

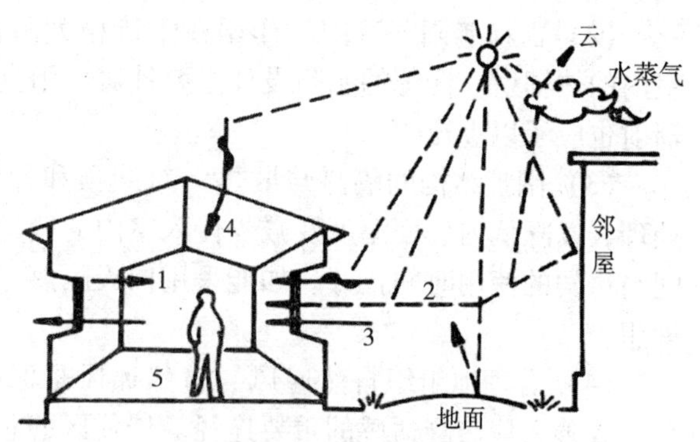

图 1.4－1　室内过热的原因

1—热空气传入；2—太阳辐射；3—反射及长波辐射；4—屋顶、墙的传热；5—室内余热

(2) 太阳辐射热透过窗户直接进入室内

太阳辐射热既包括太阳通过窗户直射室内的部分，也有室外间接辐射透过窗户传入室内的部分（间接辐射包括天空散射辐射和地面的反射)。这些辐射热透过窗户照射在室内表面，使之温度升高。

(3) 外来长波辐射透过窗户传入室内

邻近建筑表面、地面以及路面等因吸收太阳辐射温度升高后所发射的长波辐射热，也会透过窗户进入室内或可使建筑物外表面温度升高。

(4) 通过围护结构传入热量

在强烈的太阳辐射以及室外高温等因素的共同作用下，屋顶、墙面因受热而使外表面温度升高，将热量传入室内，使围护结构内表面及室内气温升高，往往也是造成室内过热的重要因素。

(5) 室内生产、生活及设备产生的余热

室内除人体本身的散热外，生产、生活中也会在不同程度上散发余热，如室内炊事、家用电器、照明及办公设备等均会产生一定的热量。但除了一些产热量较大的特殊车间（如炼钢、锻造车间等)，会产生大量的热量造成室内热环境极度恶劣需要及时排除外，对于一般住宅或办公楼，更多的是要防止室外的热量传入室内，影响室内热环境。

建筑防热的主要任务是，在建筑规划及建筑设计中采取合理的技术措施，减弱室外热作用，使室外热量尽量少传入室内，并使室内热量能很快地散发出去，从而改善室内热环境。

1.4.1.2　建筑防热的途径

(1) 减弱室外热作用　首先是正确地选择建筑物的朝向和布局，力求避免主要的使用空间即透明体遮蔽空间（如建筑物的中庭、玻璃幕墙等）受东、西向的日晒；同时可采取外表面浅色处理、蒸发冷却等措施以减少太阳辐射得热量以及利用环境绿化和周边水体等条件降低周围环境的空气温度和辐射温度。

(2) 窗口遮阳　遮阳的作用在于遮挡太阳辐射从窗口透入，减少对人体与室内的热辐射。传统的遮阳设计主要针对太阳直接辐射，对于如何遮挡太阳间接辐射也应予以重视。

(3) 围护结构的隔热与散热　对屋顶和外墙，特别是西墙，必须进行隔热处理，以降低内表面温度及减少传入室内的热量，并尽量使内表面出现高温的时间与房间的使用时间错开。如能采用白天隔热好、夜间散热快的构造方案则较为理想。

(4) 合理地组织自然通风　自然通风是保持室内空气清新、排除余热和余湿、改善人体热舒适感的重要途径。居住区的总体布局、单体建筑设计方案和门窗的设置等，都应有利于自然通风。

(5) 尽量减少室内余热　在民用建筑中，室内余热主要是生活余热与家用电器的散热。前者往往不可避免，对于后者则应选择发热量小的灯具与设备，并布置在通风良好的位置，以便迅速排到室外。

建筑防热设计是一个综合处理的过程，必须根据当地的气候特征以及造成室内过热的各种因素的影响程度，采取有针对性的建筑措施，才能有效防止室内过热。即便如此，在气候恶劣的地区，单纯的被动防热措施很难保证室内气候条件达到人体舒适的范围，还需要借助于人工空调设备辅助改善室内的热环境状况。空调建筑的首要任务则是降低建筑制冷的能耗。另外由于夏季气候多变，雨水较多，室内空气湿度大，易造成闷热感觉，影响人体的舒适度，因此降低室内空气湿度也是建筑防热设计和制冷节能设计所必须考虑的。

1.4.2 围护结构隔热设计

1.4.2.1 隔热设计标准

根据《民用建筑热工设计规范》GB 50176—93 的规定，房间在自然通风情况下，建筑物的屋顶和东、西外墙的内表面最高温度，应满足下式要求：

$$\theta_{i \cdot max} \leq t_{e \cdot max} \tag{1.4-1}$$

式中 $\theta_{i \cdot max}$——围护结构内表面最高温度,℃；

$t_{e \cdot max}$——夏季室外计算温度最高值,℃。

上式中，$\theta_{i \cdot max}$应依据规范规定的参数及计算方法，按围护结构的实际构造计算确定；$t_{e \cdot max}$则应按规范的规定取值。

目前，围护结构隔热设计采用上述标准的原因在于，内表面温度的高低直接反映了围护结构的隔热性能；同时，内表面温度直接与室内平均辐射温度相联系，即直接关系到内表面与室内人体的辐射换热，控制内表面最高温度，实际上就控制了围护结构对人体辐射的最大值；而且这个标准既符合当前的实际情况又便于应用。但是，由于各地的室外计算温度最高值有所不同，所能达到的热舒适水平并不完全一致，不过，都处于人们能接受的范围内。

1.4.2.2 室外综合温度

为了进行隔热设计，首先应当确定围护结构在夏季室外气候条件下所受到的热作用。

图1.4-2表示围护结构在夏季的热作用情况，从图1.4-2看出，围护结构外表面受到3种不同方式的热作用：

（1）太阳辐射热的作用　当太阳辐射热作用到围护结构外表面时，一部分被围护结构外表面所吸收，如图1.4-2（b）所示。

（2）室外空气的传热　由于室外空气温度与外表面温度存在着温度差，将以对流换热为主要形式与围护结构的外表面进行换热，如图1.4-2（c）所示。

（3）在围护结构受到上述两种热作用后，外表面温度升高，辐射本领增大，向外界发射长波辐射热，失去一部分热能，如图1.4-2（d）所示。

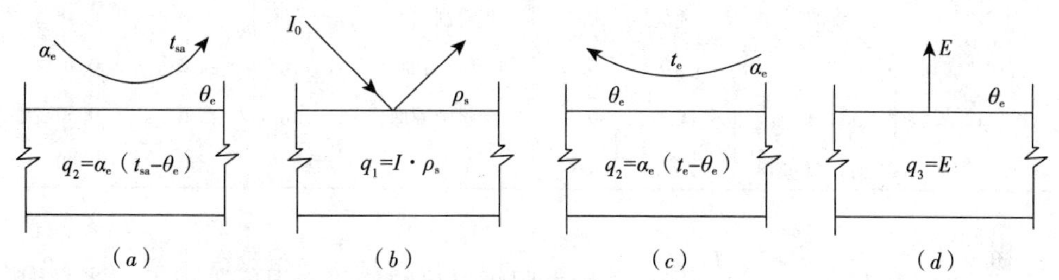

图1.4-2　围护结构受热作用及室外综合温度的概念

因此，围护结构实际接收的热量为：

$$q = q_1 + q_2 - q_3 \tag{1.4-2}$$

式中　q——围护结构外表面在室外热作用下所得到的热量，W/m^2；

q_1——围护结构外表面吸收的太阳辐射热，W/m^2；

q_2——室外空气与围护结构外表面的换热量，W/m^2；

q_3——围护结构外表面与外界环境的辐射换热量，W/m^2。

上式中的q_3，对于墙体和屋顶是不同的，而且影响因素较多，一般数值不很大，尤其对于墙体；若忽略此项因素的影响，对围护结构的隔热设计是有利的，同时简化了设计且便于应用。所以，在一般围护结构隔热设计中均仅考虑前两项的作用，并且将二者的作用综合起来，以假想的“室外综合温度”代替二者共同的热作用，如图1.4-2（a）所示。这样一来，围护结构外表面从室外得到的热量为：

$$\begin{aligned} q &= q_1 + q_2 = I \cdot \rho_s + \alpha_e(t_e - \theta_e) \\ &= \alpha_e\left(\frac{I \cdot \rho_s}{\alpha_e} + t_e - \theta_e\right) \\ &= \alpha_e(t_{sa} - \theta_e) \end{aligned} \tag{1.4-3}$$

$$t_{sa} = t_e + \frac{I \cdot \rho_s}{\alpha_e} \tag{1.4-4}$$

式中　I——太阳辐射照度，W/m^2；

ρ_s——围护结构外表面的太阳辐射吸收系数，其值取决于表面材料的材质、粗糙度及颜色，参见表1.4-2；

α_e——外表面换热系数，取19.0W/(m^2·K)（见表1.2-5）；

t_e——室外空气温度，℃；

θ_e——围护结构外表面温度，℃；

t_{sa}——室外综合温度，℃。

材料表面对太阳辐射的吸收系数 ρ_s **表1.4-2**

材料名称	表面状况	表面颜色	ρ_s	材料名称	表面状况	表面颜色	ρ_s
红褐色瓦屋面	旧	红褐	0.70	黏土砖墙		红	0.75
灰瓦屋面	旧	浅灰	0.52	硅酸盐砖墙	不光滑	青灰	0.50
水泥屋面	旧	青灰	0.74	石灰粉刷墙面	新、光滑	白	0.48
石棉水泥瓦		浅灰	0.75	水刷石墙面	旧、粗糙	浅灰	0.70
浅色油毛毡	新、粗糙	浅黑	0.72	水泥粉刷墙面	新、光滑	浅蓝	0.56
沥青屋面	旧、不光滑	黑	0.85	草地	粗糙	绿	0.80

在式（1.4-4）中的$\frac{I\cdot\rho_s}{\alpha_e}$值称为太阳辐射热的“等效温度”或者“当量温度”。图1.4-3是根据夏季南方某建筑物平屋顶的表面状况和实测的气象资料，按式（1.4-4）计算得到的一昼夜综合温度变化曲线。从图中可见，夏季室外综合温度是以24h为周期波动的周期函数，其中太阳辐射的当量温度所占比例相当大，不容忽视。

建筑物各朝向的空气温度相差不大，可认为是与朝向无关，但由于不同朝向的太阳辐射不同，导致各朝向太阳辐射当量温度和综合温度差别很大，从图1.4-4中可以看出水平面的室外综合温度最高；其次是西向垂直面。这就说明在炎热的南方，除应特别着重考虑屋顶的隔热外，还要重视西墙和东墙的隔热。

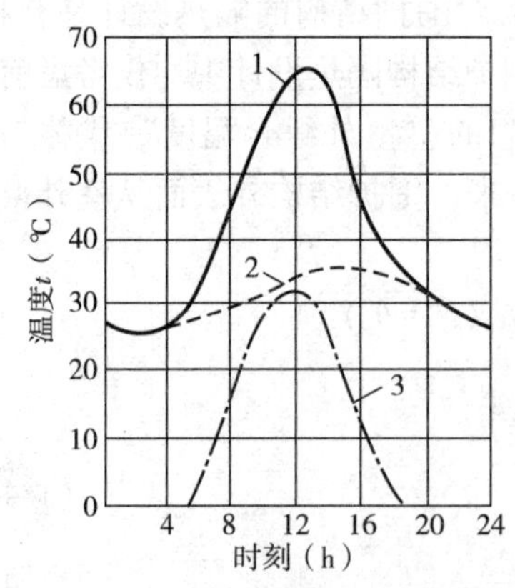

图1.4-3 夏季室外综合温度的组成

1—室外综合温度；2—室外空气温度；3—太阳辐射当量温度

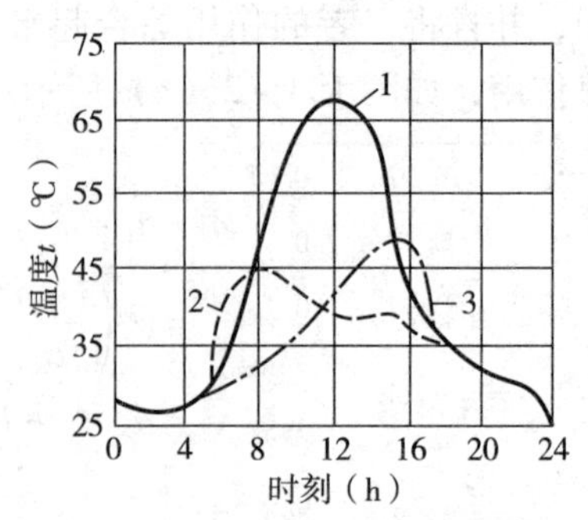

图1.4-4 不同朝向的室外综合温度

1—水平面；2—东向垂直面；3—西向垂直面

从太阳辐射当量温度表达式中，可以看到表面对太阳辐射的吸收系数对该表面室外综合温度的影响也是非常大的。浅色表面吸收的太阳辐射热要低于深色的表面，太阳辐射通过围护结构传入室内的热量也会相应减少。

由于室外综合温度呈周期性波动变化，在围护结构隔热设计的计算中，必须确定其最大值、平均值及振幅。

室外综合温度的最大值按下式计算：

$$t_{sa,max}=\overline{t_{sa}}+A_{sa} \tag{1.4-5}$$

式中　$t_{sa,max}$——室外综合温度最大值，℃；

$\overline{t_{sa}}$——室外综合温度平均值，℃；

A_{sa}——室外综合温度振幅，℃。

室外综合温度平均值可按下式计算：

$$\overline{t_{sa}}=\overline{t_e}+\frac{\overline{I}\cdot\rho_s}{\alpha_e} \tag{1.4-6}$$

式中　$\overline{t_e}$——室外空气温度平均值，℃；

$\overline{I}$——太阳辐射照度平均值，W/m²。

室外综合温度振幅按下式计算：

$$A_{sa}=(A_{te}+A_{ts})\beta \tag{1.4-7}$$

式中　A_{te}——室外空气温度振幅，℃；

A_{ts}——当量温度振幅，℃。

$$A_{ts}=\frac{(I_{max}-\overline{I})\cdot\rho_s}{\alpha_e} \tag{1.4-8}$$

I_{max}——太阳辐射照度最大值，W/m²；

β——相位差修正系数。因为$t_{e,max}$与I_{max}的出现时间不一致，室外综合温度的振幅不能直接取两者振幅的代数和，而应以其和乘系数β予以修正。β值可在表1.4-3中求得。

时差（相位差）修正系数β值　　**表1.4-3**

A_{ts}/A_{te}	$t_{e,max}$与I_{max}出现的时差（h）									
	1	2	3	4	5	6	7	8	9	10
1.0	0.98	0.97	0.92	0.87	0.79	0.71	0.60	0.50	0.38	0.26
1.5	0.99	0.97	0.93	0.87	0.80	0.72	0.63	0.58	0.42	0.32
2.0	0.99	0.97	0.93	0.88	0.81	0.74	0.66	0.58	0.49	0.41
2.5	0.99	0.97	0.94	0.89	0.83	0.76	0.69	0.62	0.55	0.49
3.0	0.99	0.97	0.94	0.90	0.85	0.79	0.72	0.65	0.60	0.55
3.5	0.99	0.97	0.94	0.91	0.86	0.81	0.76	0.69	0.64	0.59
4.0	0.99	0.97	0.95	0.91	0.87	0.82	0.77	0.72	0.67	0.63
4.5	0.99	0.97	0.95	0.92	0.88	0.83	0.79	0.74	0.70	0.66
5.0	0.99	0.98	0.95	0.92	0.89	0.85	0.81	0.76	0.72	0.69

【**例1.4－1**】南京地区夏季室外空气温度的平均值为32.0℃，最大值为37.1℃（出现在15:00），西向的太阳辐射照度的平均值为155.1W/m²，最大值为650W/m²（出现在16:00）。求该地区西向综合温度的平均值和最大值及最大值出现的时间。假定西向外墙的太阳辐射吸收系数ρ_s为0.50，外表面换热系数α_e为19.0W/(m²·K)。

【**解**】(1) 求室外综合温度的平均值

$$\overline{t_{sa}}=\overline{t_e}+\frac{\overline{I}\cdot\rho_s}{\alpha_e}=32.0+\frac{155.1\times0.50}{19.0}=36.1℃$$

(2) 求室外综合温度的振幅

①室外空气温度振幅为：$A_{te}=37.1-32.0=5.1℃$；

②当量温度振幅为：

$$A_{ts}=\frac{(I_{max}-\overline{I})\cdot\rho_s}{\alpha_e}=\frac{(650-155.1)\times0.50}{19.0}=13.0℃$$

③两者比值为：$\frac{A_{ts}}{A_{te}}=\frac{13.0}{5.1}\approx2.5$；

$t_{e,max}$与I_{max}出现的时差为1h，查表1.4－3，得修正系数β值为0.99；

④室外综合温度振幅为：

$$A_{sa}=(A_{te}+A_{ts})\beta=(5.1+13.0)\times0.99=17.9℃。$$

(3) 求室外综合温度的最大值

$$t_{sa,max}=\overline{t_{sa}}+A_{sa}=36.1+17.9=54.0℃。$$

(4) 室外综合温度最大值出现的时间近似地按振幅大小由下式计算：

$$\tau_{sa,max}=\tau_{e,max}+\frac{A_{ts}}{A_{ts}+A_e}(\tau_{ts,max}-\tau_{e,max})=15+\frac{13.0}{13.0+5.1}\times1=15.72h$$

（即出现在15h43min）。

1.4.2.3　围护结构隔热设计计算

在我国南方炎热地区，无论是夏热冬暖地区还是夏热冬冷地区，房屋围护结构（特别是屋顶、西墙和东墙），都必须进行隔热设计。

夏季自然通风的房屋建筑，其围护结构外表面受到室外综合温度的周期性热作用，内表面则处于室内空气周期性热作用下，这两种温度的波动周期都是24h。因此，应按双向周期性传热理论计算。

当围护结构构造方案确定后，便可进行隔热性能的验算，其目的是检验内表面最高温度是否满足规范要求，即是否满足$\theta_{i\cdot max}\leq t_{e\cdot max}$。

现采用规范中的有关参数，举例说明隔热计算的方法和步骤。

【**例1.4－2**】上例中，若西向外墙采用【例1.2－5】所示构造，即：200厚钢筋混凝土结构层，内表面为20厚石灰砂浆粉刷层；外表面为20厚水泥砂浆粉刷、浅色涂料面层。试求房屋在自然通风条件下，该墙的内表面最高温度及出现的时间。

【**解**】(1) 室外综合温度的计算

由上例可知：室外综合温度的平均值和最大值（出现时间）分别为：36.1℃和54.0℃（15.72h）；

（2）墙体的总衰减度 υ_0 和总延迟时间 ξ_0 的计算

由【例1.2-5】可知，墙体的总衰减度和总延迟时间分别为：$\upsilon_0=7.51$；$\xi_0=6.82\text{h}$

（3）室内谐波传至内表面的衰减度和延迟时间的计算

由【例1.2-5】可知，室内谐波传至内表面的衰减度和延迟时间分别为：$\upsilon_i=2.46$；$\xi_i=1.86\text{h}$

（4）内表面最高温度的计算

①内表面平均温度的计算

依规范规定：室内计算平均温度的平均值取 $\overline{t_i}=\overline{t_e}+1.5℃=32.0+1.5=33.5℃$

运用式（1.2-19）得：

$$\overline{\theta_i}=\overline{t_i}-\frac{R_i}{R_0}\left(\overline{t_i}-\overline{t_{sa}}\right)=33.5-\frac{33.5-36.1}{0.312\times8.7}=34.5℃$$

②$A_{if,e}$的计算

$$A_{if,e}=\frac{A_{sa}}{\upsilon_0}=\frac{17.9}{7.51}=2.38℃$$

由室外温度谐波引起的内表面最高温度出现的时间

$$\tau_e=\tau_{sa,max}+\xi_0=15.72+6.82=22.54\text{h}$$

③$A_{if,i}$的计算

依规范规定：室内计算平均温度振幅取 $A_{ti}=A_{te}-1.5℃=5.1-1.5=3.6℃$

$$A_{if,i}=\frac{A_{ti}}{\upsilon_i}=\frac{3.6}{2.46}=1.46℃$$

依规范规定：室内气温最高值出现的时间比室外气温最高值出现的时间晚1h，因此由室内温度谐波引起的内表面最高温度出现的时间：

$$\tau_i=\tau_{ti}+\xi_i=15+1+1.86=17.86\text{h}$$

④A_{if}的计算

$$A_{if}=\left(A_{if,e}+A_{if,i}\right)\beta$$

为查出β值，计算①：

$$\frac{A_{if,e}}{A_{if,i}}=\frac{2.38}{1.46}=1.6℃；\quad\tau_e-\tau_i=22.54-17.86=4.68\text{h}$$

查表1.4-3得：$\beta=0.88$

$$A_{if}=\left(2.38+1.46\right)\times0.88=3.4℃$$

因此

$$\theta_{i,max}=\overline{\theta_i}+A_{if}=34.5+3.4=37.9℃>37.1℃$$

$$\tau_{if,max}=\tau_i+\frac{A_{if,e}}{A_{if,e}+A_{if,i}}\left(\tau_e-\tau_i\right)=17.86+\frac{2.38}{2.38+1.46}\times4.68=20.76\text{h}$$

（即出现在20h46min）。

(5) 结论：该墙体不能满足规范规定的 $\theta_{i \cdot max} \leqslant t_{e \cdot max}$ 的要求，需采取措施提高墙体的隔热性能。

1.4.2.4　外围护结构隔热措施

外围护结构隔热是防止夏季室内过热的重要途径。对于一般的工业与民用建筑，房间通常都采取自然通风。为了保证人体低限的热舒适要求和一般生活，外围护结构应具有一定的衰减度和延迟时间，以满足《规范》规定的 $\theta_{i \cdot max} \leqslant t_{e \cdot max}$ 的隔热要求。同时应考虑到夏季双向谐波热作用的特点来进行围护结构的隔热设计。在选择具体的隔热措施时，除考虑提高外围护结构自身的隔热性能外，还可以结合外表面浅色处理、种植植物、设置遮阳设施等措施来降低室外综合温度。

对于夏季使用空调降温的建筑，外围护结构除需满足夏季隔热要求外，还应满足建筑节能设计标准规定的传热系数限值要求。

1）屋顶隔热

根据隔热的不同机理，屋顶常采取以下隔热措施。

(1) 采用浅色外饰面，减小当量温度

前已说明，当量温度反映了围护结构外表面吸收太阳辐射热使室外热作用提高的程度，而水平面接受的太阳辐射热量最大。因此，要减少热作用，必须降低外表面太阳辐射热吸收系数 ρ_s，何况屋面材料品种较多，ρ_s 值差异较大，合理地选择材料和构造是完全可行的。现以武汉地区的平屋顶为例，说明屋面材料太阳辐射热吸收系数 ρ_s 值对当量温度的影响。

武汉地区水平太阳辐射照度最大值 $I_{max} = 961\text{W/m}^2$，平均值 $\bar{I} = 312\text{W/m}^2$。几种不同屋面的当量温度比较如下：

当量温度（℃）	屋面类型		
	油毡屋面 $\rho_s = 0.85$	混凝土屋面 $\rho_s = 0.70$	陶瓷隔热板屋面 $\rho_s = 0.40$
平均值	14.0	11.5	6.6
最大值	43.0	35.4	20.2
振幅	29.0	23.9	13.9

从以上数据可以看出，屋面材料的 ρ_s 值对当量温度的影响是很大的。当采用太阳辐射热吸收系数较小的屋面材料时，即降低了室外热作用，从而达到隔热的目的。这种措施简便适用，所增荷载小，无论是新建房屋，还是改建的屋顶都适用。然而，对于非透射材料构成的屋顶，减少对太阳辐射热的吸收，则表示增大了反射。若在高低错落建筑群的低层次建筑屋面上采取这种措施，将增大对高层次建筑的太阳辐射反射热，恶化高位建筑的室内热环境。

(2) 提高屋顶自身的隔热性能

从【例1.4-2】的计算过程中可以看出，围护结构总热阻的大小，关系到内表面的平均温度值，而热惰性指标值却对谐波的总衰减度有着举足轻重的影响。通常，平屋顶的主要构造层次是承重层与防水层，另有一些辅助性层次。因此，屋顶的热阻与热惰性都不足，致使其隔热性能达不到标准的要求。为此，常在承重层与防水层之间增设一层实体轻质材料（隔热层），如炉渣混凝土、泡沫混凝土等，以增大屋顶的热阻与热惰性。如屋顶采用构造找坡，也可利用找坡层材料，但其厚度应当按热工设计确定。这种隔热构造方式的特点在于，它不仅具有隔热的性能，在冬季也能起保温作用，特别适合于夏热冬冷地区。不过，这种方式的屋面荷载较大，而且夜间也难以散热，内表面温度的高温区段时间较长，出现高温的时间也较晚。若用于办公、学校等以白天使用为主的建筑则最为理想，同时也可用于空调建筑。

通常隔热层本身热容量小，抗外界温度波动的能力差，但隔热层有着良好的绝热性能，可以有效减弱传递的热量。热容量较大的重质材料虽然抗外界温度波动的能力强，但由于热阻较小，仍有很多热量通过它传入室内。因此单一的轻质材料或重质材料对建筑防热都是不利的。隔热层和热容量较大的主体结构形成复合构造后，两者互补，既可抑制温度波动，也可以减少传入室内的热量。隔热层的位置对围护结构衰减倍数有很大影响。当隔热层布置在围护结构外侧时，围护结构的衰减倍数要大于布置在其他位置时的情况。这是由于隔热层是热容量较小的轻质材料，受外界热作用后温升较快。其表面较高的温度有利于向室外通过对流和辐射形式散热，减少了传向内侧主体材料的热量。

在围护结构本身的防热设计中，一方面要尽量采用轻质的隔热层和重质的结构层复合的构造方式，另一方面，应将隔热层布置在围护结构的外侧。只有这样，才能提高围护结构的衰减倍数，降低内表面温度波动，减少传入室内的热量。

（3）通风隔热屋顶

利用屋顶内部通风带走面层传下的热量，达到隔热的目的，就是这种屋顶隔热措施的简单原理。这种屋顶的构造方式较多，既可用于平屋顶，也可用于坡屋顶；既可在屋面防水层之上组织通风，也可在防水层之下组织通风，基本构造如图 1.4－5 所示。

通风屋顶起源于南方沿海地区民间的双层瓦屋顶，在平屋顶房屋中，以大阶砖通风屋顶最为流行。现以架空大阶砖通风屋顶为例，说明这种屋顶的传热过程、构造要点及适用范围。

图 1.4－6 表示通风屋顶的传热过程。当室外综合温度将热量传给间层的上层板面时，上层将所接受的热量 Q_0 向下传递，在间层中借助于空气的流动带走部分热量 Q_a，余下部分 Q_i 传入下层。因此，隔热效果如何，取决于间层所能带走的热量 Q_a，这与间层的气流速度、进气口温度和间层高度有密切关系。

首先，间层高度关系到通风面积。实测资料表明，随着间层高度的增加，隔热效果呈上升趋势；但超过 250mm 后，隔热效果的增长已不明显，而造价和荷载却持续增加。此外，间层常由砖带或砖墩构成，也应考虑方便施工，故一般多采用 180mm 或 240mm。

其次，间层的气流速度关系到间层的通风量。尽管间层内各表面的光洁程度

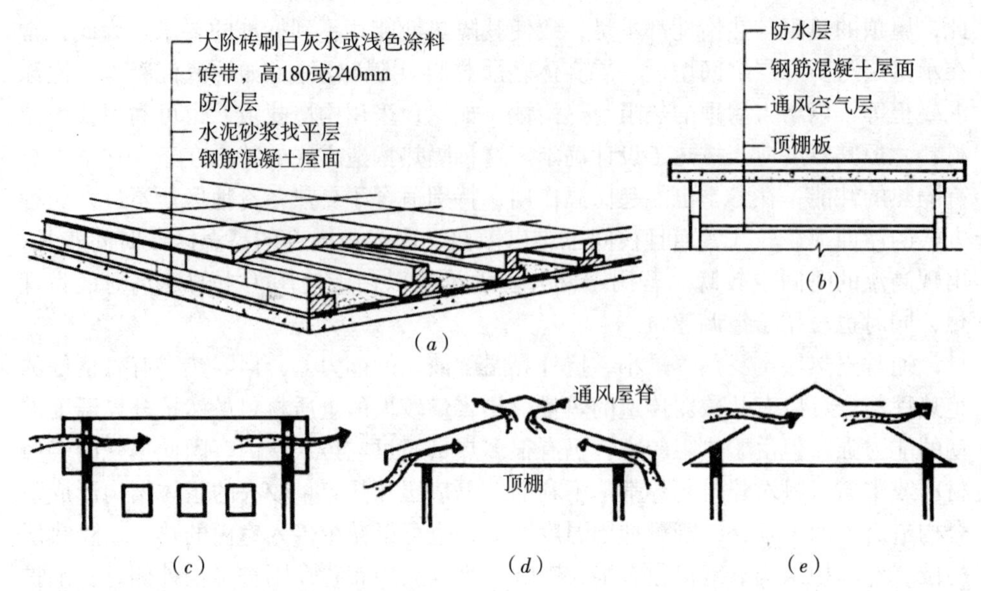

图1.4-5 通风屋顶的几种构造方式

(a) 平屋顶外架空层；(b) 平屋顶内架空层；(c) 坡屋顶山墙通风；(d) 坡屋顶檐口与屋脊通风；(e) 坡屋顶老虎窗通风

影响通风阻力的大小，但至关重要的则是当地室外风速的大小。因为间层内空气的流动，主要借助于室外风速作用在房屋上时，迎风面与背风面产生的压力差，即常说的风压差。当室外风速很小或处于静风状态时，间层内空气很难流动，当然也就不可能将上层板传下的热量带走。

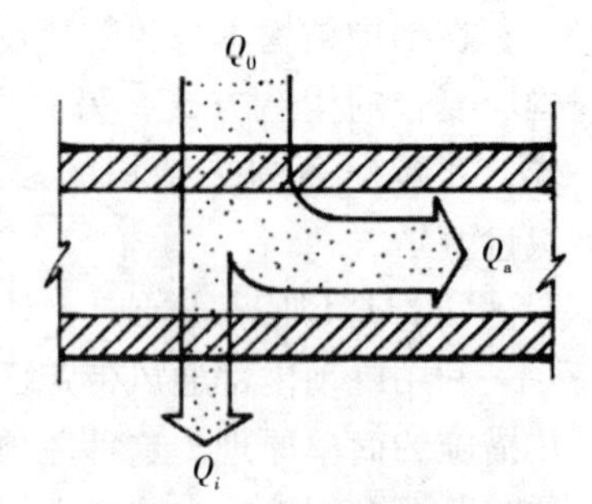

图1.4-6 通风间层隔热原理

一般夜间的室内气温高于室外气温，屋顶的传热是由内向外，处于散热状态，也需借助间层内气流的运动将热量带走，对屋顶起冷却作用。

资料表明：在沿海地区，无论白天、还是夜间，都会因海陆风的作用而使通风间层内通风顺畅，隔热效果明显；而长江中、下游地区一般夜间的静风率很高，间层内的热量不能及时排出，极易形成“闷顶”，对室内的热环境反而不利。此外，构造方式对通风间层的隔热效果也会有一定的影响。如兜风构造、坡顶构造、风帽等有利于通风，而在建筑工程中也常见到一些不利于通风的做法，如间层外侧的女儿墙、表面黑色沥青防水层、通风口的朝向等等。

通风屋顶内空气间层的厚度一般仅为100~200mm，因此不可避免地会影响原有屋顶外表面的散热。如果将空气间层的上面层的高度提高，就形成了架空屋顶的做法。架空屋顶是在屋顶上设置一个漏空的棚架或再增加一层屋顶，形成架空层，一方面起遮阳和导风的作用，另一方面提供一个屋面活动空间。架空通风屋顶的形式多样，棚架格片可置于不同的角度，或可根据太阳运行轨迹自动调节。近年来，我国南方炎热地区的居住建筑和公共建筑多采用架空屋顶，有效地遮挡了水平太阳辐射，极大地改善了顶层房间的热环境。研究表明，在低纬度地区，通过遮阳技术控制屋顶的太阳辐射可削减顶层房间近70%空调制冷负荷，防热效果十分显著。正因如此，近年来在这些地区出现了架空屋顶的设计，并逐步从住宅建筑推广运用到大型公共建筑。见图1.4－7、图1.4－8。

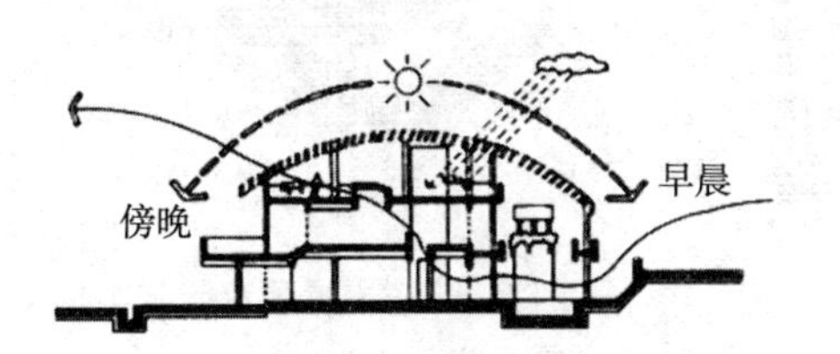

图1.4－7　杨经文的架空屋顶住宅

图1.4－8　柯里亚设计的某办公楼的架空屋顶

资料来源：刘念雄．建筑热环境［M］．P.229－230，2005

（4）种植隔热屋顶

在屋顶上种植植物，利用植物的光合作用，将热能转化为生化能；利用植物叶面的蒸腾作用增加蒸发散热量，均可大大降低屋顶的室外综合温度；同时，利用植物培植基质材料的热阻与热惰性，降低内表面平均温度与温度振幅。综合起来，达到隔热的目的。

种植屋顶有带土种植与无土种植两种类型。带土种植是以土为培植基质，是民间的一种传统作法。但土壤的密度大，常使屋面荷载增大很多，而且土的保水性差，需配置蓄水、补水设施。无土种植是采用膨胀蛭石作培植基质，它是一种密度小、保水性强、不腐烂、无异味的矿物材料。据调查，屋顶所种植物品种多样，有花卉、苗木，也有蔬菜、水果。因为是在屋顶上栽培，宜于选用浅根植物，并应妥善解决栽培中的水、肥、管等问题；而且不应对屋顶基层，尤其是钢筋混凝土承重层产生有害影响，并注意环境保护。如果种植草被就简单得多，因为草被生长力旺盛，抗气候性强，春发冬枯，夏季一片葱绿，自生自灭，无需肥料，一般也不必浇水，管理可粗可细。应尽量选择耐旱、易生长、叶面大的草类，如佛甲草等。

种植屋顶是改善屋顶功能的有效方式，结合景观设计，不仅改善了微气候环境也给人们提供了视觉上的愉悦，其布置形式一般有以下几种：一是整片式，即在平屋顶上几乎种满绿色植物，主要起到生态功能与观赏之用。二是周边式，即沿平屋顶四周修筑绿化花坛，中间大部分场地作室外活动与休息之用。三是自由式，即形成既有绿化盆栽或花坛，形式多种多样，又有活动场地的屋顶花园，改变了屋顶单一的遮阳避雨功能（图1.4－9）。在屋顶和平台上造园，由于受到屋顶形状、面积、方位、高度，尤其是结构承载能力的制约，设计时应考虑屋顶土层较薄（可以是无土植被）、水供应少的特点选择低矮的草类植物和观赏植物，并实现四季花卉的搭配，从而构成层次丰富的空间绿化体系。图1.4－10为屋顶花园基本构造系统举例。

图1.4-9　某建筑屋顶花园实例

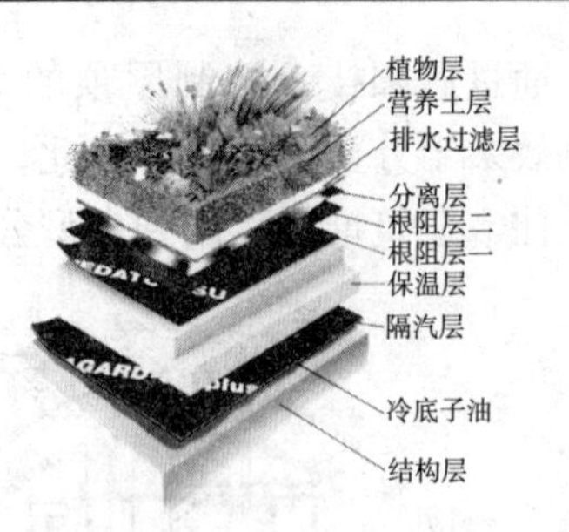

图1.4-10　屋顶花园基本构造系统

通过对长沙地区夏季实验性房屋的现场测试，无土种植草被屋顶内表面的温度变化曲线与其他屋顶情况对比如图1.4-11所示，温度数值对比列于表1.4-4。

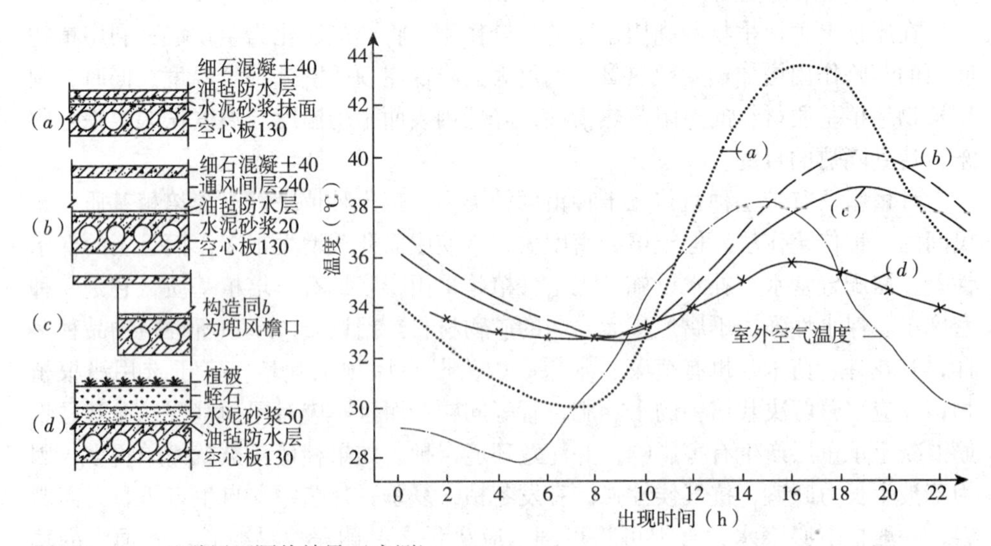

图1.4-11　几种屋面隔热效果（实测）

(a) 普通空心板屋顶；(b) 通风平屋顶；(c) 有兜风檐口的通风屋顶；(d) 草被屋顶

几种屋顶内表面温度状况　　**表1.4-4**

	屋顶类型			
	(a) 普通空心板屋顶	(b) 通风平屋顶（间层高24cm）	(c) 兜风屋顶（间层高24cm）	(d) 无土草被屋顶（基质厚20cm）
最高温度（℃）	43.8	40.4	38.9	36.1
最高温度出现时间	17:00	18:00	18:00	16:00
平均温度（℃）	36.3	36.5	35.7	34.2
>35℃小时数	13	16	13	6
温度波幅（℃）	7.5	3.9	3.2	1.9

注：室外空气最高温度为38.4℃，平均温度为32.6℃。

上述资料是在长沙地区实验性房屋中实测的结果。从上表可以看出：

①无土种植草被屋顶的内表面最高温度较低，分别比其他几种屋顶的内表面最高温度低2.8℃至7.7℃；而且与室外空气最高温度的比值约为0.95，是这几种屋顶中唯一低于室外最高气温的。

②无土种植草被屋顶的内表面温度波幅小，与无隔热层的普通空心板屋顶相比，仅为其温度波幅的1/4，说明草被屋顶的热稳定性较好。

③当围护结构内表面温度高于35℃时，即表示围护结构会以辐射方式对室内人体加热，低于35℃，人体将向它传热，成为人体的散热面。因此，内表面温度高于35℃的时间愈短愈好。从以上资料看出，草被屋顶内表面温度高于35℃的时数为6h，也就是说，每日有2/3至3/4的时间是处于散热面，而且从温度变化曲线看出，这段时间是从傍晚直到次日中午，这对于以晚间使用为主的建筑是可贵而难得的。

④经实测，无土种植草被屋顶的太阳辐射热反射系数为0.20~0.25，相比之下，反射辐射热降低了许多；另外，草被叶面温度比其他屋顶外表面温度低很多，而且冷却也快些，相应的长波辐射热少，对邻近的高位建筑影响不大；由于培植基质为轻质矿物材料，导热系数较小，又有一定的厚度，因此，冬季防寒性能并不差。

综上所述，无土种植草被屋顶的适用面广，特别适合于夏热冬冷地区的城镇建筑，加之具有保护环境的综合效应，社会效益也优于其他类型屋顶。

（5）水隔热屋顶

利用水隔热的屋顶有蓄水屋顶、淋水屋顶和喷水屋顶等不同形式。

水之所以能起隔热作用，主要是水的热容量大，而且水在蒸发时要吸收大量的汽化热，从而减少了经屋顶传入室内的热量，降低了屋顶的内表面温度，是行之有效的隔热措施之一，蓄水屋顶在南方地区使用较多。

蓄水屋顶的基本构造如图1.4-12所示。其隔热性能与蓄水深度密切相关。表1.4-5表示不同蓄水深度时的温度状况。从表中数据可看出屋顶蓄水之后具有以下优点：

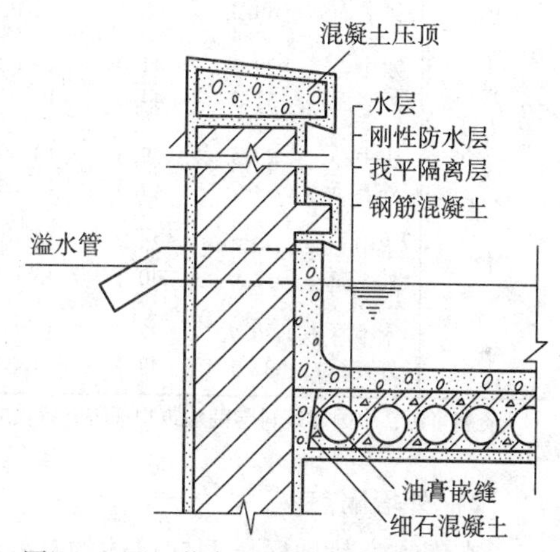

图1.4-12　蓄水屋顶檐口泛水构造

①屋顶外表面温度大幅度下降，如以蓄水深8cm为例，外表面的平均温度和最高温度，分别从不蓄水时的35.3℃和62.3℃下降到31.7℃和42.3℃。

②大大降低了屋顶的内表面温度，蓄水深8cm时，内表面最高温度从无水时的39.2℃下降到32.7℃。

③大大减少了屋顶的传热量，如蓄水深8cm时，最大传热量可从无水时的351kJ/(m^2·h)减少到146kJ/(m^2·h)。

④蓄水深度增加，内表面温度最大值下降愈多。当蓄水深4、8、12、18cm时，内表面温度最大值分别下降6.2℃，6.5℃，6.8℃和7.3℃。

从上述资料可以看出，蓄水屋顶的隔热效果是相当显著的。但是这种屋顶也存在一些严重的缺点。首先，在夜间，屋顶蓄水后的外表面温度始终高于无水屋面，不但不能利用屋顶散热，相反地它仍继续向室内传热。这对夜间使用的住宅和某些公共建筑是十分不利的；其次，屋顶蓄水也增大了屋顶静荷载，倘若蓄水深度增加，荷载将更大，这对于下部结构和抗震性能都不利；再次，屋面所蓄的水，日夜都在蒸发，蒸发速度取决于室外空气的湿度、风速和太阳辐射的大小。不论蒸发速度大或小，必然要补充水，而且一年四季都不能没有水。如果依靠城市供水作水源，无疑会加重市政建设的负担，并且因水资源的限制可能许多城市难以满足要求。如果利用收集的雨水，则需要定期过滤、消毒等净化处理，以防止孳生蚊虫。

至于淋水屋顶与喷水屋顶，因耗水量大及难以管理等原因，近些年一般已很少应用。

总之，从隔热机理而言，屋顶有多种隔热方式，各地都有一些传统经验与做法，近几年多向综合措施方向发展，构造方案甚多，设计中可择优选用。

不同蓄水深度时的实测温度 **表1.4-5**

蓄水深度（cm）	温度（℃）				内表面温度（℃）			传入热量［kJ/(m²·h)］		
	位 置	平均值	最大值	时间	平均值	最大值	时间	平均值	最大值	时间
无水	外表面	35.3	62.3	12:00	31.2	39.2	15:00	100	351	15:00
4	水中心 外表面	29.3 31.5	41.0 44.6	13:00 12:00	29.6	33.0	15:00	50	155	15:00
8	水中心 外表面	29.5 31.7	39.5 42.3	13:00 12:00	29.7	32.7	16:00	54	146	16:00
12	水中心 外表面	30.4 32.0	38.7 40.8	14:00 13:00	29.8	32.4	16:00	54	138	16:00
18	水中心 外表面	30.7 32.1	37.7 38.9	14:00 14:00	29.9	31.9	17:00	58	121	17:00

资料来源：中国建筑科学院建筑物理研究所主编. 炎热地区建筑降温. 中国建筑工业出版社，1965.8

2）外墙隔热

在南方炎热地区，西向墙体的室外综合温度仅次于屋顶。因此，西墙的隔热处理，对改善室内热环境同样具有很重要的意义。近年来，高层建筑越来越多，屋顶在外表面积中所占的比例相对减少，而外墙的面积则相对增大。室外热作用透过墙体传入室内的热量也相对增多，因而，外墙隔热不仅可改善室内热环境，对空调能耗的降低也是有利的。

墙体隔热的机理与屋顶相同，上述屋顶的隔热措施也可用于外墙。只是墙体为竖向部件，在构造上有其特殊方式。

传统建筑中，黏土砖实体墙是常见的一种。经许多单位多年的研究、实测，两面抹灰的一砖厚墙体，尚能满足当前一般建筑西墙和东墙的隔热要求。由于其具有一定的防寒性能，不仅适用于夏热冬暖地区，也可用于夏热冬冷地区。由于黏土砖的生产破坏了大量农田，我国许多地区已禁止使用黏土实心砖。

随着墙体改革的深化，出现了一批新型墙体材料。与传统的黏土砖相比，不仅减轻了自重，提高了工业化程度，也开发了一些工业废料作为墙体材料。

砌块是遍布全国广泛使用的一种墙体构件，目前大多以中、小型砌块为主；原材料以普通混凝土及矿渣、粉煤灰、煤渣、火山灰等工业废料与地方材料为多，尤以混凝土空心砌块应用最为广泛。从热工性能看，研究表明，单排孔混凝土空心砌块不能满足南方地区墙体隔热的要求，当然不能用于东、西向外墙。双排孔混凝土空心砌块加上内、外抹灰后，其隔热性能与两面抹灰的一砖厚实心黏土砖墙相当，可以用于东、西外墙。

钢筋混凝土大板是一种工业化程度较高的墙体构件，且多用于住宅建筑。主要板型为钢筋混凝土空心墙板及多种材料的复合墙板。钢筋混凝土空心板在南方大多数地区都不能满足隔热性能的要求，其主要特点是热稳定性差，内表面温度波幅大，因此内表面最高温度值很高，近年来已很少使用。

随着建筑工业化程度的提高和建筑高层化的发展趋势，轻质复合墙体构造的运用越来越多。轻质复合墙体的隔热性能取决于板型构造与复合材料的热工性能。图1.4－13表示几种复合墙板构造。

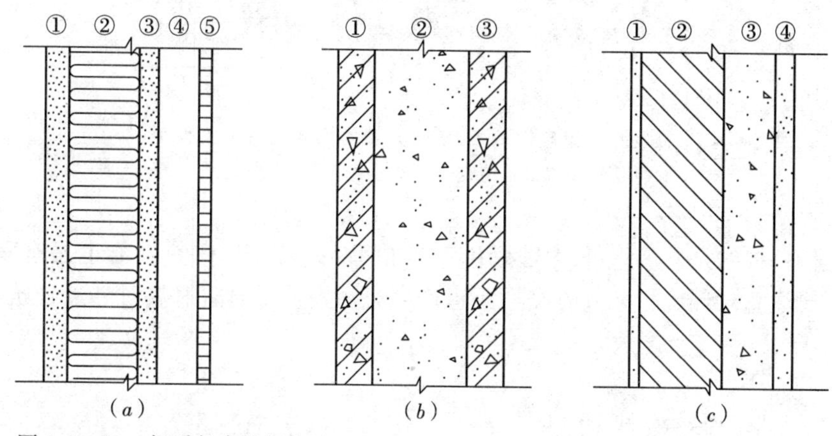

图1.4－13　轻质复合墙板构造

(*a*) ①—石膏板；②—矿棉板；③—石膏板；④—空气间层；⑤—石棉水泥板；

(*b*) ①—钢筋混凝土；②—轻质矿物工业废料；③—钢筋混凝土；

(*c*) ①—内粉刷层；②—空心砖；③—轻质混凝土；④—外饰面层

由于复合墙板能充分利用材料的特性，选材也较为灵活，经过精心设计与研究的方案，其热工性能一般都能达到要求。在设计复合墙体构造时，应注意材料的布置顺序，尽量将导热系数小的轻质材料放置在外侧，而将热容量大的材料放置在内侧。

和通风屋顶类似，在墙体外侧也可设置垂直通风间层，利用热压和风压的综合作用，使间层内空气流通，带走墙体外表面吸收的热量，从而达到建筑隔热和制冷节能的目的。垂直通风间层在冬季还可起到保护外侧保温材料、使保温材料保持干燥等作用。如果条件许可，还可采取措施使在夏季作为通风空气间层起隔热作用，在冬季作为封闭空气间层增加围护结构的传热阻，从而兼顾冬夏季不同热工设计要求。

外墙绿化遮阳同样能有效降低室外热作用。植物叶面层层遮蔽，中间还可以通风，此外树叶通过蒸腾作用蒸发水分，保持自身凉爽，能降低表面辐射温度。实测研究表明：在其他条件不变的情况下，西墙绿化时室内环境温度较室外环境温度低约3～9℃；绿化状态下室外环境温度可望降低约4℃，可减少空调负荷约12.7%；在中午高温时刻，峰值温降作用更为明显，可以达到6℃，减少空调负荷20%。具体做法上，可以直接在外墙脚种植爬藤植物，也可以离墙一定距离设置专门的支架，在植物层和外墙之间形成通风间层，隔热效果更好。见图1.4－14。

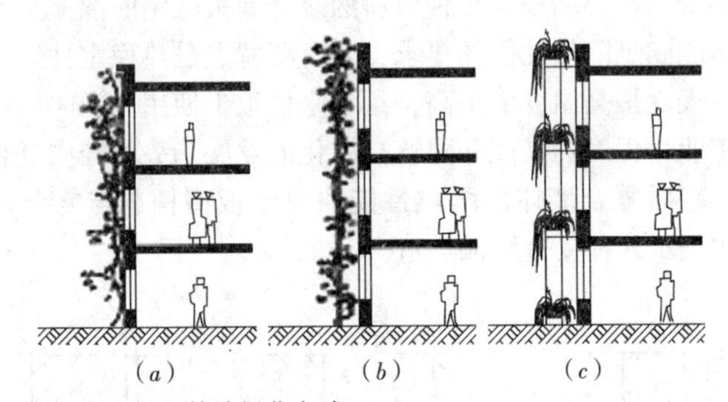

图1.4－14　外墙绿化方式

(*a*) 藤类直接攀爬在墙上；(*b*) 藤类攀爬在墙前构架上；(*c*) 墙前花盆种植垂吊植物

值得一提的是，墙体外表面采用浅色饰面对改善墙体隔热性能也是有利的，但特别要注意对环境、尤其是交通干道产生光污染及反射辐射热对邻近建筑物的影响。

1.4.3　房间的自然通风

1.4.3.1　建筑通风概述

建筑通风一般是指将新鲜空气导入人们停留的空间，以提供呼吸所需要的空气，除去过量的湿气，稀释室内污染物，提供燃烧所需的空气以及调节气温。就一般情况而言，新鲜空气越多，对人们的健康越有利。

国内、外许多实例表明，产生"病态建筑物综合症"的一个原因就是新风量不足。新风虽然不存在过量的问题，但是超过一定限度，必然伴随着冷、热负荷的过多消耗，带来不利后果。

室内空气污染是指在室内空气正常成分之外，又增加了新的成分，或原有的成分增加，其数量、浓度和持续时间超过了室内空气的自净能力，而使空气质量发生恶化，对人们的健康和精神状态、工作、生活等方面产生影响的现象。室内空气污染物，根据其性质可分为化学、物理和生物污染物；根据其状态可分为颗粒物和气态污染物；根据其来源可分为主要来源于室外，同时来源于室内和室外，以及主要来源于室内。20世纪90年代以来，城市区域以建筑装修为主要污染源的室内空气污染日益突出；农村则存在着燃料燃烧造成的室内污染问题。

空调系统对于室内空气质量固然有调节温、湿度以及部分净化的积极作用，但也有产生、诱导和加重空气污染物的形成和发展的消极作用。

我国关注室内空气污染问题始于20世纪70年代末。为了保护整体人群的健康，国家于2003年颁布实施了《室内空气质量标准》GB/T 18883—2002（见表1.4－6）。该标准对各种物理因素定值的依据是人体的舒适性和节约能源的要求。

室内空气质量标准　　表1.4－6

参数类别	参数	单位	标准值	备注
物理性	温度	℃	22～28 16～24	夏季空调 冬季采暖
	相对湿度	%	40～80 30～60	夏季空调 冬季采暖
	空气流速	m/s	0.3 0.2	夏季空调 冬季采暖
	新风量	m^3/(h·人)	30[a]	
化学性	二氧化硫 SO_2	mg/m^3	0.50	1h 均值
	二氧化氮 NO_2	mg/m^3	0.24	1h 均值
	一氧化碳 CO	mg/m^3	10	1h 均值
	二氧化碳 CO_2	%	0.10	日平均值
	氨 NH_3	mg/m^3	0.20	1h 均值
	臭氧 O_3	mg/m^3	0.16	1h 均值
	甲醛 HCHO	mg/m^3	0.10	1h 均值
	苯 C_6H_6	mg/m^3	0.11	1h 均值
	甲苯 C_7H_8	mg/m^3	0.20	1h 均值
	二甲苯 C_8H_{10}	mg/m^3	0.20	1h 均值
	苯并[a]芘 B(a)P	ng/m^3	1.0	日平均值
	可吸入颗粒 PM10	mg/m^3	0.15	日平均值
	总挥发性有机物 TVOC	mg/m^3	0.60	8h 均值
生物性	菌落总数	cfu/m^3[1]	2500	依仪器测定
放射性	氡 $^{222}R_n$	Bq/m^3[2]	400	年平均值（行动水平[b]）

a 新风量要求不小于标准值，除温度、相对湿度外的其他参数要求不大于标准值。

b “行动水平”即达到此水平建议采取干预行动以降低室内氡浓度。

资料来源：《室内空气质量标准》GB/T 18883—2002

注：1. cfu是英词“colony forming unit”（菌落形成单位）的第一个字母组合；

2. Bq是国际单位制的活度单位“Becquerel”，简称贝可（Bq）。1Bq等于每秒钟发生一次衰变。

1.4.3.2　通风降温

通风降温，即利用通风使室内气温及内表面温度下降，改善室内热环境以及通过增加人体周围空气流速，增强人体散热并防止因皮肤潮湿引起的不舒适感，以改善人体热舒适性。空气的流动必须要有动力，利用机械能驱动空气（如鼓风机、电扇等），称为机械通风；利用自然因素形成的空气流动，称为自然通风。自然通风是夏季被动式降温最常用的方式之一，在空调设备未被大量使用之前，是夏季炎热地区降低室温、排除湿气，提高室内热舒适度的主要手段。

根据室外气候条件的不同，通风降温又可分为舒适性通风降温（即全天候通风）和夜间通风降温措施两种形式。

舒适性通风就是通过全天候的通风（特别是白天）方式来满足室内的热舒适要求。舒适性通风的气候条件为：室外最高温度一般不超过28～32℃，日较差小于10℃。这种方式比较适合温和、潮湿气候区或者相应的季节。尽管白天室外气温有时已超过人体感觉舒适的范围，但是高速气流可以加快人体皮肤的汗液蒸发，减少人体的热不舒适。风速与热舒适度的关系见表1.4－7。

风速对热舒适度的影响　　　　**表1.4－7**

风速（m/s）	相当于温度下降幅度（℃）	对舒适度的影响
0.05	0	空气静止，稍微感觉不舒服
0.2	1.1	几乎感觉不到风，但比较舒服
0.4	1.9	可以感觉到风而且比较舒服
0.8	2.8	感觉较大的风，但在某些多风地带，当空气较热时，还可以接受空调房间的上限风速
1.0	3.3	在气候炎热干燥地区自然通风的良好风速
2.0	3.9	在气候炎热潮湿地区自然通风的良好风速
4.5	5	在室外感觉起来还算是“微风”

资料来源：Nerbert Lechner. Heating，Cooling，Lighting [M]，Second Edition. P.248，2001

为了使室内通过全天候通风达到舒适的要求，建筑围护结构本身以及室内平面布局等也应该采取相应的措施。首先，室内的气流速度应保证在1.5～2.0m/s左右，因而需要大面积的且有良好遮阳的窗户和穿堂风。如果室外风资源状况较差，则应借助于机械通风设备，保证室内的气流。其次，室内的热量要尽快排出，墙体等围护结构的蓄热能力不能太好，否则会蓄积很多的热量，影响热量的散发。因此应以轻型围护结构为主。

夜间通风降温则完全不同。这种通风把夜间凉爽的空气引入室内，把室内的热量吹走，而白天几乎不让室外的空气流入室内，从而使房间在白天获得的热量减到最少。夜晚通风降低室内气温和围护结构内表面温度，以保证次日白天室内的气温低于室外的气温。利用夜间通风降温的关键是室外气温的日较差要大。相应的室外气候条件一般为：白天室外气温在30～36℃，夜间温度在

20℃以下，室外气温日较差大于10℃。因此，这种通风方式较适合于日较差大的干热地区。

在我国南方大部分地区，盛夏时节白天室外气温要远高于32℃，全天候的通风对室内热环境的改善效果很不明显。实测证明，在夏季连续晴天过程中，全天持续自然通风的住宅，室内气温白天与室外气温基本相同，日均气温比室外高1～2℃，多在31～34℃之间；而夜间和凌晨反比室外高3℃左右。由此可见，全天候持续的自然通风并没有真正达到通风降温的目的，室内热环境条件也没有得到实质性的改善。

该地区夏季室外气温日较差一般在10℃以内，除沿海地区外，夜间静风率较高，气候条件也并不完全适合采用夜间通风措施。但在该地区采用夜间通风措施的效果还是要优于全天候的通风，如果借助于机械辅助通风手段，夜间通风降温效果则会更好。

1.4.3.3 自然通风原理

建筑物的自然通风是由于开口处（门、窗、过道）存在着空气压力差而产生的空气流动。产生压力差的原因有：风压作用和热压作用。

1）风压作用下的自然通风

风压作用是风作用于建筑物上产生的风压差。如图1.4－15所示，当风吹向建筑物时，因受到建筑物阻挡，在迎风面上的压力大于大气压产生正压区，气流绕过建筑物屋顶、侧面及背面，在这些区域的压力小于大气压产生负压区，压力差的存在导致了空气的流动。

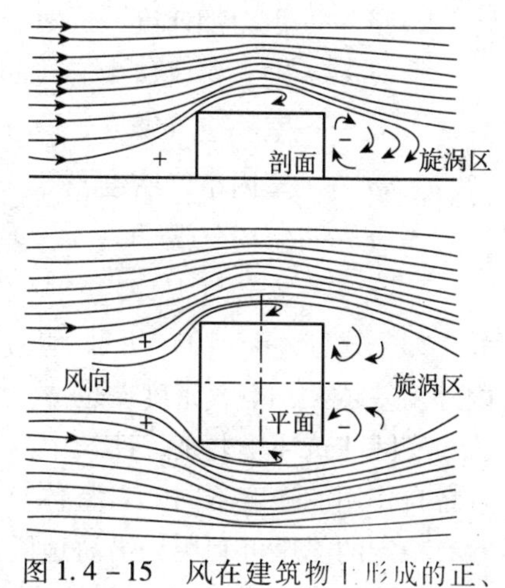

图1.4－15 风在建筑物上形成的正、负压区

风压的计算公式为：

$$P=\frac{1}{2}K\rho_{e}\cdot v^{2} \tag{1.4-9}$$

式中 P——室外风压，Pa；

K——空气动力系数；

ρ_e——室外空气密度，kg/m^3；

v——室外风速，m/s。

由公式（1.4－9）可知，建筑表面产生的压力值与室外风速有关，风压值与速度平方成正比；而K值与建筑体形、风向、风力有关，通常由风洞模拟试验测定。

建筑设计中在迎风面与背风面相应位置开窗，室内外空气在此种压力差的作用下由压力高的一侧向压力低的一侧流动。对于风压所引起的气流运动来说，正压面的开口起进风的作用，负压面的开口起排气的作用。当室内空间通畅时，形成穿越式通风，传统设计中的穿堂风即利用此原理，保障室内通风顺畅。

2）热压作用下的自然通风

当室外风速较小而室内外温差大时，可考虑通过热压作用（即烟囱效应）产生通风。室内温度高、密度低的空气向上运动，底部形成负压区，室外温度较低、密度略大的空气则源源不断补充进来，形成自然通风（图1.4-16）。热压作用的大小取决于室内外空气温差导致的空气密度差和进气口的高度差，它主要解决竖向通风问题。

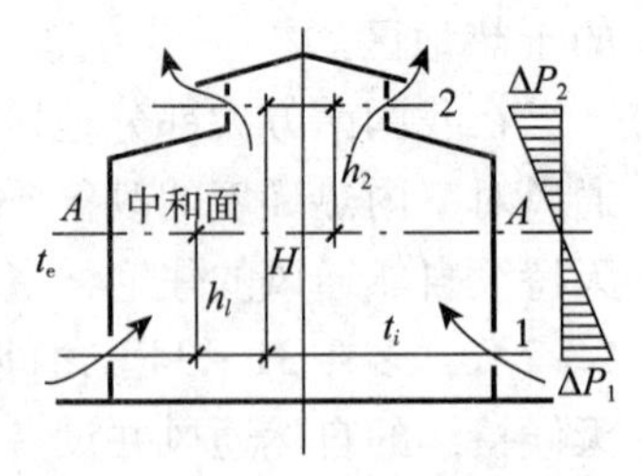

图1.4-16 热压作用形成的自然通风

热压的计算公式为：

$$\Delta P = gH\ (\rho_e - \rho_i)\ \approx 0.043H\ (t_i - t_e) \tag{1.4-10}$$

式中 ΔP——热压，Pa；

g——重力加速度，m/s^2；

H——进、排风口中心线间垂直距离，m；

ρ_e——室外空气密度，kg/m^3；

ρ_i——室内空气密度，kg/m^3；

t_i——室内气温，℃；

t_e——室外气温，℃。

如公式（1.4-10）所示，热压大小与进、排气口的高度差成正比，此外室内外温差越大，空气密度差也愈大，也会使热压差增大。

实际建筑环境复杂，建筑中的自然通风往往是风压与热压共同作用的结果，且各自作用的强度不同，对整体自然通风的贡献也各不相同。如工厂的热车间，常有稳定的热压可利用；沿海地区的建筑物往往风压值较大，因而通风良好。一般民用建筑中，室内、外温差不大，进、排气口高度相近，难以形成有实效的热压，主要依靠风压组织自然通风。风压作用受到天气、环流、建筑形状、周围环境等因素的影响，具有不稳定性，有时在与热压同时作用时可能还会出现相互减弱的情况。在一般情况下两种自然通风的动力因素是并存的，利用风压通风技术相对简单。因此，在设计过程中应充分考虑各种环境因素，与设计融合，才能有效利用自然资源。

1.4.3.4 自然通风的组织

依据自然通风形成原理，在建筑设计中可灵活运用，合理组织通风。如可根据风压原理，通过选择适宜的建筑朝向、间距以及建筑群布局，通过设计门窗洞口等方法，创造住宅自然通风的先决条件；强化被动式通风设计，利用楼梯间的热压效应，组织建筑内部的竖向通风，最终实现良好的室内通风效果。

室内气流状况受诸多因素影响：室外风环境状况；建筑周围的气压分布；风进入窗户的方向；窗的大小、位置和具体构造方式；室内空间的分隔状况等。

在南方的房屋建筑中，组织好自然通风，是建筑设计的重要内容。为了更好地组织自然通风，在建筑设计中应妥善处理下列问题：

1）建筑朝向、间距及建筑群的布局

影响建筑朝向、间距及总体布局的因素很多，通风与日照是其中的基本因素。建筑日照将在第1.5章阐述。

自然界的风具有方向的变化性、时间上的不连续性及速度上的不稳定性。就一个地区而言，经过多年的观测与分析，得出了一些规律，以风玫瑰图的方式表示，如图1.1－13所示。因此，风玫瑰图成为自然通风设计的基本依据。由于建筑物迎风面最大的压力是在与风向垂直的面上，所以在夏季有主导风向的地区，应尽量使房屋纵轴垂直于主导风向。我国大部分地区夏季主导风向都是南或南偏东，因而，在传统建筑中多为坐北朝南，即使在现代建筑中，也以南或南偏东为最佳朝向。选择这样的朝向也有利于避免东、西晒，两者都可以兼顾。对于那些朝向不够理想的建筑，就应采取有效措施妥善解决上述两方面问题。

有些地区由于地理环境、地形、地貌的影响，夏季主导风向与风玫瑰图并不一致，则应按实际的地方风向确定建筑物的朝向。

在城镇地区，无论街坊或居住区，都是多排或成群的布置，必须考虑建筑物相互之间对风环境的影响。如果风向垂直于前幢建筑的纵轴，则在其背后会形成较大的风影区（也称旋涡区），必然对后幢建筑的通风造成影响。为了解决后幢建筑通风需求和节约用地之间的矛盾，常将建筑朝向偏转一定角度，使风向对建筑物产生一投射角 α，如图1.4－17所示。这样，在减弱了前幢建筑通风效果的同时，可有效缩短风影区，保证后幢建筑也有较好的通风条件。一般来说，风向投射角在30°～45°之间是可以接受的（表1.4－8）。

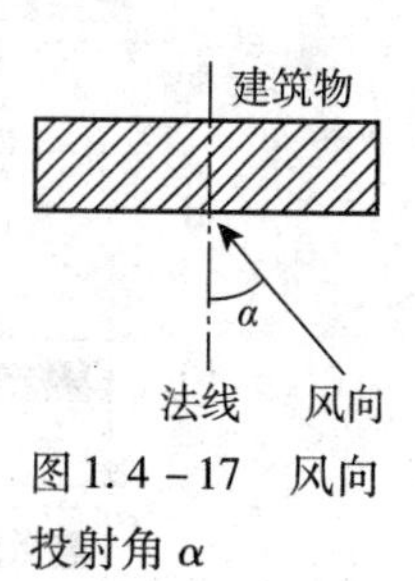

图1.4－17　风向投射角 α

风向投射角对风速和流场的影响　　**表1.4－8**

风向投射角 α	室内风速降低值（%）	风影区长度	风向投射角 α	室内风速降低值（%）	风影区长度
0°	0	3.75H	45°	30	1.50H
30°	13	3.00H	60°	50	1.50H

注：表中 H 为建筑物高度。

除风向投射角外，建筑物体形、建筑群的平面及空间布局等均会对室外风环境产生重要影响。总体来说，增加建筑的高度和长度，旋涡区将变大，而增加建筑深度则可缩短旋涡区的深度。不同的建筑体形背后形成的旋涡区的范围和深度也会有很大的不同，参见图1.4－18。

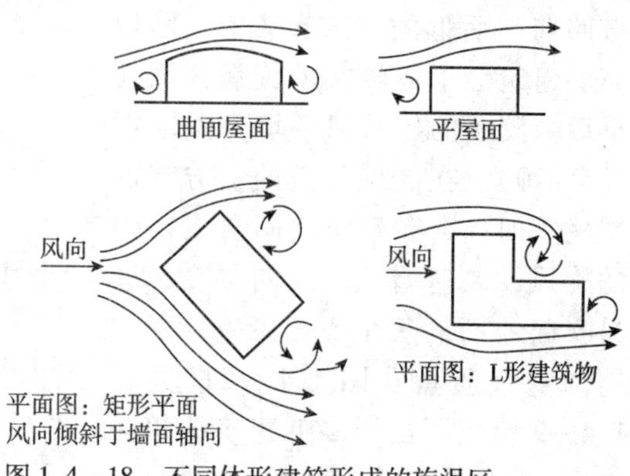

图1.4－18　不同体形建筑形成的旋涡区

一般居住区建筑群的平面布局

有行列式、错列式、周边式以及结合地形的自由式等。参见图1.4－19。不同的布局方式对周边风环境的影响不同。一般来说，错列式、斜列式布置方式较行列式、周边式为好。当采用行列式布置方式时，建筑群内部的流场因风向投射角不同而会产生很大变化。错列式和斜列式则可使风从斜向导入建筑群内部。有时亦可结合地形采用自由排列的方式。周边式布置挡风严重，这种布置方式只适用于冬季寒冷地区。

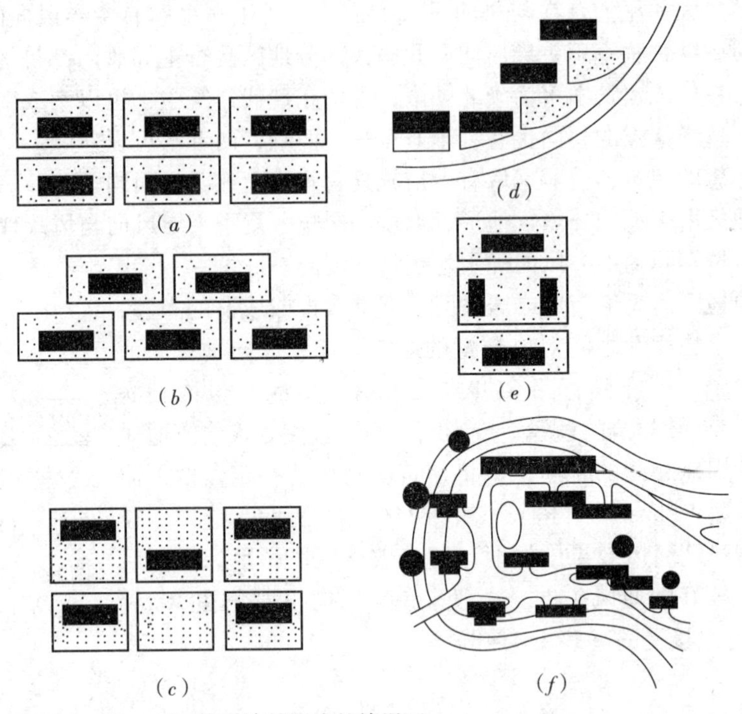

图1.4－19　不同体形建筑形成的旋涡区
(a) 行列式；(b) 横向错列式；(c) 纵向错列式；(d) 斜列式；(e) 周边式；(f) 自由式

在建筑群空间布局设计时，同样需要考虑到不同高度建筑组合时可能对风环境的影响。通常当建筑按照前高后低的方式布置时，前幢高层建筑会形成较大的旋涡区而使得后幢较矮的建筑风环境变差（图1.4－20）。在高层建筑的前方有低层建筑时，会在建筑之间造成很强的旋风，风速增大，风向多变，容易吹起地面的灰尘等污染物，影响周围空气质量（图1.4－21）。表1.4－9给出了由于高低建筑的相互作用，使得在1.5m高度处的风速与

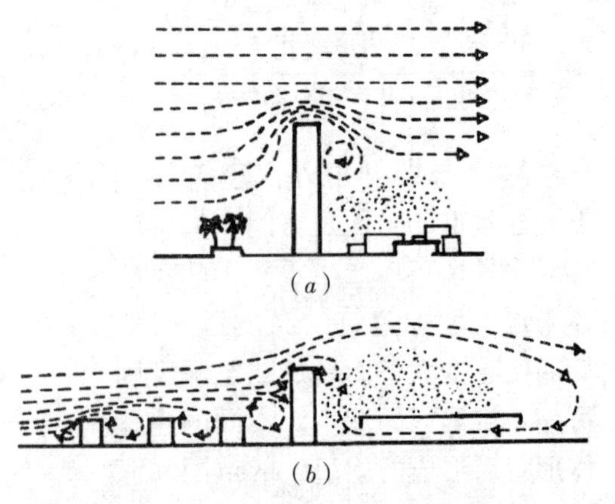

图1.4－20　高层建筑周边空气流动状况
(a) 在高层建筑背后的旋涡区；(b) 气流经过几幢同样高的房屋后再遇到高层建筑的情况，在高层建筑背后出现了与原有方向相反的气流和旋涡区

在空旷地面上同一高度处原有风速之比值。

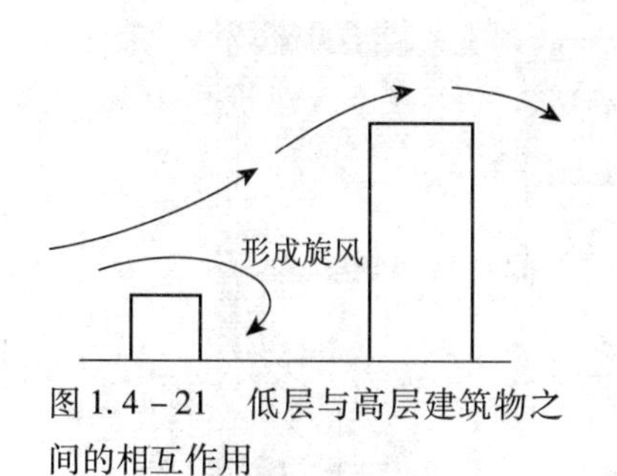

图 1.4－21　低层与高层建筑物之间的相互作用

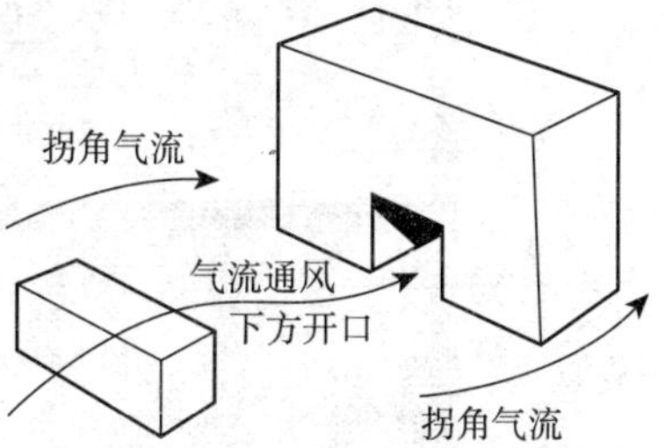

拐角气流

气流通风下方开口

拐角气流

图 1.4－22　建筑物拐角处及其下方开口处的气流

不同位置处的风速变化　　　　**表 1.4－9**

位　置	风速比
建筑物之间的风旋	1.3
建筑物拐角处的气流	2.5（参见图 1.4－22）
由高层建筑物下方穿过的气流	3.0（参见图 1.4－22）

资料来源：T·A·马克斯，E·N·莫里斯．建筑物·气候·能量［M］．P. 282，1990.

由表 1.4－9 可知，后幢高层建筑下方开口可增大近地处的风速，有利于周边的风环境。在两幢高层建筑之间由于在建筑的侧面产生负压区，使得该处的风速增大而形成风槽（图 1.4－23），对夏季通风是有利的，但由于该处的风速过大，容易影响行人安全，因此应该权衡利弊。

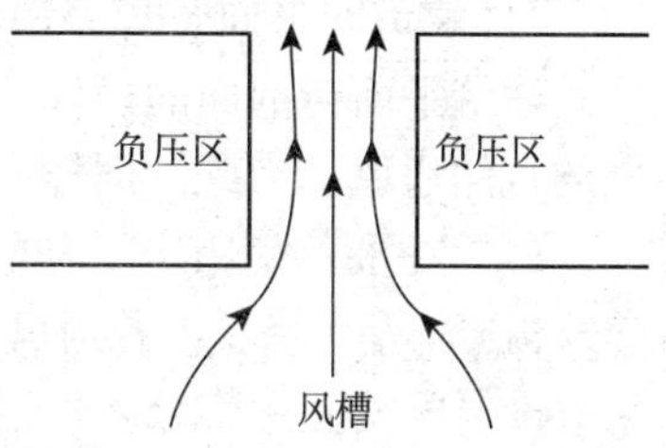

图 1.4－23　狭管效应产生的风槽

从以上的分析可知，影响建筑周围风环境的因素很多。这些因素相互影响、错综复杂，通常只能对周边风环境作定性分析，很难对实际风环境状况加以精确描述。如果要深入了解掌握建筑朝向、间距以及布局等因素对风环境的影响，需借助于风洞模型实验或计算机模拟分析等方法。

近年来，随着计算技术的不断发展，计算流体力学 CFD 等计算机分析方法逐步被用来分析建筑环境中的空气流动状况。借助于这种分析方法，可利用计算机对室内外空气流动状况快速准确地加以分析。相比于传统的利用“风洞”实验模拟分析方法，CFD 技术成本较低、速度快、不受实际条件的限制、方便地仿真不同自然条件下的风环境、结果显示直观、形象等诸多优点而逐步成为分析建筑室内、外风环境的主要手段。图 1.4－24 为某住宅室内气流分析图。从图中可以看出：该住宅单元客厅和厨房的通风良好，而主卧室的气流略有不足。

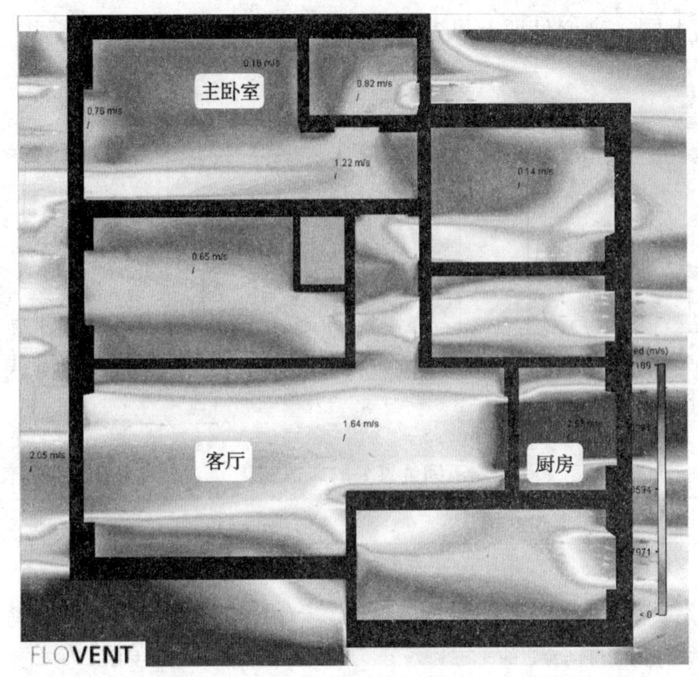

图1.4-24　CFD软件模拟住宅单元室内气流状况实例

2）建筑的平面布置与剖面设计

建筑平面与剖面的设计，除了满足使用要求外，在炎热地区应尽量做到有较好的自然通风。为此，同样有一些基本原则可遵循。

（1）主要的使用房间应布置在夏季迎风面，辅助用房可布置在背风面，并以建筑构造与辅助措施改善通风效果。当房间的进风口不能正对夏季主导风向时，可采取设置导风板、采用绿化或错开式平面组合，引导气流入室。见图1.4-25。

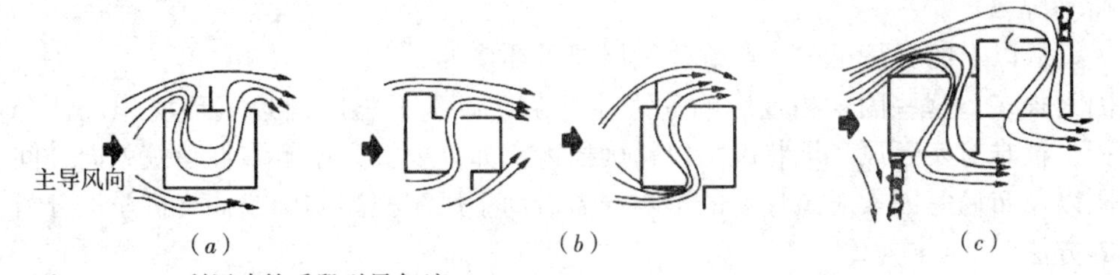

图1.4-25　利用建筑手段引导气流

（*a*）利用挡风板组织正负压；（*b*）利用建筑和附加导流板；（*c*）利用错开平面组合及绿化

（2）开口位置的布置应尽量使室内气流场的分布均匀，并力求风能吹过房间中的主要使用部位。

（3）炎热期较长地区的开口面积宜大，以争取自然通风。夏热冬冷地区，门窗洞不宜过大，可以用调节开口的办法，调节气流速度和流量。

（4）门、窗相对位置以贯通为最好，减少气流的迂回和阻力。纵向间隔墙在适当部位开设通风口或可以调节的通风构造。

（5）利用天井、小厅、楼梯间等增加建筑物内部的开口面积，并利用这些开口引导气流，组织自然通风。

3）门窗的位置和尺寸

在建筑空间的平面及剖面设计中，开口的相对位置对室内通风质量和数量有着相当大的影响。良好的室内通风应使空气流场分布均匀，并使风流经尽量大的区域，增加风的覆盖面。同时通风口位置应对通风风速有利，尽量使通风直接、流畅，减少风向转折和阻力。如图1.4－26为几种常见开口布置方式的气流状况。图1.4－26（*a*）、（*b*）为单侧开窗形式，室外风对室内通风影响小，室内空气扰动很少，是不利于通风的开窗方式。图1.4－26（*c*）为垂直面上开窗，室内气流直角转弯，对风有较大阻力造成局部通风不佳。图1.4－24（*d*）通风直接、流畅，但通风覆盖面较少，引起局部通风不良。图1.4－26（*e*）、（*f*）通风覆盖面广，流线顺畅，易形成穿堂风，是比较理想的组织自然通风方式。

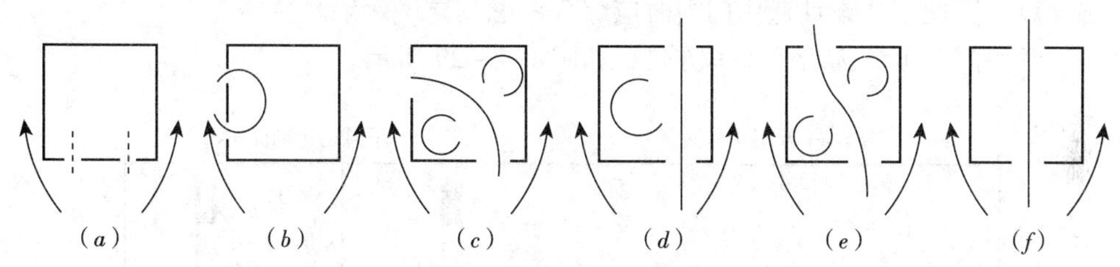

图1.4－26　不同开口方式的室内气流运动状况

此外，为了增加人体舒适度，在人体活动高度内，应设置可开启的窗户，使风吹经人体活动区域以加快人体蒸发散热。现代住宅大量运用落地玻璃窗，但底部窗户往往不能开启。当人坐着休息时，风从头顶掠过却吹不到全身。因此在做好安全措施前提下，应设置可开启的低窗，使风吹经人体，改善舒适度（如图1.4－27）。

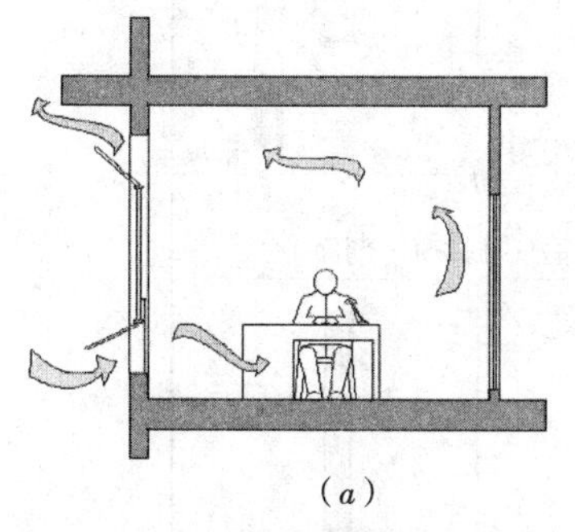

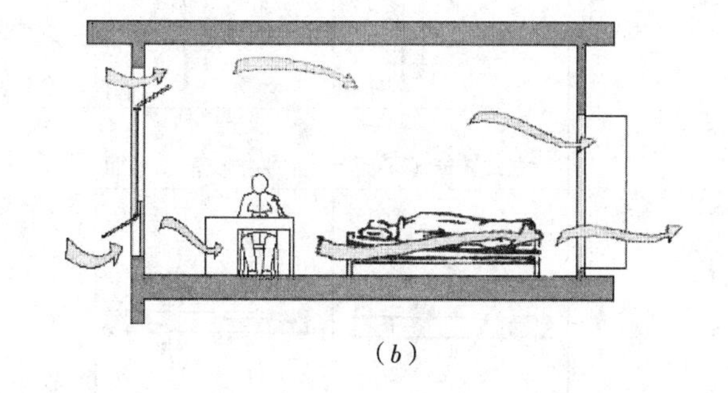

图1.4－27　开设低窗使风流经人体
（*a*）单侧通风；（*b*）穿堂风

夏季通风室内所需气流的速度大约为0.5～1.5m/s，下限为人体在夏季可感气流的最低值，上限为室内作业的最高值（非纸面作业的室内环境不受此限制）。一般夏季户外平均风速为3m/s，室内所需风速是室外风速的17%～50%。但是在建筑密度较高的区域，室外平均风速往往在1.0m/s左右。因此，需保证门窗一定的可开启面积，才能使室内气流形成风感。测试表明：当开口宽度为开间宽度的1/3～2/3，开口面积为地板面积的15%～20%时，室内通风效率最佳。

风流经室内，其出、入口的大小尺寸会影响风速变化。如图1.4－28，当进风口大于出风口，气流速度会下降，反之则加强。气流速度对人的舒适感觉影响最大，所以如通风口朝向主风向，出风口面积应大于进风口，加快室内风速。

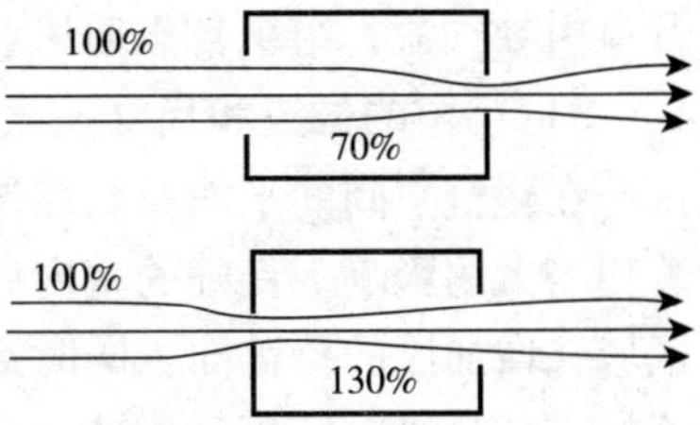

100%
70%
100%
130%

图1.4－28 进、出风口大小对室内风速影响

4）门、窗开启方式

门、窗开启方式是建筑设计为满足使用功能必不可少的设计内容。建筑师在选用门窗时多考虑门窗的密封性、防水性、开闭方便，而利用开启方式来改善室内通风质量往往考虑甚少，从人们生活习惯来看，常会自觉地通过调整门窗的开启角度引导自然风，但门窗设计不合理必将影响通风，因此，在设计选用门窗时应综合考虑其导风效果。

常用门窗可分为若干基本方式，如图1.4－29所示。

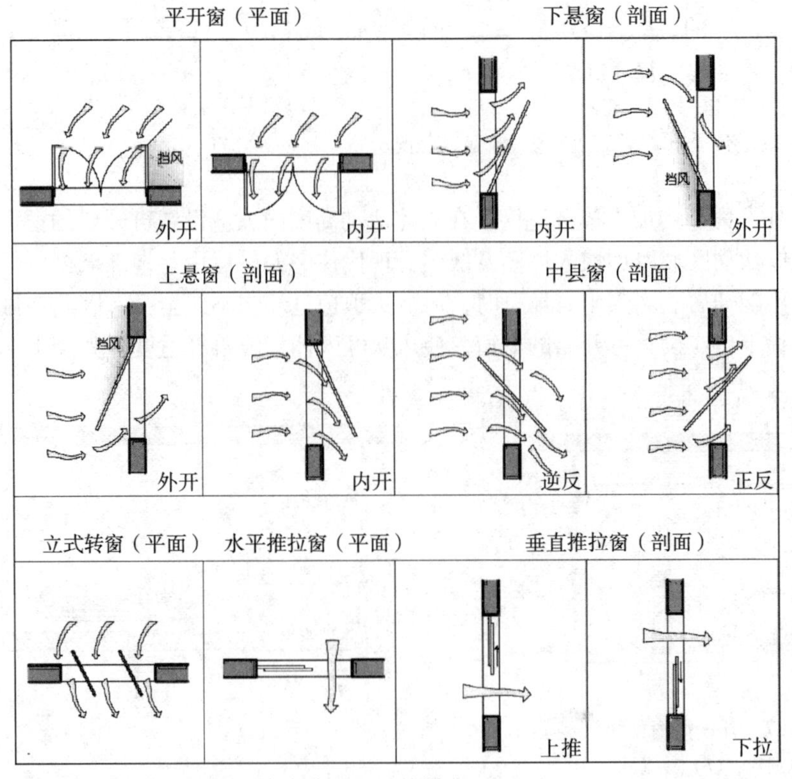

图1.4－29 窗的不同开启方式对通风的影响

平开窗可完全开启，窗户开启的角度变化有一定的导风作用，而且关闭时的气密性佳，是较理想的开窗方式。外开式会遮挡部分斜向吹入的气流；内开式则能将室外风完全引入室内，更有利于通风。

下悬窗具有一定导风作用，内开式将风导向上部，并加快流入室内风速。外开式则将风导入下方，吹向人体，但存在遮挡现象，减弱了风速。

上悬窗也有导风作用，内开式将风导向地面，吹向人体，并能加快风速。外开式将风导入上方，由于开启位置处于人体高度，风尚能掠过人体，但存在遮挡现象，减弱了风速。内开式更好。

中悬窗的导风性能明显，而且开启度大，不存在遮挡，是比较好的方式。逆反方式将风引入下方，正反方式将风引入上方；当窗洞口位置较低可选用正反式，窗洞口较高选择逆反式，使风导向人体。

立式转窗类似于中悬窗，导风性能优，可使来自不同方向的风导入室内。

推拉窗无任何导风性能，可开启面积最大只有窗洞的一半，不利于通风，而且推拉窗的窗型结构决定了其气密性较差。

窗开启方式的不同对通风的影响程度差异较大，在选用时应考虑以下几个方面：窗的开启应保证有足够大的通风面积；有可调节的开启角度，并能有效引导气流；尽量将风引向人体活动范围。

5）设置导风板

在有些情况下由于受平面布局的影响，窗户开口位置不利于形成室内贯通式通风效果，如单侧开窗、角部垂直开窗等，此时可在窗外设置导风板改善室内通风。导风板可改变表面气压分布，引起气压差，从而改变风的方向。图1.4－30为设置导风板后室内空气流通效果的比较。此外，落地长窗、漏窗、漏空窗台、折叠门等通风构件有利于降低气流高度，增大人体受风面，在炎热地区亦是常见的导风构造措施。

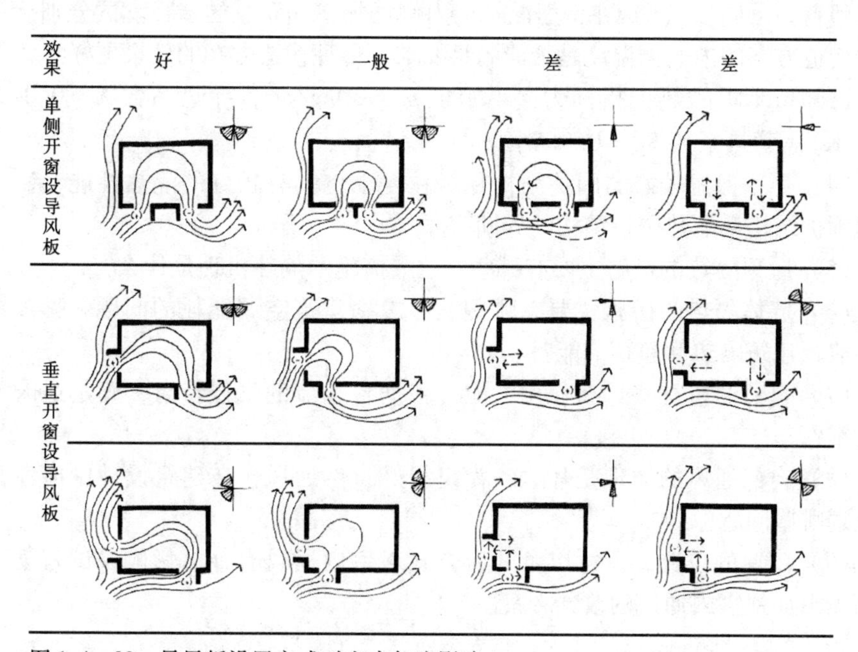

图1.4－30　导风板设置方式对室内气流影响

有时也可以利用周边特殊的环境，对气流加以引导，加强室内通风降温。如在山谷地区可利用山谷风；在滨水地区，可利用水陆风等。这些地方风的风向昼夜交替变化，可充分利用夜间的凉风改善室内热环境。在建筑物周围进行绿化，可以显著降低房屋周围的空气温度及减少太阳辐射热的作用。如绿化安排得当，还可对房屋周围的气流起到引导或阻挡的作用。由于绿化环境的降温作用，被导入室内的空气温度已有所下降，因而更利于防热降温。见图1.4－31。

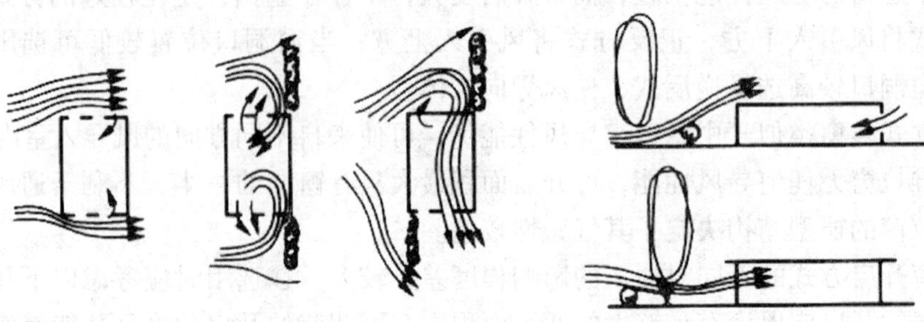

图1.4－31　绿化的导风作用

复习思考题

(1) 建筑防热的途径主要有哪些?

(2) 何谓室外综合温度? 其物理意义是什么? 它受哪些因素的影响?

(3) 由【例1.4－2】可知，该种构造不能满足《规范》规定的隔热要求。拟采取的改善措施是：(a) 在钢筋混凝土外侧增加20mm厚的苯板（即聚苯乙烯泡沫塑料，下同）；(b) 在钢筋混凝土内侧增加20mm厚的苯板。试分别计算这两种构造方案的内表面温度是否能满足要求? 哪种构造方案的效果更好?

已知：苯板的热工指标为：干密度 $\rho_0 = 30kg/m^3$；导热系数 $\lambda = 0.042W/(m \cdot K)$；蓄热系数 $S_{24} = 0.36W/(m^2 \cdot K)$。

(4) 冬季保温较好的围护结构是否在夏季也具有较好的隔热性能? 试分析保温围护结构和隔热围护结构的异同。

(5) 屋顶隔热的措施主要有哪些? 这些措施的隔热机理是什么?

(6) 墙体隔热的措施主要有哪些? 考虑到建筑空调能耗的问题，哪些措施能够兼顾建筑隔热和建筑节能?

(7) 自然通风有些什么作用? 能否根据各季节的气候特点，确定适时通风的方案?

(8) 自然通风的原理是什么? 为组织好自然通风，在建筑设计中应注意妥善处理哪些问题?

(9) 门窗的位置、尺寸以及开启方式对室内通风有什么影响? 试就某建筑平面提出加强室内通风的改善方案。

第1.4章注释

① 在求振幅比值时，总是以数值大者作为分子。

第1.5章　建筑日照与遮阳

本章在介绍日照的基本原理、国家相关标准、规范的基础上，讲述利用棒影日照图、平投影日照图以及相关的软件分析等手段，确定单体建筑、居住建筑群对直射阳光的利用和建筑遮阳等方面的知识。

1.5.1　日照的基本原理

1.5.1.1　日照的作用与建筑物对日照的要求

阳光直接照射到物体表面的现象，称为日照。阳光直接照射到建筑地段、建筑物外围护结构表面和房间内部的现象称为建筑日照。建筑日照主要是研究太阳直射辐射对建筑物的作用和建筑物对日照的要求。

由于阳光照射，引起人类及动植物的各种光生物学反应，因而促进生物机体的新陈代谢。阳光中所含紫外线具有良好的天然杀菌作用，能预防和治疗一些疾病。因此，建筑物具有适宜的日照有着重要的卫生意义；其次，阳光中含有大量红外线和可见光，若冬季直射入室内，所产生的热效应能提高室内温度，有良好的取暖和干燥作用；此外，日照对建筑造型艺术有不可替代的作用与影响，直射阳光不仅能增强建筑物的立体感，不同角度变化的阴影使建筑物更具艺术风采。总之，建筑日照是城乡规划和建筑设计中必须考虑的重要因素。

但是，过量的日照，特别是在我国南方炎热地区的夏季，容易造成室内过热，恶化室内热环境；若阳光直射到工作面上，可能产生眩光，不仅会影响视力、降低工作效率，甚至造成严重事故；此外，直射阳光可使许多物品褪色、变质、损坏，有时还有导致爆炸的危险。

建筑设计专业人员之所以要掌握日照知识，概括起来，就是要根据建筑物的性质、使用功能要求和具体条件，采取必要的建筑措施争取日照或者避免日照，以改善生活工作环境，提高劳动生产率和增进使用者的身心健康。建筑日照设计主要解决以下一些问题：

（1）按地理纬度、地形与环境条件，合理地确定城乡规划的道路网方位、道路宽度、居住区位置、居住区布置形式和建筑物的体形；

（2）根据建筑物对日照的要求及相邻建筑的遮挡情况，合理地选择和确定建筑物的朝向和间距；

（3）根据阳光通过采光口进入室内的时间、面积和太阳辐射照度等的变化情况，确定采光口及建筑构件的位置、形状及大小；

（4）正确设计遮阳构件的形式、尺寸与构造。

1.5.1.2 地球绕太阳运行的规律

地球的自转是绕着通过它本身南极和北极的一根假想轴——地轴，自西向东运转。从北极点上空看呈逆时针旋转，从南极点上空看呈顺时针旋转。地球自转一周360°，需要23时56分4秒（即一恒星日），我们习惯上称24小时，即一昼夜。

地球在自转的同时，也按照一定的轨道绕太阳运动，即绕太阳作逆时针旋转，称为公转。地球公转一周的时间为一年，计365日5小时48分46秒。天文学称这一周期为一回归年。地球公转的轨道平面称为黄道面。地球在自转与公转的运动中，其地轴始终与黄道面保持66°33′的夹角。这样，太阳光线直射在地球南、北纬度23°27′之间的范围内，并且年复一年、周而复始地变动着，从而形成了地球上春、夏、秋、冬四季的更替。图1.5－1表示地球绕太阳一周的行程。

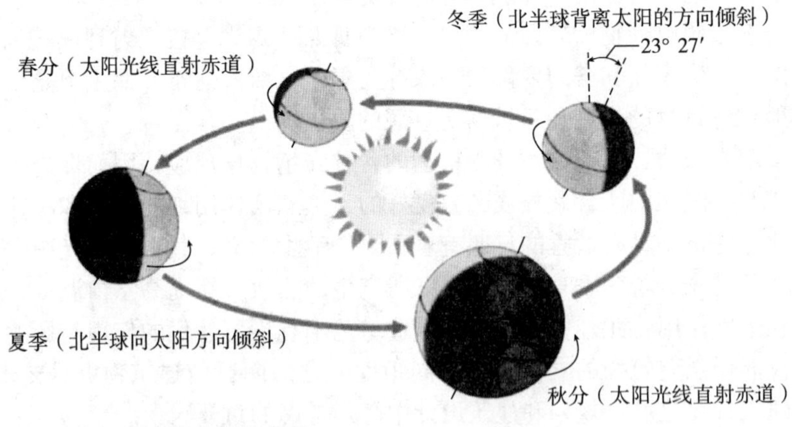

图1.5－1 地球绕太阳运行图

通过地心并与地轴垂直的平面与地球表面相交而成的圆，即是地球的赤道，太阳光线与地球赤道面所夹的圆心角，称为太阳赤纬角δ。赤纬角从赤道面起算，向北为正，向南为负。显然，赤纬角在±23°27′范围内变化。在一年中，春分时，阳光直射地球赤道，赤纬角为0°，阳光正好切过两极，因此，南北半球昼夜等长，如图1.5－2（*a*）所示。此后，太阳向北移动，到夏至日，阳光直射北纬23°27′，且切过北极圈，即北纬66°33′线，这时的赤纬角为＋23°27′。如图1.5－2（*b*）所示。所以，赤纬亦可看作是阳光直射的地理纬度。在北半球从夏至到秋分为夏季，北极圈内都在向阳的一侧，故为“永昼”；南极圈内却在背阳的一侧，故为“长夜”；北半球昼长夜短，南半球则昼短夜长。夏至以后，太阳不再向北移动，而是逐日南移返回赤道，所以北纬23°27′处称为北回归线。当阳光又直射到地球赤道时，赤纬角为0°，称为秋分。这时，南北半球昼夜又是等长，如图1.5－2（*c*）所示。当阳光继续向南半球移动，到达南纬23°27′时，即赤纬角为－23°27′，称为冬至。此时，阳光切过南极圈，南极圈内为“永昼”，北极圈内背阳为“长夜”；南半球昼长夜短，北半球则昼短夜长，如图1.5－2（*d*）所示。冬至以后，阳光又向北移动返回赤道，当回到赤道时，又是春分了。如此周期性变化，年复一年。

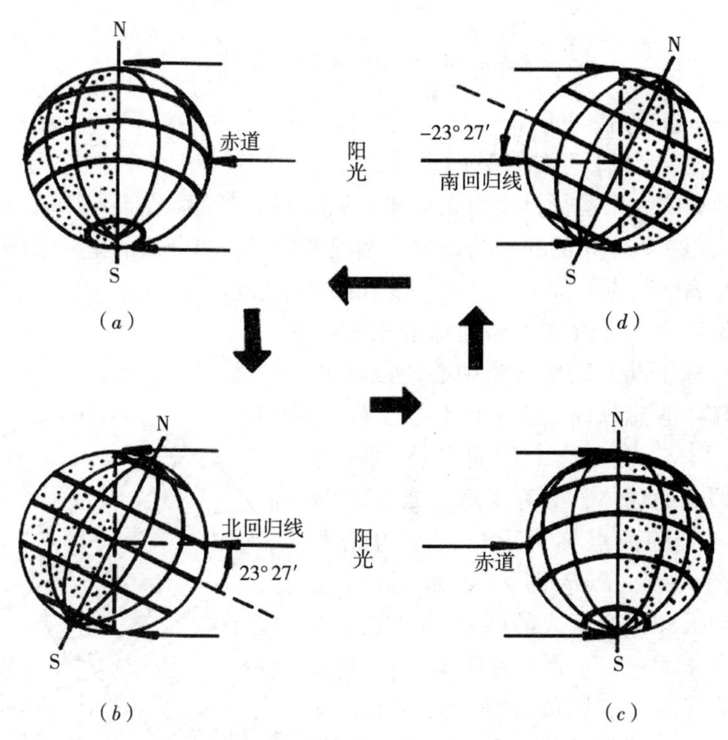

图 1.5－2　阳光直射地球的范围
(a) 春分 ($\delta=0°$)；(b) 夏至 ($\delta=23°27'$)；(c) 秋分 ($\delta=0°$)；(d) 冬至 ($\delta=-23°27'$)

由上所述可以看出，地球在绕太阳公转的行程中，太阳赤纬角的变化反映了地球的不同季节。或者说，地球上的季节可用太阳赤纬角代表。全年主要节气的太阳赤纬角 δ 值列于表 1.5－1。

主要节气的太阳赤纬角 δ 值 (deg)　　**表 1.5－1**

节气	日期	赤纬角	日期	节气
夏至	6 月 21 日或 22 日	+23°27′		
小满	5 月 21 日左右	+20°00′	7 月 21 日左右	大暑
立夏	5 月 6 日左右	+15°00′	8 月 8 日左右	立秋
谷雨	4 月 21 日左右	+11°00′	8 月 21 日左右	处暑
春分	3 月 21 日或 22 日	0°	9 月 22 日或 23 日	秋分
雨水	2 月 21 日左右	－11°00′	10 月 21 日左右	霜降
立春	2 月 4 日左右	－15°00′	11 月 7 日左右	立冬
大寒	1 月 21 日左右	－20°00′	11 月 21 日左右	小雪
		－23°27′	12 月 22 日或 23 日	冬至

地球在绕太阳公转的过程中，不同日期有不同的太阳赤纬角，一年中逐日的赤纬角可采用插值法求得，也可用依姆德（Peter. J. Iumde）等人建议的公式粗略计算：

$$\delta = 23.45 \cdot \sin\left(360 \cdot \frac{n-28}{370}\right)$$

式中 δ ——赤纬角，deg；

n ——从元旦日开始计算的天数。

对于地球绕太阳运行，我们在地球上见到的却是太阳在天空中移动。为了确切地描述太阳在天空中的移动与位置，必须要选定一套合适的坐标系统，正如为了确定地球表面某点的位置，采用经度和纬度来表示一样。

为了说明太阳在天空中与地球的相对运动，假定地球不动，以地球为中心，以任意长为半径作一假想球面，天空中包括太阳在内的一切星体，均在这个球面上绕地轴转动，这个假想的球体，称为天球。延长地轴线与天球相交的两点称为天极，P_N为北天极；P_S为南天极，P_NP_S即为天轴。扩展地球赤道面与天球相交所成的圆QQ'称为天球赤道，如图1.5－3所示。由于黄道面与天轴的夹角为66°33′，则黄道面与天球赤道面夹角为23°27′，这就是黄赤交角。天球赤道与黄道相交的两点即为春分与秋分。就是说，太阳沿着天球黄道周而复始地绕地球运行。

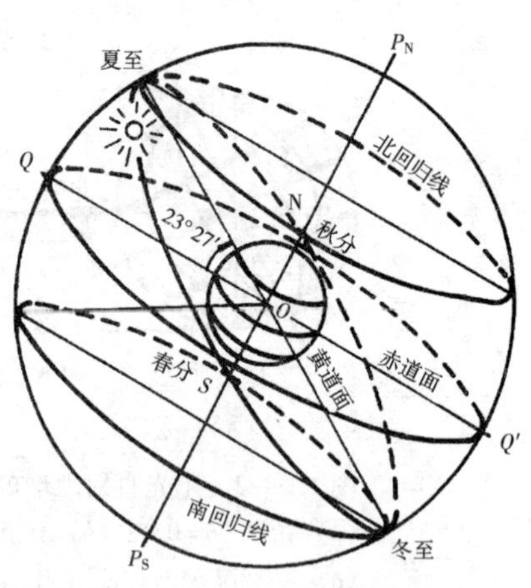

图1.5－3 黄道在天球上的位置

1.5.1.3 太阳位置的确定，太阳高度角和太阳方位角的计算

太阳在天球上的位置每日、每时都有变化。为了确定其位置，常用赤道坐标系和地平坐标系来共同表示。

赤道坐标系是把地球上的经、纬度坐标系扩展至天球，在地球上与赤道面平行的纬度圈，在天球上则叫赤纬圈；在地球上通过南北极的经度圈（即子午线），在天球上则称时圈。以赤纬和时角表示太阳的位置，如图1.5－4所示。所谓时角，是指太阳所在的时圈与通过正南点的时圈构成的夹角，单位为度(deg)。规定以太阳在观测点正南向，即当地时间正午12h的时角为0°，这时的时圈称为当地的子午圈，对应于上午的时角（12h以前）为负值，下午的时角为正值。时角表示太阳的方位，因为天球在一天24小时内旋转360°，所以每小时为15°。假如当地观察时刻t（h，以24h计时），可知太阳经正南点后至该时刻的位置所经历的时间为（$t-12$），乘以15°，即得出在观察时刻太阳所处位置之时角Ω的度数，即$\Omega=15$（$t-12$），deg。

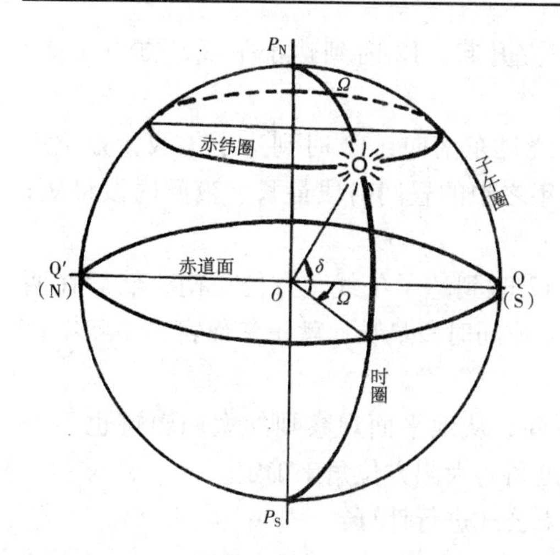

图1.5-4　赤道坐标系—赤纬和时角

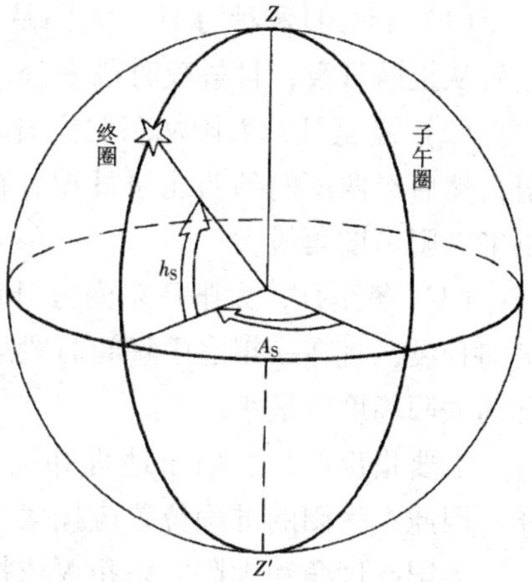

图1.5-5　地平坐标系—高度角与方位角

地平坐标系是以地平圈为基圈，用太阳高度角和方位角来确定太阳在天球上的位置，如图1.5-5所示。所谓太阳高度角是指太阳直射光线与地平面间的夹角；太阳方位角是指太阳直射光线在地平面上的投影线与地平面正南向所夹的角，通常以南点S为0°，向西为正值，向东为负值。

任何一个地区，在日出、日没时，太阳高度角 $h_s=0°$；一天中的正午，即当地太阳时12时，太阳高度角最大，此时太阳位于正南（或正北），即太阳方位角 $A_s=0°$（或180°）。任何一天内，按当地太阳时，上、下午太阳的位置对称于正午。例如15h15min对称于8h45min，二者太阳高度角和方位角的数值相同，只是方位角的符号相反，表示上午偏东，方位角为负值；下午偏西，方位角为正值。如图1.5-6所示。

我们总是从地球某一地点的地平面上观察太阳的运行，因此观察点的地理纬度是确定的。假如以北纬30°地区为例，选定春分、夏至、秋分和冬至四个代表日来观察太阳运行的规律，便能从图1.5-7中看到：

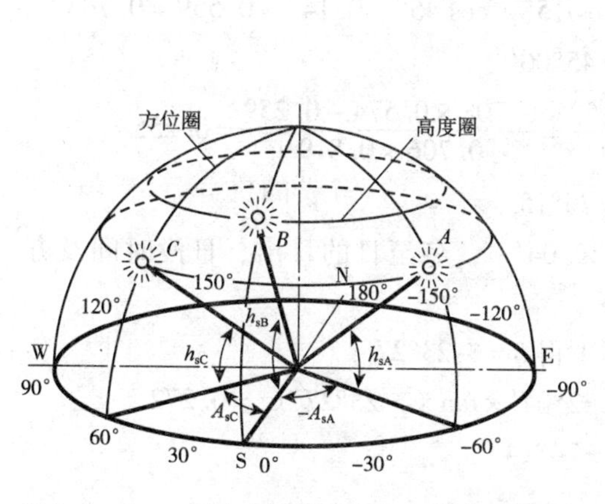

图1.5-6　一天中太阳高度角与方位角的变化

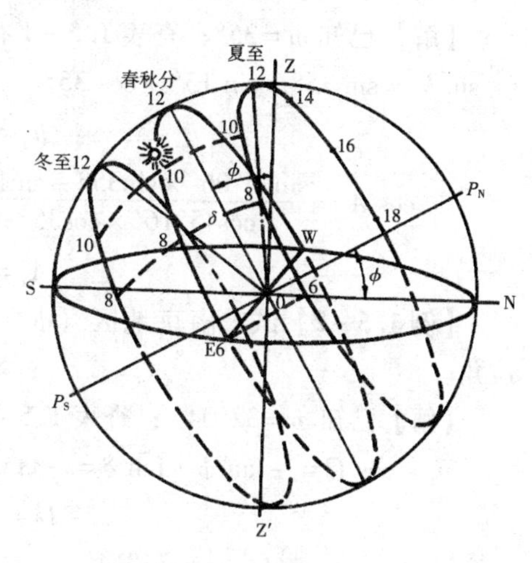

图1.5-7　某地太阳视轨迹

（1）春分日和秋分日，太阳从正东方升起，12时到达子午线，方位正南，然后从正西日没，且昼夜时段平分；

（2）夏至日，太阳从东北方升起，绕过东南向，12时到达子午线，方位正南，然后经西南向到西北向日没。在一年之中的昼间时段最长、夜间时段最短；正午太阳高度角最大；

（3）冬至日，太阳从东南方升起，12时到达子午线，方位正南，然后在西南向日没，且在一年之中昼间时段最短、夜间时段最长；就正午而言，一年中该日的太阳高度角最小。

需要指出的是，由于地理纬度的不同，从地平面观察到的太阳轨迹也不一样，因此，太阳的准确位置应按太阳高度角与太阳方位角来确定。

太阳高度角和太阳方位角可依据以下公式进行计算：

$$\sin h_s = \sin\phi \cdot \sin\delta + \cos\phi \cdot \cos\delta \cdot \cos\Omega \tag{1.5-1}$$

$$\cos A_s = \frac{\sin h_s \cdot \sin\phi - \sin\delta}{\cos h_s \cdot \cos\phi} \tag{1.5-2}$$

式中 h_s——太阳高度角，deg；

A_s——太阳方位角，deg；

ϕ——观察点的地理纬度，deg；

δ——赤纬角，deg；

Ω——时角，deg。

因日出、日没时 $h_s=0$，故其时角与方位角为：

$$\cos\Omega = -\tan\phi \cdot \tan\delta \tag{1.5-3}$$

$$\cos A_s = -\frac{\sin\delta}{\cos\phi} \tag{1.5-4}$$

如求正午时的太阳高度角，可按下式计算：

$$h_s = 90 - |\phi - \delta|$$

【例1.5-1】求北纬35°地区在立夏日午后3时的太阳高度角和方位角。

【解】已知 $\phi=35°$；查表1.5-1得 $\delta=15°$；$\Omega=15\times3=45°$

$$\sin h_s = \sin 35° \cdot \sin 15° + \cos 35° \cdot \cos 15° \cdot \cos 45° = 0.149 + 0.559 = 0.708$$

$$h_s = 45°06'$$

$$\cos A_s = \frac{\sin45°06' \times \sin35° - \sin15°}{\cos45°16' \times \cos35°} = \frac{0.708 \times 0.574 - 0.259}{0.706 \times 0.819} = 0.255$$

$$A_s = 75°15'$$

【例1.5-2】试求南京地区（$\phi=32°04'$），冬至日的日出、日没时间及方位角。

【解】已知 $\phi=32°04'$；查表1.5-1得 $\delta=-23°27'$

$$\cos\Omega = -\tan\phi \cdot \tan\delta = -\tan 32°04' \times \tan(-23°27') = 0.272$$

$$\Omega = \pm 74°14'$$

即：日出时间为 $12-\frac{74°14'}{15}=07:03$（7h3min）；

日没时间为 $12+\frac{74°14'}{15}=16:57$（16h57min）。

$$\cos A_s=\frac{\sin\delta}{\cos\phi}=-\frac{\sin(-23°27')}{\cos32°04'}=0.471$$

$$A_s=\pm61°54'$$

即：日没、日出方位角为 $\pm61°54'$。

【例 1.5－3】 求广州地区（$\phi=23°8'$）和北京地区（$\phi=40°$）夏至日正午的太阳高度角。

【解】 广州地区：$\phi=23°8'$，查表 1.5－1 得 $\delta=23°27'$

$$h_s=90-|\phi-\delta|=90°-|23°8'-23°27'|=89°41'$$

由于 $\delta>\phi$，太阳位置在观察点北面。

北京地区：$\phi=40°$，$\delta=23°27'$

$$h_s=90-|\phi-\delta|=90°-|40°-23°27'|=73°33'$$

由于 $\phi>\delta$，太阳位置在观察点南面

1.5.1.4　地方时与标准时

一天时间的测定，是以地球自转为依据的。日照设计所用的时间，均为当地平均太阳时，它与日常钟表所指示的标准时之间往往有一差值，故需加以换算。

所谓平均太阳时，是以太阳通过该地子午线为正午 12 时来计算一天的时间。这样，经度不同的地方，正午时间都不同，使用很不方便。因此规定在一定经度范围内统一使用一种标准时，在该范围内同一时刻的钟点均相同。经国际协议，以本初子午线处的平均太阳时为世界时间的标准，叫“世界时”。将整个地球按地理经度划分为 24 个时区，每个时区包含地理经度 15°。以本初子午线东西各 7.5°为零时区，向东分 12 个时区，向西亦分 12 个时区。每个时区都按它的中央子午线的平均太阳时为计时标准，称为该时区的标准时，相邻两个时区的时差为 1h。

我国地域辽阔，从东五时区到东九时区，横跨 5 个时区。为了方便起见，统一采用东八时区的时间，即以东经 120°的平均太阳时为全国标准时，称为“北京时间”。北京时间和世界时相差 8h，即北京时间等于“世界时”加上 8h。

根据天文学有关公式，地方平均太阳时与标准时之间的转换关系为

$$T_0=T_m+4(L_0-L_m)+E_p \tag{1.5-5}$$

式中　T_0——标准时间，h：min；

T_m——地方平均太阳时，h：min；

L_0——标准时间子午线的经度，deg；

L_m——当地时间子午线的经度，deg；

$4(L_0-L_m)$——时差，min；

E_p——均时差，min。

E_p是一个修正系数，这是因为地球绕太阳公转的轨道是一个椭圆，且地轴倾斜于黄道面，致使一年中太阳时的量值不断变化，故需加以修正。E_p值的变化范围是从 －16min 到 ＋14min 之间。考虑到日照设计中所用的时间不需要那样精确，

E_p值一般可忽略不计，而近似地按下式换算：

$$T_0 = T_m + 4\ (L_0 - L_m) \tag{1.5-6}$$

经度差前面的系数4是这样确定的：地球自转一周为24h，地球的经度分为360°，所以，每转过经度1°为4min。地方位置在中心经度线以西时，经度每差1°要减去4min；位置在中心经度线以东时，经度每差1°要加上4min。

【例1.5-4】 求广州地区当地平均太阳时12h相当于北京标准时间几点几分？

【解】 已知北京标准时间子午线所处经度为东经120°，广州所处经度为东经113°19′。按式（1.5-6）：

$$T_0 = T_m + 4\ (L_0 - L_m) = 12 + 4 \times (120° - 113°19') = 12:27\ (12h27min)$$

所以，广州地区当地平均太阳时12h，相当于北京标准时间12h27min，两地时差为27min。

1.5.2 日照标准与日照间距

1.5.2.1 日照标准

日照标准，是为了保证室内环境的卫生条件，根据建筑物所处的气候区、城市大小和建筑物的使用性质确定的，在规定的日照标准日（冬至日或大寒日）有效日照时间范围内，以底层窗台面为计算起点的建筑外窗获得的日照时间。

日照标准中的日照量包括日照时间和日照质量两个方面。日照时间是以建筑向阳房间在规定的日照标准日受到的日照时数为计算标准。日照质量是指每小时室内墙面阳光照射累积的多少以及阳光中紫外线效用的高低。

1）住宅日照标准

对于住宅建筑，决定其日照标准的主要因素有两个，一是所处的地理纬度和当地的气候特征，二是所处城市城市规模的大小。

《中国建筑气候区划标准》GB 50178—93根据各地气象、气候等因素，将我国划分为7个建筑气候区，不同气候区的住宅日照标准有所不同。

每套住宅至少应有一个居住空间能获得日照，当一套住宅中居住空间总数超过四个时，其中宜有二个获得日照。获得日照要求的居住空间，其日照标准应符合表1.5-2的规定。

住宅建筑日照标准 **表1.5-2**

<table>
<tr><td rowspan="2">建筑气候区划</td><td colspan="2">Ⅰ、Ⅱ、Ⅲ、Ⅶ气候区</td><td colspan="2">Ⅳ气候区</td><td rowspan="2">Ⅴ、Ⅵ气候区</td></tr>
<tr><td>大城市</td><td>中小城市</td><td>大城市</td><td>中小城市</td></tr>
<tr><td>日照标准日</td><td colspan="3">大寒日</td><td colspan="2">冬至日</td></tr>
<tr><td>日照时数（h）</td><td>≥2</td><td colspan="2">≥3</td><td colspan="2">≥1</td></tr>
<tr><td>有效日照时间带（h）</td><td colspan="4">8～16</td><td>9～15</td></tr>
<tr><td>日照时间计算起点</td><td colspan="5">底层窗台面</td></tr>
</table>

资料来源：《城市居住区规划设计规范》（GBJ 50180—93）。

住宅日照标准在特定情况还应符合下列规定：

①老年人居住建筑不应低于冬至日日照 2 小时的标准；

②在原设计建筑外增加任何设施不应使相邻住宅原有日照标准降低；

③旧区改建的项目内新建住宅日照标准可酌情降低，但不应低于大寒日日照 1 小时的标准。

2）其他建筑日照标准

有关其他建筑的日照标准应符合下列规定：

①宿舍半数以上的居室，应能获得同住宅居住空间相等的日照标准；

②托儿所、幼儿园的主要生活用房，应能获得冬至日不小 3h 的日照标准；

③老年人住宅、残疾人住宅的卧室、起居室，医院、疗养院半数以上的病房和疗养室，中小学半数以上的教室应能获得冬至日不小于 2h 的日照标准。

1.5.2.2　日照间距

日照间距指前后两排房屋之间，为保证后排房屋在规定的时日获得所需日照量而保持的一定间隔距离。正确处理建筑物的间距是保证建筑获得必要日照的先决条件。

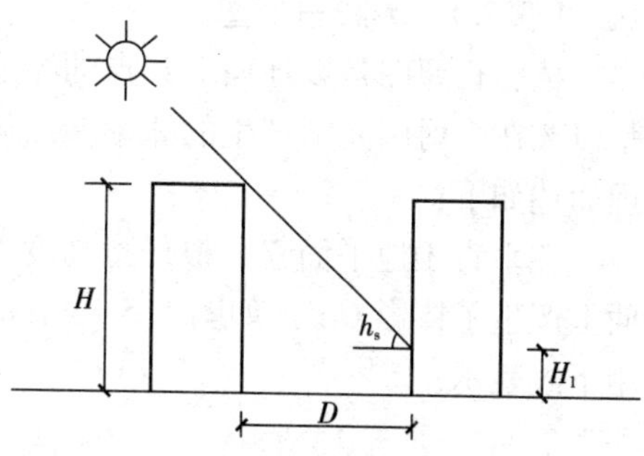

图 1.5－8　日照间距系数示意图（H_1 为窗台高度）

日照间距系数是用于确定城市住宅间距的参数，根据日照标准确定的日照间距 D 与遮挡计算高度 H 的比值称为日照间距系数。

日照间距系数公式由图 1.5－8 的分析可得：

$$L = D/H \tag{1.5-7}$$

式中　L——日照间距系数；

D——日照间距；

H——遮挡计算高度。

由于各地所处的地理纬度不同，不可能有各地都能运用的统一的日照间距系数，因而应由各地城市规划主管部门依照日照标准制定相应的日照间距系数。

日照间距在不同方向上可以有所折减，其折减系数见表 1.5－3 所列。

不同方位间距折减系数　　表 1.5－3

方位	0°～15°	15°～30°	30°～45°	45°～60°	>60°
折减系数	1.0L	0.9L	0.8L	0.9L	0.95L

注：1. 表中方位为正南向（0°）偏东、偏西的方位角。
2. L 为当地正南向住宅的标准日照间距。
3. 本表指标仅适用于无其他日照遮挡的平行布置条式住宅之间。

在规划设计中，日照间距系数是简便的保证日照标准要求的一种计量，主要针对多层板式的遮挡建筑，但这是一种比较粗略的方法，有时会导致一些房间达不到基本的日照时数。另外，当遮挡建筑为高层建筑时，除了太阳高度角外，太阳方位角也可弥补日照时数，一般按照被遮挡建筑获得的有效日照时数决定日照间距。

1.5.3　日照分析方法

在建筑设计和城乡规划中都包含着多种建筑日照的问题。除上节介绍的日照时间和日照间距外，不同使用功能的的建筑可能还有其他方面的日照要求，如室内对日照区域的要求以及建筑立面的光影关系等。在设计中通常可采取的方法主要有计算法、图表法以及计算机辅助分析等。日照图是日照分析中较为常用的工具。本节主要介绍两种常见日照图的原理与应用方法。

1.5.3.1　棒影日照图

棒影日照图是以地面上某点的棒及其影的关系来描述太阳运行的规律，也就是以棒在直射阳光下产生的棒影端点移动的轨迹，来代表太阳运行的轨迹。其原理简述如下：

在垂直于地平面立一根任意高度 H 的棒，在某一时刻，受太阳照射的棒在地面上产生了棒影 Oa'，如图 1.5－9（a）所示。则棒影 Oa'的长度 L 与棒高 H 可用下式表示：

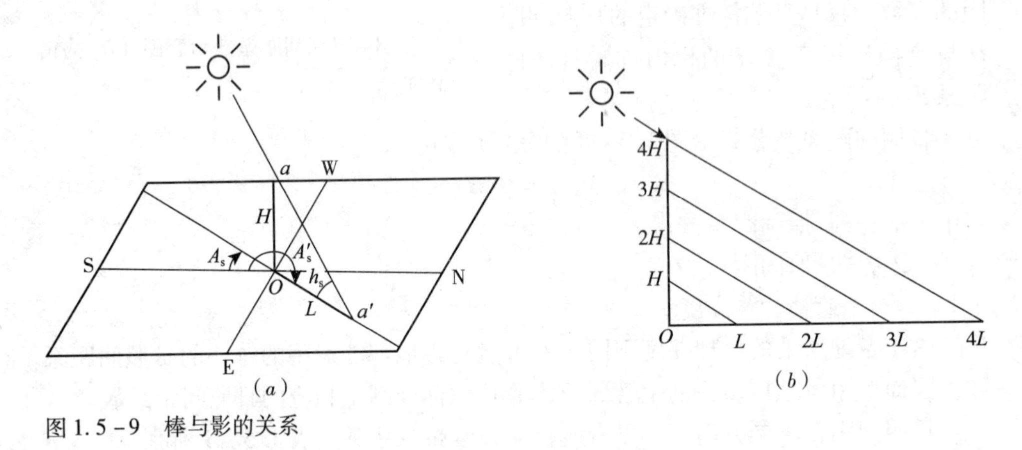

图 1.5－9　棒与影的关系

$$L = H \cdot \cot h_s \tag{1.5-8}$$

式中　h_s——此时刻太阳高度角，deg。

而棒影的方位角 A_s'则为

$$A_s' = A_s + 180° \tag{1.5-9}$$

当太阳高度角 h_s一定时，影长 L 与棒高 H 成正比，如图 1.5－9（b）所示。因此，可将 H 看成棒的高度单位。当棒高为 $n \cdot H$ 时，则影长为 $n \cdot L$。这样，无论棒多高，棒高与影长的关系保持不变。

在一天中，太阳的高度角和方位角不断地变化，棒端的落影点 a'也将随之而变化。如将某地某一天不同时刻如 10:00、12:00 及 14:00 的棒端 a 的落影点 a'_{10}，a'_{12} 及 a'_{14} 连成线，此线即为该日的棒影端点轨迹线。放射线表示棒在某时刻的落影方位角线，也是相应的时间线。Oa'_{10}、Oa'_{12} 及 Oa'_{14} 则是相应时间的棒影长度。若截取不同高度的棒端落影的轨迹，则所连成的各条轨迹线，便构成该地这一天不同棒高的日照棒影图。如图 1.5－10 所示。

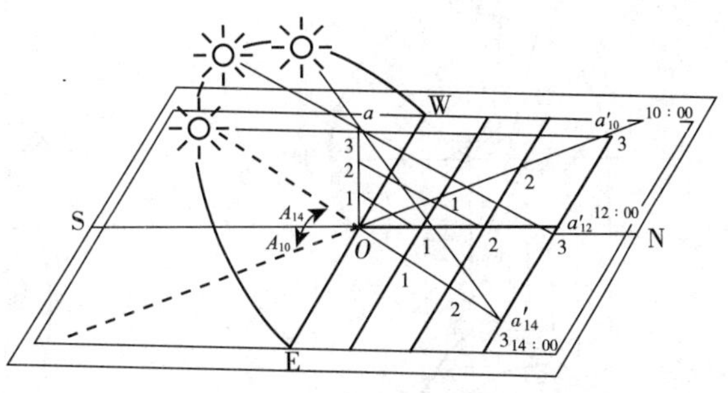

图 1.5－10　某地春、秋分日的棒影变化

在制作棒影日照图时，首先需要通过计算求出某天（如冬至日、大寒日等）不同时刻棒高和影长的关系以及棒影的方位，然后在一张图中绘出不同高度的棒在一天中影长的变化轨迹。图 1.5－11 为某地冬至日棒影日照图示例。若将已制成的棒影日照图旋转 180°，并将棒从 O 点移到相应影长的线上，如图 1.5－12 所示。设想棒随着太阳的运行在线上移动，则棒端的影必定落在 O 点、而且始终在 O 点。这是棒影日照图的另一种属性，也是另一种用法。

棒影日照图法比较简单、直观，使用方便，主要用于分析建筑日照阴影、日照间距以及日照时间等方面。

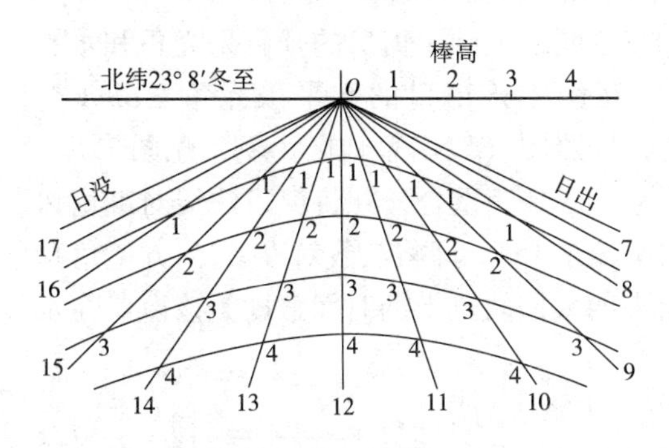

图 1.5－11　棒影日照图示例

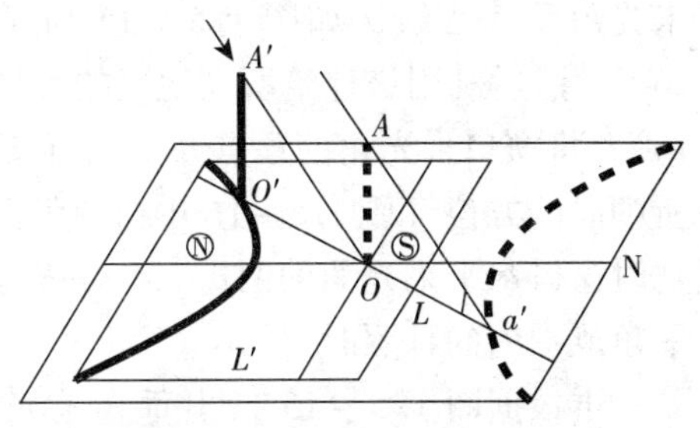

图 1.5－12　旋转 180°后的棒影图

1.5.3.2　平投影日照图

平投影日照图是将天球上的太阳高度角和方位角坐标直接投影在地平面绘制而成。

在天球坐标中，以天底为视点观察天球表面，天球表面上的任意点均投影于视线与地平面的交点处。于是得到一种以地平面大圈为外圆，天顶为中心点的二维投影图，见图 1.5－13。在投影图中，可认为太阳在该假想的天球上运行而将太阳运行轨迹描绘在图上。太阳高度角以一系列的同心圆表示，而太阳方位角则用沿圆周由 0°～180°的分度标尺来表示。这样，任一天、任何时刻的太阳角度都可从图中读出，见图 1.5－14。

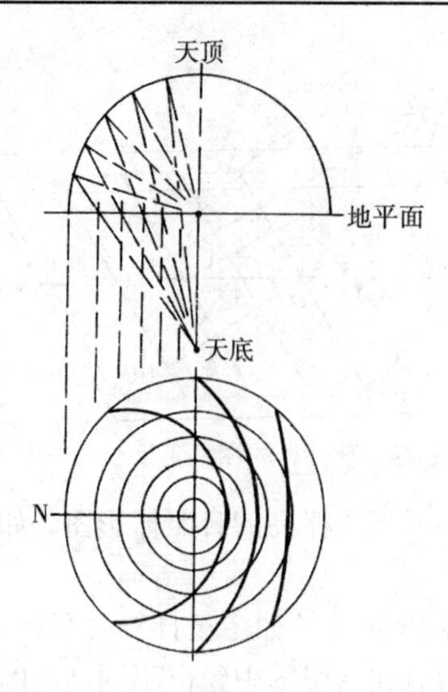

图1.5-13 平投影日照图绘制法

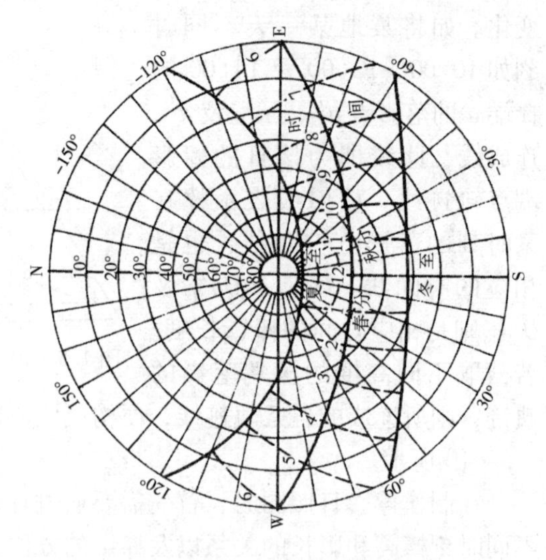

图1.5-14 北纬35°地区平投影日照图

因观察视点在天底，平投影日照图也称为极射投影日照图。若以观察点在地平面中心而绘制的投影图称为正投影图，其原理和平投影图相同，不再详细介绍。

1.5.3.3 日照图表的应用举例

(1) 利用平投影日照图求典型日期窗口的无遮挡日照时间

首先根据设计窗口尺寸以任意比例在透明纸上画出窗口的垂直采光角和水平采光角及其法线，如图1.5-15所示。在图中该窗口的水平采光角∠*BmA*为160°。然后利用该建筑所在地区的平投影日照图（以南京地区为例，见图1.5-16），将窗口采光角的顶点*m*与日照图的圆心*O*相重合，并将窗口法线对准窗口所朝向的方位（图1.5-16中窗口朝向南偏东15°，即将法线对准-15°方位角）。这时窗口水平采光角的两边*mA*、*mB*所夹的太阳轨迹上的时间数即为该窗口在水平角范围内的日照时间。

再根据图1.5-15量出垂直采光角∠*B′CD*为77°，在图1.5-16中绘出太阳高度角为77°的投影线（图1.5-16中虚线圆）。该圆与夏至日太阳轨迹线的相交部分表示日照被遮挡（即图1.5-16*b*中涂黑的区域*b*点到*c*点），对应的时段约为当地夏至日11:20～12:40。从图1.5-16（*b*）中可以看出该窗口在夏至日的日照时间

室内日照时间（无遮挡） 表1.5-4

节气	日照开始时间、结束时间	累计日照时间
夏至	8:30～11:20，12:40～13:10	3h20min
春秋分	6:00（日出）～15:15	9h15min
冬至	7:03（日出）～16:56（日落）	9h53min

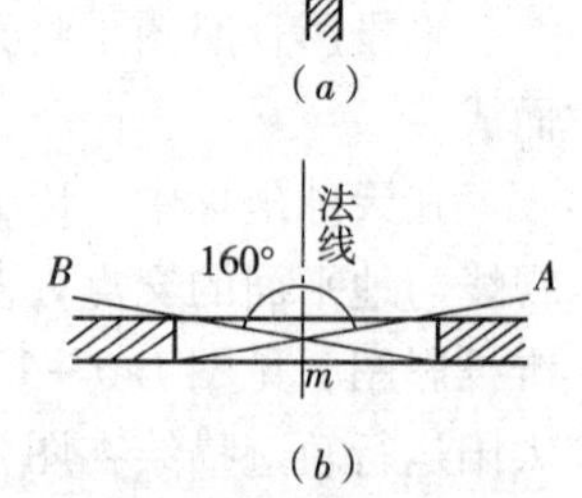

图1.5-15 窗口采光角
（*a*）垂直采光角；（*b*）水平采光角

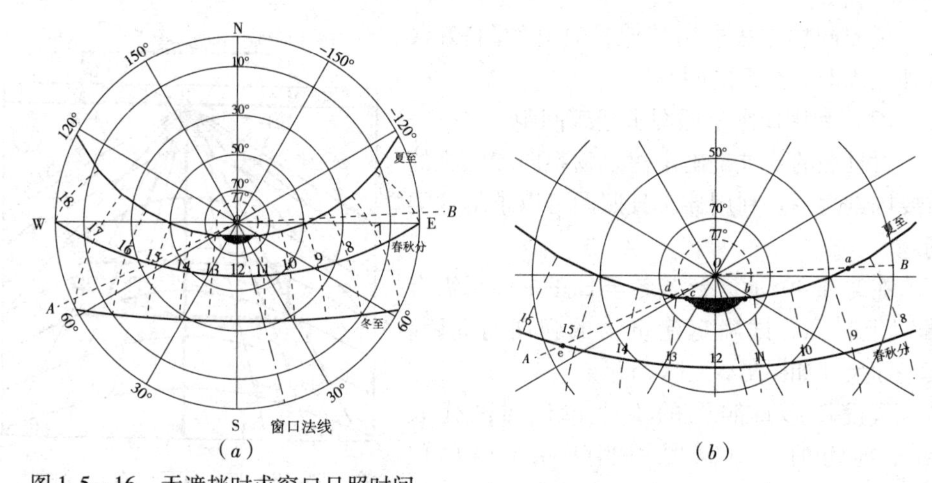

图1.5－16 无遮挡时求窗口日照时间

(a) 平投影日照分析图；(b) 分析图局部放大

段为 ab 和 cd。其他季节亦可确定。该窗口日照时间具体如表1.5－4所示。

(2) 利用棒影日照图求建筑物阴影区的范围

试求北纬40°地区一幢高20m、平面呈"┏┓"形，开口部分朝北的平屋顶建筑物（如图1.5－17所示）。在夏至日10:00的阴影区。

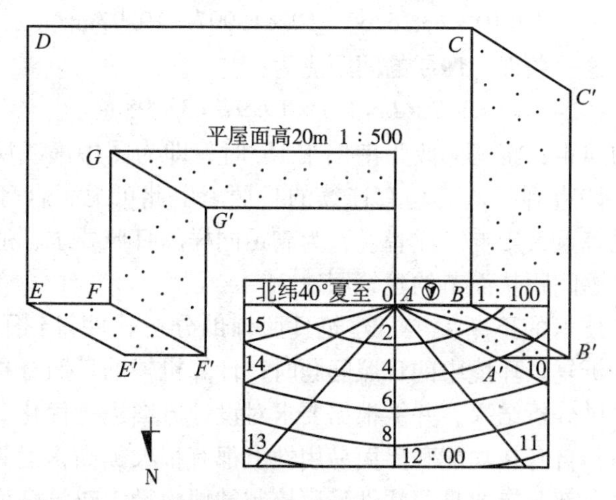

图1.5－17 建筑物阴影区的确定

首先将绘于透明纸上的平屋顶房屋的平面图覆盖于棒影图上，选平面图任一转角 A 点，与棒影图上的 O 点重合，并使建筑平面与棒影图的指北针方向一致。平面图的比例若与棒影图比例相同，则较简单。现建筑平面图比例为1:500，而棒影图为1:100，故棒高1cm代表建筑物高5m；建筑物高20m，折算成棒高4cm。A 点端落影应在10:00这根射线棒高4cm的影长 A' 处，连接 AA' 线即为建筑物过 A 处外墙角的影。用相同的方法求出 B、C、E、F、G 诸点的影 B'、C'、E'、F'、G'。根据房屋的形状，依次连接 $AA'B'C'C$ 和 $EE'F'G'$ 所得的连线，并从 G' 作与房屋西、北向平行线，即求得房屋阴影区的边界。

按照同样方法求出其他各时刻的阴影区，其外包线即为全天的阴影区。

（3）利用棒影日照图求建筑间距。

对日照的要求是确定建筑物朝向和间距的重要因素之一。利用棒影日照图可以求解这类问题。

在北纬40°地区，若冬至日正午前后需有3h以上日照，试确定建筑物的朝向与间距。其平面尺寸如图1.5－18所示。

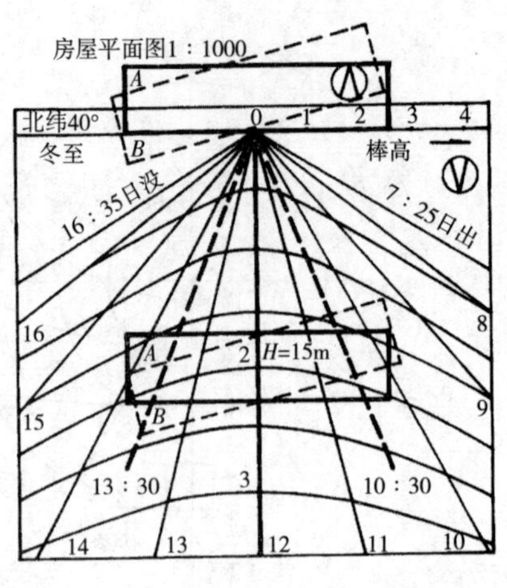

图1.5－18 房屋间距和朝向的选择

假设棒影日照图的1个单位棒高代表10m，前幢的相对高度相当于1.5个单位棒高。

若两幢房屋朝向正南，为保证后幢房屋在正午前后有3h日照，即从10:30至13:30。因此，按1.5个单位影长曲线与上述时间射线的交点，使前幢房屋北向外沿位于交点的连线上，便可从12:00的时间射线上量出应有的相对距离为1.7个单位影长。

为了求得实际距离，必须先算出单位影长的尺寸。为此，可依据 $L=H \cdot \cot h_s$ 的关系，计算出北纬40°地区冬至日12:00的太阳高度角 h_s，并将 $H=10\text{m}$ 代入得：

$$L=10\times\cot 26.6°=10\times 1.997=19.97\text{m}$$

所以为满足这一条件，房屋的间距应为：

$$D=1.7\times L=1.7\times 19.97=33.95\text{m}$$

若以同样的间距，将朝向改为南偏东15°时，即为图中虚线所示情况，则可看出，从11:00许直到日落，均有连续的日照。由此可见，合理选择间距和朝向，对日照状况有重大影响。或者说，为满足同样的日照要求，通过合理调整朝向，能够缩小房屋间距从而节约建筑用地。

随着计算机技术的不断发展，建筑日照辅助分析软件得到了越来越多的运用，特别是在分析复杂环境中的日照问题时，计算机辅助日照分析方法能够非常准确、快速地提供分析结果，并能根据要求对设计方案进行优化。日照分析软件经过长期的发展，自身在功能和界面易用性上都有很大提高，运算速度快，计算准确，实用性强。部分专业日照软件采用控制基地内最大建筑高度及最大容积率等约束条件下的优化算法，利用动态图形显示技术，用户可在三维视图环境中实时动态观察到建筑三维形体不断智能优化的全过程，实现“建筑方案优化设计”与“日照分析结果”相一致。

在城市区域中，建筑设计常会受到周边环境的制约。建筑日照设计既需要满足自身的日照要求，同时又不对周边有日照要求的建筑物产生严重遮挡。图1.5－19为山东某市（北纬37°22′，东经120°24′）居住区二期规划地块及初步设计方案。二期规划总用地6.53公顷，初步设计由5栋高层住宅、2栋多层住宅及2层沿街两层商业用房组成。用地北侧为一期已建多层住宅，东北侧为一期已建成的小区幼儿园。小区规划设计在日照方面的要求主要有：①满足二期中2幢多层住宅底层窗台面满窗不小于大寒日3小时；②北侧一期多层住宅底层窗台面满窗不小于大寒日3小时；以及③东北侧小区原有的幼儿园底层窗台面满窗不小于冬至日3小时。在如此苛刻及复杂的日照要求条件下，传统的日照分析方法的工作量将非常巨大，需借助于计算机辅助日照分析软件来检验该方案是否满足要求，图1.5－20为软件分析结果。从分析结果来看，该方案能够满足上述的日照要求。除此之外，还可以利用软件中的包络体推算法，对拟建建筑的体型和高度进行优化，从而确定经济合理的规划方案，减少日照纠纷。

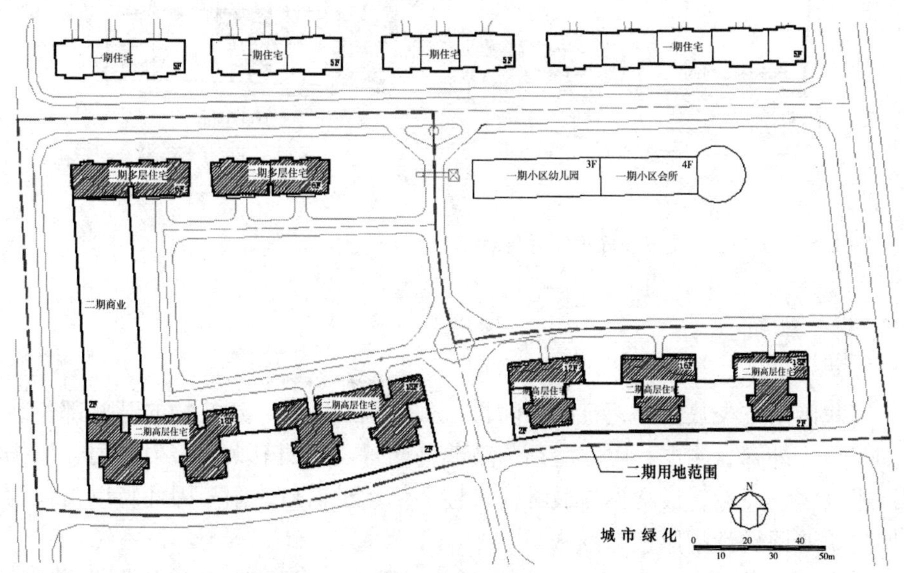

图1.5－19　山东省某市居住区二期平面总图初步设计方案

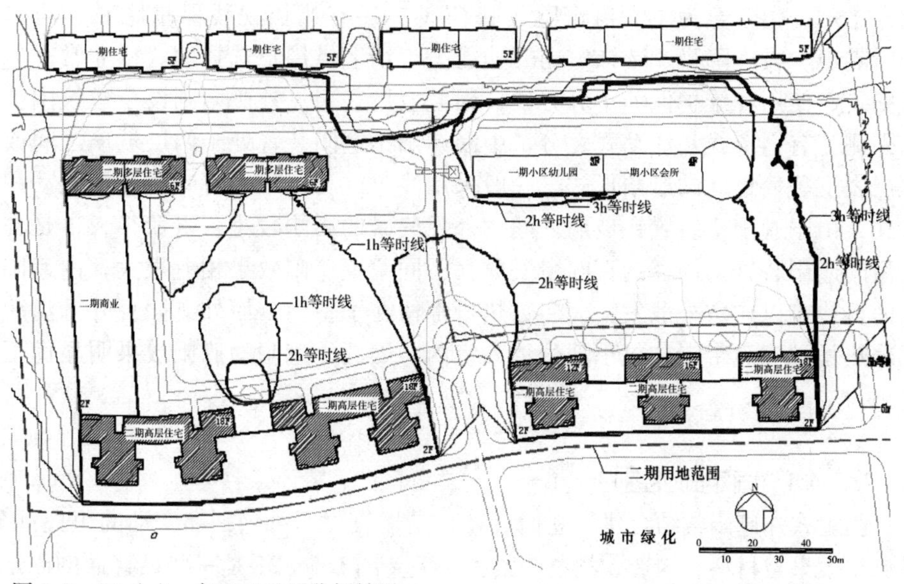

图1.5－20（*a*）　冬至日日照分析结果

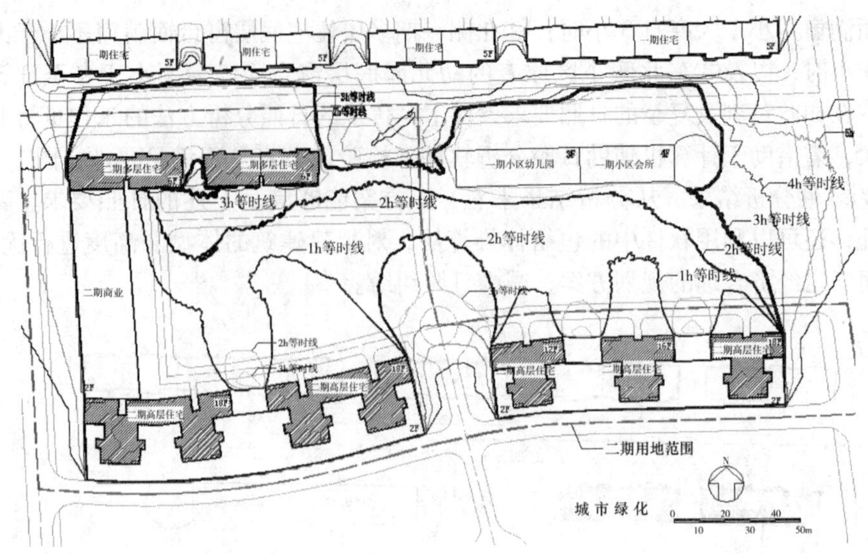

图 1.5－20（b） 大寒日日照分析结果

1.5.4 建筑遮阳

在我国南方炎热地区，日照时间长，太阳辐射强烈，建筑物的某些部位或构件如窗口、外廊、橱窗、中庭屋顶与玻璃幕墙等需要调节太阳直射辐射，以扬其利而避其害。当然，最常见与最具代表性的仍然是窗口遮阳。因此特以窗口为例说明建筑遮阳设计的原理与方法。

根据遮阳装置的安放位置，可分为内遮阳、中间遮阳、外遮阳三种方式。内遮阳也就是常用的窗帘，其形式有百叶帘、卷帘、垂直帘、风琴帘等，材料以布、木、铝合金为主。窗帘除了遮阳外，还有遮挡视线保护隐私、消除眩光、隔声、吸声降噪、装饰室内等功能，市场上供用户选择的式样非常多，而且安装、使用和维护保养十分方便，因此应用普遍。外遮阳则设于建筑围护结构外侧，有固定式和活动式之分。中间遮阳是遮阳装置处于两层玻璃之间或是双层表皮幕墙之间的遮阳形式，一般采用浅色的百叶帘。百叶帘采用电动控制方式，由于遮阳帘装置在玻璃之间，外界气候的影响较小，寿命很长，是一种新型的遮阳装置。同样的百叶帘安放在不同位置遮阳效果相差很大，内遮阳百叶的得热难以向室外散发，大多数热量都留在了室内，而外遮阳百叶升温后大部分热量被气流带走，仅小部分传入室内。因此外遮阳的遮阳效果明显优于内遮阳。

1.5.4.1 固定式外遮阳

固定式外遮阳常结合建筑立面设计，是建筑物不可分割和变动的组成部分。其遮阳效果与材料、构造、颜色等紧密相关。图 1.5－21 是一些最普通的固定外遮阳形式。

（1）水平式遮阳 基本形式如图 1.5－21（a）所示。这种遮阳能够有效地遮挡太阳高度角较大、从窗口前上方投射下来的直射阳光。就我国地域而言，在北回归线以北地区，它适用于南向附近窗口；而在北回归线以南地区，它既可用于南向窗口，也可用于北向窗口。

（2）垂直式遮阳　基本形式如图1.5－21（*b*）所示。这种遮阳能够有效地遮挡太阳高度角较小、从窗侧向斜射过来的直射阳光，主要适用于北向、东北向和西北向附近的窗口。

（3）综合式遮阳　这种遮阳形式是由水平式遮阳与垂直式遮阳综合而成。其基本形式如图1.5－21（*c*）所示。它能够有效地遮挡从窗前侧向斜射下来的、中等大小太阳高度角的直射阳光，主要适用于东南向或西南向附近窗口，且适应范围较大。

（4）挡板式遮阳　基本形式如图1.5－21（*d*）所示。这种遮阳能够有效地遮挡从窗口正前方射来、太阳高度角较小的直射阳光，主要适用于东向、西向附近窗口。

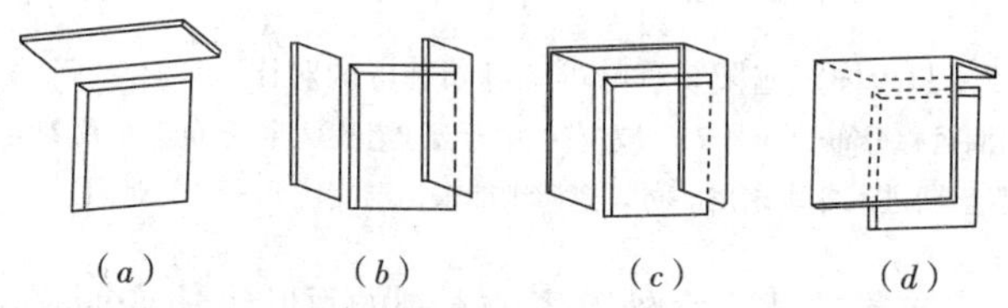

图1.5－21　遮阳的基本形式

（*a*）水平式；（*b*）垂直式；（*c*）综合式；（*d*）挡板式

值得注意的是，以上各种形式遮阳的适用朝向并不是绝对的，在设计中还可以根据建筑要求、构造方式与经济条件进行比较后再选定。

1.5.4.2　可调式外遮阳

可调遮阳比固定式遮阳装置更能适应室外天气变化。因为人们需要在夏季高温时遮挡阳光进入室内，在其他季节气温较低时获取阳光，这就需要一种与温度变化相协调的遮阳方式。阳光射进窗口的时间和太阳位置（即太阳高度角以及太阳方位角）直接相关。太阳辐射同气温并不完全协调一致，特别在春、秋两季，某一天可能很热而第二天变得很冷。由于室外气温的“迟滞效应”，北半球当夏至来临，太阳高度角最大、日照时间最长时，气温还未达到最高，真正的酷暑通常要滞后到7月份。同样，冬天最冷期也要比冬至日晚一个月。图1.5－22显示一年内高温期、低温期区段及遮阳装置的影响。高温期不是以6月21日为中心均匀分布，如果以固定遮阳涵盖整个高温夏季，在三、四月份的冬末、春初，窗口也只能处于遮阳状态之中，影响需要的日照。可调式遮阳则能够根据室外的气候条件和室内对日照的需求情况加以灵活控制。

常见的可调式外遮阳装置主要有遮阳篷、百叶窗、室外卷帘等形式。遮阳篷材料通常采用织物或者铝合金，遮阳效果因其安装方式、材料和颜色而有所不同。百叶窗有多层片状构件组成，形式变化很多，并能根据需要调整角度。主要材料有镀锌钢板并附上铝膜或PVC、铝合金百叶以及经防腐处理的木质百叶等，

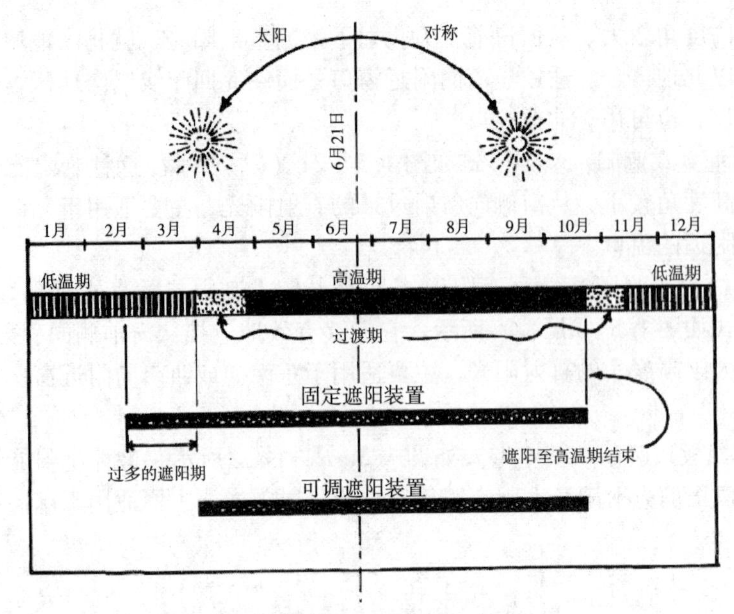

图 1.5－22 固定遮阳装置与可调遮阳装置的对比

（遮阳期对称分布于6月21日左右。由于温度不是对称分布于6月21日，超出的遮阳期进入冬季末尾。可调遮阳则能根据温度协调一致的遮阳）

开启方式有平开式与推拉式。室外卷帘由木制的百叶窗演变而来，能有效地遮挡整个窗户的阳光，可根据立面需求将卷帘盒明装或暗装。主要材料有布帘、软百叶帘、铝合金帘等，卷帘两侧设有导轨。

可调式遮阳装置除可遮挡阳光以免室内过热外，还可以起到防止眩光、调节风量以及遮挡视线的作用。

1.5.4.3 玻璃遮阳

玻璃自身有遮阳的功效，即使是最洁净、最薄的玻璃也不能透过所有太阳辐射。未透过的太阳辐射，一部分被吸收，另一部分被表面反射。通过在玻璃中添加色剂或是改变玻璃界面属性可制成不同的功能性玻璃，来控制玻璃吸收或是反射太阳辐射的量，起到遮阳的作用。见图 1.5－23。常用的功能性玻璃主要有吸热玻璃、反射玻璃、低辐射玻璃等。

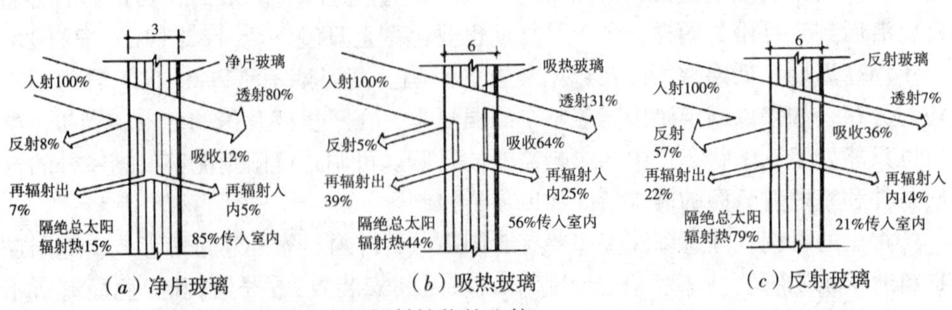

图 1.5－23 几种不同玻璃隔绝太阳辐射性能的比较

吸热玻璃是在无色透明平板玻璃的配合料中加入着色剂生产出的带有颜色的平板玻璃。吸热玻璃吸收太阳能转化为热能，然后通过长波辐射和传热传入室内和室外。由于室外的风速比室内大，对流换热系数高，所以传到室外的热量多一些。通过这样的热量转换和传递，部分太阳辐射未进入室内，达到隔热的目的。但吸热和透光是矛盾的，吸热玻璃吸收的热量越多，玻璃的光透射比就越低。

反射玻璃是镀膜玻璃的一种，是在平板玻璃表面镀覆单层或多层金属及金属氧化物薄膜，该薄膜对阳光有较强的反射作用，尤其对阳光中红外光部分的反射，又称“阳光控制玻璃”或“遮阳玻璃”。

低辐射玻璃对可见光透过率高，红外透过率低，具有高透光低传热的优点。低辐射玻璃反射远红外是双向的，它既可以阻止玻璃吸热产生的热辐射进入室内，还可以将室内物体产生的热辐射反射回来。Low-e 玻璃涂层材料不同，遮阳性能也会有很大差异。

有些建筑，特别是低层建筑，可以依建筑与环境的条件，利用绿化遮阳。既有利于建筑与环境的绿化与美化，也是一种经济、有效的技术措施。在总平面布置中，利用建筑互相造影以形成遮挡的方法，形成建筑互遮阳；通过建筑构件自身，特别是窗口部分的缩进形成阴影区，将建筑的窗口部分置于阴影之内，可以形成建筑自遮阳。此外，结合建筑构件处理的遮阳也是常见的措施，如加大挑檐、设置百叶挑檐、外廊、凹廊及旋窗等。但其构造应合理，并满足遮阳要求。

1.5.4.4　遮阳设施对室内环境的影响

窗口设置遮阳构件之后，对室内物理环境因素将产生一定的影响。

（1）对太阳辐射热的阻挡　遮阳设施尽管形式有所不同，但经合理设计的遮阳构件对遮挡太阳辐射热的效果是很显著的。图 1.5－24 表示广州地区四个主要朝向在夏季一天内有无遮阳设施透入太阳辐射热的情况。由图可见，遮阳设施对阻止太阳辐射热进入室内，防止夏季室内过热有显著的效果。

在阳光直射的时间里，透进有遮阳设施窗口的太阳辐射量与透进没有遮阳设施窗口的太阳辐射量的比值，称为外遮阳系数，用符号 *SD* 表示。外遮阳系数愈小，透进窗户进入室内的太阳辐射热量就愈小，防热效果愈好。外遮阳系数的大小主要取决于遮阳形式、构造处理、安装位置、材料与颜色等因素。窗口综合遮阳系数 S_w，为窗玻璃遮阳系数 *SC* 与窗口的外遮阳系数 *SD* 的乘积。无遮阳设施时，综合遮阳系数 S_w 等于窗玻璃遮阳系数 *SC*。

窗玻璃遮阳系数 *SC* 表征窗玻璃自身对太阳辐射透射得热的减弱程度。其数值为透过窗玻璃的太阳辐射量与透过 3mm 厚普通透明窗玻璃的太阳辐射量之比值。

水平遮阳板的外遮阳系数和垂直遮阳板的外遮阳系数可按下列公式计算确定：

水平遮阳板：

$$SD_h = a_h PF^2 + b_h PF + 1 \quad (1.5-10)$$

垂直遮阳板：

$$SD_v = a_v PF^2 + b_v PF + 1 \quad (1.5-11)$$

遮阳板外挑系数（见图 1.5－25）：

$$PF = A/B \quad (1.5-12)$$

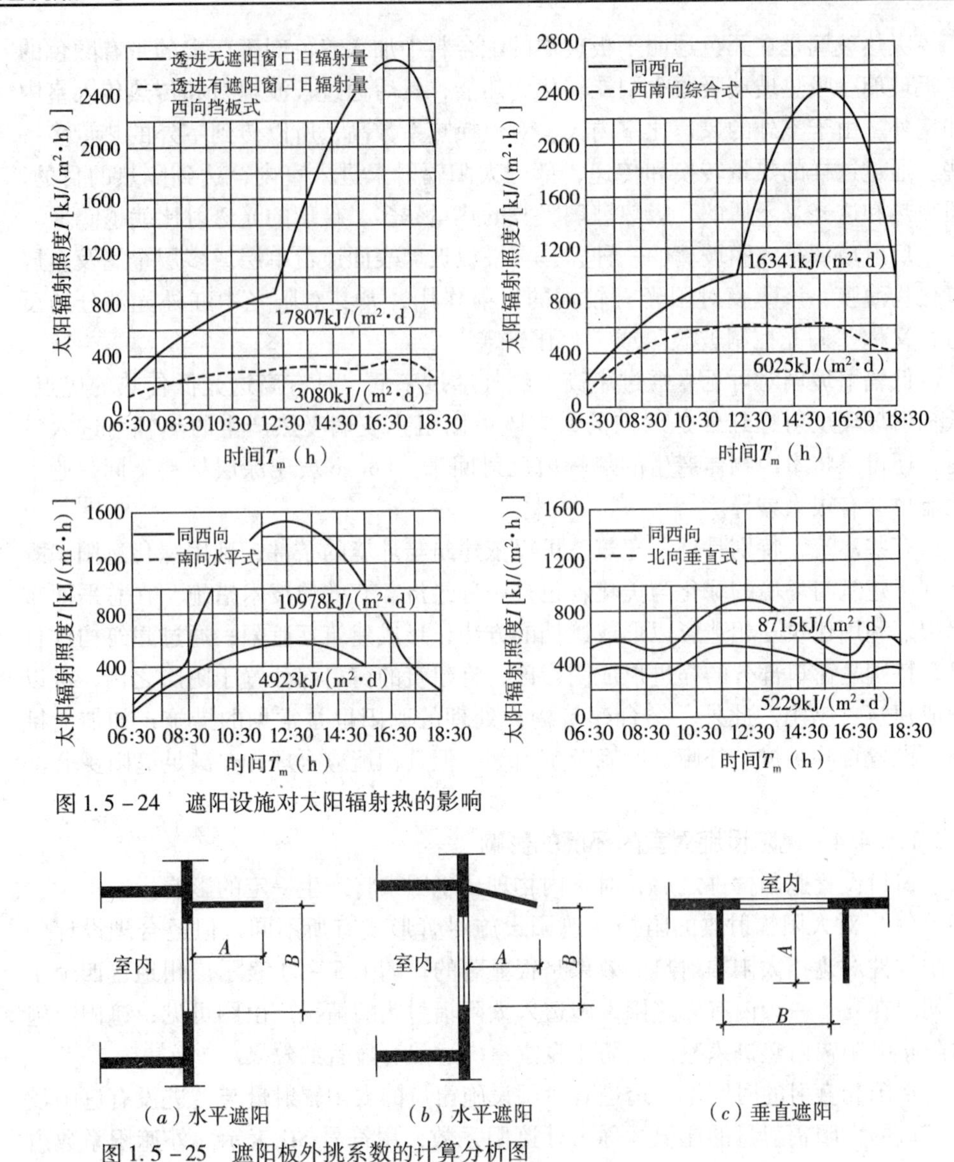

图 1.5－24 遮阳设施对太阳辐射热的影响

图 1.5－25 遮阳板外挑系数的计算分析图

式中 SD_h——水平遮阳板夏季外遮阳系数；

SD_v——垂直遮阳板夏季外遮阳系数；

a_h、b_h、a_v、b_v——计算系数，按表 1.5－5 取定；

PF——遮阳板外挑系数，当计算出的 $PF>1$ 时，取 $PF=1$；

A——遮阳板外挑长度；

B——遮阳板根部到窗对边的距离。

综合遮阳为水平遮阳板和垂直遮阳板组合的遮阳形式。其外遮阳系数值应取水平遮阳板和垂直遮阳板的外遮阳系数的乘积。挡板遮阳需考虑挡板轮廓透光比和挡板构造透射比。

(2) 对室内气温的影响 遮阳设施对室内空气温度的影响如图 1.5－26 所示。由图可见，闭窗时，遮阳对防止室温上升的作用较明显。有、无遮阳的室温最大差值达 2℃，平均差值为 1.4℃。而且有遮阳时，房间温度波幅较小，出现高温的时间也较晚。开窗时，室温最大差值为 1.2℃，平均差值为 1.0℃，这在炎热的夏季仍具有一定的意义。

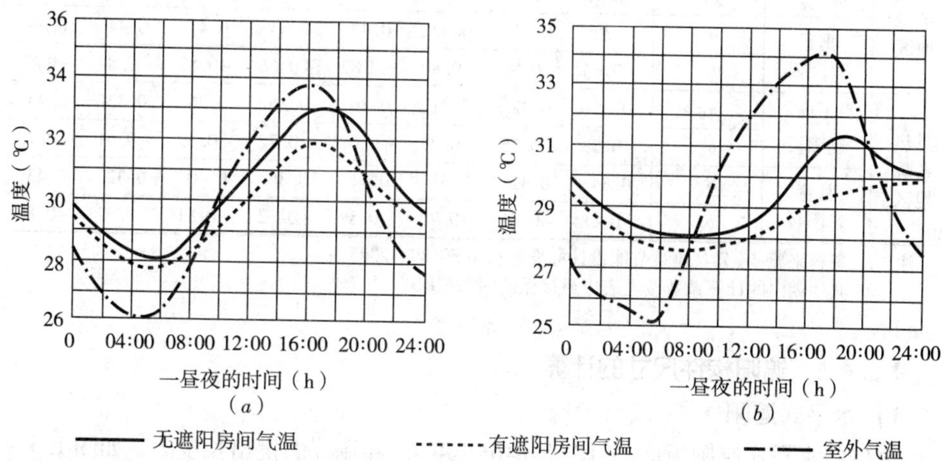

图 1.5－26　遮阳对室内气温的影响

（a）开窗；（b）闭窗

（3）对室内采光的影响　遮阳设施对窗口采光特性的影响，依据其形式、构造、色彩的不同，亦有程度上的差异。据观测，一般室内照度约降低 53%～73%，在阴天更为不利。但遮阳设施也能阻挡直射阳光，使室内照度的分布均匀，并防止发生眩光，有助于视觉的正常工作。为此需要对采光、遮阳进行一体化设计，利用遮阳板对光线的反射，将自然采光引导到房间的深处。

（4）对室内通风的影响　由于遮阳板的存在，建筑周围的局部风压也会出现较大幅度的变化，对房间通风有一定的阻挡作用，使室内风速有所减低。实测资料表明，有遮阳的房间，室内风速约减弱 22%～47%，风速的减弱程度和风场流向都与遮阳的设置方式有很大关系。

在许多情况下，设计不当的实体遮阳板会显著降低建筑表面的空气流速，影响建筑内部的自然通风效果。与之相反，根据当地的夏季主导风向的特点，可以利用遮阳板作为引风装置，增加建筑进风口的风压，对通风量进行调节，以达到自然通风散热的目的。

总之，遮阳一方面可以隔热降温，同时也对采光、通风有一定影响。

水平和垂直外遮阳计算系数　　**表 1.5－5**

气候区	遮阳装置	计算系数	东	东南	南	西南	西	西北	北	东北
寒冷地区	水平遮阳板	a_h	0.35	0.53	0.63	0.37	0.35	0.35	0.29	0.52
		b_h	−0.76	−0.95	−0.99	−0.68	−0.78	−0.66	−0.54	−0.92
	垂直遮阳板	a_v	0.32	0.39	0.43	0.44	0.31	0.42	0.47	0.41
		b_v	−0.63	−0.75	−0.78	−0.85	−0.61	−0.83	−0.89	−0.79

续表

气候区	遮阳装置	计算系数	东	东南	南	西南	西	西北	北	东北
夏热冬冷地区	水平遮阳板	a_h	0.35	0.48	0.47	0.36	0.36	0.36	0.30	0.48
		b_h	-0.75	-0.83	-0.79	-0.68	-0.76	-0.68	-0.58	-0.83
	垂直遮阳板	a_v	0.32	0.42	0.42	0.42	0.33	0.41	0.44	0.43
		b_v	-0.65	-0.80	-0.80	-0.82	-0.66	-0.82	-0.84	-0.83
夏热冬暖地区	水平遮阳板	a_h	0.35	0.42	0.41	0.36	0.36	0.36	0.32	0.43
		b_h	-0.73	-0.75	-0.72	-0.67	-0.72	-0.69	-0.61	-0.78
	垂直遮阳板	a_v	0.34	0.42	0.41	0.41	0.36	0.40	0.32	0.43
		b_v	-0.68	-0.81	-0.72	-0.82	-0.72	-0.81	-0.61	-0.83

注：1. 资料来源：《公共建筑节能设计标准》（GB 50189—2005）；
2. 其他朝向的计算系数按上表中最接近的朝向选取。

1.5.4.5　遮阳构件尺寸的计算

1）水平式遮阳

窗口的水平式遮阳板应当计算其挑出长度 L_{-} 和端翼的挑出长度 D，如图 1.5-27 所示。

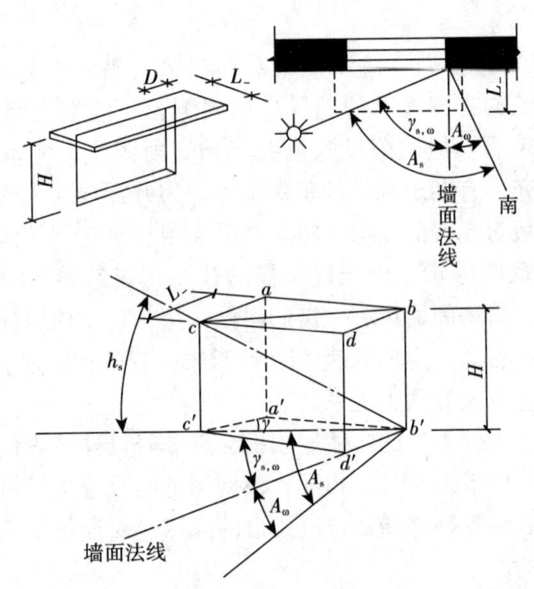

图 1.5-27　水平式遮阳尺寸计算

（1）水平板挑出长度 L_{-}的计算：

$$L_{-} = H \cdot \cot h_s \cdot \cos \gamma_{s,\omega} \tag{1.5-13}$$

式中　L_{-}——水平板挑出长度，m；

H——窗台至水平板下沿的高度，m；

h_s——太阳高度角，deg；

$\gamma_{s,\omega}$——太阳方位角与墙方位角之差，deg；$\gamma_{s,\omega} = A_s - A_\omega$。

A_s——太阳方位角，deg；

A_{ω}——墙方位角，deg。正南向为0°，南偏东为负，南偏西为正。

（2）水平板端翼挑出长度 D 按下式计算：

$$D=H\cdot\cot h_{s}\cdot\sin|\gamma_{s,\omega}| \quad (1.5-14)$$

式中　D——端翼挑出长度，m。

2）垂直式遮阳

窗口的垂直遮阳板挑出长度（图1.5－28所示）按下式计算：

$$L_{\perp}=B\cdot\cot\gamma_{s,\omega} \quad (1.5-15)$$

式中　$L_{\perp}$——垂直遮阳板挑出长度，m；

B——板内沿至窗口另一边的距离，或板内沿间净距，m；

$\gamma_{s,\omega}$——太阳方位角与墙方位角之差，deg。

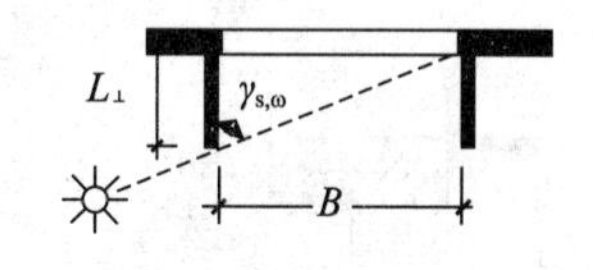

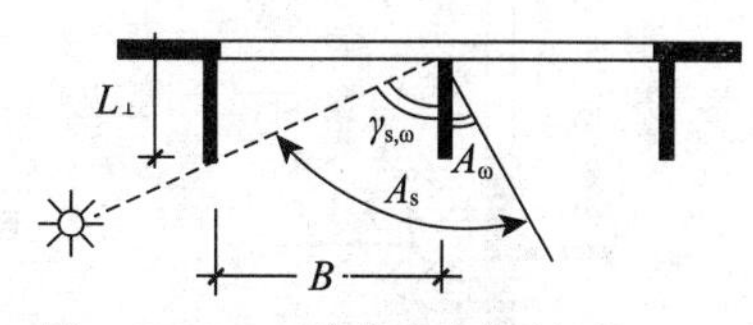

图1.5－28　垂直式遮阳尺寸

3）综合式遮阳

根据窗口的朝向和建筑造型的要求，若初步确定采用综合式遮阳，可先计算出垂直板和水平板的挑出长度，然后按构造要求来确定遮阳板的挑出长度。

4）挡板式遮阳

挡板式遮阳的构造有两个基本部分，就是水平板的挑出长度 L_{-} 和挡板的高度。当窗口采用挡板式遮阳时，首先根据构造要求确定水平板长度 L_{-}，假如 L_{-} 太小，使挡板离窗口太近，影响使用；若 L_{-} 太大，又不够经济。至于挡板的高度，则可计算窗台与挡板下端的垂直距离 H_0，如图1.5－29所示。并应用公式（1.5－13）可得：

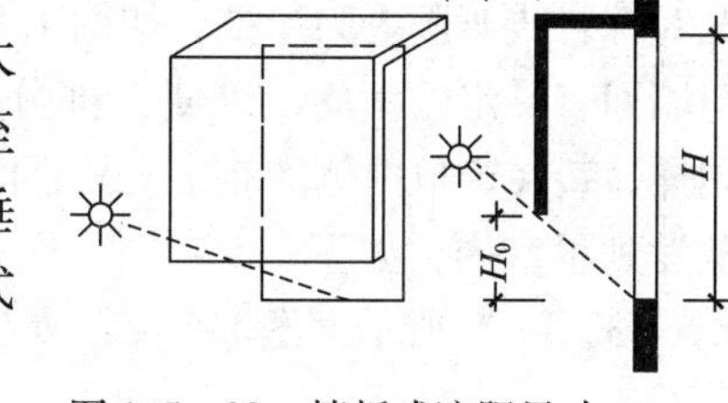

图1.5－29　挡板式遮阳尺寸

$$H_0=\frac{L_{-}}{\cot h_{s}\cdot\cos\gamma_{s,\omega}}$$

挡板的尺寸为 $H-H_0$，再应用式（1.5－14）计算挡板端翼的挑出长度 D。并按构造要求调整，以方便施工。

1.5.4.6　遮阳设施构造设计要点

遮阳设施的使用效果除与遮阳形式有关外，还与构造处理、安装位置、材料与颜色等因素有关。简要介绍如下：

（1）遮阳的板面组合与构造　遮阳板在满足阻挡直射阳光的前提下，可以有不同的板面组合，以便选择对采光、通风、视野、立面造型和构造等要求都更为有利的形式。图1.5－30表示水平式遮阳的不同的板面组合形式。

为了减少板底热空气向室内逸散和对采光、通风的影响，通常将遮阳板面全部或部分做成百叶形式；也可将中间各层做成百叶，而顶层做成实体并在前面加吸热玻璃挡板，如图1.5－31所示。

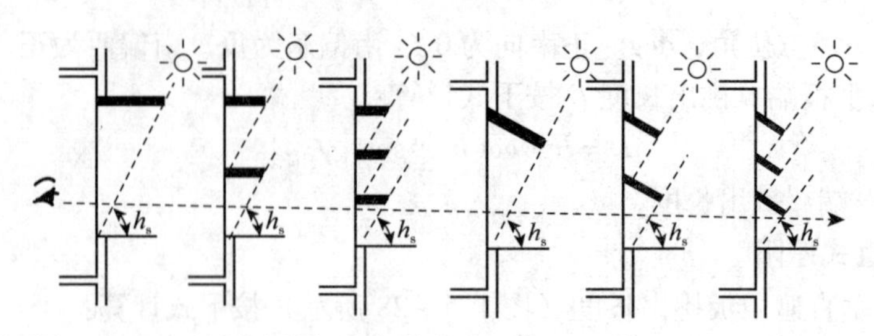

图1.5－30　水平遮阳板组合形式

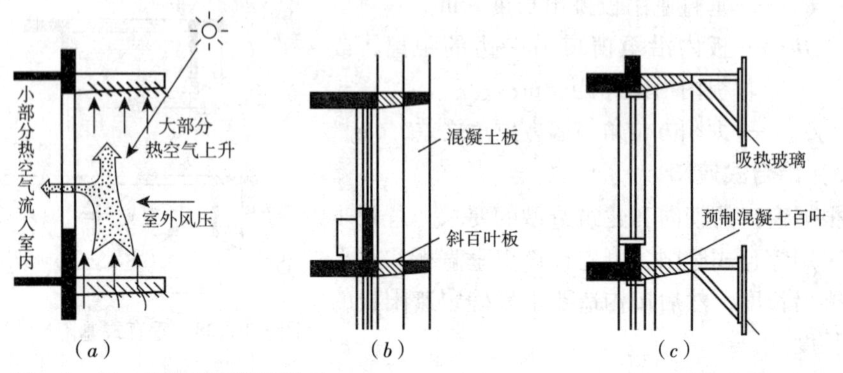

图1.5－31　遮阳板面构造形式

（2）遮阳板的安装位置　遮阳板的安装位置对防热和通风的影响很大。例如将板面紧靠墙面布置时，由受热表面上升的热空气将由室外空气导入室内。这种情况对综合式遮阳更为严重，如图1.5－32（*a*）所示。为了克服这个缺点，板面应与墙面有一定的距离，以使大部分热空气沿墙面排走，如图1.5－32（*b*）所示。同样，装在窗口内侧的布帘、软百叶等遮阳设施，其所吸收的太阳辐射热，大部分散发到了室内，如图1.5－32（*c*）所示。若装在外侧，则会有较大的改善，如图1.5－32（*d*）所示。图1.5－33列举的几种遮阳设施构造，可供参考。

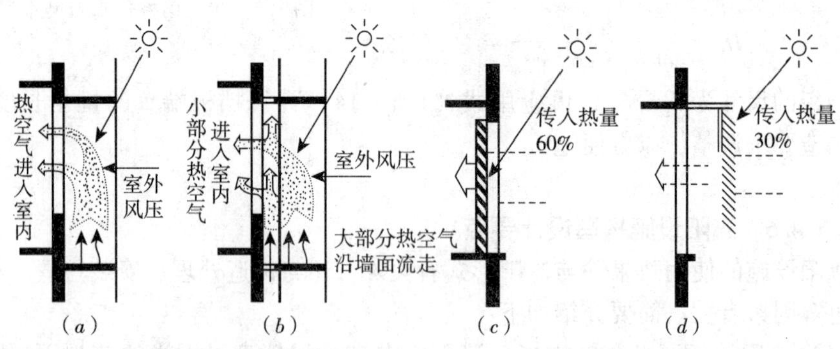

图1.5－32　遮阳设施的安装位置

（3）材料与颜色　遮阳设施多悬挑于室外，因此多采用坚固耐久的轻质材料。如果是可调节的活动形式，还要求轻便、灵活并安装牢固。构件外表面的颜色宜浅，以减少对太阳辐射热的吸收；内表面则应稍暗，以避免产生眩光，并希望材料的辐射系数较小。

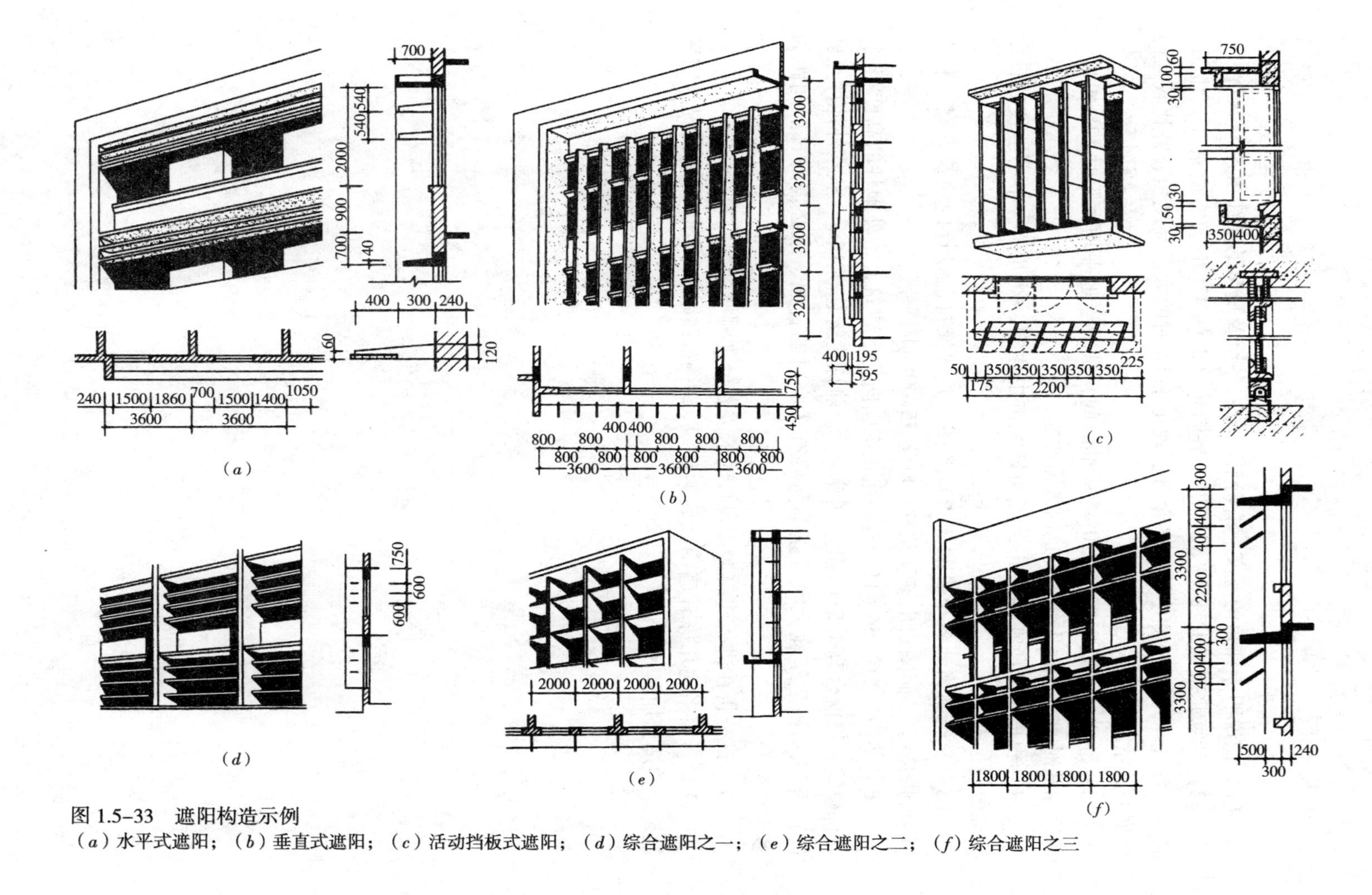

图 1.5-33　遮阳构造示例
（*a*）水平式遮阳；（*b*）垂直式遮阳；（*c*）活动挡板式遮阳；（*d*）综合遮阳之一；（*e*）综合遮阳之二；（*f*）综合遮阳之三

复习思考题

(1) 试说明赤纬角的意义，春分和秋分、冬至及夏至的赤纬角各为多少?

(2) 计算北京（北纬39°57′)、齐齐哈尔（北纬47°20′)、南京（北纬32°04′)、海口（北纬20°00′）在冬至日当地正午12时的太阳高度角，并比较其与纬度的关系。

(3) 北京时间是以东经120°为标准时间，试求当地平均太阳时12h相当于北京标准时间为几时几分？两地时差多少?

(4) 根据自己所在的城市，说明该城市中住宅、幼儿园、中小学校的日照标准分别是多少?

(5) 试绘制当地冬至日的棒影日照图，并选择自己设计的建筑方案，利用所绘制的棒影日照图求出该建筑09:00至15:00的阴影区。

(6) 济南（北纬36°41′）有一组正南朝向住宅建筑，室外地坪的高度相同，后栋建筑一层窗台高1.5m（距室外地坪），前栋建筑总高15m（从室外地坪至檐口），要求后栋建筑在大寒日正午前后有2小时的日照，求必需的日照间距为多少?

(7) 试分析在进行建筑遮阳设计时应妥善处理哪些问题，为什么?

(8) 考察当地几栋有遮阳设施的建筑，了解其构造特征、构造情况及实际效果，并适当加以评述。

第2篇 建筑光学

Part II Building Daylighting and Artificial Lighting

光是一种电磁辐射能，人类的生活离不开光。人们依靠不同的感觉器官从外界获得各种信息，其中约有80%来自视觉器官。良好的光环境是保证人们进行正常工作、学习和生活的必要条件，对劳动生产率和视力健康都有直接影响，故在建筑设计中应对采光和照明问题给予足够重视。

本篇着重介绍与建筑有关的光度学基本知识、色度学基本概念、各种采光窗的采光特性、采光设计及计算方法、技术措施，电光源和灯具的光学特性、基本的照明设计和计算方法等，对于一些艺术性要求高的公共建筑照明形式和处理原则，也进行了初步介绍和分析，本篇的最后部分，还介绍了绿色照明工程的一些原则。在掌握这些知识的基础上，才有可能提出一个较为合理的照明设计方案，创造一个优良的室内光环境，节约资源，保护环境。

第 2.1 章　建筑光学基本知识

本篇研究的光是一种能直接引起视感觉的光谱辐射，其波长范围为 380 ~ 780nm[①]。波长大于 780nm 的红外线、无线电波等，以及小于 380nm 的紫外线、X 射线等，人眼都感觉不到。由此可知，光是客观存在的一种能量，而且与人的主观感觉有密切的联系。因此光的度量必须和人的主观感觉结合起来。为了做好光照设计，应该对人眼的视觉特性、光的度量、材料的光学性能等有必要的了解。

2.1.1　眼睛与视觉

2.1.1.1　眼睛的构造

视觉是由进入人眼的辐射所产生的光感觉而获得的对外界的认识。人们的视觉只能通过眼睛来完成，眼睛好似一个很精密的光学仪器，它在很多方面都与照相机相似。图 2.1－1 是人的右眼剖面图。眼睛的主要组成部分和功能如下：

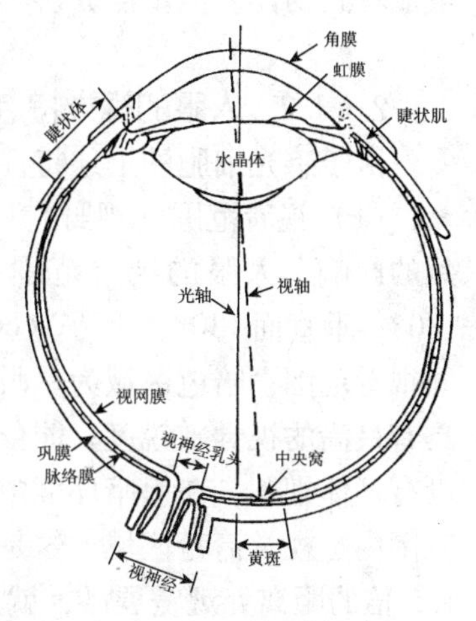

图 2.1－1　人的右眼剖面图

（1）瞳孔　虹膜中央的圆形孔，它可根据环境的明暗程度，自动调节其孔径，以控制进入眼球的光能数量，与照相机光圈的作用相同。

（2）水晶体　为一扁球形的弹性透明体，它受睫状肌收缩或放松的影响，使其形状改变，从而改变其屈光度，使远近不同的外界景物都能在视网膜上形成清晰的影像，与照相机透镜的作用相同，不过水晶体具有自动聚焦功能。

（3）视网膜　光线经过瞳孔、水晶体在视网膜上聚焦成清晰的影像。它是眼睛的视觉感受部分，类似照相机中的胶卷。视网膜上布满了感光细胞——锥体和杆体感光细胞[②]。光线射到它们上面就产生光刺激，并把光信息传输至视神经，再传至大脑，产生视觉感觉。

（4）感光细胞　它们处在视网膜最外层上，接受光刺激。它们在视网膜上的分布是不均匀的：锥体细胞主要集中在视网膜的中央部位，称为“黄斑”的黄色区域；黄斑区的中心有一小凹，称“中央窝”；在这里，锥体细胞的密度达到最大，在黄斑区以外，锥体细胞的密度急剧下降。与此相反，在中央窝处几乎没有杆体细胞，自中央窝向外，其密度迅速增加，在离中央窝 20°附近其密度达到最大，然后又逐渐减少（见图 2.1－2）。

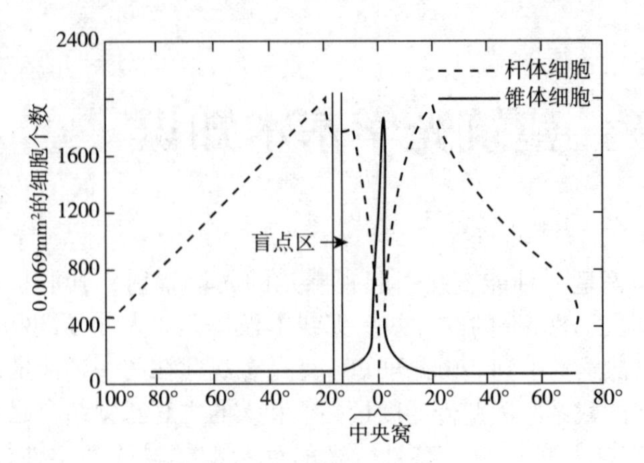

图2.1－2　锥体细胞与杆体细胞的分布

两种感光细胞有各自的功能特征。锥体细胞在明亮环境下对色觉和视觉敏锐度起决定作用，即它能分辨出物体的细部和颜色，并对环境的明暗变化作出迅速的反应，以适应新的环境。而杆体细胞在黑暗环境中对明暗感觉起决定作用，它虽能看到物体，但不能分辨其细部和颜色，对明暗变化的反应缓慢。

2.1.1.2　人眼的视觉特点

由于感光细胞的上述特性，使人们的视觉活动具有以下特点：

（1）视看范围（视野）　根据感光细胞在视网膜上的分布，以及眼眉、脸颊的影响，人眼的视看范围有一定的局限。双眼不动的视野范围为：水平面180°；垂直面130°，上方为60°，下方为70°（见图2.1－3，白色区域为双眼共同视看范围；暗色区域为单眼视看最大范围）。黄斑区所对应的角度约为2°，它具有最高的视觉敏锐度，能分辨最微小的细部，称“中心视野”。由于这里几乎没有杆体细胞，在黑暗环境中这部分几乎不产生视觉。从中心视野往外直到30°范围内是视觉清楚区域，这是观看物体的有利位置。通常站在离展品高度的2～1.5倍的距离处观赏展品，就是使展品处于上述视觉清楚区域内。

（2）明、暗视觉　由于锥体、杆体感光细胞分别在不同的明、暗环境中起主要作用，形成明、暗视觉。明视觉是指在明亮环境中，主要由视网膜的锥体细胞起作用的视觉（即正常人眼适应高于几个cd/m²的亮度时的视觉）。明视觉能够辨认很小的细节，同时具有颜色感觉，而且对外界亮度变化的适应能力强。暗视觉是指在暗环境中，主要由视网膜杆体细胞起作用的视觉（即正常人眼适应低于百分之几cd/m²的亮度时的视觉）。暗视觉只有明暗感觉而无颜色感觉，也无法分辨物件的细节，对外部变化的适应能力低。

介于明视觉和暗视觉之间的视觉是中间视觉。在中间视觉时，视网膜的锥体感光细胞和杆体感光细胞同时起作用，而且它们随着正常人眼的适应水平变化而发挥的作用大小不同：中间视觉状态在偏向明视觉时较为依赖锥体细胞，在偏向暗视觉时则依赖杆体细胞的程度变大。

（3）光谱光视效率　人眼观看同样功率的辐射，在不同波长时感觉到的明

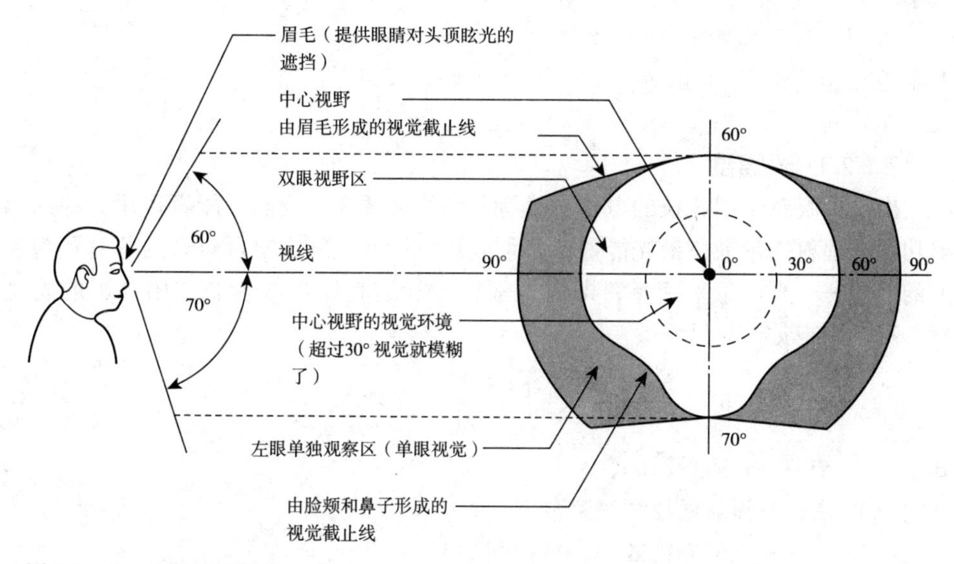

图2.1－3 人眼视野范围

资料来源：M·戴维·埃甘等著，袁樵译. 建筑照明［M］. P.40，2006

亮程度不一样。人眼的这种特性常用光谱光视效率 $V(\lambda)$ 曲线来表示（见图2.1－4）。它表示在特定光度条件下产生相同视觉感觉时，波长 λ_m 和波长 λ 的单色光辐射通量③的比。λ_m 选在视感最大值处（明视觉时为555nm，暗视觉为507nm）。明视觉的光谱光视效率以 $V(\lambda)$ 表示，暗视觉的光谱光视效率用 $V'(\lambda)$ 表示。

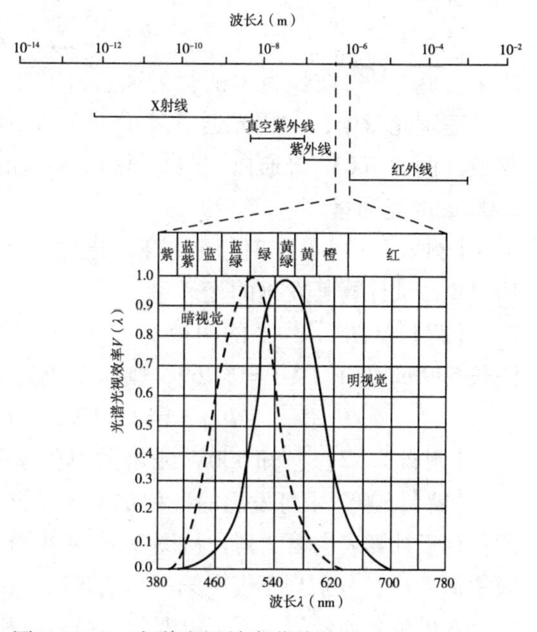

图2.1－4 光谱光视效率曲线

由于在明、暗环境中，分别是锥体和杆体细胞起主要作用，所以它们具有不同的光谱光视效率曲线。这两条曲线代表等能光谱波长 λ 的单色辐射所引起的明亮感觉程度。明视觉曲线 $V(\lambda)$ 的最大值在波长555nm处，即在黄绿光部位最亮，愈趋向光谱两端的光显得愈暗。$V'(\lambda)$ 曲线表示暗视觉时的光谱光视效率，它与 $V(\lambda)$ 相比，整个曲线向短波方向推移，长波端的能见范围缩小，短波端的能见范围略有扩大。在不同光亮条件下人眼感受性不同的现象称为“普尔金耶效应（Purkinje effect）”。在设计室内颜色装饰时，应根据它们所处环境的明暗可能变化程度，利用上述效应，选择相应的明度和色彩对比，否则就可能在不同时候产生完全不同的效果，达不到预期目的。

2.1.2 基本光度单位和应用

2.1.2.1 光通量

由于人眼对不同波长的电磁波具有不同的灵敏度，我们不能直接用光源的辐射功率或辐射通量来衡量光能量，必须采用以标准光度观察者对光的感觉量为基准的单位——光通量来衡量，即根据辐射对标准光度观察者的作用导出的光度量。对于明视觉，有：

$$\Phi = K_m \int_0^\infty \frac{d\Phi_e(\lambda)}{d\lambda} V(\lambda) d\lambda$$

式中 Φ——光通量，lm；

$d\Phi_e(\lambda)/d\lambda$——辐射通量的光谱分布，W；

$V(\lambda)$——光谱光视效率，可由图2.1-4查出；

K_m——最大光谱光视效能，在明视觉时 K_m 为683lm/W。

在计算时，光通量常采用下式算得：

$$\Phi = K_m \sum \Phi_{e,\lambda} V(\lambda) \quad (2.1-1)$$

式中 $\Phi_{e,\lambda}$——波长为 λ 的辐射通量，W。

建筑光学中，常用光通量表示一光源发出光能的多少，它是光源的一个基本参数。例如100W普通白炽灯发出1179lm的光通量，40W日光色荧光灯约发出2400lm的光通量。

【例2.1-1】已知低压钠灯发出波长为589nm的单色光，设其辐射通量为10.3W，试计算其发出的光通量。

【解】从图2.1-4的明视觉（实线）光谱光视效率曲线中可查出，对应于波长589nm的 $V(\lambda)=0.769$，则该单色光源发出的光通量为：

$$\Phi_{589} = 683 \times 10.3 \times 0.769 \approx 5410\text{lm}$$

【例2.1-2】已知500W汞灯的单色辐射通量值，试计算其光通量。

【解】500W汞灯发出的各种辐射波长列于计算表中第一列，相应的单色辐射通量列于计算表中第二列。从图2.1-4中查出表中第一列各波长相应的光谱光视效率 $V(\lambda)$，分别列于表中第三列的各行。将第二、三列数值代人公式（2.1-1），即得各单色光通量值，列于第四列。最后将其总和得光通量为15613.2lm。

【例2.1-2】的计算表

波长 λ（nm）	单色辐射通量 $\Phi_{e,\lambda}$（W）	光谱光视效率 $V(\lambda)$	光通量 Φ_λ（lm）
365	2.2	—	—
406	4.0	0.0007	1.9
436	8.4	0.0180	103.3
546	11.5	0.9841	7729.6
578	12.8	0.8892	7773.7
691	0.9	0.0076	4.7
总 计	39.8		15613.2

2.1.2.2　发光强度

光通量是说明某一光源向四周空间发射出的光能总量。不同光源发出的光通量在空间的分布是不同的。例如悬吊在桌面上空的一盏100W白炽灯，它发出1179lm光通量。但用不用灯罩，投射到桌面的光线就不一样。加了灯罩后，灯罩将往上的光向下反射，使向下的光通量增加，因此我们就感到桌面上亮一些。这例子说明只知道光源发出的光通量还不够，还需要了解它在空间中的分布状况，即光通量的空间密度分布。

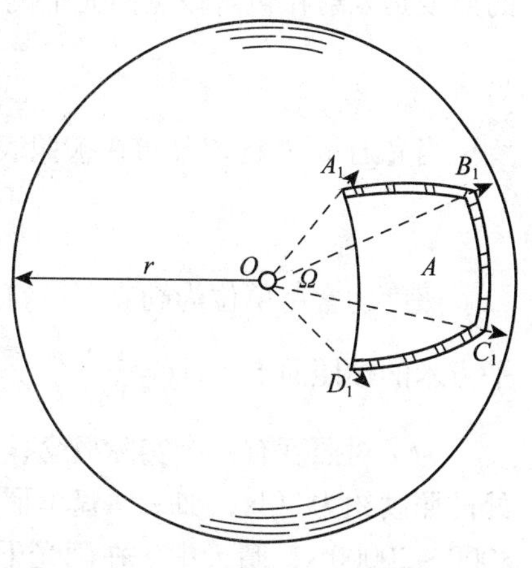

图2.1－5　立体角概念

图2.1－5表示一空心球体，球心O处放一光源，它向由$A_1B_1C_1D_1$所包的面积A上发出Φlm的光通量。而面积A对球心形成的角称为立体角，它是以A的面积和球的半径r平方之比来度量，即：

$$d\Omega = \frac{dA\cos\alpha}{r^2}$$

式中　α——面积A上微元dA和O点连线与微元法线之间的夹角。对于本例有：

$$\Omega = A/r^2 \qquad (2.1-2)$$

立体角的单位为球面度（sr），即当$A = r^2$时，它对球心形成的立体角为1球面度。

光源在给定方向上的发光强度是该光源在该方向的立体角元$d\Omega$内传输的光通量$d\Phi$除以该立体角之商，发光强度的符号为I。例如，点光源在某方向上的立体角元$d\Omega$内发出的光通量为$d\Phi$时，则该方向上的发光强度为：

$$I = \frac{d\Phi}{d\Omega}$$

当角α方向上的光通量Φ均匀分布在立体角Ω内时，则该方向的发光强度为：

$$I_\alpha = \frac{\Phi}{\Omega} \qquad (2.1-3)$$

发光强度的单位为坎德拉，符号为cd，它表示光源在1球面度立体角内均匀发射出1lm的光通量，$1\text{cd} = \frac{1\text{lm}}{1\text{sr}}$。

40W白炽灯泡正下方具有约30cd的发光强度。而在它的正上方，由于有灯头和灯座的遮挡，在这方向没有光射出，即此方向的发光强度为零。如加上一个不透明的搪瓷伞形罩，向上的光通量除少量被吸收外，都被灯罩朝下面反射，因此向下的光通量增加，而灯罩下方立体角未变，故光通量的空间密度加大，发光强度由30cd增加到73cd左右。

2.1.2.3　照度

对于被照面而言，常用落在其单位面积上的光通量多少来衡量它被照射的程度，这就是常用的照度，符号为E，它表示被照面上的光通量密度。表面上一点的照度是入射在包含该点面元上的光通量$\mathrm{d}\Phi$除以该面元面积$\mathrm{d}A$，即：

$$E=\frac{\mathrm{d}\Phi}{\mathrm{d}A}$$

当光通量Φ均匀分布在被照表面A上时，则此被照面各点的照度均为：

$$E=\frac{\Phi}{A} \tag{2.1-4}$$

照度的常用单位为勒克斯，符号为lx，它等于1流明的光通量均匀分布在1平方米的被照面上，$1\mathrm{lx}=\frac{1\mathrm{lm}}{1\mathrm{m}^2}$。

为了对照度有一个实际概念，下面举一些常见的例子。在40W白炽灯下1m处的照度约为30lx；加一搪瓷伞形罩后照度就增加到73lx；阴天中午室外照度为8000~20000lx；晴天中午在阳光下的室外照度可高达80000~120000lx。

照度的英制单位为英尺烛光（fc），它等于1流明的光通量均匀分布在1平方英尺的表面上，由于1平方米=10.76平方英尺，所以1fc=10.76lx。

2.1.2.4 发光强度和照度的关系

一个点光源在被照面上形成的照度，可从发光强度和照度这两个基本量之间的关系求出。

图2.1-6（a）表示球表面A_1、A_2、A_3距点光源O分别为r、$2r$、$3r$，在光源处形成的立体角相同，则球表面A_1、A_2、A_3的面积比为它们距光源的距离平方比，即1∶4∶9。设光源O在这三个表面方向的发光强度不变，即单位立体角的光通量不变，则落在这三个表面的光通量相同，由于它们的面积不同，故落在其上的光通量密度也不同，即照度是随它们的面积而变，由此可推出发光强度和照度的一般关系。从式（2.1-4）知道，表面的照度：

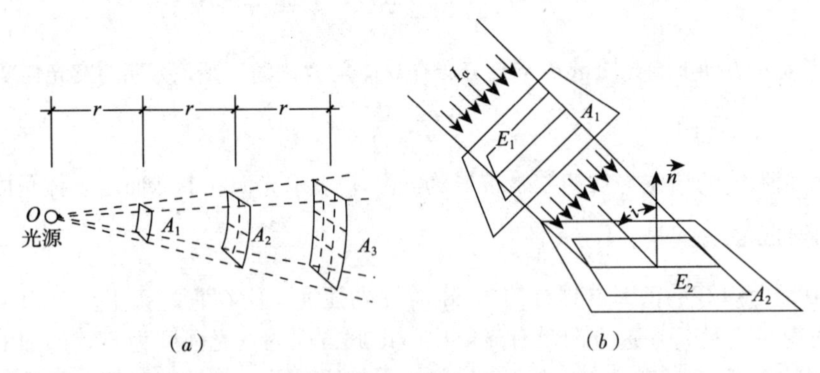

图2.1-6 点光源产生的照度概念

$$E=\frac{\Phi}{A}$$

由式（2.1-3）可知$\Phi=I_\alpha\Omega$（其中$\Omega=A/r^2$），将其代入式（2.1-4），则得：

$$E=\frac{I_\alpha}{r^2} \tag{2.1-5}$$

式（2.1－5）表明，某表面的照度 E 与点光源在这方向的发光强度 I_α 成正比，与距光源的距离 r 的平方成反比。这就是计算点光源产生照度的基本公式，称为距离平方反比定律。

以上所讲的是指光线垂直入射到被照表面即入射角 i 为零时的情况。当入射角不等于零时，如图2.1－6（b）的表面 A_2，它与 A_1 成 i 角，A_1 的法线与光线重合，则 A_2 的法线与光源射线成 i 角，由于

$$\Phi = A_1E_1 = A_2E_2$$

且

$$A_1 = A_2\cos i$$

故

$$E_2 = E_1\cos i$$

由式（2.1－5）可知，

$$E_1 = \frac{I_\alpha}{r^2}$$

故

$$E_2 = \frac{I_\alpha}{r^2}\cos i \qquad (2.1-6)$$

式（2.1－6）表明：表面法线与入射光线成 i 角处的照度，与它至点光源的距离平方成反比，而与光源在 i 方向的发光强度和入射角 i 的余弦成正比。

式（2.1－6）适用于点光源。一般当光源尺寸小于至被照面距离的1/5时，即将该光源视为点光源。

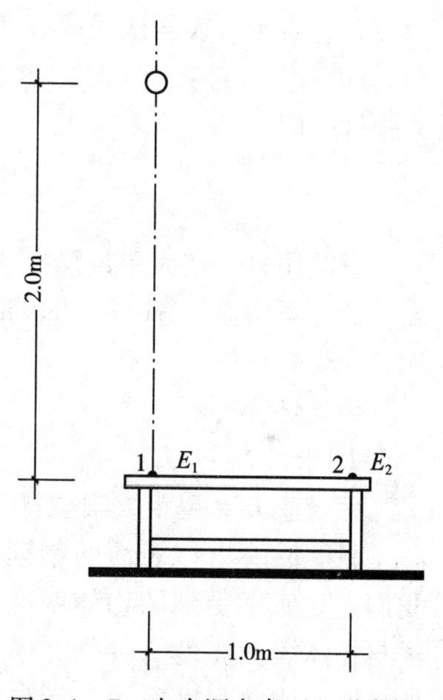

图2.1－7 点光源在桌面上形成的照度

【例2.1－3】 如图2.1－7所示，在桌面上方2m处挂一盏40W白炽灯，求灯下桌面上点1处照度 E_1，及点2处照度 E_2 值（设辐射角 α 在0°～45°内该白炽灯的发光强度均为30cd）。

【解】 因为 $I_{0\sim45}=30\text{cd}$，所以按式（2.1－6）算得：

$$E_1 = \frac{I_\alpha}{r^2}\cos i = \frac{30}{2^2}\cos 0^\circ = 7.5\text{lx}$$

$$E_2 = \frac{I_\alpha}{r^2}\cos i = \frac{30}{2^2+1^2}\cos 26°34' \approx 5.4\text{lx}$$

2.1.2.5 亮度

在房间内同一位置，放置了黑色和白色的两个物体，虽然它们的照度相同，但在人眼中引起不同的视觉感觉，看起来白色物体亮得多，这说明物体表面的照度并不能直接表明人眼对物体的视觉感觉。下面我们就从视觉过程来考查这一现象。

一个发光（或反光）物体，在眼睛的视网膜上成像，视觉感觉与视网膜上的物像的照度成正比，物像的照度愈大，我们觉得被看的发光（或反光）物体愈亮。视网膜上物像的照度是由物像的面积（它与发光物体的面积有关）和落在这面积上的光通量（它与发光体朝视网膜上物像方向的发光强度有关）所决

定。它表明：视网膜上物像的照度是和发光体在视线方向的投影面积 $A\cos\alpha$ 成反比，与发光体朝视线方向的发光强度 I_α 成正比，即亮度就是单位投影面积上的发光强度，亮度的符号为 L，其计算公式为：

$$L=\frac{d^2\Phi}{d\Omega\, dA\cos\alpha}$$

式中　$d^2\Phi$——由给定点处的束元 dA 传输的并包含给定方向的立体角元 $d\Omega$ 内传播的光通量；

dA——包含给定点处的射束截面积；

α——射束截面法线与射束方向间的夹角。

当角 α 方向上射束截面 A 的发光强度 I_α 均相等时，角 α 方向的亮度为：

$$L_\alpha=\frac{I_\alpha}{A\cos\alpha} \tag{2.1-7}$$

由于物体表面亮度在各个方向不一定相同，因此常在亮度符号的右下角注明角度，它表示与表面法线成 α 角方向上的亮度。亮度的常用单位为坎德拉每平方米（cd/m^2），它等于1平方米表面上，沿法线方向（$\alpha=0°$）发出1坎德拉的发光强度，即：

$$1cd/m^2=\frac{1cd}{1m^2}$$

有时用另一较大单位熙提（符号为sb），它表示 $1cm^2$ 面积上发出1cd时的亮度单位。很明显，$1sb=10^4cd/m^2$。常见的一些物体亮度值如下：

白炽灯灯丝	300～500sb
荧光灯管表面	0.8～0.9sb
太阳	200000sb
无云蓝天（视距太阳位置的角距离不同，其亮度也不同）	0.2～2.0sb

亮度反映物体表面的物理特性；而我们主观所感受到的物体明亮程度，除了与物体表面亮度有关外，还与我们所处环境的明暗程度有关。例如同一亮度的表面，分别放在明亮和黑暗环境中，我们就会感到放在黑暗中的表面比放在明亮环境中的亮。为了区别这两种不同的亮度概念，常将前者称为“物理亮度（或称亮度）”，后者称为“表观亮度（或称明亮度）”。图2.1－8是通过大量主观评价获得的实验数据整理出的亮度感觉曲线。从图中可看出，相同的物体表面亮度（横坐标），在不同的环境亮度时（曲线），产生不同的亮度感觉（纵坐标）。从图中还可看出，要想在不

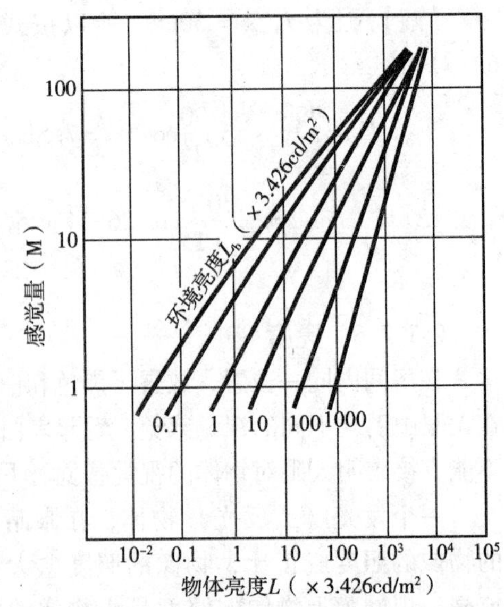

图2.1－8　物理亮度与表观亮度的关系

同适应亮度条件下（如同一房间晚上和白天时的环境明亮程度不一样，适应亮度也就不一样），获得相同的亮度感觉，就需要根据以上关系，确定不同的表面亮度。本篇仅研究物理亮度（亮度）。

2.1.2.6　照度和亮度的关系

照度和亮度的关系，指的是光源亮度和它所形成的照度间的关系。如图2.1－9所示，设A_1为各方向亮度都相同的发光面，A_2为被照面。在A_1上取一微元面积dA_1，由于它的尺寸和它距被照面间的距离r相比，显得很小，故可视为点光源。微元发光面积dA_1射向O点的发光强度为dI_α，这样它在A_2上的O点处形成的照度为：

$$dE=\frac{dI_\alpha}{r^2}\cos i \qquad (2.1-8a)$$

对于微元发光面积dA_1而言，由亮度与光强的关系式（2.1－7）可得：

$$dI_\alpha=L_\alpha dA_1\cos\alpha \qquad (2.1-8b)$$

将式（2.1－8b）代入式（2.1－8a）则得：

$$dE=L_\alpha\frac{dA_1\cos\alpha}{r^2}\cos i \qquad (2.1-8c)$$

式中　$\frac{dA_1\cos\alpha}{r^2}$是微元面$dA_1$对$O$点所张开的立体角$d\Omega$，故式（2.1－8c）可写成：

$$dE=L_\alpha d\Omega\cos i$$

整个发光表面在O点形成的照度为：

$$E=\int_\Omega L_\alpha\cos i d\Omega$$

因光源在各方向的亮度相同，则：

$$E=L_\alpha\Omega\cos i \qquad (2.1-8)$$

这就是常用的立体角投影定律，它表示某一亮度为L_α的发光表面在被照面上形成的照度值的大小，等于这一发光表面的亮度L_α与该发光表面在被照点上形成的立体角Ω的投影（$\Omega\cos i$）的乘积。这一定律表明：某一发光表面在被照面上形成的照度，仅和发光表面的亮度及其在被照面上形成的立体角投影有关。在图2.1－9中A_1和$A_1\cos\alpha$的面积不同，但由于它对被照面形成的立体角投影相同，故只要它们的亮度相同，它们在A_2面上形成的照度就一样。立体角投影定律适用于光源尺寸相对于它和被

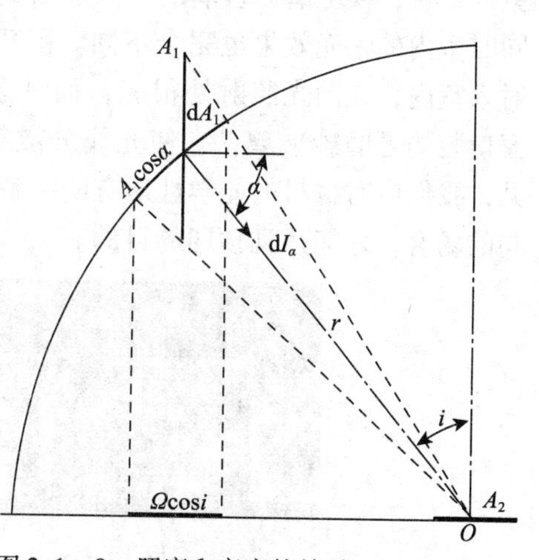

图2.1－9　照度和亮度的关系

照点距离较大时。

【例 2.1-4】在侧墙和屋顶上各有一个 $1m^2$ 的窗洞，它们与室内桌子的相对位置见图 2.1-10，设通过窗洞看见的天空亮度均为 1sb，试分别求出各个窗洞在桌面上形成的照度（桌面与侧窗窗台等高）。

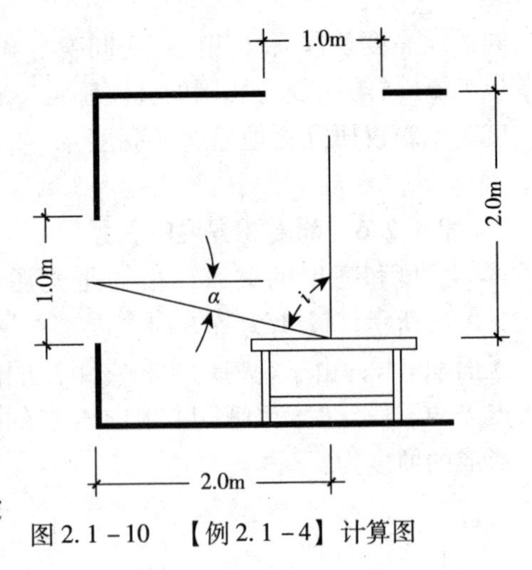

图 2.1-10 【例 2.1-4】计算图

【解】窗洞可视为一发光表面，其亮度等于透过窗洞看见的天空亮度，在本例题中天空亮度均为 1sb，即 $10^4 cd/m^2$。

按公式（2.1-8）$E = L_\alpha \Omega \cos i$ 计算：

侧窗时

$$\cos\alpha = \frac{2}{\sqrt{2^2 + 0.5^2}} \approx 0.970$$

$$\Omega = \frac{1 \times \cos\alpha}{2^2 + 0.5^2} \approx 0.228 \text{ (sr)}$$

$$\cos i = \frac{0.5}{\sqrt{4.25}} \approx 0.243$$

$$E_w = 10000 \times 0.228 \times 0.243 \approx 554 \text{lx}$$

天窗时

$$\Omega = 1/4 \text{ (sr)}, \cos i = 1$$

$$E_m = 10000 \times \frac{1}{4} \times 1 = 2500 \text{lx}$$

2.1.3 材料的光学性质

在日常生活中，我们所看到的光，大多数是经过物体反射或透射的光。窗扇装上不同的玻璃，就产生不同的光效果。装上透明玻璃，从室内可以清楚地看到室外景色；换上磨砂玻璃后，只能看到白茫茫的一块玻璃，无法看到室外景色，同时室内的采光效果也完全不同。图 2.1-11（*a*）为普通透明玻璃，阳光直接射入室内，在阳光照射处很亮，而其余地方则暗得多；在图 2.1-11（*b*）中，窗口装的是磨砂玻璃，它使光线分散射向四方，整个房间都比较明亮。由此可见，我们应对材料的光学性质有所了解，根据它们的不同特点，合理地应用于不同的场合，才能达到预期的目的。

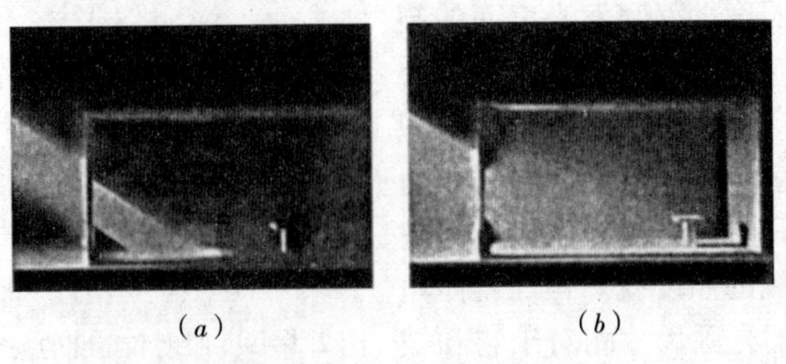

（*a*）（*b*）

图 2.1-11 不同窗玻璃的采光效果

2.1.3.1 光的反射、吸收和透射

在光的传播过程中遇到介质（如玻璃、空气、墙……）时，入射光通量（Φ）中的一部分被反射（Φ_ρ），一部分被吸收（Φ_α），一部分透过介质进入另一侧的空间（Φ_τ），见图2.1-12。

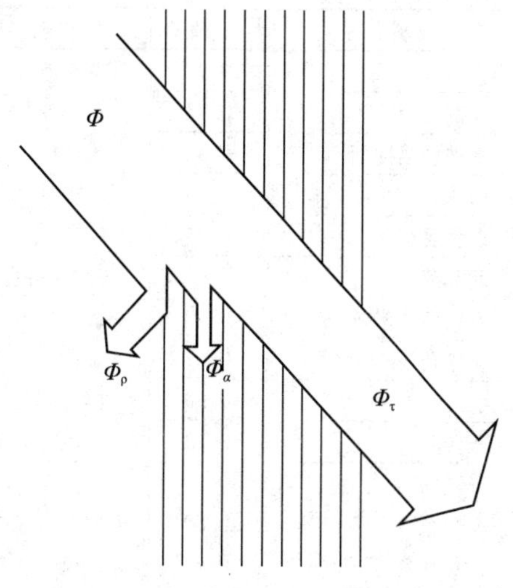

图2.1-12 光的反射、吸收和透射

根据能量守恒定律，这三部分之和应等于入射光通量，即：

$$\Phi = \Phi_\rho + \Phi_\alpha + \Phi_\tau \qquad (2.1-9)$$

反射、吸收和透射光通量与入射光通量之比，分别称为光反射比（曾称为反光系数）ρ、光吸收比（曾称为吸收系数）α 和光透射比（曾称为透光系数）τ，即：

$$\rho = \Phi_\rho / \Phi \qquad (2.1-10a)$$

$$\alpha = \Phi_\alpha / \Phi \qquad (2.1-10b)$$

$$\tau = \Phi_\tau / \Phi \qquad (2.1-10c)$$

由式（2.1-10a、2.1-10b 及 2.1-10c）得出：

$$\frac{\Phi_\rho}{\Phi} + \frac{\Phi_\alpha}{\Phi} + \frac{\Phi_\tau}{\Phi} = \rho + \alpha + \tau = 1 \qquad (2.1-11)$$

表2.1-1、表2.1-2分别列出了常用建筑材料的光反射比和光透射比，供采光设计时参考使用，其他材料可查阅有关手册和资料。

为了做好采光和照明设计，仅了解这些数值还不够，还需要了解光通量经过介质反射和透射后，光的分布起了什么变化。

光经过介质的反射和透射后的分布变化，取决于材料表面的光滑程度和材料内部分子结构。反光和透光材料均可分为二类：一类属于规则的，即光线经过反射和透射后，光分布的立体角没有改变，如镜子和透明玻璃；另一类为扩散的，这类材料使入射光程度不同地分散在更大的立体角范围内，粉刷墙面就属于这一类。下面分别介绍这两类情况。

2.1.3.2 规则反射和透射

光线射到表面很光滑的不透明材料上，就出现规则反射现象。规则反射（又称为镜面反射）就是在无漫射的情形下，按照几何光学的定律进行的反射。它的特点是：①光线入射角等于反射角；②入射光线、反射光线以及反射表面的法线处于同一平面，见图2.1-13。玻璃镜、磨得很光滑的金属表面都具有这种反射特性，这时在反射方向可以很清楚地看到光源的形象，但眼睛（或光滑表面）稍微移动到另一位置，不处于反射方向，就看不见光源形象。

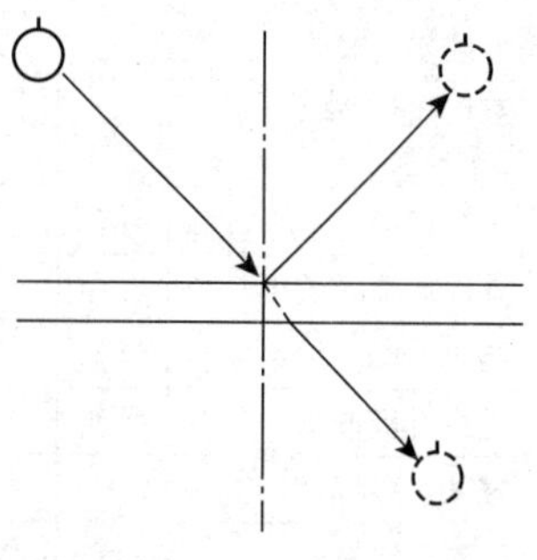
图2.1-13 规则反射和透射

饰面材料的光反射比ρ值 表2.1-1

材料名称	ρ值	材料名称	ρ值	材料名称	ρ值
石膏	0.91	马赛克地砖		塑料贴面板	
大白粉刷	0.75	白色	0.59	浅黄色木纹	0.36
水泥砂浆抹面	0.32	浅蓝色	0.42	中黄色木纹	0.30
白水泥	0.75	浅咖啡色	0.31	深棕色木纹	0.12
白色乳胶漆	0.84	绿色	0.25	塑料墙纸	
调和漆		深咖啡色	0.20	黄白色	0.72
白色和米黄色	0.70	铝板		蓝白色	0.61
中黄色	0.57	金色	0.83~0.87	浅粉白色	0.65
红砖	0.33	白色抛光	0.89~0.93	广漆地板	0.10
灰砖	0.23	白色镜面	0.45	菱苦土地面	0.15
瓷釉面砖				混凝土面	0.20
白色	0.80	大理石		沥青地面	0.20
黄绿色	0.62	白色	0.60	铸铁、钢板地面	0.15
粉色	0.65	乳色间绿色	0.39	镀膜玻璃	
天蓝色	0.55	红色	0.32	金色	0.23
黑色	0.08	黑色	0.08	银色	0.30
无釉陶土地砖		水磨石		宝石蓝	0.17
土黄色	0.53	白色	0.70	宝石绿	0.37
朱砂	0.19	白色间灰黑色	0.52	茶色	0.21
浅色彩色涂料	0.75~0.82	白色间绿色	0.66	彩色钢板	
不锈钢板	0.72	黑灰色	0.10	红色	0.25
胶合板	0.58	普通玻璃	0.08	深咖啡色	0.20

采光材料的光透射比τ值 表2.1-2

材料名称	颜色	厚度(mm)	τ值	材料名称	颜色	厚度(mm)	τ值
普通玻璃	无	3~6	0.78~0.82	聚碳酸酯板	无	3	0.74
钢化玻璃	无	3~6	0.78	聚酯玻璃钢板	本色	3~4层布	0.73~0.77
磨砂玻璃(花纹深密)	无	3~6	0.55~0.60		绿	3~4层布	0.62~0.67
压花玻璃(花纹深密)	无	3	0.57	小波玻璃钢板	绿		0.38
(花纹浅疏)	无	3	0.71	大波玻璃钢板	绿		0.48
夹丝玻璃	无	6	0.76	玻璃钢罩	本色	3~4层布	0.72~0.74
压花夹丝玻璃(花纹浅疏)	无	6	0.66	钢窗纱	绿		0.70
夹层安全玻璃	无	3+3	0.78	镀锌钢丝网			0.89
双层隔热玻璃(空气层5mm)	无	3+5A+3	0.64	(孔20mm×20mm)	茶色	3~6	0.08~0.50
				茶色玻璃	无	3+3	0.81
吸热玻璃	蓝	3~5	0.52~0.64	中空玻璃	无	3+3	0.84
乳白玻璃	乳白	1	0.60	安全玻璃	金色	5	0.10
有机玻璃	无	2~6	0.85	镀膜玻璃	银色	5	0.14
乳白有机玻璃	乳白	3	0.20		宝石蓝	5	0.20
聚苯乙烯板	无	3	0.78		宝石绿	5	0.08
聚氯乙烯板	本色	2	0.60		茶色	5	0.14

注：τ值应为漫射光条件下测定值。

例如人们照镜子，只有当入射光（本人形象的亮度）、镜面的法线和反射光在同一平面上，而反射光又刚好射入人眼时，人们才能看到自己的形象。利用这一特性，将这种表面放在合适位置，就可以将光线反射到需要的地方，或避免光源在视线中出现。如布置镜子和灯具时，必须使人获得最大的照度，同时又不能让刺眼的灯具反射形象进入人眼。这时就可利用这种反射法则来考虑灯的位置。图2.1－14表示人眼处在A的位置时，就能清晰地看到自己的形象，看不见灯的反射形象；而人在B处时，人就会在镜中看到灯的明亮反射形象，影响照镜子效果。

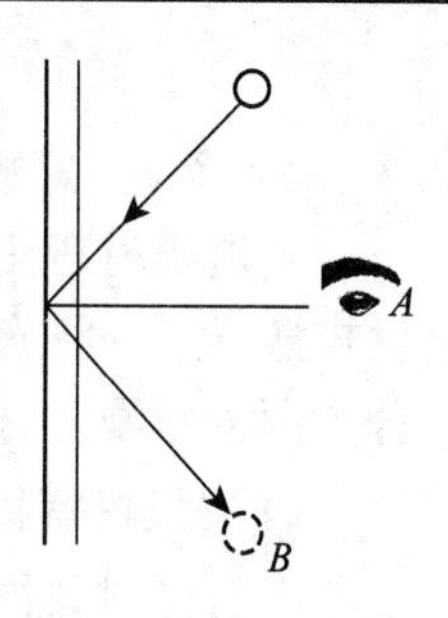

图2.1－14　避免受规则反射影响的办法

光线射到透明材料上则产生规则透射。规则透射（又称为直接透射）就是在无漫射的情形下，按照几何光学定律的透射。如材料的两个表面彼此平行，则透过材料的光线方向和入射方向保持平行。例如，隔着质量好的窗玻璃就能很清楚地、毫无变形地看到另一侧的景物。

经材料反射（或透射）后的光源亮度和发光强度，因材料的吸收和反射，而比光源原有亮度和发光强度有所降低，其值为：

$$L_\tau = L \times \tau \quad 或 \quad L_\rho = L \times \rho \tag{2.1-12}$$

$$I_\tau = I \times \tau \quad 或 \quad I_\rho = I \times \rho \tag{2.1-13}$$

式中　L_τ（L_ρ）、I_τ（I_ρ）——分别为经过透射（反射）后的光源亮度和发光强度；

L_τ、I_τ——光源原有亮度和发光强度；

τ、ρ——材料的光透射比和光反射比。

但如果玻璃质量不好，两个表面不平，各处厚薄不匀，因而各处的折射角不同，透过材料的光线互不平行，隔着它所见到的物体形象就发生变形。人们利用这种效果，将玻璃的一面制成各种花纹，使玻璃二侧表面互不平行，因而光线折射不一，使外界形象严重歪曲，达到模糊不清的程度，这样既看不清另一侧的情况，不致分散人们的注意力，又不会过分地影响光线的透过，保持室内采光效果，同时也避免室内活动可从室外一览无余。图2.1－15表示在不同花纹的压花玻璃（a）、后面20cm（b）处和50cm（c）处放一玩偶，在玻璃前产生的不同效果。

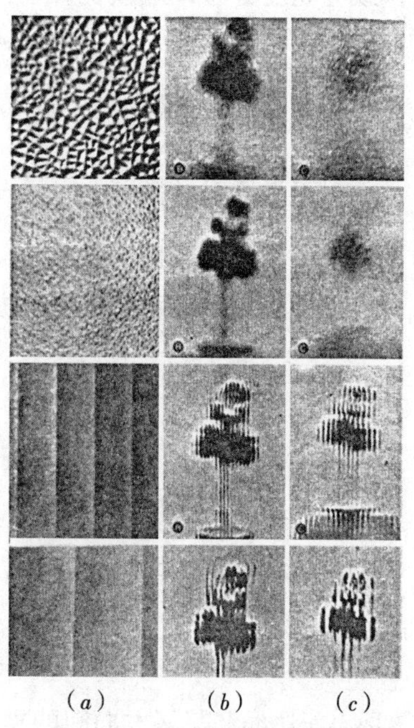
（a）　（b）　（c）

图2.1－15　不同花纹压花玻璃的效果

2.1.3.3 扩散反射和透射

半透明材料使入射光线发生扩散透射，表面粗糙的不透明材料使入射光线发生扩散反射，将光线分散在更大的立体角范围内。这类材料又可按它的扩散特性分为两种：漫射材料，混合反射与混合透射材料。

1）漫射材料

漫射材料又称为均匀扩散材料。这类材料将入射光线均匀地向四面八方反射或透射，从各个角度看，其亮度完全相同，看不见光源形象。漫反射就是在宏观上不存在规则反射时，由反射造成的漫射。漫反射材料有氧化镁、石膏等。大部分无光泽、粗糙的建筑材料，如粉刷、砖墙等都可以近似地看成这一类材料。漫透射就是宏观上不存在规则透射时，由透射造成的漫射。漫透射材料有乳白玻璃和半透明塑料等，透过它看不见光源形象或外界景物，只能看见材料的本色和亮度上的变化，常将它用于灯罩、发光顶棚，以降低光源的亮度，减少刺眼程度。这类材料用矢量表示的亮度和发光强度分布见图2.1－16，图中实线为亮度分布，虚线为发光强度分布。漫射材料表面的亮度可用下列公式计算：

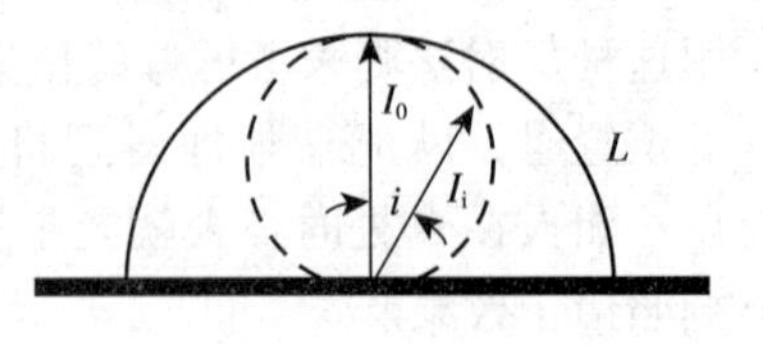

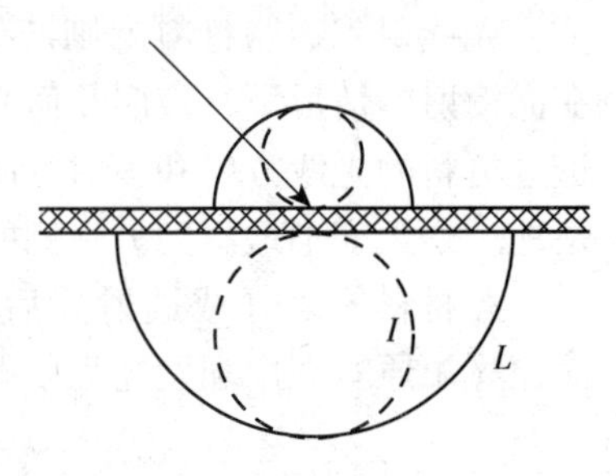

图2.1－16 漫反射和漫透射

对于漫反射材料 $$L=\frac{E\times\rho}{\pi}\quad(\mathrm{cd/m^2})\qquad(2.1-14)$$

对于漫透射材料 $$L=\frac{E\times\tau}{\pi}\quad(\mathrm{cd/m^2})\qquad(2.1-15)$$

上两式中照度单位是勒克斯（lx），

如果用另一亮度单位阿熙提（asb），则：

$$L=E\times\rho\quad(\mathrm{asb})\qquad(2.1-16)$$

$$L=E\times\tau\quad(\mathrm{asb})\qquad(2.1-17)$$

上两式中照度单位也是勒克斯（1x）；

显然有 $$1\,\mathrm{asb}=\frac{1}{\pi}\mathrm{cd/m^2}$$

漫射材料的最大发光强度在表面的法线方向，其他方向的发光强度和法线方向的值有如下关系：

$$I_i=I_0\cos i\qquad(2.1-18)$$

i 是表面法线和某一方向间的夹角，这一关系式称为“朗伯余弦定律”。

2）混合反射与透射材料

多数材料同时具有规则和漫射两种性质。混合反射就是规则反射和漫反射兼有的反射，而混合透射就是规则透射和漫透射兼有的透射。它们在规则反射（透射）方向，具有最大的亮度，而在其他方向也有一定亮度。这种材料的亮度分布见图2.1－17。

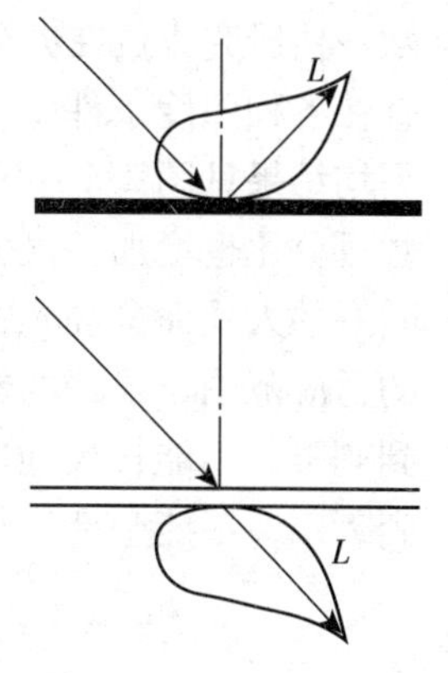

图2.1－17　混合反射和透射

具有这种性质的反光材料有光滑的纸、较粗糙的金属表面、油漆表面等。这时在反射方向可以看到光源的大致形象，但轮廓不像规则反射那样清晰，而在其他方向又类似漫反射材料具有一定亮度，但不像规则反射材料那样亮度为零。混合透射材料如磨砂玻璃，透过它可看到光源的大致形象，但不清晰。

图2.1－18表示不同桌面处理的光效果。在图2.1－18（*a*）中是一常见的办公桌表面处理方式——深色的油漆表面，由于它具有混合反射特性，在桌面上看到两条明显的荧光灯反射形象，但边沿不太清晰。在深色桌面衬托下感到特别刺眼，很影响工作。而在图2.1－18（*b*）中，办公桌的左半侧，已用一浅色漫反射材料代替原有的深色油漆表面，由于它的均匀扩散性能，使反射光通量均匀分布，故亮度均匀，看不见荧光灯管形象，给工作创造了良好的视觉条件。

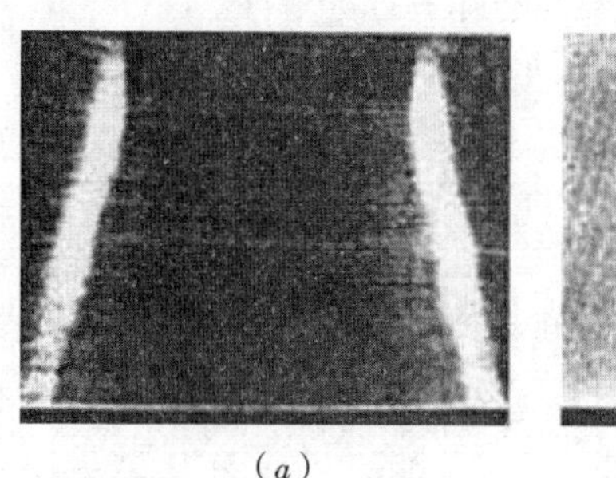
（*a*）

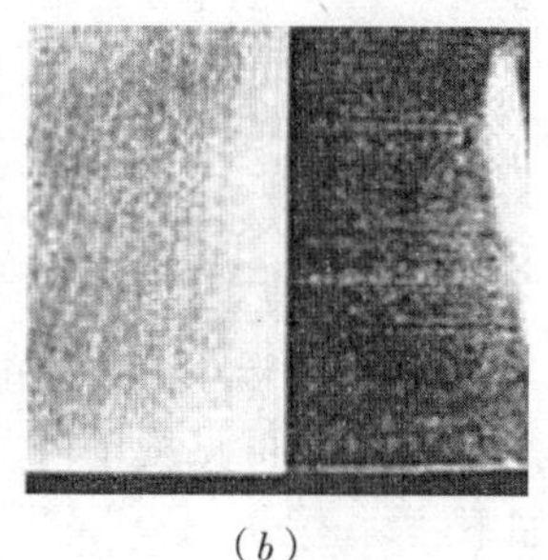
（*b*）

图2.1－18　不同桌面材料的光效果

2.1.4　可见度及其影响因素

可见度就是人眼辨认物体存在或形状的难易程度。在室内应用时，以标准观察条件下恰可感知的标准视标的对比或大小定义。在室外应用时，以人眼恰可看到标准目标的距离定义，故常称为能见度。可见度概念是用来定量表示人眼看物体的清楚程度（以前称为视度）。一个物体之所以能够被看见，它要有一定的亮度、大小和亮度对比，并且识别时间和眩光也会影响这种看清楚程度。

2.1.4.1　亮度

在黑暗环境中，视力正常的人如同盲人一样看不见任何东西，只有当物体发光（或反光），我们才会看见它。实验表明：人们能看见的最低亮度（称“最低亮度阈”），仅10^{-5}asb。随着亮度的增大，我们看得愈清楚，即可见度增大。西欧一些研究人员在办公室和工业生产操作场所等工作房间内进行了调查，它们调查在各种照度条件下，感到“满意”的人所占的百分数，不同研究人员获得的平均结果见图2.1－19。从图中可以看出：随着照度的增加，感到“满意”的人数百分比也增加，最大百分比约在1500～3000lx之间。照度超过此数值，对照明满意的人反而愈高愈少，这说明照度（亮度）要适量。若亮度过大，超出眼睛的适应范围，眼睛的灵敏度反而会下降，易引起视疲劳。如夏日在室外看书，感到刺眼，不能长久地坚持下去。一般认为，当物体亮度超过16sb时，人们就感到刺眼，不能坚持工作。

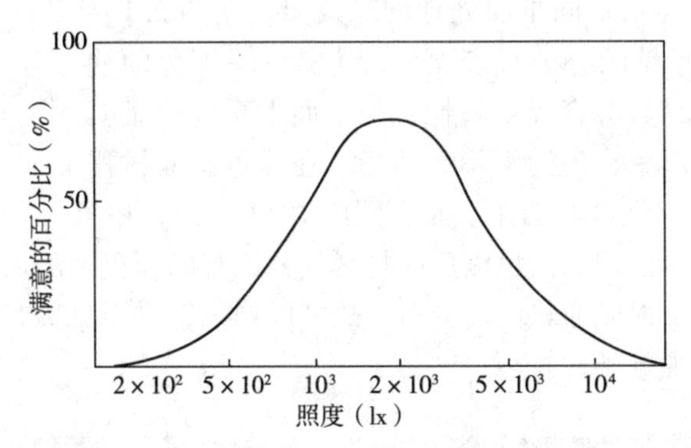

图2.1－19 人们感到“满意”的照度值

2.1.4.2 物件的相对尺寸

物件的尺寸、眼睛至物件的距离都会影响人们观看物件的可见度。对大而近的物件看得清楚，反之则可见度下降。物件尺寸 d、眼睛至物件的距离 l 形成视角 α，其关系如下：

$$\alpha = 3440\frac{d}{l} \quad (分) \tag{2.1-19}$$

物件尺寸 d 是指需要辨别对象的最小尺寸，在图2.1－20中需要指明开口方向时，物件尺寸就是开口尺寸。

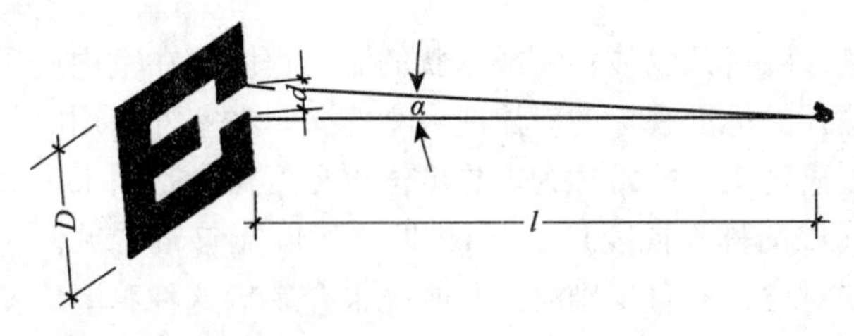

图2.1－20 视角的定义

2.1.4.3 亮度对比

亮度对比即观看对象和其背景之间的亮度差异，差异愈大，可见度愈高（见图2.1－21）。亮度对比常用 C 表示，它等于视野中目标和背景的亮度差与背景

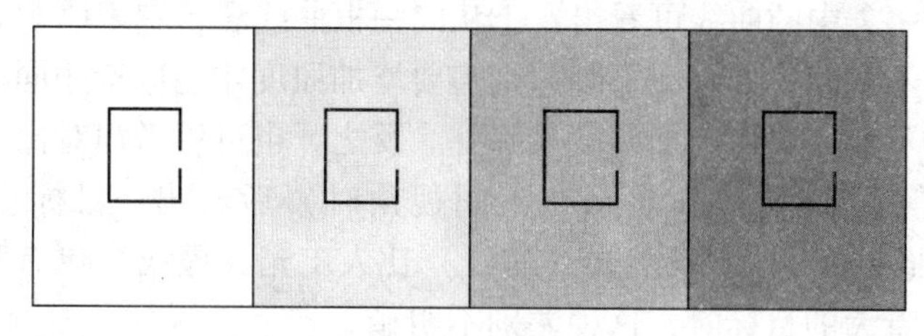

图 2.1－21　亮度对比和可见度的关系

亮度之比：

$$C=\frac{L_t-L_b}{L_b}=\frac{\Delta L}{L_b} \quad (2.1-20)$$

式中　L_t——目标亮度；

L_b——背景亮度；

ΔL——目标与背景的亮度差。

对于均匀照明的无光泽的背景和目标，亮度对比可用光反射比表示：

$$C=\frac{\rho_t-\rho_b}{\rho_b} \quad (2.1-21)$$

式中　ρ_t——目标光反射比；

ρ_b——背景光反射比。

视觉功效实验表明：物体亮度（与照度成正比）、视角大小和亮度对比三个因素对可见度的影响是相互有关的。图 2.1－22 所示为辨别几率为 95%（即正确辨别视看对象的次数为总辨别次数的 95%）时，三个因素之间的关系。

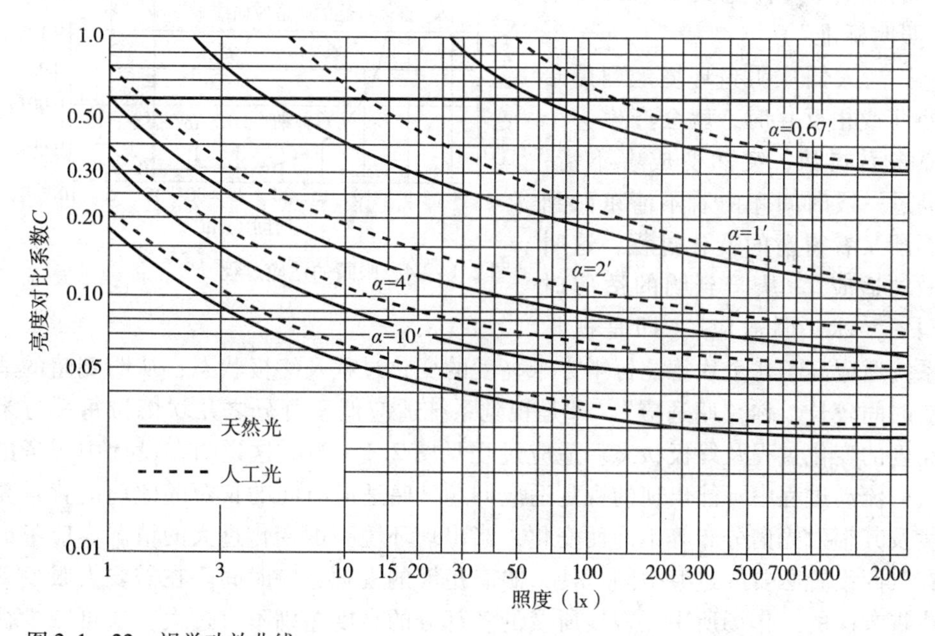

图 2.1－22　视觉功效曲线

从图2.1－22中的曲线可看出：①从同一根曲线看，它表明观看对象在眼睛处形成的视角不变时，如对比下降，则需要增加照度才能保持相同可见度。也就是说，对比的不足，可用增加照度来弥补。反之，也可用增加对比来补偿照度的不足。②比较不同的曲线（表示在不同视角时）后看出：目标愈小（视角愈小），需要的照度愈高。③天然光（实线）比人工光（虚线）更有利于可见度的提高。但在视看大的目标时，这种差别不明显。

2.1.4.4　识别时间

眼睛观看物体时，只有当该物体发出足够的光能，形成一定刺激，才能产生视觉感觉。在一定条件下，亮度×时间＝常数（邦森—罗斯科定律），也就是说，呈现时间越短，越需要更高的亮度才能引起视感觉；图2.1－23表明它们的关系。它表明，物体愈亮，察觉它的时间可以愈短。这就是为什么在建筑照明设计标准中规定，对于移动对象，识别时间短促而辨认困难时，可按照度标准值分级提高一级的缘故。（详见第2.3.3.2条“照明标准”）

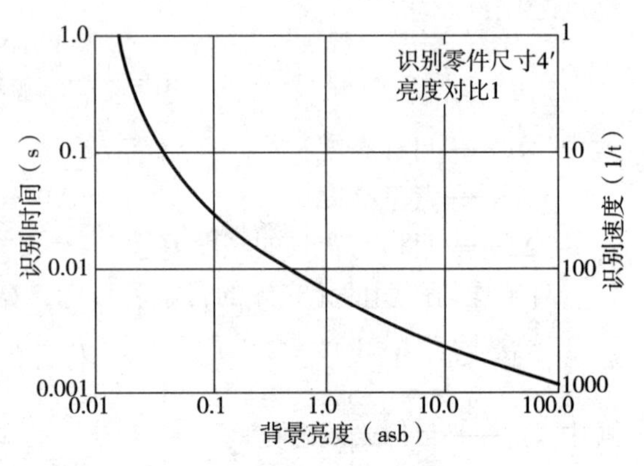

图2.1－23　识别时间和背景亮度的关系

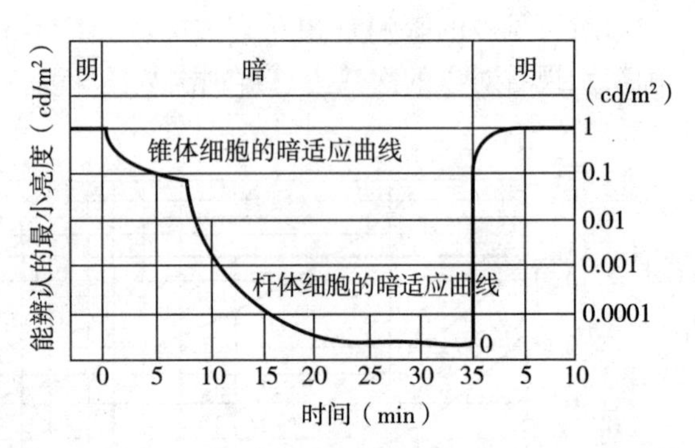

图2.1－24　眼睛的适应过程

当人们从明亮环境走到黑暗处（或相反）时，就会产生一个原来看得清，突然变成看不清，经过一段时间才由看不清东西到逐渐又看得清的变化过程，这叫做“适应”。从暗到明的适应时间短，称“明适应”，即是视觉系统适应高于几个坎德拉每平方米亮度的变化过程及终极状态；从明到暗的适应时间较长，称“暗适应”，即是视觉系统适应低于百分之几坎德拉每平方米亮度的变化过程及终极状态。适应过程见图2.1－24。这说明在设计中应考虑人们流动过程中可能出现的视觉适应问题。暗适应时间的长短随此前的背景亮度及其辐射光谱分布等不同而变化，当出现环境亮度变化过大的情况，应考虑在其间设置必要的过渡空间，使人眼有足够的视觉适应时间。在需要人眼变动注视方向的工作场所中，视线所及的各部分的亮度差别不宜过大，这可减少视疲劳。

2.1.4.5 眩光

眩光就是在视野中由于亮度的分布或亮度范围不适宜，或存在着极端的对比，以致引起不舒适感觉或降低观察细部或目标能力的视觉现象。根据眩光对视觉的影响程度，可分为失能眩光和不舒适眩光。降低视觉对象的可见度，但并不一定产生不舒适感觉的眩光称为失能眩光。出现失能眩光后，就会降低目标和背景间的亮度对比，使可见度下降，甚至丧失视力。而产生不舒适感觉，但并不一定降低视觉对象的可见度的眩光称为不舒适眩光。不舒适眩光会影响人们的注意力，长时间就会增加视疲劳。如常在办公桌上玻璃面板里出现灯具的明亮反射形象就是这样，这是常见的、又容易被人们忽视的一种眩光。对于室内光环境来说，只要将不舒适眩光限制在允许的限度内，也就消除了失能眩光。

从眩光形成过程来看，可把眩光分为直接眩光和反射眩光。直接眩光是由视野中，特别是在靠近视线方向存在的发光体所产生的眩光，见图2.1－25（*a*）；而反射眩光是由视野中的反射所引起的眩光，见图2.1－25（*b*），特别是在靠近视线方向看见反射像所产生的眩光。反射眩光往往难以避开，故比直接眩光更为讨厌。

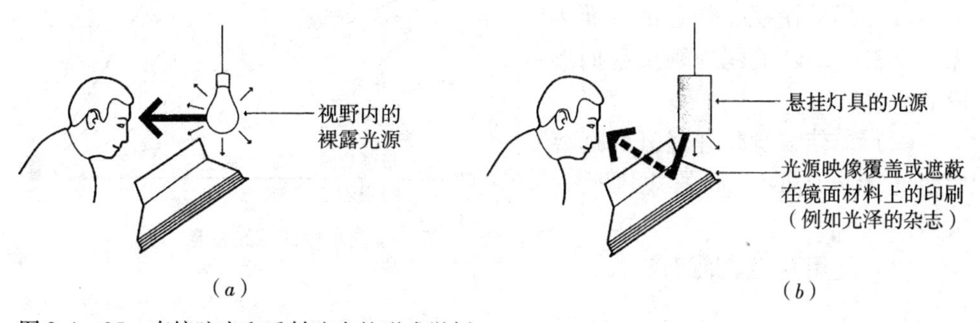

图2.1－25 直接眩光和反射眩光的形成举例
（*a*）直接眩光；（*b*）反射眩光
资料来源：M. 戴维．埃甘等著．袁樵译．建筑照明［M］．P.28，2006

直接眩光可用下述措施使其减轻或消除：

（1）限制光源亮度

当光源亮度超过16sb时，不管亮度对比如何，均会产生严重的眩光现象。在这种情况下，应考虑采用半透明材料（如乳白玻璃灯罩）或不透明材料将光源挡住，降低其亮度，减少眩光影响程度。

（2）增加眩光源的背景亮度，减少二者之间的亮度对比

当视野内出现明显的亮度对比就会产生眩光，其中最重要的是工作对象和它直接相邻的背景间的亮度对比，如书和桌面的亮度对比，深色的桌面（光反射比为0.05～0.07）与白纸（光反射比为0.8左右）形成的亮度对比常大于10，这样就会形成一个不舒适的视觉环境。如将桌面漆成浅色，减小了桌面与白纸之间的亮度对比，就会有利于视觉工作，可减少视觉疲劳。

（3）减小形成眩光的光源视看面积

即减小眩光源对观测者眼睛形成的立体角。例如将灯具做成橄榄形（见图2.1－26），减少直接眩光的影响。

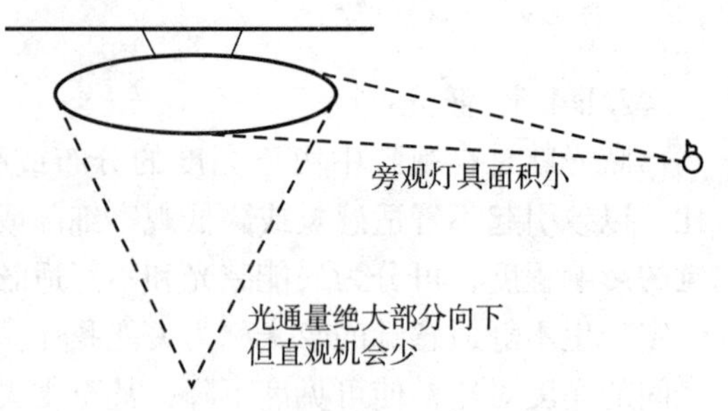

图2.1－26 橄榄形灯具示意

（4）尽可能增大眩光源的仰角

当眩光源的仰角小于27°时，眩光影响就很显著；而当眩光源的仰角大于45°时，眩光影响就大大减少了（见图2.1－27）。通常可以提高灯的悬挂高度来增大仰角，但要受到房间层高的限制，而且把灯提得过高对工作面照明也不利。如果用不透明材料将眩光源挡住，更为有利。

反射眩光可用下述方法使其减少至最低程度：

（1）尽量使视觉作业的表面为无光泽表面，以减弱规则反射而形成的反射眩光。

（2）应使视觉作业避开和远离照明光源同人眼形成的规则反射区域。

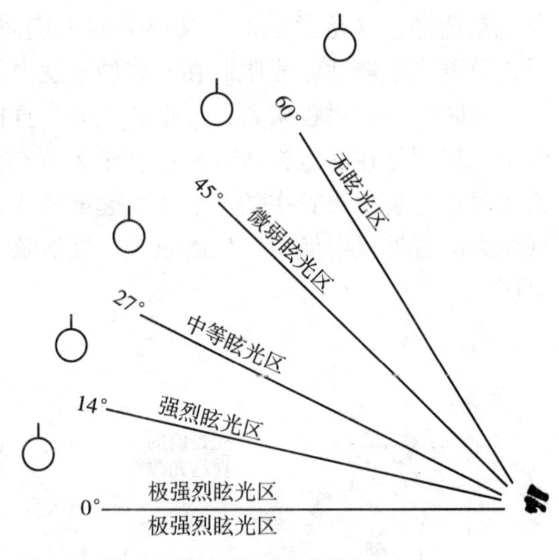

图2.1－27 不同角度的眩光感觉

（3）使用发光表面面积大、亮度低的光源。

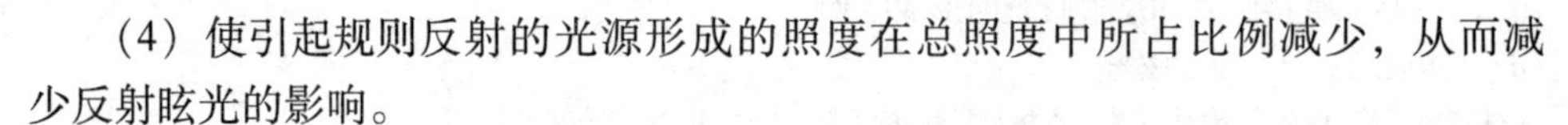

（4）使引起规则反射的光源形成的照度在总照度中所占比例减少，从而减少反射眩光的影响。

2.1.5 颜色

人们在日常生活中，经常涉及各种各样的颜色。颜色是由有彩色成分或无彩色成分任意组成的视知觉属性。颜色是影响光环境质量的要素，同时对人的生理和心理活动产生作用，影响人们的工作效率。

2.1.5.1 颜色的基本特性

1）颜色形成

在明视觉条件下，色觉正常的人除了可以感觉出红色、橙色、黄色、绿色、蓝色和紫色外，还可以在两个相邻颜色的过渡区域内看到各种中间色，如黄红、绿黄、蓝绿、紫蓝和红紫等。从颜色的显现方式看，颜色有光源色和物体色的区别。

光源就是能发光的物理辐射体，如灯、太阳和天空等。通常一个光源发出的光包含有很多单色光，单色光对应的辐射能量不相同，就会引起不同的颜色感觉，就是眼睛接受色刺激后产生的视觉。辐射能量分布集中于光短波部分的色光会引起蓝色的视觉；辐射能量分布集中于光长波部分的色光会引起红色的视觉；白光则是由于光辐射能量分布均匀而形成的。由上可知，光源色就是由光源发出的色刺激。

物体色是被感知为物体所具有的颜色。它是由光被物体反射或透射后形成的。因此，物体色不仅与光源的光谱能量分布有关，而且还与物体的光谱反射比或光谱透射比分布有关。例如一张红色纸，用白光照射时，反射红色光，相对吸收白光中的其他色光，这一张纸仍呈现红色；若仅用绿光去照射该红色纸时，它将呈现出黑色，因为光源辐射中没有红光成分。通常把漫反射光的表面或由此表面发射的光所呈现的知觉色称为表面色。一般来说，物体的有色表面是比较多的反射某一波长的光，这个反射得最多的波长通常称为该物体的颜色。物体表面的颜色主要是从入射光中减去一些波长的光而产生的，所以人眼感觉到的表面色主要决定于物体的光谱反射比分布和光源的发射光谱分布。

2）颜色分类和属性

颜色分为无彩色和有彩色两大类。无彩色在知觉意义上是指无色调的知觉色，它是由从白到黑的一系列中性灰色组成的。它们可以排成一个系列，并可用一条直线表示，参见图2.1－28。图的一端是光反射比为1的理想的完全反射体——纯白，另一端是光反射比为0的理想的无反射体——纯黑。在实际生活中，并没有纯白和纯黑的物体，光反射比最高的氧化镁等只是接近纯白，约为0.98；光反射比最低的黑丝绒等只是接近纯黑，约为0.02。

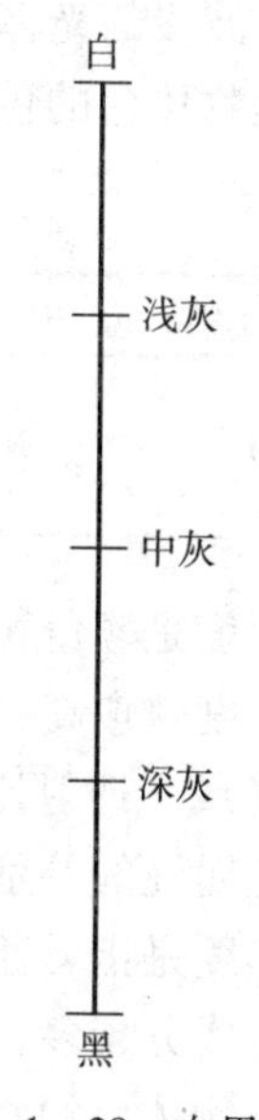

图2.1－28　白黑系列

当物体表面的光反射比都在0.8以上时，该物体为白色；当物体表面的光反射比均在0.04以下时，该物体为黑色，参见图2.1－29。对于光源色来说，无彩色的白黑变化相应于白光的亮度变化。当光的亮度非常高时，就认为是白色的；当光的亮度很低时，认为是灰色的；无光时为黑色。

有彩色在感知意义上是指所感知的颜色具有色调，它是由除无彩色以外的各种颜色组成的。根据色的心理概念，任何一种有

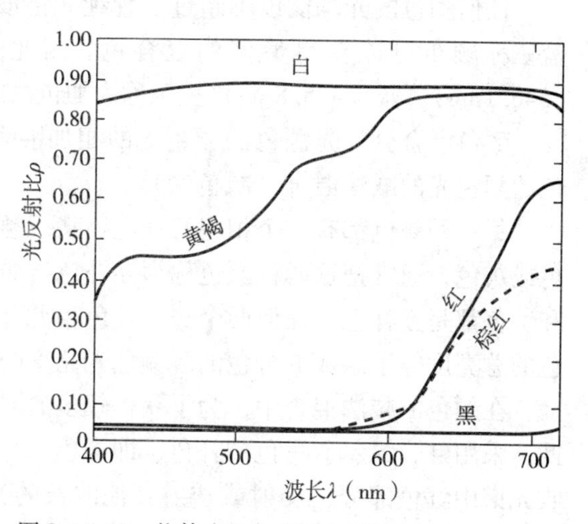

图2.1－29　物体表面的光谱反射比

彩色的表观颜色，均可以按照三种独立的属性分别加以描述，这就是色调（色相）、明度、彩度。

色调相似于红、黄、绿、蓝、紫的一种或两种知觉色成分有关的表面视觉属性，也就是各彩色彼此相互区分的视感觉的特性。色调用红、黄、绿、蓝、紫等说明每一种色的范围。在明视觉时，人们对于380~780nm范围内的光辐射可引起不同的颜色感觉。不同颜色感觉的波长范围和中心波长见表2.1-3。光源的色调取决于辐射的光谱组成对人产生的视感觉；各种单色光在白色背景上呈现的颜色，就是光源色的色调。物体的色调取决于光源的光谱组成和物体反射（透射）的各波长光辐射比例对人产生的视感觉。在日光下，如一个物体表面反射480~550nm波段的光辐射，而相对吸收其他波段的光辐射，那么该物体表面为绿色，这就是物体色的色调。

光谱颜色中心波长及范围 **表2.1-3**

颜色感觉	中心波长（nm）	范围（nm）	颜色感觉	中心波长（nm）	范围（nm）
红	700	640~750	绿	510	480~550
橙	620	600~640	蓝	470	450~480
黄	580	550~600	紫	420	400~450

明度是颜色相对明暗的视感觉特性。彩色光的亮度愈高，人眼感觉愈明亮，它的明度就愈高；物体色的明度则反映光反射比（或光透射比）的变化，光反射比（或光透射比）大的物体色明度高；反之则明度低。无彩色只有明度这一个颜色属性的差别，而没有色调和彩度这两种颜色的属性的区别。

彩度是指彩色的纯洁性。可见光谱的各种单色光是最饱和彩色。当单色光掺入白光成分越多，就越不饱和，当掺入的白光成分比例很大时，看起来就变成为白光。物体色的彩度决定于该物体反射（或透射）光谱辐射的选择性程度，如果选择性很高，则该物体色的彩度就高。

3）颜色混合

任何颜色的光均能以不超过三种纯光谱波长的光来正确模拟，通过红、绿、蓝三种颜色可以获得最多的混合色。因此，在色度学中将红（700nm）、绿（546.1nm）、蓝（435.8nm）三色称为加色法的三原色。

颜色混合分为光源色的颜色光的相加混合（加色法）和染料、涂料的物体色的颜色光的减法混合（减色法）。

每一种颜色都有一个相应的补色。某一颜色与其补色以适当比例混合得出白色或灰色，通常把这两种颜色称为互补色。如红色和青色，绿色和品红色，蓝色和黄色都是互补色。任何两个非互补色相混合可以得出两色中间的混合色。混合色的总亮度等于组成混合色的各颜色光亮度的总和。

在颜色的减法混合中，为了获得较多的混合色，应控制红、绿、蓝三色，为此，采用红、绿、蓝三色的补色，即青色、品红色、黄色三个减法原色。青色吸收光谱中红色部分，反射或透射其他波长的光辐射，称为“减红”原色，是控制红色用的，如图2.1-30（*a*）所示；品红色吸收光谱中绿色部分，是控制绿色的，称为“减绿”原色，如图2.1－30（*b*）所示；黄色吸收光谱中蓝色部分，是控制蓝色的，称为“减蓝”原色，如图2.1－30（*c*）所示。

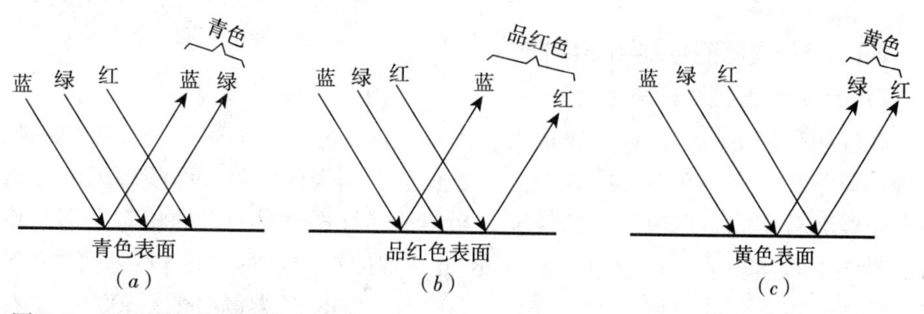

图2.1－30　颜色的减色混合原理

要掌握颜色混合的规律，一定要注意颜色相加混合（图2.1－31（*a*））与颜色减法混合（图2.1－31（*b*））的区别，切忌将减法原色的品红色误称为红色，将青色误称为蓝色，以为红色、黄色、蓝色是减法混合中的三原色，造成与相加混合中的三原色红色、绿色、蓝色混淆不清。

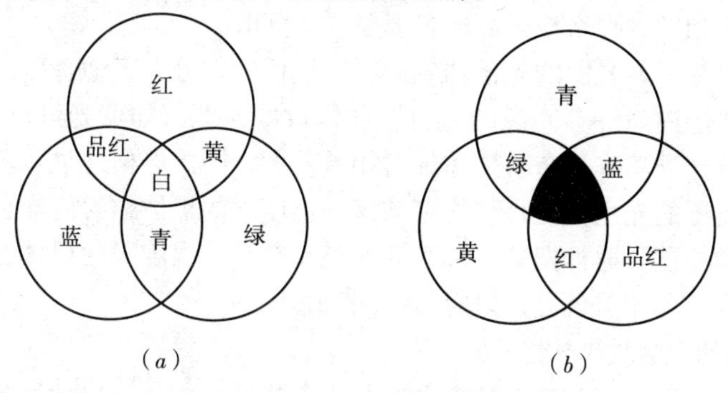

图2.1－31　颜色混合的原色与中间色
（*a*）相加混合（光源色）；（*b*）相减混合（物体色）

2.1.5.2　颜色定量

从视觉的观点描述自然界景物的颜色时，可用白、灰、黑、红、橙、黄、绿、蓝、紫等颜色名称来表示。但是，即使颜色辨别能力正常的人对颜色的判断也不完全相同。有人认为完全相同的两种颜色，如换一个人判断，就可能会认为有些不同。

为了精确地规定颜色，必须建立定量的表色系统。所谓表色系统，就是使用规定的符号，按一系列规定和定义表示颜色的系统，亦称为色度系统。表色系统有两大类：一是用以光的等色实验结果为依据的，由进入人眼能引起有彩色或无彩色感觉的可见辐射表示的体系，即以色刺激表示的体系，国际照明委员会（CIE）1931标准色度系统就是这种体系的代表；二是建立在对表面颜色直接评价基础上，用构成等感觉指标的颜色图册表示的体系，如孟塞尔表色系统（Munsell color system）等。

在（CIE）1931色度坐标图中，每一种颜色只是一个点，但对于视觉来说，当这种颜色的坐标位置变化很小时，人眼仍认为它是原来的颜色，而感觉不出它的变化。现今把人眼感觉不出颜色变化的范围称为颜色的宽容量。

2.1.5.3 光源的色温和显色性

1）光源的色温和相关色温

在辐射作用下既不反射也不透射，而能把落在它上面的辐射全部吸收的物体称为黑体或称为完全辐射体。一个黑体被加热，其表面按单位面积辐射的光谱功率大小及其分布完全取决于它的温度。当黑体连续加热时，它的相对光谱功率分布的最大值将向短波方向移动，相应的光色将按顺序红→黄→白→蓝的方向变化。黑体温度在800～900K时，光色为红色；3000K时为黄白色；5000K左右时呈白色，在8000K到10000K之间为淡蓝色。

由于不同温度的黑体辐射对应着一定的光色，所以人们就用黑体加热到不同温度时所发出的不同光色来表示光源的颜色。通常把某一种光源的色品与某一温度下的黑体的色品完全相同时黑体的温度称为光源的色温，并用符号T_c表示，单位是绝对温度（K）。例如，某一光源的颜色与黑体加热到绝对温度3000K时发出的光色完全相同，那么该光源的色温就是3000K。

白炽灯等热辐射光源的光谱功率分布与黑体辐射分布近似，因此，色温的概念能恰当地描述白炽灯等光源的光色。气体放电光源，如荧光灯、高压钠灯等，这一类光源的光谱功率分布与黑体辐射相差甚大，因此严格地说，不应当用色温来表示这类光源的光色，但是往往用与某一温度下的黑体辐射的光色来近似地确定这类光源的颜色。通常把某一种光源的色品与某一温度下的黑体的色品最接近时的黑体温度称为相关色温，以符号T_{cp}表示。

2）光源的显色性

物体色在不同照明条件下的颜色感觉有可能发生变化，这种变化用光源的显色性评价。光源的显色性就是照明光源对物体色表[④]的影响（该影响是由于观察者有意识或无意识地将它与标准光源下的色表相比较而产生的），它表示了与参考标准光源相比较时，光源显现物体颜色的特性。由于人眼适应日光光源，因此，以日光作为评定人工照明光源显色性的参照光源。CIE及我国制订的光源显色性评价方法，都规定相关色温低于5000K的待测光源，以相当于早晨或傍晚时日光的完全辐射体作为参照光源；色温高于5000K的待测光源以相当于中午日光的组合昼光作为参照光源。

光源的显色性主要取决于光源的光谱功率分布。日光和白炽灯都是连续光谱，所以它们的显色性均较好。据研究表明，除了连续光谱的光源有较好的显色性外，由几个特定波长的色光组成的光源辐射也会有很好的显色效果。如波长为450nm（浅紫蓝光）、540nm（绿偏黄光）、610nm（浅红橙光）的辐射对提高光源的显色性具有特殊效果。如用这三种波长的辐射以适当比例混合后，所产生的白光（高度不连续光谱）也具有良好的显色性。但是波长为500nm（绿光）和580nm（橙偏黄光）的辐射对显色性有不利的影响。

光源的显色性采用显色指数来度量，并用一般显色指数（符号R_a）表示。

显色指数的最大值定为100。一般认为光源的一般显色指数在100～80范围内，显色性优良；在79～50范围内，显色性一般；如小于50则显色性较差。

常用的电光源照明光源只用一般显色指数 R_a 评价光源的显色性。因为一般显色指数是一个平均值，所以即使一般显色指数相等，也不能说这两个被测光源有完全相同的显色性。此外，视觉系统对视野的色适应还会影响到显色性的评价。由于对色适应变化还没有完整的预测理论，所以显色性的评价变得更为复杂。

复习思考题

（1）波长为540nm的单色光源，其辐射功率为5W，试求：①这单色光源发出的光通量；②如它向四周均匀发射光通量，求其发光强度；③离它2m远处的照度。

（2）一个直径为250mm的乳白玻璃球形灯罩，内装一个光通量为1179lm的白炽灯，设灯罩的光透射比为0.60，求灯罩外表面亮度（不考虑灯罩的内反射）。

（3）一房间平面尺寸为7m×15m，净空高3.6m。在顶棚正中布置一亮度为500cd/m^{2}的均匀扩散光源，其尺寸为5m×13m，求房间正中和四角处的地面照度（不考虑室内反射光）。

（4）有一物件尺寸为0.22mm，视距为750mm，设它与背景的亮度对比为0.25。求达到辨别几率为95%时所需的照度。如对比下降为0.2，需要增加照度若干才能达到相同可见度？

（5）有一白纸的光反射比为0.8，最低照度是多少时我们才能看见它？达到刺眼时的照度又是多少？

（6）试说明光通量与发光强度，照度与亮度间的区别和联系？

（7）看电视时，房间完全黑暗好，还是有一定亮度好？为什么？

（8）为什么有的商店大玻璃橱窗能够像镜子似地照出人像，却看不清里面陈列的展品？

（9）你们教室的黑板上是否存在反射眩光（窗、灯具），怎么形成的？如何消除它？

第2.1章注释

① nm——纳米，长度单位，1nm＝10^{-9}m。

② 在2002年发现了第三种感光细胞，它能控制昼夜节律和强度，并影响瞳孔大小变化等，即能产生非映像视觉效应。

③ 辐射通量——辐射源在单位时间内发出的能量，一般用 Φ_e 表示，单位为瓦（W）。

④ 色表——与色刺激和材料质地有关的主观表现。

第2.2章　天然采光

由第2.1章知道，人眼只有在良好的光照条件下才能有效地进行视觉工作。现令许多数工作都是在室内进行，故必须创造良好的室内光环境。

从视觉功效实验曲线看（参见图2.1－22），人眼在天然光下比在人工光下具有更高的视觉功效，并感到舒适和有益于身心健康，表明人类在长期进化过程中，眼睛已习惯于天然光。太阳能是一种巨大的安全的清洁光源，室内充分利用天然光，就可以起到节约资源和保护环境的作用。我国地处温带，气候温和，天然光很丰富，也为充分利用天然光提供了有利的条件。

充分利用天然光，节约照明用电，对我国实现可持续发展战略具有重要意义，同时具有巨大的经济效益、环境效益和社会效益。

2.2.1　光气候和采光系数

2.2.1.1　光气候

在天然采光的房间里，室内的光线是随着室外天气的变化而改变的。因此，要设计好室内采光，必须对当地的室外照度状况以及影响它变化的气象因素有所了解，以便在设计中采取相应措施，保证采光需要。所谓光气候就是由太阳直射光、天空漫射光和地面反射光形成的天然光平均状况。下面简要地介绍一些光气候知识。

1）天然光的组成和影响因素

由于地球与太阳相距很远，故可认为太阳光是平行地射到地球上。太阳光穿过大气层时，一部分透过它射到地面，称为太阳直射光，它形成的照度大，并具有一定方向，在被照射物体背后出现明显的阴影；另一部分碰到大气层中的空气分子、灰尘、水蒸气等微粒，产生多次反射，形成天空漫射光，使天空具有一定亮度，它在地面上形成的照度较小，没有一定方向，不能形成阴影；太阳直射光和天空漫射光射到地球表面上后产生反射光，并在地球表面与天空之间产生多次反射，使地球表面和天空的亮度有所增加。在进行采光计算时，除地表面被白雪或白沙覆盖的情况外，一般可不考虑地面反射光影响。因此，全阴天时只有天空漫射光；晴天时室外天然光由太阳直射光和天空漫射光两部分组成。这两部分光的比例随天空中的云量①和云是否遮住太阳而变化：太阳直射光在总照度中的比例由全晴天时的90%到全阴天时的零；天空漫射光则相反，在总照度中所占比例由全晴天的10%到全阴天的100%。随着两种光线所占比例的不同，地面上阴影的明显程度也改变，总照度大小也不一样。现在分别按不同天气来看室外光气候变化情况。

（1）晴天

它是指天空无云或很少云（云量为0～3级）。这时地面照度是由太阳直射光和天空漫射光两部分组成。其照度值都是随太阳的升高而增大，只是漫射光在太阳高度角较小时（日出、日落前后）变化快，到太阳高度角较大时变化小。而太阳直射光照度在总照度中所占比例是随太阳高度角的增加而较快变大（图2.2－1），阴影也随之而更明显。

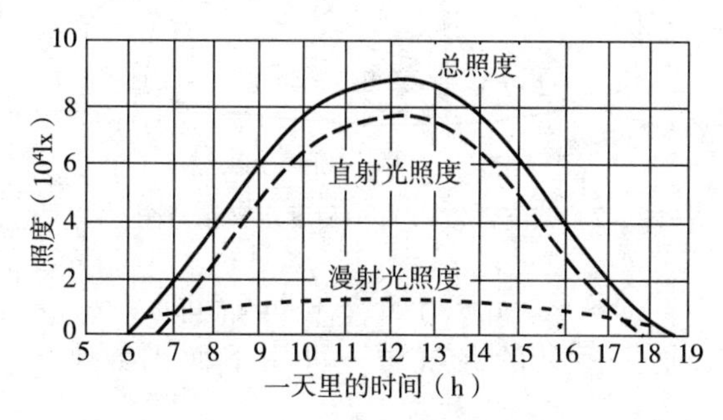

图2.2－1　晴天室外照度变化情况

两种光的组成比例还受大气透明度的影响。大气透明度愈高，直射光占的比例愈大。

从立体角投影定律知道，室内某点的照度取决于从这点通过窗口所看到的那一块天空的亮度。

为了在采光设计中应用标准化的光气候数据，国际照明委员会（CIE）根据世界各地对天空亮度观测的结果，提出了CIE标准全晴天空亮度分布的数学模型，CIE标准全晴天空相对亮度分布按下式描述：

$$L_{\xi\gamma}=\frac{f(\gamma)\ \varphi(\xi)}{f(Z_0)\ \varphi(0°)}L_Z \tag{2.2－1}$$

式中　$L_{\xi\gamma}$——天空某处亮度，cd/m^2；

L_Z——天顶亮度，cd/m^2；

$f(\gamma)$——天空$L_{\xi\gamma}$处到太阳的角距离（γ）的函数；

$$f(\gamma)=0.91+10\exp(-3\gamma)+0.45\cos^2\gamma$$

$\varphi(\xi)$——天空$L_{\xi\gamma}$处到天顶的角距离（ξ）的函数；

$$\varphi(\xi)=1-\exp(-0.32\sec\xi)$$

$f(Z_0)$——天顶到太阳的角距离（Z_0）的函数；

$$f(Z_0)=0.91+10\exp(-3Z_0)+0.45\cos^2 Z_0$$

$\varphi(0°)$——天空点$L_{\xi\gamma}$处对天顶的角距离为0°的函数；

$$\varphi(0°)=1-\exp(-0.32)=0.27385$$

式中角度定义参见图2.2－2。

当γ、Z_0和ξ的角度值给定时，这些函数值可以计算出来。在一般实际情况中，ξ和Z_0角是很容易看出来的，但球面距离γ应使用所考虑天空元的角坐标借助于下面的关系来计算：

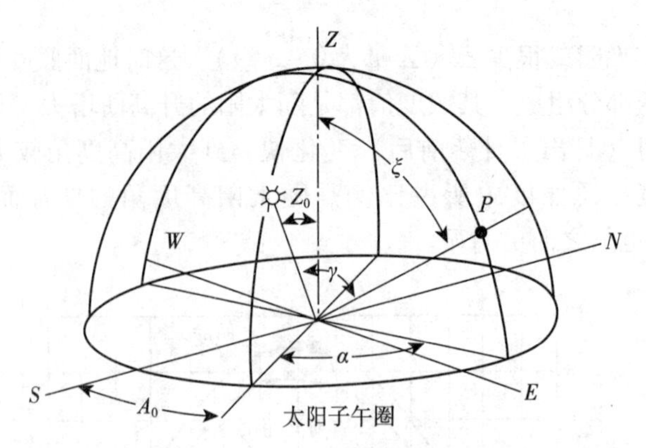

图2.2-2　式（2.2-1）中角度定义示意图

$$\cos\gamma = \cos Z_0 \cos\xi + \sin Z_0 \sin\xi \cos\alpha$$

在大城市或工业区污染的大气中，可用下面函数来定义更接近实际的指标：

$$f'(\gamma) = 0.856 + 16\exp(-3\gamma) + 0.3\cos^2\gamma$$

$$f'(Z_0) = 0.856 + 16\exp(-3Z_0) + 0.3\cos^2 Z_0$$

实测表明，晴天空亮度分布是随大气透明度、太阳和计算点在天空中的相对位置而变化的：最亮处在太阳附近；离太阳愈远，亮度愈低，在太阳子午圈（由太阳经天顶的瞬时位置而定）上、与太阳成90°处达到最低。由于太阳在天空中的位置是随时间而改变的，因此天空亮度分布也是变化不定的。图2.2-3（a）给出当太阳高度角为40°时的无云天空亮度分布，图中所列值是以天顶亮度为1的相对值。这时，建筑物的朝向对采光影响很大。朝阳房间（如朝南）面对太阳所处的半边天空，亮度较高，房间内照度也高；而背阳房间（如朝北）面对的是低亮度天空，这些房间就比朝阳房间的照度低得多。在朝阳房间中，如太阳光射入室内，则在太阳照射处具有很高的照度，而其他地方的照度就低得多，这就产生很大的明暗对比。这种明暗面的位置和比值又不断改变，使室内采光状况很不稳定。

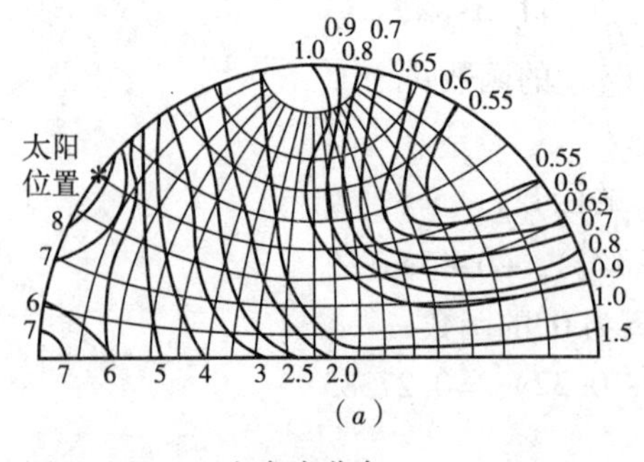

（a）

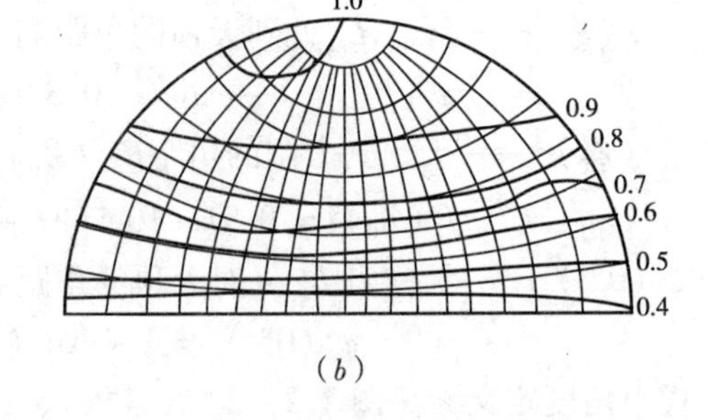

（b）

图2.2-3　天空亮度分布

（a）无云天；（b）全云天；*—太阳位置

（2）阴天

是指天空云量很多或全云（云量为8～10级）的情况。全阴天时天空全部为云所遮盖，看不见太阳，因此室外天然光全部为漫射光，物体背后没有阴影。这时地面照度取决于：

①太阳高度角　全阴天中午仍然比早晚的照度高。

②云状　不同的云由于它们的组成成分不同，对光线的影响也不同。低云云层厚，位置靠近地面，主要由水蒸气组成，遮挡和吸收大量光线，如下雨时的云，这时天空亮度降低，地面照度也很小。高云是由冰晶组成，反光能力强，此时天空亮度达到最大，地面照度也高。

③地面反射能力　由于光在云层和地面间多次反射，使天空亮度增加，地面上的漫射光照度也显著提高，特别是当地面积雪时，漫射光照度比无雪时提高可达1倍以上。

④大气透明度　如工业区烟尘对大气的污染，使大气中的杂质增加，大气透明度降低，于是室外照度大大降低。

以上四个因素都影响室外照度，而它们本身在一天中也是变化的，必然会使室外照度随之变化，只是其幅度没有晴天那样剧烈。

至于CIE标准全阴天的天空亮度，则是相对稳定的，它不受太阳位置的影响，近似地按下式变化：

$$L_\theta = \frac{1+2\sin\theta}{3} L_Z \tag{2.2-2}$$
[②]

式中　L_θ——仰角为θ方向的天空亮度，cd/cm^2；

L_Z——天顶亮度，cd/m^2；

θ——计算天空亮度处的高度角（仰角）。

由式（2.2－2）可知，CIE标准全阴天天顶亮度为地平线附近天空亮度的3倍。一般全云天的天空亮度分布见图2.2－3（b）。由于阴天的亮度低，亮度分布相对稳定，因而使室内照度较低，但朝向影响小，室内照度分布稳定。

这时地面照度$E_{地}$（lx）在数量上等于高度角为42°处的天空亮度L_{42}（asb），即：

$$E_{地} = L_{42} \tag{2.2-3}$$

由式（2.2－2）和立体角投影定律可以导出天顶亮度L_Z（cd/m^2）与地面照度$E_{地}$（lx）的数量关系为：

$$E_{地} = \frac{7}{9}\pi L_Z$$

除了晴天和阴天这两种极端状况外，还有多云天。在多云天时，云的数量和在天空中的位置瞬时变化，太阳时隐时现，因此照度值和天空亮度分布都极不稳定。这说明光气候是错综复杂的，需要从长期的观测中找出其规律。目前较多采用CIE标准全阴天空作为设计的依据，这显然不适合于晴天多的地区，所以有人提出按所在地区占优势的天空状况或按“CIE标准一般天空[③]”来进行采光设计和计算。

2）我国光气候概况

从上述可知，影响室外地面照度的因素主要有：太阳高度、云状、云量、日照率（太阳出现时数和可能出现时数之比）。我国地域辽阔，同一时刻南北方的太阳高度相差很大。从日照率来看，由北、西北往东南方向逐渐减少，而以四川盆地一带为最低。从云量来看，大致是自北向南逐渐增多，新疆南部最少，华北、东北少，长江中下游较多，华南最多，四川盆地特多。从云状来看，南方以低云为主，向北逐渐以高、中云为主。这些特点说明，天然光照度中，南方以天空漫射光照度较大，北方和西北地区以太阳直射光为主。

在我国缺少照度观测资料的情况下，可以利用各地区多年的辐射观测资料及辐射光当量模型来求得各地的总照度和散射照度。根据我国273个站近30年的逐时气象数据，并利用辐射光当量模型，可以得到典型气象年的逐时总照度和散射照度。根据逐时的照度数据，可得到各地区年平均的总照度，从而可绘制我国的总照度分布图，参见《建筑采光设计标准》GB 50033—2013（条文说明）图4，并根据总照度的范围进行光气候分区。从气候特点分析，它与我国气候分布状况特别是太阳能资源分布状况也是吻合的。天然光照度随着海拔高度和日照时数的增加而增加，如拉萨、西宁地区照度较高；随着湿度的增加而减少，如宜宾、重庆地区。图2.2-4列出了我国部分城市年均峰值日照时间。

我国各地光气候的分布趋势大致可以概括为：①全年平均总照度最高值在青藏高原，该地区的日照率最高；②全年平均总照度最低值在四川盆地，该地区全年日照率低、云量多，并多属低云。天然光照度资料还可以用图2.2-5的方式来表示一天中不同时间的月平均值。

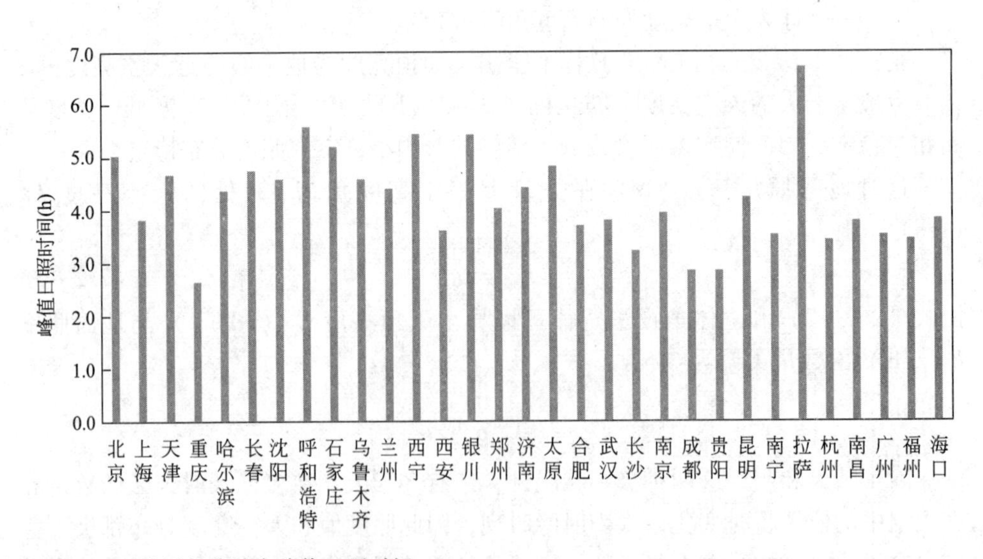

图2.2-4　我国部分城市峰值日照时间

注：峰值日照时间等于全天太阳辐射总量（kWh/m^2）与峰值照度（$1kW/m^2$）的比值

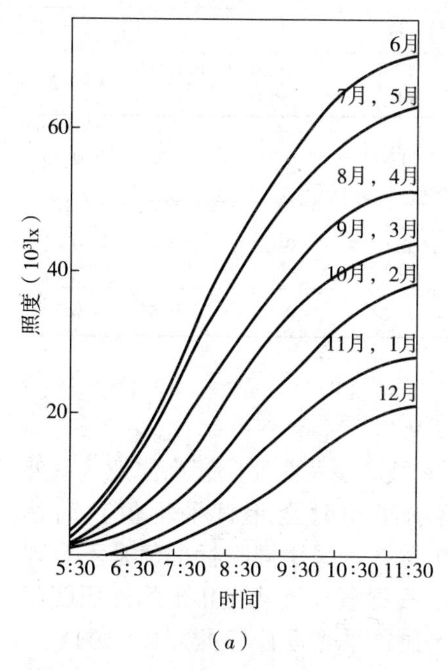

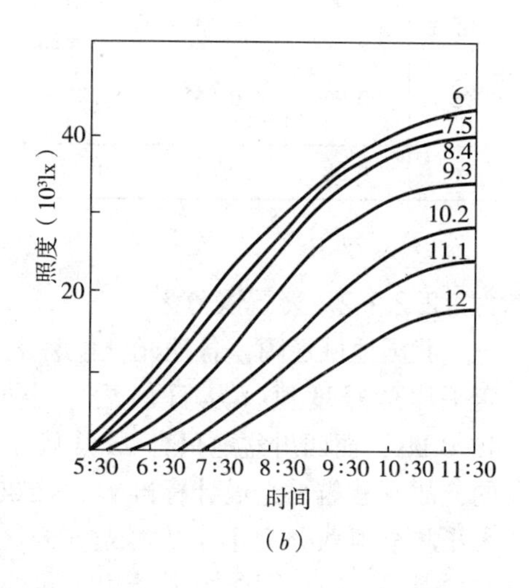

图2.2－5　重庆室外地面照度实测值

（a）总照度；（b）天空漫射光照度

从图2.2－5中可以看出：重庆市由于多云，且多为低云，故总照度中漫射光照度所占比重很大（见表2.2－1）。它表明室外天然光产生的阴影很淡，不利于形成三维物体的立体感。在设计三维物体和建筑造型时，应考虑这一特点，才能获得好的外观效果。

我们还可以利用图2.2－5得出当地某月某时的室外照度值（如6月份上午8:30时的总照度约43000lx，漫射光照度为28000lx）。也可获得全年（或某月）的天然光在某一照度水平的延续总时数（如6月份一天中漫射光照度高于5000lx的时间约为上午6:30到下午5:30，即11个小时。而12月份是从上午9:30到下午2:30，仅5个小时）。这些数据对采光、照明设计和经济分析都具有重要价值。

重庆室外扩散光照度与总照度之比　　**表2.2－1**

月份	一天里的时间（h）							
	5:30 18:30	6:30 17:30	7:30 16:30	8:30 15:30	9:30 14:30	10:30 13:30	11:30 13:30	12:30
12			1.00	1.00	0.94	0.92	0.89	0.86
1 11			1.00	0.93	0.91	0.88	0.87	0.86
2 10	1.00	0.95	0.88	0.81	0.77	0.76	0.75	0.78
3 9	1.00	0.96	0.93	0.82	0.77	0.80	0.77	0.77

续表

月份	一天里的时间（h）							
	5:30 18:30	6:30 17:30	7:30 16:30	8:30 15:30	9:30 14:30	10:30 13:30	11:30 13:30	12:30
4 8	1.00	0.97	0.89	0.84	0.81	0.78	0.77	0.79
5 7	0.96	0.86	0.77	0.74	0.68	0.63	0.62	0.62
6	0.98	0.84	0.73	0.66	0.64	0.60	0.61	0.59

2.2.1.2 光气候分区

我国地域辽阔，各地光气候有很大区别，青藏高原及西北广阔高原地区室外年平均总照度值（从日出后半小时到日落前半小时全年日平均值）高达48.0 klx；而四川盆地只有25.0 klx，相差近1倍，若采用同一标准值是不合理的，故《建筑采光设计标准》GB 50033—2013根据室外天然光年平均总照度值大小将全国划分为Ⅰ～Ⅴ类光气候区，参见《建筑采光设计标准》GB 50033—2013图A.0.1，图2.2-6给出了我国省会城市光气候区属情况。再根据光气候特点，按年平均总照度值确定分区系数，即光气候系数K见表2.2-2。

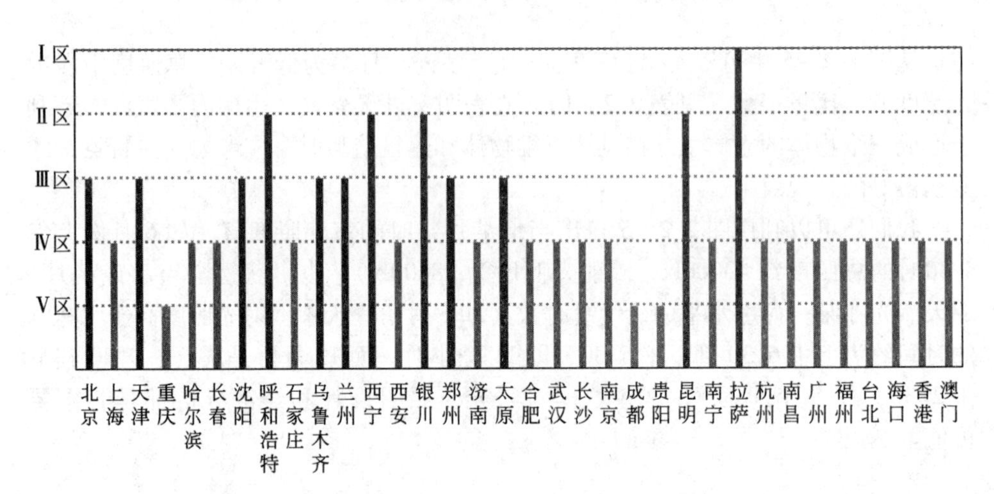

图2.2-6 我国省会城市光气候区属

注：按天然光年平均总照度E_q（klx）Ⅰ.$E_q \geq 45$；Ⅱ.$40 \leq E_q < 45$；Ⅲ.$35 \leq E_q < 40$；Ⅳ.$30 \leq E_q < 35$；Ⅴ.$E_q < 30$。

光气候系数K **表2.2-2**

光气候区	Ⅰ	Ⅱ	Ⅲ	Ⅳ	Ⅴ
K值	0.85	0.90	1.00	1.10	1.20
室外天然光临界照度值（lx）	6000	5500	5000	4500	4000

2.2.1.3　采光系数

经常变化的室外照度，必然使室内照度随之而变，不可能是一固定值，因此对采光数量的要求，我国和其他许多国家都用相对值。这一相对值称为采光系数（C），它是在室内给定平面上的某一点由全阴天天空漫射光所产生的照度与同一时间、同一地点，在室外无遮挡水平面上由全阴天天空漫射光所产生的照度的比值，即：

$$C = \frac{E_n}{E_w} \times 100\% \tag{2.2-4}$$

式中　E_n——在全阴天空漫射光照射下，室内给定平面上某一点由天空漫射光所产生的照度，lx；

E_w——在全阴天空漫射光照射下，与室内某一点照度同一时间、同一地点，在室外无遮挡水平面上由天空漫射光所产生的室外照度，lx。

利用采光系数这一概念，就可根据室内要求的照度换算出需要的室外照度，或由室外照度值求出当时的室内照度，而不受照度变化的影响，以适应天然光多变的特点。

2.2.2　窗洞口

为了获得天然光，人们在房屋的外围护结构（墙、屋顶）上开了各种形式的洞口，装上各种透光材料，如玻璃、乳白玻璃或磨砂玻璃等，以免遭受自然环境的侵袭（如风、雨、雪等），这些装有透光材料的孔洞统称为窗洞口（以前称为采光口）。按照窗洞口所处位置，可分为侧窗（安装在墙上，称侧面采光）和天窗（安装在屋顶上，称顶部采光）两种。有的建筑兼有侧窗和天窗，称为混合采光。下面介绍几种常用窗洞口的采光特性，以及影响采光效果的各种因素。

2.2.2.1　侧窗

1）侧窗

在房间的一侧或两侧墙上开的窗洞口，是最常见的一种采光形式，如图2.2-7所示。

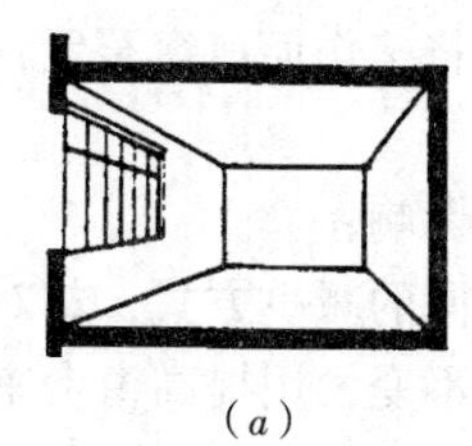

（*a*）

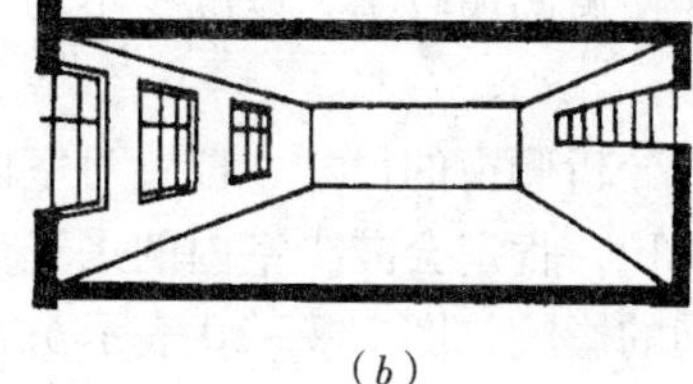

（*b*）

图2.2-7　侧窗的几种形式

侧窗由于构造简单、布置方便、造价低廉，光线具有明确的方向性，有利于形成阴影，对观看立体物件特别适宜，并可通过它看到外界景物，扩大视野，故使用很普遍。一般设置在离地面1m左右高度。有时为了争取更多的可用墙面，或提高房间深处的照度，以及其他原因，将窗台提高到2m以上，称高侧窗（如图2.2－7（*b*）右侧），高侧窗常用于展览建筑，以争取更多的展出墙面；用于厂房以提高房间深处照度；用于仓库以增加贮存空间。

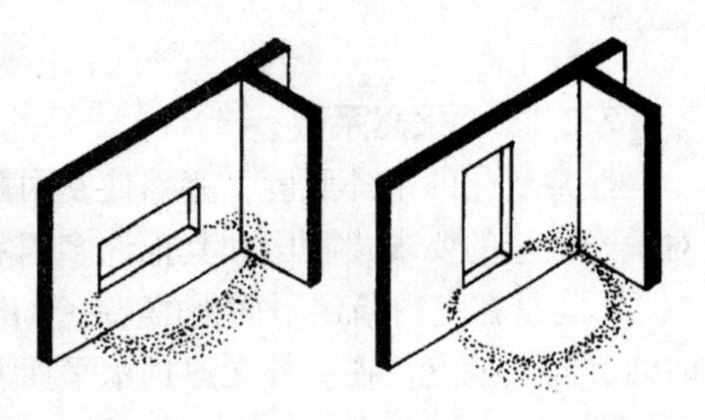

图2.2－8　不同形状侧窗的光线分布

侧窗通常作成长方形。实验表明，就采光量（由窗洞口进入室内的光通量的时间积分量）来说，在窗洞口面积相等，并且窗台距地面高度相同时，正方形窗口采光量最高，竖长方形次之，横长方形最少。但从照度均匀性来看，竖长方形在房间进深方向均匀性好，横长方形在房间宽度方向较均匀（见图2.2－8），而方形窗居中。所以窗口形状应结合房间形状来选择，如窄而深房间宜用竖长方形窗，宽而浅房间宜用横长方形窗。

沿房间进深方向的采光均匀性，最主要的是决定于窗位置的高低，图2.2－9给出侧窗位置对室内照度分布的影响。图2.2－9下部的图是通过窗中心的剖面图。图中的曲线（同一条曲线上的照度值相同）表示工作面上不同点的采光系数（该系数值越大照度值就越大）。上部三个图是平面采光系数分布图，同一条曲线的采光系数相同。图2.2－9（*a*）、（*b*）表明当窗面积相同，仅位置高低不同时，室内采光系数分布的差异。由图可以看出，低窗时（图2.2－9（*a*）），近窗处照度很高，往里则迅速下降，在内墙处照度已很低。当窗的位置提高后（图2.2－9（*b*）），虽然靠近窗口处照度下降（低窗时这里最高），但离窗口远的地方照度却提高不少，均匀性得到很大改善。

影响房间横向采光均匀性的主要因素是窗间墙，窗间墙愈宽，横向均匀性愈差，特别是靠近外墙区域。

图2.2－9（*c*）是有窗间墙的侧窗，它的面积和图2.2－9的（*a*）、（*b*）相同，由于窗间墙的存在，靠窗区域照度很不均匀，如在这里布置工作台（一般都有），光线就很不均匀。如采用通长窗（见图2.2－9（*a*）、（*b*）二种情况），靠墙区域的采光系数虽然不一定很高，但很均匀。因此沿窗边布置连续的工作面时，应尽可能使窗间墙较窄，以减少不均匀性，或将工作面离窗布置，避开不均匀区域。

下面我们分析侧窗的尺寸、位置对室内采光的影响：

减少窗面积，肯定会减少室内的采光量，但不同的减少方式，却对室内采光状况带来不同的影响。图2.2－10表示窗上沿高度不变，用提高窗台来减少窗面积。从图中不同曲线可看出，随着窗台的提高，室内深处的照度变化不大，但近窗处的照度明显下降，而且出现拐点（圆圈，它表示这里出现照度变化趋势的改变）往内移。

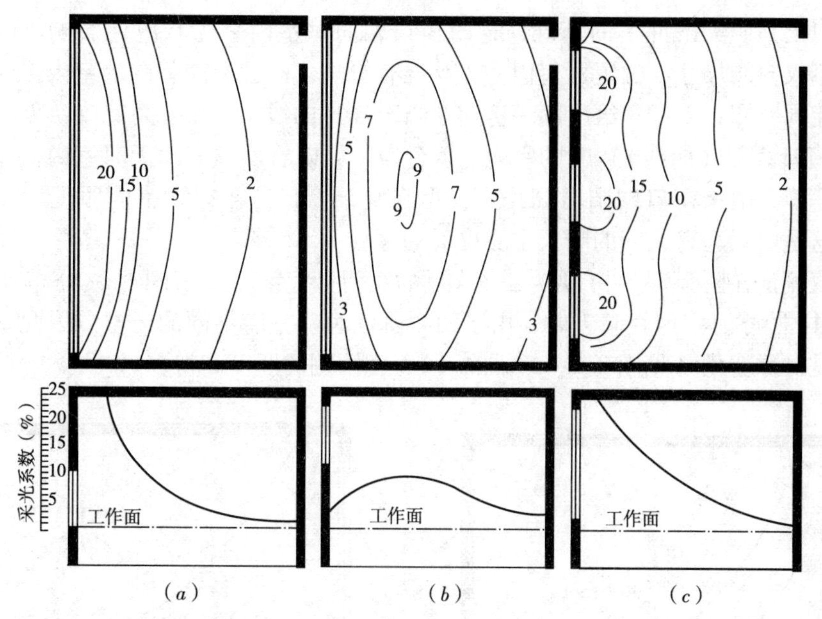

图2.2－9　窗的不同位置对室内采光的影响

图2.2－11表明窗台高度不变，改变窗上沿高度对室内采光分布的影响。这时近窗处照度变小，但不像图2.2－10中的变化大，而且未出现拐点，离窗远处照度的下降逐渐明显。

图2.2－12表明窗高不变，改变窗的宽度使窗面积减小。这时的变化情况可从平面图中的曲线看出：随着窗宽的减小，墙角处的暗角面积增大。

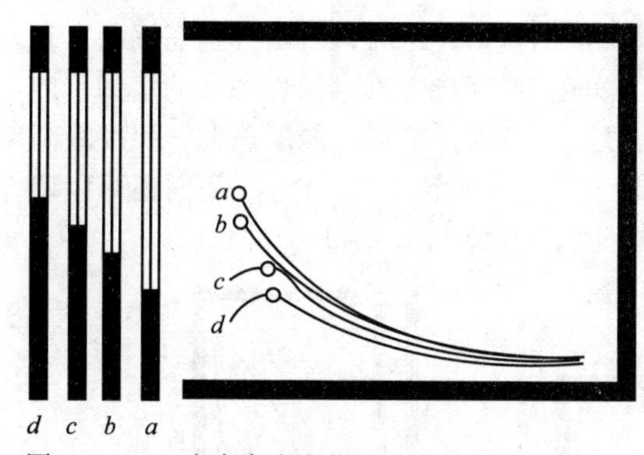

图2.2－10　窗台高度变化对室内采光的影响

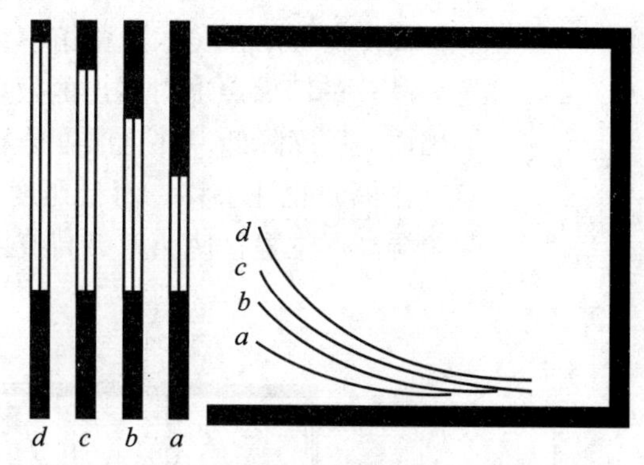

图2.2－11　窗上沿高度的变化对室内采光的影响

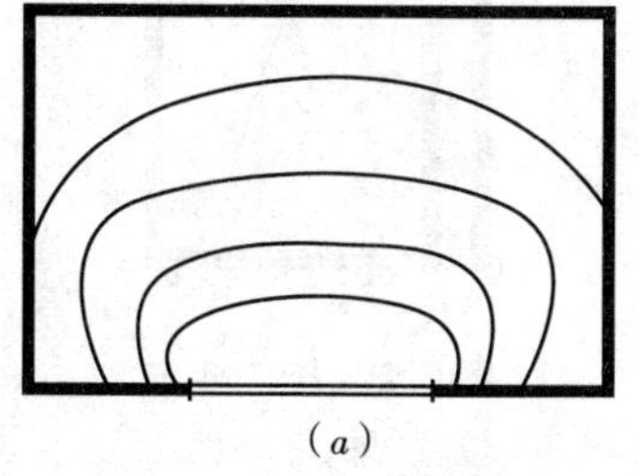

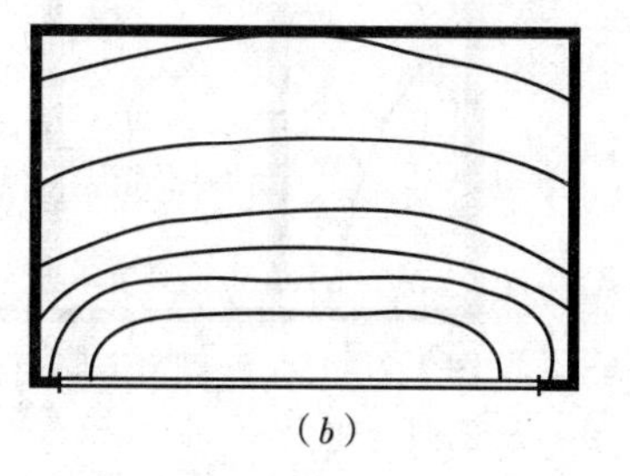

图2.2－12　窗宽度的变化对室内采光的影响

以上是阴天条件下的情况，这时窗口朝向对室内采光状况无影响。但在晴天，不仅窗洞尺寸、位置对室内采光状况有影响，而且不同朝向的室内采光状况大不相同。图 2.2－13 给出同一房间在阴天（见曲线 *b*）和晴天窗口朝阳（曲线 *a*）、窗口背阳（曲线 *c*）时的室内照度分布。可以看出晴、阴天时室内采光状况大不一样，晴天窗口朝阳时高得多；但在晴天窗口背阳时，室内照度反比阴天低。这是由于远离太阳的晴天空亮度低的缘故。

双侧窗在阴天时，可视为二个单侧窗，照度变化按中间对称分布（见图 2.2－14曲线 *b*）。但在晴天时，由于两侧窗口对着亮度不同的天空，因此室内照度不是对称变化（见图 2.2－14 曲线 *a*），朝阳侧的照度高得多。

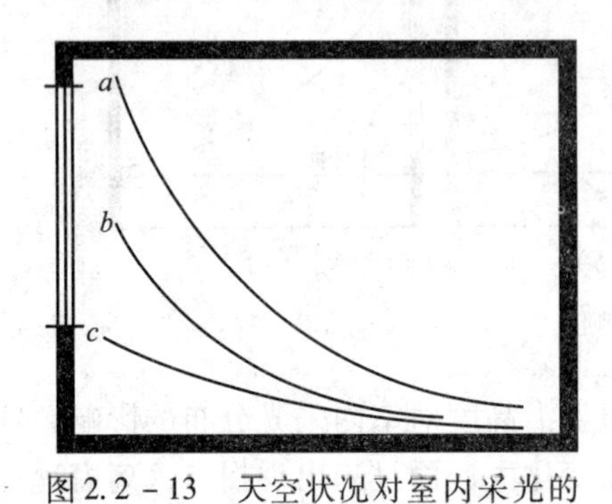

图 2.2－13　天空状况对室内采光的影响

a—晴天窗朝阳；*b*—阴天；*c*—晴天窗背阳图

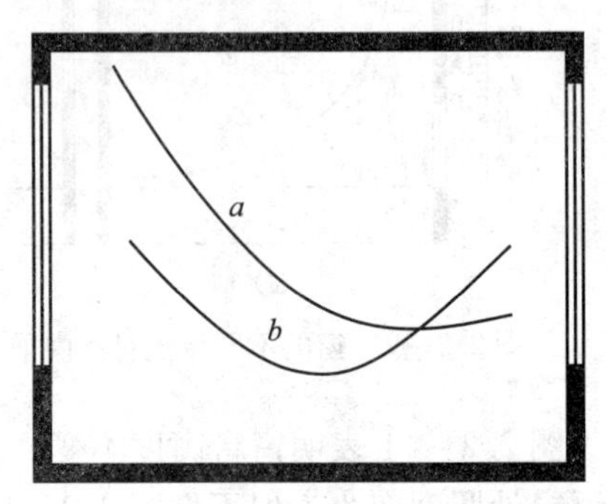

图 2.2－14　不同天空时双侧窗的室内照度分布

a—晴天；*b*—阴天

2）高侧窗

高侧窗常用在美术展览馆中，以增加展出墙面，这时，内墙（常在墙面上布置展品）的墙面照度对展出的效果很有影响。随着内墙面与窗口距离的增加，内墙墙面的照度降低，并且照度分布也有改变。离窗口愈远，照度愈低，照度最高点（圆圈）也往下移，而且照度变化趋于平缓（见图 2.2－15）。我们还可以调整窗洞高低位置，使照度最高值处于画面中心（见图 2.2－16）。

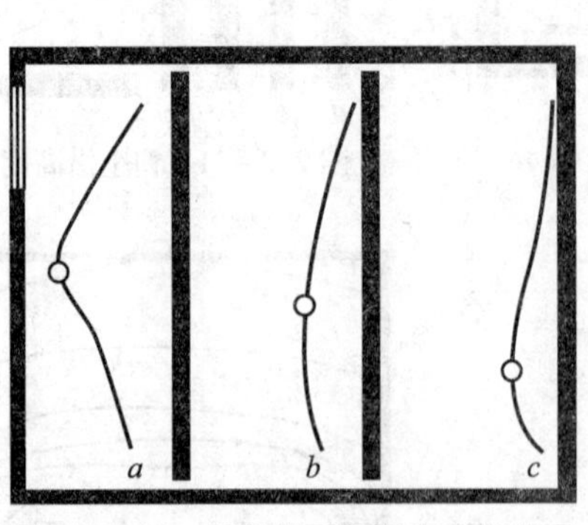

图 2.2－15　距侧窗不同距离内墙墙面的照度变化

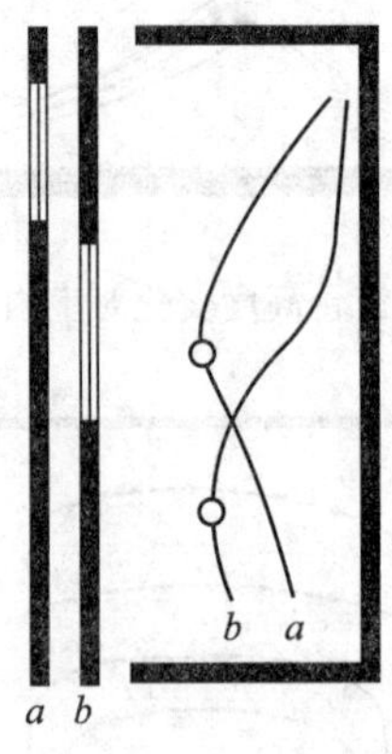

图 2.2－16　侧窗位置对内墙墙面照度分布的影响

以上情况仅考虑了晴天空对室内采光的影响，可看出太阳光对向阳窗口的影响很大。如太阳光进入室内，则不论照度绝对值的变化，还是它的梯度变化都将大大加剧。所以晴天多的地区，对于窗口朝向应慎重考虑，仔细设计。

在北方地区，外墙一般都较厚，挡光较多，为了减少遮挡，最好将靠窗的墙做成喇叭口（图2.2－17）。这样做，不仅减少遮挡，而且斜面上的亮度较外墙内表面亮度有所增加，可作为窗和室内墙面的过渡平面，减小了暗的窗间墙和明亮窗口间的亮度对比（常常形成眩光），改善室内的亮度分布，提高采光质量。

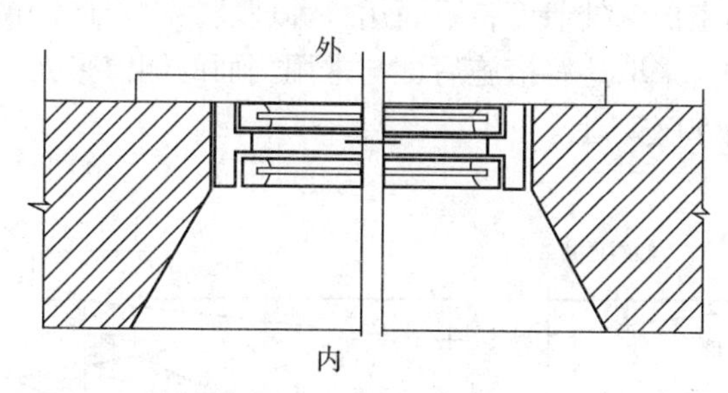

图2.2－17 改善窗间墙亮度的措施

由以上分析可知，侧窗的采光特点是照度沿房间进深下降很快，分布很不均匀，虽可用提高窗位置的办法得到改善，但这种办法又受到建筑物层高的限制，故这种窗只能保证有限进深的采光要求，一般不超过窗高的二倍；更深的地方宜采用电光源照明补充。

为了克服侧窗采光照度变化剧烈、在房间深处照度不足的缺点，除了提高窗位置外，还可采用乳白玻璃、玻璃砖等扩散透光材料，或采用将光线折射至顶棚的折射玻璃。这些材料在一定程度上能提高房间深处的照度，有利于加大房屋进深，降低造价。图2.2－18表明侧窗上分别装普通玻璃（曲线1）、扩散玻璃（曲线2）和定向折光玻璃（曲线3），在室内获得的不同采光效果，以及达到某一采光系数的进深范围。

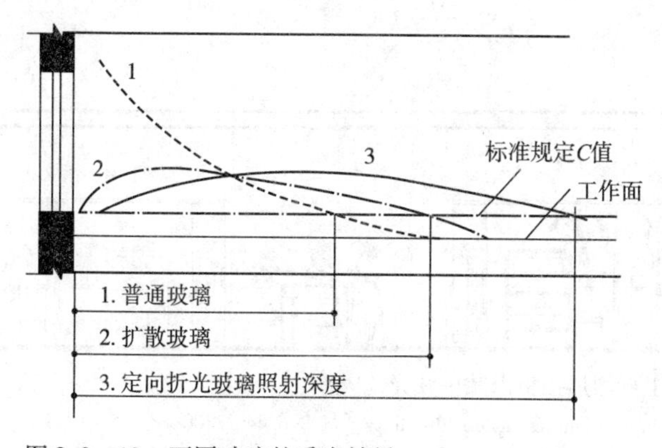

图2.2－18 不同玻璃的采光效果

为了提高房屋的经济性，目前有加大房屋进深的趋势，但这却给侧窗采光带来困难。为了提高房间深处的照度，除了通常采用的补充照明外，还可采用倾斜顶棚，以接受更多的天然光，提高顶棚亮度，使之成为照射房间深处的第二光源。图2.2－19（a）是大进深办公大楼采用倾斜顶棚的实例。这里，除将顶棚做成倾斜外，如果建筑所处地区晴天多，为了尽可能多地利用太阳光，除了沿外墙上设置室内水平反光板外，还在朝南外墙上设置室外水平反光板（图2.2－19（b））。反光板表面均涂有高反射比的涂层，使更多的光线反射到顶棚上，对提高顶棚亮度有明显效果，同时水平反光板还可防止太阳直射在室内近窗处产生高温、高亮度的眩光；在反光板上下采用不同的玻璃，上面用透明玻璃，使更多的光进入室内，提高室内深处照度；下面用特种玻璃，以降低近窗处照度，使整个办公室照度更均匀。采取这些措施后，与常用剖面的侧窗采光房屋相比，可使室内深处的照度提高50%以上。

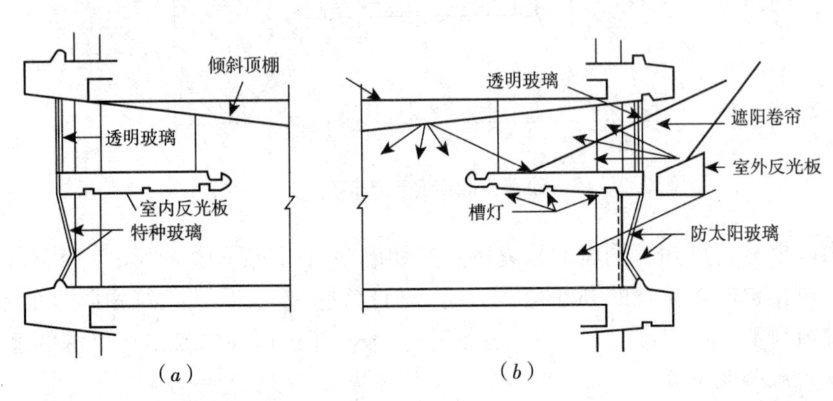

图2.2－19　某办公室采光方案

由于侧窗的位置一般较低，人眼很易见到明亮的天空，形成眩光，故在医院、教室等场合应给以充分注意；为了减少侧窗的眩光，可采用水平挡板、窗帘、百叶、绿化等办法。图2.2－20是医院病房设计，为了减少靠近侧窗卧床的病人直接看到明亮的天顶，就将窗的上部缩进室内，这样既减少卧床病人看到天顶的可能性，又不致过分地减少室内深处的照度，这是一个较成功的采光设计方案。

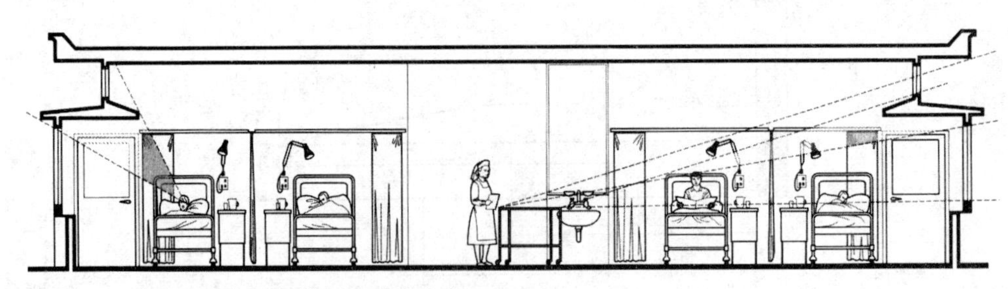

图2.2－20　侧窗上部增加挡板以减少眩光

资料来源：Derek Phillips. Lighting Modern Buildings［M］. p.44，2000

上述办法可能受到建筑立面造型的限制。近来，一些建筑采用铝合金或表面镀铝的塑料薄片做成的微型百叶。百叶宽度仅80mm，可放在双层窗扇间的空隙内。百叶片的倾斜角度可根据需要随意调整，以避免太阳光直接射入室内。在不需要时，还可将整个百叶收叠在一起，让窗洞完全敞开。在冬季夜间不采光时，将百叶片放成垂直状态，使窗洞完全被它遮住，以减少光线和热量的外泄，降低电能和热能的损耗。同时，它还通过光线的反射，增加射向顶棚的光通量，有利于提高顶棚的亮度和室内深处的照度。

侧窗采光时，由于窗口位置低，一些外部因素对采光的影响很大。故在一些多层建筑中，将上面几层往里收，增加一些屋面，这些屋面可成为反射面，当屋面刷白时，对上一层室内采光量增大的效果很明显（见图2.2－21）。

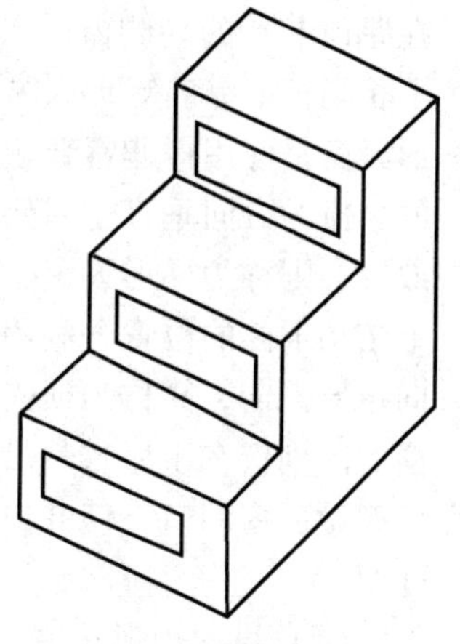

图2.2－21 特殊房屋外形采光处理的一种方法

居住区布置对室内采光也有影响。平行布置房屋，需要留足够的间距，否则挡光严重（见图2.2－22（*a*））。如仅从挡光影响的角度看，将一些建筑转90°布置，这样可减轻挡光影响（图2.2－22（*b*））。

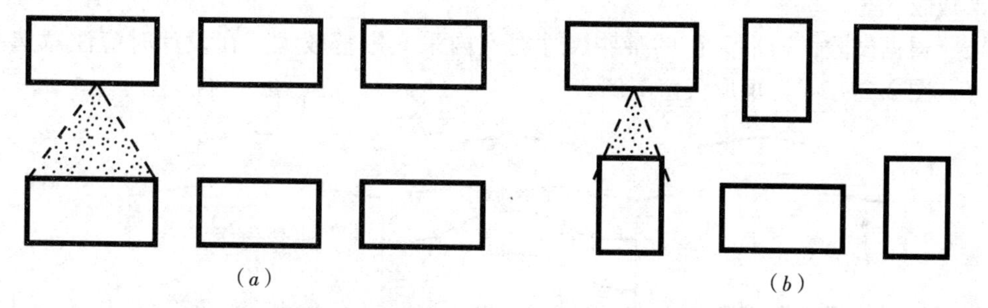

图2.2－22 房屋布置对室内采光影响

在晴天多的地区，朝北房间采光不足，若增加窗面积，则热量损失过大。由于太阳在南向垂直面形成很高照度，如能将对面建筑（南向）立面处理成浅色，使墙面成为一个亮度相当高的反射光源，就可使北向房间的采光量增加很多。

另一方面，由于侧窗的位置较低，易受周围物体的遮挡（如对面房屋、树木等），有时这种挡光很严重，甚至使窗失去作用，故在设计时应保持适当距离。

2.2.2.2 天窗

随着生产和社会的发展，一些类型的建筑用单一的侧窗已不能满足需要，出现顶部采光形式，通称天窗。由于使用要求不同，设计了各种不同的天窗形式，下面以单层厂房为例，分别介绍它们的采光特性。

1）矩形天窗

矩形天窗是一种常见的天窗形式。实质上，矩形天窗相当于提高位置（安装在屋顶上）的高侧窗，它的采光特性与高侧窗相似。矩形天窗有很多种，名称也不相同，如纵向矩形天窗、梯形天窗、横向矩形天窗和井式天窗等。其中纵向矩形天窗是使用得非常普遍的一种矩形天窗，它是由装在屋架上的一列天窗架构成的，窗的方向垂直于屋架方向，故称为纵向矩形天窗。如将矩形天窗的玻璃倾斜放置，则称为梯形天窗。另一种矩形天窗的做法是把屋面板隔跨分别架设在屋架上弦和下弦的位置，利用上、下屋面板之间的空隙作为窗洞口，这种天窗称为横向矩形天窗，简称为横向天窗，有人又把它称为下沉式天窗。井式天窗与横向天窗的区别仅在于后者是沿屋架全长形成巷道，而井式天窗为了通风，只在屋架的局部做成窗洞口，使井口较小，起抽风作用。下面对不同形式的矩形天窗作一些介绍。

（1）纵向矩形天窗

纵向矩形天窗是由装在屋架上的天窗架和天窗架上的窗扇组成。通常又把纵向矩形天窗简称为矩形天窗。它的窗扇一般可以开启，也可起通风作用。

矩形天窗的光分布见图2.2－23。由图可见，采光系数最高值一般在跨中，最低值在柱子处。由于天窗设置在屋顶上，位置较高，如设计适当，可避免照度变化大的缺点，使照度均匀。而且由于窗口位置高，一般处于视野范围外，不易形成眩光。

根据试验，矩形天窗的某些尺寸对室内采光影响较大，在设计时应注意选择。图2.2－24为矩形天窗图例。

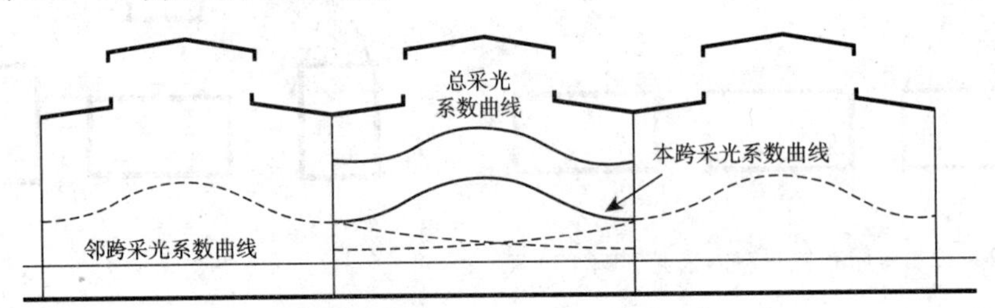

图2.2－23　矩形天窗采光系数曲线

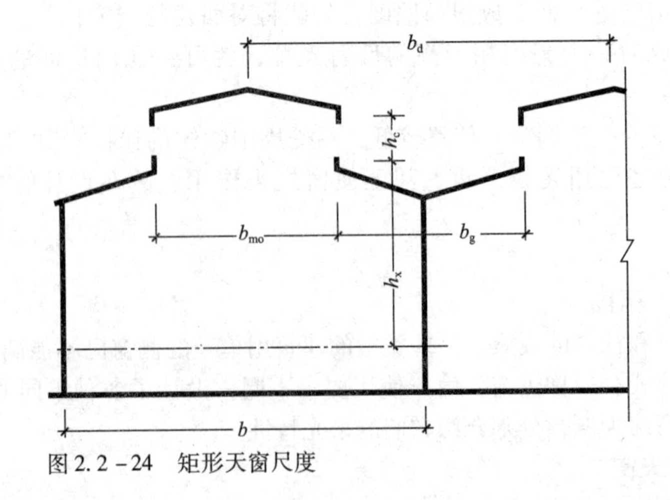

图2.2－24　矩形天窗尺度

天窗宽度（b_{mo}）　对于室内照度平均值和均匀度都有影响。加大天窗宽度，平均照度值增加，均匀性改善。图2.2-25表示单跨车间天窗宽度不同时的照度分布情况。但在多跨时，增加天窗宽度就可能造成相邻两跨天窗的互相遮挡，同时，如天窗宽度太大，天窗本身就需作内排水而使构造趋于复杂。故一般取建筑跨度（b）的一半左右为宜。

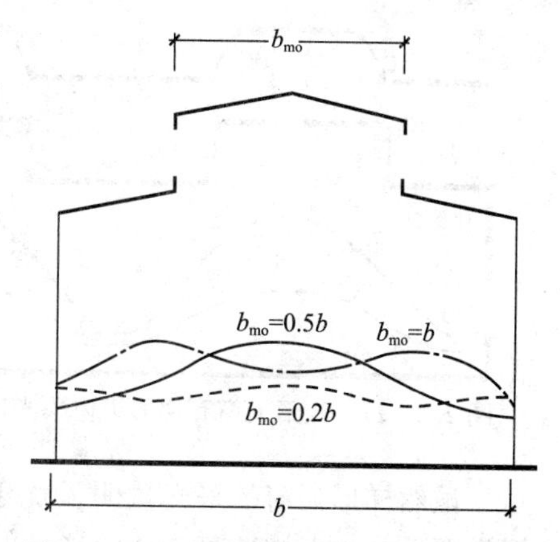

图2.2-25　天窗宽度变化对采光的影响

天窗位置高度（h_x）　指天窗下沿至工作面的高度，主要由车间生产工艺对净空高度的要求来确定。这一尺度影响采光，天窗位置高，均匀性较好，但照度平均值下降；如将高度降低，则起相反作用。这种影响在单跨厂房中特别明显。从采光角度来看，单跨或双跨车间的天窗位置高度最好在建筑跨度（b）的0.35~0.7之间。

天窗间距（b_d）　指天窗轴线间距离。从照度均匀性来看，它愈小愈好，但这样天窗数量增加，构造复杂，故不可能太密。相邻两天窗中线间的距离不宜大于天窗下沿至工作面高度的2倍。

相邻天窗玻璃间距（b_g）　若太近，则互相挡光，影响室内照度，故一般取相邻天窗高度和的1.5倍。天窗高度是指天窗上沿至天窗下沿的高度。

以上四种尺度是互相影响的，在设计时应综合考虑。由于这些限制，矩形天窗的玻璃面积增加到一定程度，室内照度就不再增加，从图2.2-26中可看出，当窗面积和地板面积的比值（称窗地比）增加到35%时，再增加玻璃面积，室内照度也不再增加。极限值仅为5%（指室内各点的采光系数平均值）。因此，这种天窗常用于精密工作，以及车间内有一定通风要求时采用。

为了避免直射阳光透过矩形天窗进入车间，天窗的玻璃面最好朝向南北，这样太阳光射入车间的时间最少，而且易于遮挡。如朝向别的方向时，应采取相应的遮阳措施。

有时为了增加室内采光量，将矩形天窗的玻璃改为倾斜设置，则称为梯形天窗。图2.2-27表示矩形天窗b和梯形天窗a（玻璃倾角为60°）的比较，采用梯形天窗时，室内采光量明显提高（约60%），但是均匀度却明显变差。

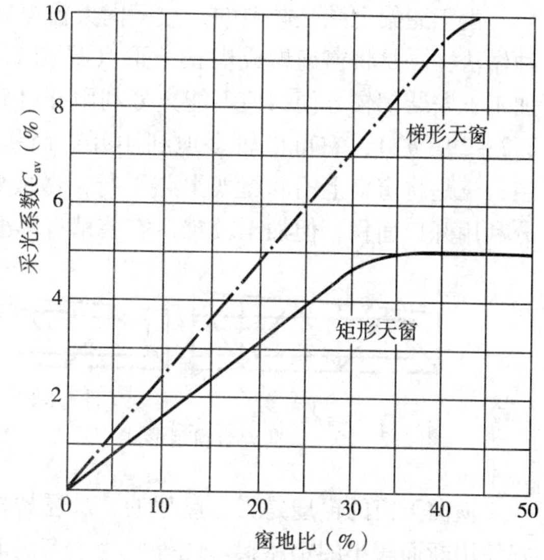

图2.2-26　矩形、梯形天窗窗地比和采光系数平均值的关系

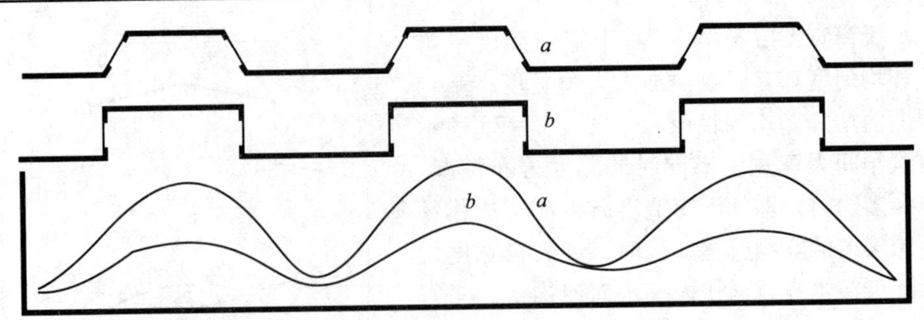

图2.2－27　矩形天窗和梯形天窗采光比较

虽然梯形天窗的采光量明显优于矩形天窗，但因玻璃为倾斜面，容易积尘，污染严重，加上构造复杂，阳光易射入室内，故选用时应慎重。

（2）横向天窗

横向天窗的透视图及窗洞口剖面图如图2.2－28所示。与矩形天窗相比，横向天窗省去了天窗架，降低了建筑高度，简化结构，节约材料，只是在安装下弦屋面板时施工稍麻烦。根据有关资料介绍，横向天窗的造价仅为矩形天窗的62%，而采光效果则和矩形天窗差不多。

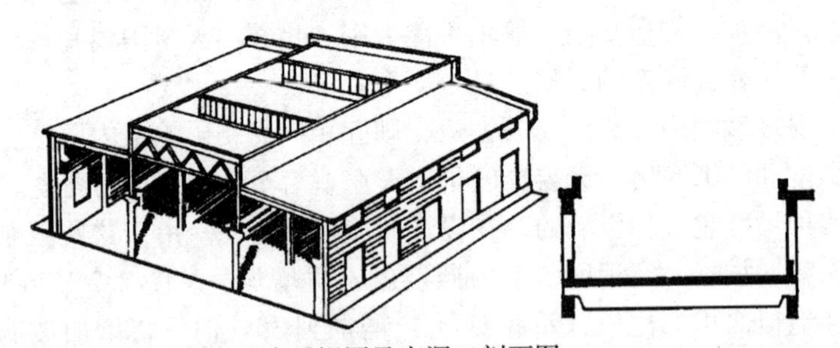

图2.2－28　横向天窗透视图及窗洞口剖面图

由于屋架上弦是倾斜的，故横向天窗窗扇的设置不同于矩形天窗。一般有三种做法：一是将窗扇做成横长方形（见图2.2－29（*a*）），这样窗扇规格统一，加工、安装都较方便，但不能充分利用开口面积；二是将窗扇做成阶梯形（见图2.2－29（*b*）），它可以较多地利用开口面积，但窗口规格多，不利于加工和安装；三是将窗扇上沿和屋架上弦平行，做成倾斜的（见图2.2－29（*c*）），可充分利用开口面积，但加工较难，安装稍有不准，构件受力不均，易引起变形。

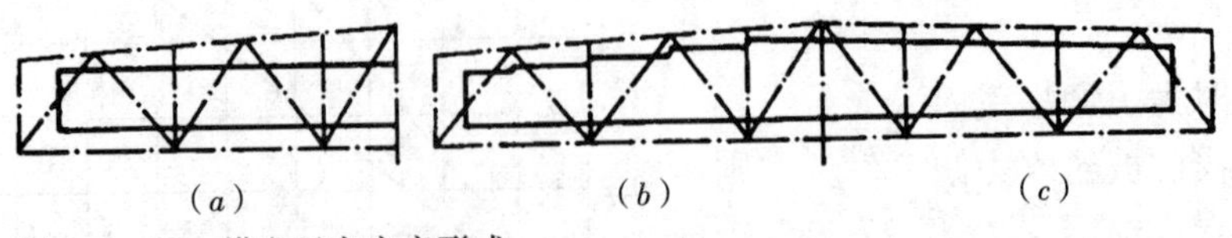

图2.2－29　横向天窗窗扇形式

横向天窗的窗扇是紧靠屋架的，故屋架杆件断面的尺寸对采光影响很大，最好使用断面较小的钢屋架。此外，为了有足够的开窗面积，上弦坡度大的三角形屋架不适宜作横向天窗，梯形屋架的边柱宜争取做得高些，以利开窗。因此，横向天窗不宜用于跨度较小的车间。

为了减少直射阳光射入车间，应使车间的长轴朝向南北，这样，玻璃面也就朝向南北，有利于防止阳光的直射。

（3）井式天窗

井式天窗是利用屋架上下弦之间的空间，将几块屋面板放在下弦杆上形成井口，见图2.2－30。

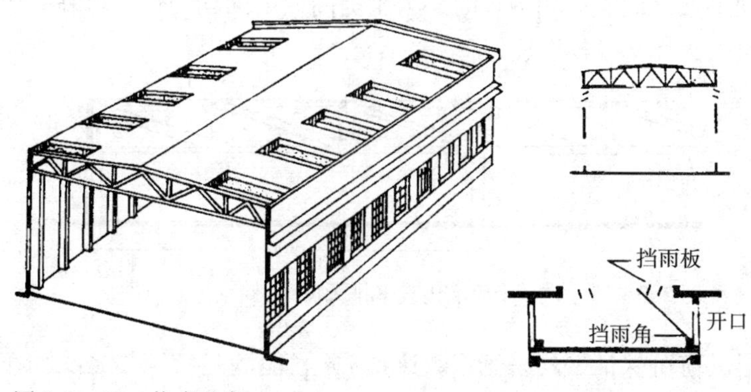

图2.2－30　井式天窗

井式天窗主要用于高温车间。为了通风顺畅，开口处常不设玻璃窗扇。为了防止飘雨，除屋面做挑檐外，开口高度大时还在中间加几排挡雨板。这些挡雨板挡光很多，光线很少能直接射入车间，而都是经过井底板反射进入，因此采光系数一般在1%以下。虽然这样，在采光上仍然比旧式矩形避风天窗好，并且通风效果更好。如车间还有采光要求时，可将挡雨板做成垂直玻璃挡雨板，这样对室内采光条件改善很多。但由于它处于烟尘出口处，较易积尘，如不经常清扫，会影响室内采光效果。也可在屋面板上另设平天窗来解决采光需要。

2）锯齿形天窗

锯齿形天窗属单面顶部采光。这种天窗由于倾斜顶棚的反光，采光效率比纵向矩形天窗高，当采光系数相同时，锯齿形天窗的玻璃面积比纵向矩形天窗少15%～20%。它的玻璃也可做成倾斜面，但很少用。锯齿形天窗的窗口朝向北面天空时，可避免直射阳光射入车间，因而不致影响车间的温湿度调节，故常用于一些需要调节温湿度的车间，如纺织厂的纺纱、织布、印染等车间，图2.2－31为锯齿形天窗的室内天然光分布，可以看出它的采光均匀性较好。由于是单面采光形式，故朝向对室内天然光分布的影响大，图中曲线 a 为晴天窗口朝向太阳时，曲线 c 为背向太阳时的室内天然光分布，曲线 b 表示阴天时的情况。

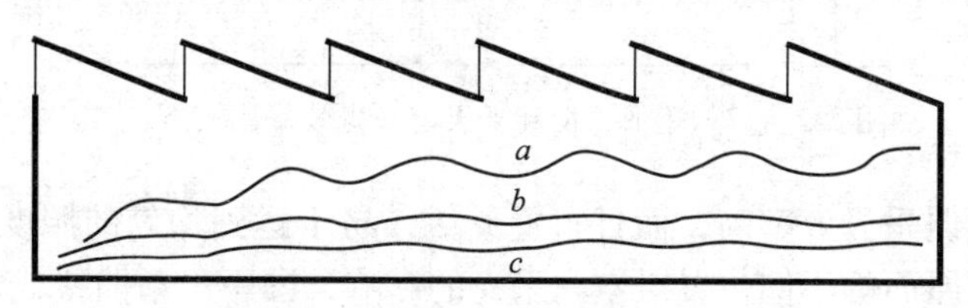

图2.2－31　锯齿形天窗朝向对采光的影响

这种天窗具有单侧高窗的效果，加上有倾斜顶棚作为反射面增加反射光，故较高侧窗光线分布更均匀。同时，它还具有方向性强的特点，在布置机器等设备时应予考虑。如果是双面垂直工作面的机器，如纺纱机，最好将它垂直于天窗布置，这样两面都有较好的照度。若机器轴线平行于天窗布置，则会产生朝天窗的一面光线强，另一面光线弱的缺点。

为了使车间内照度均匀，天窗轴线间距应小于窗下沿至工作面高度的2倍。当厂房高度不大，而跨度相当大时，为了提高照度的均匀性，可在一个跨度内设置几个天窗（见图2.2-32）。

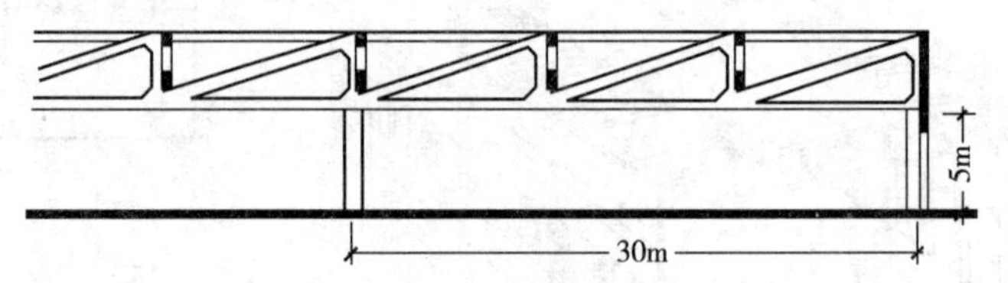

图2.2-32　在一个跨度内设多排天窗

锯齿形天窗可保证平均采光系数达到7%，能满足特别精密工作车间的采光要求。

纵向矩形天窗、锯齿形天窗都需增设天窗架，构造复杂，建筑造价高，而且不能保证高的采光系数。为了满足生产提出的不同要求，产生了其他类型的天窗，如平天窗等。

3）平天窗

这种天窗是在屋面直接开洞，铺上透光材料（如钢化玻璃、夹丝平板玻璃、玻璃钢、塑料等）。由于不需特殊的天窗架，降低了建筑高度，简化结构，施工方便，据有关资料介绍，它的造价仅为矩形天窗的21%~37%。由于平天窗的玻璃面接近水平，故在水平面的投影面积（S_b）较同样面积的垂直窗的投影面积（S_a）大，见图2.2-33。根据立体角投影定律，如天空亮度相同，则平天窗在水平面形成的照度比矩形天窗大，它的采光效率比矩形天窗高2~3倍。

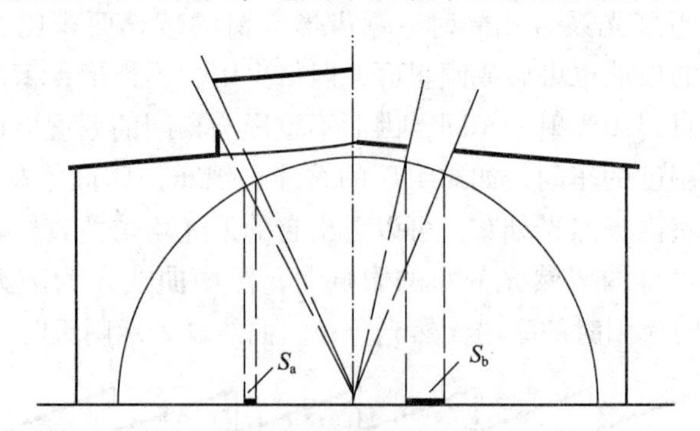

图2.2-33　矩形天窗和平天窗采光效率比较

平天窗不但采光效率高，而且布置灵活，易于达到均匀的照度。图2.2-34表示平天窗在屋面的不同位置对室内采光的影响，图中三条曲线代表三种窗口布置方案时的采光系数曲线，这说明：①平天窗在屋面的位置影响均匀度和采光系数平均值。当它布置在屋面中部偏屋脊处（布置方式 b），均匀性和采光系数平均值均较好。②它的间距（d_c）对采光均匀性影响较大，最好保持在窗位置高度（h_x）的2.5倍范围内，以保证必要均匀性。

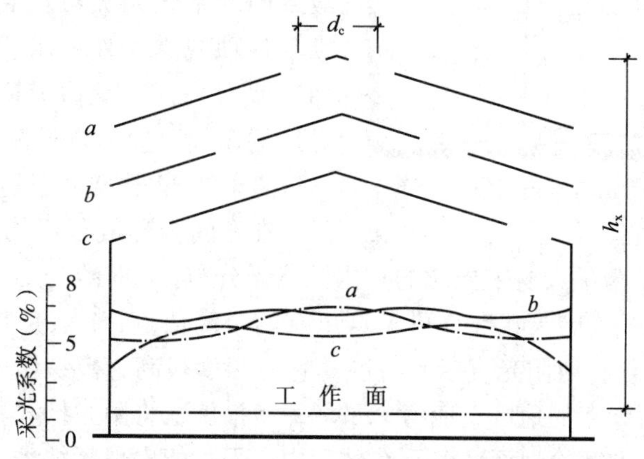

图2.2－34　平天窗在屋面不同位置对室内采光的影响

平天窗可用于坡屋面（如槽瓦屋面，见图2.2－35（c））；也可用于坡度较小的屋面上（如大型屋面板，见图2.2－35（a）、（b））。可做成采光罩（如图2.2－35（b））、采光板（图2.2－35（a））、采光带（图2.2－35（c））。构造上比较灵活，可以适应不同材料和屋面构造。

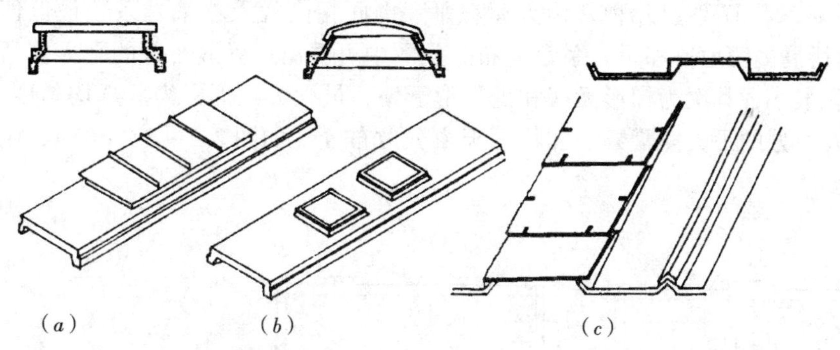

图2.2－35　平天窗的不同做法

由于防水和安装采光罩的需要，在平天窗开口周围都需设置一定高度的肋，称为井壁。井壁高度和井口面积的比例影响窗洞口的采光效率。井口面积相对于井壁高度愈大，则进入室内的光愈多。

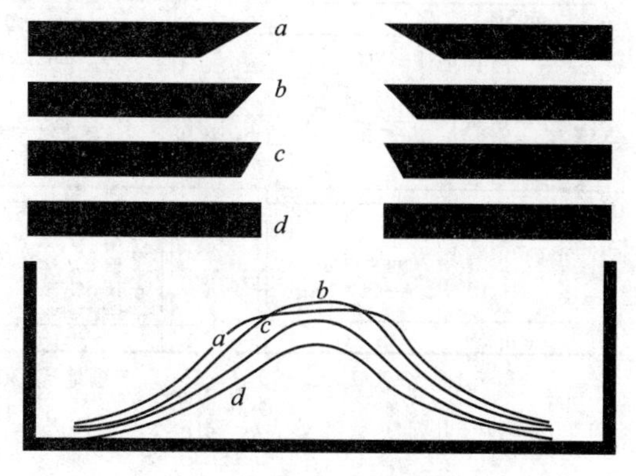

图2.2－36（a）　井壁倾斜对采光的影响

为了增加采光量，可将井壁做成倾斜的，如图2.2－36（a）是将井壁做成不同倾斜（a，b，c）与井壁为垂直（d）时的比较。可以看出，

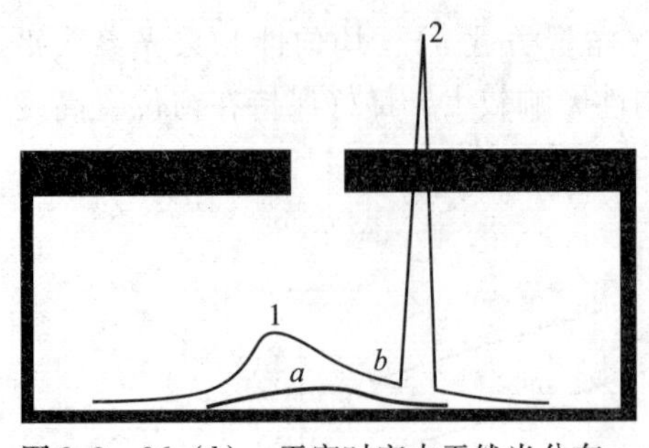

图 2.2－36（b）　天窗时室内天然光分布

倾斜的井壁，不仅能增加采光量，还能改善采光均匀度。

平天窗的面积受制约的条件较少，故室内的采光系数可达到很高的值，以满足各种视觉工作要求。由于它的玻璃面近似水平，一般做成固定的。在需要通风的车间，应另设通风屋脊或通风孔。

直射阳光很容易通过平天窗进入车间，在车间内形成很不均匀的照度分布。图 2.2－36（b）为平天窗采光时的室内天然光分布：a 曲线为阴天时，它的最高点在窗下；b 曲线为晴天状况，可见这里有两个高值点，1 点是直射阳光经井壁反射所致，2 点是直射阳光直接照射区，它的照度很高，极易形成眩光，而且导致过热。故在晴天多的地区，应考虑采取一定措施，将阳光扩散。

另外，在北方寒冷地区，冬季在玻璃内表面可能出现凝结水，特别是在室内湿度较大的车间，有时还相当严重。这时应将玻璃倾斜成一定角度，使水滴沿着玻璃面流到边沿，流淌到特制的水沟中，使水滴不致直接落入室内。也可采用双层玻璃中夹空气间层的作法，以提高玻璃内表面温度，既可避免冷凝水，又可减少热损耗。这种双层玻璃的结构应特别注意嵌缝严密，否则灰尘一旦进入空气间层，就很难清除，严重影响采光。

图 2.2－37 列出几种常用天窗在平、剖面相同且天然采光系数最低值均为 5% 时所需的窗地比和采光系数分布。从图中可看出：分散布置的平天窗所需的窗面积最小，其次为梯形天窗和锯齿形天窗，最大为矩形天窗。从均匀度来看，集中在一处的平天窗最差；如将平天窗分散布置（如图 2.2－37（b）），则均匀度得到改善。

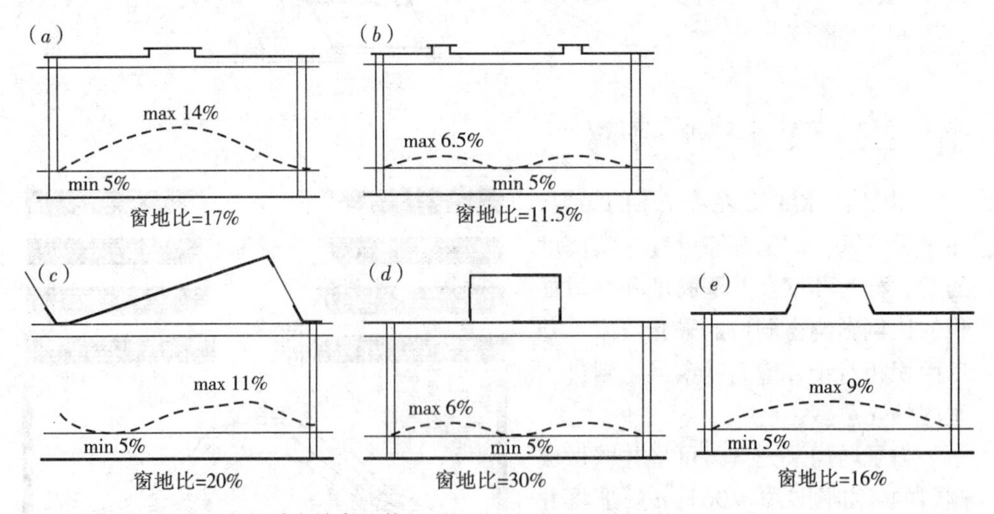

图 2.2－37　几种天窗的采光效率比较

在实际设计中，由于不同的建筑功能对窗洞口有各种特殊要求，并不是直接采用以上介绍的某一种窗洞口形式就能满足的，而往往需要将现有窗口形式加以改造。

2.2.3 采光设计

采光设计的任务在于根据视觉工作特点所提出的要求，正确地选择窗洞口形式，确定必需的窗洞口面积，以及它们的位置，使室内获得良好的光环境，保证视觉工作顺利进行。

窗洞口不仅是为了采光，有时还需起泄爆、通风等作用。这些作用与采光要求有时是一致的，有时可能是矛盾的。这就需要我们在考虑采光的同时，综合地考虑其他功能，妥善地解决。

为了在建筑采光设计中，充分利用天然光，创造良好的光环境和节约能源，必须使采光设计符合建筑采光设计标准要求。

2.2.3.1 采光标准

我国的《建筑采光设计标准》GB/T 50033—2001 是建筑采光设计的依据。下面介绍该标准的主要内容：

1）采光系数标准值

第2.1章已经介绍，不同情况的视看对象要求不同的照度，在一定范围内照度是愈高愈好，照度愈高，工作效率愈高。但高照度意味着投资大，因此，标准必须既考虑视觉工作的需要，又照顾经济上的可能性和技术上的合理性。采光标准综合考虑了视觉试验结果，对已建成建筑的采光现状进行的现场调查，窗洞口的经济分析，我国光气候特征，以及我国国民经济发展等因素，将视觉工作分为Ⅰ～Ⅴ级，提出了各级视觉工作要求的室内天然光临界照度值（见表2.2－3）。我们把室内全部利用天然光进行工作时的室外最低照度称为室外天然光“临界照度”，也就是开始需要采用电光源照明时的室外天然光照度值。该值的确定影响开窗大小、电光源照明使用时间等，有一定的经济意义。经过不同临界照度值对各种费用的综合比较，考虑到开窗的可能性，采光标准规定我国Ⅲ类光气候区的室外天然光临界照度值为5000lx。确定这一值后就可将室内天然光照度换算成采光系数。

由于不同的采光口类型在室内形成不同的光分布，故采光标准按采光类型，分别提出不同的要求。顶部采光时，室内照度分布均匀，用采光系数平均值。侧面采光时，室内光线变化大，故用采光系数最低值。采光系数标准值见表2.2－3。

表2.2－3中所列采光系数值适用于Ⅲ类光气候区。其他地区应按光气候分区，选择相应的光气候系数，各光气候区具体标准为表2.2－3中所列值乘上表2.2－2中该区的光气候系数。

视觉作业场所工作面上的采光系数标准值　　表 2.2-3

采光等级	视觉作业分类		侧面采光		顶部采光	
	作业精确度	识别对象的最小尺寸 d（mm）	采光系数最低值 C_{min}（%）	室内天然光临界照度（lx）	采光系数平均值 C_{av}（%）	室内天然光临界照度（lx）
Ⅰ	特别精细	$d \leqslant 0.15$	5	250	7	350
Ⅱ	很精细	$0.15 < d \leqslant 0.3$	3	150	4.5	225
Ⅲ	精细	$0.3 < d \leqslant 1.0$	2	100	3	150
Ⅳ	一般	$1.0 < d \leqslant 5.0$	1	50	1.5	75
Ⅴ	粗糙	$d > 5.0$	0.5	25	0.7	35

注：1. 表中所列采光系数标准值适用于我国Ⅲ类光气候区。采光系数标准值是根据室外临界照度为5000lx 制定的。
2. 亮度对比小的Ⅱ、Ⅲ级视觉作业，其采光等级可提高一级采用。

2）采光质量

（1）采光均匀度

视野内照度分布不均匀，易使人眼疲乏，视觉功效下降，影响工作效率。因此，要求房间内照度分布有一定的均匀度（工业建筑取距地面 1m，民用建筑取距地面 0.8m 的假定水平面上，即在假定工作面上的采光系数的最低值与平均值之比；也可认为是室内照度最低值与室内照度平均值之比）。标准提出顶部采光时，Ⅰ~Ⅳ级采光等级的采光均匀度不宜小于 0.7。

（2）窗眩光

侧窗位置较低，对于工作视线处于水平的场所极易形成不舒适眩光，故应采取措施减小窗眩光：作业区应减少或避免直射阳光照射，不宜以明亮的窗口作为视看背景，可采用室内外遮挡设施降低窗亮度或减小对天空的视看立体角，宜将窗结构的内表面或窗周围的内墙面做成浅色饰面。

（3）光反射比

为了使室内各表面的亮度比较均匀，必须使室内各表面具有适当的光反射比。例如，对于办公、图书馆、学校等建筑的房间，其室内各表面的光反射比宜符合表 2.2-4 的规定。

室内各表面的光反射比 ρ　　表 2.2-4

表面名称	反射比
顶　棚	0.6~0.9
墙　面	0.3~0.8
地　面	0.1~0.5
作业面	0.2~0.6

资料来源：《建筑照明设计标准》GB 50034—2004。

在进行采光设计时，为了提高采光质量，还要注意光的方向性，并避免对工作产生遮挡和不利的阴影；如果在白天时天然光不足，应采用接近天然光色温的高色温光源作为补充照明光源。

2.2.3.2 采光设计步骤

1）搜集资料

（1）了解设计对象的采光要求

①房间的工作特点及精密度　同一个房间的工作不一定是完全一样的，可能有粗有细。应考虑最精密和最具有典型性（即代表大多数）的工作；了解工作中需要识别部分的大小（如织布车间的纱线，而不是整幅布；机加工车间加工零件的加工尺寸，而不是整个零件等），根据这些尺寸大小可从表2.2－3中确定视觉工作分级与所要求的采光系数的标准值。

在采光标准中，规定了各类建筑的采光系数：工业建筑的采光系数标准值见表2.2－5，学校建筑的采光系数标准值见表2.2－6，博物馆和美术馆的采光系数标准见表2.2－7。

工业建筑的采光系数标准值　　**表2.2－5**

采光等级	车间名称	侧面采光		顶部采光	
		采光系数最低值 C_{min}（%）	室内天然光临界照度（lx）	采光系数平均值 C_{av}（%）	室内天然光临界照度（lx）
Ⅰ	特别精密机电产品加工、装配、检验工艺品雕刻、刺绣、绘画	5	250	7	350
Ⅱ	很精密机电产品加工、装配、检验 通信、网络、视听设备的装配与调试 纺织品精纺、织造、印染 服装裁剪、缝纫及检验 精密理化实验室、计量室 主控制室 印刷品的排版、印刷 药品制剂	3	150	4.5	225
Ⅲ	机电产品加工、装配、检修 一般控制室 木工、电镀、油漆、铸工 理化实验室 造纸、石化产品后处理 冶金产品冷轧、热轧、拉丝、粗炼	2	100	3	150
Ⅳ	焊接、钣金、冲压剪切、锻工、热处理 食品、烟酒加工和包装 日用化工产品 炼铁、炼钢、金属冶炼 水泥加工与包装 配、变电所	1	50	1.5	75
Ⅴ	发电厂主厂房 压缩机房、风机房、锅炉房、泵房、电石库、乙炔库、氧气瓶库、汽车库、大中件贮存库 煤的加工、运输，选煤 配料间、原料间	0.5	25	0.7	35

学校建筑的采光系数标准值 表2.2-6

采光等级	房间名称	侧面采光	
		采光系数最低值 C_{min}（%）	室内天然光临界照度（lx）
Ⅲ	教室、阶梯教室、实验室、报告厅	2	100
Ⅴ	走道、楼梯间、卫生间	0.5	25

博物馆和美术馆建筑的采光系数标准值 表2.2-7

采光等级	房间名称	侧面采光		顶部采光	
		采光系数最低值 C_{min}（%）	室内天然光临界照度（lx）	采光系数平均值 C_{av}（%）	室内天然光临界照度（lx）
Ⅲ	文物修复、复制、门厅工作室、技术工作室	2	100	3	150
Ⅳ	展厅	1	50	1.5	75
Ⅴ	库房 走道、楼梯间、卫生间	0.5	25	0.7	35

注：表中的展厅是指对光敏感的展品展厅，侧面采光时其照度不应高于50lx；顶部采光时其照度不应高于75lx；对光一般敏感或不敏感的展品展厅采光等级宜提高一级或二级。

②工作面位置　工作面有垂直、水平或倾斜的，它与选择窗的形式和位置有关。例如侧窗在垂直工作面上形成的照度高，这时窗至工作面的距离对采光的影响较小，但正对光线的垂直面光线好，背面就差得多。对水平工作面而言，它与侧窗距离的远近对采光影响就很大，不如平天窗效果好。值得注意的是，我国采光设计标准推荐的采光计算方法仅适用于水平工作面。

③工作对象的表面状况　工作表面是平面或是立体，是光滑的（规则反射）或粗糙的，对于确定窗的位置有一定影响。例如对平面对象（如看书）而言，光的方向性无多大关系；但对于立体零件，一定角度的光线，能形成阴影，可加大亮度对比，提高可见度。而光滑的零件表面，由于规则反射，若窗的位置安设不当，可能使明亮的窗口形象恰好反射到工作者的眼中，严重影响可见度，需采取相应措施防止。

④工作中是否容许直射阳光进入房间　直射阳光进入房间，可能会引起眩光和过热，应在窗口的选型、朝向、材料等方面加以考虑。

⑤工作区域　了解各工作区域对采光的要求，照度要求高的布置在窗口附近，要求不高的区域（如仓库、通道等）可远离窗口。

（2）了解设计对象其他要求

①采暖　在北方采暖地区，窗的大小影响到冬季热量的损耗，特别是北窗影响很大，因此在采光设计中应严格控制窗面积大小。

②通风　了解在生产中发出大量余热的地点和热量大小，以便就近设置通风孔洞。若有大量灰尘伴随余热排出，则应将通风孔和采光天窗分开处理并留适当距离，以免排出的烟尘污染窗洞口。

③泄爆　某些车间有爆炸危险，如粉尘很多的铝粉、银粉加工车间，贮存易燃、易爆物的仓库等，为了降低爆炸压力，保护承重结构，可设置大面积泄爆

窗，从窗的面积和构造处理上解决减压问题。在面积上，泄爆要求往往超过采光要求，从而会引起眩光和过热，要注意处理。

还有一些其他要求，在设计中应首先考虑解决主要矛盾，然后按其他要求进行复核和修改，使之尽量满足各种不同的要求。

（3）房间及其周围环境概况

了解房间平、剖面尺寸和布置；影响开窗的构件（如吊车梁）的位置、大小；房间的朝向；周围建筑物、构筑物和影响采光的物体（如树木、山丘等）的高度，以及它们和房间的间距等。这些都与选择窗洞口形式，确定影响采光的一些系数值有关。

2）选择窗洞口形式

根据房间的朝向、尺度、生产状况、周围环境，结合第2.2.2节介绍的各种窗洞口的采光特性选择适合的窗洞口形式。在一幢建筑物内可能采取几种不同的窗洞口形式，以满足不同的要求。例如在进深大的车间，往往边跨用侧窗，中间几跨用天窗采光。又如车间长轴为南北向时，则宜采用横向天窗或锯齿形天窗，以避免阳光射入车间。

3）确定窗洞口位置及可能开设窗口的面积

（1）侧窗　常设在朝向南北的侧墙上，由于它建造及使用、维护方便，造价低廉，故应尽可能多开侧窗，采光不足部分再用天窗补充。

（2）天窗　侧窗采光不足之处可设天窗。根据车间的剖面形式及其与相邻车间的关系，确定天窗的位置及大致尺寸（天窗宽度、玻璃面积、天窗间距等）。

4）估算窗洞口尺寸

根据车间视觉工作分级和拟采用的窗洞口形式及位置，即可从表2.2-8查出所需的窗地面积比。应当注意的是，由窗地比和室内地面面积相乘获得的开窗面积仅是估算值，可能与实际值差别较大。因此，不能把估算值作为最终确定的开窗面积。

窗地面积比 A_c/A_d　　**表2.2-8**

采光等级	侧面采光				顶部采光			
	侧窗		矩形天窗		锯齿形天窗		平天窗	
	民用建筑	工业建筑	民用建筑	工业建筑	民用建筑	工业建筑	民用建筑	工业建筑
Ⅰ	1/2.5	1/2.5	1/3	1/3	1/4	1/4	1/6	1/6
Ⅱ	1/3.5	1/3	1/4	1/3.5	1/6	1/5	1/8.5	1/8
Ⅲ	1/5	1/4	1/6	1/4.5	1/8	1/7	1/11	1/10
Ⅳ	1/7	1/6	1/10	1/8	1/12	1/10	1/18	1/13
Ⅴ	1/12	1/10	1/14	1/11	1/19	1/15	1/27	1/23

注：计算条件：民用建筑：Ⅰ～Ⅳ级为清洁房间，取$\bar{\rho}=0.5$；Ⅴ级为一般污染房间，取$\bar{\rho}=0.3$。

工业建筑：Ⅰ级为清洁房间，取$\bar{\rho}=0.5$；Ⅱ和Ⅲ级为清洁房间，取$\bar{\rho}=0.4$；Ⅳ级为一般污染房间，取$\bar{\rho}=0.4$；Ⅴ级为一般污染房间，取$\bar{\rho}=0.3$。

非Ⅲ类光气候区的窗地面积比应乘以表2.2-2的光气候系数K。

当同一车间内既有天窗，又有侧窗时，可先按侧窗查出它的窗地比，再从地面面积求出所需的侧窗面积，然后根据墙面实际开窗的可能来布置侧窗，不足之数再用天窗补充。

例如，某车间跨度为30m（单跨），屋架下弦高度为6m，采光要求为Ⅰ级。查表2.2－8可知侧窗要求的窗地比为1/2.5。现按一个6m柱距来计算，要求在两面侧墙上开72m^2的侧窗，而工作面至屋架下弦可开侧窗面积约为49.0m^2（窗高×窗宽×两侧面＝4.8m×5.1m×2≈49.0m^2），不足的地面面积约57.8m^2考虑采用天窗来补充。现采用矩形天窗，查表2.2－8得窗地比为1/3，现选用1.5m高的钢窗，可补充18m^2天窗面积（1.5m×6m×2＝18m^2）。在选择窗的尺寸时，应注意尽可能采用标准构件尺寸。

5）布置窗洞口

估算出需要的窗洞口面积，确定了窗的高、宽尺寸后，就可进一步确定窗的位置。这里不仅考虑采光需要，而且还应考虑通风、日照、美观等要求，拟出几个方案进行比较，选出最佳方案。

经过以上五个步骤，确定了窗洞口形式、面积和位置，基本上达到初步设计的要求。由于它的面积是估算的，位置也不一定确定不变，故在进行技术设计之后，还应进行采光验算，以便最后确定它是否满足采光标准的各项要求。

2.2.3.3　学校教室采光设计

1）教室光环境要求

表2.2－6列出了学校建筑的采光系数标准值。学生在学校的大部分时间都在教室里学习，因此要求教室里的光环境应保证学生们能看得清楚、迅速、舒适，而且能在较长时间阅读情况下，不易产生疲劳，这就需要满足以下条件：

（1）整个教室内应保持足够的照度，而且照度的分布要比较均匀，使坐在各个位置上的学生具有相近的光照条件。同时，由于学生随时需要集中注意力于黑板，因此要求在黑板面上也有较高的照度。

（2）合理地安排教室环境的亮度分布，消除眩光，使能保证正常的可见度，减少疲劳，提高学习效率。虽然过大的亮度差别在视觉上会形成眩光，影响视觉功效，但在教室内各处保持亮度完全一致，不仅在实践上很难办到，而且也无此必要。在某些情况下，适当的不均匀亮度分布还有助于集中注意力，如在教师讲课的讲台和黑板附近适当提高照度，可使学生注意力自然地集中在那里。

（3）较少的投资和较低的经常维持费用。我国是一个发展中国家，应本着节约的精神，使设计符合国民经济发展水平。

2）教室采光设计

（1）设计条件

①满足采光标准要求，保证必要的采光系数　根据《建筑采光设计标准》规定（见表2.2－6）：教室内的采光系数最低值不得低于2%。现今教室平面尺

寸多为：进深6.6m，长9.0m，层高3.6m。结构多为砖墙，钢筋混凝土楼板，外墙承重，因此窗间墙不能太窄，一般约1.25～1.50m；窗宽约1.5m；窗台高1.0m；窗高2.1m左右，为了提高单侧窗采光时靠近内墙处的采光系数值，必须尽量压缩窗间墙宽至1.0m或更窄；上沿尽可能与顶棚齐；尽量采用断面小的窗框材料，使玻璃净面积与地板面积比不小于1∶5，才有可能达到要求的采光系数规定值。

②均匀的照度分布　由于学生是分散在整个教室内，要求照度分布均匀，希望在工作区域内照度差别限制在1∶3之内；在整个房间内不超过1∶10。这样可避免眼睛移动时，为了适应不同亮度而引起视觉疲劳。由于目前学校建筑多采用单侧采光，很难把照度分布限制在上述范围之内。为此可把窗台提高到1.2m，将窗上沿提到顶棚处，这样可稍降低近窗处照度，提高靠近内墙处照度，减少照度不均匀性，而且还使靠窗坐着的学生看不见室外（中学生坐着时，视线平均高度约为113～116cm），以减少学生分散注意力的可能性。在条件允许时，可采用双侧采光来控制照度分布。

③对光线方向和阴影的要求　光线方向最好从左侧上方射来。这在单侧采光时，只要黑板位置正确，是不会有问题的。如是双侧采光，则应分主次，将主要采光窗设置在左边，以免在书写时手挡光线，产生阴影，影响书写作业。开窗分清主次，还可避免在立体物件上产生二个相近浓度的阴影，歪曲立体形象，导致视觉误差。

④避免眩光　教室内最易产生的眩光是窗口，当我们通过窗口观看室外时，较暗的窗间墙衬上明亮的天空，感到很刺眼，视力迅速下降。特别当看到的天空是靠近天顶附近区域（靠近窗的人看到的天空往往是这一区域），这里亮度更大，更刺眼。故在有条件时应加以遮挡，使不能直视天空。以上是指阴天而言；如在晴天，明亮的太阳光直接射入室内，在照射处产生极高的亮度。当它处于视野内时，就形成眩光。如果阳光直接射在黑板和课桌上，则情况更严重，应尽量设法避免。因此，学校教室应设窗帘以防止直射阳光射入教室，还可从建筑朝向的选择和设置遮阳等来解决。后者花钱较多，在阴天遮挡光线严重，故只能作为补救措施和结合隔热降温考虑。

从采光稳定和避免直射阳光的角度来看，窗口最好朝北，这样在上课时间内可保证无直射阳光进入教室，光线稳定。但在寒冷地区，却与采暖要求有矛盾。为了与采暖协调，在北方地区可将窗口向南。由南向窗口射入室内的太阳高度角较大，因而日光射入进深较小，日照面积局限在较小范围内，如果要作遮阳亦较易实现。其他朝向如东、西向，阳光能照射全室，对采光影响大，尽可能不采用。

（2）教室采光设计中的几个重要问题

①室内装修　室内装修对采光有很大影响，特别是侧窗采光，这时室内深处的光主要来自顶棚和内墙的反射光，因而它们的光反射比对室内采光影响很大，应选择最高值。此外，从创造舒适的光环境来看，室内表面亮度应尽可能接近，特别是邻近的表面亮度相差不能太悬殊。这可从照度均匀分布和各表面的反射比

来考虑。外墙上侧窗的亮度较大，为了使窗间墙的亮度与之较为接近，其表面装修应采用光反射比高的材料。由于黑板的光反射比低，装有黑板的端墙的光反射比亦应稍低。现在的课桌常采用暗色油漆，这与白纸和书形成强烈的亮度对比，不利于视觉工作，应尽可能选用浅色的表面处理。

此外，表面装修宜采用扩散性无光泽材料，它可以在室内反射出没有眩光的柔和光线。

②黑板 是教室内眼睛经常注视的地方。上课时，学生的眼睛经常在黑板与笔记本之间移动，所以在二者之间不应有过大的亮度差别。目前，教室中广泛采用的黑色油漆黑板的光反射比很低，与白色粉笔形成明显的黑白对比，有利于提高可见度，但它的亮度太低，不利于整个环境亮度分布。同时，黑色油漆形成的光滑表面，极易产生规则反射，在视野内可能出现窗口的明亮反射形象，降低了可见度。采用毛玻璃背面涂刷黑色或暗绿色油漆的做法，提高了光反射比，同时避免了反射眩光，是一种较好的解决办法。但各种无光泽表面在光线入射角大于70°时，也可能产生混合反射，在入射角对称方向上，就会出现明显的规则反射，故应注意避免光线以大角度入射。在采用侧窗时，最易产生反射眩光的地方是离黑板端墙 $d=1.0\sim1.5$m 范围内的一段窗（见图2.2－38）。在此范围内最好不开窗，或采取措施（如用窗帘、百叶等）降低窗的亮度，使之不出现或只出现轻微的反射形象。也可将黑板做成微曲面或折面，使入射角改变，因而反射光不致射入学生眼中。但这种办法使黑板制作困难。据有关单位经验，如将黑板倾斜放置，与墙面成10°～20°夹角，不仅可将反射眩光减少到最低程度，而且使书写黑板方便，比制作曲折面黑板方便，不失为一种较为可行的办法。也可用增加黑板照度（利用天窗或电光源照明），减轻明亮窗口在黑板上的反射影像的明显程度。

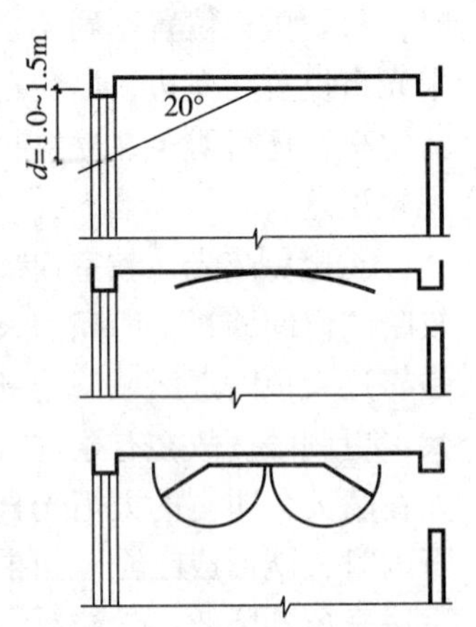

图2.2－38 可能出现镜面发射的区域及防止措施

③梁和柱的影响 在侧窗采光时，梁的布置方向对采光有相当影响。当梁的方向与外墙垂直，则问题不大。如梁的方向与外墙平行，则在梁的背窗侧形成较黑的阴影，在顶棚上造成明显的亮度对比，而且减弱了整个房间的反射光，对靠近内墙光线微弱处影响很大，故不宜采用。如因结构限制必须这样布置，最好做吊顶，使顶棚平整。

④窗间墙 窗间墙和窗之间存在着较大的亮度对比，在靠墙区域形成暗区（参见图2.2－9（c）），特别是窗间墙很宽时影响很大。

（3）教室剖面形式

①侧窗采光及其改善措施 从前面介绍的侧窗采光来看，它具有建造、使用维护方便及造价低等优点，但采光不均匀是其严重缺点。为了消除这一缺点，除前面提到的措施外，可采取下列办法：

A）将窗的横挡加宽，并且放在窗的中间偏低处。这样可将靠窗处的照度高的区域加以适当遮挡，使照度下降，有利于增加整个房间的照度均匀性（见图2.2－39（a））。

B）在横挡以上使用扩散光玻璃，如压花玻璃、磨砂玻璃等，使射向顶棚的光线增加，提高房间深处的照度（见图2.2－39（b））。

C）在横挡以上安装指向性玻璃（如折光玻璃、玻璃砖），使光线折向顶棚，对提高房间深处的照度，效果更好（见图2.2－39（c））。

D）在另一侧开窗，左边为主要采光窗，右边增设一排高窗，最好采用指向性玻璃或扩散光玻璃，以求最大限度地提高窗下的照度（见图2.2－39（d））。

②天窗采光　单独使用侧窗，虽然可采取措施改善其采光效果，但仍受其采光特性的限制，室内照度分布不可能很均匀，采光系数不易达到2%，故有的设计采用天窗采光。

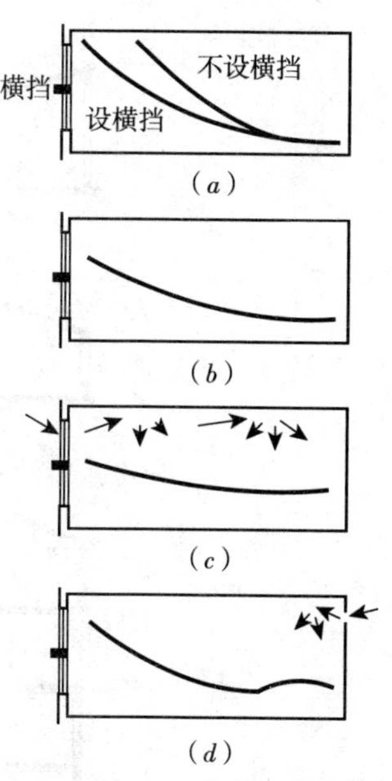

图2.2－39　改善侧窗采光效果的措施

最简单的天窗是将部分屋面做成透光的，它的效率最高，但有强烈眩光。夏季，由于太阳光直接射入，室内热环境恶化，影响学习，还应在透光屋面下面做扩散光顶棚（见图2.2－40（a）），以防止阳光直接射入，并使室内光线均匀，采光系数可以达到很高。

为了彻底解决直射阳光问题，可做成北向的单侧天窗（图2.2－40（b））。

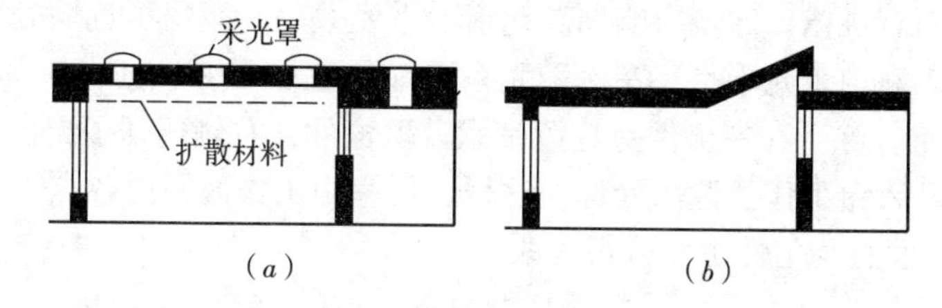

图2.2－40　教室利用天窗采光

图2.2－41是国际照明委员会（CIE）推荐的学校教室采光方案。图2.2－41（a）是将开窗一侧的净空加高，使侧窗的窗高增大，保证室内深处有充足的采光，但应注意朝向，一般以北向为宜，以防阳光直射入教室深处。

图2.2－41（b）是将主要采光窗（左侧）直接对外，走廊一侧增设补充窗，以弥补这一侧采光不足。但应注意此处窗的隔声性能，以防嘈杂的走廊噪声影响教学，而且宜采用压花玻璃或乳白玻璃，使走廊活动不致分散学生的注意力。

图2.2－41（c）、（e）、（h）为天窗，都考虑用遮光格片防止阳光直接射入教室。值得注意的是，（h）方案是用一个采光天窗同时为二个教室补充采光。这时应注意遮光格片与采光天窗之间空间的处理，还要避免它成为传播噪声的通道。

图2.2－41（f）有两个不同朝向的天窗，一般用在南、北向，南向天窗应注意采取防止直射阳光的措施。

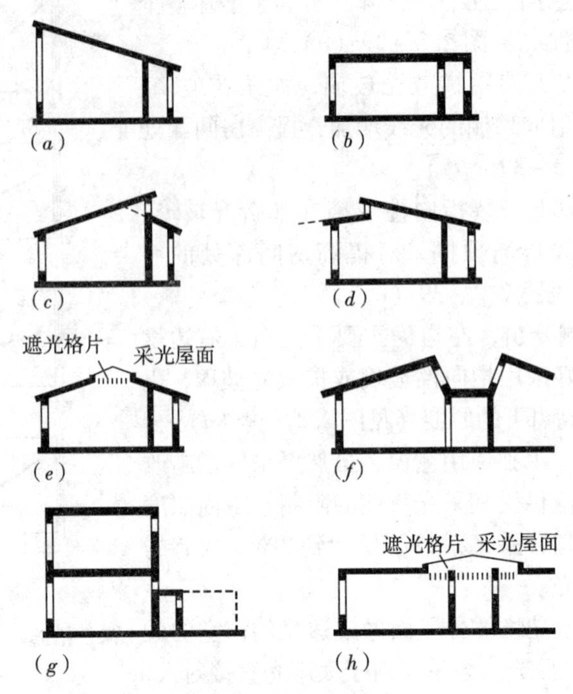

图 2.2-41 学校教室的不同剖面形式

③不同剖面形式的采光效果比较 图 2.2-42 给出了二种采光设计方案。图 2.2-42（*a*）为旧教室，它的左侧为连续玻璃窗，右侧有一补充采光的高侧窗，由于它的外面有挑檐，这就影响到高侧窗的采光效率，减弱了近墙处的照度。实测结果表明，室内采光不足，左侧采光系数最低值仅 0.4%～0.6%。图 2.2-42（*b*）为新教室，除了在左侧保持连续带状玻璃窗外，右侧还开了天窗。为防止阳光直接射入，天窗下作了遮阳处理。这样，使室内工作区域内各点采光系数一般在 2% 以上，而且均匀性也获得很大改善。

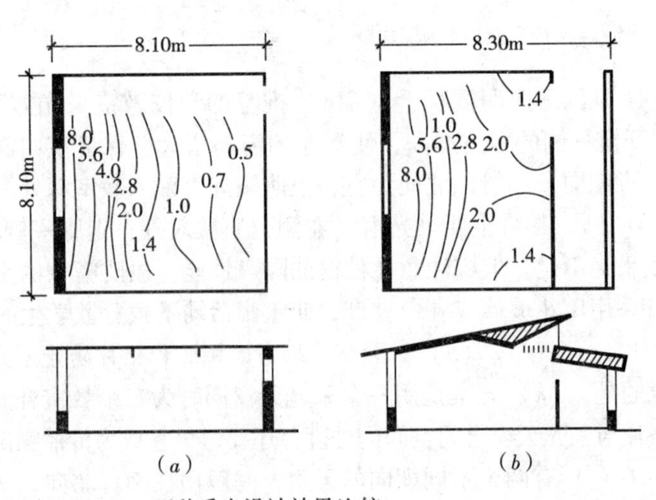

图 2.2-42 两种采光设计效果比较

2.2.3.4 美术馆采光设计

1）采光要求

表2.2-7列入了博物馆和美术馆的采光系数标准值。为了获得满意的展出效果，在采光方面要解决以下几个问题：

（1）适宜的照度 在展品表面上具有适当的照度是保证观众正确地识别展品颜色和细部的基本条件。但美术展品中不乏光敏物质，如水彩、彩色印刷品、纸张等在光的长期照射下，特别是在含有紫外线成分的光线作用下，很易褪色、变脆。为了长期保存展品，还需适当控制照度。

（2）合理的照度分布 在美术馆里，除了要保证悬挂美术品的墙面上有足够的垂直照度外，还要求在一幅画上不出现明显的明暗差别，一般认为全幅画上的照度最大值和最小值之比应保持在3∶1之内。还希望在整个展出墙面上照度分布均匀，照度最大值和最小值之比应保持在10∶1之内。

就整幢美术馆的布局而言，应按展览路线控制各房间的照度水平，使观众的眼睛得以适应。例如观众从室外进入陈列室之前，最好先经过一些照度逐渐降低的过厅，使眼睛从室外明亮环境逐渐适应室内照度较低的环境。这样，观众进入陈列室就会感到明亮、舒适，而不致和室外明亮环境相比，产生昏暗的感觉。

（3）避免在观看展品时明亮的窗口处于视看范围内 明亮的窗口和较暗的展品间亮度差别很大，易形成眩光，影响观赏展品。从第2.1章知道，当眩光源处于视线30°以外时，眩光影响就迅速减弱到可以忍受的程度。一般是当眼睛和窗口、画面边沿所形成的角度超过14°，就能满足这一要求，见图2.2-43。

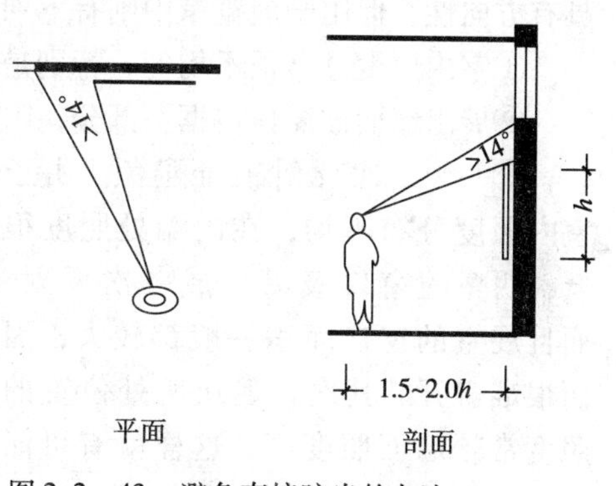

图2.2-43 避免直接眩光的办法

（4）避免一、二次反射眩光 这是一般展览馆中普遍存在而又较难解决的问题。由于画面本身或它的保护装置具有规则反射特性，光源（灯或明亮的窗口）经过它们反射到观众眼中，这时，在较暗的展品上出现一个明亮的窗口（或灯）的反射形象，称为一次反射，它的出现很影响观看展品。

按照规则反射法则，只要光源处于观众视线与画面法线夹角对称位置以外，观众就不会看到窗口的反射形象。将窗口提高或将画面稍加倾斜，就可避免出现一次反射（图2.2-44）。

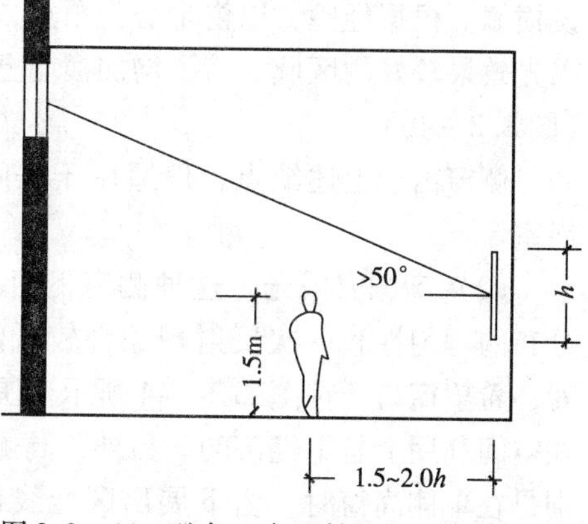

图2.2-44 避免一次反射的窗口位置

二次反射是当观众本身或室内其他

物件的亮度高于展品表面亮度，而它们的反射形象又刚好进入观众视线内，这时观众就会在画面上看到本人或物件的反射形象，干扰看清展品。这可从控制反射形象进入视线（如像防止一次反射那样，调整人或物件与画面的相互位置），或减弱二次反射形象的亮度，使它们的反射形象不致影响到观赏展品。后一措施要求将展品表面亮度（照度）高于室内一般照度。

（5）环境亮度和色彩 陈列室内的墙壁是展品的背景，如果它的彩度和亮度都高，不仅会喧宾夺主，而且它的反射光还会歪曲展品本来的色彩。因此，墙的色调宜选用中性，其亮度应略低于展品本身，光反射比一般取0.3左右为宜。

（6）避免阳光直射展品，导致展品变质 阳光直接进入室内，不仅会形成强烈的亮度对比，而且阳光中的紫外线和红外线对展品的保存非常不利。有色展品在阳光下会产生严重褪色，故应尽可能防止阳光直接射入室内。

（7）窗洞口不占或少占供展出用的墙面 因为展品一般都是悬挂在墙面上供观众欣赏，故窗洞口应尽量避开展出墙面。

2）采光形式

上述要求的实现，在很大程度上取决于建筑剖面选型和采光形式的选择。常用的采光形式有下列几种：

（1）侧窗采光 是最常用、最简单的采光形式，能获得充足的光线，光线具有方向性，但用于展览馆中则有下列严重缺点：

①室内照度分布很不均匀，特别是沿房间进深方向照度下降严重；

②展出墙面被窗口占据一部分，限制了展品布置的灵活性；

③一、二次反射很难避免。由于室内照度分布不均，在内墙处照度很低，明亮的窗口极易形成一次反射。而且展室的窗口面积一般都较大，因而很难避开。其次，观众所处位置的照度常较墙面照度高，这样就有可能产生二次反射（图2.2-45）。

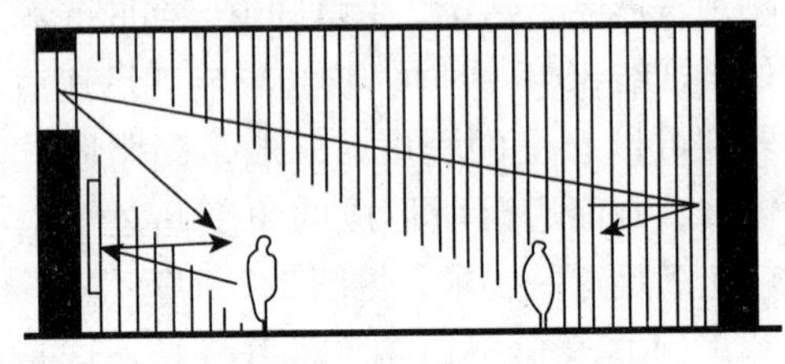

图2.2-45 侧窗展室的一、二次反射

为了增加展出面积，往往在室内设横墙。根据经验，以窗中心为顶点，与外墙轴线成30°~60°引线的横墙范围是采光效果较好的区域。为了增加横墙上的照度及其均匀性，可将横墙稍向内倾斜（图2.2-46）。

侧窗由于上述缺点，仅适用于房间进深不大的小型展室和展出雕塑为主的展室。

（2）高侧窗采光 这种侧窗下面的墙可供展出用，增加了展出面积。照度分布的均匀性和一次反射现象都较低侧窗有所改善。从避免一次反射的要求来看，希望窗口开在图2.2-44所示范围之外。为此，就要求跨度小于高度，因而在空间利用上是不经济的。另外，高侧窗仍然避免不了光线分布不均的缺点，特别是在单侧高窗时，窗下展出区光线很暗，观众所占区域光线则强得多（如图2.2-45左侧），导致十分明显的二次反射。

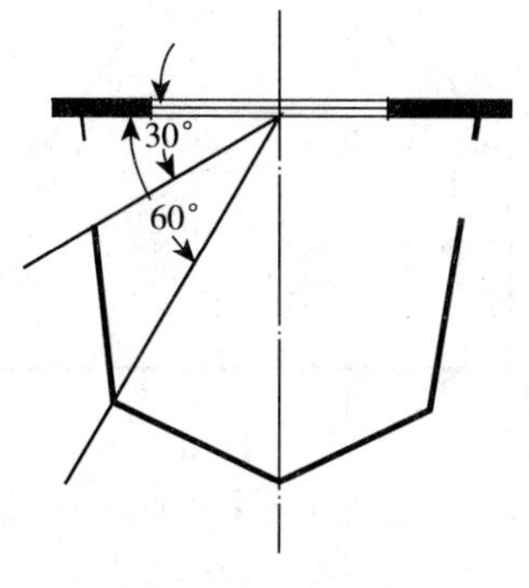

图2.2－46　设置横墙的良好范围

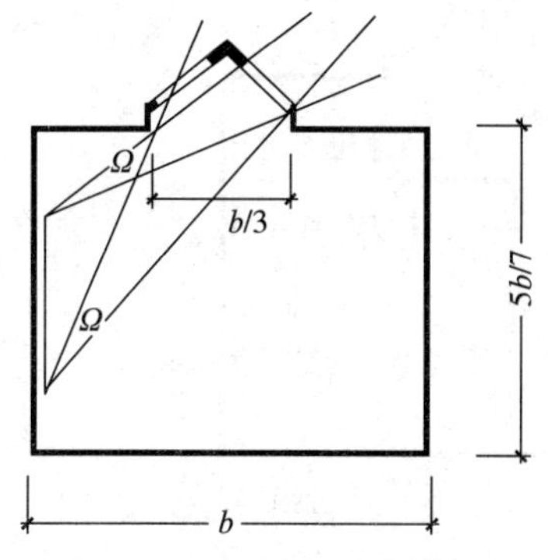

图2.2－47　顶部采光展室的适宜尺寸

（3）顶部采光　即在顶棚上开设窗洞口，它的优点是：采光效率高；室内照度均匀；房间内整个墙面都可布置展品，不受窗口限制；光线从斜上方射入室内，对立体展品特别合适；易于防止直接眩光。故被广泛地采用于各种展览馆中。

根据表2.2－7，美术馆展厅采用顶部采光，其照度不应高于75lx；对光不敏感的展品其照度宜为150lx或225lx。在确定天窗位置时，要注意避免形成反射眩光，并使整个展出墙面的照度均匀，这可从控制窗口到墙面各点的立体角大致相等来达到（见图2.2－47中的Ω角）。作图时，可将展室的宽定为基数，顶窗宽为室宽的1/3，室高为室宽的5/7，就可满足照度均匀的要求。通常将室宽取11m较为合适。

在满足防止一次反射的要求下，顶部采光比高侧窗可降低层高。由图2.2－48可看出，顶部采光比高侧窗采光可使房间高度降低30%，因而有利于降低建筑造价。

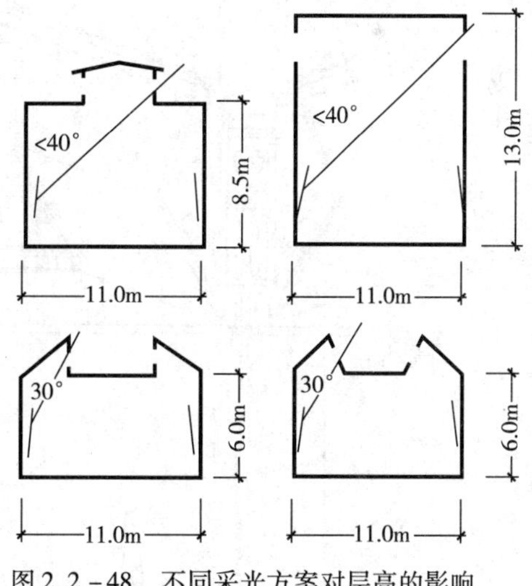

图2.2－48　不同采光方案对层高的影响

由前面所述，顶部采光的照度分布是水平面比墙面照度高。水平面照度在房间中间（天窗下）比两旁要高。这样，在观众区（一般在展室的中间部分）的照度高，因而在画面上可能出现二次反射现象。

以上介绍的各种采光形式，用到展览馆都各有缺点。在实践中都是将上述一般形式的窗洞口加以改造，使它们的照度分布按人们的愿望，达到最好的展出效果。

（4）顶窗采光的改善措施　主要是采取措施使展室中央部分的照度降低，并增加墙面照度。一般在天窗下设一顶棚，它可以是不透明的或半透明的，这样使观众区的照度下降。图2.2－49即是将图2.2－47所示剖面的顶窗下加一挡板，可使展室中部的观众区照度下降很多。

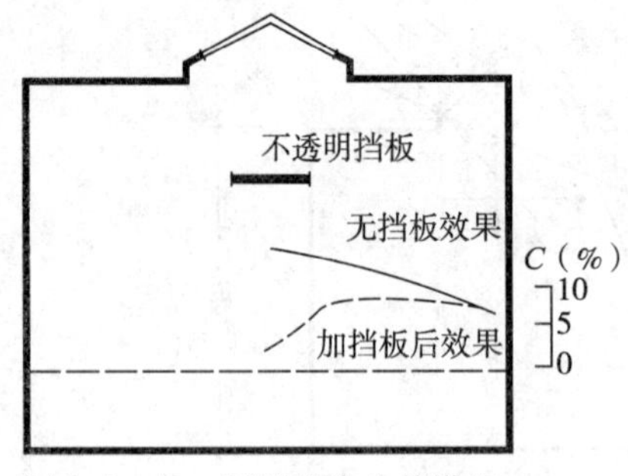

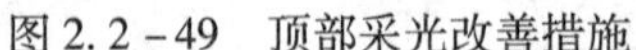

图2.2-49　顶部采光改善措施

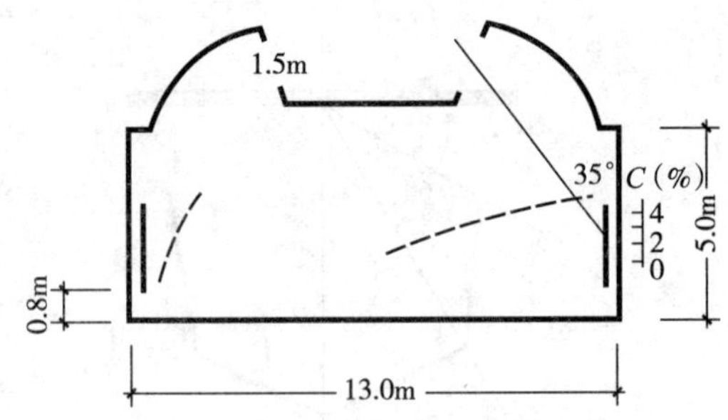

图2.2-50　适合于美术馆的顶部采光形式

上面介绍的改善措施中，顶窗与挡板间的空间没有起作用，故在一些展览馆中，将中间部分屋面降低，形成垂直或倾斜的窗洞口（见图2.2-50）。这样降低了房间高度，与高侧窗相比，高度降低了54%（见图2.2-48），且采光系数分布更合理。但是这种天窗剖面形式比较复杂，应处理好排水、积雪等方面问题。

在国外，顶部采光的展览馆中，常采用活动百叶控制天然光。图2.2-51是英国泰特美术馆新馆剖面，在顶窗上面布置了相互垂直的两层铝制百叶窗（见图2.2-51中1，2）。这两层百叶的倾斜角是由安置在室内的感光元件（图中14）控制，可以根据室外照度大小，使百叶从垂直调到水平位置，以保证室内照度稳

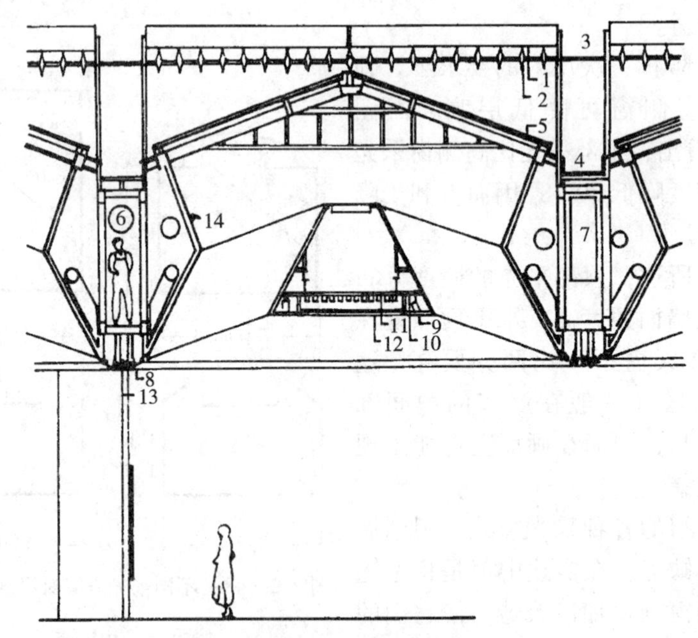

图2.2-51　英国泰特展览馆新馆采光方案

1—上层百叶；2—下层百叶；3—人行通道；4—检修通道；5—有紫外滤波器的双层玻璃；6—送风管道；7—排风管道；8—送风和排风口；9—重点照明导轨灯具；10—展品（绘画）照明灯具导轨；11—建筑照明；12—双层扩散透光板；13—可拆装的隔断；14—感光元件

定在一定水平上。在夜间或闭馆期间，则将百叶调到关闭（水平）状态，不但使展室处于黑暗，有利于展品的保存，而且减少热量的逸出，有利于减少冬季热耗和降低使用中的花费。

图2.2－52是国外某画廊用顶窗的采光方案。为了降低房间中部的照度，房间中间部分的顶棚采用扩散透光塑料，靠墙的顶棚做成倾斜格片，从而提高了墙面照度，满足展出要求。

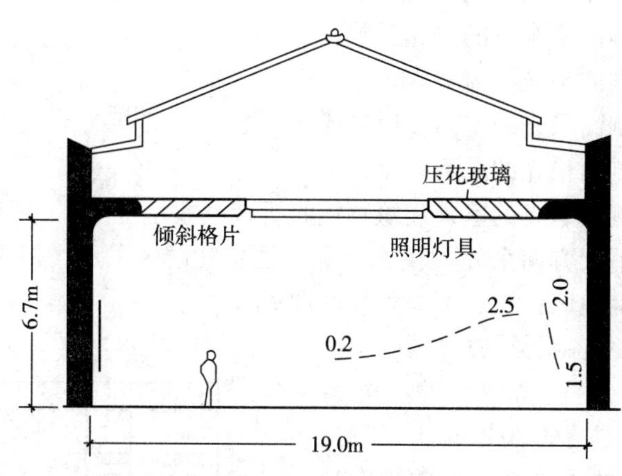

图2.2－52 某画廊顶部采光方案

2.2.4 采光计算

采光计算的目的在于验证所作的设计是否符合采光标准中规定的各项指标。采光计算方法很多，如利用公式或是利用特别制定的图表计算，也可以利用计算机计算。下面介绍我国《建筑采光设计标准》GB/T 50033—2001 推荐的方法，这是综合分析了国内外各种计算方法的优缺点之后，在模型实验的基础上，提出的一种简易计算方法。这种方法是利用图表，按房间的有关数据直接查出采光系数值。它既有一定的精度，又计算简便，可满足采光设计的需要。

2.2.4.1 确定采光计算中所需数据

（1）房间尺寸，主要是指与采光有关的一些数据，如车间的平、剖面尺寸，周围环境对它的遮挡等；

（2）窗洞口材料及厚度；

（3）承重结构形式及材料；

（4）表面污染程度；

（5）室内表面反光程度。

2.2.4.2 计算步骤及方法

对于侧窗和天窗，分别利用二个不同的图表，根据有关数据查出相应的采光系数值。在进行采光计算时，首先要确定无限长带形窗洞口的采光系数；然后按实际情况考虑各种影响因素，加以修正而得到采光系数最低值（侧面采光）或平均值（顶部采光）。下面具体介绍计算方法。

1）侧面采光计算

侧窗的采光系数最低值为：

$$C_{min} = C'_d \cdot K_c \cdot K'_\rho \cdot K'_\tau \cdot K_w \cdot K_f \tag{2.2-5}$$

式中　C_{min}——采光系数最低值（计算值）；

C'_d——侧窗窗洞口的采光系数；

K_c——侧面采光的窗宽修正系数；

K'_ρ——侧面采光的室内反射光增量系数；

K'_τ——侧面采光的总透射比；

K_w——侧面采光的室外建筑物挡光折减系数；

K_f——晴天方向系数（仅Ⅰ、Ⅱ、Ⅲ光气候区采用，但不含北回归线以南地区；Ⅳ、Ⅴ光气候区取 $K_f = 1$）。

下面分别介绍各系数的求法：

（1）C'_d——侧窗窗洞口的采光系数　图2.2-53是在全阴天时，无限长带形侧窗窗洞口的采光系数。单侧采光计算点应选在离内墙1.0m处；多跨建筑的边跨为侧窗采光时，计算点应定在边跨与邻近中间跨的交界处。l 是房间长度，b 是建筑宽度（跨度或进深）。B 是计算点至窗的距离，h_c 是窗高。这里考虑 $B/h_c < 5$ 是一般常见比值。当 $B/h_c > 5$ 时，侧窗的采光效果已很微小，可忽略不计。图中四条曲线分别代表不同的 l 和 b 的比值。

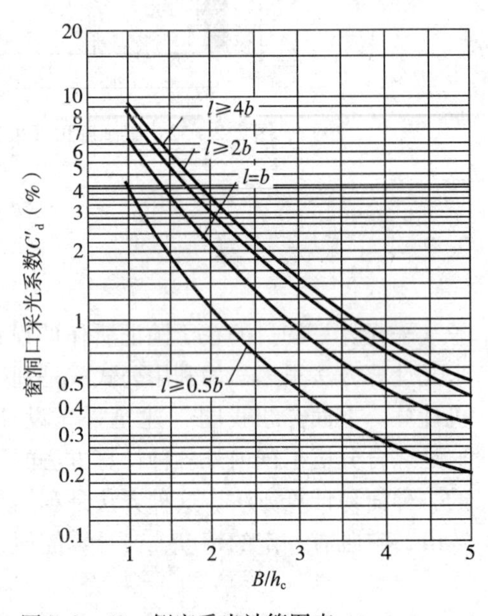

图2.2-53　侧窗采光计算图表

图2.2-54为计算图例，图中 P 点为采光系数 C'_d 的计算点，依不同的剖面形式决定。图中给出常见的几种情况的计算点位置。图2.2-54（d）的计算点 P 可按主要采光面确定，再以此计算另一面侧窗的洞口尺寸。当与设计基本相符时，可取 P 点作为计算点。当从表2.2-8中查得单侧窗窗地比 A_c/A_d，就可由主要采光面的窗洞口面积 A_{c1} 按下列算式算出另一面侧窗窗洞口面积 A_{c2}：

$$B_1 = A_{c1} / (l \cdot A_c/A_d)$$

$$B_2 = b - B_1$$

$$A_{c2} = B_2 \cdot l \cdot (A_c/A_d)$$

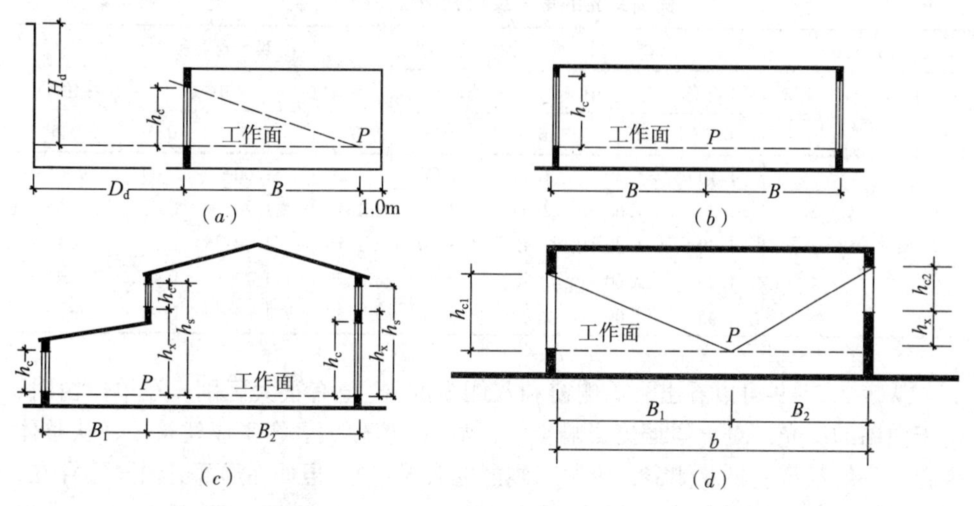

图2.2－54 侧窗采光图例

(a) 单侧采光；(b) 对称双侧采光；(c) 非对称双侧采光；(d) 非对称双侧采光

由于图2.2－53所给的C'_d值是按窗下沿和工作面处于同一水平面时的情况作出的，如窗下沿高于工作面1m时（如图2.2－54（c）中的高侧窗），则应按B/h_c查出C'_{d1}值，然后按B/h_x查出C'_{d2}，由于反光增量系数不同，故C'_{d1}、C'_{d2}各有自己相应的反光增量系数；为此，高侧窗产生的$C'_d K'_\rho = C'_{d1} K'_{\rho1} - C'_{d2} K'_{\rho2}$。

如果窗洞口上部有宽度超过1m以上的外挑结构遮挡时，其采光系数应乘以0.7的挡光折减系数。当侧窗窗台高度大于或等于0.8m时，可视为有效采光面积。

(2) K_c——侧面采光的窗宽修正系数　由于C'_d为带形窗洞时的采光系数，为了考虑建筑物常有的窗间墙的挡光影响，应用窗宽修正系数来考虑这一因素。实验得知它是该墙面上的总窗宽$\sum b_c$和建筑长度l的比值，即：

$$K_c = \sum b_c / l \tag{2.2-6}$$

(3) K'_ρ——侧面采光的室内反射光增量系数　C'_d值是指室内表面反光为零时的采光状况，而实际的房间中都有反射光存在，故用K'_ρ来考虑因反射光存在的增量。由于室内各表面的光反射比不同，一般用室内各表面光反射比的加权平均值$\bar{\rho}$来代表整个房间的反光程度。$\bar{\rho}$值求法如下：

$$\bar{\rho} = \frac{\rho_p A_p + \rho_q A_q + \rho_d A_d + \rho_c A_c}{A_p + A_q + A_d + A_c} \tag{2.2-7}$$

式中　ρ_p、ρ_q、ρ_d、ρ_c分别为顶棚、墙面、地面及普通玻璃窗的光反射比，其中ρ_c可取0.15计算。A_p、A_q、A_d、A_c为顶棚、墙面、地面、窗洞口的表面积。

实验表明，K'_ρ值与$\bar{\rho}$、B/h_c、单侧采光或双侧采光等因素有关，具体数值见表2.2－9。

侧窗采光的室内反射光增量系数 K'_ρ　　表 2.2-9

采光形式		单侧采光				双侧采光			
$\bar{\rho}$		深色	中等		浅色	深色	中等		浅色
		0.2	0.3	0.4	0.5	0.2	0.3	0.4	0.5
B/h_c	1	1.10	1.25	1.45	1.70	1.00	1.00	1.00	1.05
	2	1.30	1.65	2.05	2.65	1.10	1.20	1.40	1.65
	3	1.40	1.90	2.45	3.40	1.15	1.40	1.70	2.10
	4	1.45	2.00	2.75	3.80	1.20	1.45	1.90	2.40
	5	1.45	2.00	2.80	3.90	1.20	1.45	1.95	2.45

从表2.2-9可以看出，单侧窗和双侧窗的 K'_ρ 值有很大区别。在单侧窗时，由于内墙的反光，对 P 点照度影响很大，故 K'_ρ 值较大。在工业建筑中，从整体来看，一般都可能是双侧窗，应按双侧窗选取 K'_ρ 值。但如在局部有内隔墙存在，则这部分应视为单侧窗，按单侧窗选取 K'_ρ 值。

（4）K'_τ——侧面采光的总透射比　不同材料做成的窗框，断面大小不同，窗玻璃的层数、品种和环境的污染也不一样，这些都影响窗的透光能力，故综合起来用 K'_τ 来考虑这些因素，它的值为：

$$K'_\tau = \tau \cdot \tau_c \cdot \tau_w \tag{2.2-8}$$

式中　τ 为采光材料的透射比，查表2.1-2可得，τ_c 为窗结构的挡光折减系数，它考虑窗材料和窗扇层数等对采光的影响，其值可由表2.2-10查出；τ_w 为窗玻璃污染折减系数，是考虑室内外环境对窗玻璃的污染影响，现按每年打扫2次来考虑，其具体数值见表2.2-11。

窗结构挡光折减系数 τ_c 值　　表 2.2-10

窗结构		τ_c
单层窗	木窗、塑料窗	0.70
	铝　窗	0.75
	钢　窗	0.80
双层窗	木窗、塑料窗	0.55
	铝　窗	0.60
	钢　窗	0.65

注：表中塑料窗含塑钢窗、塑木窗和塑铝窗。

窗玻璃污染折减系数 τ_w 值　　表 2.2-11

房间污染程度	玻璃安装角度		
	水平	倾斜	垂直
清洁	0.60	0.75	0.90
一般	0.45	0.60	0.75
污染严重	0.30	0.45	0.60

注：1. τ_w 值是按6个月擦洗一次确定的；

2. 南方多雨地区，水平天窗的污染折减系数可按倾斜窗的 τ_w 值选取。

（5）K_W——侧面采光的室外建筑物挡光折减系数　侧窗由于所处位置较低，易受房屋、树木等遮挡，影响室内采光，故需考虑这种因素。根据试验，遮挡程度与对面遮挡物的平均高度 H_d（从计算工作面算起），遮挡物至窗口的距离 D_d，窗高 h_c以及计算点至窗口的距离 B 等尺寸有关，具体值见表 2.2－12。

侧面采光的室外建筑物挡光折减系数 K_W值　　表 2.2－12

D_d/H_d		1	1.5	2	3	5	>5
B/h_c	2	0.45	0.50	0.61	0.85	0.97	1
	3	0.44	0.49	0.58	0.80	0.95	1
	4	0.42	0.47	0.54	0.70	0.93	1
	5	0.40	0.45	0.51	0.65	0.90	1

（6）K_f——晴天方向系数　我国西北、华北地区年平均日照率在 60% 以上，有丰富的太阳光资源，而 C'_d只是考虑全阴天时的情况，这就会使窗洞口的大小与当地光气候特征不相适应，故用 K_f来考虑阴天和晴天在同一表面上的照度差别，具体数值见表 2.2－13。

晴天方向系数 K_f　　表 2.2－13

窗类型及朝向		纬　度（N）		
		30°	40°	50°
垂直窗朝向	东（西）	1.25	1.20	1.15
	南	1.45	1.55	1.64
	北	1.00	1.00	1.00
水　平　窗		1.65	1.35	1.25

2）顶部采光计算

顶部采光的采光系数平均值为：

$$C_{av} = C_d \cdot K_\tau \cdot K_\rho \cdot K_g \cdot K_f \quad (2.2-9)$$

式中　K_g为高跨比修正系数，其他各符号的意义和式（2.2－5）相同，只是数值的求法不完全一样。下面介绍各系数的求法。

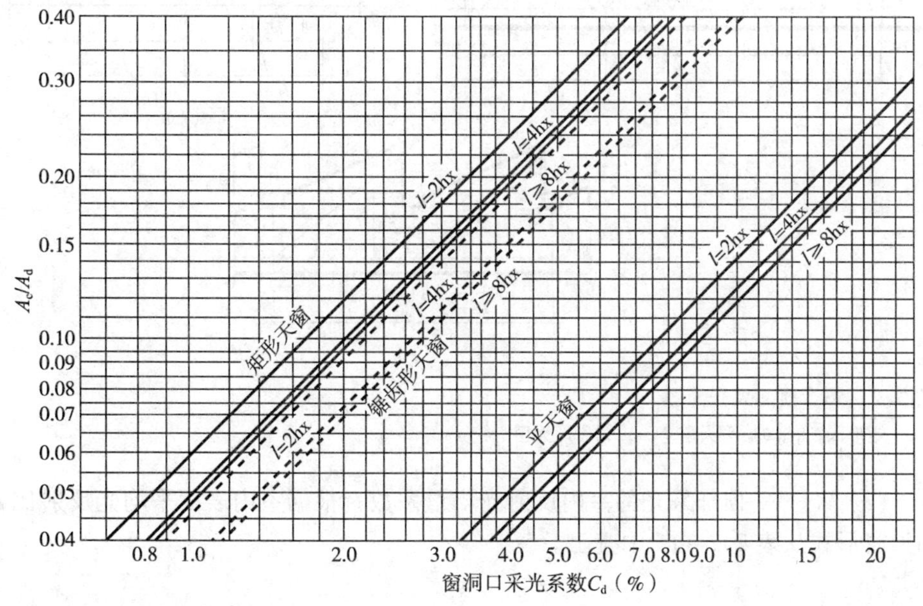

图 2.2－55　顶部采光计算图表

（1）C_d——天窗窗洞口采光系数　具体值可从图 2.2－55 查得。它是在实验基础上得出的结果，表明带形窗洞时，窗地比（A_c/A_d）、天窗形式和窗洞口采光系数平均值（C_d）间的关系。

图 2.2－56 为顶部采光简图。如果需要确定顶部采光计算点位置时，则对于多跨连续矩形天窗，其天窗采光分区计算点可定在两跨交界的轴线上；平天窗采光的分区计算点见图 2.2－56（*b*）；多跨连续锯齿形天窗，其采光的分区计算点可定在两相邻天窗相交的界线上。

（2）K_τ——顶部采光的总透射比　与侧窗相比，天窗多一个屋架承重结构的挡光影响，故在天窗透光系数中增加屋架承重结构的挡光折减系数τ_j，其数值见表 2.2－14。这样，天窗的总透光系数 K_τ 为：

$$K_\tau = \tau \cdot \tau_c \cdot \tau_w \cdot \tau_j \tag{2.2-10}$$

式中　τ、τ_c、τ_w和侧窗一样，由表 2.1－2、表 2.2－10、表 2.2－11 查出；屋架承重结构的挡光折减系数τ_j可由表 2.2－14 查出。

屋架承重结构的挡光折减系数τ_j　　　**表 2.2－14**

结构名称	结构所用材料	
	钢筋混凝土	钢
屋架	0.80	0.90
实体梁	0.75	0.75
吊车梁	0.85	0.85
网架	—	0.65

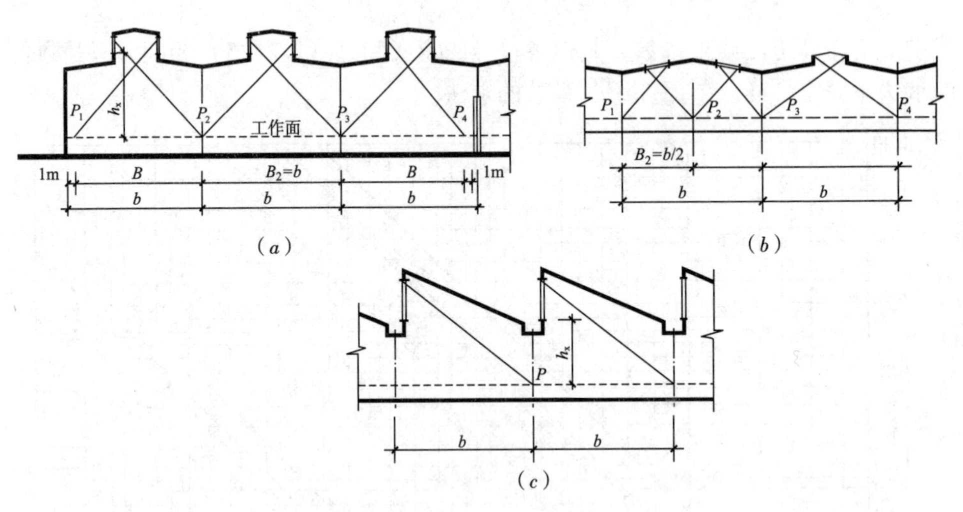

图 2.2－56　顶部采光简图

（*a*）矩形天窗；（*b*）平天窗；（*c*）锯齿形天窗

（3）K_ρ——顶部采光的室内反射光增量系数　根据室内表面平均光反射比 $\bar{\rho}$ 和天窗形式从表 2.2－15 中查出。

顶部采光的室内反光增量系数 K_ρ 值　　　表 2.2－15

室内表面颜色	$\bar{\rho}$	K_ρ 值		
		平天窗	矩形天窗	锯齿形天窗
浅色	0.5	1.30	1.70	1.90
中等	0.4	1.25	1.55	1.65
	0.3	1.15	1.40	1.40
深色	0.2	1.10	1.30	1.30

（4）K_g——高跨比修正系数　由于图 2.2－55 所列数值系按 $h_x/b=0.5$ 的三跨车间的模型中得出。由实验得知，在窗地比相同时，不同的高跨比会得出不同的采光系数值；为此，当高跨比不是 0.5 时，就应引入高跨比修正系数，其值列于表 2.2－16。

高跨比修正系数 K_g 值　　　表 2.2－16

天窗类型	跨数	h_x/b									
		0.3	0.4	0.5	0.6	0.7	0.8	0.9	1.0	1.2	1.4
矩形天窗	1	1.04	0.88	0.77	0.69	0.61	0.53	0.48	0.44	—	—
	2	1.07	0.95	0.87	0.80	0.74	0.67	0.63	0.57	—	—
	3 及 3 以上	1.14	1.06	1.00	0.95	0.90	0.85	0.81	0.78	—	—
平天窗	1	1.24	0.94	0.84	0.75	0.70	0.65	0.61	0.57	—	—
	2	1.26	1.02	0.93	0.83	0.80	0.77	0.74	0.71	—	—
	3 及 3 以上	1.27	1.08	1.00	0.93	0.89	0.86	0.85	0.84	—	—
锯齿形天窗	3 及 3 以上	—	1.04	1.00	0.98	0.95	0.92	0.89	0.86	0.82	0.78

（5）K_f——晴天方向系数，具体数值见表 2.2－13。

《建筑采光设计标准》GB/T 50033—2001 中，对于矩形天窗有挡风板时及平天窗用采光罩采光时，分别规定了应考虑的挡光折减系数。

【例 2.2－1】 北京某一般的机电产品加工车间，长为 102m，三个跨度均为 18.0m，屋架下弦高 8.2m，尺寸见图 2.2－57。室内浅色粉刷，一般污染，钢屋架，窗的朝向为东（西）向，窗外无遮挡物，试设计需要的天窗和侧窗。

【解】 查表 2.2－5 得出，一般的机电加工车间属Ⅲ级采光等级；采光系数最低值 C_{min} 为 2%（侧面采光），C_{av} 为 3%（顶部采光）。北京地处Ⅲ类光气候区，查表 2.2－2 得，光气候系数为 1.0，故上述标准值不变。

（1）采光设计

①侧面采光　由Ⅲ级采光等级查表 2.2－8 得双侧窗的窗地比为 1/4。边跨每开间能开侧窗的最大面积为 $(6-0.45\times2)\times7.2=36.72m^2$。而边跨每开间的侧窗面积约需 $6\times18/4=27m^2$，窗高为 $27/5.1\approx5.3m$。现设窗高分别为 2.4m 和 3.6m，侧窗布置如图 2.2－57。按工艺要求，计算点选在距跨端 3.5m 处 P_1 点（见图 2.2－57）。

②顶部采光　中间一跨采用矩形天窗采光，由Ⅲ级采光等级查表 2.2－8 得矩形天窗的窗地比为 1/4.5。中间一跨需天窗面积为 $6\times18/4.5=24m^2$，天窗的

窗高为24/6/2 =2m，现取天窗的窗高为2.1m，天窗布置见图2.2－57。

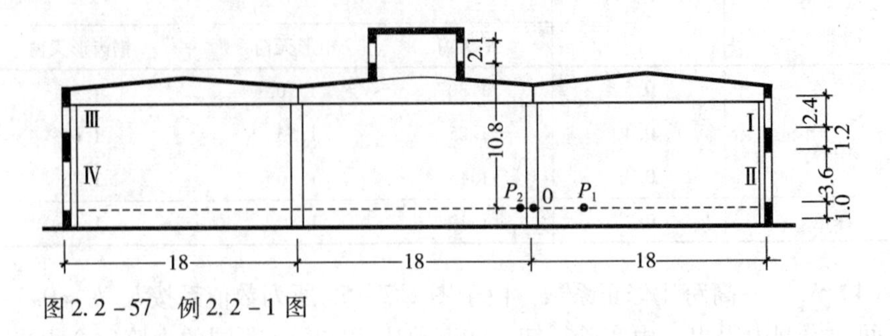

图2.2－57　例2.2－1图

（2）采光计算

①侧面采光：$B=18-3.5=14.5$m，$l=102$m，$b=18$m，$l>4b$

Ⅰ窗：

a. 分别求窗上、下沿对应的C'_{d}

上沿：$h_s=7.2$m，$B/h_s=14.5/7.2\approx2.01$，查图2.2－53得$C'_{d1}=3.40\%$

下沿：$h_s=4.8$m，$B/h_s=14.5/4.8\approx3.02$，查图2.2－53得$C'_{d2}=1.45\%$

b. 求K_c：由式（2.2－6）得$K_c=5.1/6.0=0.85$

c. 分别求K'_{ρ}

（a）设各表面的光反射比：顶棚$\rho_p=0.7$，墙面$\rho_q=0.5$，地面$\rho_d=0.2$，窗口（单层玻璃）$\rho_c=0.15$。

（b）室内平均光反射比：

$\bar{\rho}=\{102\times18\times3\times0.7+[(102+18\times3)\times7.2\times2-(5.1/6)\times102\times6\times2]\times0.5+102\times18\times3\times0.2+(5.1/6)\times102\times6\times2\times0.15\}/[(102+18\times3)\times7.2\times2+102\times18\times3\times2]=5716.26/13262.4\approx0.43$

（c）由B/h_c为2.01和3.02分别查表2.2－9双侧采光对应值，再由内插法算得：

$$K'_{\rho1}\approx1.48,\ K'_{\rho2}\approx1.82$$

d. 求K'_{τ}：单层普通玻璃，查表2.1－2，取$\tau=0.80$：采用单层钢窗，查表2.2－10得$\tau_c=0.80$；垂直窗，一般污染，查表2.2－11得$\tau_w=0.75$。则由式（2.2－8）算得：

$$K'_{\tau}=\tau\cdot\tau_c\cdot\tau_w=0.80\times0.80\times0.75=0.48$$

e. 定K_w：因室外无遮挡，故取$K_w=1$。

f. 查K_f：北京地处Ⅲ类光气候区，北纬约40°，垂直窗朝向为东（西）向，查表2.2－13得晴天方向系数$K_f=1.20$。

g. 求高侧窗Ⅰ在P_1点产生的$C_{min\,Ⅰ}$：根据式（2.2－5）算得：

$$\begin{aligned}C_{min\,Ⅰ}&=(C'_{d1}\cdot K'_{\rho1}-C'_{d2}\cdot K'_{\rho2})\cdot K_c\cdot K'_{\tau}\cdot K_w\cdot K_f\\&=(3.40\times1.48-1.45\times1.82)\times0.85\times0.48\times1\times1.20\\&\approx1.17\ (\%)\end{aligned}$$

Ⅱ窗：$h_c=3.6$m，$B/h_c=14.5/3.6\approx4.03$，查图2.2－53得$C'_{d}=0.82\%$

同Ⅰ窗的相同方法得：$K_c=0.85$，$K'_p=2.05$，$K'_\tau=0.48$，$K_w=1$，$K_f=1.20$。
Ⅱ窗在 P_1 点产生的 $C_{\min Ⅱ}$：

$$C_{\min Ⅱ}=C'_d\cdot K_c\cdot K_\rho'\cdot K'_\tau\cdot K_w\cdot K_f$$
$$=0.82\times0.85\times2.05\times0.48\times1\times1.20\approx0.82\ (\%)$$

侧面采光在 P_1 点上产生的采光系数：

$$C_{\min}=C_{\min Ⅰ}+C_{\min Ⅱ}=1.17+0.82=1.99\ (\%)\approx2.0\ (\%)$$

由采光计算结果表明：当计算点 P_1 和跨端距离 OP_1 小于 3.5m 时，采光系数小于2%，仅为1.5%左右，所以该区域是侧窗采光不满足Ⅲ级采光等级的区域，宜作为一般工作区域使用；当计算点和跨端距离大于 3.5m 时，侧面采光符合Ⅲ级采光等级要求。

②顶部采光

a. 求 C_d：A_c/A_d =（6×2.1×2）/（6×18）≈0.233；l = 102m，h_x = 10.8m，$l>8h_x$。
查图2.2－55得 $C_d=4.90\%$。

b. 求 K_τ：由侧面采光计算得　$\tau=0.80$，$\tau_c=0.80$，$\tau_w=0.75$，采用钢屋架承重结构，查表2.2－14得 $\tau_j=0.90$。由式（2.2－10）算得：

$$K_\tau=\tau\cdot\tau_c\cdot\tau_w\cdot\tau_j=0.80\times0.80\times0.75\times0.90=0.432$$

c. 求 K_ρ：侧面采光计算中已算得 $\bar{\rho}=0.43$，查表2.2－15后算得：

$$K_\rho=1.55+\frac{1.70-1.55}{0.5-0.4}\times(0.43-0.40)=1.595$$

d. 求 K_g：本例天窗为单跨，$b=18$m，$h_x/b=0.6$，查表2.2－16得 $K_g=0.69$。

e. 定 K_f：同侧面采光，即 $K_f=1.2$。

f. 矩形天窗采光系数由式（2.2－9）得：

$$C_{av}=C_d\cdot K_\tau\cdot K_\rho\cdot K_g\cdot K_f$$
$$=4.90\times0.432\times1.595\times0.69\times1.20$$
$$\approx2.8\ (\%)$$

天窗采光系数的计算值基本满足要求。

复习思考题

（1）从图2.2－5中查出重庆7月份上午8:30时天空漫射光照度和总照度。

（2）根据图2.2－5找出重庆7月份室外天空漫射光照度高于5000lx的延续时间。

（3）按例题【2.1－4】所给房间剖面图，在CIE标准阴天时，求水平窗洞在桌面上形成的采光系数；窗洞上装有 $\tau=0.8$ 的透明玻璃时的采光系数；窗洞上装有 $\tau=0.5$ 的乳白玻璃时的采光系数。

（4）重庆地区某会议室平面尺寸为5m×7m，净空高3.6m，估算需要的侧窗面积并绘出其平、剖面图。

（5）一单跨机械加工车间，跨度为30m，长72m，屋架下弦高10m，室内表面浅色粉刷，室外无遮挡，估算需要的单层钢侧窗面积，并验算其采光系数。

（6）设一机械加工车间，平、剖面和周围环境如图 2.2－58 所示。试问：①该车间在北京或重庆，其采光系数标准值是否相同？②该车间长轴走向为南——北或东——西，对窗洞口的选择有何不同？③中间两跨不设天窗行不行？④然后根据其中一项条件进行采光系数验算。

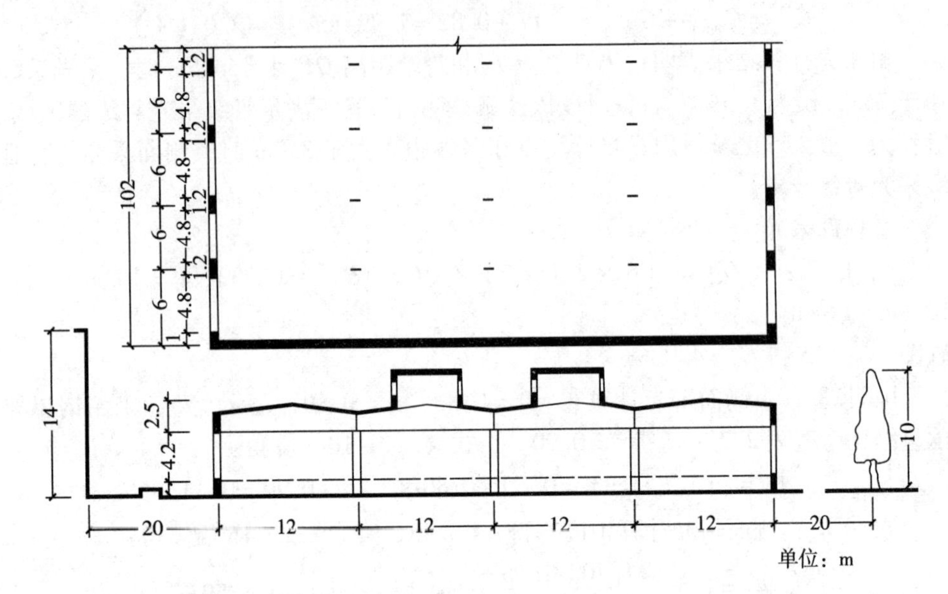

图 2.2－58 习题（6）图

第 2.2 章注释

① 云量划分为 0～10 级，它表示天空总面积分为 10 份，其中被云遮住的份数，即覆盖云彩的天空部分所张的立体角总和与整个天空立体角 2π 之比。

② 此式由蒙－斯本塞（Moon-Spencer）提出。

③ 国际标准化组织（ISO）和国际照明委员会提出了 15 种不同的一般天空（ISO 15469—2004/CIE S 011—2003：Spatical distribution of daylight-CIE standard general sky）。CIE 一般标准参考天空类型分为晴天空、阴天空和中间天空三大类，其中每个大类天空各包含 5 小类不同的天空类型，它们涵盖了大多数实际天空。

第2.3章　建筑照明

人们对天然光的利用受到时间和地点的限制。建筑物内不仅在夜间必须有电光源照明，在某些场合，白天也要用电光源照明。建筑设计人员应掌握一定的照明知识，以便在设计中考虑照明问题，并能进行简单的照明设计。在一些大型公共建筑或工业建筑设计中，能协助电气专业人员按总的设计意图完成照明设计，使建筑功能得到充分发挥，并使建筑环境显得更加美观。

2.3.1　电光源

随着技术的发展，人类由利用篝火照明，逐渐发展到油灯、烛、煤气灯，直至现在使用的电光源。由于电光源的发光机理不同，光电特性也各异。为了正确地选用电光源，必须对它们的光电特性、适用场合有所了解。下面对常用的几种光源的光电特性作一些介绍。

2.3.1.1　热辐射光源

任何物体的温度高于绝对温度零度，就向四周空间发射辐射能。当金属加热到500℃时，就发出暗红色的可见光。温度愈高，可见光在总辐射中所占比例愈大。利用这一原理制造的照明光源称为热辐射光源。

1）白炽灯

白炽灯是用通电的方法加热玻壳内的灯丝，导致灯丝产生热辐射而发光的光源。由于钨是一种熔点很高的金属（熔点3417℃），故白炽灯灯丝可加热到2300K以上。为了避免热量的散失和减少钨丝蒸发，将灯丝密封在玻璃壳内；为了提高灯丝温度，以便发出更多的可见光，提高其发光效率（即光源发出的光通量除以光源功率所得之商，lm/W），一般将灯泡内抽成真空（小功率灯泡采用此法），或充以惰性气体，并将灯丝做成双螺旋形（大功率灯泡采用此法）。即使这样，普通白炽灯的发光效率仍不高，仅6.9～21.5lm/W左右。也就是说，只有2%～3%的电能转变为光，其余电能都以热辐射的形式损失掉了。表2.3－1

白炽灯光参数和寿命　　**表2.3－1**

灯泡型号	额定值				灯泡型号	额定值			
	电压（V）	功率（W）	光通量*（lm）	寿命（h）		电压（V）	功率（W）	光通量*（lm）	寿命（h）
PZ220－15	220	15	104	1000	PZ220－100	220	100	1179	1000
PZ220－25		25	201		PZ220－150		150	1971	
PZ220－40		40	330		PZ220－200		200	2819	
PZ220－60		60	574		注：*正常光通量白炽灯的参数（220V）				

列出白炽灯的光参数和寿命。

由于材料、工艺等的限制，白炽灯的灯丝温度不能太高，故发出的可见光以长波辐射为主，与天然光相比，白炽灯光色偏红，白炽灯的光谱特性如图2.3－1所示。

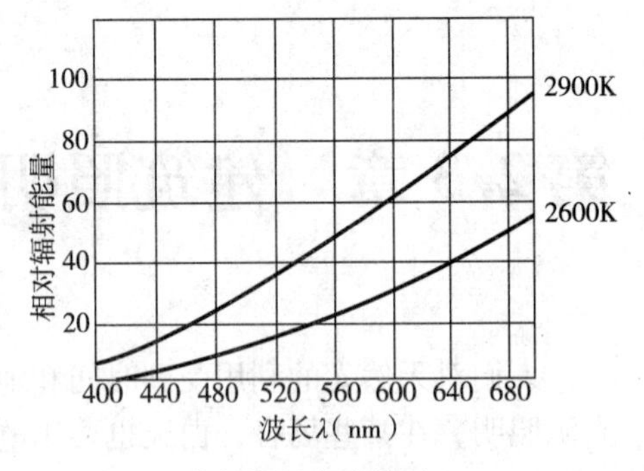

图2.3－1　白炽灯的光谱特性

为了适应不同场合的需要，白炽灯有不同的品种和形状。

（1）反射型灯

这类灯泡的泡壳是由反射和透光两部分组合而成，按其构造不同又可分为：

①投光灯泡　英文缩写为PAR和EAR型灯，这种灯是用硬料玻璃分别做成内表面镀铝的上半部和透明的下半部，然后将它们密封在一起，这样可使反光部分保持准确形状，并且可保证灯丝在反光镜中保持精确位置，从而形成一个光学系统，有效地控制光线。利用反光镜的不同形状可获得不同的光线分布。

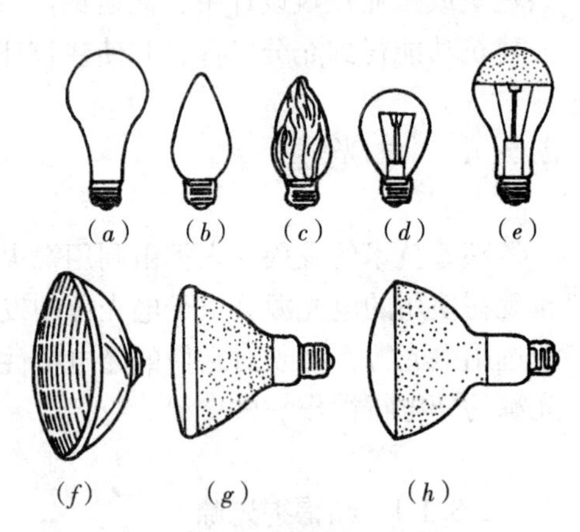

图2.3－2　白炽灯泡举例

(a)乳白色；(b)、(c)火焰形；(d)透明的；(e)镀银碗形；(f)、(g)PAR灯；(h)R灯

②反光灯泡　英文缩写为R型灯，与投光灯泡的区别在于采用吹制泡壳，因而不可能精确地控制光束。

③镀银碗形灯　是在灯泡玻壳内表面下半部镀银或铝，使光通量向上半部反射并透出。这样不但使光线柔和，而且将高亮度的灯丝遮住，很适合用于台灯。

（2）异形装饰灯

将灯泡泡壳做成各种形状并具有乳白色或其他颜色。可单独使用，或组成各种艺术灯具，省去灯罩，美观大方。图2.3－2为白炽灯灯泡举例。

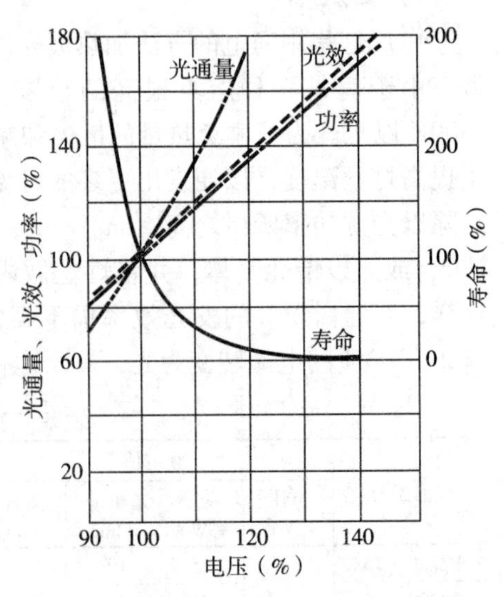

图2.3－3　电压变化对白炽灯光电特性的影响

白炽灯虽然具有体积小、易于控光、可在很宽的环境温度范围下工作、结构简单、使用方便等优点，但是存在着红光较多、灯丝亮度高（达500sb以上）、散热量大、寿命短（1000h）、玻壳温度高（可达250℃以上）、受电压变化（见图2.3－3）和机械振动影响大等缺点，特别是发光效率很低，浪费能源。一般情况

下，室内外照明不应采用普通照明白炽灯；在特殊情况下需采用时，其额定功率不应超过100W。

2）卤钨灯

卤钨灯是填充气体内含有部分卤族元素或卤化物的充气白炽灯，也是热辐射光源。

卤族元素的作用是在高温条件下，将钨丝蒸发出来的钨元素带回到钨丝附近的空间，甚至送返钨丝上（这种现象称为卤素循环）。这就减慢了钨丝在高温下的挥发速度，为提高灯丝温度创造了条件，而且减轻了钨蒸发对泡壳的污染，提高了光的透过率，故其发光效率和光色都较白炽灯有所改善。卤钨灯的发光效率约20 lm/W以下，寿命约为2000h。常用卤钨灯的光参数和寿命见表2.3－2。

常用卤钨灯光参数和寿命 **表2.3－2**

类　型	额定功率（W）	额定电压（V）	额定光通量（lm）	额定寿命（h）
双玻壳单端卤钨灯	60 75 100 150 250 300 500 1000	110～130 或 220～240	720 900 1300 2200 3800 4800 9000 20000	2000
双插脚普通照明卤钨灯	5 10 20 35 75 100	6、12、24	60 120 300 600 1350 1800	

与白炽灯相比，卤钨灯具有体积小、寿命长、光效高、光色好和光输出稳定等优点。

2.3.1.2 气体放电光源

气体放电光源是由气体、金属蒸气或几种气体与金属蒸气的混合放电而发光的光源。

1）荧光灯

是发光原理和外形都有别于白炽灯的气体放电光源，管的内壁涂有荧光物质，管内充有稀薄的氩气和少量的汞蒸气。灯管两端各有两个电极，通电后加热灯丝，达到一定温度就发射电子（即热阴极发射电子），电子在电场作用下逐渐达到高速，轰击汞原子，使其电离而产生紫外线。紫外线射到管壁上的荧光物质，激发出可见光。可知荧光灯是由放电产生的紫外辐射激发荧光粉层而发光的放电灯。根据荧光物质的不同配合比，发出的光谱成分也不同。

为了使光线更集中往下投射，可采用反射型荧光灯，即在玻璃管内壁上半部先涂上一层反光层，然后再涂荧光物质。它本身就是一直接型灯具，光通量利用率高，灯管上部积尘对光通量的影响小。

由于发光原理不同，荧光灯与白炽灯有很大区别，其特点如下：

（1）发光效率较高　可达90lm/W，比白炽灯高3倍左右。

（2）发光表面亮度低　荧光灯发光面积比白炽灯大，故表面亮度低，光线柔和，不用灯罩，也可避免强烈眩光出现。

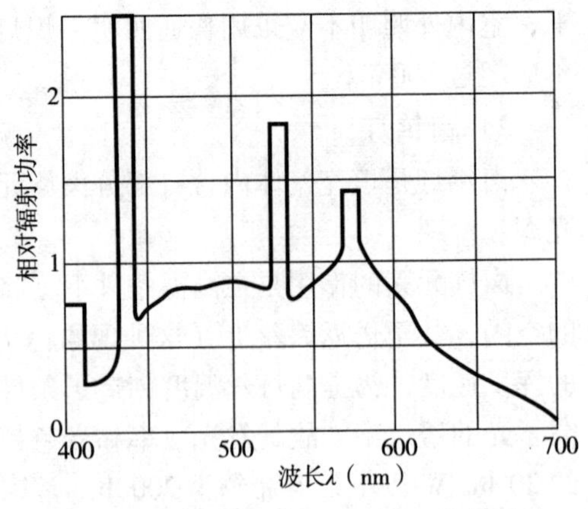

图2.3－4　荧光灯光谱（日光色）能量分布

（3）光色好且品种多　根据不同的荧光物质成分，产生不同的光色，故可制成接近天然光光色的荧光灯，见图2.3－4。

（4）寿命较长　国内生产的灯管可达10000h，国外有的产品已达到20000h以上。

（5）灯管表面温度低　荧光灯目前尚存在着初始投资高，对温度、湿度较敏感，尺寸较大，不利于对光的控制，普通荧光灯还有射频干扰和频闪效应①等缺点，这些缺点已随着技术的发展逐步得到解决。至于初始投资可从光效较高、寿命较长的受益中得到补偿。荧光灯已在一些用灯时间长的单位中得到广泛运用。

普通照明用管形荧光灯的光参数见表2.3－3所示。

荧光灯的光参数和寿命　　**表2.3－3**

工作类型	标称功率（W）	初始光通量额定值（lm）			额定寿命（h）
		RR、RZ	RL、RB	RN、RD	
交流电源频率带启动器预热阴极荧光灯	4	110	130	130	5000
	6	210	240	260	
	8	310	350	380	
	13	650	740	800	
	15	560	610	630	7000
	18	960	1100	1150	
	19	960	1100	1150	
	20	960	1100	1150	
	30	1720	2025	2100	8000
	33	2000	2100	2150	
	36	2400	2650	2760	
	38	2400	2650	2760	
	40	2400	2650	2760	
	58	4080	4780	5000	
	65	4080	4780	5000	
	80	4620	5440	5650	
	85	5110	6300	6525	7000
	100	6010	7185	7380	
	125	7515	8700	8860	

续表

工作类型	标称功率（W）	初始光通量额定值（lm）			额定寿命（h）
		RR、RZ	RL、RB	RN、RD	
快速启动荧光灯	20 40	760 2000	885 2120	920 2200	3000
瞬时启动荧光灯	20 40	760 2000	885 2120	920 2200	
高频预热阴极荧光灯	14 16 21 24	1045 1050 1660 1590	1140 1200 1850 1635	1140 1200 1850 1635	8000
	28 32 35 39 54 80	2350 2500 2890 2760 3930 5500	2470 2700 3135 2925 4200 5850	2470 2700 3135 2925 4200 5850	10000

注：RR表示日光色（6500K）荧光灯，RZ表示中性白色（5000K）荧光灯，RL表示冷白色（4000K）荧光灯，RB表示白色（3500K）荧光灯，RN表示暖白色（3000K）荧光灯，RD表示白炽灯色（2700K）荧光灯。

2）紧凑型荧光灯

紧凑型荧光灯是将放电管弯曲或拼结成一定形状，以缩小放电管线形长度的荧光灯。它实现了灯与镇流器一体化，发光原理与普通荧光灯相同，但体积小，使用方便，光效高，寿命长，启动快。紧凑型荧光灯的灯管直径小，所以单位面积的荧光粉层受到的紫外辐射强度大，若仍沿用卤磷酸盐荧光粉，则使灯的光衰很大，即灯的寿命缩短；而三基色荧光粉（稀土荧光粉）能够抗高强度的紫外辐射，改善了荧光灯的维持特性，使荧光灯紧凑化成为可能。

对人眼的视觉理论研究表明，在三个特定的窄谱带（450nm、540nm、610nm附近的窄谱带）内的色光组成的光辐射也具有很高的显色性，所以用三基色荧光粉制造的紧凑型荧光灯不但显色性较好，一般显色指数R_a为80，而且发光效率较高，可达80lm/W，因此它是一种节能荧光灯；紧凑型荧光灯结构紧凑，灯管、镇流器、启辉器组成一体化，灯头也可做成白炽灯那样，使用方便；紧凑型荧光灯的单灯光通量可小于2000lm，完全满足小空间照明对光通

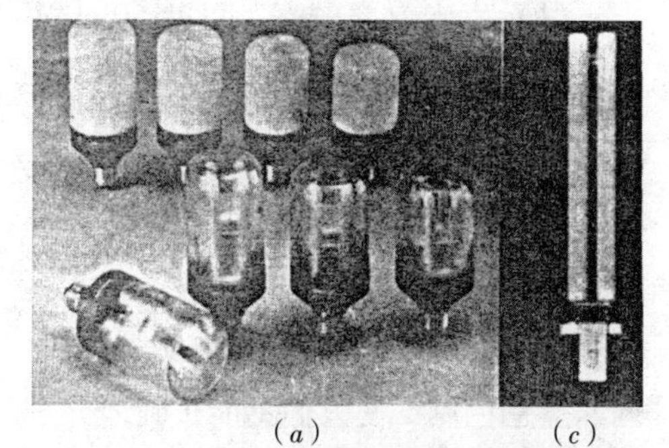

（a）　　（c）

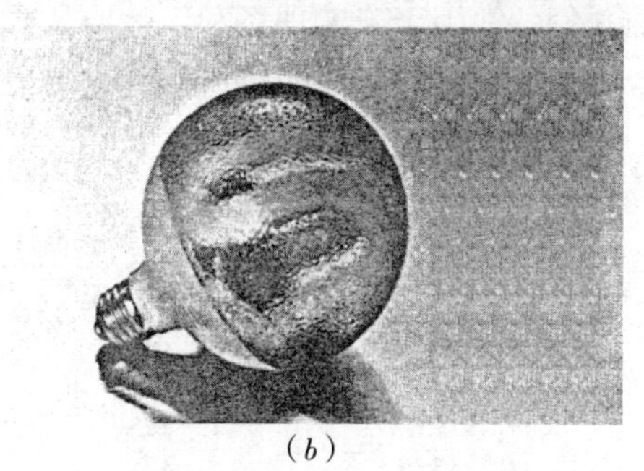

（b）

图2.3-5　紧凑型荧光灯举例
（a）2U型；（b）2U型（球形）；（c）H型

量大小的要求；紧凑型荧光灯额定平均寿命可达6000h。总之，紧凑型荧光灯可直接替代白炽灯。

紧凑型荧光灯的品种很多，如H型、2H型、2D型、U型、2U型、3U型、π型、2π型、环型、球型、方型、柱型等。部分型号的紧凑型荧光灯光参数见表2.3-4，外形如图2.3-5所示。

紧凑型荧光灯光参数和寿命　　**表2.3-4**

规格	电压（V）	功率（W）	光通量（lm）	色温（K）	显色指数（R_a）	寿命（h）
YPZ220/3-4G	220	3	150	2700~6500	80	6000
YPZ220/5-4G		5	235			
YPZ220/7-4G		7	350			
YPZ220/7-6G		7	350	2700~6500		
YPZ220/9-6G		9	460			
YPZ220/11-6G		11	580			
YPZ220/13-6G		13	700			
YPZ220/15-6G		15	840			

3）荧光高压汞灯

荧光高压汞灯是外玻壳内壁涂有荧光物质的高压汞灯，其发光原理与荧光灯相同，只是构造不同。因管内工作气压为1~5at（大气压），比荧光灯高得多，故名荧光高压汞灯，又称为高强度气体放电灯（HID灯）②。内管为放电管，发出紫外线，激发涂在玻璃外壳内壁的荧光物质，使其发出可见光。

荧光高压汞灯具有下列优点：

（1）发光效率较高　可达50lm/W左右。

（2）寿命较长　一般可达12000h，国外有的产品已达到20000h以上。

荧光高压汞灯的最大缺点是光色差，主要发绿、蓝色光（见图2.3-6）。在此灯光照射下，物件都增加了绿、蓝色色调，使人们不能正确地分辨颜色，常用于施工现场和不需要认真分辨颜色的大面积照明场所，其光参数和寿命示于表2.3-5。

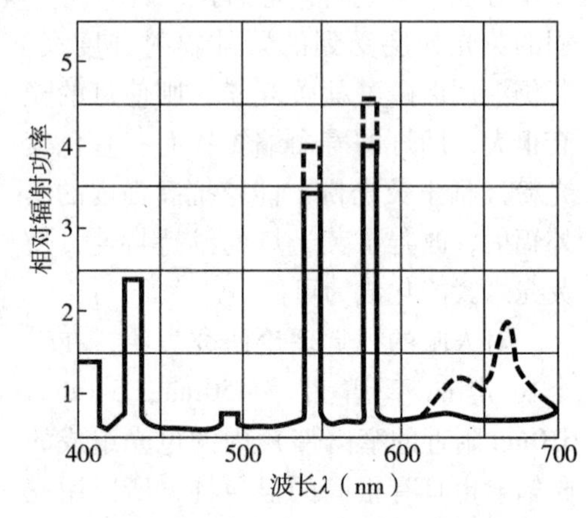

图2.3-6　荧光高压汞灯光谱能量分布

荧光高压汞灯光参数和寿命　　**表2.3-5**

型　号	功　率（W）	光通量（lm）	寿命（h）
GGY50	50	1570	3500~5000
GGY100	80	2940	3500~8000
GGY125	125	4990	5000~8000
GGY175	175	7350	5000~8000
GGY250	250	11000	6000~12000
GGY400	400	21000	6000~12000
GGY1000	1000	52500	6000~12000

4）金属卤化物灯

金属卤化物灯是由金属蒸气与金属卤化物分解物的混合物放电而发光的放电灯，是在荧光高压汞灯的基础上发展起来的一种高效光源。它也是一种高强度气体放电灯，其构造和发光原理均与荧光高压汞灯相似，但区别是在荧光高压汞灯泡内添加了某些金属卤化物，从而起到提高光效、改善光色的作用。为了提高金属卤化物灯的光效，一般采用钠铊铟（Na-Tl-In）系和钪钠（Sc-Na）系金属卤化物；为了获得最佳光色，常采用锡系卤化物；为了同时获得较高光效和很好的显色性，通常采用镧（La）系卤化物。金属卤化物灯一般按添加物质分类，并可分为钠铊铟系列、钪钠系列、锡系列、镝铊系列等。金属卤化物灯的光谱能量分布如图2.3－7所示：①NaI · TlI · InI；②ScI_3 · NaI；③SnI_2 · $SnBr_2$；④DyI_3 · TlI · InI。部分金属卤化物灯的基本参数见表2.3－6。

陶瓷金属卤化物灯是在金属卤化物灯的发光原理和高压钠灯放电管的材料与工艺基础上，开发成功的一种新型高强度气体放电灯。陶瓷金属卤化物灯的放电管采用多晶氧化铝陶瓷管制成，它的化学性能稳定，更耐腐蚀，制作精度高，灯与灯之间的光色一致性更好；它的发光效率比普通金属卤化物灯提高20%，光色更好，一般显色指数（R_a）可达90以上，是一种较为理想的照明光源。

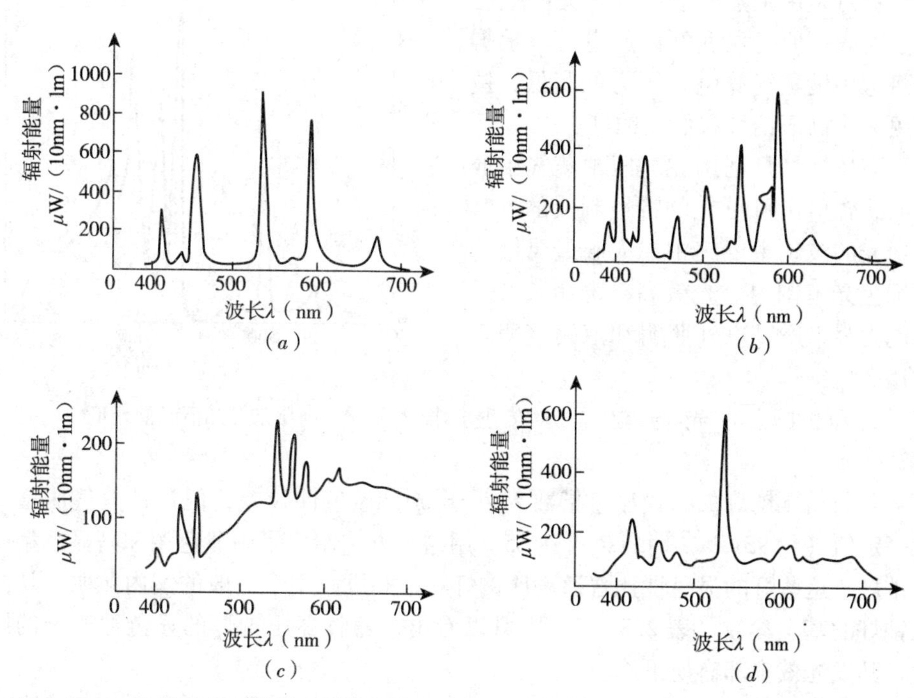

图2.3－7　金属卤化物灯的光谱能量分布

部分金属卤化物灯的光参数和寿命　　表2.3-6

工作类型	额定电压（V）	功率（W）	光通量（lm）	色温（K）	显色指数（R_a）	寿命（h）
普通照明用金属卤化物灯	220	70	5600	4000	65	10000
		100	9000			
		150	10500			
		175	14000			
		250	20500			
		400	36000			20000
		1000	110000			12000
双端小功率卤化物灯		70	6000	3000	75	6000
		70	6000	3500	70	
		70	6000	4200	72	
		150	13000	3000	75	
		150	12000	3500	70	
		150	12000	4200	72	
		250	20000	3000	80	
		250	20000	4000	80	

5）钠灯

钠灯是由钠蒸气放电而发光的放电灯，也是一种高强度气体放电灯。根据钠灯泡中钠蒸气放电时压力的高低，钠灯可分为高压钠灯和低压钠灯。

高压钠灯是利用在高压钠蒸气中放电时，辐射出可见光的特性制成的。其辐射光的波长主要集中在人眼最灵敏的黄绿色光范围内。光效高、寿命长，透雾能力强，所以户外照明和道路照明宜采用高压钠灯。

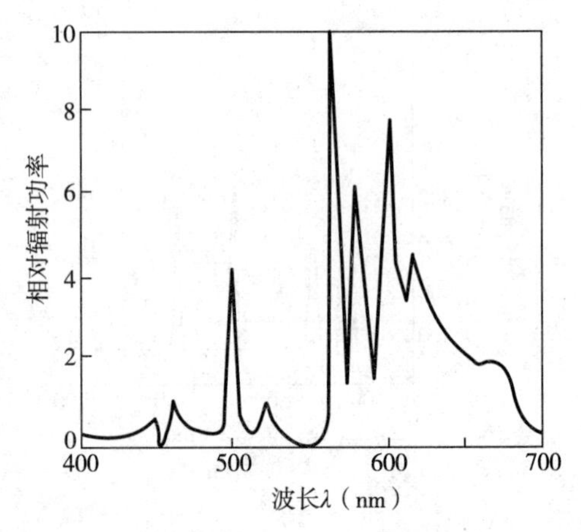

图2.3-8　高压钠灯光谱能量分布

高压钠灯的光谱能量分布见图2.3-8。

普通高压钠灯的一般显色指数R_a小于60，显色性较差，但当钠蒸气压增加到一定值（约95kPa）时，R_a可达85。用这种方法制成了中显色型和高显色型高压钠灯，这些灯的显色性比普通高压钠灯好，并可以用于一般的室内照明。从高压钠灯的基本参数（表2.3-7）中可以看出，随着高压钠灯的显色性改善的同时，其发光效率却有所下降。

低压钠灯是利用在低压钠蒸气中放电，钠原子被激发而产生（主要是）589nm的黄色光。低压钠灯虽然透雾能力强，但显色性极差，极少在室内使用。

高压钠灯光参数和寿命 表2.3-7

类 型	型 号	额定电压（V）	功 率（W）	光通量（lm）	显色指数（R_a）	寿 命（h）
普通型	NG50	220	50	3400	<60	18000
	NG70		70	5400		
	NG100		100	8300		
	NG150		150	14000		
	NG250		250	25000		24000
	NG400		400	44000		
	NG1000		1000	120000		18000
中显色型	NGZ150		150	10500	60～80	9000
	NGZ250		250	20000		12000
	NGZ400		400	30000		
高显色型	NGG150		150	6600	≥80	8000
	NGG250		250	13000		
	NGG400		400	22000		

6）氙灯

氙灯是由氙气放电而发光的放电灯，也是一种高强度气体放电灯。它是利用在氙气中高电压放电时，发出强烈的连续光谱这一特性制成的。光谱和太阳光极相似。由于它功率大，光通大，又放出紫外线，安装高度不宜低于20m，常用在广场大面积照明场所。部分氙灯的光谱特性见图2.3-9，光参数和寿命见表2.3-8。

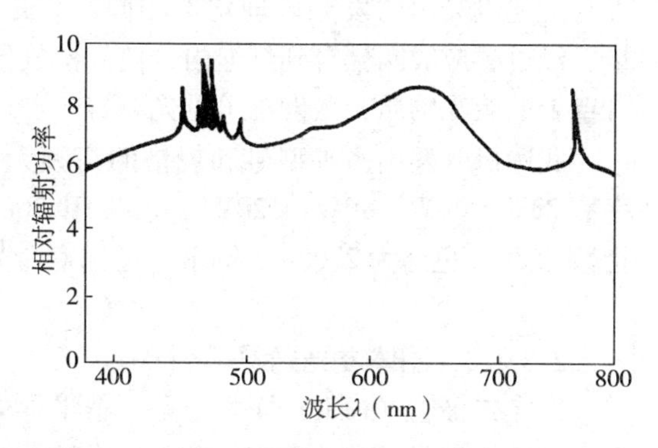

图2.3-9 氙灯光谱能量分布

高压短弧氙灯光参数和寿命 表2.3-8

型号	功率（W）	光通量（lm）	寿命（h）
XHA75	75	950	400
XHA150	150	2900	1200
XHA450	450	13000	2000
XHA750	750	24000	1000
XHA1000	1000	35000	1500
XHA2000	2000	80000	
XHA3000	3000	130000	
XHA4000	4000	155000	800
XHA5000	5000	225000	

7）冷阴极荧光灯

冷阴极荧光灯的工作原理与普通的热阴极荧光灯相似，但冷阴极荧光灯是辉光放电③，热阴极荧光灯是弧光放电④，而且阴极的电子发射不是对阴极进行预热，而是靠灯管两端施加的高压脉冲电压，激发金属阴极产生电子发射，它可以瞬时启动。冷阴极荧光灯管径细、体积小、耐振动、能耗低、光效高，亮度高（15000cd/m² ~40000cd/m²），光色好，色温2700K～6500K，寿命长达20000h以上，可以频繁启动。将冷阴极灯管装入各种颜色的外壳内，可作为装饰用的护栏灯、轮廓灯、组图灯等用。冷阴极荧光灯的光参数和寿命见表2.3－9。

冷阴极荧光灯光参数和寿命　　表2.3－9

灯管功率（W）	光通量（lm）	外形尺寸（mm）	寿命（h）
10～12	400	$\phi10\times1000$	>20000
12～15	480	$\phi12\times1000$	
15～20	600	$\phi15\times1000$	
25～30	750	$\phi20\times1000$	

8）高频无极感应灯

高频无极感应灯不需要电极，利用在气体放电管内建立的高频（频率达几兆赫）电磁场，使管内气体发生电离而产生紫外辐射激发玻壳内荧光粉层发光的气体放电灯，常简称为无极荧光灯，这是一种新颖的微波灯。无极荧光灯的发光原理与上述电光源的发光原理均不相同，它是由高频发生器产生的高频电磁场能量，经过感应线圈耦合到灯泡内，使汞蒸气原子电离放电而产生紫外线，并射到管壁上的荧光物质，激发出可见光。

我国已开发出多种型号和规格的高频无极感应灯，工作频率为230kHz，功率有23W、40W、80W、120W、150W和200W。光效为70～82lm/W，一般显色指数为80，色温为2700～6400K，标称寿命为60000～100000h。

2.3.1.3　固体发光光源

发光二极管（LED）实际上是一个半导体的PN结，其基本的工作原理是一个电光转换过程。在热平衡条件下，半导体PN结N区的电子扩散到P区，P区的空穴扩散到N区，这种互扩散运动的少数载流子聚集在PN结的两侧，形成势垒，其产生的电场将阻止互扩散运动的继续进行。当PN结施加正向电压时，其势垒下降，当正向电流沿半导体的PN结方向流过时，注入到价带中的非平衡空穴要与导带中的电子复合而发光。

采用不同材料和掺入不同杂质的PN结，可以辐射出不同颜色的光：红光、绿光、黄光、橙光和蓝光等。

目前的LED与传统的照明光源相比较，具有如下显著特点：光色纯，彩度大，单一颜色的LED的辐射光谱狭窄；寿命长，理论寿命可超过100000h，在实际应用时，由于目前的封装技术等不完善，现阶段的实际应用寿命只有20000h左右；体积小，响应快，无污染，控制灵活，应用广泛；

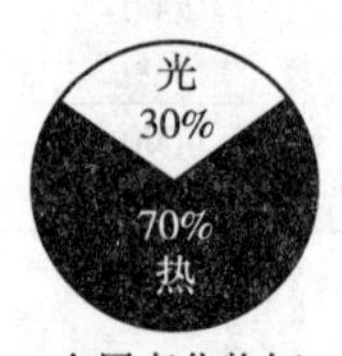

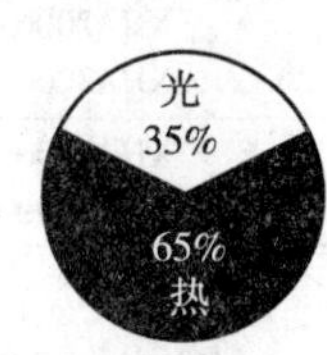

图2.3－10　不同光源将电能转化为光和直接转化为热的比较

资料来源：Norbert Lechner. Heating, Cooling, Lighting [M]. P.409, 2001

但单体LED的功率一般在0.05W~1W，用于照明需要几十颗LED组合才能达到要求的照明水平；目前高亮度LED的价格贵；由半导体材料的发光机理决定了单一LED芯片不可能发出连续光谱的白光，可利用辐射出蓝光或紫外光激发荧光粉后再辐射出白光，以及利用互补的二色芯片或三色芯片发出白光；在使用大功率LED和LED组合模块时应解决好散热问题，否则会影响LED正常工作，甚至会降低寿命，加快光衰。

图2.3-10是不同光源将电能转化为光和直接转化为热的比较。显然白炽灯是很热且效率低的光源，而自然光若控制适当则可以是最冷的光源。表2.3-10是一些光源主要特征和使用场合举例。

一些光源的主要特性比较和使用场合举例　　表2.3-10

光源种类	发光效率（lm/W）	显色指数（R_a）	色温（K）	正常使用寿命（h）	一般使用场合举例
普通白炽灯	12	95~99	2700	1000	住宅、旅馆、餐厅
卤钨灯	15~21	95~99	2800~3000	2000~4000	地面和展示照明
荧光灯	32~70	50~93	3000~6500	8000	办公室、商店
紧凑型荧光灯	60	85	3000	8000~12000	住宅、办公室、公共建筑
荧光高压汞灯	33~56	40~50	6000	4000~9000	工厂、道路
金属卤化物灯	52~110	60~95	4500~7000	6000~20000	工厂、商店
高压钠灯	52~107	20~60	2200	6000~10000	工厂、道路
低压钠灯	180	44	1700	28000	道路和地区照明
无极荧光灯	70	85	3000~4000	80000	高层建筑屋顶等难以接近的场合

2.3.2 灯具

灯具是能透光、分配和改变光源光分布的器具，包括除光源外[⑤]所有用于固定和保护光源所需的全部零、部件，以及与电源连接所必需的线路附件，因此可以认为灯具是光源所需的灯罩及其附件的总称。灯具可分为装饰灯具和功能灯具两大类。装饰灯具一般采用装饰部件围绕光源组合而成，它造型美观，并以美化光环境为主，同时也适当照顾效率等要求。功能灯具是指满足高效率、低眩光的要求而采用一系列控光设计的灯罩，这时灯罩的作用是重新分配光源的光通量，把光投射到需要的地方，以提高光的利用率；避免眩光以保护视力；保护光源。功能灯具也应有一定的装饰效果。在特殊的环境里（潮湿、腐蚀、易爆、易燃）的特殊灯具，其灯罩还起隔离保护作用。

2.3.2.1 灯具的光特性

1）配光曲线

任何光源和灯具一旦处于工作状态，就会向四周空间投射光通量。把灯具各方向的发光强度在三维空间里用矢量表示并将矢量终端连接起来，就构成一封闭的光强体。当光强体被通过 Z 轴线的平面截割时，在平面上获得一条封闭的交线。此交线以极坐标的形式绘制在平面图上，这就是灯具的配光曲线。光强分布就是用曲线或表格表示光源或灯具在空间各方向的发光强度值，通常把某一平面上的光强分布曲线称为配光曲线（见图2.3－11）。

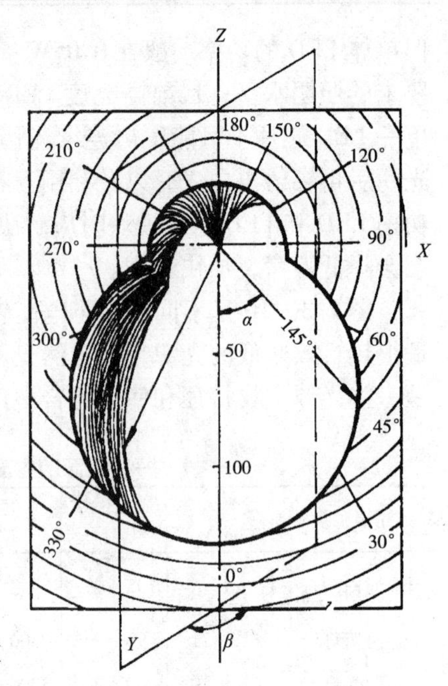

图2.3－11　光强体与配光曲线

配光曲线上的每一点，表示灯具在该方向上的发光强度。因此，知道灯具对计算点的投光角 α，就可查到相应的发光强度 I_{α}，利用式（2.1－6）就可求出点光源在计算点上形成的照度。

为了使用方便，配光曲线通常按光源发出的光通量为1000lm来绘制。故实际光源发出的光通量不是1000lm时，对查出的发光强度，应乘以修正系数，即实际光源发出的光通量与1000lm之比值。图2.3－12是扁圆吸顶灯的配光曲线。

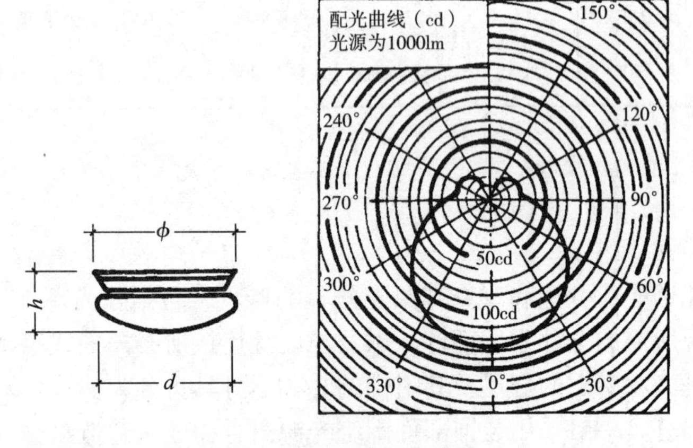

图2.3－12　扁圆吸顶灯外形及其配光曲线

对于非对称配光的灯具，则用一组曲线来表示不同剖面的配光情况。荧光灯灯具常用两根曲线分别给出平行于灯管（“//”符号）和垂直于灯管（“⊥”符号）剖面光强分布。

【**例2.3－1**】有二盏扁圆吸顶灯，距工作面4.0m，两灯相距5.0m。工作台布置在灯下和两灯之间（见图2.3－13）。如光源为100W白炽灯，求 P_1、P_2 点的照度（不计反射光影响）。

【解】（1）P_1点照度

灯Ⅰ在P_1点形成的照度：

点光源形成的照度计算式见式（2.1－6），当$\alpha = 0°$时，从图2.3－12查出$I_0 = 130cd$，灯至工作面距离为4.0m。则：

$$E_{\text{I}} = \frac{130}{4^2}\cos 0° = 8.125\text{lx}$$

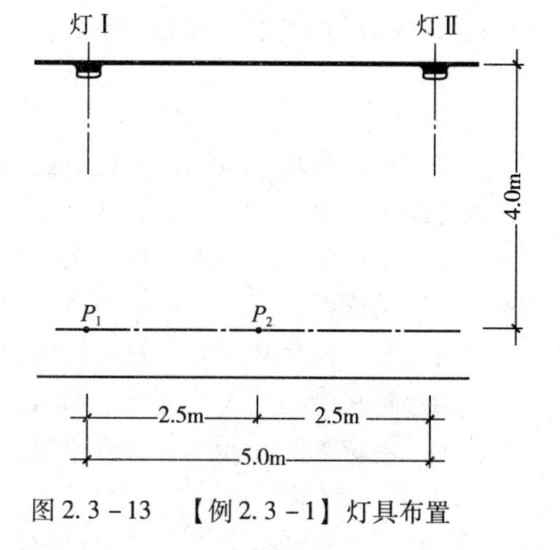

图2.3－13　【例2.3－1】灯具布置

灯Ⅱ在P_1点形成的照度：

$$\tan\alpha = \frac{5}{4},\ \alpha \approx 51°,\ I_{51} = 90\text{cd}$$

灯Ⅱ至P_1点的距离为$\sqrt{41}$m，

$$E_{\text{II}} = \frac{90}{41}\cos 51° \approx 1.381\text{lx}$$

P_1点照度为两灯形成的照度和，并考虑灯泡光通量修正1179/1000，则：

$$E_1 = (8.125 + 1.381) \times \frac{1179}{1000} \approx 11.2\text{lx}$$

（2）P_2点照度

灯Ⅰ、Ⅱ与P_2的相对位置相同，故两灯在P_2点形成的照度相同。

$\tan\alpha = \frac{2.5}{4}$，$\alpha \approx 32°$，$I_{32} = 110\text{cd}$，灯至$P_2$的距离为$\sqrt{22.25}$m，则$P_2$点的照度为：$E_2 = \frac{110}{22.25}\cos 32° \times 2 \times \frac{1179}{1000} \approx 9.9\text{lx}$

2）遮光角

光源亮度超过16sb时，人眼就不能忍受，而100W的白炽灯灯丝亮度高达数百熙提，人眼更不能忍受。为了降低或消除这种高亮度表面对眼睛造成的眩光，给光源罩上一个不透光材料做的开口灯罩（见图2.3－14），可以有十分显著的效果。

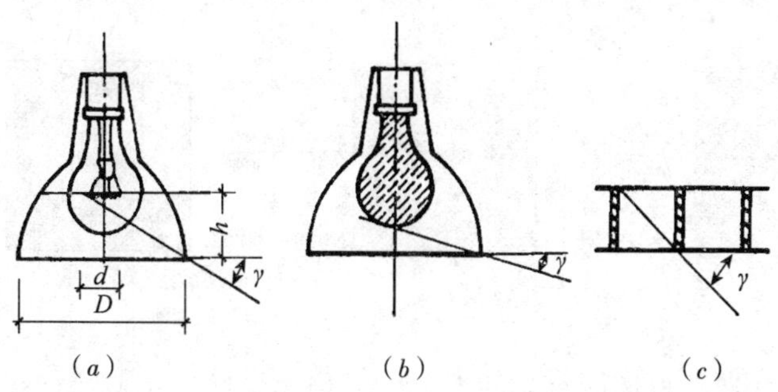

图2.3－14　灯具的遮光角

（a）普通灯泡；（b）乳白灯泡；（c）挡光格片

为了说明某一灯具的防止眩光范围，可用遮光角γ来衡量。灯具遮光角是指光源最边缘一点和灯具出光口的连线与水平线之间的夹角（见图2.3－14）。图

2.3－14（a）的灯具遮光角用下式表示：

$$\tan\gamma = \frac{2h}{D+d} \tag{2.3-1}$$

遮光角的余角是截光角，它是在灯具垂直轴与刚好看不见高亮度的发光体的视线之间的夹角。

当人眼平视时，如果灯具与眼睛的连线和水平线的夹角小于遮光角，则看不见高亮度的光源。当灯具位置提高，与视线形成的夹角大于遮光角，虽可看见高亮度的光源，但夹角较大，眩光程度已大大减弱。

当灯罩用半透明材料做成，即使有一定遮光角，但由于它本身具有一定亮度，仍可能成为眩光光源，故应限制其表面亮度值。

3）灯具效率

任何材料制成的灯罩，对于投射在其表面的光通量都要被它吸收一部分，光源本身也要吸收少量的反射光（灯罩内表面的反射光），余下的才是灯具向周围空间投射的光通量。在相同的使用条件下，灯具发出的总光通量 Φ 与灯具内所有光源发出的总光通量 Φ_0之比，称为灯具效率 η，也称为灯具光输出比，即：$\eta=\Phi/\Phi_0$。显然 η 小于1。它取决于灯罩开口的大小和灯罩材料的光反射比、光透射比。灯具效率值一般用实验方法测出，列于灯具说明书中。

2.3.2.2　灯具分类

灯具在不同场合有不同的分类方法，国际照明委员会按光通量在上、下半球的分布将灯具划分为五类：直接型、半直接型、漫射型、半间接型和间接型。他们的光通量分布特征见图2.3－15。

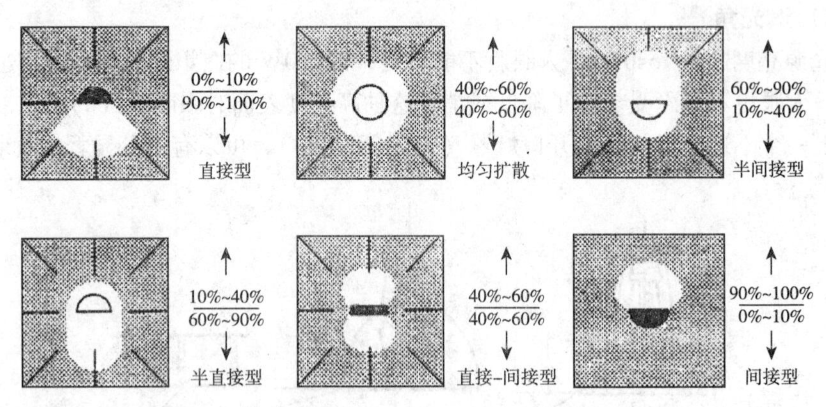

图2.3－15　各类灯具分布及效果

各类灯具在照明方面的特点如下：

1）直接型灯具

直接型灯具是能向灯具下部发射90%～100%直接光通量的灯具。灯罩常用反光性能良好的不透光材料做成（如搪瓷、铝、镜面等）。灯具外形及配光曲线见图2.3－16。按其光通量分配的宽窄，又可分为广阔（I_{max} 在50°～90°范围内)、均匀（$I_0 = I_\alpha$)、余弦（$I_\alpha = I_0 \cos\alpha$）和窄（$I_{max}$在0°~40°范围内）配光，见图2.3－17。

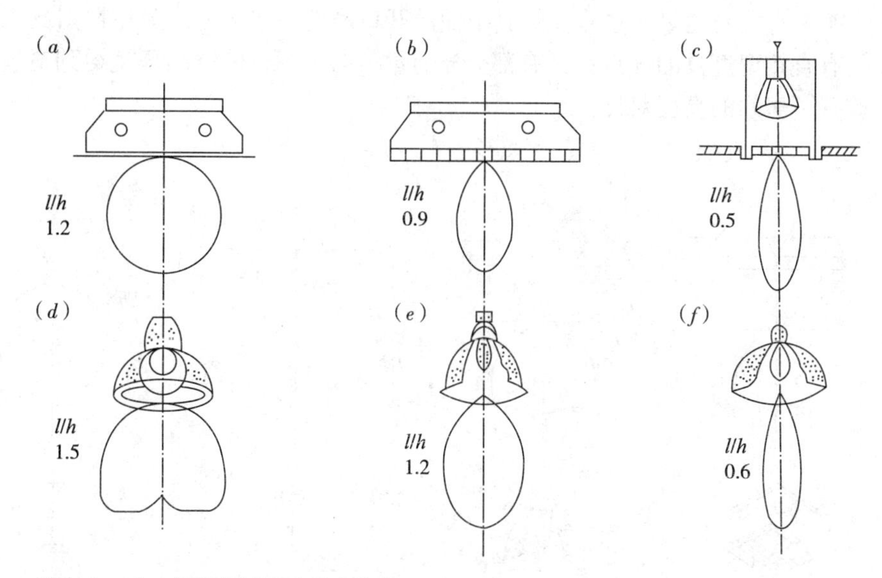

图2.3－16 直接型灯具及配光曲线

(a)、(b) 荧光灯灯具；(c) 反射型灯灯具；(d)、(e)、(f) 白炽灯或高强度气体放电灯具。

注：l——灯的间距；h——灯具与工作面的距离。

用镜面反射材料做成抛物线形的反射罩，能将光线集中在轴线附近的狭小立体角范围内，因而在轴线方向具有很高的发光强度。典型例子是工厂中常用的深罩型灯具，见图2.3－16 (c) 及图2.3－16 (f)，它适用于层高较高的工业厂房中。

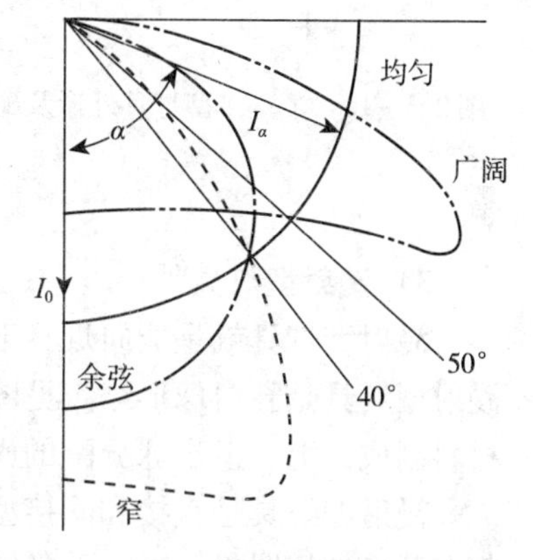

图2.3－17 直接型灯具配光分类

用扩散反光材料或均匀扩散材料都可制成余弦配光的灯具。见图2.3.16 (a)。

广阔配光的直接型灯具，适用于广场和道路照明。

公共建筑中常用的暗灯，也属于直接型灯具，见图2.3－16 (c)，这种灯具装置在顶棚内，使室内空间简洁。其配光特性受灯具开口尺寸、开口处附加的棱镜玻璃、磨砂玻璃等散光材料或格片尺寸的影响。

直接型灯具虽然效率较高，但也存在两个主要缺点：①由于灯具的上半部几乎没有光线，顶棚很暗，它和明亮的灯具开口形成严重的亮度对比；②光线方向性强，阴影浓重。当工作物受几个光源同时照射时，如处理不当就会造成阴影重叠，影响视看效果。

2）半直接型灯具

为了改善室内的空间亮度分布，使部分光通量射向上半球，减小灯具与顶棚亮度间的强烈的亮度对比，常用半透明材料作灯罩或在不透明灯罩上部开透光缝，这就形成半直接型灯具（见图2.3－18），半直接型灯具能向灯具下部发射60%～90%直接光通量。这一类灯具下面的开口能把较多的光线集中照射到工作面，具有直接型灯具的优点；又有部分光通量射向顶棚，使空间环境得到适当照明，改善了房间的亮度对比。

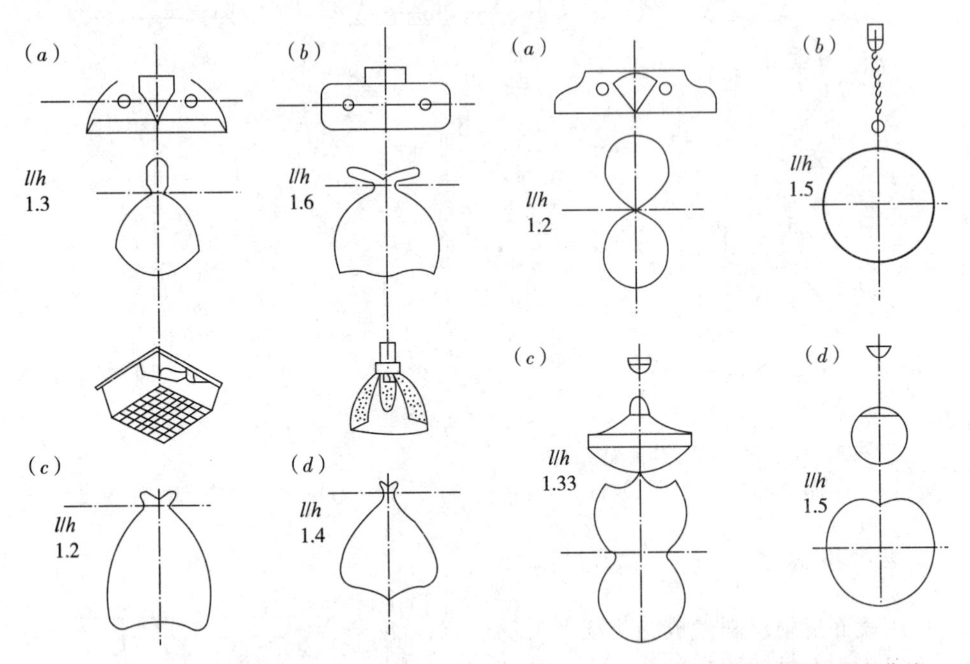

图2.3－18 半直接型灯具外形及配光曲线

图2.3－19 漫射型灯具外形及配光曲线
(a) 荧光灯灯具；(b) 乳白玻璃（塑料）管状荧光灯灯具；(c)、(d) 乳白玻璃白炽灯灯具

3）漫射型灯具[6]

漫射型灯具就是能向灯具下部发射40%～60%直接光通量的灯具。最典型的漫射型灯具是乳白球形灯。见图2.3－19（*d*）。此类灯具的灯罩，多用扩散透光材料制成，上、下半球分配的光通量相差不大，因而室内得到优良的亮度分布。

漫射型灯具是直接和间接型灯具的组合，在一个透光率很低或不透光的上下都有开口的灯罩里，上、下各安装一个灯泡。上面的灯泡照亮顶棚，使室内获得一定的反射光；下面的灯泡则用来直接照亮工作面，使之获得高的照度。这样既满足工作面上的高照度要求，整个房间亮度又比较均匀，避免形成眩光。

4）半间接型灯具

半间接型灯具能向灯具下部发射10%～40%直接光通量。这种灯具的上半部是透明的（或敞开），下半部是扩散透光材料。上半部的光通量占总光通量的60%以上，由于增加了反射光的比例，房间的光线更均匀、柔和（见图2.3－20）。这种灯具在使用过程中，透明部分很容易积尘，使灯具的效率降低。另外下半部表面亮度也相当高。因此，在很多场合（教室、实验室）已逐渐用另一种“环形格片式”的灯代替。见图2.3－20（*d*）。

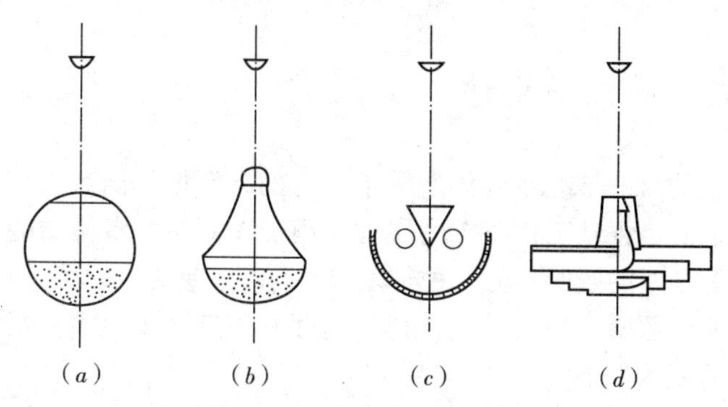

图2.3－20　半间接型灯具的外形

5）间接型灯具

间接型灯具能向灯具下部发射10%以下的直接光通量。如图2.3－21所示，为用不透光材料做成，几乎全部光线（90%～100%）都射向上半球。由于光线是经顶棚反射到工作面，因此扩散性很好，光线柔和而均匀，并且完全避免了灯具的干扰眩光。但因有用的光线全部来自反射光，故利用率很低，在要求高照度时，使用这种灯具很不经济。一般用于照度要求不高，希望全室均匀照明、光线柔和宜人的情况，如医院和一些公共建筑。

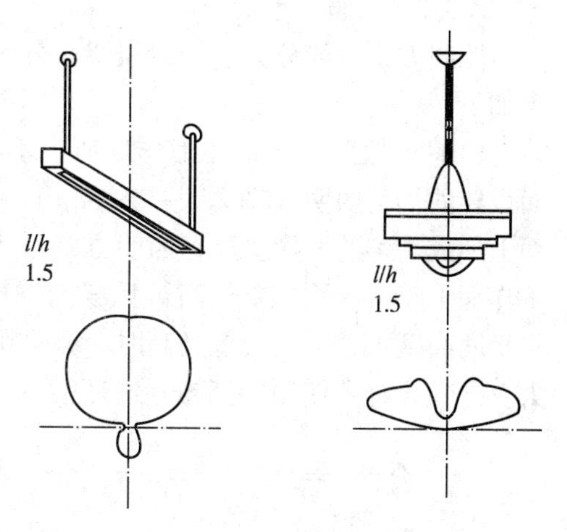

图2.3－21　间接型灯具外形及配光曲线

现将上述几种类型灯具的特性综合列于表2.3－11，以便于比较。

不同类型灯具的光照特性　　**表2.3－11**

灯具类型	直接型	半直接	均匀扩散	半间接	间接
灯具光分布					
上半球光通	0%～10%	10%～40%	40%～60%	60%～90%	90%～100%
下半球光通	100%～90%	90%～60%	60%～40%	40%～10%	10%～0%
光照特性	效率高； 室内表面的光反射比对照度影响小； 设备投资少； 维护使用费少； 阴影浓； 室内亮度分布不匀	效率中等； 室内表面光发射比影响照度中等； 设备投资中等； 维护使用费中等； 阴影稍淡； 室内亮度分布较好			效率低； 室内表面光发射比对照度影响大； 设备投资多； 维护使用费高； 基本无阴影； 室内亮度分布均匀

2.3.3 室内工作照明设计

照明设计总的目的是在室内创造一个人为的光环境，满足人们生活、学习、工作等要求。以满足视觉工作要求为主的室内工作照明，多从功能方面来考虑，如工厂、学校等场所的照明。另一种是以艺术环境观感为主，为人们提供舒适的休息和娱乐场所的照明，如大型公共建筑门厅，休息厅等，除满足视觉功能外，还应强调它们的艺术效果。

工作照明设计，可分下列几个步骤进行：

2.3.3.1 照明方式

照明方式一般分为：一般照明、分区一般照明、局部照明、混合照明。其特点如下：

（1）一般照明　是在工作场所内不考虑特殊的局部需要，为照亮整个场所而设置的均匀照明（图2.3－22（a）），灯具均匀分布在被照场所上空，在工作面上形成均匀的照度。这种照明方式，适合于对光的投射方向没有特殊要求，在工作面上没有特别需要提高可见度的工作点，以及工作点很密或不固定的场所。当房间高度大，照度要求又高时，只采用一般照明，就会造成灯具过多，功率很大，导致投资和使用费都高，这是很不经济的。

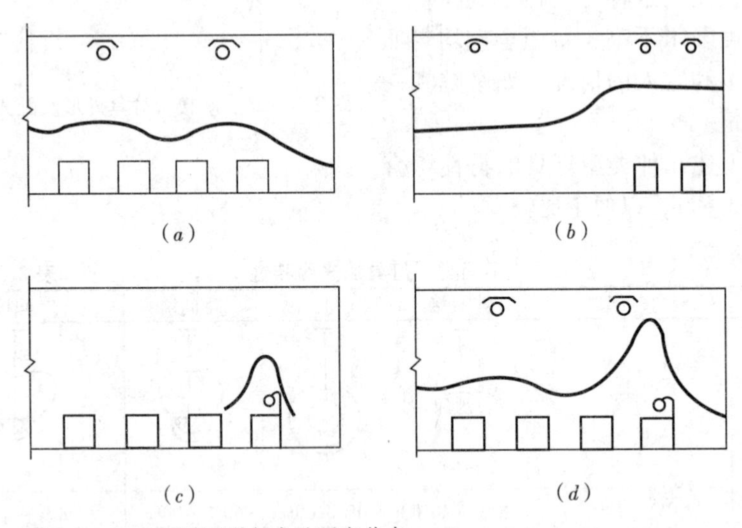

图2.3－22　不同照明方式及照度分布

（a）一般照明；（b）分区一般照明；（c）局部照明；（d）混合照明

（2）分区一般照明　是对某一特定区域，如进行工作的地点，设计成不同的照度来照亮该区域的一般照明。例如在开敞式办公室中有办公区、休息区等，它们要求不同的一般照明的照度，就常采用这种照明方式（图2.3－22（b））。

（3）局部照明　是在工作点附近，专门为照亮工作点而设置的照明装置（图2.3－22（c）），即为特定视觉工作用的、为照亮某个局部（通常限定在很小范围，如工作台面）的特殊需要而设置的照明。局部照明常设置在要求照度高或对光线方向性有特殊要求的部位。但在一个工作场所内不应只采用局部照明，因为这样会造成工作点与周围环境间极大的亮度对比，不利于视觉工作。

（4）混合照明　是由一般照明与局部照明组成的照明。它是在同一工作场所，既设有一般照明，解决整个工作面的均匀照明；又有局部照明，以满足工作点的高照度和光方向的要求（图2.3－22（*d*））。在高照度时，这种照明方式较经济，也是目前工业建筑和照度要求较高的民用建筑（如图书馆）中大量采用的照明方式。

2.3.3.2　照明标准

根据工作对象的视觉特征、工作面在室内的分布密度等条件，确定照明方式之后，即应根据识别对象最小尺寸、识别对象与背景亮度对比等特征来考虑房间照明的数量和质量问题，其依据就是国家制定的照明标准，它是从照明数量和质量两方面来考虑的。

1）照明数量

依第2.1章对可见度及其影响因素的介绍可知，可见度与识别物件尺寸、识别物件与其背景的亮度对比、识别物件本身的亮度等有关。照明标准是根据识别物件的大小、物件与背景的亮度对比、国民经济的发展情况等因素规定必需的物件亮度。由于亮度的现场测量和计算都较复杂，故标准规定的是作业面[7]或参考平面[8]的照度值（国际上也是如此），具体值见表2.3－12、表2.3－13和表2.3－14（摘自《建筑照明设计标准》GB 50034—2004）。

在表2.3－12、表2.3－13和表2.3－14中照明标准中照度值遵循了0.5、1、3、5、10、15、20、30、50、75、100、150、200、300、500、750、1000、1500、2000、3000、5000lx分级，且它们均为作业面或参考平面上的维持平均照度。

凡符合下列条件之一及以上时，作业面或参考平面的照度，可按照度标准值分级提高一级：

①视觉要求高的精细作业场所，眼睛至识别对象的距离大于500mm时；

②连续长时间紧张的视觉作业，对视觉器官有不良影响时；

③识别移动对象，要求识别时间短促而辨认困难时；

④视觉作业对操作安全有重要影响时；

⑤识别对象亮度对比小于0.3时；

⑥作业精度要求较高，且产生差错会造成很大损失时；

⑦视觉能力低于正常能力时；

⑧建筑等级和功能要求高时。

凡符合下列条件之一及以上时，作业面或参考平面的照度，可按照度标准值分级降低一级：

①进行很短时间的作业时；

②作业精度或速度无关紧要时；

③建筑等级和功能要求较低时。

作业面邻近周围的照度可低于作业面照度，但不宜低于表2.3－15的数值。

在一般情况下，设计照度值与照度标准值相比较，可有－10%～+10%的偏差。

工业建筑一般照明标准值 表2.3－12

房间或场所		参考平面及其高度	照度标准值（lx）	*UGR*	R_a	备注
1. 通用房间或场所						
试验室	一般	0.75m水平面	300	22	80	可另加局部照明
	精细	0.75m水平面	500	19	80	
检验	一般	0.75m水平面	300	22	80	可另加局部照明
	精细、有颜色要求	0.75m水平面	750	19	80	
计量室，测量室		0.75m水平面	500	19	80	可另加局部照明
变、配电站	配电装置室	0.75m水平面	200	—	60	
	变压器室	地面	100	—	20	
电源设备室，发电机室		地面	200	25	60	
控制室	一般控制室	0.75m水平面	300	22	80	
	主控制室	0.75m水平面	500	19	80	
电话站、网络中心		0.75m水平面	500	19	80	
计算机站		0.75m水平面	500	19	80	防光幕反射
动力站	风机房、空调机房	地面	100	—	60	
	泵房	地面	100	—	60	
	冷冻站	地面	150	—	60	
	压缩空气站	地面	150	—	60	
	锅炉房、煤气站的操作层	地面	100	—	60	锅炉水位表照度不小于50lx
仓库	大件库（如钢坯、钢材、大成品、气瓶）	1.0m水平面	50	—	20	
	一般件库	1.0m水平面	100	—	60	
	精细件库（如工具、小零件）	1.0m水平面	200	—	60	货架垂直照度不小于50lx
车辆加油站		地面	100	—	60	油表照度不小于50lx
2. 机、电工业						
机械加工	粗加工	0.75m水平面	200	22	60	可另加局部照明
	一般加工公差≥0.1mm	0.75m水平面	300	22	60	
	精密加工公差<0.1mm	0.75m水平面	500	19	60	
机电、仪表装配	大件	0.75m水平面	200	25	80	可另加局部照明
	一般件	0.75m水平面	300	25	80	
	精密	0.75m水平面	500	22	80	
	特精密	0.75m水平面	750	19	80	
电线、电缆制造		0.75m水平面	300	25	60	
线圈绕制	大线圈	0.75m水平面	300	25	80	
	中等线圈	0.75m水平面	500	22	80	可另加局部照明
	精细线圈	0.75m水平面	750	19	80	可另加局部照明

续表

房间或场所		参考平面及其高度	照度标准值（lx）	UGR	R_a	备注
线圈浇注		0.75m水平面	300	25	80	
焊接	一般	0.75m水平面	200	—	60	
	精密	0.75m水平面	300	—	60	
钣　金		0.75m水平面	300	—	60	
冲压、剪切		0.75m水平面	300	—	60	
热处理		地面至0.5m水平面	200	—	20	
铸造	熔化、浇铸	地面至0.5m水平面	200	—	20	
	造型	地面至0.5m水平面	300	25	60	
精密铸造的制模、脱壳		地面至0.5m水平面	500	25	60	
锻　工		地面至0.5m水平面	200	—	20	
电　镀		0.75m水平面	300	—	80	
喷漆	一般	0.75m水平面	300	—	80	
	精细	0.75m水平面	500	22	80	
酸洗、腐蚀、清洗		0.75m水平面	300	—	80	
抛光	一般装饰性	0.75m水平面	300	22	80	防频闪
	精细	0.75m水平面	500	22	80	
复合材料加工、铺叠、装饰		0.75m水平面	500	22	80	
机电修理	一般	0.75m水平面	200	—	60	可另加局部照明
	精密	0.75m水平面	300	22	60	

居住建筑照明标准值　　表2.3-13

房间或场所		参考平面及其高度	照度标准值（lx）	R_a
起居室	一般活动	0.75m水平面	100	80
	书写、阅读		300*	
卧　室	一般活动	0.75m水平面	75	80
	床头、阅读		150*	
餐　厅		0.75m水平面	150	80
厨　房	一般活动	0.75m水平面	100	80
	操作台	台　面	150*	
卫生间		0.75m水平面	100	80

注：* 宜用混合照明。

公共建筑照明标准值 表 2.3-14

建筑类型	房间或场所	参考平面及其高度	照度标准值（lx）	*UGR*	R_a
办公建筑	普通办公室	0.75m 水平面	300	19	80
	高档办公室	0.75m 水平面	500	19	80
	会议室	0.75m 水平面	300	19	80
	接待室、前台	0.75m 水平面	300	—	80
	营业厅	0.75m 水平面	300	22	80
	设计室	实际工作面	500	19	80
	文件整理、复印、发行室	0.75m 水平面	300	—	80
	资料、档案室	0.75m 水平面	200	—	80
商业建筑	一般商店营业厅	0.75m 水平面	300	22	80
	高档商店营业厅	0.75m 水平面	500	22	80
	一般超市营业厅	0.75m 水平面	300	22	80
	高档超市营业厅	0.75m 水平面	500	22	80
	收款台	台 面	500	—	80
学校建筑	教室	课桌面	300	19	80
	实验室	实验桌面	300	19	80
	美术教室	桌 面	500	19	90
	多媒体教室	0.75m 水平面	300	19	80
	教室黑板	黑板面	500	—	80
展览馆展厅	一般展厅	地 面	200	22	80*
	高档展厅	地 面	300	22	80*
	注：* 高于6m 的展厅 R_a 可降低到60				

建筑类型	类 别	参考平面及其高度	照度标准值（lx）
博物馆建筑陈列室	对光特别敏感的展品：纺织品、织绣品、绘画、纸质物品、彩绘、陶（石）器、染色皮革、动物标本等	展品面	50
	对光敏感的展品：油画、蛋清画、不染色皮革、角制品、骨制品、象牙制品、竹木制品和漆器等	展品面	150
	对光不敏感的展品：金属制品、石质器物、陶瓷器、宝玉石器、岩矿标本、玻璃制品、搪瓷制品、珐琅器等	展品面	300
	注：1 陈列室一般照明应按展品照度值的20%～30%选取； 2 陈列室一般照明 *UGR* 不宜大于19； 3 辨色要求一般的场所 R_a 不应低于80，辨色要求高的场所，R_a 不应低于90		

作业面邻近周围照度 表 2.3-15

作业面照度（lx）	作业面邻近周围照度（lx）
≥750	500
500	300
300	200
≤200	与作业面照度相同

注：邻近周围指作业面外 0.5m 范围之内。

2）照明质量

指光环境（从生理和心理效果评价的照明环境）内的亮度分布等。包括一切有利于视功能、舒适感、易于观看、安全与美观的亮度分布。如眩光、颜色、均匀度、亮度分布等都明显地影响可见度，影响容易、正确、迅速地观看的能力。现将影响照明质量的因素分述如下：

(1) 眩光

为了提高室内照明质量，不但要限制直接眩光，而且还要限制工作面上的反射眩光和光幕反射。

①直接眩光　为了降低或消除直接型灯具对人眼造成的直接眩光，应使灯具的遮光角不应小于表2.3－16的数值。

直接型灯具的遮光角　　　**表2.3－16**

光源平均亮度（kcd/m²）	遮光角（°）	光源平均亮度（kcd/m²）	遮光角（°）
1～20	10	50～500	20
20～50	15	≥500	30

不舒适眩光就是产生不舒适感觉，但并不一定降低视觉对象可见度的眩光。在公共建筑和工业建筑常用房间或场所中的不舒适眩光应采用统一眩光值（*UGR*）评价，并使最大允许值（*UGR* 计算值）符合表2.3－12和表2.3－14的规定。在《建筑照明设计标准》GB 50034—2004中给出了统一眩光值（*UGR*）的计算方法。

②反射眩光　反射眩光既引起不舒适感，又分散注意力。如它处于被看物件的旁边时，还会引起该物件的可见度下降。

③光幕反射　由于视觉对象的规则反射，使视觉对象的对比降低，以致部分地或全部地难以看清细部。是在视觉作业上规则反射与漫反射重叠出现的现象。当反射影像出现在观察对象上，物件的亮度对比下降，可见度变差，好似给物件罩上一层“光幕”一样。光幕反射降低了作业与背景之间的亮度对比，致使部分地或全部地看不清它的细节。例如在有光纸上的黑色印刷符号。如光源、纸、观察人三者之间位置不当，就会产生光幕反射，使可见度下降，如图2.3－23所示。图2.3－23（*a*）是当投光灯放在照相机（眼睛位置）后面，这位置使有光纸上的光幕反射效应最小；图2.3－23（*b*）是当暗槽灯处于上前方干扰区内，这时在同一纸上的印刷符号的亮度对比减弱，但不明显；图2.3－23（*c*）显示的是同一有光纸，但聚光灯位于干扰区内，这时光幕反射最厉害，可见度下降。

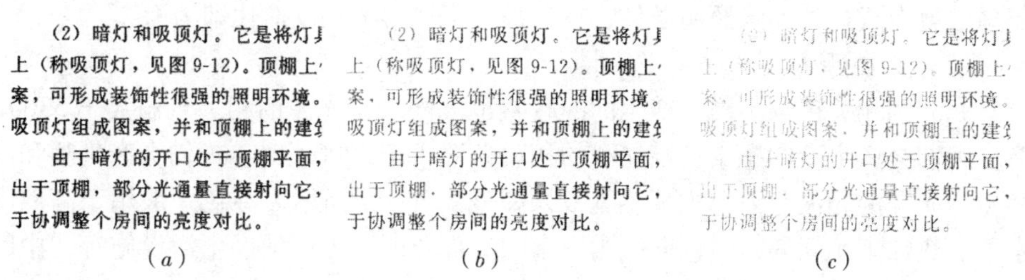

(2) 暗灯和吸顶灯。它是将灯
上（称吸顶灯，见图9-12)。顶棚上
案，可形成装饰性很强的照明环境。
吸顶灯组成图案，并和顶棚上的建
由于暗灯的开口处于顶棚平面，
出于顶棚，部分光通量直接射向它，
于协调整个房间的亮度对比。

(*a*)

(2) 暗灯和吸顶灯。它是将灯
上（称吸顶灯，见图9-12)。顶棚上
案，可形成装饰性很强的照明环境。
吸顶灯组成图案，并和顶棚上的建
由于暗灯的开口处于顶棚平面，
出于顶棚，部分光通量直接射向它，
于协调整个房间的亮度对比。

(*b*)

(2) 暗灯和吸顶灯。它是将灯
上（称吸顶灯，见图9-12)。顶棚上
案，可形成装饰性很强的照明环境。
吸顶灯组成图案，并和顶棚上的建
由于暗灯的开口处于顶棚平面，
出于顶棚，部分光通量直接射向它，
于协调整个房间的亮度对比。

(*c*)

图2.3－23　光幕反射对可见度的影响

减弱光幕反射的措施有：

A）尽可能使用无光纸和不闪光墨水，使视觉作业和作业房间的内表面为无光泽的表面；

B）提高照度以弥补亮度对比的损失，不过这种做法在经济上可能是不合算的；

C）减少来自干扰区的光，增加干扰区外的光，以减少光幕反射，增加有效照度；

D）尽量使光线从侧面来，以减少光幕反射；

E）采用合理的灯具配光，图2.3－24（*a*）是直接型灯具，向下的光很强，易形成严重的光幕反射；图2.3－24（*b*）为余弦配光直接型灯具，向下光相应减少，减轻光幕反射；图2.3－24（*c*）为蝙蝠翼形配光灯具，向下发射的光很少，光幕反射最小。

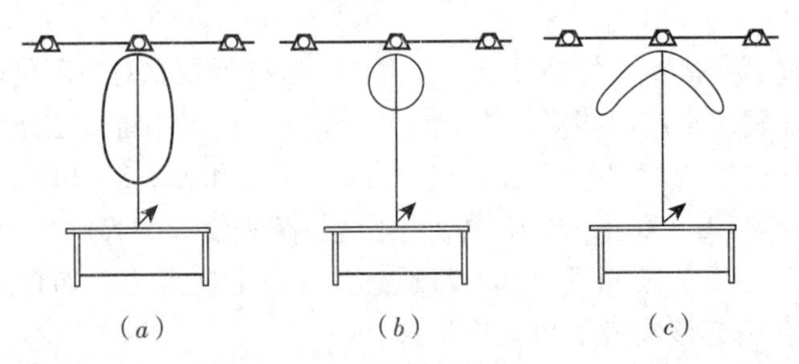

图2.3－24 灯具配光对光幕反射的影响

光幕反射可用对比显现因数（*CRF*）衡量，它是评价照明系统所产生的光幕反射对作业可见度影响的一个因数。该系数是一项作业在给定的照明系统下的可见度与该作业在参考照明条件下的可见度之比。对比显现因数通常可用亮度对比代替可见度求得：

$$CRF=\frac{C}{C_r} \tag{2.3-2}$$

式中 *CRF*——对比显现因数；

C——实际照明条件下的亮度对比；

C_r——参考照明条件下的亮度对比。

参考照明是一种理想的漫射照明，如内表面亮度均匀的球面照明，将作业置于球心就形成这种参考照明条件，在该条件下测得的亮度对比即为C_r。

（2）光源颜色

光源的相关色温不同，产生的冷暖感也不同。当光源的相关色温大于5300K时，人们会产生冷的感觉；当光源的相关色温小于3300K时，人们会产生暖和的感觉。光源的相关色温和主观感觉效果如表2.3－17所示。冷色一般用于高照度水平、热加工车间等，暖色一般用于车间局部照明、工厂辅助生活设施等，中间色适用于其余各类车间。

光源色表分组　　表 2.3－17

色表分组	色表特征	相关色温（K）	适用场所举例
Ⅰ	暖	<3300	客房、卧室、病房、酒吧、餐厅
Ⅱ	中间	3300～5300	办公室、教室、阅览室、诊室、检验室、机加工车间、仪表装配
Ⅲ	冷	>5300	热加工车间、高照度场所

不同照度下光源的相关色温与感觉的关系　　表 2.3－18

照度（lx）	光源色的感觉		
	低色温	中等色温	高色温
≤500	舒适	中等	冷
500～1000	∫	∫	∫
1000～2000	刺激	舒适	中等
2000～3000	∫	∫	∫
≥3000	不自然	刺激	舒适

光源的颜色主观感觉效果还与照明水平有关。在低照度下，采用低色温光源为佳；随着照明水平的提高，光源的相关色温也应相应提高。表2.3－18说明观察者在不同照度下，光源的相关色温与感觉的关系。

长期工作或停留的房间或场所，照明光源的一般显色指数 R_a 不宜小于80。在灯具安装高度大于6m的工业建筑的场所 R_a 可低于80，但必须能够辨别安全色。常用房间或场所的一般显色指数最小允许值应符合表2.3－12、表2.3－13和表2.3－14等的规定。

（3）照明的均匀度

实践证明，作业区域的视野内亮度应足够均匀，特别是在教室、办公室一类长时间使用视力工作的场所，工作面的照明应该非常均匀。公共建筑的工作房间和工业建筑作业区域内的一般照明照度均匀度，即给定工作面上最小照度与平均照度之比不应小于0.7；而工作面邻近周围的照度均匀度不应小于0.5。房间或场所内的通道和其他非作业区域的一般照明的照度值不宜低于作业区域一般照明照度值的1/3。

（4）反射比

当视场内各表面的亮度比较均匀，人眼视看才会达到最舒服和最有效率，故希望室内各表面亮度保持一定比例。

为了获得建议的亮度比，必须使室内各表面具有适当的光反射比。表2.2－4推荐了工作房间表面的光反射比。

2.3.3.3　光源和灯具的选择

1）光源的选择

不同光源在光谱特性、发光效率、使用条件和价格上都有各自的特点，选择光源时应在满足显色性、启动时间等要求条件下，根据光源、灯具及镇流器等的效率、寿命和价格等因素进行综合技术经济分析比较后确定。在进行照明设计时可按下列条件选择光源：

①层高较低的房间，如办公室、教室、会议室及仪表、电子等生产车间宜采用细管径直管形荧光灯；

②商店营业厅宜采用细管径直管形荧光灯、紧凑型荧光灯或小功率的金属卤化物灯；

③层高较高的工业厂房，应按照生产使用要求，采用金属卤化物灯或高压钠灯，亦可采用大功率细管径荧光灯；

④一般照明场所不宜采用荧光高压汞灯，不应采用自镇流荧光高压汞灯；

⑤一般情况下，室内外照明不应采用普通照明白炽灯；在特殊情况下需采用时，其额定功率不应超过100W。

2）灯具的选择

不同灯具的光通量空间分布不同，在工作面上形成的照度值也不同，而且形成不同的亮度分布，产生完全不同的主观感觉。图2.3-25给出三种不同类型灯具：直接型灯具（暗灯），均匀扩散型（乳白玻璃球灯）和格片发光顶棚（直接均匀配光）在不同房间大小、不同地面反射、地面照度为100英尺烛光（约1076lx）时，室内各表面的亮度比。从图中可看出：

①房间大小影响室内亮度分布，特别是在直接型窄配光灯具时；

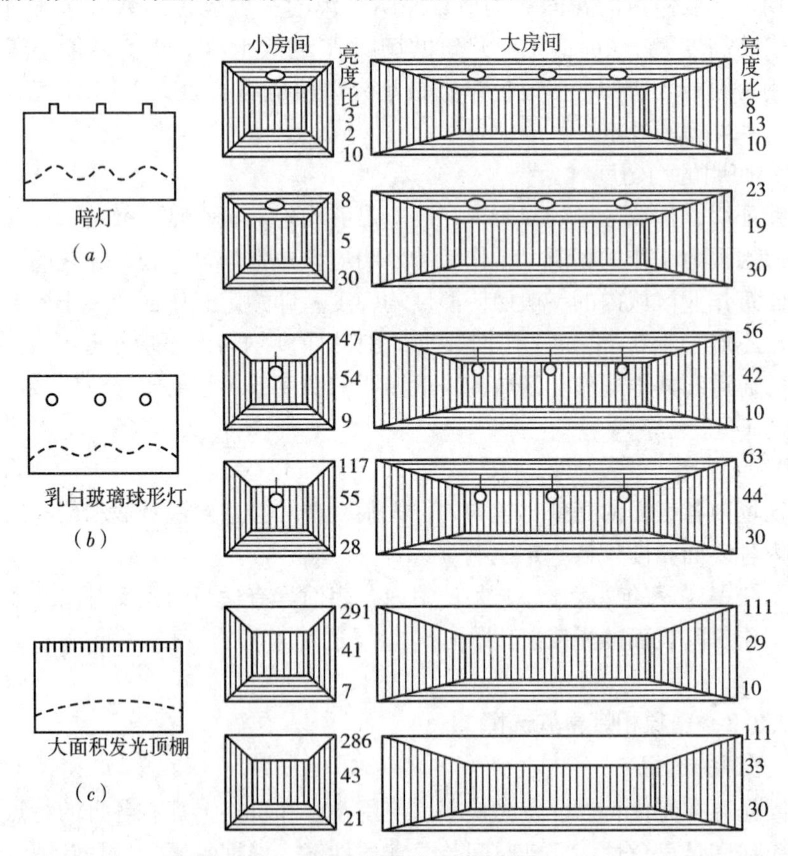

图2.3-25　不同类型灯具对室内亮度分布的影响

光反射比：墙0.50，顶棚0.80，地面0.30和0.10；室内地面照度均约为1076lx。

②地面光反射比在直接型灯具时，对顶棚亮度起很大作用，而对其他两种作用很小；

③室内墙面亮度绝对值，以（*a*）最暗，（*b*）最亮，这对评价室内空间光的丰满度起很大作用；

④从室内亮度均匀度来看也是以（*b*）为最佳。

再从室内工作面上直射光和反射光比来看，不同灯具会有不同结果。表2.3－19给出不同灯具在不同条件下的直射光与反射光的比例。从表中可看出，它们之间有很大区别。这对于亮度分布、阴影浓淡、眩光的评价都有很大关系。在房间内采用直接型灯具照明时，室内表面光反射比起很大作用。

不同灯具类型在工作面上获得的直射光、反射光比例　　表2.3－19

灯具类型	直射光：反射光（来自顶棚、墙面）			
	小的房间		大的房间	
	浅色	深色	浅色	深色
直接 半直接均匀扩散	2.0：1 1.5：1 0.5：1	15：1 5：1 2：1	20：1 4：1 1：1	150：1 12：1 4：1
	浅色	中等	浅色	中等
半间 接间接	0.2：1 无直射光	0.35：1 无直射光	0.45：1 无直射光	0.65：1 无直射光

为了照明节能，选择灯具时，在满足限制眩光和配光要求条件下，应选用效率高的灯具。荧光灯灯具的效率不应低于表2.3－20中数值，电光源灯具的效率不应低于表2.3－21中的数值。

荧光灯灯具的效率　　表2.3－20

灯具出光口形式	开敞式	保护罩（玻璃或塑料）		格　栅
		透　明	磨砂、棱镜	
灯具效率	70%	65%	55%	60%

电光源灯具的效率　　表2.3－21

灯具出光口形式	开敞式	格栅或透光罩
灯具效率	75%	60%

照明灯具的选择还要考虑照明场所的环境条件：

①在潮湿的场所，应采用相应防护等级的防水灯具或带防水灯头的开敞式灯具；

②在有腐蚀性气体或蒸汽的场所，宜采用防腐蚀密闭式灯具。若采用开敞式灯具，各部分应有防腐蚀或防水措施；

③在高温场所，宜采用散热性能好、耐高温的灯具；

④在有尘埃的场所，应按防尘的相应防护等级选择适宜的灯具；

⑤在装有锻锤、大型桥式吊车等振动、摆动较大场所使用的灯具，应有防振和防脱落措施；

⑥在易受机械损伤、光源自行脱落可能造成人员伤害或财物损失的场所使用的灯具，应有防护措施；

⑦在有爆炸或火灾危险场所使用的灯具，应符合国家现行相关标准和规范的有关规定；

⑧在有洁净要求的场所，应采用不易积尘、易于擦拭的洁净灯具；

⑨在需防止紫外线照射的场所，应采用隔紫外线的灯具或无紫外线光源；

⑩直接安装在可燃材料表面的灯具，应采用标有Ⓕ标志的灯具。

气体放电灯的镇流器选择应符合下列规定：

①紧凑型荧光灯应配用电子镇流器；

②直管形荧光灯应配用电子镇流器或节能型电感镇流器；

③高压钠灯、金属卤化物灯应配用节能型电感镇流器；在电压偏差较大的场所，宜配用恒功率镇流器；功率较小者可配用电子镇流器；

④采用的镇流器应符合该产品的国家能效标准。

3）灯具的布置

这里是指一般照明的灯具布置。它要求均匀照亮整个工作场地，故希望工作面上照度均匀。这主要从灯具的计算高度（h_{rc}）和间距（l）的适当比例来获得，即通常所谓距高比 l/h_{rc}。它是随灯具的配光不同而异，具体值见有关灯具手册（图2.3－16、图2.3－18、图2.3－19、图2.3－21给出了一些常用灯具的距高比）。

为了使房间周边的照度不致太低，应将靠墙的灯具至墙的距离减少到 $0.2l \sim 0.3l$。当采用半间接和间接型灯具时，要求反射面照度均匀，因而控制距高比中的高，即灯具至反光表面（如顶棚）的距离 h_{cc}（注意：这里的高与前述的计算高不同）。

在具体布灯时，还应考虑照明场所的建筑结构形式、工艺设备、动力管道以及安全维修等技术要求。

2.3.4　室内照明设计举例

2.3.4.1　学校教室照明设计

学生在学校里的大部分学习时间是在白天，但在阴雨天或冬季，部分上课时间的室外照度低于临界照度，这时仅靠天然光不能满足学习要求，需有电光源照明补充。另外，夜间也可能有学习活动，因此，设计学校教室照明时，不仅要注意天然采光，还应进行电光源照明设计。

1）照明数量

为了保证在工作面上形成可见度所需的亮度和亮度对比，学校建筑照明标准规定（见表2.3－14）：教室课桌面上的平均照度值不应低于300lx，照度均匀度（照度最低值/照度平均值）不应低于0.7。教室黑板应设局部照明灯，其平均垂直面照度不应低于500lx，照度均匀度应当高于0.7。

2）照明质量

它决定视觉舒适程度，并在很大程度上影响可见度。应当考虑下列因素：

（1）亮度分布　为了视觉舒适和减少视疲劳，要求大面积表面之间的亮度比不超过下列值：视看对象和其邻近表面之间3∶1（如书本和课桌表面）；视看对象和远处较暗表面之间3∶1（如书本和地面）；视看对象和远处较亮表面之间1∶5（如书本和窗口）。

（2）直接眩光　当学生视野内出现高亮度（明亮的窗、裸灯泡），就会产生不舒适感，甚至降低可见度。目前主要眩光源是裸灯泡，这不但使光通量利用率不高，而且产生严重的直接眩光。荧光灯管表面亮度虽不太高，但面积大，故都应装上灯罩。

（3）反射眩光　主要来自黑漆黑板和某些深色油漆课桌表面，这可从改变饰面材料来解决。如黑板改用磨砂玻璃，也可从灯和窗口位置的调整来解决。

（4）光幕反射　目前我国书本用纸较粗糙，出现光幕反射的机会少。但随着书籍纸张的改善，出现光幕反射的可能性就会日益增加，应引起重视。

（5）照度均匀度　主要是对课桌面和黑板面照度均匀度提出要求，要求均匀度不低于0.7。

（6）阴影　视看对象如处于阴影中，它的亮度下降，势必影响可见度。即使阴影不在视看对象上，只在它的旁边，也是十分讨厌的。如能采用多个光源，以不同方向照射物体或增加扩散光在总照度中的比例，使阴影浓度减弱，则将有利于视觉工作。

3）照明设计

（1）光源　目前常使用为荧光灯。荧光灯具的发光效率高、寿命长、表面亮度低、光色好，虽然安装的附件较多，一次投资费用较高，但考虑到荧光灯用电量少，换灯次数少，因而在使用过程中，较低的运行费可以补偿一部分投资费用。在不长的时间内，就可收回一次投资费，因此应采用这种灯取代白炽灯。随着小功率新光源的普及，也可将其引入教室照明中。

（2）灯具　从使用的灯具看，白炽灯灯具大部分采用搪瓷铁伞罩、平盘式或碗式乳白玻璃罩，有的甚至就用裸灯泡。这样做就会产生严重眩光，对视觉影响很大，不能满足统一眩光值要求，应加以处理，如果采用图2.3-26（*a*）所示的环形漫射罩，不仅有足够的遮光角，而且灯具表面亮度低，完全能满足防止直接眩光的要求。

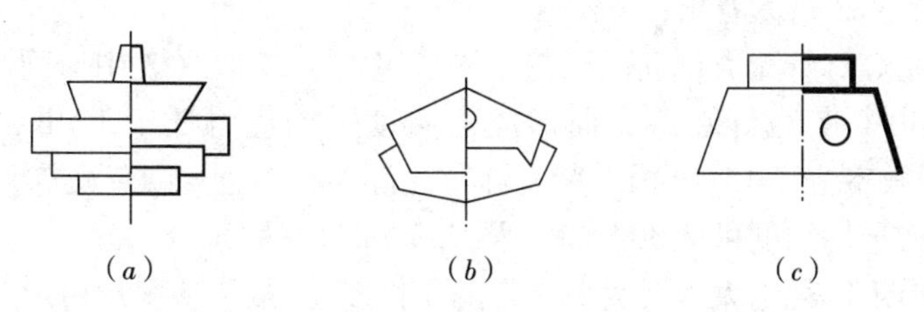

图2.3-26　几种简易可行的灯具

（*a*）环形漫射罩；（*b*）格栅漫射罩；（*c*）简式荧光灯具（YG2-2）

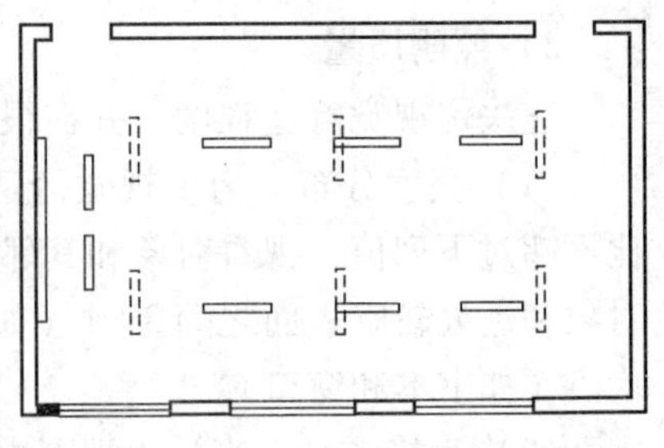

图 2.3－27　教室照明改造前、后的灯具布置

▭ 改造前的位置　▭ 改造后的位置

目前教室内多采用裸荧光灯管，40W 简式木底板荧光灯（YGl－1）或简式荧光灯（YG2－2）。虽然荧光灯的表面亮度低，但仍存在着一定程度的眩光。为进一步消除眩光和控光，应采用有一定遮光角的灯具。例如，现采用适合于教室用的灯具，它的最大发光强度位于与垂线成 30° 的方向上，并具有相当大的遮光角，如 BYGG4－1 蝙蝠翼配光灯具，就能大大降低阅读时出现的光幕反射现象。表 2.3－22 列出一教室照明改造前（6 支 YGl－1 型灯具，挂高 2.0m）、后（6 支 BYGG4－1 型蝙蝠翼配光灯具，挂高 1.8m；在黑板前挂有 BYGG4－1 型黑板照明灯具）的各项实测指标的比较。可以看出：使用 BYGG4－1 型灯具显著提高了课桌面照度和照度均匀度。但由于安装灯具数不足，故课桌面平均照度值未达到标准要求。如果增加到 8 支，将使均匀度得到进一步改善（见图 2.3－27）。

教室改造前后各项指标比较　　**表 2.3－22**

照明状况	课桌面照度（lx）			照度均匀度	照明功率密度
	最　高	最　低	平　均	(E_{min}/E_{av})	(W/m^2)
改造前	105	54	83	0.65	4.9
改造后	160	51	119	0.68	6.5

（3）灯具布置对室内照度的影响　灯具的间距、悬挂高度应按采用的灯具类型而定，它影响到室内照度、均匀度、眩光程度。表 2.3－23 为教室（9.0m×6.0m×3.6m）在不同照明方案下的照度现场实测结果比较。

不同照明方案现场实测结果比较　　**表 2.3－23**

光源种类与安装功率（W）	灯具类型	布置方式	课桌面照度（lx）				黑板照度（lx）				挂高
			最高	最低	平均	均匀度	最高	最低	平均	均匀度	（m）
荧光灯 40×6	盒式	纵	205	120	161	0.75	135	100	119	0.84	1.7
荧光灯 40×6	控照	纵	242	125	176	0.71	140	102	120	0.85	1.7
荧光灯 40×6	盒式	横	205	120	162	0.74	210	140	166	0.84	1.9
荧光灯 40×6	控照	横	238	125	173	0.72	160	115	139	0.82	1.9
荧光灯 40×6	控照	纵	225	125	173	0.72	140	110	121	0.91	1.9
白炽灯 150×4	磨砂		180	105	140	0.75	172	119	136	0.88	1.7

从表 2.3－23 可以看出：

①当荧光灯灯管光通量衰减到初始光通量的 70% 时（表中所列数值的 70% 以上），6×40W 荧光灯在课桌面形成的照度平均值将低于 150lx，故 9.0m×6.0m 的常规教室应设 13 支 40W 荧光灯（光源为冷白色直管荧光灯），在课桌面上形成的维持平均照度可达 300lx，见图 2.3－28；

②采用白炽灯耗电太多（为荧光灯的 4 倍多），故不应采用白炽灯照明；

③不同灯具对室内照度和均匀度均有影响，特别对照明质量影响更大；

④悬挂高度的增加可使照度更均匀，主要是增加了墙角处的低照度，降低了

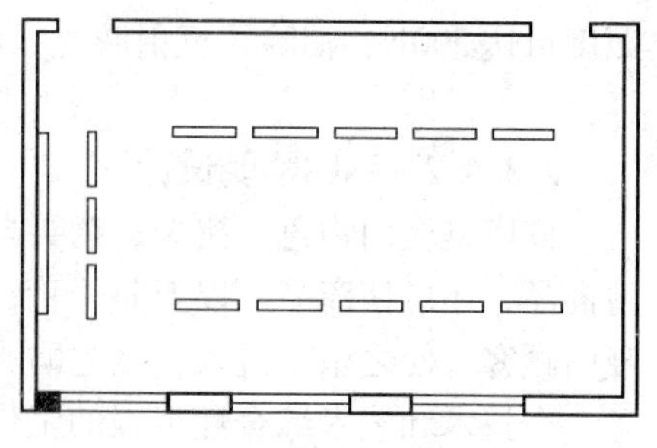
图 2.3－28　教室照明（300lx）

灯下的高照度（表中由于灯的挂高变化小，故所列数值变化不显著）；

⑤灯具方向对照度和均匀度的影响较小，主要影响照明质量。标准建议将灯管长轴垂直于黑板布置。这样布置引起的直接眩光较小，而且光线方向与窗口一致，避免产生手的阴影。但这样布灯，有较多的光通量射向玻璃窗，光损失较多，故从降低眩光、控制配光的要求来看，荧光灯也以配上灯罩为宜。

如条件不允许纵向布灯，则可采用横向布置的不对称配光灯具（图 2.3－29）。这样，光线从学生背后射向工作面，可完全防止直接眩光。但要注意学生身体对光线的遮挡和灯具对教师引起的眩光。

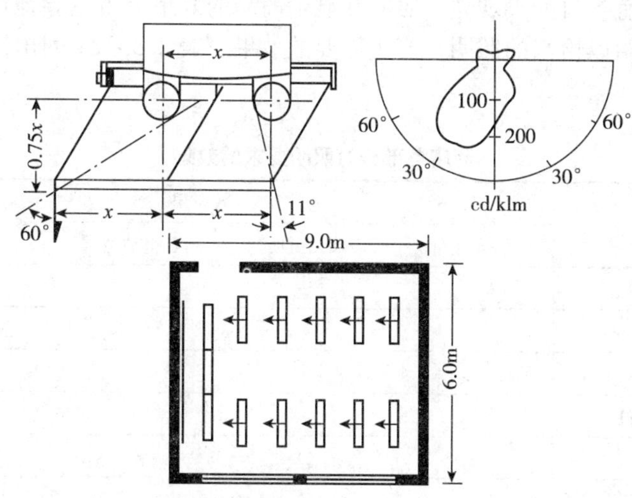

图 2.3－29　不对称配光灯具

（4）黑板照明　黑板应有充足的垂直照度，照度分布均匀，灯具反射形象不出现或不射入学生眼中，灯具不对教师形成直接眩光。相关标准规定教室黑板应设专用的局部照明灯具，这是由于放在顶棚上的一般照明灯具，对黑板产生的照度不能满足要求。黑板照明灯具的位置可参考图 2.3－30 所列尺寸。这时灯具最大发光强度应对准黑板的中间部分。

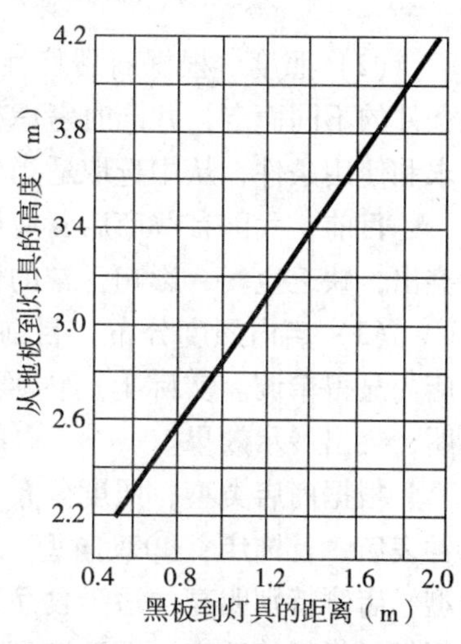

图 2.3－30　黑板照明灯具位置

对市场上的 BYGG5－I 型黑板照明灯具的现场实测表明：在磨砂玻璃黑板前 1m，离黑板上沿 0.5m 处安装三只 40W 的 BYGG5－1 型灯具，光源为冷白色（RL）直管荧光灯，黑板上维持平均照度可达500lx，消除了反射眩光，没有直接眩光，效果是明显的。

2.3.4.2 商店照明设计

商店是人们物色、挑选、购买自己所需物品的场所。其照明不仅使顾客能看清商品，还应使商品、以至整个商店更加光彩夺目、富于魅力，显出商店特色，吸引顾客，使之乐于进入，激起购买欲望，达到销售商品的目的。商店照明设计是一个技术和艺术综合性很强的工作。

商店照明设计要注意到：顾客对象，周围环境；空间构成，商品构成，陈列布局；商店性质，内部装修；商店形象，整体气氛；照明与建筑、内装修、家具等相呼应；照明方式和所选用的灯具；降低运行费用，维护简便，易于操作。

1）商店照明设计需要考虑的几个问题

（1）照明效果　从店前经过的行人都是可能的顾客，应设法使他们停下来，并吸引他们进入商店，直至购买商品。这就要求从铺面到店内，从单个商品直至整个商店都具有各自的表现力。照明在显示商品的效果上占主导地位，它应按商店不同部位，给以恰当的照明，产生需要的效果。表2.3－24列出商店各部位要求的照明效果。

商店各部分对照明要求的效果　　**表2.3－24**

部　位	效　果			
	引人注目	展品鲜明	看得清楚	整体效果
外立面、外观	*			*
铺　面	○	*	○	○
橱　窗	○	*		○
店内核心部位		*	○	
店内一般部位		○	*	○
综　合		○		*

注：*——主要效果；○——需要考虑的效果。

（2）照度　根据商品特性、顾客对象、商店所处地区、规模、经营方针等条件的不同而定，并同时考虑投资和节电效果。设计时应根据建筑等级、功能要求和使用条件，从中选取适当的标准值（见表2.3－14）。

目前，我国有些商店营业厅内照度偏低，特别是货架上照度低，商品展示不突出，缺乏生气，影响正常的营业活动。

（3）店内照度分布　目前大多数商店都采用一般照明，平均分布照度，使店内显得单调。实际上店内照度不应该一样，应有一定变化，加强对商品的照明，突出展示效果。

根据商店类型，照度分布可分为三种形式：①单向型，展柜特别亮，适用于钟表店、首饰店；②双向型，店内深处及其正面特别亮，适于服装店；③中央型，店侧特别明亮，适于食品店。另外为了提高商品的展示效果，应特别注意陈列柜、货架等垂直面照度应高于水平面照度。

（4）照明方式　商店照明方式大致有三种，将它们有机地组合起来，能发挥很好的效果。

①基本照明　是使店内整体或各部位获得基本亮度的照明。一般是将灯具均匀地分布在整个顶棚上，使营业厅获得均匀照度。

②重点照明　是把主要商品或主要部位作为重点，加以效果性照明，以加强感染力。它应与基本照明相配合，根据商品特点，选择适当的光源和灯具，以完美地显示商品的立体感、颜色和质地。现今常用导轨式小型投光灯，根据商品布置情况，选择适当位置将光线投射到重点展品上。

③装饰照明　是为创造气氛而设置。是以灯具自身的造型、富丽堂皇的光泽、或以灯具的整体布置来达到装饰效果。例如采用丰富多彩的吊灯或组合成一定图案的吸顶灯。

（5）顾客与照明　可以说商店是为顾客而存在的。因此，必须采用与顾客生活感觉相适应的照明手法。商店一般是把明亮的整体照明、点光源作重点照明和局部设装饰照明结合起来考虑。但由于顾客的年龄和性别的不同，对照明的喜爱也有所不同。妇女一般喜欢柔和的间接照明和适当的闪烁光相结合，可用荧光灯和华丽的吊灯，创造出柔和、华丽、优雅的环境。男士多喜欢方向性强的投光灯作重点照明。老年人则要求更高的照度、更明亮的环境，这就要求更高的整体照明。年轻人偏爱较大的明暗对比。总之，要视商店的主要服务对象来考虑照明设计。

（6）照明的表现效果　利用灯光效果可使商品更具有魅力，又能使顾客对商店产生相应的好印象。这些效果可从以下几方面来考虑：

①光色　因为照度标准值均小于或等于500lx，所以采用低色温光源，会产生安静的气氛；采用中等色温光源可获得明朗开阔的气氛；采用高色温光源则形成凉爽活泼的气氛。也可采用不同光源的混光达到很好的效果。

②显色性　由于光源发射的光谱组成不同，使商品颜色产生不同效果。要实地表现商品原有颜色，可采用高显色指数的光源；也可利用光源强烈发出某一波长的光，鲜明地强调商品特定颜色，产生特殊效果，如肉类、鲜鱼、苹果等，用红色成分多的光源照射，就显得更加新鲜；但如果用单色光源，会过分强调某一色调，效果也不好。

③立体感　商店内不少商品都具有三维性质，照明应考虑有一定的投射角和适当的阴影分布，使物件轮廓清晰，立体感强。如商品表面照度均匀，光线从接近垂直的角度投射到商品上，商品将显得平淡无味，减弱了吸引力。故需有适当的明暗变化。

另一个影响立体感的因素是光的投射方向。因为人们习惯于天然光的照射形象，所以光线从斜上方射来就可获得较满意的效果。

此外，不同方向的光投射到玻璃和陶瓷用品上会产生不同效果。从上面照射可得完整的自然感觉；从下面照射，则有轻、飘的感觉，用这种特异的气氛也可获得引人注目的效果；横向照射，则强调立体感和表面光泽；从背面照射，强调透明度和轮廓美，但表面颜色和底部显得不够明亮。

2）商店各部分的照明方法

（1）橱窗照明　是吸引过路行人注意力的重要部位，是店内商品和过路行人间的联系纽带。要给顾客留下美好、持久、整洁的印象，使行人停下来，再用明亮、愉快的室内环境把他们吸引到店里来。为达到此目的，橱窗照明首先应保证足够的亮度，一般是店内照度的2～4倍。这里要特别注意垂直面照度，使人们能正确地鉴赏陈列品。加上强烈的对比、立体感、强光等以提高展出效果。另外需注意良好的照明色调，保证正确的辨色。

橱窗内展品是变化的，照明应适应这一情况。照明功能一般由四部分完成：基本照明、投光照明、辅助照明、彩色照明等。将它们有机地组合起来，达到既有很好的展出效果，又节约用电。

①基本照明　常采用荧光灯格栅顶棚作橱窗的整体均匀照明。每平方米放置2.5～3支40W荧光灯，大致可形成1000～1500lx的基本照明。

②投光照明　用投光灯的强光束提高商品的亮度来强调它，并能有效地表现商品的光泽感和立体感，以突出其地位。

当橱窗中陈列许多单个的不同展品时，也可只使用投光灯，分别照亮各个展品；而利用投光灯的外泄光来形成一般照明，也可获得动人的效果。

③辅助照明　是为了创造更富于戏剧性的展出效果，增加橱窗的吸引力。利用灯的位置（靠近展品或靠近背景），就会产生突出展品的质感，或使之消失的不同效果。利用背景照明，将暗色商品轮廓在亮背景上清晰地突出来，往往比直接照射的效果更好。紧凑型荧光灯能很方便地隐藏在展品中起辅助照明作用。

④彩色照明　是用来达到特定的展出效果。例如利用适当的颜色照射背景，可使展品得到更显眼的色对比。

对那些经常更换陈列品的橱窗（如大型百货公司的橱窗）最好能同时装设几种照明形式，根据陈列品的特点，开启不同的灯，以达到要求的效果。图2.3－31为具有多种照明形式的橱窗灯具布置。

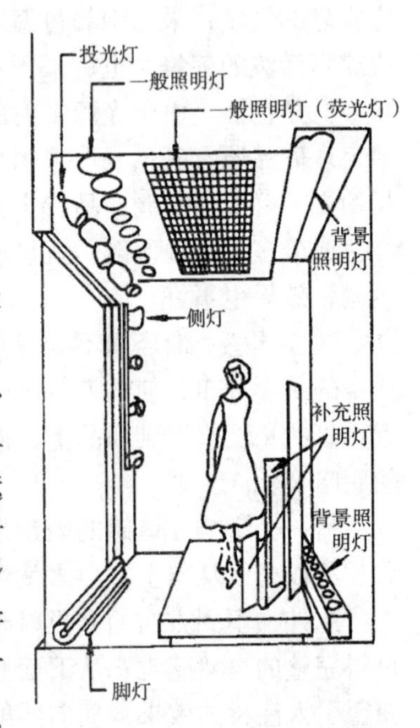

图2.3－31　橱窗灯具布置举例

由于橱窗内要求达到相当高的照度，就可能产生大量热量，所以应注意加强通风，设置排风扇。

白天，橱窗仍具有很大的宣传价值。但橱窗外的物件，如行人、车辆因处于开敞的露天，常常具有相当高的亮度，在橱窗玻璃上形成二次反射，遮盖了展出的商品，影响效果。据实测，在阳光照射下，这些物件在橱窗玻璃上的反射亮度可达350cd/m²。为了抵消它，就要求展品具有更高的亮度。所以白天往往需要比晚上更高的照度。在条件许可时，可将橱窗玻璃做成图2.3－32那样倾斜或弯曲，它有助于消除橱窗玻璃上的反射眩光。

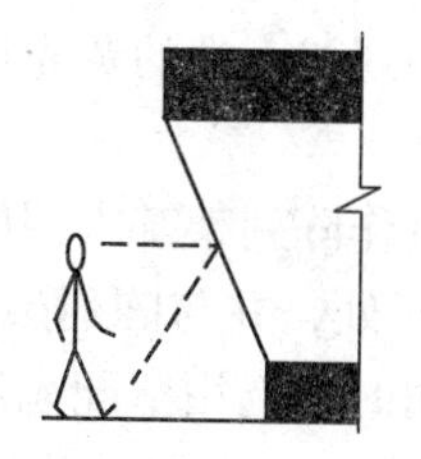
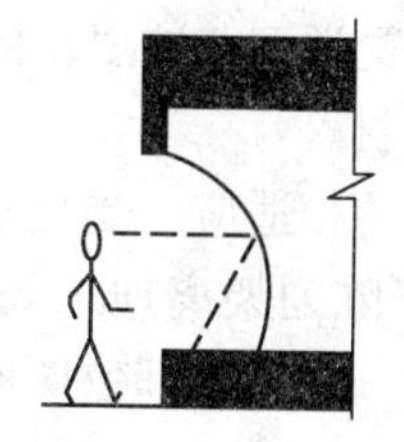
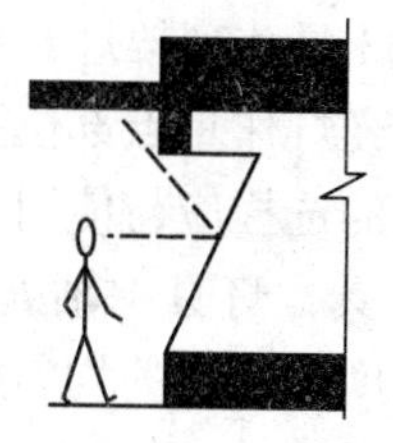

图2.3－32　消除白天橱窗玻璃上出现反射眩光的办法

有人认为可以利用橱窗玻璃的这种反射形象来丰富展出效果，而且随着太阳和天空光的变化，橱窗玻璃上的反射形象也在不断变化，使静止的展品获得动感。然而这些效果的获得与否，关键在于正确处理橱窗内展品亮度和反射形象，以及展品设计和反射形象间的协调，否则很难达到预期效果。

（2）铺面照明　它和橱窗一样是路过行人（潜在的顾客）首先看到的部位，是引导顾客进入店内的关键部位。它应表现整个商店的特征，创造出一种明快的气氛。

铺面一般采用荧光灯作光源。在层高较高的铺面，可根据具体情况选用高强度气体放电灯，以其独特的光色来创造与其他商店完全不同的印象。

白天有天然光，铺面可不用电光源照明，但商店招牌或其他广告设施必须不分昼夜地处于显眼状况。

（3）店内整体照明　为了确保吸引顾客，便于物色、挑选、购买商品，都需要良好的店内照明。

一般来说，接待顾客部位要暗些，销售商品部位要亮些，适当的明暗组合，形成起伏的效果，使店内显得生气蓬勃。

店内基本照明灯一般是安置在顶棚上。在商店内，四周一般有货架，故顶棚面特别引人注目，必须注意灯具的美观效果。顶棚宜做成浅色，并使灯具发出的光线有一部分射到顶棚上，使顶棚明亮，使整个店堂显得明亮。枝形吊灯以本身的美丽装饰、光彩夺目，美化室内空间。乳白色球状灯具组合起来，也可获得装饰效果，而且明亮的暴露部分也能加强明亮感，但必须控制其亮度（限制灯泡功率），避免形成眩光。吸顶灯和暗灯要注意效率和配光，不使顶棚显得过于暗，这时地面光反射比大小对增加顶棚亮度起很大作用。

（4）陈列架照明　应比店内基本照明更明亮些，才能起到向顾客介绍商品的作用。它的位置应让货架上下都得到充足而均匀的照度。由于地面上1.2m处是最容易拿到商品的位置，也是眼睛最容易注视的高度，故应是照射的中

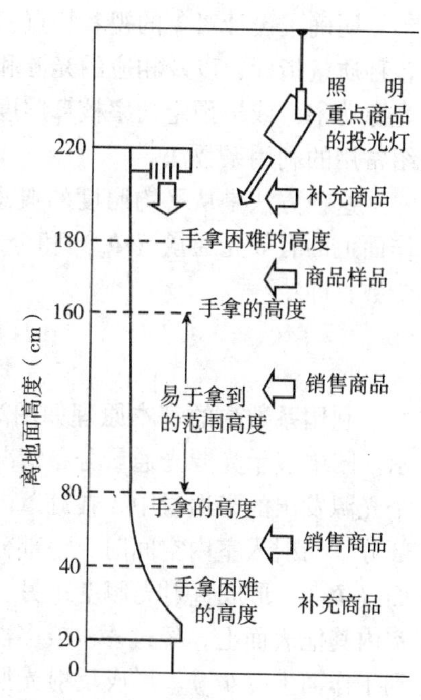

图2.3－33　陈列架灯具布置

心。图2.3-33是陈列架灯具布置举例，这里以陈列架上端的荧光灯作陈列架的一般照明，投光灯作重点部位照明。

灯具配光的选择应与使用目的相适应。当灯具作陈列架基本照明时，应选用宽配光投光灯具，灯具中轴处于陈列架离地1.2m处，并与陈列架成35°角，这样易获得高照度和适当的均匀度。作重点部位照明时，选用窄配光灯具，且光轴应对准照射对象。

展出鞋、提包、陶瓷等光反射比较小的商品的陈列架，宜采用荧光灯作背光或侧光照明，加上投光灯照射商品的主要部位，这样既能强调其立体感，又能增强其质感和光泽，以提高吸引力；同时，还比单纯用投光灯时节省电能。

对于整个陈列架而言，并不是所有部位都陈列重要商品，一般只有局部作重点陈列，多数作流动库存空间。这时可用荧光灯作均匀照明，以求得商品的充实感；而以点式投光灯强调重要陈列品，切忌成排使用投光灯导致重点过多，反而失去突出的作用。

(5) 柜台照明　钟表、宝石、照相机等高档商品是以柜台销售为主。原则上灯具应设在柜内，但不能让顾客看到灯具。柜内照度应比店内一般照明的照度高，才能吸引顾客的注意力。

为了加强商品的光泽感，也可利用顶棚上的投光灯和吊灯，但应注意灯具位置，不使灯具的反射光正好射向顾客眼睛。一般将它放在柜台上方靠外侧，这样，不但可防止在顾客处形成反射眩光，而且易于在商品上得到较高照度。

2.3.5　照明计算

明确了设计对象的视看特点，选择了合适的照明方式，确定了需要的照度和各种质量指标，以及相应的光源和灯具之后，就可以进行照明计算，求出需要的光源功率，或按预定功率核算照度是否达到要求。照明计算方法很多，这里仅介绍常用的利用系数法。

这种方法是从平均照度的概念出发，利用系数 C_u 就等于光源实际投射到工作面上的有效光通量（Φ_u）和全部灯的额定光通量（$N\Phi$）之比，这里 N 为灯的个数，即：

$$C_u = \frac{\Phi_u}{N\Phi} \tag{2.3-3}$$

利用系数法的基本原理如图2.3-34所示。图中表示光源光通量分布情况。从某一个光源发出的光通量中，在灯罩内损失了一部分，当射入室内空间时，一部分直达工作面（Φ_d），形成直射光照度；另一部分射到室内其他表面上，经过一次或多次反射才射到工作面上（Φ_ρ），形成反射光照度。光源实际投射到工作面上的有效光通量

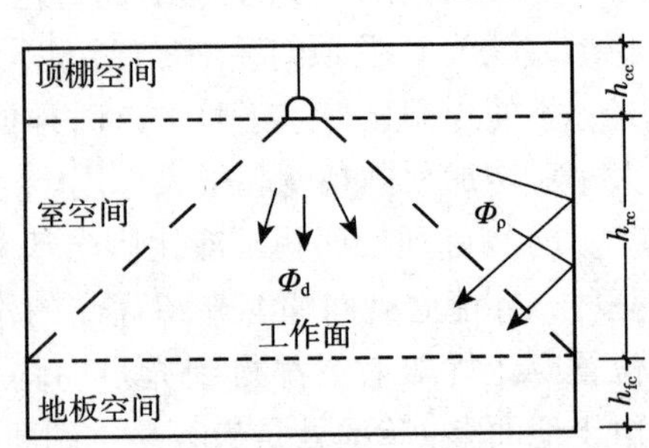

图2.3-34　室内光通量分布

（Φ_u）为：

$$\Phi_u = \Phi_d + \Phi_\rho$$

很明显，Φ_u愈大，表示光源发出的光通量被利用的愈多，利用系数 C_u值越大。

根据上面分析可见，C_u值的大小与下列因素有关：

（1）灯具类型和照明方式　射到工作面上的光通量中，Φ_d是无损耗的到达，故 Φ_d愈大，C_u值愈高。单从光的利用率讲，直接型灯具较其他型灯具有利。

（2）灯具效率 η　光源发出的光通量，只有一部分射出灯具，灯具效率越高，工作面上获得的光通量越多。

（3）房间尺寸　工作面与房间其他表面相比的比值越大，接受直接光通量的机会就越多，利用系数就大，这里用室空间比（RCR）来表征这一特性：

$$RCR = \frac{5h_{rc}\ (l+b)}{lb} \tag{2.3-4}$$

式中　h_{rc}——灯具至工作面高度，m；

l、b——房间的长和宽，m。

从图 2.3-35 可看出：同一灯具，放在不同尺度的房间内，Φ_d就不同。在宽而矮的房间中，Φ_d就大。

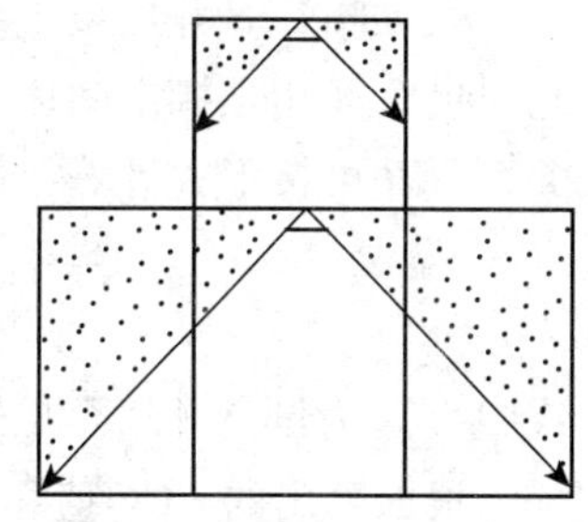

图 2.3-35　房间尺度与 Φ_d 的关系

（4）室内顶棚、墙面、地板、设备的光反射比　光反射比愈高，反射光照度增加得愈多。

只要知道灯具的利用系数和光源发出的光通量，我们就可以通过下式算出房间内工作面上的平均照度：

$$E = \frac{\Phi_u}{lb} = \frac{NC_u\Phi}{lb} = \frac{NC_u\Phi}{A}$$

如需要知道达到某一照度要求安装多大功率的灯泡（即发出光通量）时，则可将上式改写为：

$$\Phi = \frac{AE}{NC_u}$$

由于照明设施在使用过程中要受到污染，光源要衰减等，因此照度下降，故在照明设计时，应将初始照度提高，即将照度标准值除以表 2.3-25 所列维护系数 K。

因此利用系数法的照明计算式为：

$$\Phi = \frac{AE}{NC_uK} \tag{2.3-5}$$

式中　Φ——一个灯具内灯的总额定光通量，lm；

E——照明标准规定的平均照度值，lx；

A——工作面面积，m^2；

N——灯具个数；

C_u——利用系数（见附录Ⅱ）；

K——维护系数（见表 2.3-25）。

维护系数 *K* 值 表 2.3－25

环境污染特征		房间或场所举例	灯具最少擦拭次数（次/年）	*K* 值
室内	清洁	卧室、办公室、餐厅、阅览室、教室、病房、客房、仪器仪表装配间、电子元器件装配间、检验室等	2	0.80
	一般	商店营业厅、候车室、影剧院、机械加工车间、机械装配车间、体育馆等	2	0.70
	污染严重	厨房、锻工车间、铸工车间、水泥车间等	3	0.60
室外		雨篷、站台	2	0.65

灯具的利用系数值参见附录Ⅱ，利用系数表中的 ρ_w 系指室空间内的墙表面平均光反射比。计算方法与采光计算中求平均光反射比的加权平均法相同，只是这里不考虑顶棚和地面。

ρ_{cc} 系指灯具开口以上空间（即顶棚空间）的总反射能力，它与顶棚空间的几何尺寸（用顶棚空间比 *CCR* 来表示）以及顶棚空间中的墙、顶棚光反射比有关，*CCR* 可按下式计算：

$$CCR=\frac{5h_{cc}(l+b)}{lb} \tag{2.3-6}$$

式中 h_{cc} 为灯具开口至顶棚的高度，m。

根据算出的 *CCR* 值和顶棚空间内顶棚和墙面光反射比（分别为 ρ_c，ρ_w），可从图 2.3－36 中查出顶棚的有效光反射比 ρ_{cc}。如果采用吸顶灯，由于灯具的发光面几乎与顶棚表面平齐，故有效顶棚光反射比值就等于顶棚的光反射比值或顶棚的平均光反射比值（当顶棚由几种材料组成时）。

【例 2.3－2】 一教室尺寸为 9.6m×6.6m×3.6m（净高），一侧墙开有三扇尺寸为 3.0m×2.4m 的窗，窗台高 0.8m，试求照明所需的照明功率密度值，并

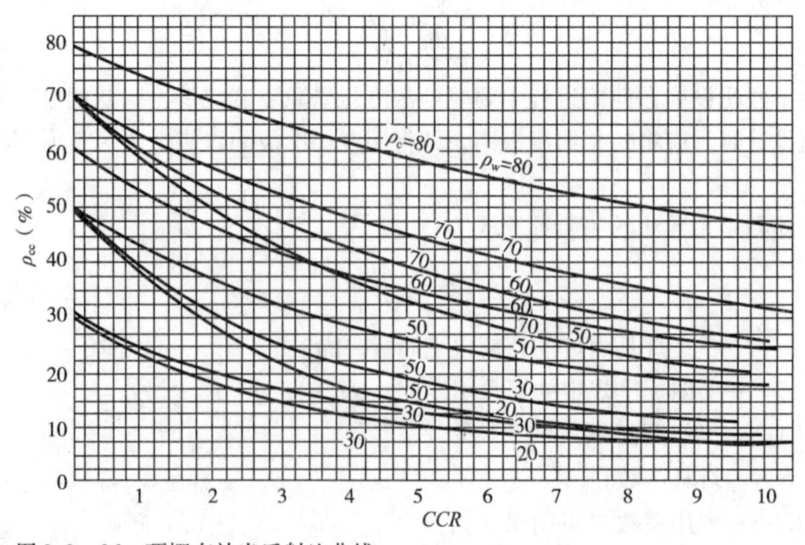

图 2.3－36 顶棚有效光反射比曲线

绘出灯具布置图。

【解】(1) 确定照度 从表2.3-14查出教室课桌面上的照度平均值为300lx。

(2) 确定光源 宜用荧光灯，现选用40W冷白色（RL）光色荧光灯。

(3) 确定灯具 选用效率高、具有一定遮光角、光幕反射较少的蝙蝠翼形配光的直接型灯具BYGG4-1（见附录Ⅱ），额定光通量为2650lm。吊在离顶棚0.5m处，由附录Ⅱ查出其距高比应小于1.6（垂直灯管）或小于1.2（顺灯管）。

(4) 确定室内表面光反射比 由表2.2-4取：顶棚—0.7，墙—0.5，地面—0.2。

(5) 求 RCR 值 已知灯具开口离顶棚0.5m，桌面离地0.8m。按式（2.3-4）计算得：

$$RCR=\frac{5\times2.3\times(9.6+6.6)}{9.6\times6.6}\approx2.94\approx3$$

(6) 求室空间和有效顶棚空间的平均光反射比

①室空间的光反射比 设窗口的光反射比为0.15，根据式（2.2-7）计算：

$$\bar{\rho}=\frac{[2\times(9.6+6.6)\times2.3-(3\times3.0\times2.3)]\times0.5+(3\times3.0\times2.3)\times0.15}{2\times(9.6+6.6)\times2.3}$$

$$\approx0.40$$

②有效顶棚光反射比 已知顶棚和墙的光反射比分别为0.7和0.5。

$$CCR=\frac{5\times0.5\times(9.6+6.6)}{9.6\times6.6}\approx0.64$$

从图2.3-36查出 $\rho_{cc}=0.62$。

(7) 查 C_u 根据 RCR，$\rho_w=\bar{\rho}=0.40$，$\rho_{cc}=0.62$，依附录Ⅱ用插入法得出 $C_u=0.604$。

(8) 确定 K 值 由表2.3-25查出 $K=0.8$。

(9) 求需要的灯具数 从式（2.3-5）知：

$$N=\frac{300\times9.6\times6.6}{2650\times0.604\times0.8}\approx14.8\approx15\text{（盏）}$$

(10) 布置灯 根据附录Ⅱ，查出BYGG4-1型灯具的距高比得出允许的最大灯距为 $1.6\times2.3=3.68$m（垂直灯管）；$1.2\times2.3=2.76$m（顺灯管中—中），参考上述灯距，布置如图2.3-37。

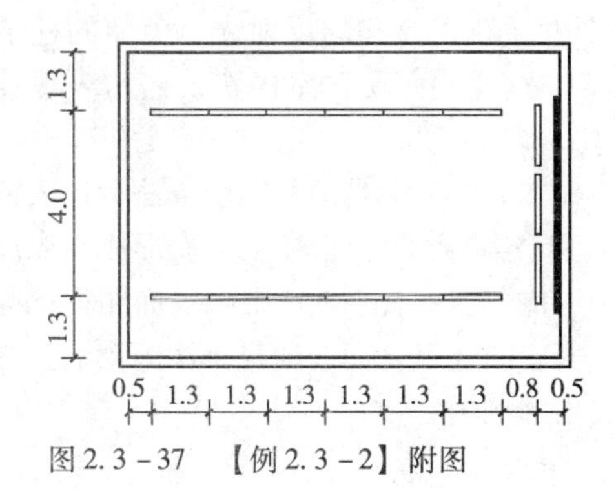

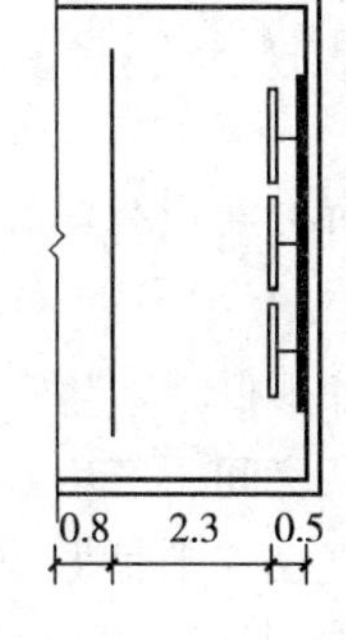

图2.3-37 【例2.3-2】附图

按图2.3－37布置的距高比基本符合要求，由于靠黑板处没有课桌，不需照明；而黑板需加强黑板照明，故用三盏灯放在黑板前，并向黑板倾斜，以便使黑板上照度均匀，如有可能，最好能采用专门的黑板照明灯具，则效果更佳。

当荧光灯配套的电子镇流器功耗为4W时，该教室的照明功率密度（单位面积上光源、镇流器或变压器的照明安装功率）为：

$$LPD=\frac{(40+4)\times 15}{9.6\times 6.6}=10.4<11\ (\mathrm{W/m^2})$$

LPD 小于表2.3－34学校建筑中教室照明功率密度现行值 $11\mathrm{W/m^2}$ 的规定，因此该教室照明设计是可行的。

2.3.6 室内环境照明设计

上一节介绍了照明设计应满足生产、生活要求，主要是功能方面的要求。但是，在建筑物内外，灯具不仅是一种技术装备，它还起一定的装饰作用。这种作用不仅通过灯具本身的造型和装饰表现出来，而且在一些艺术要求高的建筑物内、外，还与建筑物的装修和构造处理有机地结合起来，利用不同的光分布和构图，形成特有的艺术气氛，以满足建筑物的艺术要求。这种与建筑本身有密切联系并突出艺术效果的照明设计，称为"环境照明设计"。本节主要讲述室内环境照明设计，对于室外照明仅作简要介绍。

2.3.6.1 室内环境照明对视觉的影响

处理室内环境照明时，必须充分估计到光的表现能力。要结合建筑物的使用要求、建筑空间尺度及结构形式等实际条件，对光的分布、光的明暗构图、装修的颜色和质量作出统一的规划，使之达到预期的艺术效果，并形成舒适宜人的光环境。

图2.3－38（*a*）、（*b*）是一座教堂照明改装前、后的效果，（*a*）是照明改装前的情况。灯具是孤立地设置，各个灯具发出的光"自由"地分布到各处，将柱子分成明、暗不同的几段，使人感觉不到是一根完整的柱子。美丽的顶棚，在明亮的灯具对比下，显得很暗，显不出它的装饰效果。图2.3－38（*b*）是经过照明改造后的情况。用柱头上的反光檐照亮顶棚，不但充分展现了美丽的顶棚装饰物，而且使整个大厅获得柔和的反射光，美丽的柱子也得到充分而完整的表现，气氛完全改变。这说明照明对室内建筑艺术表现具有很大的影响。

照明还可创造出各种气氛，如图2.3－39是两种照明方法，使人们产生完全不同的感觉：图（*a*）是利用顶棚灯定向照明，它在水平面形成高照度，但顶棚和墙的亮度却很低，产生夜间神秘的气氛；图（*b*）则将墙面照得很亮，利用它的反射光照亮房间，产生开敞、安宁的气氛。而迪斯科舞厅闪动的灯光，形成热烈、活跃的气氛，则是另一类突出的例子。

(a)

(b)

图2.3－38　照明对室内建筑艺术表现的影响

(a)

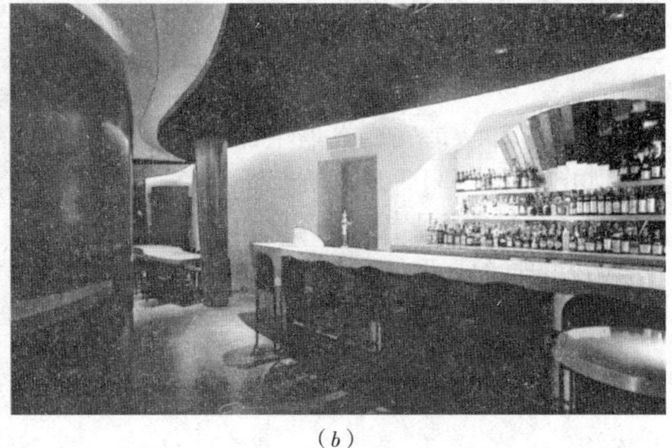

(b)

图2.3－39　照明形成不同气氛

2.3.6.2　室内环境照明处理方法

为了便于理解和应用，下面分三种类型介绍：

1）以灯具的艺术装饰为主的处理方法

(1) 吊灯　将灯具进行艺术处理，使之具有各种形式以满足人们对美的要求。这种灯具样式和布置方式很多，最常见的是吊灯，图2.3－40所示就是几种吊灯的形式。多数吊灯是由几个单灯组合而成，又对灯架作艺术处理，故其尺度较大，适用于层高较高的厅堂。在层高低的房间里，常采用其他灯具，如暗灯。

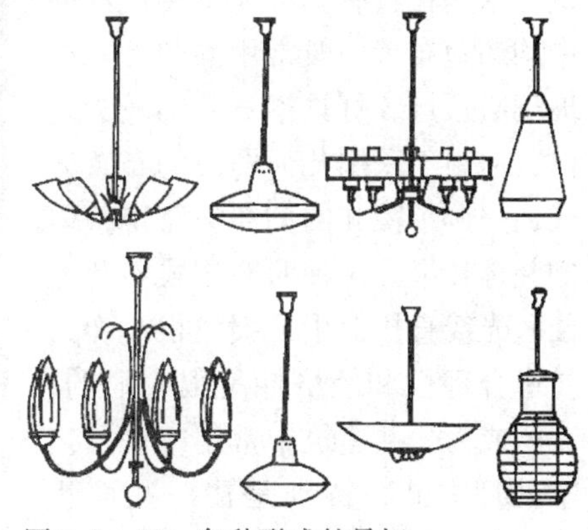

图2.3－40　各种形式的吊灯

(2) 暗灯和吸顶灯　它是将灯具放在

顶棚里（称为暗灯，见图 2.3－16（c））或紧贴在顶棚上（称吸顶灯，见图 2.3－12）。顶棚上做一些线脚和装饰处理，与灯具相互配合，构成各种图案，可形成装饰性很强的照明环境。图 2.3－41 为北京人民大会堂宴会厅的照明形式。这里将吸顶灯组成图案，并和顶棚上的建筑装修结合在一起，形成一个非常美观的整体。

图 2.3－41　人民大会堂宴会厅照明

资料来源：人民大会堂管理局

由于暗灯的开口处于顶棚平面，直射光无法射到顶棚，故顶棚较暗。而吸顶灯由于突出于顶棚，部分光通量直接射向它，增加了顶棚亮度，减弱了灯和顶棚间的亮度差，有利于协调整个房间的亮度对比。

图 2.3－42　壁灯照明实例

（3）壁灯　是安装在墙上的灯（如图 2.3－42），用来提高部分墙面亮度，主要是本身的亮度和灯具附近表面的亮度，在墙上形成亮斑，以打破一大片墙的单调气氛，对室内照度的增加不起什么作用，常用在一大片平坦的墙面上。也用于镜子的两侧或上面，既照亮人又防止反射眩光。

2）用多个简单而风格统一的灯具排列成有规律的图案，通过灯具和建筑的有机配合取得装饰效果

图 2.3－43 为某大厅照明实例。这是在具有民族风格的浅藻井中均匀地布置一般常用的圆形乳白玻璃吸顶灯，灯具本身装饰较为简洁，但由于采用几何图案的布置方式，强调了藻井的韵律，获得整体的装饰效果。这种照明方式安装方便，光线直接射出，损失很小，其技术合理性和经济性是很明显的，现已成为公共建筑中常用的一种艺术处理方式，特别是在一些面积大、高度小的空间里，效果很好。

图 2.3－43　某大厅照明实例

3）“建筑化”大面积照明艺术处理

是将光源隐蔽在建筑构件之中，并和建筑构件（顶棚、墙、梁、柱等）或家具合成一体的一种照明形式。可分为两大类：一类是透光的发光顶棚、光梁、光带等；另一类是反光的光檐、光龛、反光假梁等。它们的共同特点是：

（1）发光体不再是分散的点光源，而扩大为发光带或发光面，因此能在保持发光表面亮度较低的条件下，使室内获得较高的照度；

（2）光线扩散性极好，整个空间照度十分均匀，光线柔和，阴影浅淡，甚至完全没有阴影；

（3）消除了直接眩光，大大减弱了反射眩光。

下面分别进行介绍：

（1）发光顶棚　是由天窗发展而来。为了保持稳定的照明条件，模仿天然采光的效果，在玻璃吊顶至天窗间的夹层里装灯，便构成发光顶棚。图2.3－44为常见的一种与采光窗合用的发光顶棚。

发光顶棚的构造有两种，一种是把灯直接安装在平整的楼板下表面，然后用钢框架做成吊顶棚的骨架，再铺上某种扩散透光材料，如图2.3－45（*a*）所示。为了提高光效，也可以使用反光罩，使光线更集中地投到发光顶棚的透光面上，如图2.3－45（*b*）所示。也可把顶棚上面分为若干小空间，它既是反光罩，又兼作空调设备的送风或回风口。这样有助于有效地利用反射光。无论上述何种方案，都应满足三个基本要求，即效率要高，发光表面亮度要均匀且维修、清扫方便。

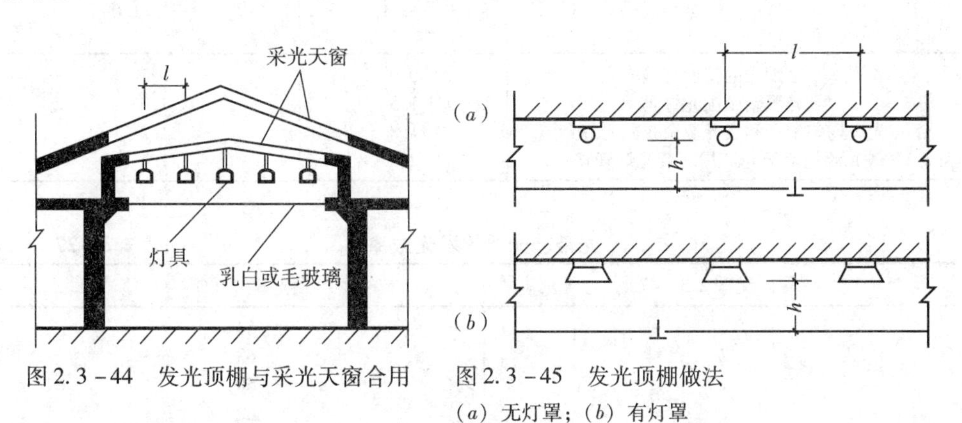

图2.3－44　发光顶棚与采光天窗合用

图2.3－45　发光顶棚做法
（*a*）无灯罩；（*b*）有灯罩

发光顶棚效率的高低，取决于透光材料的光透射比和灯具结构。下列措施可提高效率：加反光罩，使光通量全部投射到透光面上；设备层内表面（包括设备表面）保持高的光反射比，同时还要避免设备管道挡光；降低设备层层高，使灯靠近透光面。发光顶棚的效率，一般为0.5，高的可达0.8。

发光表面的亮度应均匀，亮度不均匀的发光表面严重影响美观。标准人眼能觉察出不均匀的亮度比大于1/1.4。为了不超过此界限，应使灯的间距 l 和它至顶棚表面的距离 h 之比（l/h）保持在一定范围内。适宜的 l/h 比值见表2.3－26。

发光顶棚的表面一般采用均匀透光材料，表面亮度均匀，很容易失之于单调，故需在选用材料、分格形状和尺度，甚至颜色上与房间的功能、尺度相协调，力求避免雷同和单调。图 2.3－46（*a*）为一餐厅，这里将发光顶棚用方形框架划分成小块，并将室内表面采用不同色调和质地的材料，以打破发光顶棚的单调气氛。图 2.3－46（*b*）同样为一餐厅，这里将弧形发光顶作了线条划分，在侧窗的上部顶棚采用了间接照明，这样在色调和亮度上都与发光顶棚不同，突出了使用场合的特点，也打破了单调感。

（*a*）　　（*b*）

图 2.3－46　发光顶棚实例

各种情况下适宜的 *l*/*h* 比　　**表 2.3－26**

灯具类型	$\frac{L_{max}}{L_{min}}=1.4$	$\frac{L_{max}}{L_{min}}\approx 1.0$
窄配光的镜面灯	0.9	0.7
点光源余弦配光灯具	1.5	1.0
点光源均匀配光和线光源余弦配光灯具	1.8	1.2
线光源均匀配光灯具（荧光灯管）	2.4	1.4

光带、光梁的发光效率　　**表 2.3－27**

序号（见图 2.3－47）	发光效率（%）
a	54
b	63
c	50
d	62

从表 2.3－26 中可以了解，为了使发光表面亮度均匀，就需要把灯装得很密或者离透光面远些。当室内对照度要求不高时，需要的光源数量减少，灯的间距必然加大。为了照顾透光面亮度均匀，如果抬高灯的位置，或选用小功率灯泡等，都会降低效率，在经济上是不合理的。因此这种照明方式，只适用于照度较高的情况。如每平方米只装一支 40W 白炽灯，室内照度就可达到 120lx 以上。由此可见在低照度时，使用它是不合理的，这时可采用光梁或光带。

（2）光梁和光带　将发光顶棚的宽度缩小为带状发光面，就成为光梁和光带。光带的发光表面与顶棚表面平齐（见图 2.3－47*a*、*b*），光梁则凸出于顶棚表面（见图2.3－47c、d）。它们的光学特性与发光顶棚相似。发光效率见表2.3－27。

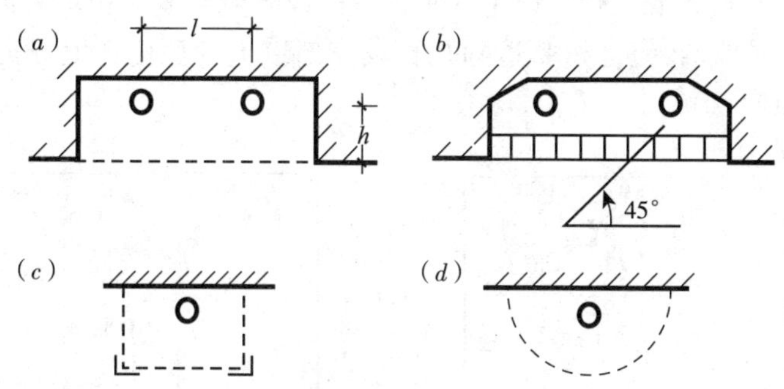

图2.3－47　光梁和光带的构造简图

(a)、(b) 光带；(c)、(d) 光梁

光带的轴线最好与外墙平行布置，并且使第一排光带尽量靠近窗口，这样人工光和天然光线方向一致，减少出现不利的阴影和不舒适眩光的机会。为了保持照度均匀，光带之间的间距应以不超过发光表面到工作面距离的1.3倍为宜。至于发光面的亮度均匀度，同发光顶棚一样，由灯的间距（l）和灯至玻璃表面的高度（h）之比值确定。白炽灯泡的l/h值约为2.5，荧光灯管为2.0。由于空间小，一般不加灯罩。

光带的缺点：由于发光面和顶棚处于同一平面，无直射光射到顶棚上，使二者的亮度相差较大。为了改善这种状况，把发光面降低，使之突出于顶棚，这就形成光梁。光梁有部分直射光射到顶棚上，降低了顶棚和灯具间的亮度对比。

发光带由于面积小、灯密，因此表面亮度容易达到均匀。从提高效率的观点来看，采取缩小光带断面高度，并将断面做成平滑曲线，反射面保持高的光反射比，以及透光面有高的光透射比等措施是有利的。

图2.3－48为一办公大厅，这里采用发光带作为大厅均匀照明，柱子与顶棚交接处是暗灯间接照明，也烘托了大厅的气氛，使之活跃起来。浅色地面的反射光使光带与顶棚间的亮度差较小，有利于整个环境的舒适感。

图2.3－48　办公大厅照明实例

（3）格片式发光顶棚　前面介绍的发光顶棚、光带和光梁，都存在表面亮度较大的问题。随着室内照度值的提高，要求按比例地增加发光面的亮度。虽然在同等照度时与点光源比较，以上几种做法的发光面亮度，相对来说还是比较低的（见图2.3－49）；但是如要达到几百勒克斯以上的照度，发光面仍有相当高的亮度，易引起眩光。

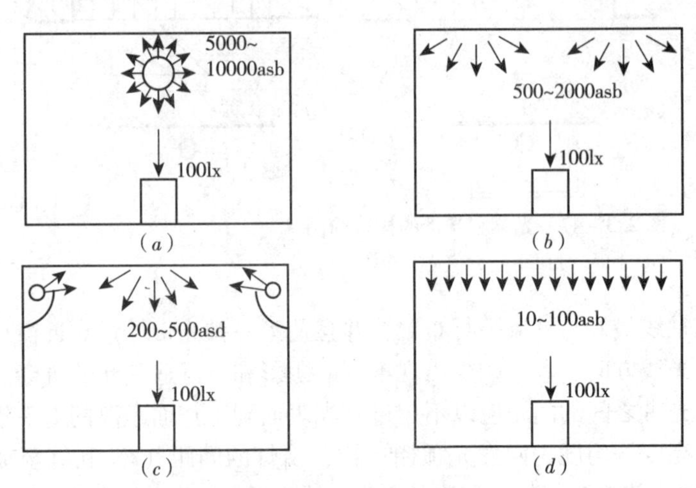

图2.3－49　几种照明形式的光源表面亮度对比
（a）乳白玻璃球形灯具；（b）扩散透光顶棚；（c）反光光檐；（d）格片式发光顶棚

为了解决这一矛盾，可以采用许多办法，其中最常用的便是格片式发光顶棚。这种发光顶棚的构造见图2.3－50，格片是用金属薄板或塑料板组成的网状结构。它的遮光角 γ，由格片的高（h'）和间隔（b）形成，这不仅影响格片式发光顶棚的透光效率（γ 愈小，透光愈多），而且影响它的配光。随着遮光角的增大，配光也由宽变窄，格片的遮光角常做成30°～45°。格片上方的光源，把一部分光直射到工作面上，另一部分则经过格片反射（不透光材料）或反射兼透射（扩散透光材料）后进入室内。因此格片顶棚除了反射光外，还有一定数量的直射光，所以，即使格片表面涂黑（表面亮度接近于零），室内仍有一定照度。它的光效率取决于遮光角 γ 和格片所用材料的光学性能。

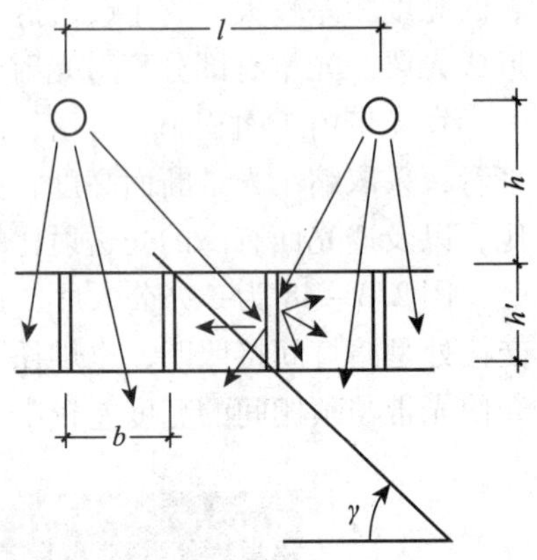

图2.3－50　格片式发光顶棚构造简图

格片顶棚除了亮度较低，并可根据不同材料和剖面形式控制表面亮度的优点外，它还有另外一些优点，例如：很容易通过调节格片与水平面的倾角，得到指向性的照度分布；直立格片比平放的发光顶棚积尘机会少；外观比透光材料做成的发光顶棚生动；亮度对比小。由于有以上的优点，格片顶棚照明形式，在现代建筑中极为流行。

格片多为工厂预制、现场拼装，所以使用方便。格片多以塑料、铝板为原材料，制成不同高、宽，不同孔形的组件，形成不同的遮光角和不同的表面亮度及不同的艺术效果，还可以用不同的表面加工处理，获得不同的颜色效果。图2.3-51表示几种不同孔洞的方案，其中方案（b）由于采用抛物面，使光线向下反射，因此与垂直轴成45°以上的方向亮度很低，故形成直接眩光的可能性很少。

格片顶棚表面亮度的均匀性，也是由它上表面照度的均匀性来决定的，它随灯泡的间距（l）和它离格片的高度（h）而变。

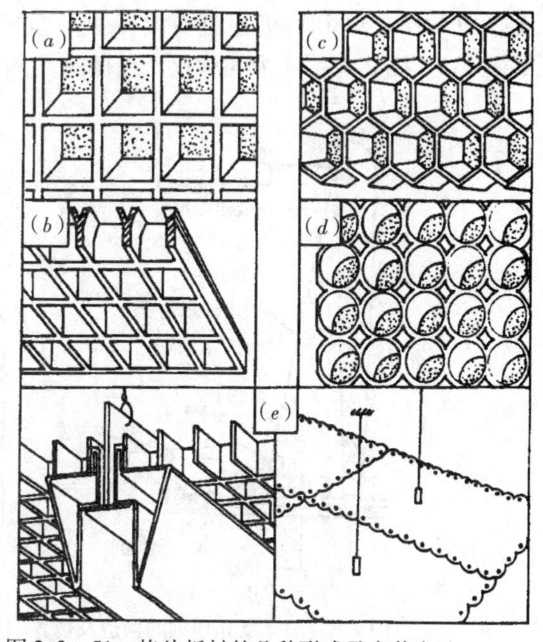

图2.3-51　格片板材的几种形式及安装方法

（a）方格状；（b）抛物面剖面；（c）蜂窝状；（d）圆柱状；（e）安装方法

（4）多功能综合顶棚　随着生产的发展、生活水平的提高，对室内照度的要求也日益提高，照明系统发出的更多热量，给房间的空调、防火等带来了新的问题。此外对声学方面的要求，也应充分注意，因此要求建筑师对这些问题作综合的考虑。如能将顶棚做成具有多种功能的构件，把建筑装修、照明、通风、声学、防火等功能综合在统一的顶棚结构中，不仅满足环境舒适、美观的需要，而且可节省空间，减少构件数量，缩短建造时间，降低造价和运转费用，在工程建设中已被广泛应用。

图2.3-52是多功能发光综合顶棚的处理实例，这里主要是将回风管与灯具联系起来，回风经灯具进入回风管，带走光源发出的热量，有利于室温控制，回收的照明热量可作其他用途；顶棚内铺放吸声材料作吸声减噪用，并设置防火的探测系统和喷水器。

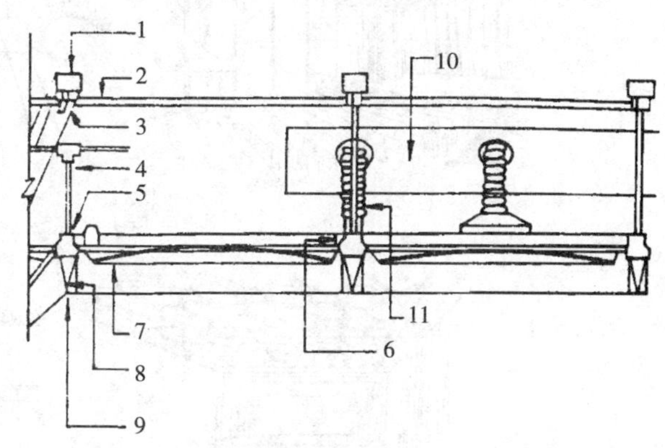

图2.3-52　综合顶棚处理实例

1—各种线路综合管道；2—荧光灯管；3—灯座；4—喷水水管；5—支承管槽；6—铰链；7—刚性弧形扩散器；8—装有吸声材料的隔板；9—喷水头；10—供热通风管道；11—软管

（5）反光照明　是将光源隐藏在灯槽内，利用顶棚或别的表面（如墙面）做成反光表面的一种照明方式。它具有间接型灯具的特点，又是大面积光源；所以光的扩散性极好，可以完全消除阴影和眩光。由于光源的面积大，只要布置方法正确，就可以取得预期的效果。光效率比单个间接型灯具高一些。反光顶棚的构造及位置处理原则见图2.3-53。图2.3-54为几种反光顶棚的实例。

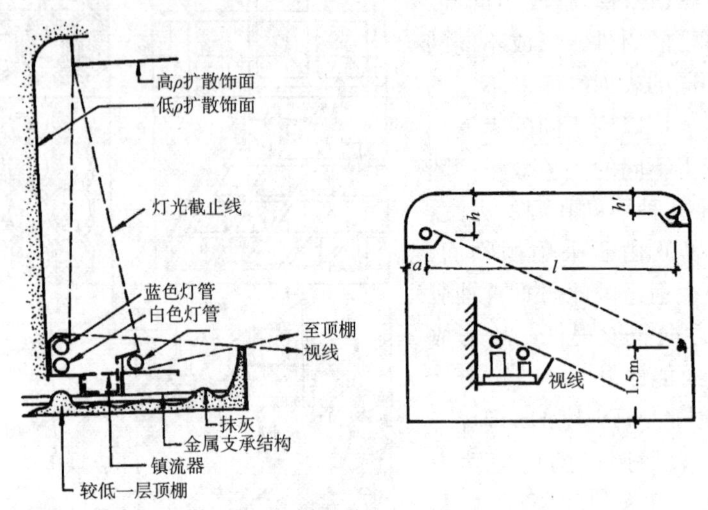

图2.3-53 反光顶棚的构造及位置

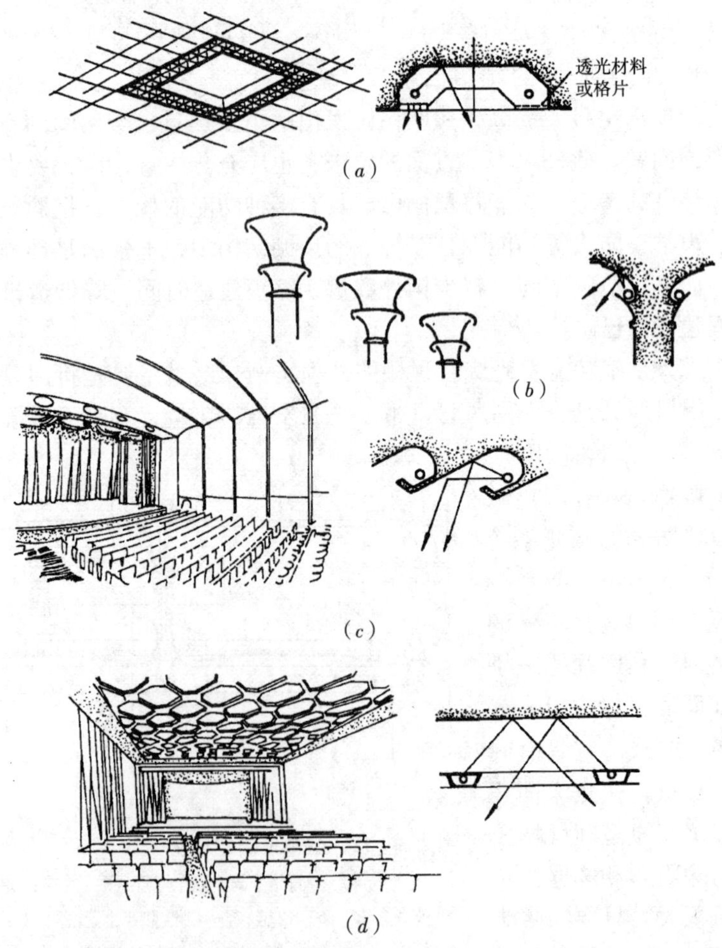

图2.3-54 几种反光顶棚实例

设计反光照明时，必须注意灯槽的位置及其断面的选择，反光面应具有很高的光反射比。这些因素，不仅影响反光顶棚的光效率，而且还影响它的外观。影响外观的一个主要因素是反光面的亮度均匀性，因为同一个物体表面亮度不同，给人们的感觉也就不同。而亮度均匀性是由照度均匀性决定的，后者又与光源的配光情况和光源与反光面的距离有关，它是由灯槽和反光面的相对位置所决定。因此灯槽至反光面的高度（h）不能太小，应与反光面的宽（l）成一定比例。合适的比例见表2.3－28。此外，还应注意光源在灯槽内的位置，应保证站在房间另一端的人看不见光源（见图2.3－53）。此外，光源到墙面的距离 a 不能太小，如荧光灯管，应不小于10～15cm，荧光灯管最好首尾相接。

反光顶棚的 l/h 值　　**表2.3－28**

光檐形式	灯具类型		
	无反光罩	扩散反光罩	投光灯
单边光檐	1.7～2.5	2.5～4.0	4.0～6.0
双边光檐	4.0～6.0	6.0～9.0	9.0～15.0
四边光檐	6.0～9.0	9.0～12.0	15.0～20.0

从以上分析得知，为了保持反光面亮度均匀，在房间面积较大时，要求灯槽距顶棚较远，这就增加了房间层高。对于层高较低的房间，就很难保证必要的遮光角和均匀的亮度，一般是中间部分照度不足。为了弥补这个缺点，可以在中间加吊灯，也可以将顶棚划分为若干小格，这样 l 变小，因而 h 就可小一些，达到降低层高的目的，如图2.3－54（d）所示。

图2.3－55　反光照明实例

图2.3－55为反光照明实例。是利用建筑设计的圆穹形房顶作反光照明中的反光面，形成一个大的发光面，在空间中获得柔和的光环境。另外利用四周的墙安装灯，以照亮周围流动区域，并缓和了单一反光顶棚带来的单调气氛。在设计时应特别注意反光顶棚的维修、清扫问题，因灯具口朝上，非常容易积尘。如果不经常清扫，它的光效率可能降低到原来的40%以下。这种装置由于光线充分扩散，阴影很少，一些立体形象在这种光环境里就显得平淡，故在需要辨别物体外形的场合不宜单独使用。

2.3.6.3　室内环境照明设计

人们对空间体形的视感，不仅出自物体本身的外形，也出自被光线“修饰”过的外形，突出的例子是人们利用光线使人或物出现或消失在舞台上。在建筑中，设计者可通过照明设施的布置，使某些表面被照明，突出它的存在；而将另一些处于暗处，使之后退，处于次要位置，用以达到预期的空间艺术效果。下面的一些例子可以说明如何处理空间各部分的照明。

1）空间亮度的合理分布

一般将室内空间划分为若干区，按使用要求给予不同的亮度处理。

（1）视觉注视中心　人们习惯于将目光转向较亮的表面，利用这种习性可将房间中需要突出的物体与其他表面在亮度上区别开来。根据注视的重要程度，可将其亮度超过相邻表面亮度的5～10倍。图2.3－56中的毛泽东雕像，除利用顶棚的葵花灯照亮外，还特别用三组小型聚光灯从不同方向投射在雕像上。这样不但在亮度上突出，而且突出雕像的轮廓起伏。

图2.3－56　视觉注视中心处理

（2）活动区　是人们工作、学习的区域。它的照度应符合照明标准的规定值，亮度不应变化太大，以免引起视觉疲劳。图2.3－57为一会议室实例，这里整个房间由吊灯及暗装筒灯照亮的墙和窗帘提供一定的反射光和适当的亮度，使房间显得柔和安静。为了满足会议桌面工作的需要，在会议桌上面的顶棚设置吊灯及圆形暗装发光槽，集中照明会议桌，提供较高的照度。也由于有墙面和窗帘的反射光，冲淡了因头顶上的直射灯光所引起的与会者脸上的浓影，获得更好的外观。

图2.3－57　会议室照明实例

图2.3－58　银行办公大厅照明实例

（3）顶棚区　这部分在室内起次要和从属作用，亮度不宜过大，形式力求简洁，要与房间整个气氛统一。图2.3－58为一银行办公大厅照明。这里采用间接型灯具，大部分光线经过顶棚反射到工作面，在工作面上形成柔和的扩散光，既满足工作对照明提出的要求，又以本身简洁的造型和规律的布置形式，与整齐的办公设施和简单分划的成块墙、地面相互呼应，获得非常协调一致的效果。

（4）周围区域　一般不希望它的亮度超过顶棚区，不作过多的装饰，以免影响重点突出。图2.3－59为餐厅照明实例，利用扩散透光材料形成的光带照明，降低了顶棚亮度，而富有变化的光带打破了顶棚平坦单调的气氛。墙和顶棚式样的协调一致给人以深刻印象。

当室内周围表面亮度低于 $34cd/m^2$，且亮度又无变化，就会使人产生昏暗感。人们长期活动在这种条件下不舒服，故宜提高整个环境或局部的亮度。

图 2.3－59　餐厅照明实例

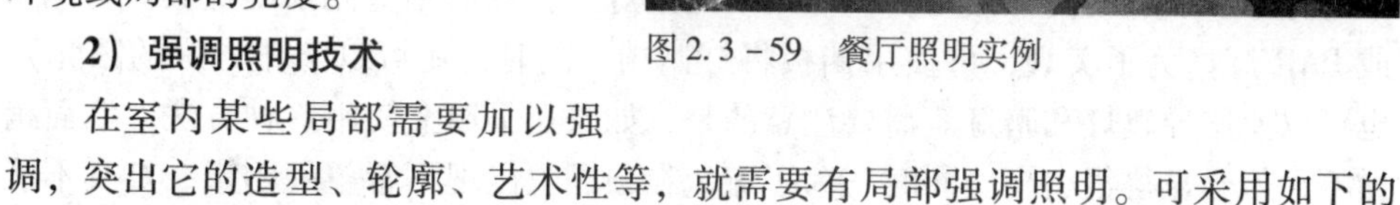

2）强调照明技术

在室内某些局部需要加以强调，突出它的造型、轮廓、艺术性等，就需要有局部强调照明。可采用如下的方法：

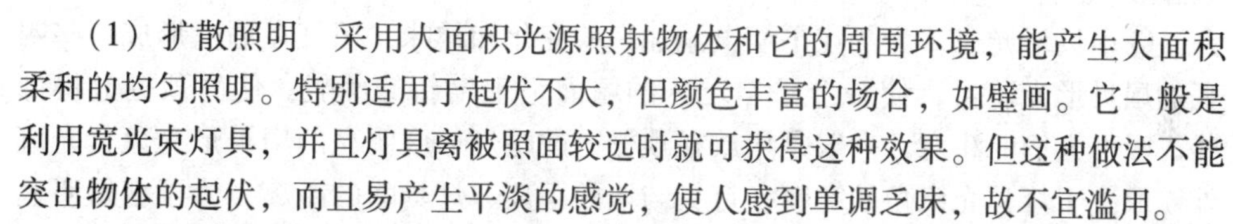

（1）扩散照明　采用大面积光源照射物体和它的周围环境，能产生大面积柔和的均匀照明。特别适用于起伏不大，但颜色丰富的场合，如壁画。它一般是利用宽光束灯具，并且灯具离被照面较远时就可获得这种效果。但这种做法不能突出物体的起伏，而且易产生平淡的感觉，使人感到单调乏味，故不宜滥用。

（2）直射光照明　是由窄光束的投光灯或反射型灯泡将光束投到被照物体上，能确切地显示被照表面的质感和颜色细部。如只用单一光源照射，容易形成浓暗的阴影，使起伏显得很生硬。为了获得最佳效果，宜将被照物体和其邻近表面的亮度控制在 2∶1 到 6∶1 之间。如果相差太大，可能出现光幕反射；太小就会使之平淡。

（3）背景照明　将光源放在物体背后或上面，照亮物体背后的表面，使它成为物体的明亮背景。物体本身处于暗处，在明亮的背景衬托下，可将物体的轮廓清楚地表现出来。但由于物体处于暗处，它的颜色、细部、表面特征都隐藏在黑暗中，无法显示出来。故这种照明方式宜用来显示轮廓丰富、颜色单调、表面平淡的物品。如古陶、铜雕或植物等。背景常用普通灯泡或反射型灯泡放在物体的后面，既可以照亮背景，而且不会形成直接眩光。图 2.3－60 为背景照明效果的一例。

（4）墙泛光　用光线将墙面照亮，形成一个明亮的表面，使人感到空间扩大，强调出质感，使人们把注意力集中于墙上的美术品。由于照射的方法不同，可以获得不同的效果。

①柔和均匀的墙泛光　将灯具放在离墙较远的顶棚上，一般离墙约 1～1.2m（宽光束灯具取大值，其他灯具取小值）。为了获得均匀的照度，灯与灯间的距离约为灯至墙距离的 0.5～1.0 倍。这样在墙上形成柔和均匀的明亮表面，扩大了房间的

图 2.3－60　背景照明效果

空间感。应注意，这时墙面不应做成镜面，而应是高光反射比的扩散表面。另外还要注意避免用这种方法照射门窗或其上的表面，以免对门窗外面的人形成眩光。

②显示墙的质感的墙泛光　对一些粗糙的墙面（砖石砌体），为了突出它粗糙的特点，常使光线以大入射角（掠射）投到墙面上，这样夸大了阴影，以突出墙面的不平。这种照射方法应将灯具靠墙布置。但离墙太近，形成的阴影过长，使墙面失去坚固的感觉；离墙太远，阴影又过短，不能突出墙的质感。灯具一般布置在顶棚上，离墙约0.3m。灯间距一般不超过灯具与墙的距离。灯具光束的宽窄，视墙的高低而定。高墙用窄光束灯具，低墙用宽光束的灯具。可用R或PAR灯（为了美观，可使用挡板将灯遮挡，同时，还可以防止讨厌的眩光），也可以使用导轨灯和暗灯。需要注意的是，如果在平墙上使用这种方法，墙面稍微不平就会显得很突出。同时，为了避免在顶棚上出现不希望的阴影，灯具不能放置在地上。

③扇贝形光斑　为了在平墙上添加一些变化和趣味，用灯在墙上形成一些明亮的扇贝形光斑可，使一个平坦乏味的墙面呈现出新的面貌。使高顶棚显得低些，吸引人们的注意。一般是用放在顶棚上的暗灯形成明亮的扇贝形光斑，光斑外貌取决于灯具光束角的宽窄、灯具与墙的距离、灯具间的距离。为了获得明显的扇贝形光斑，常将灯具离墙0.3m布置，灯间距依所希望的效果而定。

④投光照明　在室内的墙上常放置一些尺寸较小的美术品，如绘画、小壁毯等。主人经常希望别人看到自己心爱的物件，就必须用灯光将它突出出来。这时常采用投光灯照明，也可和墙面泛光合用。前者画面与墙面之间的对比大，后者的对比小。为了突出绘画，应使画面的亮度比它邻近墙面的亮度高3~5倍。在考虑投光灯的位置时，应考虑下列问题：光线投到画面上的角度和方位，以避免在画面上出现直接和反射眩光；光线到画面的入射角（与画面法线所成角）不宜过大或过小，一般在61°左右；灯光应将被照射物完全照亮，这与灯具配光的宽窄、灯与墙面的距离、光线的入射角等有关；注意光线的角度，不会因镜框产生长而黑的阴影，当镜框粗大时需要特别注意。这时，可将灯具离墙面远一些。

在选择投光灯灯具时需要考虑以下几个问题：

A）投射光斑的大小　投光灯形成的光斑应完全将被照射物照亮，这就与灯具配光的宽窄、灯具与被照物的相对位置有关。投光灯具配光的宽窄用光束角描述，它是在给定平面上，以极坐标表示的发光强度曲线的两矢径之间所夹的角度。该矢径的发光强度值通常等于10%或50%的最大发光强度值，图2.3－61中的β是以$\frac{1}{2}I_{max}$为准获得的。知道β之后即可以算出不同距离处的光斑大小。

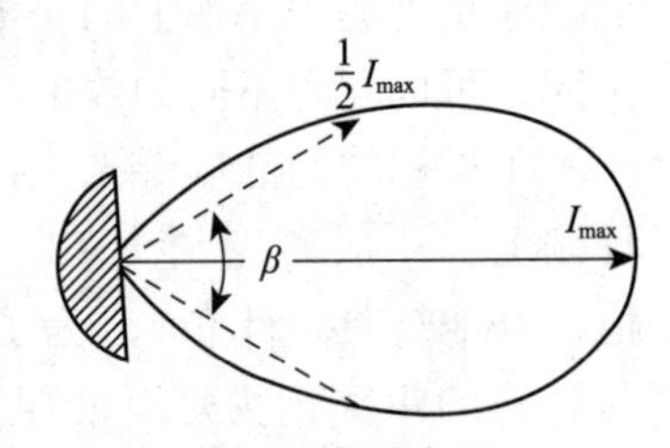

图2.3－61　β角的定义

B）光斑的亮度　与投光灯在这方向的发光强度、投光灯与被照物间的距离、光线的入射角等因素有关。为了便于预先知道投光效果，可使用可见光束图（即光斑的明亮程度）。从这图中可方便地知道不同距离时光斑中心的照度（它可转换成亮度）和光斑的直径。图2.3－62为可见光束图。它是当光线与被照面法线重合，投光灯与被照面不同距离 h 时，光斑中心照度和光斑直径 d。如光线不垂直入射，经过换算可得改变后的照度和光斑大小。

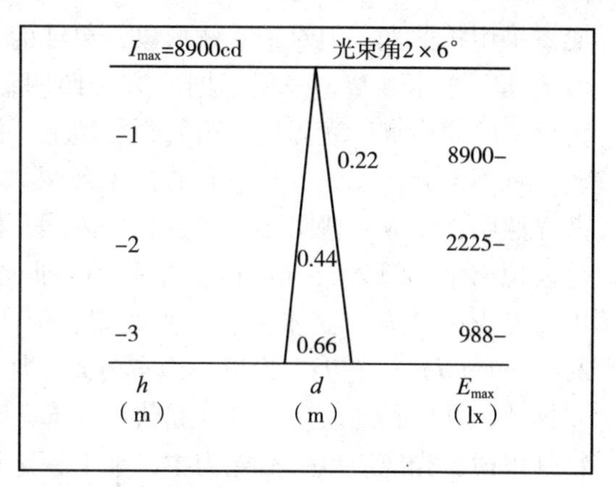

图2.3－62　可见光束图

C）光斑的强调程度　对不同光斑亮度的感觉除了与它本身的亮度有关外，还与它周围环境的亮度有关。二者差别的大小，决定了人们对光斑明亮感觉的强弱。常用强调系数 K（或重点照明系数）描述（见表2.3－29）。强调系数 K 可用下式得出：

$$K = 光斑照度 / 房间中一般照明形成的照度$$

不同强调系数 K 的效果　　**表2.3－29**

强调系数	效　果
2:1	可见的
5:1	低戏剧性的
10:1	戏剧性的
30:1	引人注目的
50:1	非常引人注目的

显然，对于同一强调系数，周围环境照度愈高，要求投光照明的照度愈高，故在要求高的强调系数时，周围环境不宜太亮。灯具强调系数 K 见图2.3－63。需要注意的是，这种图是根据灯具作出的，故应根据不同灯具选择相应的图。

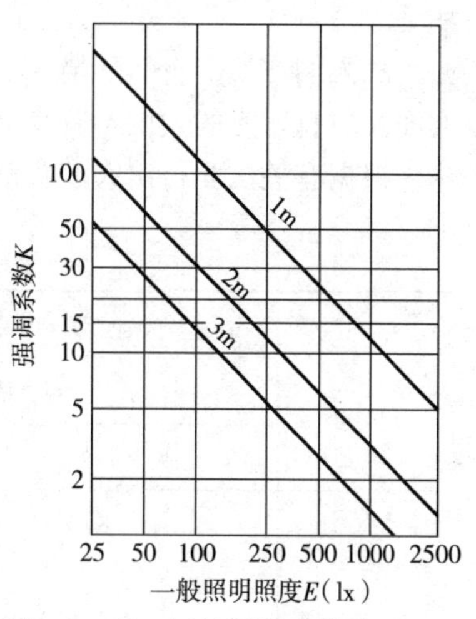

图2.3－63　灯具强调系数图

⑤光点效果　利用小尺寸光源本身的亮度衬在黑暗的背景上，可有良好的装饰效果。这种方法常用在一些娱乐场所或在家庭中营造节日气氛。在使用时要注意控制灯的亮度，一般常用低压灯泡。也可采用闪光方式，以增加吸引力。

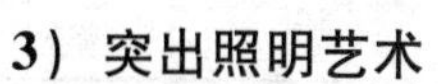

3）突出照明艺术

为了完整地、充分地表现人们观看物体的三维形象，应考虑以下因素：

（1）光线的扩散和集中　在大多数工作区内为了防止讨厌的阴影，一般都愿意采用扩散光。但对于立体形象，单纯的扩散光冲淡了立体感。图2.3－64所示的几个立体雕塑，采用不同的方法照明，获得不同的效果。图2.3－64（*a*）为单一的集中直射光源从左边射到雕塑上，使左边边沿很亮，而其余部分光线很弱，看不清起伏，失去其原有的艺术效果。图2.3－64（*b*）是从上面投下的扩散光照明，形成一些阴影，增强了立体感，但起伏仍不明显，故立体造型未能充分表现出来。图2.3－64（*c*）是采用一低强度的扩散光照明，外加一强烈的集中直射光来补充，立体感进一步改善，但阴影浓重，起伏欠圆滑，不细致。图2.3－64（*d*）从右上方投以集中直射光，加上强烈的顶上扩散光，突出了雕像的立体感，并细致地表现其各种起伏和细部，获得很好的观赏效果。因此对于立体物件来说，光线应以扩散光为主，加上一定量的直射光，以形成适当的阴影，加强立体感。充分的扩散光则有助于减轻粗糙感。扩散光与直射光所形成的亮度比保持在6～1限度之内可获得优良效果。

（*a*）

（*b*）

（*c*）

（*d*）

图2.3－64　不同光线产生不同欣赏效果

从人们习惯的自然环境来看，太阳（直射光源）和天空（扩散光源）都在上面。故直射光的角度不宜太低，以处于前上方为宜。

根据有关试验得出人的头部最佳效果的照度分布见表2.3－30。

最佳立体效果的照度分布　　**表2.3－30**

<table>
<tr><td rowspan="3"></td><td colspan="5">对 *a* 面的照度比</td><td rowspan="5">b
e
d
a
c</td></tr>
<tr><td colspan="5">测　量　面</td></tr>
<tr><td>*a*</td><td>*b*</td><td>*c*</td><td>*d*</td><td>*e*</td></tr>
<tr><td>最　小　比</td><td rowspan="2">1</td><td>1.8</td><td>0.3</td><td>0.8</td><td>0.3</td></tr>
<tr><td>最　大　比</td><td>2.5</td><td>0.6</td><td>1.6</td><td>1.1</td></tr>
</table>

（2）闪烁处理　当人们处于亮度均匀又无变化的场合，往往有单调孤独的感觉。如在它上面适当地加上一些较亮的光斑，就能在亮度上打破这种无变化的状况，而使空间产生活跃的气氛。

灯具的处理也常采用这一手法。在灯具上用一些镀金零件或晶体玻璃，利用其规则反射特性将光源的高亮度的微小亮点反射出来，像点点星光，使灯具显得富丽堂皇，光耀夺目，取得很好效果。

（3）颜色 在很多照明设计中，必须处理好照明光源的光色与物体色的关系，还应特别注意在天然光和人工光同时使用的房间中，使电光源的光色与天然光相接近，并且晚上单独使用时也能为人们所接受。当然灯的选择还受到房间内部功能和类型的影响，并且在一定程度上与房间的使用时间（即在白天使用或晚上使用，或白天晚上都使用）有关。

4）满足心理需要

虽然室内环境照明主要是为了使物件能清晰可见，但它们的影响范围远远超过这一点。不同照明的空间给人以不同的感觉。它可使一个空间显得宽敞或狭小；可以使人感到轻松愉快，也可以使人感到压抑；甚至可以影响人们的情绪和行为。在进行照明设计时，应充分考虑这些作用。

（1）开敞感 当室内照明由适当的邻近区照明，加上更为明亮的周边照明（墙）所组成，空间就显得开敞。周边照明应是明亮的、有序的，而且是浅色的。一般暖色调表面显得往前，冷色调表面显得后退。在室内墙面上使用镜面，由于能将对面空间形象反射出来，所以在视觉上扩大了空间范围，特别是一整个墙面都装上镜面时，可将整个空间反射出来，效果更佳。为了尽可能扩大这种效果，应将镜子对面的墙面尽可能照亮。此外，应重视镜面平整程度对效果的影响。

在隔墙上开洞，可以使人们的目光透过墙洞看到远处的目标，也会使人们忽略房间的局限。当然，这种效果的取得，必须是远处的目标物具有相当高的亮度，才能吸引人们的目光，而忘记所处房间的限制。

尽端墙面的照明也起一定作用。一个明亮的尽端，可使人们感到房间拉长了，但这种感觉往往会被尺度不当（对于房间而言）的家具所破坏。

（2）透明感 一个均匀的高亮度表面给人以透明的感觉。如顶棚上一块高亮度的表面，会使人感到它是透明的。当顶棚的其他部分是暗的时候，这种透明感特别明显。一个浅色的高光反射比油漆表面处于有花纹的墙面上，也会产生类似效果。但在这表面上如没有使人感兴趣的观看物，在空间中不能形成刺激，可能会使人感到乏味。在人多的场合，还可能感到喧闹。

（3）轻松感 轻松的环境使疲倦的人获得休息，这就要求避免一切眩光，特别是顶棚不能出现眩光。这时，整个环境要求比较低的亮度，邻近区照明是由某一墙泛光的余光形成，这样可提供一个很好的休息环境。在这里，使用台灯或低亮度的墙泛光比用一盏明亮的吊灯好得多。一般而论，隐藏的光源、低的亮度、浅的颜色、低的墙亮度，加上由中心逐渐向外转暗的顶棚可获得最大的轻松感。

（4）私密感 中间部分较暗，而周围具有较高亮度所形成的不均匀照明环境，可产生一种亲切私密的感觉。通常人们喜欢在一个轻松、较暗的环境中和朋友交谈，但为了私密和安全，又希望周围亮一些。这一点在设计餐厅和酒吧时特别有效。在这种场合，人们喜欢聚会于较暗的角落，但又愿意看到较明亮的周围。经验表明：进餐区的光色偏重于暖色（白炽灯）。而其他地方采用较冷的色调，如荧光灯或其他气体放电灯效果较好。

(5) 活力感　在一些办公室中，人们长时间坐在这里进行视力工作，就需要有这种气氛和感觉。实践证明，在这种场所，一个不均匀的照明环境是必要的，特别突出周边照明（重点在墙）。根据现场调查，发现大多数人喜欢不均匀照明，要求周围明亮，特别喜欢投光灯在墙上形成的扇贝形光斑。这样，均匀的工作照明引起的疲乏，可由不均匀的周边照明所冲淡而得到缓解。同时，可用重点照明照亮一些装饰品，也可照亮局部的不平墙面，形成几个高潮，使眼睛在运动中得到休息。

(6) 恐怖、不安全感　当一个高亮度区域位于大房间的中间，而周围是低得多的黑暗环境，就会产生恐怖、不安全感。例如，工作区采用局部照明灯或台灯形成高照度，而又没有其他光源照亮附近和周围环境时，这种恐怖、不安全感将达到最大程度。当周围区域只靠工作区照明的泄漏光形成非常低的照度时，就会使家具和其他空间中的物体变形，产生异样的感觉，从而加重恐怖、不安全感。

(7) 黑洞感　晚上，当室内照度比室外高很多，这时在窗玻璃上就会出现明亮的灯具和室内环境的反影，使人们认为外面是一个黑洞，形成了视干扰，也可能形成二次反射源。特别当使用光反射比高的涂层玻璃，并且窗口又相对设置，反射形象经多次反射，将可能使这种视干扰达到很严重的程度。这时，如采用低亮度灯具或在窗上挂上窗帘，就可减轻或消除这种现象。如果室外是一片景园，可用一些室外照明，这样，就可看到窗外美丽的景园，从而消除或减弱黑洞感。

光环境对视觉与心理的作用在很大程度上还涉及各人的感受、爱好和性格，没有一定的模式可以解决所有问题，因而需要在实践中不断地摸索总结经验，才能使光环境的设计更趋于完善。

2.3.6.4　博物馆、美术馆陈列室照明设计

博物馆是供搜集、保管、研究和陈列有关自然、历史、文化、艺术、科学和技术方面的实物或标本之用的公共建筑。

美术馆则以陈列展出美术工艺品为主，主要收集有关工艺、美术藏品，进行版面陈列和工艺美术陈列，有的还设有美术创作室、研究室；美术馆也被视作博物馆的一种特例。

在建筑类型中，博物馆和美术馆同属博览建筑，其建筑功能组成相近，最基本的组成包括四大部分：陈列区、藏品库区、技术和办公用房及观众服务设施。其中，陈列室是最核心的部分。

陈列室中的展品有不少为光敏性物品，为妥善地保护好这些珍贵的历史和文化财产，必须尽可能地使之免受光辐射（包括可见辐射、紫外辐射和红外辐射）的损害；为了给观众创造出良好的光环境，又需要提高展品的照度，这样光辐射

对展品的损害则会相应增加。处理好这对矛盾，达到既有利于观赏，又有利于保护的目的，是陈列室照明设计的目标。

陈列室照明设计应根据展品内容、展出方式的不同确定合适的照明方式。因此，在进行照明设计前，首先应对室内展品布置、展出物品的性质有所了解，再根据标准确定照明水平、照明质量，选用合适的光源、灯具。

1）照度

不同展品对光的敏感程度各不相同，因此，必须根据辐射和热对展品的影响确定展品面合适的照度。表2.3－14中列出了博物馆建筑陈列室展品面照明标准值。

博物馆中不少珍贵文物都属于光敏性展品，光线中的紫外辐射可引起展品变质褪色，所以展品面的照度标准值应控制在50～150lx范围内；即使是对光不敏感的展品，如青铜器、陶瓷等，光线中的红外辐射也会使展品的温度上升，从而使展品出现干化、变形、裂纹等现象。因此，非光敏性展品面的照度也应有严格的控制。

为了使参观者能够看清展品的细节，在展品面照度受到很大限制的情况下，目前国内外大部分新建的博物馆陈列室均采用了电光源照明，且不设或少设一般照明和环境照明；室内装修设计也多采用暗顶棚，以加大展品被照面与背景的亮度对比，达到突出展品的目的。

此外，由于光对展品损害作用的大小与展品的曝光量（照度与时间的乘积）成正比，因此在CIE的技术报告中给出了不同感光度展品的年曝光量限制值：对光特别敏感的展品为15000lx·h/a，对光敏感的展品为150000lx·h/a，对光不敏感的展品为600000lx·h/a。为减少年曝光量，可采用只在有人参观时开灯，以及展品上加盖子，使用复制品，放录像，定期更换展品，在非展出时间使展品处于黑暗的环境中等措施。

2）照度均匀度

对于大部分展品，特别是油画等平面展品，画面必须有适宜的照度均匀度。画面最低照度与平均照度之比不应小于0.8，但对于高度大于1.4m的平面展品，则要求最低照度与平均照度之比不应小于0.4。只有一般照明的陈列室，地面最低照度与平均照度之比不应小于0.7。

3）反射眩光控制

光泽度高的画面、镶有玻璃面的画框、玻璃展柜等物体表面，常常会由于反射将照明光源或周围的背景映在玻璃面上，影响参观者对展品的观赏。为避免这种情况出现，必须对光源与展品的相对位置进行设计。

在观赏绘画作品时，我国人眼与画面的水平距离约为画面长边的1.5倍或1～1.5倍左右，这样可以保证有较为理想的水平视角（45°）和垂直视角（27°），看清画面上丰富的细节。在进行灯具布置时，应在“无光源反射映像区”内布置光源，一方面能避免反射眩光，另一方面又能使较厚实的展品（如有画框的绘画等）不至于产生阴影。“无光源反射映像区”的设计方法如下：

如图 2.3－65 所示，画面高度为 l，画面下沿离地 b 为0.8～1.0m（多取0.9m），画的中心离地 a 为 1.5～1.6m，视线高度取 1.5m（亚洲人）；小型画面的画面倾斜度（t/l）为 0.15～0.03，大型画面（高度在 1.4m 以上）为 0.03 以下；注视距离 C 为画面高度 l 的 1.5 倍。

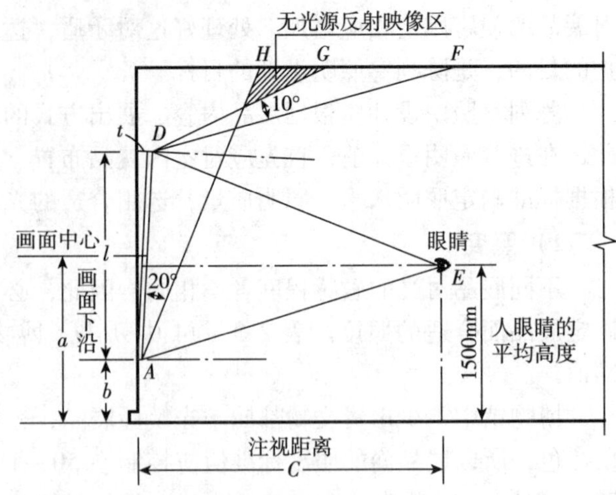

图 2.3－65　光源位置与视线关系的分析

在画面的下沿 A 作一条与画面成20°夹角的直线 AH，再作观众视平线上 E 点与画面上沿 D 的连线，根据反射定律，作 DE 的入射线 FD，最后在 D 点作与 FD 成角度为10°的直线 DG，则 H 与 G 之间的区域即为“无光源反射映像区”。

4）光源与灯具

（1）光源

博物馆、美术馆常用的光源是卤钨灯、荧光灯、LED、光纤等，它们适用于不同展品的照明。

卤钨灯体积小、控光容易，紫外线含量极少，且显色性好、光的指向性强，可使展品生动鲜明，是目前博物馆、美术馆中运用最广、数量最多的光源；各种类型的陈列照明、局部照明、交通照明均可使用卤钨灯。由于卤钨灯发热量大，因此，在采用卤钨灯照明时，应采取适当的散热和安全防火措施。

荧光灯亮度低、发光效率高，红外线含量低，紫外线含量也远低于天然光，适合幅面较大的平面作品照明。此外，节能荧光灯还可用于陈列厅交通照明等。

卤钨灯和荧光灯的品种、规格很多，便于设计人员选用。

光纤照明是目前博物馆中对光敏性展品照明的最合适光源。将光源放置在光纤发生器中，而光线则通过光纤导出。因此，光纤本身不带电、不含红外线和紫外线，温度低。光纤多被嵌入玻璃展柜或玻璃展墙中，用于对一些珍贵的光敏性展品的照明。

此外，近年来，由于LED光源的快速发展，品种不断丰富，博物馆的陈列照明也开始运用。LED光源体积较卤钨灯更小，红外线和紫外线含量极少，控光方便，特别适合一些光敏性展品或小目标陈列品的照明，图 2.3－66 为巴黎卢浮宫小雕像的LED照明。

为真实还原展品色彩，光源的一般显色指数 R_a 不应低于90。卤钨灯和荧光灯很容易满足这一要求，但在一些特别高大的展览空间中，考虑到能耗问题，无法使用这两种光源。此时可选用高显色性的陶瓷金卤灯（$R_a \geq 90$），以满足大尺度展品照明所需要的照度，但是必须在灯具上加装滤紫外线的镜片及防眩光罩。图2.3－67为武汉美术馆3号厅，层高最高处达8.4m，大画面展示照明即采用了陶瓷金卤灯。

图2.3－66　卢浮宫小雕像LED照明

图2.3－67　武汉美术馆3号厅大画面展示照明采用了陶瓷金卤灯

（2）灯具

博物馆、美术馆陈列照明灯具不同于一般陈设照明灯具（如商店柜台、橱窗照明灯具），除要求具有精确的投光角度、可调光外，还要求可滤除光源发出的红外辐射和紫外辐射，并严格控制眩光。因此，应使用带有滤红外线、滤紫外线滤片和防眩光罩的专用灯具。

由于博物馆、美术馆的形式、大小千差万别，陈列内容也经常在更换，因此，要求灯具应有可调位置和光束角的特点。投光灯的灯具可设置在滑动轨道上，而光束角的可调则有两种方式：一种是使用光束角可调的灯具，优点是适用性广、灯具用量相对较少，但灯具单价高；另一种方式则是按一定比例选用2～3种不同配光的灯具，如在同一展示单元，可按2∶1或3∶1的比例配置中等配光和较宽配光的灯具，在每次展出前，对灯具进行适当调配，以满足照明要求。后一种方式的优点是造价合理，但展出前的调整工作量较大。

对于一些需要特别强调的重点展品，可使用带有遮光片的专用灯具，通过调整遮光片的位置，投射出具有特定形状的光斑。图2.3－68是西班牙马德里的蕾娜·索菲娅王后博物馆照明。是通过运用遮光片，调整出一个与展品幅面完全相同的光斑。此外还有成组的发光顶棚单元，主要用于展品照明中的辅助照明。

图2.3－68　带有遮光片的灯具照明效果

为了达到良好的照明效果，在灯具正式安装前，应进行现场实测，根据实测结果对灯具配光、数量、功率、安装位置进行必要的调整。

5）常见的陈列照明方式

（1）发光顶棚照明

空间较高的博物馆，特别是美术馆的顶层或有天然光的展示大厅，完全靠人工光提供展示照明，既不经济，又很难达到满意的照明效果。因此，可通过发光顶棚的设置，将天然光与人工光结合起来，将可调光的荧光灯管放置在有天然光的顶棚中，通过控光系统（见图2.2－51），实现合理的照明控制。

（2）格栅顶棚照明

将发光顶棚上漫反射材料制作的透光板换成角度可调的金属或塑料格栅，可提高灯具效率。但墙面和展品上照度仍然不高，因此用于陈列照明时必须与展品的重点照明结合使用。格栅顶棚照明不仅适用于高空间的天然光和人工光组合照明，还可嵌入玻璃展墙的顶棚中，对展品进行电光源照明。

图2.3－69和图2.3－70为瑞士Fondation Beyeler美术馆，其陈列照明采用了天然光与人工光相结合的形式。

图2.3－69　瑞士Fondation Beyeler美术馆陈列照明

图2.3－70　隐藏在顶棚内的宽配光小型泛光灯为墙面提供均匀的展示照明

利用北向天空光经建筑顶部设置的锯齿状反射板、金属格栅，再经顶棚透光材料将紫外辐射滤除后，进入陈列空间，以提供均匀、明亮的一般照明及展示照明；在天然光不足时，墙面展示照明由隐藏在顶棚内的宽配光小型泛光灯及顶棚下的低压卤钨灯提供（见图2.3－70）。

（3）泛光照明

对于面积较大的平面展品，嵌入式或导轨式节能灯（也可使用双端卤钨灯）的泛光照明是一种很好的解决办法。这种专用泛光灯（指的是宽配光小型泛光灯，通常又称为洗墙灯）的配光多为宽配光型，它可以将大部分光线均匀地投射到墙面上，画面的上下均匀度好（见图2.3－71）。在设计中一般将灯具沿展示面布置成光带，顶棚整洁、统一。

（4）嵌入式重点照明

此类照明方式对于灯具的要求相对严格，应具备尽可能大的灵活性，如光源在灯具内可旋转，光源能够精确调整，并可以根据项目需要更换不同功率的光源，反光罩应可更换，以及可增设光学附件等。

（5）导轨式投光照明

在顶棚或吊顶上部空间吊装、架设导轨，使灯具安装方便，以及安装位置可任意调整。导轨式投光照明（见图2.3－72）通常用作局部照明，起到突出重点的作用，是现代美术馆、博物馆最常用的照明方法之一。

图2.3－71　宽配光型导轨式泛光灯，为画面提供均匀的照度

图2.3－72　德国K21画廊，顶棚安装导轨式投光灯

（6）反射式照明

通过特殊灯具或建筑构件将光源隐藏，使光线经反射后投射到陈列空间，这样可使光线柔和，形成舒适的光环境。值得注意的是，反射面应为漫反射材质，反射面的面积不能太小，否则可能成为潜在的眩光源。

6）天然光利用

近年新建、改扩建的博物馆其陈列室的照明，多采用电光源照明。原因在于天然光中的紫外辐射和红外辐射远高于电光源，如不经处理直接进入陈列室，除了会引起室温上升、产生直接眩光外，还易使展品受到光照损害；此外，天然光照度随时变化，要想获得相对稳定的照度比较困难。然而，天然光在显色性、光效、对人的心理影响等诸多方面却有着任何人工光都无法比拟的优越性，如果能够合理地运用天然光，不仅可最真实地反映出展品的原貌，还可营造出生动、多变的空间氛围，减少照明能耗。

在对博物馆、美术馆的陈列空间进行设计时，首先应对其主要陈列的展品内容进行归类，以决定是否可利用天然光。例如，作为陈列珍贵古代文物的博物馆陈列空间照明，对展品本身保护的要求远高于展示效果要求，在这种情况下，可不考虑利用天然光。在大部分的美术馆陈列空间，照明对象是一些当代工艺美术作品，其珍贵程度和光敏程度都低于博物馆藏品。且根据美术馆的定义，首要功能是供陈列观赏而不是搜集、保管，因此，可考虑适当引入天然光作为人工光的辅助照明。具体有以下一些技术措施：

（1）利用百叶窗、格栅、窗帘或其他遮挡物，阻止直射光进入陈列室；同时还可控制和降低天然光照度。

（2）由于天窗采光在避免直接眩光和反射眩光方面，以及在不占用墙面等方面比侧窗采光优越，因此，顶层宜用北向天窗采光。

(3) 对天然光进行滤光，在窗玻璃上涂吸收紫外线的涂料，或贴吸收紫外线的薄膜，或在天窗下加吸收紫外线的塑料，或直接采用吸收紫外线的玻璃，都可以减少天然光中的紫外线。

国外一些著名美术馆的陈列空间，普遍利用经滤光处理的漫反射天然光，电光源的色温也普遍超过了4000K，以营造轻松、自然的光环境气氛。

7）美术馆展厅照明设计举例

武汉美术馆的前身为建于1930年的金城银行，2007年改扩建为美术馆，其室内照明改造于2008年9月完成。武汉美术馆共有六个面积合计2968m^2的专业展厅，所有展厅均以展出平面绘画、书法作品为主，同时考虑雕塑、工艺品等的陈列。展厅未设置展柜和嵌入式玻璃展墙。以下简要介绍其4号展厅的照明设计。

4号厅面积约613m^2，层高4m，主要展出油画、古画、雕塑等作品。其中油画、古画为更替展出，使用同一展墙。设计时考虑到油画、古画的光敏程度不同，对应的照度、防辐射要求不同。因此，在进行照明设计时，分别对两种展品使用不同的灯具照明。

(1) 油画照明

根据展览和陈列要求，展出油画的画面最大高度为2m（此高度为最不利高度条件，小画面的眩光范围小，易满足），根据上述的“无光源反射映像区”设计原则，观众观看距离为画面长边即画面高度的1.5倍（3m）（即图2.3－65中的“C”），画面中心距地1.6m（即图2.3－65中的“a”），画面安装前向的倾角取3°，观众视高1.5m。经视线分析计算得出在最不利的画面条件下，顶棚上可安装投光灯具的无眩光区域应在距墙1.23～1.88m的范围内（即图2.3－65中的“HG”范围）。综合考虑照明效果、美观因素，经现场实验对比，轨道式投光灯的实际安装距离为距墙1.5m处。

(2) 古画照明

根据表2.3－14，古画照明的画面照明标准值为50lx，因此，选用了加装红外辐射和紫外辐射滤光镜片，配可调焦光学镜头，可调光斑形状、光束角的古画照明专用投光灯。与普通投光灯相比，这种灯具最大的优点在于可通过调整灯具内遮光片的位置，形成与画面大小、形状完全一致的光斑，使观看者的注意力集中到画面上。由于不产生明显的溢散光，因此，可在暗背景状态下，使画面细节清晰可见。

(3) 雕塑照明

各标准展示单元中央为雕塑展位，为使灯光的可变性、适应性更强，设计中在每个雕塑展位附近的投光灯轨道上单独设置了四套雕塑专用投光灯；每套灯具的位置、发光强度和光束角均可调。通过调整光线的入射角度，结合各方向上光线的强弱变化，可使雕塑的阴影位置、浓淡程度产生变化，呈现出不同的视觉效果。

武汉美术馆4号展厅一个展示单元的灯具布置平面图见图2.3－73，内部照明效果见图2.3－74。

考虑到某些大型展品需要使用内置光源进行特殊效果照明，设计了埋地插座作为此部分照明的电源。

图2.3－74　武汉美术馆4号展厅照明

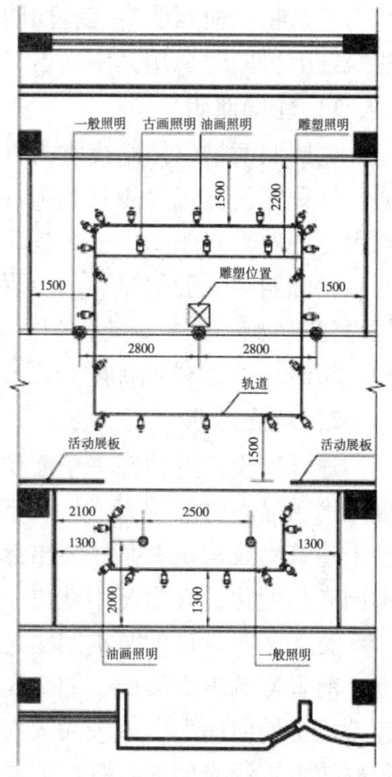

图2.3－73　武汉美术馆4号展厅一个展示单元的灯具布置平面图

2.3.7　室外照明设计

室外照明包括城市功能照明和夜间景观照明。而夜景照明泛指体育场场地、建筑工地、道路照明和室外安全照明，以及所有室外活动空间或景物的夜间景观的照明，是在夜间利用灯光重塑城市人文和自然景观的照明。在夜晚，对建筑物、广场及街道等的照明，使城市构成与白天完全不同的景象。夜景照明在美化城市，丰富和促进城市生活中，占有很重要的地位，因此，在城市规划和一些重要的建筑物单体设计中，建筑师应能配合电气专业人员处理好夜景照明设计。

2.3.7.1　建筑物立面照明

夜间的光环境条件与白天完全不同。在白天，明亮的天空是一个扩散光源，将建筑物均匀照亮，整个建筑立面具有相同亮度。太阳是另一天然光源，太阳光具有强烈的方向性，使整个建筑物立面具有相当高的亮度和明显的阴影，而且随着太阳在天空中位置的移动，阴影的方向和强度也随之而变。在夜间，天空是漆黑一片，在一暗背景下，建筑物立面只要稍微亮一些，就和漆黑的夜空形成明显对比，并且显现出来，因而夜间的建筑物立面不需要形成白天那样的高亮度。建筑物的阴影，也不一定做到与白天一样，因为那样需要将灯具放在很高位置上，而在实际中往往很难办到。应根据夜间条件，结合建筑物本身特点，在物质条件许可下，给建筑物一个新的面貌。

建筑物立面照明有三种照明方式：轮廓照明、泛光照明、透光照明。在一幢建筑物上可同时采用其中一、二种，甚至三种方式同时采用。

1）轮廓照明

轮廓照明是以黑暗夜空为背景，利用灯光直接勾画建筑物或构筑物轮廓的照明。这种照明方式应用到我国古建筑上，在夜空中勾出非常美丽动人的图形，获得很好的效果。图2.3－75是北京天安门的轮廓照明。

轮廓照明一般都是利用冷阴极荧光灯、霓虹灯、LED或9～13W紧凑型荧光灯沿建筑物轮廓线安装，为了得到连续光带效果，紧凑型荧光灯灯距一般为30～50cm，光源外面加防止雨水等外界侵袭的灯罩。

2）泛光照明

通常用投光灯照亮一个面积较大的景物或场地，是使被照面照度比其周围环境照度明显高的照明方式。对于一些体形较大、轮廓不突出的建筑物可用灯光将整个建筑物或构筑物某些突出部分均匀照亮，以它的不同亮度层次，各种阴影或不同光色变化，在黑暗中获得非常动人的效果。

泛光照明设计的基本问题是选择合适的光线投射角和在表面上形成的适当亮度。前者影响表面质感，图2.3－76为上海市政府建筑立面泛光照明，灯具放在建筑裙房的屋面上，以较大入射角斜射到外墙上，突出了建筑的立面特征，获得很好效果，泛光照明灯具可放在下列位置：

图2.3－75　北京天安门的轮廓照明

图2.3－76　上海市政府建筑立面泛光照明

（1）建筑物本身内，如阳台、雨篷、立面挑出部分。这时注意墙面的亮度应有一定的变化，避免大面积相同亮度所引起的呆板感觉。图2.3－77为上海外滩利用立面挑出部分放置泛光照明灯具的实例，图2.3－77（*a*）是图2.3－77（*b*）的局部放大图。

（2）灯具放在建筑物附近的地面上。这时由于灯具位于观众附近，特别要防止灯具直接暴露在观众视野范围内，更不能看到灯具的发光面，形成眩光。一般可用绿化或其他物件加以遮挡（见图2.3－78）。这时应注意不宜将灯具离墙太近，以免在墙面上形成贝壳状的亮斑。

（a）

（b）

图2.3－77　上海外滩利用立面挑出部分放置泛光照明灯具

图2.3－78　泛光照明灯具放在建筑附近的地面上

图2.3－79　利用路灯灯杆放置泛光照明灯具

（3）放在路边的灯杆上。特别适用于街道狭窄、建筑物不高的条件，如旧城区中的古建筑。可以在路灯灯杆上安设专门的投光灯照射建筑立面，亦可用漫射型灯具，既照亮了旧城的狭窄街道，也照亮了低矮的古建筑立面（见图2.3－79）。

（4）放在邻近或对面建筑物上。见图2.3－80。

建筑物泛光照明所需的照度取决于建筑物的重要性，建筑物所处环境（明或暗的程度）和建筑物表面的反光特性。具体可参考表2.3－31中所列值。

图2.3－80　利用邻近建筑物放置泛光照明灯具

不同城市规模及环境区域建筑物泛光照明的照度和亮度标准值　　**表2.3－31**

建筑物饰面材料	光反射比（ρ）	城市规模	平均亮度（cd/m^2）			平均照度（lx）		
			E2区	E3区	E4区	E2区	E3区	E4区
白色外墙涂料，乳白色外墙釉面砖，浅冷、暖色外墙涂料，白色大理石等	0.6～0.8	大	5	10	25	30	50	150
		中等	4	8	20	20	30	100
		小	3	6	15	15	20	75

续表

建筑物饰面材料	光反射比（ρ）	城市规模	平均亮度（cd/m²）			平均照度（lx）		
			E2区	E3区	E4区	E2区	E3区	E4区
银色或灰绿色铝塑板、浅色大理石、白色石材、浅色瓷砖、灰色或土黄色釉面砖、中等浅色涂料、中等色铝塑板等	0.3~0.6	大 中等 小	5 4 3	10 8 6	25 20 15	50 30 20	75 50 30	200 150 100
深色天然花岗石、大理石、瓷砖、混凝土，褐色、暗红色釉面砖、人造花岗石、普通砖等	0.2~0.3	大 中等 小	5 4 3	10 8 6	25 20 15	75 50 30	150 100 75	300 250 200

注：1. E1区为天然暗环境区，如国家公园和自然保护区等，不受照明的光污染，建筑立面不应设夜景照明，故在表中未列出。E2区为低亮度环境区，如乡村的工业或居住区等；E3区为中等亮度环境区，如城郊工业或居住区等；E4区为高亮度环境区，如城市中心和商业区等。

2. 大城市为城市中心城区非农业人口在50万以上的城市；中等城市为城市中心城区非农业人口在20万~50万的城市；小城市为城市中心城区非农业人口在20万以下的城市。

资料来源：《城市夜景照明设计规范》（JGJ/T 163—2008）。

现在常利用发光效率高的高强度气体放电灯作室外泛光照明光源。不但耗费较少的电能，就能在墙面形成高照度，而且利用它产生的不同光色，在建筑物立面上形成不同的颜色，更加丰富城市夜间面貌，效果很好。

3）内透光照明

是利用室内光线向外透射的照明。夜晚光透过窗口，在漆黑的夜空形成排列整齐的亮点，也别有风趣。这时，应在窗口设置浅色窗帘，夜间只开启临窗的灯具，就能获得必要的亮度。在北方，还可利用这部分开启的灯所发出的热量维持夜间室温（见图2.3-81）。

（a）白天

（b）夜间

图2.3-81　透光照明的效果

在建筑立面照明实践中，常常在一幢建筑物上，利用上述照明的两种或多种方式。图2.3-82就是一例。这里不高的建筑立面被放置在路灯杆上的灯具照亮。建筑的入口是利用门上的玻璃将高亮度的室内环境透射出来，从而突出了入口的位置；入口上方柱廊的轮廓则用照亮的墙壁衬托出来。

图 2.3-82 建筑立面综合照明效果

2.3.7.2 城市广场照明和道路照明

城市的广场包括站前广场、机场前广场、交通转盘等。它们的形状与面积的差别很大，因此，必须依据广场的特征、功能考虑照明设计。主要是：亮度适宜，整个广场相同功能区的明亮程度均匀一致，力求不出现眩光，结合环境造型美观，设置灯杆要考虑周围情况，不影响广场的使用功能。有些广场作为城市的标志，使用特殊设计的照明器，同样应重视其光学、机械性能，且便于维护管理。

道路照明的主要作用是在夜间为驾驶员及行人提供良好的视看条件，是城市环境照明的重要组成部分。设计原则是安全、可靠、技术先进、经济合理、节省能源以及维修方便。我国《城市道路照明设计标准》（CJJ 45—2006）中规定的基本要求包括：

（1）路面平均亮度（照度） 在道路照明中，司机观察障碍物的背景主要是路面。因此，当障碍物表面亮度与背景（路面）之间具有一定的亮度差，障碍物才可能被发现。路面平均亮度即代表背景亮度的平均值。依不同的道路类型，路面平均亮度为0.5~2.0cd/m^2。

（2）路面亮度（照度）均匀度 道路照明不可能完全均匀，路面上最小亮度与平均亮度的比值，即路面亮度的总均匀度规定为0.4；此外，对同一条车道中心线上最小亮度与最大亮度的比值，即路面亮度纵向均匀度还有具体要求。

（3）眩光限制 采用阈值增量（*TI*）评价眩光的影响。是指为了达到同样看清物体的目的，在物体及其背景之间的亮度对比需要增加的百分比。依不同的道路类型，阈值增量的最大初始值为10%~15%。

（4）环境比 它是指车行道外边5m宽的带状区域内的平均水平照度与相邻的5m宽行车道上平均水平照度之比。快车路、主干道和次干路的环境比（*SR*）最小值为0.5。

（5）诱导性 它由道路视觉诱导设施，如路面中心线，路缘，两侧路面标志，以及沿道路恰当地安装灯杆、灯具等，可以给司机提供有关道路前方走向、线型、坡度等视觉信息。

《城市道路照明设计标准》还规定了相关的节能标准与措施。

2.3.7.3 室外照明的光污染

光污染是干扰光或过量的光辐射对人体健康和人类生存环境造成负面影响的总称。室外照明的光污染主要是因建筑物立面照明、道路照明、广场照明、广告照明、标志照明、体育场和停车场等城市景观照明和功能照明产生的，这些干扰光或过量的光对人、环境、天文观测、交通运输等造成的负面影响就称为室外照明的光污染。

（1）射向天空的光　由于室外照明设计不合理，室外照明的光有不少射向目标物以外的地方，其中相当一部分射向天空或由被照物表面（建筑物表面和路面）反射到天空，增大了天空亮度，影响了夜间天文观测。

（2）射向附近区域的光　这些从照明装置散射出来，照射到照明范围以外的光，即溢散光射到附近的建筑物里，将会干扰居住在室内人们的工作与生活；射向驾驶员，将会产生眩光，影响交通安全。

室外照明的光污染不但干扰人们的工作和生活，也造成电能的巨大浪费，且不利于环境保护。为了限制室外照明的光污染，应对室外照明进行合理规划，并采用先进的设计理念和方法，合理选择灯具和光源，妥善布置灯具等方法，把从灯具射出的光方向和范围加以有效控制。

2.3.8 绿色照明工程

绿色照明工程旨在节约资源和保护环境。实施绿色照明工程，就必须树立全民的环境文明意识，节约资源，保护环境，使环境与经济协调发展；同时还要加强领导和管理，在科学地预测和评价的基础上，制定出一整套有效的措施、标准、政策和法规，加大实施绿色照明工程的力度。由此可见，绿色照明工程是一项复杂的社会系统工程；同时，绿色照明工程又是一项复杂的技术系统工程，它包含光源等照明器材的清洁生产、绿色照明、光源等照明器材废弃物的污染防治这三个复杂的子系统。总之，绿色照明工程是一项复杂的系统工程。

实施绿色照明工程必须采用绿色照明技术。绿色照明技术就是把绿色技术用于照明工程中的一种技术，而绿色技术则是根据环境价值并利用现代科学技术的全部潜力的技术。绿色技术的内涵广泛，不但包含高新技术，而且还包含行之有效的传统的“低技术”。因此在绿色照明技术中不但包含了已有的照明节能的成功经验和方法，而且还强调了采用一切科学技术的潜力来节约资源和保护环境。

在制造光源等照明器材时应采用绿色照明技术，生产出高效节能的、不污染环境的光源等照明器材；而当光源等照明器材废弃后，要便于回收和综合利用，尽量使废弃物变成二次资源，此外还要采用固体废物污染防治新技术，使其对环境无害。在照明过程中也要做到节约资源和保护环境，即要达到绿色照明的要求。绿色照明是节约能源、保护环境，有益于提高人们生产、工作、学习效率和生活质量，保护身心健康的照明。它的目的是使照明达到高效、节能、安全、舒适和有益于环境。绿色照明包含的具体内容是：照明节能、采光节能、管理节能、污染防止和安全舒适照明。为了达到节能目的，就必须采用照明功率密度值进行评价。

2.3.8.1 照明功率密度值

照明功率密度值（lighting power density，简写为 *LPD*，单位：W/m^2），指单位面积上的照明安装功率（包括光源、镇流器或变压器），是照明节能的评价指标。国家标准规定的建筑照明功率密度值见表2.3-32、表2.3-33、表2.3-34及表2.3-35。

当工业、居住和公共建筑室内的房间或场所的照度值高于或低于表2.3-32、表2.3-33和表2.3-34的对应照度值时，其照明功率密度值应按比例提高或折减。

2.3.8.2 照明设计节能

照明节能的重点是照明设计节能，即在保证不降低作业的视觉要求的条件下，最有效地利用照明用电。具体措施有：

(1) 采用高光效长寿命光源；

(2) 选用高效灯具，对于气体放电灯还要选用配套的高质量电子镇流器或节能电感镇流器；

(3) 选用配光合理的灯具；

(4) 根据视觉作业要求，确定合理的照明标准值，并选用合适的照明方式；

(5) 室内顶棚、墙面、地面宜采用浅色装饰；

(6) 工业企业的车间，宿舍和住宅等场所的照明用电均应单独计量；

(7) 大面积使用普通镇流器的气体放电灯的场所，宜在灯具附近单独装设补偿电容器，使功率因数提高至0.85以上；并减少非线性电路元件——气体放电灯产生的高次谐波对电网的污染，改善电网波形；

(8) 室内照明线路宜细，多设开关，位置适当，便于分区开关灯；

(9) 室外照明宜采用自动控制方式或智能照明控制方式等节电措施；

(10) 近窗的灯具应单设开关，并采用自动控制方式或智能照明控制方式，充分利用天然光。

在白昼时间，应大力提倡室内充分利用安全的清洁光源——天然光，这是一项十分重要的节能措施。为此，在进行采光设计时应充分考虑当地的光气候情况，充分利用天然光；还应利用采光新技术，在充分利用天空漫射光的同时，尽可能利用日光采光，以改善室内光环境，进一步提高采光节能效果。

工业建筑照明功率密度值 **表2.3-32**

房间或场所		*LPD* (W/m^2)		对应照度值 (lx)
		现行值	目标值	
1. 通用房间或场所				
试验室	一般	11	9	300
	精细	18	15	500
检验	一般	11	9	300
	精细、有颜色要求	27	23	750
计量室，测量室		18	15	500
变、配电站	配电装置室	8	7	200
	变压器室	5	4	100
电源设备室，发电机室		8	7	200

续表

房间或场所		LPD（W/m²）现行值	LPD（W/m²）目标值	对应照度值（lx）
控制室	一般控制室	11	9	300
	主控制室	18	15	500
电话站、网络中心、计算机站		18	15	500
动力站	风机房、空调机房	5	4	100
	泵 房	5	4	100
	冷冻站	8	7	150
	压缩空气站	8	7	150
	锅炉房、煤气站的操作层	6	5	100
仓库	大件库（如钢坯、钢材、大成品、气瓶）	3	3	50
	一般件库	5	4	100
	精细件库（如工具、小零件）	8	7	200
车辆加油站		6	5	100
2. 机、电工业				
机械加工	粗加工	8	7	200
	一般加工，公差≥0.1mm	12	11	300
	精密加工，公差<0.1mm	19	17	500
机电、仪表装配	大 件	8	7	200
	一般件	12	11	300
	精 密	19	17	500
	特精密	27	24	750
电线、电缆制造		12	11	300
线圈绕制	大线圈	12	11	300
	中等线圈	19	17	500
	精细线圈	27	24	750
线圈浇注		12	11	300
焊接	一 般	8	7	200
	精 密	12	11	300
钣 金		12	11	300
冲压、剪切		12	11	300
热处理		8	7	200
铸造	熔化、浇铸	9	8	200
	造型	13	12	300
精密铸造的制模、脱壳		19	17	500
锻 工		9	8	200
电 镀		13	12	300
喷漆	一 般	15	14	300
	精 细	25	23	500
酸洗、腐蚀、清洗		15	14	300
抛光	一般装饰性	13	12	300
	精 细	20	18	500
复合材料加工、铺叠、装饰		19	17	500
机电修理	一 般	8	7	200
	精 密	12	11	300

居住建筑每户照明功率密度值　　表2.3-33

房间或场所	LPD（W/m²）		对应照度值（lx）
	现行值	目标值	
起居室	7	6	100
卧　室			75
餐　厅			150
厨　房			100
卫生间			100

公共建筑照明功率密度值　　表2.3-34

建筑类型	房间或场所	LPD（W/m²）		照度标准值（lx）
		现行值	目标值	
办公建筑	普通办公室	11	9	300
	高档办公室、设计室	18	15	500
	会议室	11	9	300
	营业厅	13	11	300
	文件整理、复印、发行室	11	9	300
	档案室	8	7	200
商业建筑	一般商店营业厅	12	10	300
	高档商店营业厅	19	16	500
	一般超市营业厅	13	11	300
	高档超市营业厅	20	17	500
学校建筑	教室、阅览室	11	9	300
	实验室	11	9	300
	美术教室	18	15	500
	多媒体教室	11	9	300

室外建筑物立面照明功率密度值　　表2.3-35

立面光反射比	暗背景		一般背景		亮背景	
	照度（lx）	LPD（W/m²）	照度（lx）	LPD（W/m²）	照度（lx）	LPD（W/m²）
0.60～0.80	20	0.87	35	1.53	50	2.17
0.30～0.50	35	1.53	65	2.89	85	3.78

在进行照明设计时，宜采用建筑光学软件模拟室内天然采光和电光源照明场景，并不断优化照明设计方案，实现照明设计节能的目的。

2.3.8.3　管理节能

照明管理同样需要采用绿色照明技术，应研制智能化照明管理系统，创造出安全舒适的光环境，提高工作效率，节约电能；同时还要制订有效的管理措施和相应的法规、政策，达到管理节能的目的。

为此，应建立的照明运行维护和管理制度如下：

（1）有专业人员负责照明维修和安全检查并做好维护记录，专职或兼职人员负责照明运行；

（2）建立清洁光源、灯具的制度，根据标准规定的次数定期进行擦拭；

（3）宜按照光源的寿命或点亮时间，维持平均照度，定期更换光源；

（4）更换光源时，应采用与原设计或实际安装相同的光源，不得任意更换光源的主要性能参数；

（5）重要大型建筑的主要场所的照明设施，应进行定期巡视和照度的检查测试。

在采光、照明过程中，还要防止电网污染、防止过热、防止眩光、防止紫外线和防止光污染，提高光环境质量，节约资源。

在大力开展绿色照明工程的同时，还应该强调发展生产和经济，兼顾经济效益、环境效益和社会效益，实现经济可持续发展。

复习思考题

（1）扁圆形吸顶灯与工作点的布置见图2.3－13，但灯至工作面的距离为2.0m，灯具内光源为60W的白炽灯，求P_1、P_2点照度。

（2）条件同上，但工作面为倾斜面，即以每个计算点为准，均向左倾斜，且与水平面成30°倾角，求P_1、P_2点照度。

（3）设有一大宴会厅尺寸为50m×30m×6m，室内表面光反射比：顶棚0.7，墙面0.5，地面0.2，求出需要的光源数量和功率，并绘出灯具布置的平、剖面图。

（4）展览馆展厅尺寸为30m×12m×4.2m，室内表面光反射比：顶棚0.7，墙面0.5，地面0.2，两侧设有侧窗（所需面积自行确定）。确定所需光源数量和功率，并绘出灯具布置的平、剖面图。

（5）什么是绿色照明工程？如何加大实施绿色照明工程的力度？

第2.3章注释

①气体放电灯随着电压周期性变化，光通也周期性地产生强弱变化，在以一定频率变化的光照射下，观察到物体运动显现出不同于其实际运动的现象，称为频闪效应。

②在气体放电灯中，由于管壁温度而建立发光电弧，其发光管表面负载超过$3W/cm^2$的放电灯称为高强度气体放电灯。

③辉光放电是小电流高电压的放电现象，阴极发射电子主要是靠正离子轰击产生。

④弧光放电是大电流低电压的放电现象，阴极发射电子主要靠热电子发射产生。

⑤美国关于灯具的定义包括光源；其实在介绍灯具的配光曲线时，就应该包括光源。

⑥漫射型灯具亦可称为均匀扩散型灯具或称为直接——间接型灯具。

⑦作业面——在其表面上进行工作的平面。

⑧参考平面——测试或规定照度的平面。

第 3 篇 建筑声学

Part III Architectural Acoustics

人们所处的各种空间环境，总是伴随着一定的声环境。任何其他形式的能量都不像声音这样遍及于人们生活的各个方面。也正是主要依靠了语言的交流，人类的知识、文明才得以传承和积累。在各种声环境中，包括了需要听闻的声音和不需要听闻的声音。人们对需要的声音，总是希望听得清楚、听得好，对不需要的声音，则要求尽可能地降低，以减少其干扰和对身心健康的影响。

对建筑声环境的研究和实践可以追溯到 19 世纪末，美国科学家赛宾（W. C. Sabine）提出的混响时间，一直是评价室内音质的重要指标，并且是迄今为止能由建筑师与声学设计人员共同方便地把握的一个物理参量。随着实践经验的积累和研究的深入，人们还在不断探讨新的评价量及其与建筑空间设计的关系。

排除不需要的声音干扰，是建筑声环境设计要解决的另一个方面的问题。噪声已经成为全社会日益关心的环境污染问题之一。现在，人们不仅希望减少噪声的干扰，还期待有宜人的声景。原先以建筑空间内部声学问题为主的建筑声学，已扩展为现今的环境声学。

本篇介绍与人们对声音感受相关的基本知识，声环境控制的技术措施，以及建筑声环境设计。在把声环境品质作为基本功能要求整合到建筑设计、城市规划的方案构思过程中，也拓宽了建筑师、规划师的创作思路。

第 3.1 章　声音的物理性质及人对声音的感受

声音的物理性质是建筑声学最基本的知识。本章介绍声波在户外、室内空间的传播、反射特性，对声音的计量及分析方法，人对声音的感受。

3.1.1　声音　声源　空气中的声波

声音是人耳所感受到的“弹性”介质中振动或压力的迅速而微小的起伏变化。在这里，“弹性”介质，是指在受到振动波干扰后，介质的质点即回到其原来的位置。连续的振动传到人耳将引起耳膜振动，最后通过听觉神经产生声音的感觉。在研究室内声学时，主要涉及经由空气传播的声音；在研究噪声控制时，还须考虑经由固体材料传播的振动。一般说来人们的听闻最终决定于经由空气介质的传播。

人耳不能察觉频率过高的超声和频率过低的次声，我们在讨论中将不涉及这类振动。

声源通常是受到外力作用而产生振动的物体，例如拨动琴弦或运转的机械设备引起与其连接建筑部件的振动；声波也可能因为空气剧烈膨胀等导致的空气扰动所产生。例如汽笛或喷气引擎的尾波。

声音在空气中传播时，传播的只是振动的能量，空气质点并不传到远处去。以振动的扬声器膜向外辐射声音为例，如图 3.1－1 所示，扬声器膜向前振动，引起邻近空气质点的压缩，这种密集的质点层依次传向较远的质点；当扬声器膜向后振动时，扬声器膜另一侧的空气层压缩，邻近质点的疏密状态又依次传向较远的质点。膜片的继续振动使这种密集与稀疏依次扰动空气质点，这就是所谓“行波”。图 3.1－1 表示在某一时刻的这种疏密状态系列，这种压力起伏依次作用于人的耳膜，最终产生了声音感觉。在声音传播途径中任何一处的空气质点，都只是在其原有静止位置（或称平衡位置）两侧来回运动，即仅有行波经过时的扰动而没有空气流动。在通风管道中，声波依然是自声源向远处传播，而与空气的流动方向无关。

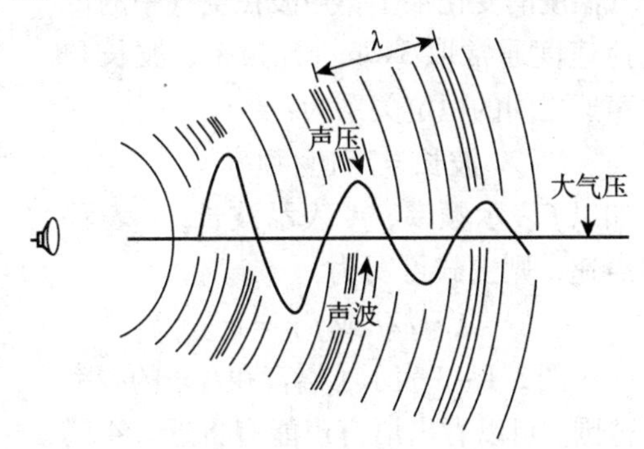

图 3.1－1　扬声器膜辐射的声波

图 3.1－1 还表示出与声源不同距离处的压力变化，中间的一条水平线代表空气处于正常的大气压力，起伏曲线代表因声波经过时压力的增加和

减少，亦即增加或减少的大气压。对于中等响度的声音，这种压力变化仅为正常大气压的百分之一。

一个振动表面不仅向该表面前、后辐射声音，而是向所有的方向辐射声音（参见图3.1－8）。随着压力波的扩展，声波的形状将变成球面。声波在同一时刻到达的球面称为波阵面。声波的传播方向可以用声线表示。球面波的扩展导致了声音强度随着与声源距离的增加而迅速减弱。这种单个声源（或称点声源）的尺度比所辐射的声波波长小得多。人们的嘴、大多数的扬声器、搅拌机、家用电器以及露天建筑工地上使用的许多施工机械等，都属于这一类声源。

如果把许多很靠近的单个声源沿直线排列，就形成了“线声源”，这种声源辐射柱面波。在实际生活中，火车、在干道上行驶的成行的车辆以及在工厂中排列成行的同类型机器就是拉长了的声源。

在靠近一个大的振动表面处，声波接近于平面波，其扩展很小，因而强度减弱也慢；如果把许多距离很近的声源放置在一个平面上，也类似于平面波，这两种情况都接近于“面声源”。一种真正可以称为巨大的面声源的是波涛翻滚的大海，但是从工程的观点来说，有强烈振动和噪声源的工业厂房的墙壁、室内运动场里人群的呼喊等均属于这类声源。

我们涉及的大多数单个声源是向所有方向辐射声音，但是也有不少声源则在某一个方向的辐射有较大的强度，人们嗓音的方向性就是一个代表性的例子。声源的方向性常以“极坐标图”表示，图3.1－2给出了人们嗓音的方向性图，发声者面朝图中的箭头方向，语言的中、高频分布在各个不同方向的强度由曲线表示，可以看出在与发声者相同距离的前、后位置，对于较高频率的语言声，其响亮程度的差别可达1倍以上。同时也说明，声音的频率越高，或者说声源尺寸比声波波长大得越多，声音的方向性就越强。

3.1.2 声音的物理性质与计量

3.1.2.1 频率和频谱

频率决定声音的音调，高频声音是高音调，低频声音是低音调。声速随空气温度的变化很小，声波在空气中的传播速度通常取340m/s，频率、波长和声速之间的恒定关系为：

$$\text{波长}=\text{声速}/\text{频率}$$

如以f表示频率，λ表示波长，c表示声速，则上式可写为：

$$\lambda=c/f \text{ 或 } f\lambda=c$$

图3.1－3表示了语言和音乐的频率范围。可以看出语言声能有将近3/4属于较低频成分的元音，形成了每个人的

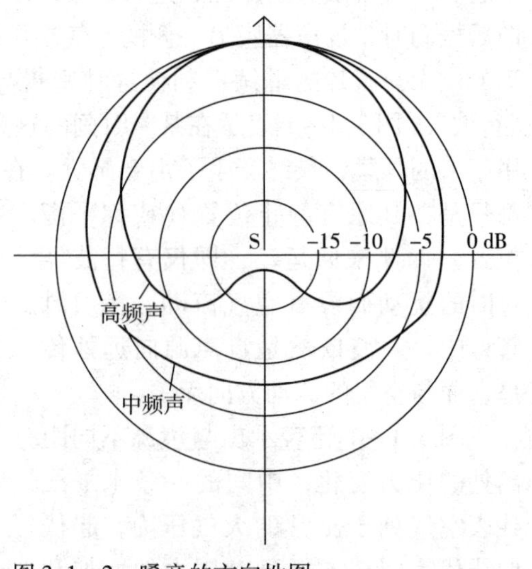

图3.1－2 嗓音的方向性图

语音品质；辅音是语言的高频成分，包含的声能相对较少，但提供了人们的语言清晰度；频率低于500Hz的语声对清晰度的贡献很少。图中还标明正常人耳的听觉范围和声学测量的频率范围。

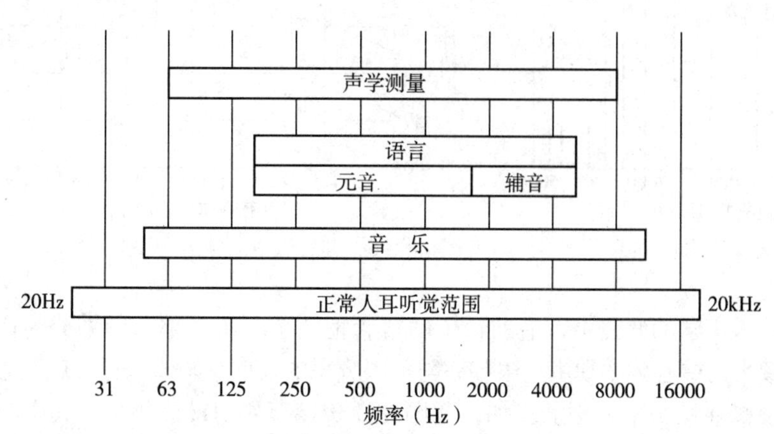

图3.1－3　语言和音乐的频率范围

在房屋建筑中，频率为100～1000Hz的声音很重要，因为它们的波长范围相当于3.4～0.034m，与建筑物内部一些部件的尺度很接近；建筑物内界面的起伏、挑台、梁、柱及其他建筑装修的尺度比声波的波长大或与声波波长接近时，它们对处于上述频率范围的声音才能有效地起反射作用，这一概念对处理扩散声场和布置声学材料（构造）尤为重要。

声音频率与能量的关系用频谱表示。我们熟知的由敲击音叉所听到的单一频率的声音称为纯音。然而由一件乐器发出的声音，往往包含有一系列频率成分，其中最低频率的声音称为基音，人们据以辨别其音调，该频率称为基频；另一些则称为谐音，它们的频率都是这个最低频率的整数倍，这些频率称为谐频，这些谐音的音量一般都比基音弱；它们组合在一起时就决定了声音的音色或音质。借助于这个特性，我们就能够区别不同乐器发出的声音。音乐声只含有基频和谐频，而谐频是基频的整数倍，所以音乐的频谱是由一些离散频率成分形成的谱，即断续的线状谱。图3.1－4为单簧管的频谱图。

建筑声环境大多由复杂的声音构成，并且往往包含了连续的频率成分，因此它们的频谱是连续的曲线。环境噪声包含的有些频率甚至处在人们的可听范围之外。人耳听不出环境噪声中包含有任何谐音或是音调的特征，但这种声音的主要频率是可以辨认的。图3.1－5表示几种噪声的频谱，可以看出电锯噪声在高频部分的能量较多，由此可以预计这类噪声刺耳的特征；此外，由交通噪声的频谱可以了解交通噪声的轰鸣特征。

倍频带：图3.1－3表明正常人耳可听的频率范围相当大（20～20kHz），不可能处理其中某一个的频率，只能将整个可听声音的频率范围划分成为许多频带，以便研究与声源频带有关的建筑材料和围蔽空间的声学特性。

简单地说，频带是两个频率限值之间的连续频率，频带宽度是频率上限值与下限值之差。

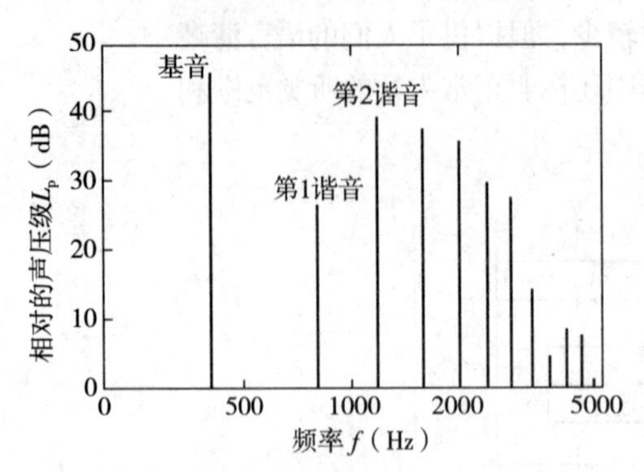

图3.1－4　单簧管的频谱组成

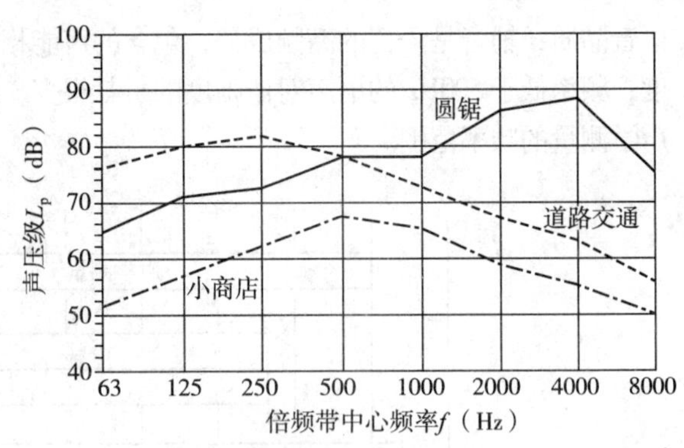

图3.1－5　几种噪声的频谱

在建筑声学的研究中，借助音乐的概念把整个可听频率范围划分为许多倍频带。倍频带的中心频率须由上限频率与下限频率的几何平均值求得，就是上限频率与下限频率乘积的平方根。例如，范围在200Hz至400Hz的频带，其中心频率是283Hz（可由算式$\sqrt{200\times400}$求得）。因为倍频带的上限频率f_u与下限频率f_L之间是2∶1，对于一既定中心频率f_c的上限频率f_u和下限频率f_L，可由下述关系求得：

$$f_u=\sqrt{2}f_c=1.414f_c$$

$$f_L=f_c/\sqrt{2}=0.707f_c$$

就建筑声环境而言，常用的8个倍频带的中心频率是63Hz、125Hz、250Hz、500Hz、1kHz、2kHz、4kHz及8kHz。250Hz以下的倍频带通常称为低频，500Hz至1kHz的倍频带是中频，2kHz以上的倍频带称为高频。图3.1－6表示了频带的划分及建筑声环境常用的测量范围。

1/3倍频带：在某些情况下，为了更仔细地分析与声源频率有关的建筑材料、噪声环境和围蔽空间的声学特性，用1/3倍频带作测量分析。每个倍频带分为3个1/3倍频带，把1/3倍频带中心频率乘1.26就得到相邻较高1/3倍频带中心频率；用1.26除就得到相邻较低的1/3倍频带中心频率。例如，把中心频率为125Hz的倍频带分为3个1/3倍频带时，它们的中心频率分别是100Hz（由125Hz被1.26除）、125Hz及160Hz（由125Hz乘1.26）。各个1/3倍频带中心频率见图3.1－6。

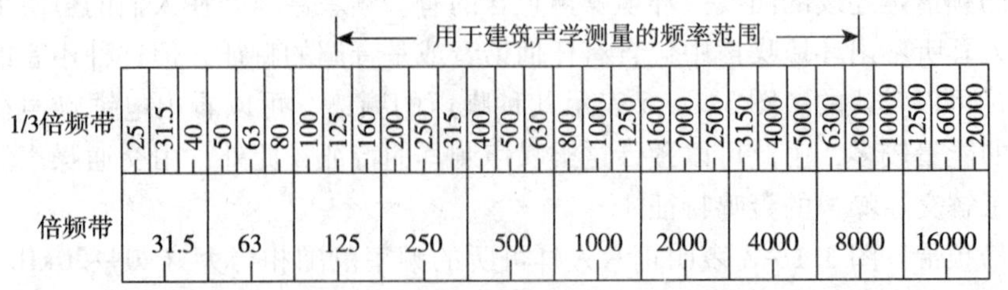

图3.1－6　为了对声音进行测量和分析，将可听声音的频率范围分成倍频带和1/3倍频带

资料来源：William Cavanaugh and Joseph A. Wilkes，Architectural Acoustics［M］，P.7，1999

3.1.2.2　声音的计量

1）声功率　声强　声压

声功率是指声源在单位时间内向外辐射的声音能量，记作 W，单位为瓦（W）或微瓦（μW）。在建筑声学中，对声源辐射的声功率，一般可看作是不随环境条件改变的、属于声源本身的一种特性。

所有声源的平均声功率都是很微小的。一个人在室内讲话，自己感到比较合适时，其声功率大致是10～50μW，400万人同时大声讲话产生的功率只相当于一只40W灯泡的电功率，独唱或一件乐器辐射的声功率为几百至几千微瓦。充分而合理地利用人们讲话、演唱时发出的有限声功率，是建筑声环境设计关注的要素之一。

在声波传播过程中，每单位面积波阵面上通过的声功率称为声强，记为 I，单位是瓦每平方米（W/m^2）。

空气质点由于声波作用而产生振动时所引起的大气压力起伏称为声压，记作 p，单位是牛顿每平方米（N/m^2）。声压和声强有密切的关系，在不受边界影响的情况下（即远离反射或吸收的界面或称自由声场），某点的声强与该点声压的平方成正比，即：

$$I = \frac{p^2}{\rho_0 c} \tag{3.1-1}$$

式中　p——有效声压，N/m^2；

ρ_0——空气密度，kg/m^3，一般为 $1.225kg/m^3$；

c——空气中的声速，m/s。

因此，在自由声场中测得声压和已知的与声源的距离，即可算出该点之声强及声源的声功率。

2）级和分贝

各种声源的声功率差别很大，正常人耳对声音响应的范围也很大，刚刚可以听到的声音强度称为闻阈，经试验决定的闻阈是 $10^{-12}W/m^2$，人耳感觉疼痛的声音强度是 $10W/m^2$。引起人耳听觉系统响应的最强的声音是最弱的声音的 10^{13} 倍，此外，人耳对声音变化的反应不是线性的，而是接近于对数关系，所以对声音的计量用对数标度比较方便。

通常取一个物理量的两个数值之比的对数称为该物理量的"级"，其中被比的数值称为基准量或是参考量。两个相同量的比没有计量单位，所以上述比值的对数是无量纲的量，但是人为地将其定为贝尔（Bel），以承认贝尔（A. G. Bell）发明电话的贡献。由于上述对数比率得到的数值都很小，因而更为常用的量是贝尔的1/10，称为分贝（dB）。

声强级的表示式为：

$$L_I = 10\lg\frac{I}{I_0} \tag{3.1-2}$$

式中　L_I——声强级，dB；

I——所研究的声音的强度，W/m^2；

I_0——基准声强，其值为$10^{-12}W/m^2$。

声压级的表示式为：

$$L_p = 20\lg \frac{p}{p_0} \tag{3.1-3}$$

式中 L_p——声压级，dB；

p——所研究的声音的声压，N/m^2；

P_0——基准声压，其值为$2\times10^{-5}N/m^2$。

声功率级的表示为：

$$L_W = 10\lg \frac{W}{W_0} \tag{3.1-4}$$

式中 L_w——声功率级，dB；

W——所研究的声音的声功率，W；

W_0——基准声功率，其值为$10^{-12}W$。

在一般的建筑声环境条件下，忽略空气特性阻抗（$\rho_0 c$）的影响，认为声强级和声压级的数值近似相等。

【例3.1-1】两个声音的强度分别为$0.0025W/m^2$和$4.5W/m^2$，求它们的声强级。

【解】$L_1 = 10\lg(0.0025/10^{-12}) = 10\lg(2.5\times10^9) = 94dB$

$L_2 = 10\lg(4.5/10^{-12}) = 10\lg(4.5\times10^{12}) = 126.5dB$或127dB

以上举例说明用dB作为声音的计量单位要方便得多。这一比较还可以从图3.1-7增加理解。

对于声压级总是以整数表示，如果声压级改变1dB，人们很难察觉这种变化；人耳能判断的声压级最小变化是3dB，如果变化达到5dB则有明显的感觉。在分贝标度中，声压每加1倍，声压级增加6dB；声压每乘10，声压级增加20dB；声压级每增加10dB，人耳主观听闻的响度大致增加1倍。人们长时间暴露在高于80dB的噪声环境中，有可能导致暂时的或永久的听力损失。

3）组合的声级

对于由多个声源构成的声环境，通常需要依对一些声源的测量数值决定总的声压级；或者某一声环境中，当一个甚至几个已知声压级的声源消除后，需要知道声环境改善结果。

当有两个甚至多个声音同时出现时，其总的声压级不能由各个声音的声压级直接相加求得。不像在房屋建筑中，10层楼房的总高度是由自第1层至第10层，逐层相加得到的总高度。一方面这是由于使用的对数标度值不能算术相加，另一方面声音的组合也与各个声音的特性有关。

几个不同声源同时作用的总声压（有效声压）是各声压的均方根值。即

$$p_{总} = \sqrt{{p_1}^2 + {p_2}^2 + \cdots + {p_n}^2}$$

如果几个声源的声压相等，则总的声压级为：

声压（N/m²）	声强（W/m²）	声强级或声压级（dB）	环境噪声举例
63.2	10	130	痛阈
20	1	120	靠近喷气飞机，在起飞时
6.32	0.1	110	铆接机械
2.0	0.01	100	气锤
0.632	0.001	90	内燃机卡车，在15m远处
0.2	0.0001	80	在1m远处叫喊
0.0632	0.00001	70	繁忙的办公室
0.02	0.000001	60	1m远距离的谈话
0.00632	0.0000001	50	安静的市区，白天
0.002	0.00000001	40	安静的市区，夜间
0.000632	0.000000001	30	安静的郊区，夜间
0.0002	0.0000000001	20	安静的农村
0.0000632	0.00000000001	10	人的呼吸
0.00002	0.000000000001	0	听阈

图3.1－7　一些代表性声源及其声压、声压级和对应的环境噪声举例

$$L_p = 20\lg\frac{\sqrt{n}p}{p_0} = 20\lg\frac{p}{p_0} + 10\lg n$$

如果两个声源的声压相等，则叠加后的总声压级为：

$$L_p = 20\lg\frac{\sqrt{2}p}{p_0} = 20\lg\frac{p}{p_0} + 10\lg 2\text{dB} \tag{3.1-5}$$

声压级相加的简单实用方法包括两个步骤：首先，算出拟相加的两个声压级差；其次，依表3.1－1决定拟加到较高一个声压级上的数值，并算出总声压级。

声压级相加的实用计算表　　**表3.1－1**

声压级差（$\Delta L_p = L_{p1} - L_{p2}$），（dB）	ΔL（加到较大一个声压级 L_{p1} 上的量），（dB）
0～1	3
2～3	2
4～9	1
10及10以上	0

【例3.1－2】 在人行道测得两辆汽车声音的声压级分别是77dB和80dB，它们的总声压级是多少？

【解】 两个声音的声压级差为80－77＝3dB，由表3.1－1可知需加在较高一

个声压级上的量为2dB，所以总声压级为80+2=82dB。

【例3.1-3】决定一个噪声的总声压级。其各个倍频带的声压级如下表。

倍频带中心频率（Hz）	63	125	250	500	1k	2k	4k	8k
声压级（dB）	95	93	70	70	70	60	62	60

【解】按与上例相同的方法，对已知的8个声压级数值两两比较计算，得到的总声压级为97dB。

【例3.1-4】一个工业车间现有的噪声级为87dB，拟在车间新增加5台设备，每台设备噪声的声压级各为80dB。求安装新设备后车间噪声的总声压级。

【解】依（3.1-5）式可以算得新增5台设备的总声压级为80+10lg5=87dB。依表3.1-1可知安装新设备后车间噪声的总声压级为90dB。由前述可知，3dB的增加是人耳判断的最小变化。

以上诸例说明：由许多声音组成的总声压级，并不与组成声源数量多少成比例，随着声压级的相加，各个声源在总的声压级增量中所起的作用逐渐减小；如果两个声音的声压级相等，总声压级比单个的声压级增加3dB；如果有多个声压级相等的声源，组合的声压级比单个声压级增加的dB数是10lgn，此处n为相同的声源数。

利用表3.1-2按与声压级相加的相反步骤，可进行声压级相减的计算。

声压级相减的实用计算表 **表3.1-2**

声压级差（$\Delta L_p = L_{p总} - L_{p背景}$），（dB）	ΔL（从$L_{p总}$上扣除的数），（dB）
0	至少为10
1	7
2	4
3	3
4~5	2
6~9	1
10及10以上	0

【例3.1-5】在一个吵闹车间里测量的总声压级为92dB，当某设备停止运转后，车间里背景噪声的声压级为88dB。求该停运设备在运转时的声压级。

【解】$L_{p总} - L_{p背景} = 92 - 88 = 4$dB，由表3.1-2可知需在总声压级中扣除2dB，所以该设备在运转时的声压级为90dB。

3.1.3 声音在户外的传播

在3.1.1节，我们已经把各种各样的声源归纳为点声源、线声源和面声源，这种分类涉及与距离有关的声源尺寸以及在这一距离范围内声波所起的作用。

3.1.3.1　点声源与平方反比律

点声源的尺度与该声源和测点位置之间的距离相比小得多，一般认为与声源的距离等于或超出声源最大尺度的5倍时，该声源就相当于点声源。事实上当声源与接受点（或测点）的距离足够远时（例如在天空飞行的飞机与地面接收点的关系）都可视为点声源。

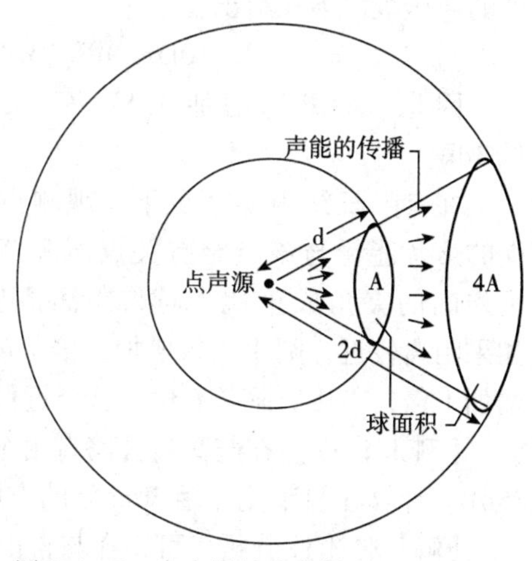

图3.1－8　点声源的声传播

在没有反射的空间（即自由声场），声功率为W的点声源向外辐射的能量呈球状扩展，往所有方向同样地辐射声音。在与声源距离为r处的声强度I的算式是$I=W/4\pi r^2$。因为W和4π都是常数，由该式我们可以看出声强度与距离的平方成反比，即所谓平方反比律。由图3.1－8可见，如果与声源的距离增加1倍，在新的一点处（即在距离为$2r$的点），其声强度是前述点的1/4，因为此时声功率分布的面积增加为4倍。

由$I=W/4\pi r^2$，可以得出在与声源距离为r处的声压级计算式为：

$$L_p=L_w-10\lg4\pi-10\lg r^2=L_w-11-20\lg r\quad \text{dB} \tag{3.1-6}$$

如果在距离为r_1处的声压级为L_{p1}，在距离$r_2=nr_1$处的声压级为L_{p2}，则有

$$L_{p2}=L_{p1}-20\lg\frac{r_2}{r_1}=L_{p1}-20\lg n \tag{3.1-7}$$

由上式可知，与声源的距离每增加1倍，声压级降低6dB。同样，依测量的L_p和r可以用等式（3.1－6）和（3.1－7）决定L_W和L_p。

厂商提供的各种产品的噪声声压级，通常都是在没有反射的空间里、与产品若干距离处（例如1m远）测得的数值。我们可以运用公式（3.1－7）方便地算出在另一距离处该产品噪声的声压级。

【例3.1－6】厂商对真空管吸尘器标明的在没有反射的空间里、使用条件下、1m远处的噪声声压级为80dB，计算在上述同样条件下距离4m远处的噪声声压级。

【解】依（3.1－7）式，$L_{p2}=L_{p1}-20\lg r_2+20\lg r_1$。将已知的相关数值代入，即$L_{p1}=80$，$r_2=4$，$r_1=1$，因此$L_{p2}=80-20\lg4+20\lg1=80-12=68\text{dB}$

3.1.3.2　线声源与反比律

前已述及，线声源是由排列在一条直线上的许多点声源构成。图3.1－9表示无限长的线声源，其单位长度的声功率保持不变。以行驶的一列火车为例，此种声源的波阵面只沿着与其行驶方向垂直的空间范围展开，即围绕线声源呈圆柱面展开。因此，线声源声强度是和与声源的距离成反比，即所谓反比律。当线声

源单位长度的声功率为 W，在与声源距离为 r 处的声强度 I 的算式是 $I=W/2\pi r$，该处的声压级由下式给出：

$$L_p = L_w - 8 - 10\lg r \quad \text{dB} \quad (3.1-8)$$

因此，距离每增加 1 倍，声压级减低 3dB。

在有限长线声源情况下，观测点所接受的声音能量与该点至有关点声源两端点视线间的夹角成正比，而与距离成反比。

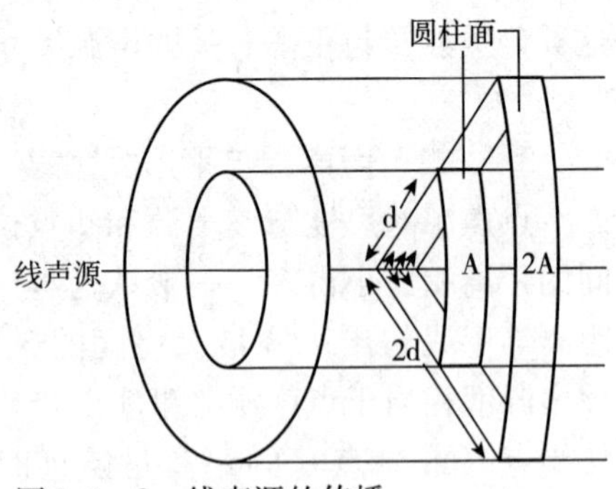

图 3.1－9　线声源的传播

如果距离较近，则距离每增加 1 倍，声压级降低 3dB；如果距离较远，则距离每增加 1 倍，声压级降低 6dB。这个近似可用于估计来自线声源的声压级分布。

【例 3.1－7】 在与高速公路自由车流相距 15m 远处测得的交通噪声声压级为 85dB。计算在与车流相距 30m 处的声压级。

【解】 依上述分析，可知在与自由车流相距 30m 处的声压级为 85－3＝82dB。

3.1.3.3　面声源随距离的衰减

如果观测点与声源的距离比较近，声能没有衰减。但是在远离声源的观测点也会有声压级的降低，降低的数值为 3～6dB。

3.1.4　声波的反射　折射　衍射　扩散　吸收和透射

3.1.4.1　声波的反射

声波在传播过程中遇到介质密度变化时，会有声音的反射。房间界面对在室内空气中传播的声波反射情况取决于其表面的性质。

1）平面的反射

图 3.1－10 表示大而平的光滑表面对声音反射的情况，反射的声波都呈球状分布，它们的曲率中心是声源的“像”，即与平方反比定律一致（见图 3.1－8）。因此，反射声强度取决于它们与“像”的距离以及反射表面对声音的吸收程度。

2）曲面的反射

弯曲表面对声音的反射仍然用声线表示声波的传播方向，图 3.1－11（*a*）表示由平面反射的声线是来自“像”声源的射线，呈辐射状分布，入射线、反射线和反射面的法线在同一平面内，入射线和反射线分别在法线的两侧，入射角等于反射角。图 3.1－11（*b*）表示投射到凸曲面上的声线都分别被反射，反射波的波阵面并不是圆的一部分，而是必须由画总长度相等的各条声线求得。

图 3.1－12、图 3.1－13 及图 3.1－14 是对由平面、凸曲面及凹曲面形成的反射声线及波阵面的比较。从声源到反射面的距离都相等，所分析的入射声波立体角相同，所画的波阵面的时间间隔也相同。可以看出，来自凸曲面的波阵面比来自平面的波阵面大得多，而来自凹曲面的波阵面则小得多，并且缩小了。因此，与平的反射面相比，凸曲面反射声的强度较弱，凹曲面反射声的强度较强。

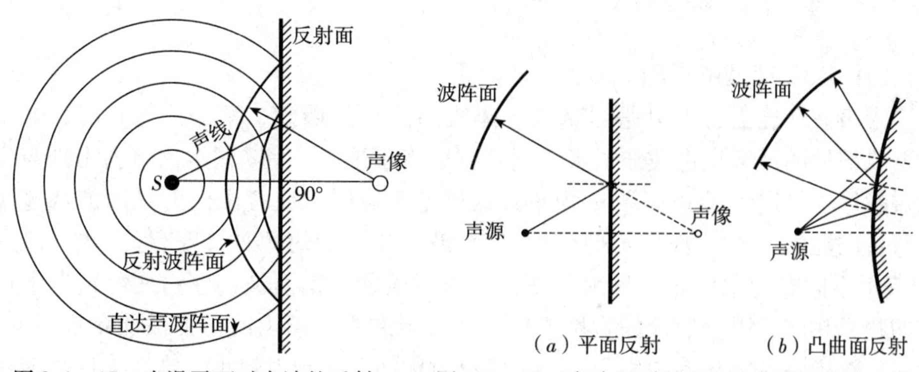

图3.1-10　光滑平面对声波的反射　　图3.1-11　声波遇到平面和凸曲面反射的比较

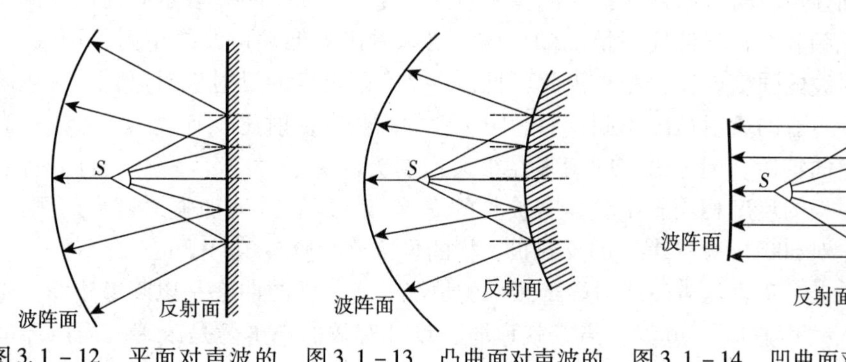

图3.1-12　平面对声波的反射　　图3.1-13　凸曲面对声波的反射　　图3.1-14　凹曲面对声波的反射

3.1.4.2　声波的折射

声波在传播过程中，遇到不同介质的分界面时，除了反射外，还会发生折射，从而改变声波的传播方向。即使在空气中传播，随着离地面高度不同而存在的气温变化，也会改变声波的传播方向。白天近地面处的气温较高，声速较大，声速随离地面高度的增加而减小导致声音传播方向向上弯曲；夜晚地面温度较低，声速随离地面高度的增加而增加，声波的传播方向向下弯曲，这也是在夜晚声波传播得比较远的原因。此外，空气中各处风速的不同也会改变声波的传播方向，声波顺风传播时声线方向向下弯曲；逆风传播时的方向向上弯曲，并产生声影区。

在实际情况下，很难严格区分温度与风的影响，因为它们往往同时存在，且二者的组合情况千变万化，还会受到其他因素的影响。

在设计工业厂房时，如果已经知道这种厂房有明显的干扰噪声，并且厂址又选在居住区附近，就需要考虑常年主导风向对声传播的影响；在做新的城市郊区和城镇规划时，更应强调这方面的要求。建造露天剧场时，可以利用在白天因温度差导致的声波传播方向向上弯曲的特点，以便加强后部座位所接受的来自舞台的声音；采用成排的台阶式坐席，使台阶的升起坡度与声波向上折射的角度大致吻合，就可以达到这样的效果。

3.1.4.3 声波的衍射

当声波在传播过程中遇到障壁或建筑部件（如墙角、梁、柱等）时，如果障壁或部件的尺度比声波波长大，则其背后将出现“声影”，然而也会出现声音绕过障壁边缘进入“声影”的现象，这就是声衍射。或者说衍射是声波绕过障壁弯折的能力。声波进入声影区的程度与波长和障壁的相对尺度有关。图3.1－15表示不同宽度的反射板反射的声波及边缘引起的衍射波，在这两种情况下声波的频率相同，因反射板的宽度不同，从反射波中分离出的衍射波能量也不同。所以，对于一既定频率的声音，小尺度反射板的反射能力较小，当在大厅里使用反射板加强声音时，必须考虑它们有适当的尺度。图3.1－16表示同样尺度的反射板对低频和高频声波反射情况的比较，可以看出对低频声波的衍射作用较大，因此反射波的强度就比较小。由此可见，一个有限尺度的反射板对语言、音乐等复合频率声音的反射情况不同，对其中包含的高频声反射比较有效，或者说对高频声有定向特性。因为语言的清晰在很大程度上取决于对中、高频声音的听闻，如果反射板的尺度相当于中频声音波长的5倍，就能有效地加强语言声。例如，打算用作对500Hz频率声音的反射板，板的尺度至少应有3m×3m。

图3.1－17表示声波绕过障壁顶部的情况。衍射波的曲率是以障壁边缘为中心，进入“声影区”愈深，声音就愈弱，设计有效的声屏障是改善人居声环境

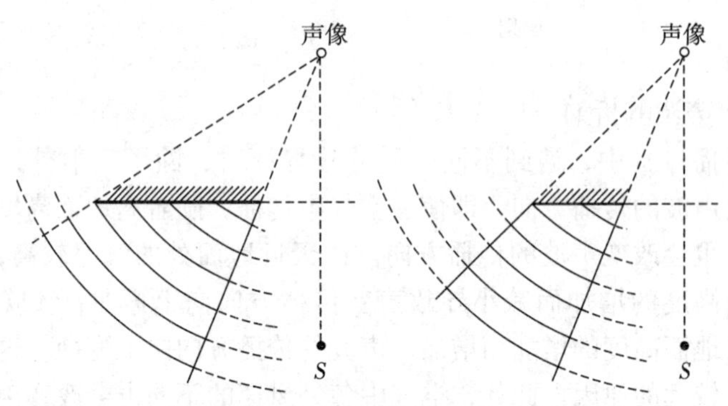

图3.1－15 声波遇到不同尺寸障板产生的反射和衍射

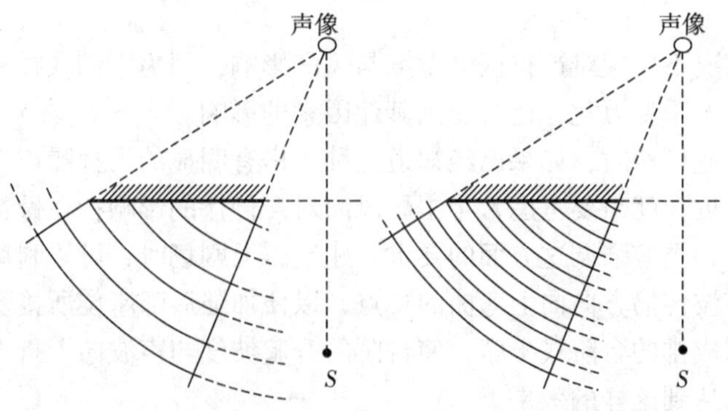

图3.1－16 相同尺寸的反射板对不同频率声波的反射

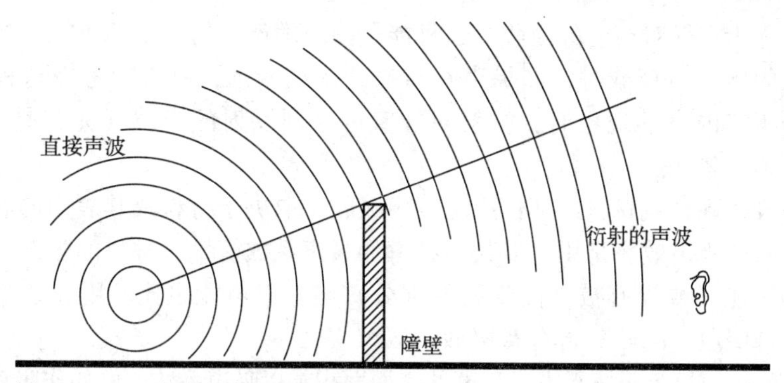

图 3.1-17 声波自障壁顶部的衍射

的主要措施之一。建筑空间里的一些构件及变化尺度（例如柱、梁、低的隔断以及眺台等）与声波的波长具有相同的数量级，在室内音质设计中不可忽视“声影”的影响。

3.1.4.4 声波的扩散反射

声波在传播过程中，如果遇到表面有凸凹变化的反射面，就会被分解成许多小的比较弱的反射声波，这种现象称为扩散反射。扩散反射类似于粗糙的粉刷墙面或磨砂玻璃表面对光的反射。导致声波扩散反射的表面必须很不规则，其不规则的尺度与声波波长相当。

图 3.1-18 分析了一个表面具有约 0.3m 凸凹变化的表面对不同频率声音的反射情况。对于频率为 100Hz 的声音，该表面将导致定向反射，因为声音的波长比表面的不规则尺度大得多，换句话说，对于 100Hz 的声音，这种表面仍然如同光滑的表面，见图 3.1-18 (*a*)。对于频率为 1kHz 的声音，则导致了扩散反射，见图 3.1-18 (*b*)。对于频率为 500Hz 的声音，这种表面将导致部分扩散反射和部分定向反射。对于 10kHz 频率的声音，其波长接近于 34mm，表面的各个局部的不规则尺度，已经大到足以起定向反射的作用，声音被这些局部表面定向反射，但从整个表面而言，提供的是不规则反射，见图 3.1-18 (*c*)。在室内音质设计中，扩散反射是考虑的重要因素之一。

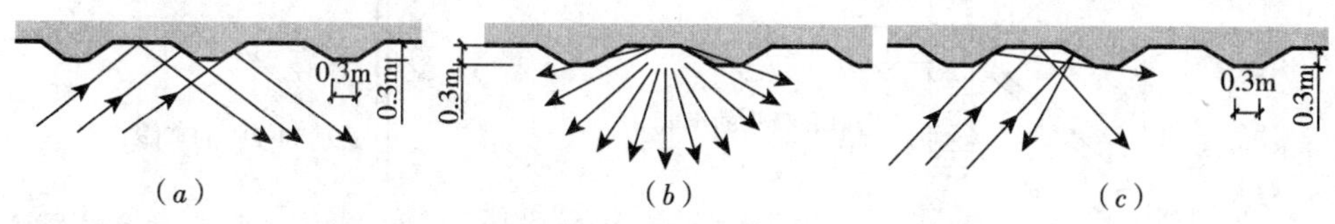

图 3.1-18 一种不规则表面对不同频率声波的反射比较
(*a*) 对频率为 100Hz 声音的定向反射［声音的波长（3.4m）远远大于表面的不规则性］；(*b*) 对频率为 1kHz 声音的扩散反射［声音的波长（0.34m）与表面不规则的尺度相当］；(*c*) 对频率为 10kHz 声音的定向反射［声音的波长（34mm）远远小于表面不规则的尺度，这是由各表面产生的定向反射］

3.1.4.5 声波的吸收

声波在空气中传播时，由于振动的空气质点之间摩擦使一小部分声能转化为热能，常称为空气对声能的吸收。这种能量损失随声波的频率而不同，当研究声音随距离的增加而衰减时，如果声音传播的距离较远，就必须考虑这种附加损失。在分析室内声学现象时，空气对在室内来回反射的声波（尤其是高频声）的吸收也不可忽视。

声波投射到建筑材料或部件引起的声吸收，取决于材料及其表面的状况、构造等。材料的吸声效率是用它对某一频率的吸声系数衡量。材料的吸声系数是指被吸收的声能（或没有被表面反射的部分）与入射声能之比，用 α 表示。如果声音被全部吸收，$\alpha=1$；部分被吸收，$\alpha<1$。

材料的吸声量等于按平方米计算的表面面积乘以吸声系数。例如作吸声处理所使用的材料面积 $S=10\text{m}^2$，其吸声系数 $\alpha=0.6$，则吸声量 $S\alpha=10\times0.6\text{m}^2$，即相当于$6\text{m}^2$ 吸声系数等于1的吸声材料。对于一樘打开的窗，因投射到窗口的声能全被传到室外，所以打开的窗的 $\alpha=1$；这里的分析没有考虑窗边缘对声波的衍射。

3.1.4.6　声波的透射

声波入射到建筑材料或建筑部件时，除了被反射、吸收的能量外，还有一部分声能透过建筑部件传播到另一侧空间去，如图3.1－19所示。入射声能经部件透射的部分用透射系数τ表示，由部件反射的部分用反射系数ρ表示。因为反射、吸收和透射的能量之和必定等于入射声能，下述关系式必定成立：

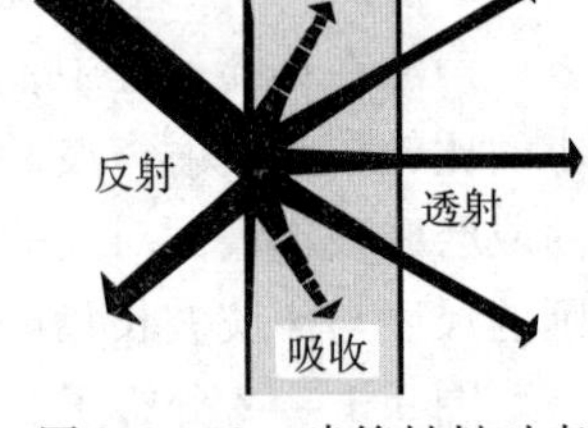

图3.1－19　建筑材料对声波的反射、吸收和透射

$$\rho+\alpha+\tau=1$$

建筑材料或部件的面密度（即单位面积重量）是影响反射、吸收和透射最重要的因素。厚重部件都是较好的反射面，可比轻质部件提供更多的反射，所以透射的声能也较少；因此厚重部件的 ρ 值较大，τ值较小，见图3.1－20。

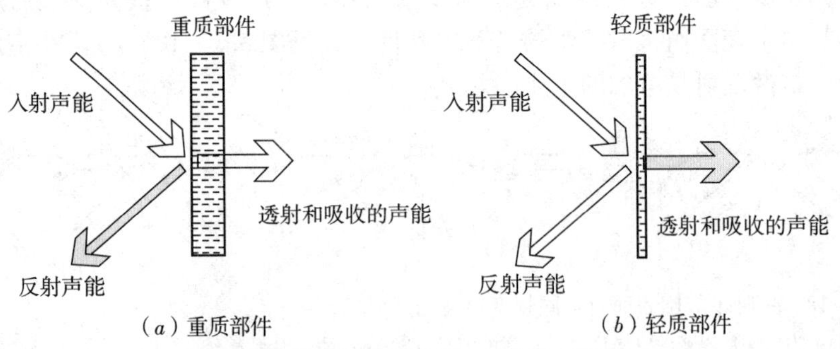

（a）重质部件　　（b）轻质部件

图3.1－20　不同面密度部件对声音的反射、透射和吸收

如果我们考虑某一围蔽空间界面对声音的反射、吸收和透射情况，由于吸收和透射都是该围蔽空间里失去的声能，在这种情况下，吸声系数是不被界面反射的声能与入射声能的比值，即此时的吸声系数 α 包含了透射系数τ，前述对打开的窗的吸声系数定为1，正是基于同样的分析。

3.1.5 声音在围蔽空间内的传播

当声源在围蔽空间辐射声波时，其传播规律比在户外复杂得多。如果声源稳定地辐射声波，则在声源开始辐射后，空间内的声能增长；当声源辐射的能量与被吸收（包括围蔽界面及空气吸收）的能量达到动态平衡时，空间内声压达到稳定值（不同位置的数值可能不同）；当声源停止辐射，空间内的声能逐渐减弱。如果声源具有脉冲时间特性，在室内某点将接受到直接传来的直达脉冲和一系列反射脉冲声。

3.1.5.1 驻波和房间共振

简单地说，驻波是驻定的声压起伏，图3.1－21可以解释这种现象。第一个图表示在自由声场中传播的声波。当在传播方向遇到垂直的刚性反射面时，用声压表示的入射波在反射时没有振幅和相位的改变，入射波和反射波的相互干涉，形成了驻波。下面几个图表示在传播途径中遇到刚性反射界面后对声波的影响。

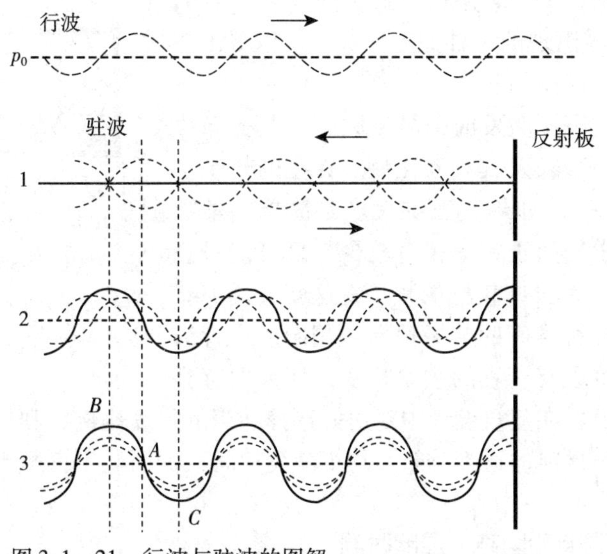

图3.1－21 行波与驻波的图解

在第一个时刻，折回的反射波引起的压力起伏与入射波抵消，也就是声压的瞬间消失，以水平实线表示。

在第二个时刻，入射声波与反射声波并不完全抵消，它们引起的声压起伏如图中的实线所示。

在第三个时刻，入射声波与反射声波的叠加达到最大，同样以实线表示。

比较这三个图中的实线就可以看出，在A点总是没有声压，而在B点和C点，则有随传播过程持续进行的声压起伏；换句话说，在A点（自反射面起，1/4波长和1/4波长的奇数倍）空气总是处于正常大气压情况下，也就是没有声压，而在B点和C点则有声波引起的压力变化，如果遇到的是全反射界面，这些压力的变化将相当于原来传播声波振幅的两倍。

如果声音是在一对相互平行的、间距正好是半波长整数倍的界面（例如围蔽空间的两个墙面）之间来回反射，上述过程将在两反射面之间重复出现。因此，声音强弱的变化取决于人们的听闻位置，对于较高频率的声音，仅仅是听者头部的移动，就能感觉到声音响度的起伏。

围蔽空间是复杂的共振系统，不只有上述的一维驻波（或称简正振动、简正波），还有可能产生二维的切向驻波和三维的斜向驻波。对于一个矩形围蔽空间，其简正频率的计算式为：

$$f_{nx,ny,nz}=\frac{c}{2}\sqrt{\left(\frac{n_x}{L_x}\right)^2+\left(\frac{n_y}{L_y}\right)^2+\left(\frac{n_z}{L_z}\right)^2} \tag{3.1-9}$$

式中 $f_{nx,ny,nz}$——简正频率，Hz；

L_x，L_y，L_z——分别为房间的三个边长，m；

n_x，n_y，n_z——分别为任意正整数；

c——空气中的声速，m/s。

可以看出，只要n_x，n_y，n_z不全为零，就是一种振动方式。图3.1-22是在矩形房间里当$n_x\neq0$，而n_y及n_z均为零出现的一种振动方式，可以看出在室内确定位置上声压的起伏变化。

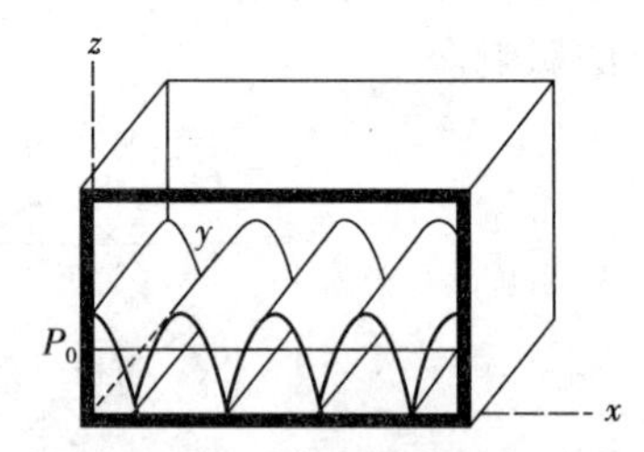

图3.1-22 在矩形房间里，当$n_x\neq0$时形成的一种驻波导致固定位置出现的声压起伏

资料来源：Marshall long，Architectural Acoustics [M]，P.295，2006

当房间受到声源激发时，简正频率及其分布决定于房间的三个边长及其相互比例。在小的建筑空间（例如录音室），如果其三维尺度是简单的整数比。则可被激发的简正频率相对较少并且可能只叠合（或称简并）在某些较低的频率，这就会使那些与简正频率（或称房间的共振频率）相同的声音被大大加强，导致原有声音的频率畸变，使人们感到听闻的声音失真。在建筑设计中对房间选择适当的尺度比例，利用不规则表面作声扩散以及吸声材料的适当分布，均可减少房间共振引起不良影响。

3.1.5.2 混响和回声 混响时间

1）混响和回声

人们很容易区分在室内听闻的声音与在室外的不同。因为室内的声音包括了从房间表面来回的反射，而室外的声音只是离开声源自由传播。围蔽空间的特征（诸如形状，空间容积，围蔽部件表面及空间内其他物件的吸收、反射等）对声压级和声音品质都有重要的影响。

以在一个大房间里捅破吹胀的气球所听到的声音为例，除在捅破气球瞬间听到很强的直达声外，还感觉声音没有立即消失。这是因为在捅破气球的瞬间，声音就往各个方向传播并到达各表面，并由各表面反射和再反射。图3.1-23表示在房间里发出一个脉冲声可能出现的情况。在S点发出的脉冲声首先经由直接途径（图中的粗实线）到达听者，随后是有不同延迟时间的来自墙面、地面和顶棚（图中的细实线）的 6 个一次反射声，还有延时更长的 6 个反射声（图中的虚线），这个过程将一直持续到因吸收衰减使声音减弱得听不到，即混响停止。

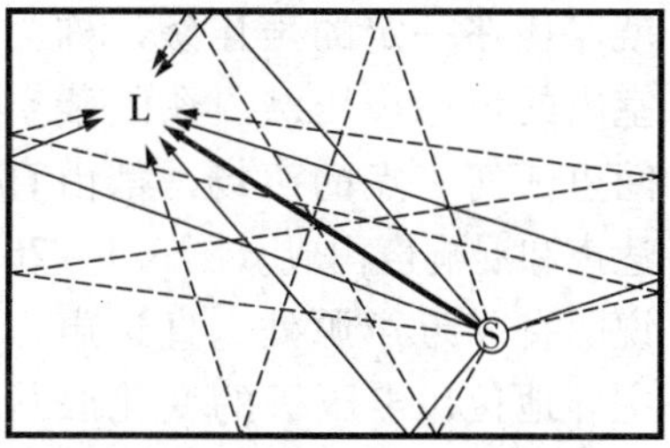

图 3.1－23　声波在围蔽空间里的反射

假设房间所有 6 个界面的反射能力相同，则反射声到达接收点的延时愈长，声音的强度也愈弱，这些反射声因经历的路程较长且与界面的接触次数较多而减弱了；换句话说，人们在室内听到的是声脉冲以及随之而来的一系列弱的反射声。通常因为人们所接收的相继到达的反射声之间时差很短，在大多数情况下，人们听到的混响如同原来声音的延长，分辨不出是不连续声音的系列。如图 3.1－24 所示。因此，混响是在声源停止发声后，声音由于多次反射或散射延续的现象；或者说声源停止发生后，由于多次反射或散射而延续的声音。图 3.1－24 最重要的特征是说明连续反射的声能量平滑地减少，因而察觉不出单个的反射声，并且有助于加强直达声。

人们的听觉系统把连续的反射声整合在一起的能力有限，大小和时差都大到足以能和直达声区别开的反射声就是回声。在图 3.1－25 表示的总混响过程中，可以辨认出两个回声。回声干扰听闻，是在室内音质设计中不希望出现的声学缺陷。在两平行的反射墙面之间的一个脉冲声还可能引起一连串紧跟着的反射脉冲声，对这种有规律出现的回声称为颤动回声，也是声学设计中应避免的缺陷。

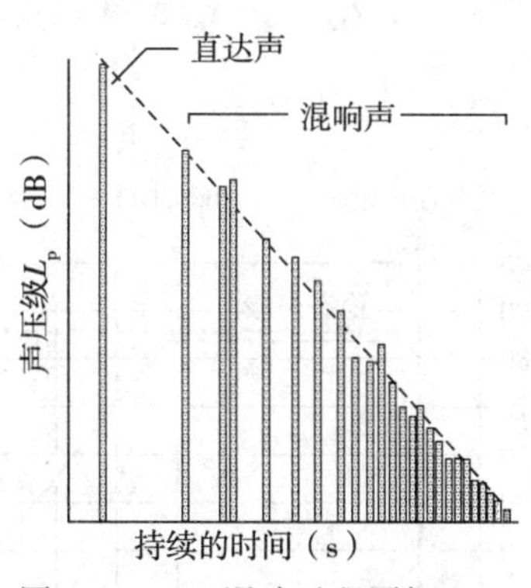

图 3.1－24　混响过程图解

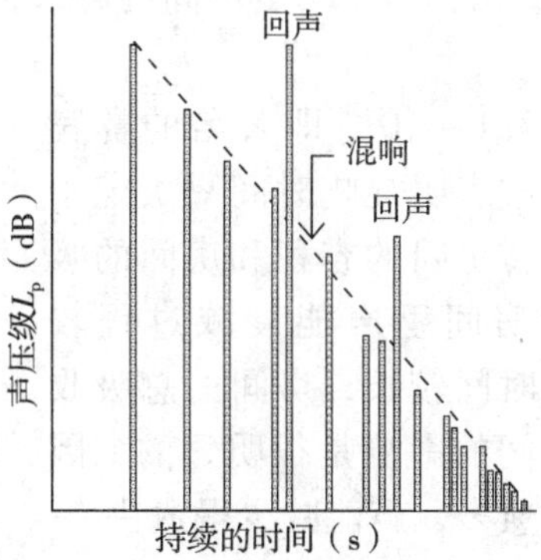

图 3.1－25　混响与回声的区别

2）混响时间

“弹性”介质中有声波存在的区域称为声场。如果在围蔽空间里发出一个连续的声音，人们首先听到直接传来的声音，其声压级与在户外空间听到的声音一样；然而由于还接受到随之而来的一系列反射声波，声音就立即加强了。声场将由直达声和不同延时的混响声“建立”起来，直至房间对声能的吸收与声源发出的能量相等，这时室内声能达到稳定状态。只要在室内持续发声，室内的声音就保持在一定的声压级，称为室内的稳态声压级。在围蔽空间里任何一点的声场，都由直达声和混响声构成。图3.1－26说明在靠近声源处，直达声占主导地位，声压级的变化服从平方反比律；在与声源距离较远处，反射声占主导地位，声压级是常数。

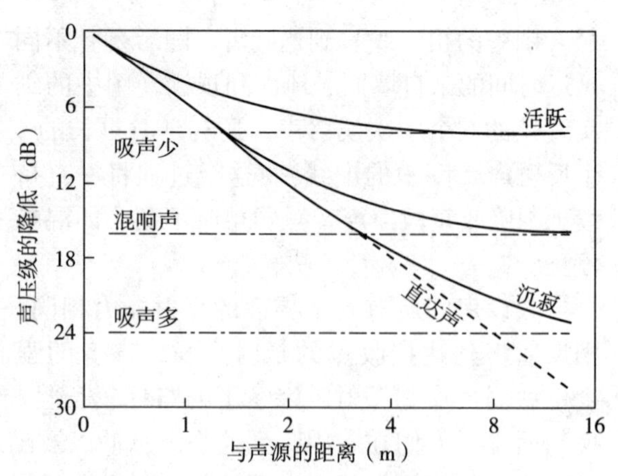

图3.1－26　点声源在室内的声压级衰减

如果上述声源停止发声，我们可以从图3.1－27得知围蔽空间里声场的衰变过程。一个世纪前，赛宾把这一衰变率定义为混响时间，并确定为：在声源停止发声后，声音自稳态声压级衰减60dB所经历的时间。根据对不同类型大厅的广泛测量和分析，赛宾得到了混响时间和房间参数的下述关系：

$$T_{60}=\frac{0.161V}{A} \tag{3.1-10}$$

式中　T_{60}——混响时间，s；

V——房间容积，m^3；

$A=\sum S\alpha$——房间的总吸声量，m^2。

计算式（3.1－10）中的A由下式给出

$$A = S_1\alpha_1 + S_2\alpha_2 + \cdots\cdots + S_n\alpha_n = \sum S\alpha$$

式中　S_1，S_2，……S_n是房间的各表面面积；α_1，α_2……α_n是相应表面的吸声系数。

式（3.1－10）即著名的赛宾公式。该式表明混响时间只决定于两个参数：房间的容积和房间的吸收。在大房间里声能衰减过程较慢，混响时间较长；房间的总吸收对混响时间的影响是很明显的，因为吸收得愈多，声能减少得愈快。

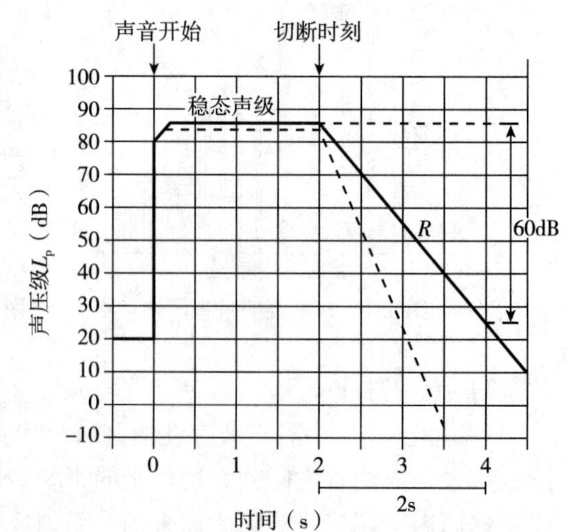

图3.1－27　围蔽空间内声音的增长、稳态和衰减过程

事实上，声波在室内两次反射之间经过距离的平均值（即平均自由程）由$4V/S$给出，其中S是房间的总表面积，V是房间容积。在赛宾公式的数学推导中，平均自由程是一个重要的概念。

赛宾把混响时间确定为衰减60dB经历的时间完全是任意的。在赛宾的研究年代，没有现今的声学测量设备，赛宾凭耳朵听管风琴发出的声音，用秒表记录，直至听不见。在他的实验中，60dB 代表了由管风琴产生的声音被背景噪声级掩盖时的声压级差。

赛宾公式是建立在室内声场扩散的基础上，因而该式的运用有一定限制。例如一个尺寸为 6m×5m×4m（高）的房间，如果各个表面对入射的声能完全吸收（即$\sum S\alpha=0$），是一个“沉寂”的房间（即消声室）。把上述数据代入（3.1－10）式，得到的混响时间并不是 0 值。出现这样的计算结果是因为“沉寂”空间里的声场，由声源到达听者的声音只有一个方向，与扩散条件比较相差很远。

为了有一定程度的扩散，围蔽空间在声学上必须是“活跃”的，即房间表面要有相当的反射率。如果房间表面的平均吸声系数达到 0.2 或稍少一点，一般认为这种房间是“活跃”的。换句话说，赛宾公式限用于平均吸声系数 $\bar{\alpha}\leqslant 0.2$ 的房间。如果房间表面都是很好的反射面（即 $\bar{\alpha}=0$），正如所预计的，依式（3.1－10）计算的混响时间是无限长。

一般的讲演厅、会堂等可以认为是“活跃”的或接近于“活跃”的房间，运用赛宾公式计算是有效的。对于不“活跃”的房间或吸声材料分布很不均匀的房间以及相对“沉寂”的房间的混响计算，可以运用作了某些修正的下述公式：

$$T_{60}=\frac{0.161V}{-S\ln(1-\bar{\alpha})} \tag{3.1-11}$$

式中　$\bar{\alpha}$——平均吸声系数，其算式为：$\bar{\alpha}=\dfrac{\alpha_1S_1+\alpha_2S_2+\cdots\cdots+\alpha_nS_n}{S_1+S_2+\cdots\cdots+S_n}$

S_1，S_2，……S_n——室内界面不同材料的表面积，m^2；

α_1，α_2，……α_n——不同材料的吸声系数。

如果房间的尺度较大，还须考虑在声波传播过程中空气对较高频率声音（一般指 1000Hz）的吸收作用，吸收的多少主要取决于空气的相对湿度，还有气温的影响。当考虑空气吸收时，则上式为：

$$T_{60}=\frac{0.161V}{-S\ln(1-\bar{\alpha})+4mV} \tag{3.1-12}$$

式中　$4m$——空气的吸收系数，见表 3.1－3

$\bar{\alpha}$ 与 $-\ln(1-\bar{\alpha})$ 的换算见表 3.1－4。

空气的吸收系数 4*m* 值（室温 20℃）　　**表 3.1－3**

声音的频率（Hz）	室内空气的相对湿度（%）			
	30	40	50	60
2000	0.012	0.010	0.010	0.009
4000	0.038	0.029	0.024	0.022
6300	0.084	0.062	0.050	0.043

$\bar{\alpha}$与$-\ln(1-\bar{\alpha})$换算表　　表3.1-4

$\bar{\alpha}$	$-\ln(1-\bar{\alpha})$	$\bar{\alpha}$	$-\ln(1-\bar{\alpha})$	$\bar{\alpha}$	$-\ln(1-\bar{\alpha})$	$\bar{\alpha}$	$-\ln(1-\bar{\alpha})$	$\bar{\alpha}$	$-\ln(1-\bar{\alpha})$
0.01	0.0101	0.10	0.1054	0.19	0.2107	0.28	0.3285	0.37	0.4620
0.02	0.0202	0.11	0.1165	0.20	0.2231	0.29	0.3425	0.38	0.4780
0.03	0.0305	0.12	0.1278	0.21	0.2357	0.30	0.3567	0.39	0.4943
0.04	0.0408	0.13	0.1393	0.22	0.2485	0.31	0.3711	0.40	0.5108
0.05	0.0513	0.14	0.1508	0.23	0.2614	0.32	0.3857	0.45	0.5978
0.06	0.0619	0.15	0.1625	0.24	0.2744	0.33	0.4005	0.50	0.6931
0.07	0.0726	0.16	0.1744	0.25	0.2877	0.34	0.4155	0.55	0.7985
0.08	0.0834	0.17	0.1863	0.26	0.3011	0.35	0.4308	0.60	0.9163
0.09	0.0943	0.18	0.1985	0.27	0.3147	0.36	0.4463	0.65	1.0498

从前面的分析已经了解，人们的听觉系统可以把反射声的早期部分与直达声整合在一起，因此，混响是可以加强直达声的一种声学现象。根据对听闻语言和欣赏音乐的不同要求，对混响声积分的时间段分别要求50ms和80ms；如果房间的混响时间为1.0s，50ms时段只是衰减过程很小的一部分。混响声的后续部分加到听闻的声音主体和背景上，起到类似于摄影棚里漫射光的作用；因此并非完全没有好处；然而，过长的混响必然会有负面影响。

3.1.5.3 稳态声压级

当一已知声功率级为L_w的声源在室内连续发声，声场达到稳定状态时，距离声源为r处的稳态声压级由直达声与混响声两部分组成。其中直达声声强与r之平方成反比，混响声的强度则主要决定于室内吸声状况。在室内距离声源r处的声压级可按下式计算：

$$L_p = L_w + 10\lg\left(\frac{Q}{4\pi r^2} + \frac{4}{R}\right) \tag{3.1-13}$$

式中 L_p——室内与声源距离为r处的声压级，dB；

L_w——声源的声功率级，dB；

r——接受点与声源的距离，m；

Q——声源的指向性因数，它与声源的方向性和位置有关。通常把无方向性声源放在房间中心时，$Q=1$。

R——房间常数，决定于室内总表面积S（m^2）与平均吸声系数$\bar{\alpha}$，其算式为

$$R = \frac{S\bar{\alpha}}{(1-\alpha)}$$

【例3.1-8】位于房间中部的一个无方向性声源在频率500Hz的声功率级为105dB（基准声功率为10^{-12}W），房间的总表面积$400m^2$，对频率为500Hz声音的平均吸声系数为0.1。求在与声源距离为3m处的声压级。

【解】该声源的指向性因数 $Q=1$。将各已知数据代入（3.1－13）式，则有：

$$
\begin{aligned}
L_p &= 105 + 10\lg\left(\frac{1}{4\pi\times 3^2}+\frac{4}{400\times 0.1/0.9}\right)\\
&= 105 + 10\lg(0.0088+0.0909)\\
&= 105 + 10\lg 0.0997\\
&= 95\text{dB}\quad（基准声压 2\times 10^{-5}\text{N/m}^2）
\end{aligned}
$$

3.1.6　人对声音的感受

3.1.6.1　人耳的感觉

从3.1－28可以看出人耳的听闻范围，150dB左右的爆炸声可破坏人耳的鼓膜或对神经末梢和耳蜗的毗连部分引起永久性损伤；大致130dB的声音会引起耳部发痒，不舒服或者疼痛，作为可容忍的听觉上限；能够引起听者有声音感觉的最低声压，即听闻的下限或称听阈，则随频率的不同而有很大变化。听力正常的年轻人，在中频附近的听阈大致相当于基准声压为 $2\times 10^{-5}\text{N/m}^2$ 的0dB。可听的上限频率对年轻人来说约在20000Hz，下限频率则为20Hz。从图3.1－28中的标准听阈曲线，可以看出：

（1）在800Hz～1500Hz的频率范围内，听阈没有显著变化；

（2）低于800Hz，听觉的灵敏度随频率的降低而降低。例如400Hz时，灵敏度为标准阈强度的1/10；频率为40Hz时只有 $1/10^6$；

（3）最灵敏的听觉范围大致在3000～4000Hz，几乎是标准阈强度的10倍；

（4）在高于6000Hz的频率，灵敏度又减小。

从图中的痛阈曲线可以看出，除了在4000Hz频率附近有一凹陷外，痛阈随频率的变化不很大，在听阈与痛阈曲线之间，是听觉区域。该图还表示了语言声和音乐的范围，图中注明“音乐”范围的上限部分，只适用于大型交响乐队与合唱队一起发出强音段落时的情况。摇滚乐队有时会达到非常高的声压级，所以不在此范围。此外，还应特别注意到图3.1－28中标明语言和音乐范围以下，声压级在20dB～25dB左右的声音，因为常在大厅中作为干扰的背景噪声出现。在演出过程中，会有观众受演奏音乐的吸引而屏息静听的片刻，此时即使只有20dB的噪声，也可能感觉到干扰。

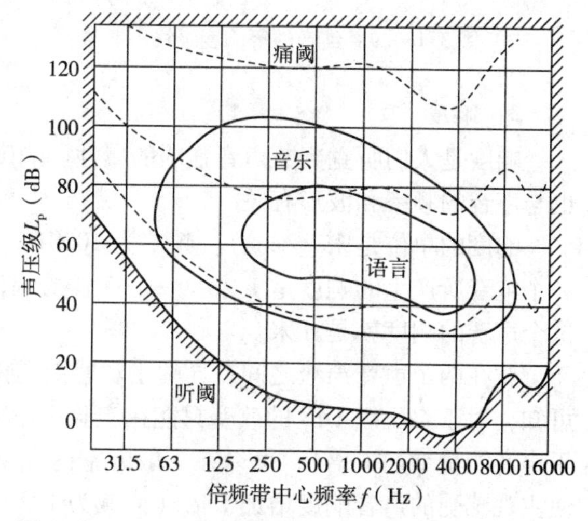

图3.1－28　人耳的听阈

3.1.6.2 响度级 响度

1）响度级

前述以分贝表示的声音计量单位是客观量，没有与人对响度的主观感觉联系起来，不是人们判断声音怎样响的标度。人耳对纯音的响度感觉，既随声音的频率而变，也随声音的强度而变。图 3.1-29 是以大量听力良好的人的意见为依据得到的等响线。可以看出，在 1000Hz 的 40dB 的声音正好与 100Hz 的 50dB 或 5000Hz 的 35dB 一样响。人们对低频声音的灵敏度较差，从 4000Hz 到 20Hz，人耳灵敏度的降低可达到 75dB，这是听闻语言和欣赏音乐很重要的频率范围。表示人们对声音感觉量的响度级单位是方（phon），其数值与等响线上 1000Hz 纯音的 dB 数相同。如图 3.1-29 所示。

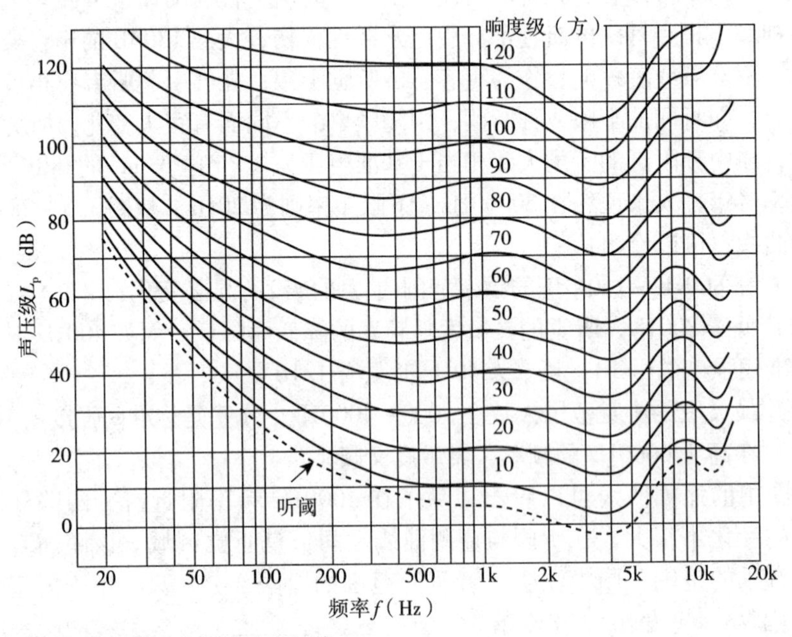

图 3.1-29 纯音的等响度级线

2）响度

响度是人们听觉判断声音强弱的属性。响度主要决定于引起听觉的声压，但也与声音的频率和波形有关。

响度的单位是宋（sone）。频率为 1000Hz、声压级为听者听阈以上 40dB 的一个纯音所产生的响度是 1 宋。一个声音的响度如果被听者判断为 1 宋的 n 倍，这个声音的响度就是 n 宋。

对在两个声音声级之间差异的主观感受变化，可以用图 3.1-30 说明。由图可知，对于声压级 1dB 的改变只能在实验室环境里检测出来；3dB 的改变（相当于声音能量增加 1 倍），可以在一般的室内环境中感觉出来。另一方面，如果要使主观感受的声音响度增加 1 倍（或减为 1/2），则声压级的改变须有 10dB。为了在房屋建筑中有效处理噪声控制问题，必须记住人耳听觉响应的特性，也就是说，只有1～2dB的改进不可能有明显的降噪效果。

复杂频率的声音（例如噪声），也可以根据其频率通过计算用方（phon）表示，但这种计算比较复杂。简单地说，如果一种噪声的高强度成分在人耳感受特别灵敏的频带，则该频带就比其他频率成分提供的响度要大。

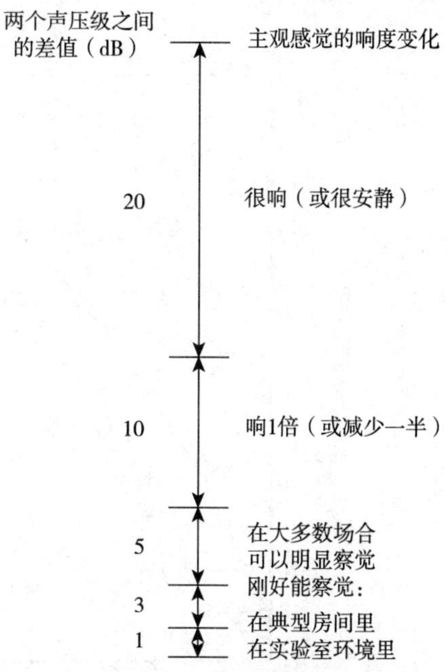

图3.1－30　以dB表示的声压级的相对变化与人们主观感受的关系

3.1.6.3　声级计　A声级

1）声级计

声级计是利用声－电转换系统并反映人耳听觉特征的测量设备，即按照一定的频率计权和时间计权测量声压级和声级的仪器，是声环境测量中最常用的仪器之一。声级计中的计权网络想象地模拟正常人耳对不同频率声音的响应，使各个频率对总声级读数提供的数量近似地与人们对该频率的主观响度成比例并对测量的量以单一数值表示。

国际电工委员会规定的声级计计权特性有*A*、*B*、*C*及*D*四种频率计权特征。见图3.1－31。其中*A*计权参考40方等响线，对500Hz以下的声音有较大的衰减，模拟人耳对低频声不敏感的特性。*C*计权在整个可听范围内几乎不衰减，模拟人耳对85方以上纯音的响应，可以代表总声压级。*B*计权介于*A*、*C*两者之间，对低频有一定的衰减，模拟人耳对70方纯音的响应。*D*计权则用于测量航空噪声。

2）*A*声级

用*A*计权特性测得的声压级称为*A*声级，记为L_A。*A*声级的应用最为广泛，图3.1－32中给出了*A*计权特性对不同频率响应的修正值（或称降低值）。如果将该图与图3.1－29比较，则可以看出该曲线与倒置的40方曲线相同。如果已经知道某一噪声的频谱，就可以将这些数值转换为在声级计上读出的等效的L_A。

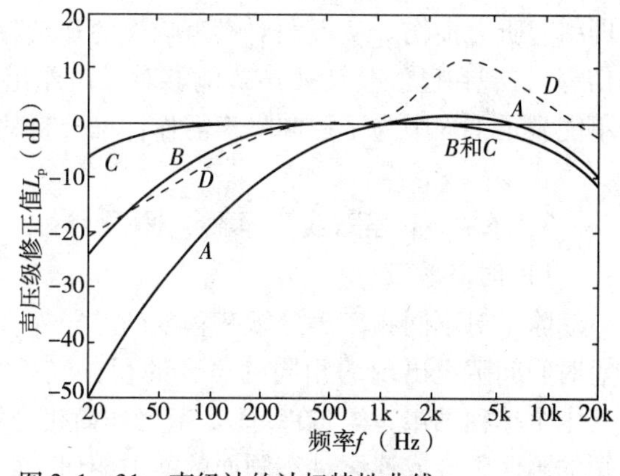

图3.1－31　声级计的计权特性曲线

【例3.1－9】已知一个噪声的频谱（见表中的第一行），求总*A*声级L_A。

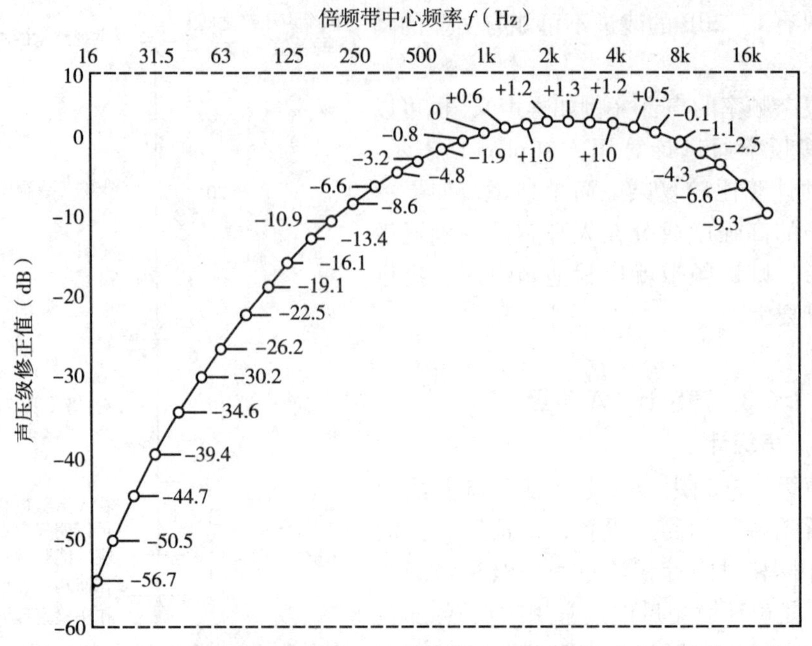

图 3.1－32　A 声级的修正曲线（A 计权网络对不同频率响应的降低值）图中同时标出对倍频带及 1/3 倍频带各中心频率的修正值

【例 3.1－9】的计算列表

倍频带中心频率（Hz）	125	250	500	1000	2000	4000	备注
噪声的声压级（dB）	55	60	68	67	60	54	已知条件
计权修正值（dB）	－16	－9	－3	－0	+1	+1	依图 3.1－32
修正后的声压级值（dB）	39	51	65	67	61	55	

【解】 由图 3.1－32 可以看出在每个倍频带所应做的修正值（见计算列表中的第二行）；再根据表 3.1－1，将经过修正的各倍频带声压级叠加计算得到总 A 声级 $L_A=70\text{dB}$。

图 3.1－33 是一些代表性声源的 A 声级。如果 A 声级超过 130dB（A），可立即引起听力损伤。从人们对噪声响应的观点看（包括响度，干扰程度以及听力损伤等），现在已经公认 A 声级能够对噪声作出满意的表述；当然这种单一的数值不能满足工程中为了控制噪声需作详细分析的要求。

3.1.6.4　时差效应　掩蔽　双耳听觉

1）时差效应

除了对不同频率声音敏感程度的差异外，人耳听觉的另一个重要特性是对在短时间间隙里出现的相同的声音的积分（整合）能力，即听成一个声音而不是若干个单独的声音。（在 3.1.5 节已作简略介绍）。这与人眼将电影放映中时差很短的画面整合成连续动态画面的能力相似。两个同样声音可以集成为一个声音的时差为 50ms，相当于声波在空气中 17m 的行程。

简单的实验可以说明时差效应。如果站在离高大照壁25m远处大喊一声，就能清楚地听到回声，因为反射声经过50m的行程，比直达声迟到147ms，见图3.1－34（*a*）。如果站在离照壁20m处发出同样的声音，则回声更响，因反射声的行程缩短为40m，相对于直达声的时间延迟为118ms。如果站到离照壁仅为3m远处（见图3.1－34（*b*）），此时反射声经过的行程只有6m，相当于延时18ms，此时听不出回声。

2）掩蔽

人对声音感受的另一个重要特征是声掩蔽，在日常生活中几乎每天都会有这种感受。人的听觉系统能够分辨同时存在的几个声音，但若其中某个声音的声压级明显增大，别的声音就难以听清甚至听不到了。例如我们在会堂里听不到（或听不清）演讲者的讲话时，往往因为过高的背景噪声条件下，必须提高语言声的声压级。一个声音的听阈因另一个掩蔽声音的存在而提高的现象称为听觉掩蔽，提高的数值称为掩蔽量。假如某声音的听

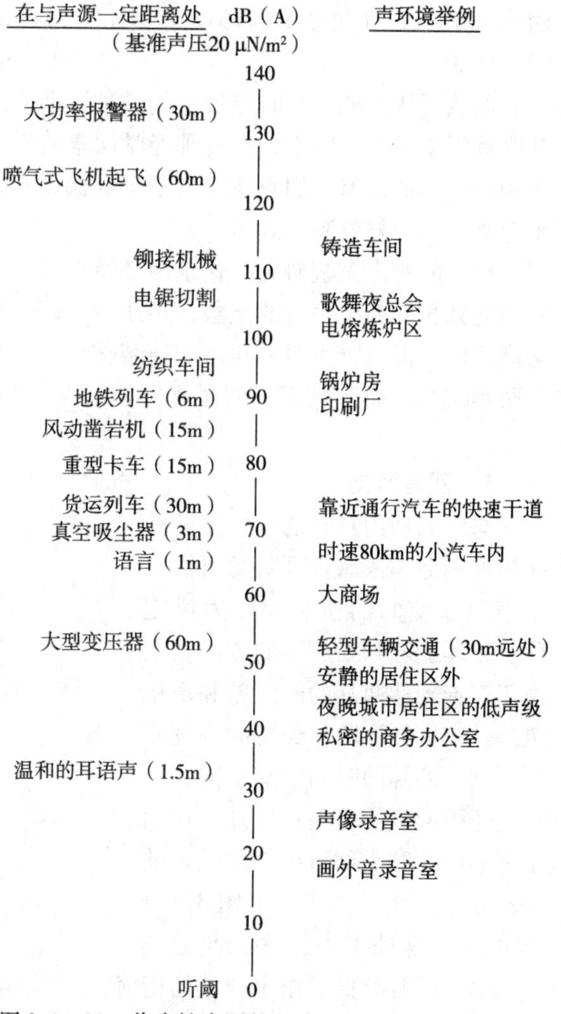

图3.1－33　代表性声源的A声级

资料来源：Marshall Long，Architectural Acoustics［M］，P. 62，2006

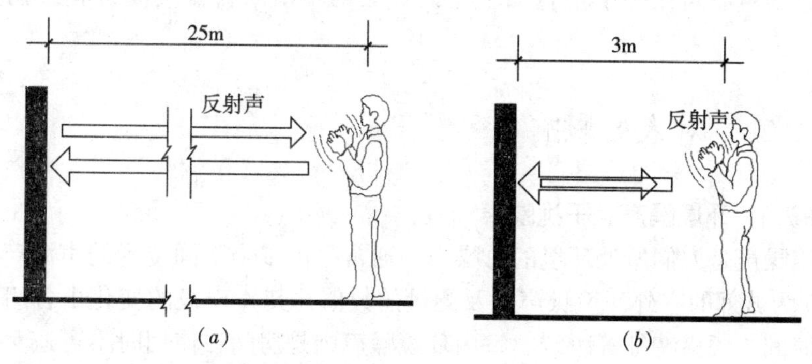

图3.1－34　时差效应的简单实验

（*a*）在直达声之后单独出现的反射声；（*b*）反射声与直达声整合在一起

阈为50dB，但在较吵闹的环境中要提高到65dB才能被听到，掩蔽量就是65－50＝15dB。

固然可认为掩蔽是时差效应的一种，即迟到的声音被先到的声音掩蔽，但掩蔽既有听觉感受的因素，还有神经学因素的作用。例如在一些聚会场合，尽管背景噪声并不低，但人们对在距离不远处谈论感兴趣的话题还是可以听到的；如果不感兴趣，一般就听不到了。

已有的对声掩蔽研究与建筑声环境有关的主要结论是：一个既定频率的声音容易受到相同频率声音的掩蔽，声压级愈高，掩蔽量愈大；低频声能够有效地掩蔽高频声，但高频声对低频声的掩蔽作用不大。人们在鼓风机房里因强烈的低频声很难交谈，而在电锯车间虽然噪声刺耳，但可近距离交谈的感受正说明了这一点。

3）双耳听觉

与人们利用双眼的视觉判断空间深度相似，依靠双耳听觉可以确定声源在空间的位置，称为声定位。人耳能够判断声源的方向，是由于声音到达两耳的时间差和声压级差。声音到达两耳经历的声程不同，到达两耳的时间明显不同，声程差还引起声压级差；此外，还由于人的面孔和头部对离声源较远的一只耳朵产生了声影。由图3.1－35可见左耳处于声影区，此处的声压级比右耳处低。由于声波的衍射，声影的影响对低频声不明显。

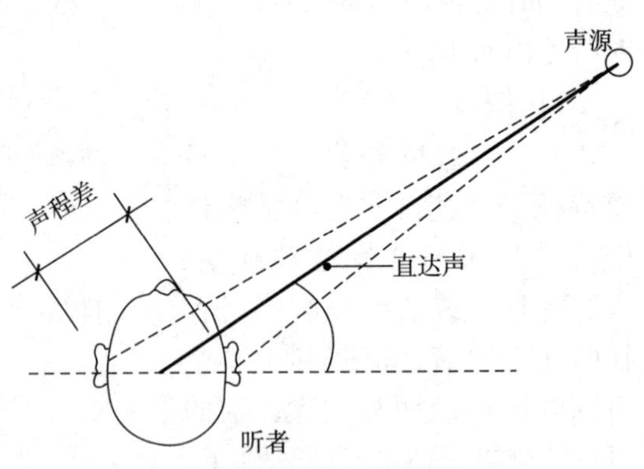

图3.1－35　人耳对声源方向的判断

人耳依靠双耳感受的时间差和声压级差对声源定位的能力，限于包含声源和双耳的平面，对声源定位的精度达1°～2°。如果声源在双耳之间并通过头部中间的垂直面上，声音到达两耳没有时差，人耳不能对在垂直面上的声源定位；在设计厅堂扩声系统时，正是利用了这个特点。通常将扬声器组装置在舞台前部，使演讲者、扬声器同在一个垂直面上，人耳区别不出来自真实演讲者或扬声器的声音。

3.1.7　噪声对人的影响

3.1.7.1　环境噪声　干扰噪声

环境噪声是人们所处环境的总噪声，通常是由多个不同位置的声源产生。图3.1－36为城郊的室外环境噪声源及测量的数值，其*A*声级的变化由各组成声源的持续时间、频谱特征等决定。室内环境噪声则是房间在使用时不可避免出现的一般噪声，其中包括人们日常的起居、工作、休闲活动噪声，使用各种电器的噪声等。

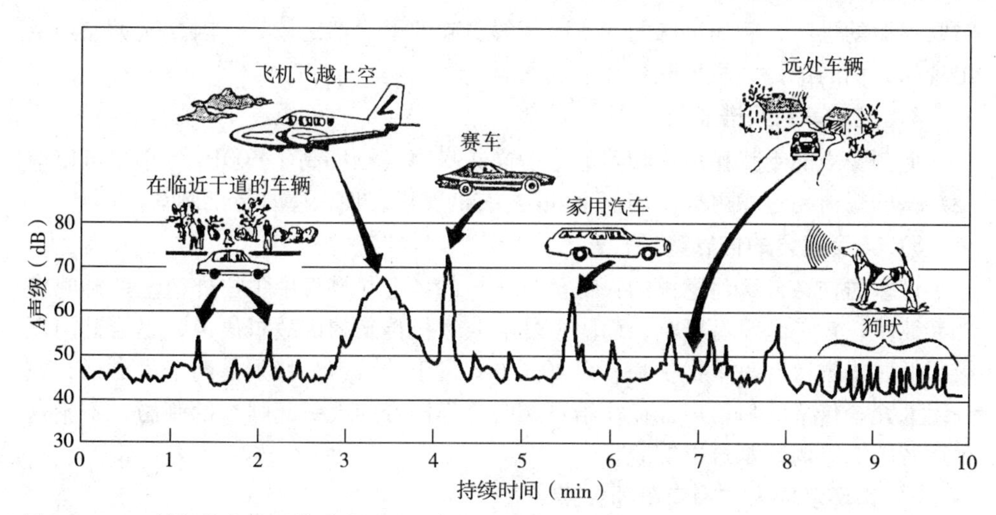

图3.1－36 城郊的室外环境噪声源及*A*声级
资料来源：International Noise/News［J］，No.2，P.71，1993

干扰噪声是指除了需要听闻的声源外，由室外传入的引起干扰的噪声，或是由建筑围护结构传递的来自建筑物相邻空间和其他部分引起干扰的噪声。对于噪声干扰，现在有相关的测量和评价量及评价方法，并且根据建筑物的不同使用要求已经规定了容许的限值标准，以便考虑适当的降噪措施。

3.1.7.2 决定声音对人干扰程度的因素

1）声压级或声级

干扰的感觉随着噪声强度的增加而增加，除了噪声声压级本身的高低外，干扰噪声声级与背景噪声声级的差，对人们所感受的刺激强度有很大影响。这一分析可使我们容易理解，在安静环境中居住多年的人，一旦搬迁到新的吵闹环境中，很难忍受；而在吵闹环境中住久了的人，会随居住时间的增加逐渐顺应（或习惯）这种吵闹的声环境。

2）声音的持续时间

听觉实验表明，*A*声级超过40dB的噪声就会对听觉引起干扰，这种干扰除随声音强度的增加而加剧外，还随在噪声环境中暴露持续时间的延长而增加。当*A*声级高于90dB，就会损伤听觉器官，暴露持续的时间愈长，听觉受到的损伤愈重。听觉损伤包括暂时性的听阈偏移、永久性的听阈偏移等。

由此可以推断，除了突然爆发的强噪声（例如爆炸声、雷声的声压级，是在几毫秒时间内突然窜到极高的数值），强噪声环境的短时间刺激量与声压级相对较低的同类型噪声在较长持续时间里的刺激量相同。

3）声现象随时间的变化情况

声现象出现突然，干扰程度就愈大。或者说高噪声级的增长时间愈短促，引起的干扰愈大。例如火车通过时的轰鸣声、矿山的爆破声等。

定时出现的噪声，例如按固定时刻通过的火车噪声；以及连续出现的、间隔时间很短的噪声，例如机床的冲击噪声等引起的干扰都比较大，因为这类噪声的出现与人们的记忆、联想联系在一起。

4）复合声的频谱成分

低频噪声的干扰比声级相等的中、高频噪声（频率高于500Hz）小。可以清楚辨认的峰值超过噪声级平均值10dB左右的噪声，使人感觉特别刺耳。

5）声音包含的信息量

许多居住在公寓住宅里的人都会有这样的体会，夏天中午户外树上的蝉鸣声此起彼伏，对午睡没有影响；而隔壁邻居收音机传来的讲故事语声，尽管其声压级很低，却觉得严重干扰午睡。以不同方式发出的口声，特别是两个人对话，或一组人交谈传来的口语声，往往给不愿听这类声音的人引起强烈的刺激。不论这种声音多么微弱，都难以摆脱。

6）声环境中人与噪声源的关系

在欢庆节日，人们燃放焰火、鞭炮等故意引发一些强烈的噪声，因着眼于创造欢乐气氛并不认为有干扰。居住区的居民一般都非常讨厌摩托车发出的喧闹声，而欢快的年轻人却很喜欢驾驶这种车辆。居住区内住户在入住前对自己居室的装修施工噪声，认为可以接受；但已入住的邻居对这种室内装修施工传来的敲凿声、电锯声就无法忍受。

此外，人们的年龄、心情、健康情况等，都影响对噪声干扰的反映。

3.1.7.3 噪声对健康和各种活动的影响

1）噪声对健康的影响

噪声级达到60~65dB（A）将明显增加烦恼，高于65dB（A）的环境噪声会严重影响生活质量，并且可能导致行为方式的改变。除了高强度噪声会引起人们听觉器官损伤外，到目前为止还没有可靠的证据表明噪声对人体健康有直接的危害。如果考虑在噪声影响下，可能诱发某些疾病，从这个意义上来说噪声对人们健康的影响是严重的。

如前所述，噪声对听力的影响决定于噪声的强度和持续暴露时间，听觉损伤有一个从听觉适应、暂时性听阈偏移到噪声性耳聋的发展过程。短时间暴露在高噪声环境中可能引起的暂时性听阈偏移，可能出现在一部分频率范围，可能延续很短的时刻，也可能持续几天。长时间暴露在*A*声级为90dB以上的噪声环境中会引起噪声性耳聋。

听力损伤首先在高频率范围，继而扩展到较低的频率直到重要的语言频率范围受影响，以至于感到会话、交谈很困难甚至听不见。可能引起听力损失的噪声级限值与噪声的频谱及其出现的特性（如起伏变化、暂时的或持续的等）有关，也因人而异。

睡眠是人们体质和精神恢复的一个必要阶段。一般来说噪声级如果超过45dB（A），对正常人的睡眠就有明显影响。强噪声会缩短人们的睡眠时间、影响入睡深度。睡眠不足会影响人们的食欲、思考以及儿童身心健康的发展。图3.1-37表示夜间等效声级与对睡眠很干扰的关系。

2）噪声对各种活动的影响

（1）噪声与语言干扰

人们对语言听闻的好坏决定于语言的声功率和清晰度。在噪声环境中，人们往往试图选择自己所要听的声音而排斥其他噪声。如果环境噪声过高，就掩蔽了需要的声音。表3.1－5列出了噪声干扰谈话的最大距离。

在一些尺度适当的房间里，人们不能很好地听闻语言，并非因语言声功率不足，往往是过长的混响声降低了清晰度。前面音节的较强混响掩盖了后续发出的声音，使人们听到的语言很模糊（参见图3.4－17）。供语言通信用的房间，混响应当衰减得快，并且在直达声后紧接着有较强的前次反射声。

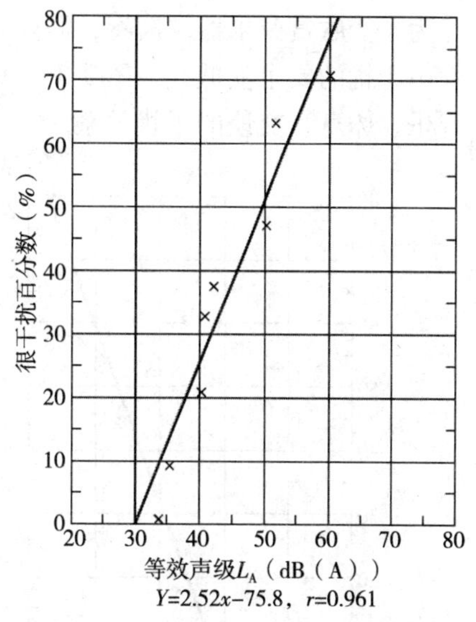

图3.1－37 等效声级对睡眠很干扰百分数的关系

噪声干扰谈话的最大距离（m） **表3.1－5**

噪声级 L_A（dB）	直接交谈 普通声	直接交谈 大声	电话通信	噪声级 L_A（dB）	直接交谈 普通声	直接交谈 大声	电话通信
45	7.0	14.0	满意	65	0.70	1.40	困难
50	4.0	8.0		75	0.22	0.45	
55	2.2	4.5	稍困难	85	0.07	0.14	不能
60	1.3	2.5					

（2）噪声与效率

噪声对人们工作效率的影响随工作性质而有所不同。对于那些要求思想集中、创造性的思考、依信号作出反应和决定的工作，即使噪声较低，也会受到影响，因为会使得人们间歇地去注意噪声而出现差错。图3.1－38表示白天等效声级与对工作很干扰的关系。对于熟练的手工操作，当噪声级高达85dB（A）时，由于心理上的刺激，使可能出现差错的次数增加。

噪声对熟练的体力劳动者和脑力劳动者都可能使差错出现率增加，也就可能引起事故。例如有些需要根据听到的信号变化而进行有效机械操作的人，因同时存在其他机械噪声导致对信号的误解引起操作工序差错，将会使得后续工序的操作无法进行。

噪声对学习的影响也是明显的。例如学生对教师讲课的理解往往有赖于在课堂上循序的连续思考，但是偶然出现的飞机噪声或警车鸣笛声，就会打断学生的听课和思考。

（3）噪声与音乐欣赏

噪声对人们欣赏音乐、戏剧等文化活动的影响已为人所共知。其影响程度取决于人们所听声音的范围、室内的环境噪声级以及干扰噪声的特点。例如在音乐厅为了能欣赏弦乐器的演奏，需要有很安静的环境；在戏剧院欣赏舞蹈，对降低噪声干扰的要求就低些。图3.1－39表示昼间等效声级与对居民在家休闲、欣赏音乐、休息、交谈的干扰关系。

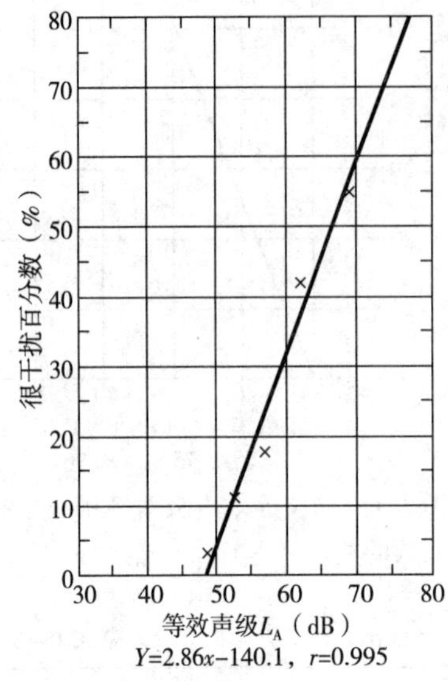

图3.1－38　等效声级与对工作很干扰百分数的关系

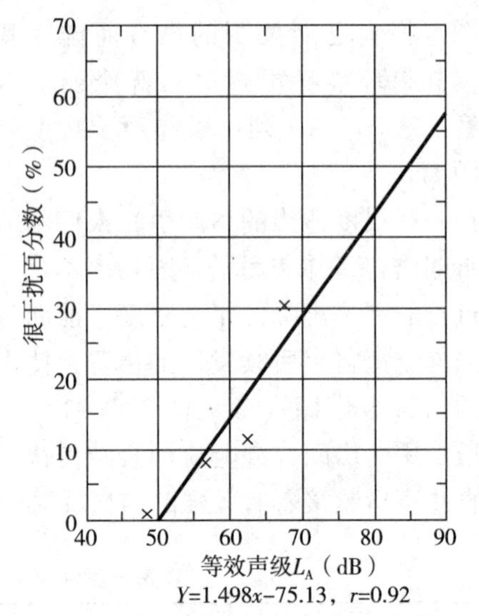

图3.1－39　等效声级与对居民在家休闲、欣赏音乐、交谈很干扰百分数的关系

（4）噪声与烦恼

噪声对人的刺激程度与生理和心理因素有关，各人之间也有差别。有关噪声引起烦恼的反映一般都与睡眠、工作、阅读、交谈、休闲等干扰的抱怨混在一起，通过广泛的社会调查，可以看出对噪声干扰程度起决定性作用的一些因素：性格焦虑的人和病人易引起烦恼；老年人比青年人易引起烦恼；对新噪声源干扰的感觉比听惯了的噪声要大，高频噪声、音调起伏的噪声以及突发噪声引起的烦恼最大。

3）振动对人的影响

除了被人耳感受为声音的振动外，人体的许多部分还可能对振动有反映。重力、风力、地震引起的高层建筑摆动（振动），以及通过地面传播的由交通运输系统、机械设备、建筑工地施工引起的振动所造成的影响包括降低工作效率、不舒适甚至感觉痛苦、室内物件摔坏、墙体开裂、屋面的铺瓦下滑等。建筑部件、设备和家具的振动还可能成为第二个噪声源。

类似于对声音的听闻，人们对振动的感受主要决定于3个因素，即：强度、频率和时间特性。此外，在不同的振动环境里，人们可能感受到全身振动或局部振动（例如手或手臂），当然局部振动也可能传到全身。人们对垂直振动和水平振动的感受不同。常用位移、速度、加速度等描述振动的强度，它们之间的差别主要是频率。在很低频率的振动环境中，人们对位移（振幅）的反映较为敏感；

如果是频率较高的振动环境，则对加速度的反应较为敏感。与人们感受有关的振动频率主要是0.5～100Hz，最敏感的是2～12Hz。

图3.1－40表示人们对不同振动环境的感受。

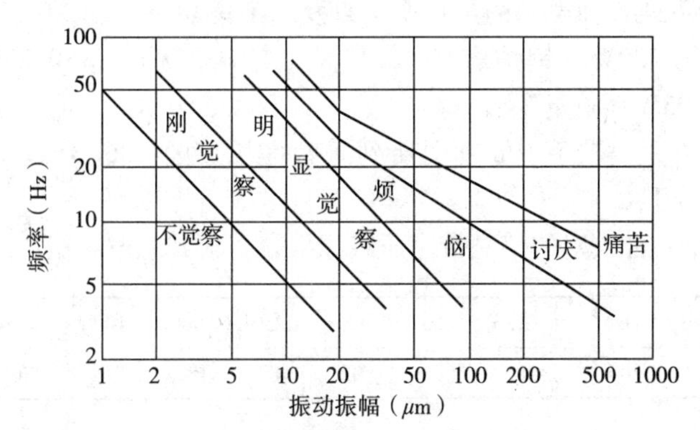

图3.1－40　人对振动的感受

资料来源：马大猷主编，噪声控制学［M］，P.206，1987

表3.1－6为与房屋建造有关的各种摆动（振动）频率的比较。

与房屋有关的各种摆动（振动）频率范围　　表3.1－6

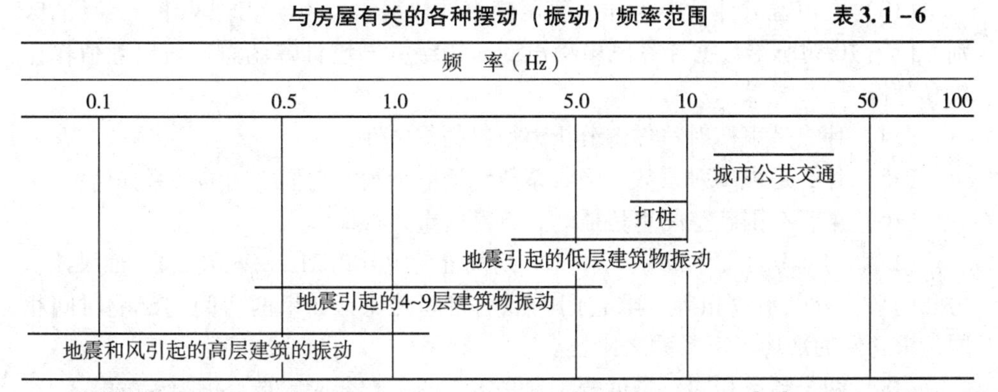

资料来源：Planning and Environmental Criteria for Tall Building（Volume PC）［M］，P.808，1981

复习思考题

（1）什么是正常听觉的频率范围，语言声、音乐声大致的频率范围，以及建筑声环境分析的主要频率范围？

（2）什么是声音的频谱图？用图分析连续的频谱和只有纯音成分的频谱的区别。

（3）什么是倍频带？倍频带中心频率与其上限频率及下限频率的关系如何？中心频率为500Hz的上限频率和下限频率各是多少Hz？

（4）倍频带与1/3倍频带有什么关系？列出在建筑声环境频率分析中常用的倍频带中心频率和1/3倍频带中心频率。

（5）对声音的计量使用“级”，有什么实用意义？

(6) 声强和声压有什么关系？声强级和声压级是否相等？为什么？

(7) 已知下列声强度，以及基准声强度 $I_0=10^{-12}\mathrm{W/m^2}$，求它们的声强级。① $0.0001\mathrm{W/m^2}$，② $0.0002\mathrm{W/m^2}$，③ $0.0008\mathrm{W/m^2}$。

(8) 已知下列各种声源的声功率，以及基准声功率 $W_0=10^{-12}\mathrm{W}$，求各声源的声功率级。① 200W（锅炉房），② 12W（交响乐队），③ 0.25W（响的扬声器），④ 0.00005W（响的噪音）。

(9) 在户外距离歌手10m远处听到演唱的声压级为86dB，在距离80m远处听到声压级为若干？

(10) 已知一台风扇的倍频带声压级如下表，求其总声压级。

倍频带中心频率 f（Hz）	31.5	63	125	250	500	1000	2000	4000	8000
噪声的声压级 L_p（dB）	85	88	92	87	83	78	70	63	50

(11) 如果车间内一台设备运转时的噪声级为80dB，当20台同样设备同时运转的总噪声级为若干？

(12) 某居民区与工厂相邻。该工厂10台设备运转时的噪声级为54dB。如果夜间的环境噪声级容许值为50dB，问夜间只能有几台设备同时运转？

(13) 在声音的计量中为什么要用频率计权网络？说明dB与dB（A）的区别。依第10题所给数据计算风扇噪声的 A 声级并与已计算的总声压级数值作比较和分析。

(14) 什么是声衍射？作图分析声衍射的重要性。

(15) 什么是声反射系数、吸收系数和透射系数？它们之间的关系如何？

(16) 声音在围蔽空间里传播时，有哪些重要特征？

(17) 房间Ⅰ的尺寸为L、W、H，房间Ⅱ的尺寸为2L、2W及2H。如果该二房间的平均吸声系数相等，求它们的混响时间之比；如果两房间的混响时间相同，求它们的平均吸声系数之比。

(18) 两个频率相同、响度分别都是零方的声音合成后是否仍为零方？

(19) 判断与1000Hz、40dB等响的100Hz声音的声压级是多少？它们的响度级是多少？

(20) 解释时差效应、双耳听闻及其在建筑声环境设计中的重要性。

(21) 什么是听觉掩蔽、掩蔽量及听阈偏移？

(22) 人们受噪声干扰的程度，主要取决于那些因素？

(23) 综述干扰噪声对人们身心健康等各方面的影响。

(24) 人们对振动的感受主要取决于那些因素？举例说明自己（及家庭）曾经受到的噪声与振动的明显干扰。

第 3.2 章　建筑吸声　扩散反射　建筑隔声

在欣赏音乐、听闻语言的建筑空间都需要依听闻要求采取建筑吸声、扩散反射、建筑隔声措施。各种公共空间也常用吸声降噪、隔声处理以求能够较好地传达信息和有较安静的声环境。本章介绍建筑吸声、扩散反射、建筑隔声的基本原理及技术设计。

3.2.1　建筑吸声

声波在媒质传播过程中使声能产生衰减的现象称为吸声。任何材料和物体特别是建筑室内的表面装饰材料，由于它的多孔性或薄膜和薄板的共振作用，对入射的声波一般都有吸声作用。根据建筑声学用途，要求具有较好吸声作用而生产、制作、安装的构造，称为吸声材料和吸声构造。

吸声材料和吸声构造根据吸声原理的不同，可分为三类：

第一类为多孔吸声材料，包括纤维材料、颗粒材料及泡沫材料。

第二类为共振吸声结构，包括单个共振器、穿孔板共振吸声结构、薄膜共振吸声结构和薄板共振吸声结构。

第三类为特殊吸声结构，包括空间吸声体、吸声尖劈等。

图 3.2-1 为不同材料（构造）吸声频率特性的比较。

吸声系数（见 3.1.4.5）是评定材料吸声作用的主要指标，吸声系数越大，材料的吸声性能越好。一般把吸声系数 $\alpha>0.8$ 的材料，称为强吸声材料。如果入射声波几乎全部被材料吸收，这时吸声系数 $\alpha=1$，该材料称为全吸收材料。例如，吸声尖劈可视为近似的全吸声材料。如果声波入射到坚硬光滑的材料表面，声波几乎全部被反射，吸声系数 $\alpha=0$，混凝土、大理石等可视为近似的全反射材料。

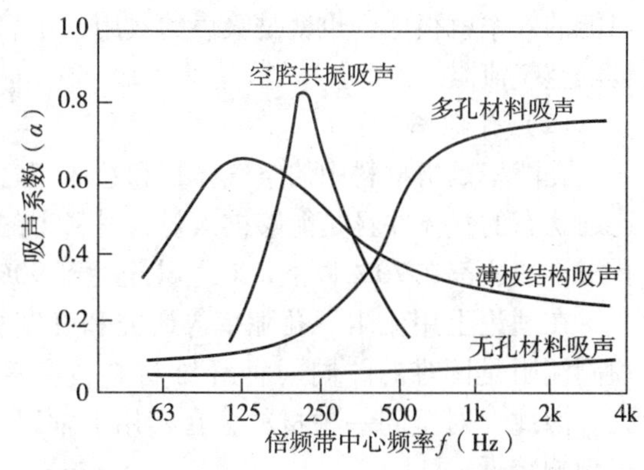

图 3.2-1　不同材料（构造）吸声频率特性的比较

3.2.1.1　多孔吸声材料

多孔材料一直是主要的吸声材料。这类材料曾经是以麻、棉、毛等有机纤维材料为主，现在则大部分由玻璃棉、岩棉等无机纤维材料代替；除了棉状的以外，还可用适当的胶粘剂制成板状或加工成毡，已经做到成品化。多孔吸声材料的基本类型如表 3.2－1 所示。

多孔吸声材料的基本类型 表 3.2－1

材料种类		常用材料
纤维材料	有机纤维材料	纯毛地毯、加涂层木丝板
	无机纤维材料	玻璃棉、岩棉、无纺布、化纤地毯、矿棉吸声板
颗粒材料		陶土吸声砖、膨胀珍珠岩吸声砖
泡沫材料		聚氨酯泡沫塑料、泡沫玻璃、泡沫陶瓷
金属材料		发泡纤维铝板

1）吸声机理

多孔材料的构造特征是在材料中有许多微小间隙和连续气泡，因而具有一定的通气性。当声波入射到多孔材料时，引起小孔或间隙中空气的振动。小孔中心的空气质点可以自由地响应声波的压缩和稀疏，但是紧靠孔壁或材料纤维表面的空气质点振动速度较慢。由于摩擦和空气的黏滞阻力，使空气质点的动能不断转化为热能；此外，小孔中空气与孔壁之间还不断发生热交换，这些都使相当一部分声能因转化为热能而被吸收。

多孔材料的吸声频响特性：中高频吸声较大，低频吸声较小。见图 3.2－1。

2）影响吸声频响特性的因素

（1）空气流阻

空气流阻是空气质点通过材料空隙遇到的阻力。当微量空气流稳定地流过材料时，材料两边的静压差和空气流动速度之比定义为单位面积的流阻。在多孔材料中，空气黏性的影响最大。空气黏性愈大，材料愈厚、愈密实，流阻就愈大，说明材料的透气性愈小。若流阻过大，克服摩擦力、黏滞阻力从而使声能转化为热能的效率就很低，也就是吸声的效用很小。从吸声性能考虑，多孔材料存在最佳的空气流阻。

（2）孔隙率

孔隙率是指材料中的空气体积和总体积之比。这里所说的空气体积是指处于连通状态的气体并且是能够被入射到材料中的声波引起运动的部分。多孔材料的孔隙率一般都在 70% 以上，有些甚至达到 90%。

在理论上用流阻、孔隙率等研究和确定材料的吸声特性，但从外观简单地预测流阻是困难的。同一种纤维材料，密度愈大，其孔隙率愈小，流阻就愈大。因此，对于同一种材料，在实用上常以材料的厚度、表观密度等控制其吸声频响特性。

（3）材料的厚度

紧贴坚实壁面装置的同一种多孔材料，随着厚度的增加，中、低频率范围的吸声系数会有所增加，并且其吸声的有效频率范围也有所扩大。但材料厚度增加到一定值时，增加材料厚度，低频吸声增加明显，而高频吸声影响较小。图 3.2－2 表示当表观密度为 24kg/m³ 的玻璃棉毡，厚度由 50mm 到 150mm 变化时的吸声特性①。设计人员通常按照中、低频率所需要的吸声系数来选择多孔材料的厚度。

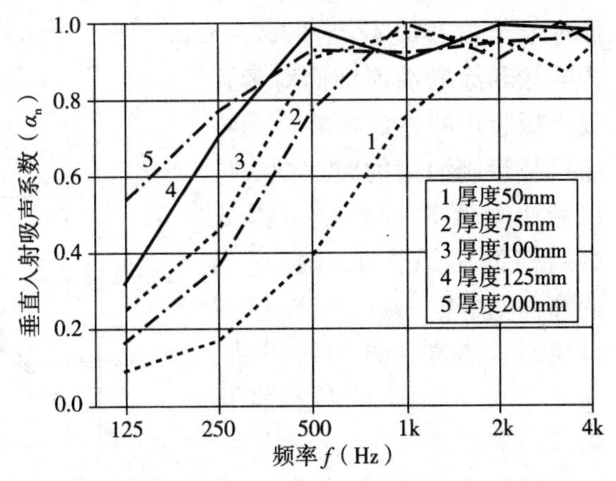

图 3.2－2　多孔材料紧贴钢性壁吸声特性随厚度的变化（玻璃棉毡，表观密度 24kg/m³，厚度变化 50～150mm）

（4）材料的表观密度

同一种多孔材料，当厚度一定而表观密度改变时，吸声频率特性也会有所改变，但是比增加厚度所引起的变化小。图 3.2－3 为玻璃棉毡表观密度影响吸声频率特性的例子。然而，即使表观密度相同的纤维材料，还可能因纤维粗细和形状的不同而使吸声频率特性不同。

（5）材料背后的条件

厚度、表观密度一定的多孔材料，当其与坚实壁面之间留有空气层时，吸声特性会有所改变。由图 3.2－4 可见，在玻璃棉毡背后增加了空气层，可以使低频吸声系数有所增加。图 3.2－2 显示的增加材料厚度以增加对低频吸声的方法，可以用在材料背后设置空气层的构造代替。在工程实践中还须依据室内空间条件、材料的耗费、施工的繁简等多种因素的比较来确定构造及施工方案。

（6）饰面的影响

多孔材料往往须依强度、保持清洁和建筑装饰等方面的要求进行表面处理，例如油漆、作表面硬化层或以其他材料罩面。经过饰面处理的多孔材料的吸声特

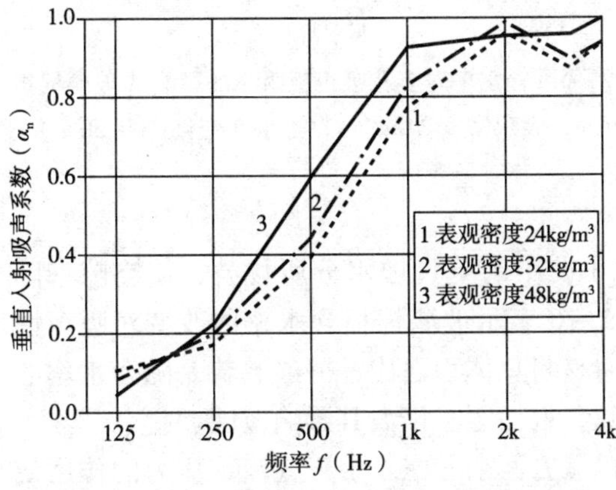

图 3.2－3　多孔材料吸声频响特性随表观密度的变化（玻璃棉毡厚度 50mm，表观密度变化 24～48kg/m³）

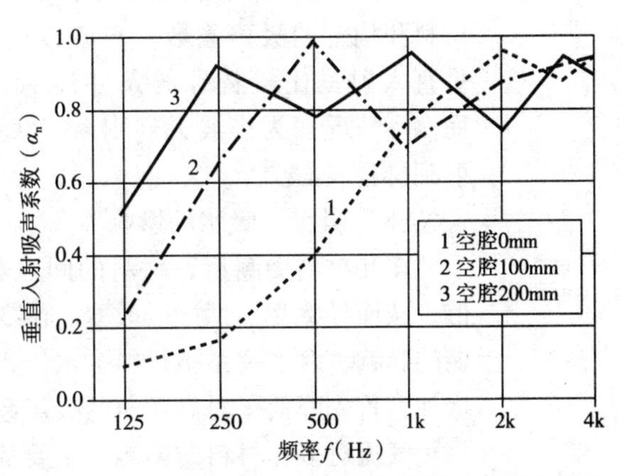

图 3.2－4　多孔材料吸声频响特性随空腔厚度的变化（玻璃棉毡厚度 25mm，表观密度 24kg/m³，空腔厚度变化 0～200mm）

性可能会发生变化，图3.2－5为喷涂和涂刷油漆饰面对多孔吸声板吸声特性的影响，用喷涂代替涂刷油漆的施工做法可以减小对吸声的影响。因此必须根据使用要求选择适当的饰面处理。例如可以使用金属网、透气性好的纺织品、穿孔率大于20%的各种穿孔板等。

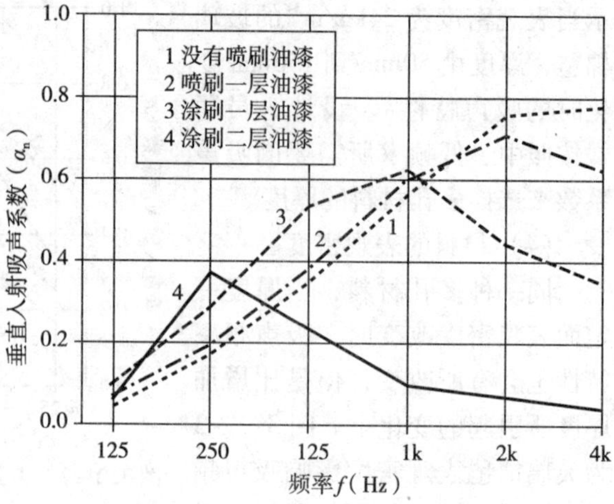

（7）声波的频率和入射条件

由图3.2－2和图3.2－3均可看出多孔材料的吸声系数随声波频率的提高而增加。常用的厚度大致为50mm的成型的多孔材料，对于中、高频有较大的吸声系数。但吸声系数也与声波的入射条件有关。图3.2－2和图3.2－3中的玻璃棉毡的吸声系数是用阻抗管的传递函数法完成的。阻抗管法是测量声波垂直入射时的材料和构造的吸声系数；而混响室法是测量声波无规则入射时的材料和构造的吸声系数。声波垂直入射是比较特殊的条件，而实际情况多为声波无规则入射到材料表面。

1 没有喷刷油漆
2 喷刷一层油漆
3 涂刷一层油漆
4 涂刷二层油漆
垂直入射吸声系数（α_n）
频率 f（Hz）

图3.2－5 喷涂油漆对多孔吸声板吸声频率特性的影响
资料来源：吴硕贤等编著，建筑声学设计原理［M］，P.65，2000

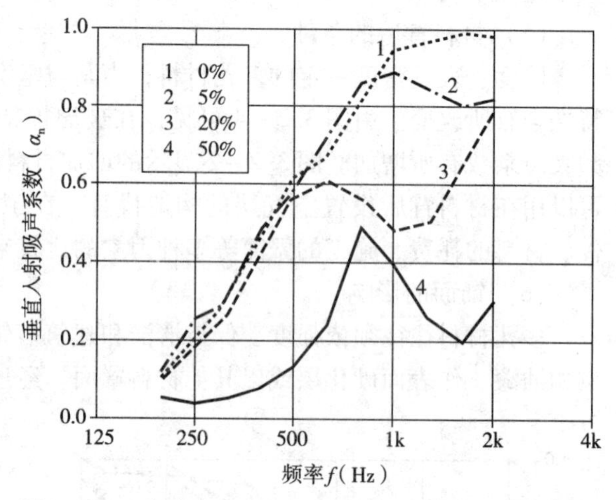

图3.2－6 含水率对多孔吸声板吸声的影响（玻璃棉板厚50mm，表观密度24kg/m³，含水率变化：0－50%）

（8）吸湿、吸水的影响

多孔材料受潮后，材料的间隙和小孔中的空气被水分所代替，使空隙率降低，从而导致吸声性能的改变。图3.2－6表示玻璃棉板含水率的改变对吸声性能的影响。含水率系指材料含水体积对材料总体积之比，一般趋势是随含水率的增加，首先降低了对高频声的吸声系数，继而逐步扩大其影响范围。

气流对多孔材料的影响，主要从机械方面来考虑。由于气流或压力的作用使纤维飞散，对于超细玻璃棉一类纤维材料，在气流速度为每秒几米的情况下，可用玻璃丝布等作护面层，若气流速度过大（例如20m/s），还须增设穿孔金属板罩面。

3.2.1.2　共振吸声结构

不透气软质膜状材料（例如塑料薄膜、帆布等）或薄板，与其背后的封闭空气层形成一个质量—弹簧共振系统。当受到声波作用时，在该系统共振频率附近具有最大的声吸收。

1）薄膜吸声结构

对于不施加拉力的薄膜，其共振频率的计算式为：

$$f_0 = \frac{600}{\sqrt{mL}} \qquad (3.2-1)$$

式中　f_0——共振频率，Hz；

m——薄膜的单位面积重量，kg/m^2；

L——薄膜背后封闭空气层的厚度，cm。

2）薄板吸声结构

对于薄板（例如塑料板、石膏板、木质纤维板等），还应考虑其所具有的弹性以及能够传播弯曲波的影响。边缘固定的矩形薄板及其背后空气层形成的共振系统，其共振频率计算式为：

$$f_0 = \frac{1}{2\pi}\sqrt{\frac{1}{m}\left(\frac{1.4\times10^7}{L}+K\right)} \qquad (3.2-2)$$

式中　f_0——共振频率，Hz；

m——薄板的单位面积重量，kg/m^2；

L——薄板背后封闭空气层的厚度，cm；

K——薄板的劲度，$kg/m^2 \cdot s^2$，需由实验决定，一般取$K=1\times10^6 \sim 3\times10^6$。

上式中，如果薄板背后空气层的厚度超过100cm，则括号内的第一项对K来说即可忽略，可认为吸声与空气层无关。

选用薄膜或薄板吸声结构时，还应当考虑以下几点：

（1）比较薄的板，因为容易振动可提供较多的声吸收。

（2）吸声系数的峰值一般都处在低于200～300Hz的范围；同时随着薄板单位面积重量的增加以及在薄板背后空气层的厚度增加，吸声系数的峰值向低频移动。

（3）在薄板背后的空气层里填放多孔材料，会使吸声系数的峰值有所增加。

（4）薄板表面的涂层，对吸声性能没有影响。

（5）当使用预制的块状多孔吸声板与背后的空气层组合时，则将兼有多孔材料和薄板共振结构吸声的特征。

图3.2-7（*a*）为三合板共振结构吸声频响特性的举例。图3.2-7（*b*）为矿棉装饰吸声板结构吸声频响特性的举例。

3）穿孔板吸声结构

穿孔板吸声结构是由各种穿孔的薄板与它们背后的空气层组成的。其吸声特性取决于板厚、孔径、孔距、空气层厚度以及底层材料，可以按使用要求设计其吸声特性并在竣工后达到预期的效果。这种吸声结构的表面材料有足够的强度，如果对表面进行油漆等饰面喷涂处理，对穿孔影响较小，因此得到比较广泛的应用。

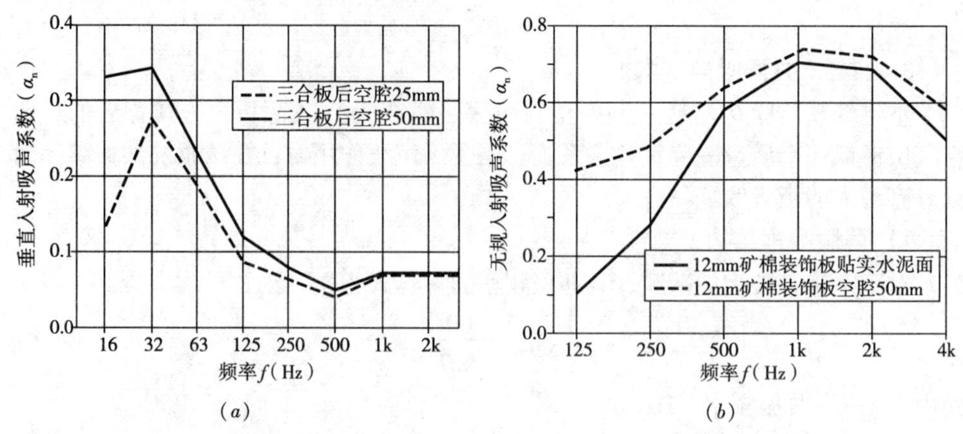

图3.2－7　薄板共振吸声结构的吸声频响特性

（*a*）三合板共振吸声结构的吸声频响特性；（*b*）矿棉装饰板吸声结构的吸声频响特性

这种吸声结构是亥姆霍兹共振器的组合。为了解这种吸声结构的吸声机理，我们可以回想往玻璃瓶内倒水时所听到的声音。瓶里的水愈多，声音的频率就愈高，瓶内的空气在某一频率产生共振。与玻璃瓶可作为一个空腔共振器一样，穿孔板上的每个小孔及其对应的背后空气层，形成了一排排的空腔共振器或者说可以看作是无限多个共振器系统。当入射声波的频率和这个系统固有频率相同时，在穿孔孔颈的空气就会因共振而剧烈振动。在振动过程中主要由于穿孔附近的摩擦损失而吸收声能。

穿孔板吸声结构的共振频率可用下式估算：

$$f_0=\frac{c}{2\pi}\sqrt{\frac{P}{(t+0.8d)\ L}} \qquad (3.2-3)$$

式中　f_0——共振频率，Hz；

c——声速，取34000，cm/s；

t——穿孔板厚度，cm；

d——孔径，cm；

P——穿孔率，即穿孔面积与板总面积之比，当圆孔按正方形排列时，$P=\frac{\pi}{4}\cdot\left(\frac{d}{D}\right)^2$，其中$D$为孔距，cm；

L——穿孔板背后封闭空气层的厚度，cm。

决定穿孔板结构吸声性能的主要因素　　**表3.2－2**

主要因素	影响范围
板厚	
孔径、孔距（或穿孔率）	主要吸声频率范围
板后空气层的厚度	
底层材料的种类和位置	吸声系数值

表3.2-2归纳了决定穿孔板结构吸声特性的主要影响因素。

【例3.2-1】板厚为4mm，孔径为8mm，孔距为20mm的穿孔板，穿孔按正方形排列，当背后的空气层厚度为100mm时；求其共振频率。

【解】以 $c=34000\text{cm/s}$，$t=0.4\text{cm}$，$d=0.8\text{cm}$，$L=10\text{cm}$ 及 $P=3.14\times0.8^2/4\times2^2=0.125$ 代入（3.2-3式），其共振频率为：$f_0=\dfrac{34000}{2\times3.14}\sqrt{\dfrac{0.125}{(0.4+0.8\times0.8)\times10}}=590\text{(Hz)}$

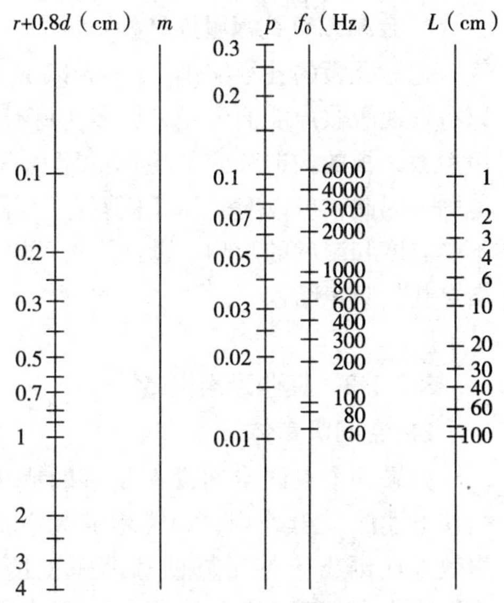

图3.2-8 穿孔板构造的共振频率计算图表

已知t、d、P、L、和f_0中的4项时，可以求出另外一项。例如已知穿孔板和背后空气层时，要求出f_0，先把和穿孔板相对应的（$t+0.8d$）和P用直线连接起来，交m线上的一点，再把这一点与L上的点连接，截f_0轴之点就是所求的共振频率

图3.2-8是根据（3.2-3）式绘制的计算图表。图中左起第1、2、3条直线与第2、4、5条直线为两组列线。任一斜线与同组列线的三个交点所示的数值均有对应关系。第2条直线同属两组，起中间过渡作用。根据该列线图可供以下计算：

（1）对于给定的穿孔板和背后空气层条件，求出主要吸声范围的共振频率（如【例3.2-1】）。

（2）已知背后空气层条件时，可依据要求的吸声频率范围确定穿孔板的规格（如板厚、孔径、孔距等）。

（3）已知穿孔板的规格和要求的吸声频率范围，确定背后空气层的厚度。

如果把穿孔板用作顶棚的吊顶，这时板背后的空气层厚度很大，其共振频率可按下式作近似计算：

$$f_0=\frac{c}{2\pi}\sqrt{\frac{P}{(t+0.8d)\ L+PL^2/3}} \tag{3.2-4}$$

图3.2-9是穿孔板的吸声性能的例子。穿孔铝板厚度为0.8mm，穿孔率22%，玻璃棉厚度50mm，表观密度24kg/m³，空腔为0mm，100mm和200mm。空腔厚度增大，低频吸声性能提高。

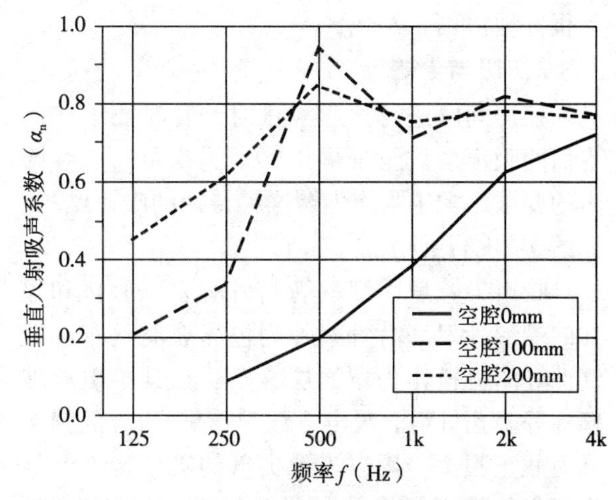

图3.2-9 穿孔板吸声结构的吸声特性（穿孔铝板0.8厚，穿孔率22%，璃棉厚度50mm，表观密度24kg/m³，空腔0~200mm）

4) 金属微穿孔板吸声结构

把穿孔板的孔径缩小到1mm以下，利用空气质点运动在孔中的摩擦，就可以有效地吸收声能而无须另加多孔材料。微穿孔板孔的大小和间距决定最大的吸声系数，板的构造和它与墙面的距离（即背后空气层的厚度）决定吸声的频率范围。因此，可以对微穿孔板设计所需要的吸声频响特性。金属板既可防火，也不受温度和湿度的影响。设计人员可以根据使用条件，选择各类金属板做成各种微穿孔板吸声结构。

3.2.1.3 其他吸声构造

1) 空间吸声体

如果一个室内空间没有足够的或适当的表面作上述的吸声处理，为了增加吸声材料的吸声效果或因出于施工方便和缩短工期的考虑，可以采用空间吸声体。这种空间吸声体常用穿孔板（如金属板、网板、织物等）做成各种形状的外壳，再将玻璃棉等一类多孔吸声材料填入。这种预制的单个的吸声单元常吊挂在顶棚下面，如图3.2-10所示。由于吸声体的各个表面都受到入射声波的作用，其吸声效果远比常见的吸声材料（构造）好；对于形状复杂的吸声体，设计时都用吸声量表示它们的吸声特性，最终的吸声效果则依它们的悬吊间距而定。这种吸声体尤其适用于大型体育馆的音质设计或工业厂房的吸声降噪处理。设计吸声体时，其悬吊位置需要与照明灯具及空气调节风口的设计很好地协调。

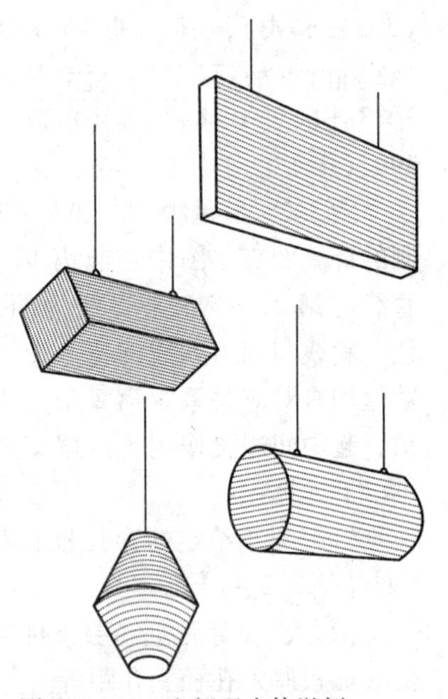

图3.2-10 空间吸声体举例

2) 吸声尖劈

在房间内进行声学测量时，有时要求房间界面的吸声系数至少是0.99。为满足这类强吸声的要求，常用吸声尖劈这种特殊的吸声结构，如图3.2-11所示。

吸声尖劈是用细钢筋制成所需要形状和尺寸的楔形骨架，沿骨架外侧包缝玻璃丝布等透气性好的材料作为罩面层，然后在其中填放玻璃棉等多孔材料。吸声系数为0.99的最低频率称为截止频率，用以表示尖劈的吸声特性。截止频率与使用的多孔材料品种及尖劈的形状、尺寸有关。

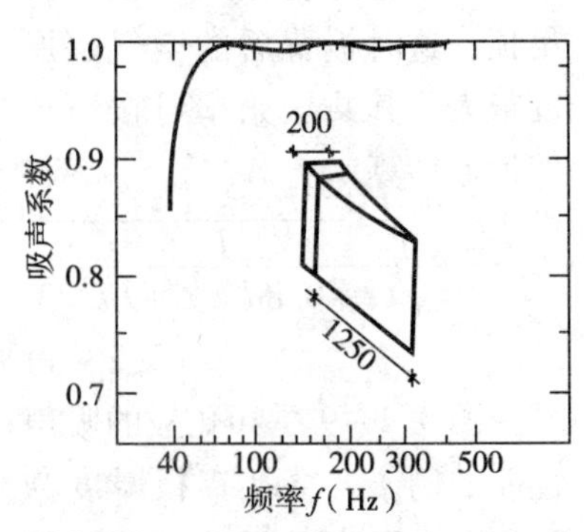

图3.2-11 吸声尖劈的吸声特性（表观密度为100kg/m³的玻璃棉）

3）可变吸声构造

一个房间往往因不同的用途需要有不同的混响时间。可变的吸声构造可以用来调节室内的混响情况。图3.2-12（a）表示在墙面上安装的吸声帷幔，可以从墙壁的暗槽里拉出来遮挡墙面，从而改变室内的吸声量。图3.2-12（b）是另一种借助铰链反转的可变装置。图3.2-13表示装置在墙面和顶棚上的可转动的三棱体，（a）为全反射，（b）为一般的扩散，（c）为吸声，（d）为高度的扩散反射。

一般说来，可变吸声构造能在较宽的频率范围里适当地改变总的吸声量。需要指出，复杂的可变装置会增加工程造价，并且须有专业人员操作。

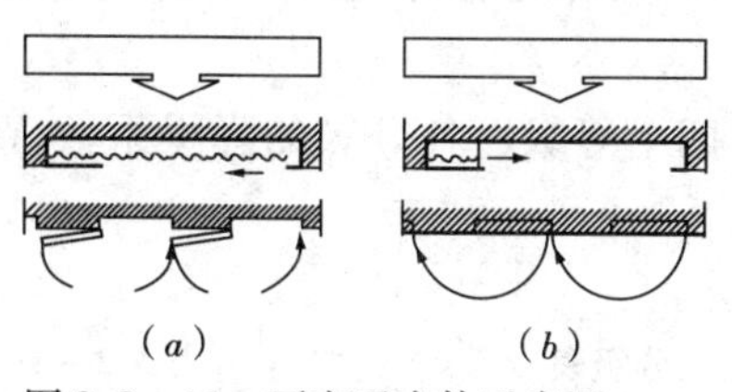

图3.2-12　可变吸声体示意图

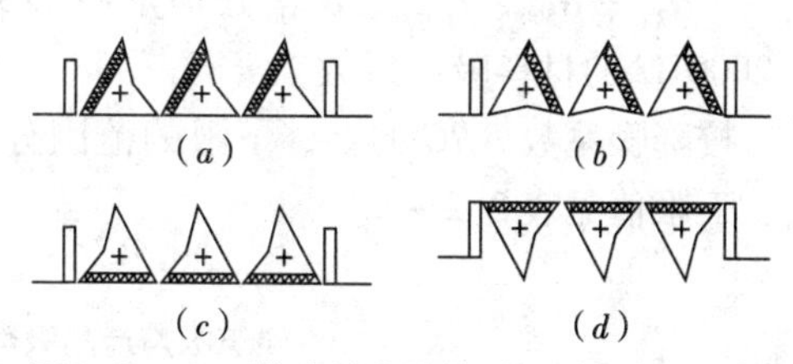

图3.2-13　装在墙和顶棚的可转动的三棱吸声体

4）人和家具

人和家具都是吸声体，许多大厅如剧院、体育馆等，都是用于接待大量的观众或听众观看演出或参加感兴趣的活动，所以当室内坐满听众或者至少有部分听众时，它们的吸声特性对室内的听闻条件有重要的影响。

听众对声音的吸收主要是由于着装及其孔隙。因为服装不很厚，一般只对中、高频声的吸收比较明显。在大厅里，人们的衣着不同，通常选用听众吸收的平均值。此外，听众吸收还决定于座位的排列方式、座位排列的密度；暴露于入射声的部分以及被通道、楼梯等遮挡的情况。

人和家具很难计算吸声的有效面积，他们的吸声特性用每个人或每件家具的吸声量表示。一般的吸声材料和构造是依其吸声系数和有效面积的乘积求得吸声量（吸声单位），其单位是m^2。

5）空气吸收

除了上述用于室内界面的各种建筑装修、人和家具对声音的吸收外，空气吸收也是整个室内声吸收的一部分，一般只考虑对2000Hz以上的高频声音的吸收。空气吸收的多少与其温度和湿度有关，见表3.1-3。

6）开口的吸收

房间的各种开口（例如送、回风口）以及大型厅堂出挑较深的楼座、舞台开口等，也吸收声音，甚至还成为大厅对声吸收的一个重要部分。如果洞口不是朝向自由声场，其吸声系数就小于1，剧院的舞台开口属于这一类，根据实测，舞台开口的吸声系数约为0.3~0.5。

3.2.1.4 吸声材料（构造）的选用

早期，吸声材料用于对听闻音乐和语言有较高要求的音乐厅、剧院、播音室等观演建筑中控制反射声，以求得到合适的混响时间；调整声场均匀度，消除回声。随着人们对声环境质量的重视，吸声材料已广泛应用于各类建筑有效地降低噪声。

在吸声降噪等噪声控制工程中，常按吸声材料（构造）的降噪系数（Noise Reduction Coefficient，简写为 *NRC*）对其声性能分级。*NRC* 的计算式为

$$NRC=\frac{\alpha_{250}+\alpha_{500}+\alpha_{1000}+\alpha_{2000}}{4}$$

式中 α_{250}、α_{500}、α_{1000}、α_{2000}分别是在 1/3 倍频带中心频率为 250、500、1000、及 2000Hz 的材料吸声系数。

按降噪系数 *NRC* 的上、下限的范围分为四个等级，各等级的降噪系数 *NRC* 上、下限值见表 3.2-3。

建筑吸声产品吸声性能分级表 表 3.2-3

等级	降噪系数，*NRC*
Ⅰ	$NRC\geqslant 0.80$
Ⅱ	$0.80>NRC\geqslant 0.60$
Ⅲ	$0.60>NRC\geqslant 0.40$
Ⅳ	$0.40>NRC\geqslant 0.20$

资料来源：《建筑吸声产品的吸声性能分级》GB/T 16731—1997

建筑吸声材料和构造具有吸声和建筑装修的功能，在工程设计中必须依各种使用条件选择最适用的材料（构造）。除了首先依建筑学设计（包括音质、降噪）要求，考虑材料所必须的吸声性能外，还应对材料的强度、防火、防潮、反光、清洁的维护、建筑装饰效果耗能以及建筑造价等方面的因素进行比较，优化吸声设计。

附录Ⅲ列出了常用建筑材料的吸声系数和吸声单位。

3.2.2 扩散反射

3.2.2.1 最大长度序列（Maximum Length Sequence，简写为 MLS）扩散反射构造

德国学者于 1975 年根据数论的一种周期性伪随机序列设计的 MLS 扩散反射构造，由一系列深度相同的凹沟槽组成（见图 3.2-14）。凹槽宽度由 MLS 序列确定，凹槽深度为扩散声波波长的 1/4。例如要扩散反射声波的频率为 250Hz，则凹槽深度应达到 34cm，如果将其中一个凹槽填平，则扩散反射效果立即消失，而成为镜面反射，见图 3.2-15。

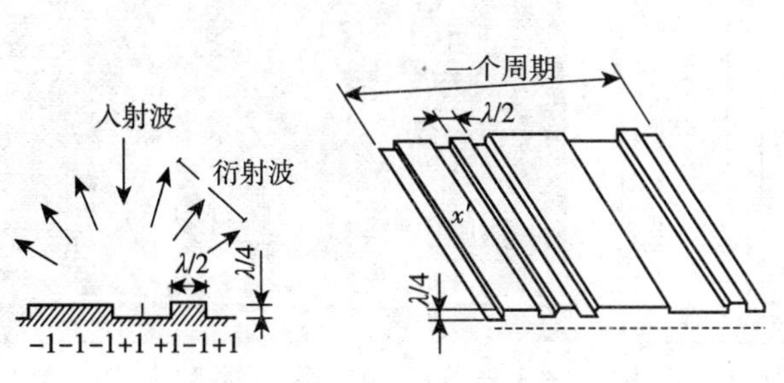

图3.2－14　扩散频率为 λ 的 MLS 扩散体

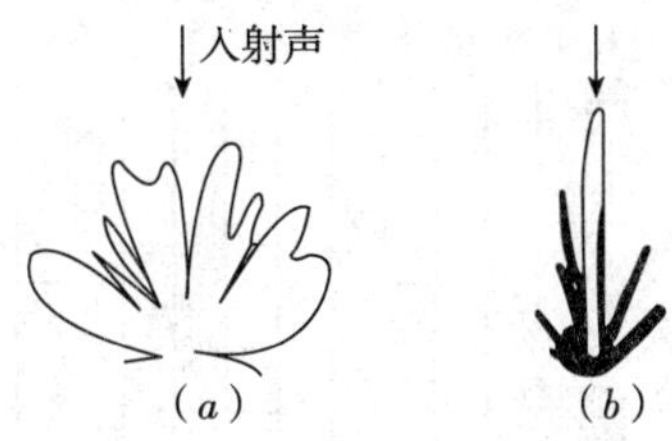

图3.2－15　MLS扩散体与填实其中的一个沟槽后的反射图案的比较

(a) MLS扩散体反射的图案；(b) 填实其中一个沟槽后的反射图案

资料来源：王峥等编著，建筑声学与音响工程［M］，P.59，2007

3.2.2.2　二次剩余扩散体（Quadratic Residue Diffuser，简写为QRD）

德国学者于1979年设计的按特定序列、用隔板分隔的不同深度凹槽组合的墙。QRD不同的槽深有声阻差异，利用其反射声波之间的衍射效应，在相当宽的频率范围提供声波的扩散反射。这是共振管吸声器组合的一种特殊类型。凹槽深度按下式决定：

$$d_n = \left(\frac{\lambda}{2N}\right) S_n \qquad (3.2-5)$$

式中　d_n——第 n 个凹槽的深度，cm；

　　λ——声波的波长，cm；

序列 $S_n = (n^2 \mathrm{mod} N)$

　　n——从0到无穷大的整数；

　　N——奇质数。

例如对于 $N = 11$，则从 $n = 0$ 开始，序列 S_n 是：0、1、4、9、5、3、3、5、9、4、1，然后重复这一序列，因此 N 是序列的周期。

二次剩余扩散体的设计步骤如下：

(1) 决定扩散反射的频率范围 $f_{高}$ 至 $f_{低}$ 则周期 N 是 $f_{高}/f_{低}$；

(2) 凹槽宽度 W 必须比最高扩散反射频率的半波长小，即：

$$W \leqslant \frac{C}{2f_{高}} \qquad (3.2-6)$$

(3) 运用(3.2－5)式计算凹槽的深度，此处 $\lambda = C/f_{低}$ 称为设计的波长。图3.2－16是周期 $N=17$ 的二次剩余扩散体侧视图。

中国国家大剧院的录音室墙面，大面积采用了QRD扩散反射构造。在考虑采用QRD时，应当意识到为获得低频的扩散反射，将占用较多的建筑空间，且对低频声有较多的吸收。

图3.2－17，图3.2－18及图3.4－33，图3.4－37为扩散反射构造的应用举例。

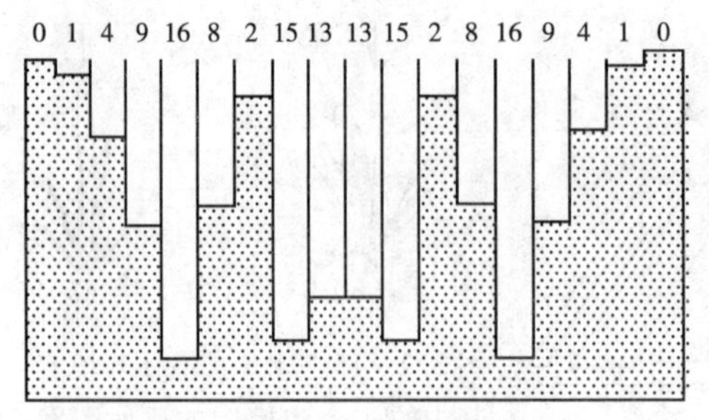

图3.2－16　二次剩余扩散体举例：$N=17$ 的QRD侧视图

资料来源：Marshall Long，Architectural Acoustics［M］，P.283，2006

图3.2－17　中国国家大剧院戏剧场后墙应用MLS扩散反射构造的实景

资料来源：李国棋，国家大剧院声学设计，2008

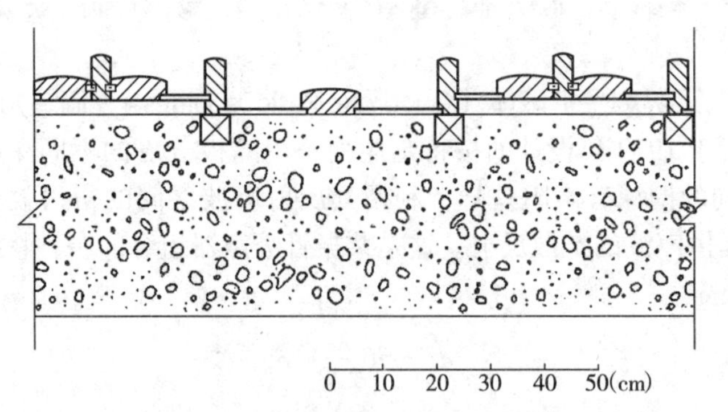

图3.2－18　日本鹿岛雾岛音乐厅侧墙应用的变形扩散反射构造（移走此种扩散构造的隔板）

资料来源：安藤四一著，吴硕贤等译，建筑声学［M］，P.150，2006

3.2.3　建筑隔声

声波在房屋建筑中的传播方式可分为空气传声和固体传声。

3.2.3.1　空气传声

空气传声的途径可以归纳为二种：

（1）经由空气直接传播　例如城市交通噪声经由敞开的窗户传入室内，邻室的噪声经由通风管道的风口传播等。

（2）经由围护结构的振动传播　例如人们常可以在隔墙一侧听到另一侧传来的声音，这是因为在靠近隔墙一侧传播的声波引起了隔墙的整体振动，并将空气声声波辐射到隔墙的另一侧，声波并未穿过墙体的材料，而是隔墙成为第二个声源，如图3.2－19所示，再通过空气传至人耳。两种传声途径，声波都是在空气中传播的，一般称为空气声或空气传声。

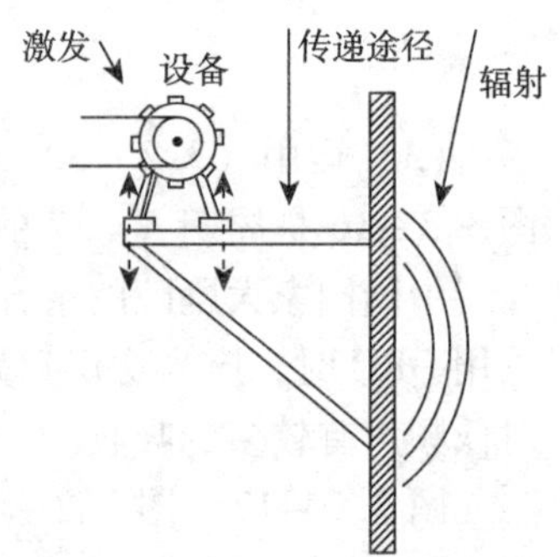

图3.2－19　经由围护结构振动的传声

3.2.3.2 固体传声

固体传声是围护结构受到直接的撞击或振动作用而发声。这种传声途径，也称为固体声或撞击声。固体声直接通过围护结构传播，并从某些建筑部件如墙体、楼板等再辐射出来，最后仍作为空气声传至人耳。建筑物中许多声音的起源，门的砰击、脚步以及运转的机械设备都是这类声源的典型例子。此外还有地下铁道、重型交通运输、爆破等引起的地面振动。声波的能量可以经由围护结构传播得很远而且衰减很少，并且由建筑围护结构再辐射到空气中。

就人们的感觉而言，固体声和空气声是不容易分辨的。

3.2.3.3 直接透射与侧向透射

图3.2－20表示建筑物内、外常见的一些噪声源及传播途径，对于空气传声和固体传声引起的干扰，须采用不同的控制方法。对于空气声，在工程中习惯于以隔声量$\left(R=10\lg\frac{1}{\tau}\ (\mathrm{dB})\right)$表示声透射的多少。图3.2－21说明三种情况：第一个例子代表在靠近建筑物外墙面处的道路交通噪声为75dB，而室内降低至平均50dB（在靠窗口处会比较高，离窗较远处的声级较低），为此隔声量为25dB。第二个例子是100dB的飞机噪声在室内降至50dB，表示屋顶及其相邻的围护结构隔声量为50dB。第三个例子表示在一个房间里发出噪声（例如机械噪声），并且混响声级达到80dB，如果在邻室的平均声级为50dB，则隔墙和有关结构的隔声量为30dB。

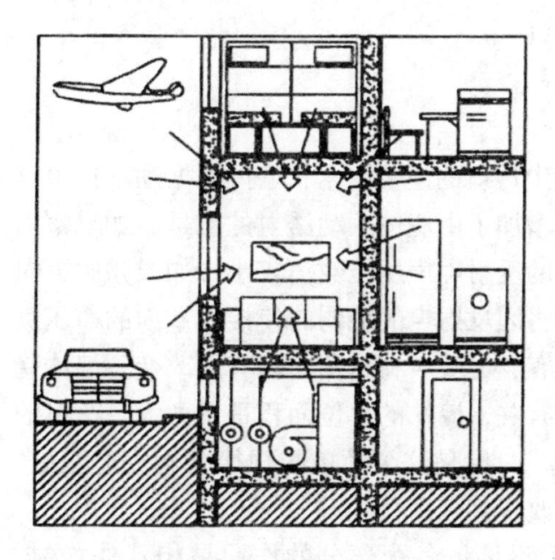
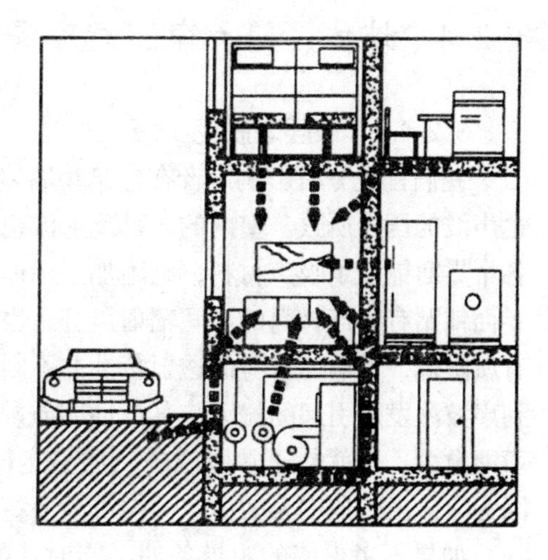

图3.2－20 空气声和固体声的传声途径

这里特别需要指出，此处分析3种情况得到的隔声量（即25dB、50dB、和30dB）包括了围护结构隔声性能和室内吸声条件的共同作用，或者说上述隔声量不仅反映建筑围护部件的隔声性能，也与室内对声能的吸收情况有关。

以上三个例子都说明在房屋建筑中，空气声的透射有两种：一是由在噪声源和听闻地点之间的墙壁（或屋顶）直接透射；二是沿着围护结构的连接部件间接（或侧向）的透射。

图3.2－22以箭头表示了这三个例子的若干间接透射途径。在第二个例子中(即图中的（B)），屋面上产生的振动将向下传到建筑物的外墙和内隔墙，从而向室内辐射声音，因此，事实上房间所有界面对室内形成的噪声级都起作用。各种建筑部件所起作用的大小取决于它们的重量、位置、刚度以及各部件之间的连接方法等因素。如果侧向建筑部件都比相邻两室之间的隔墙轻，侧向透射将使隔墙的隔声效能降低。

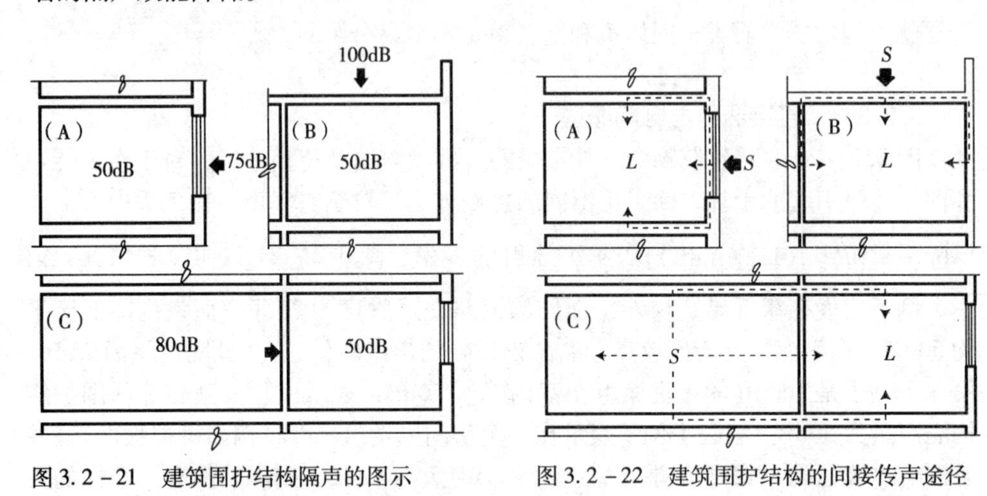

图3.2－21　建筑围护结构隔声的图示

图3.2－22　建筑围护结构的间接传声途径

3.2.4　墙体、门、窗及屋顶隔声

3.2.4.1　单层匀质密实墙

我们首先分析影响声音在建筑物墙体中透射的主要因素：墙体的振动不仅由直达声波的压力所致，室内的各种反射波也增加了由墙体振动透射的能量。如果室内各个界面铺贴了吸声材料，则附加于墙体的反射声声压级数值较小；如果是改为向界面铺贴有吸声材料的房间辐射声音，也将因反射声的减弱而使接收室内的声压级有所降低，但墙体自身的透射特性并不因有、无吸声材料贴面而有所改变。墙体受到声波激发所引起的振动与其惯性即质量有关，墙体的单位面积重量愈大，透射的声能愈少，这就是通常所说的“质量定律”。但是这个简单的规律并不完全正确，因为墙体出现的吻合效应、共振等现象将改变其隔声特性。

如果不考虑墙的边界条件，同时还假设墙体各个部分的作用是相互独立的，墙体的隔声量取决定于其单位面积的重量和入射声波的频率，简化的算式为：

$$R = 20\lg\ (fm) + k \tag{3.2-7}$$

式中　R——墙体的隔声量，dB；

f——入射声波的频率，Hz；

m——墙体的面密度，kg/m²；

k——常数，当声波为无规则入射时，$k=-48$。

式（3.2-7）就是隔声质量定律的表述。该式说明，当墙的单位面积重量增加1倍（或者说对于已知材料的墙体，其厚度加倍），隔声质量提高6dB；同时频率加倍（即对于每1倍频带），增加6dB。按上式所画的隔声曲线是mf每增加1倍增加6dB的直线，即“质量定律”直线，见图3.2-23中的一组斜线所示。需要注意的是只靠增加墙板的重量未必能够达到所期望的隔声要求，因为还受到前面所说侧向透射的影响。

质量定律不能完全表述墙的隔声性能，这是由于存在波的吻合效应或称波迹匹配效应。这种现象可以用图3.2-24来解释。图中表示了平面波以一定的入射角投射到墙板上，并使墙产生振动。但因波阵面不与墙面平行，墙板的不同部分以不同的相位振动，然而在等于声波波长投影间隔（即$\lambda/\sin\theta$）的各处都是同相位。墙板受迫引起的弯曲波与声波一起沿墙传播，其波长为$\lambda_B=\lambda/\sin\theta$，传播速度为$c_0/\sin\theta$。

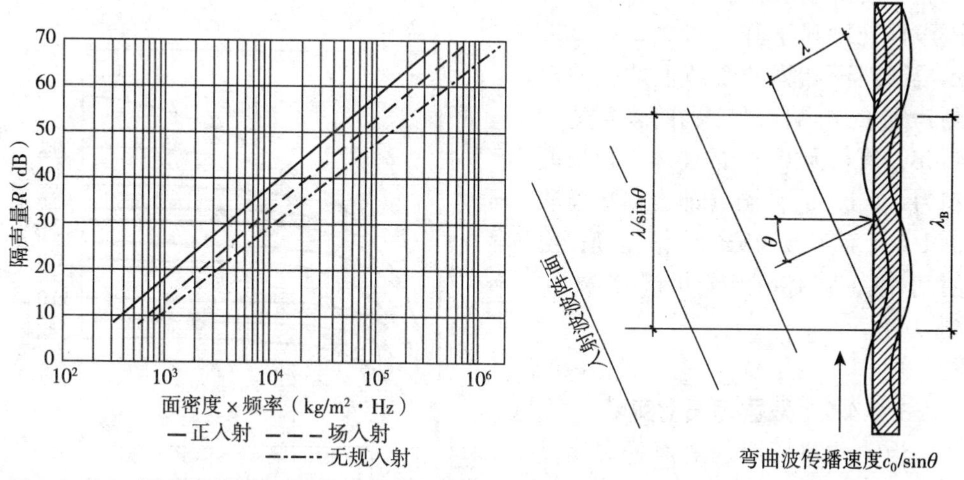

图3.2-23　隔声量随面密度与声波频率乘积的变化

图3.2-24　声波斜入射到墙体上波的吻合效应图解

墙板本身存在着随频率而变的自由弯曲波传播速度c_B。当受迫弯曲波的传播速度$c_0/\sin\theta$与自由弯曲波的传播速度c_B相等时，墙板振动的振幅最大，使声音大量透射，这就是吻合效应或称波迹匹配效应。出现吻合效应的最低频率称为吻合临界频率。表3.2-4为几种常用建筑材料的密度和吻合临界频率。

几种常用建筑材料的密度和吻合临界频率　　　　**表3.2-4**

材料种类	厚度（cm）	密度（kg/m^3）	临界频率（Hz）	材料种类	厚度（cm）	密度（kg/m^3）	临界频率（Hz）
砖砌体	25.0	2000	70-120	钢　板	0.3	8300	4000
混凝土	10.0	2300	190	玻　璃	0.5	2500	3000
木　板	1.0	750	1300	有机玻璃	1.0	1150	3100
铝　板	0.5	2700	2600				

图3.2－25为一樘钢木框架玻璃窗隔声量理论计算值与测量结果的比较。该玻璃窗尺寸为2.7m×2.15m，玻璃厚度为7.94mm，窗的面密度为19.6kg/m²。图中的比较可以清楚看出吻合效应的影响。

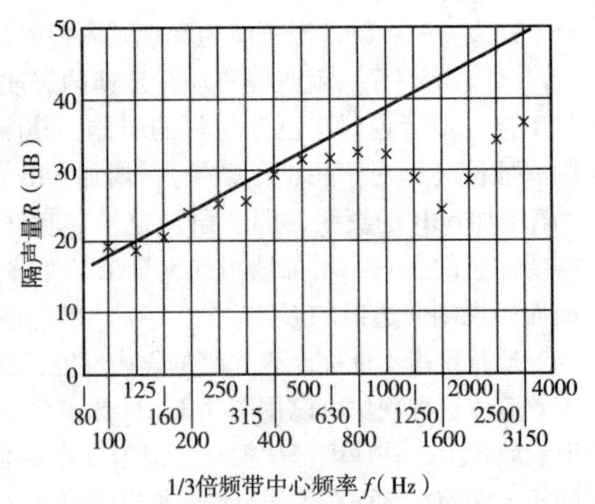

图3.2－25 玻璃窗隔声量理论计算结果和实测值的比较（实线为理论计算值）

通常采用硬而厚的墙板来降低临界频率或用软而薄的墙板提高临界频率，使之不出现在有重要影响的频率范围。

墙体上的孔洞（例如电线、管道穿墙的洞孔，门缝，以及墙体与顶棚交接处的缝隙等），会使墙体的隔声性能明显下降。图3.2－26表示根据理论计算的墙体上的孔洞对隔声量的影响。如果在隔声量为40dB，面积为10m²的墙体上留出面积为0.1 m²的孔洞（即占墙板面积的1%）而不做特殊的声学处理；由图可知，墙体的隔声量就减少到20dB。

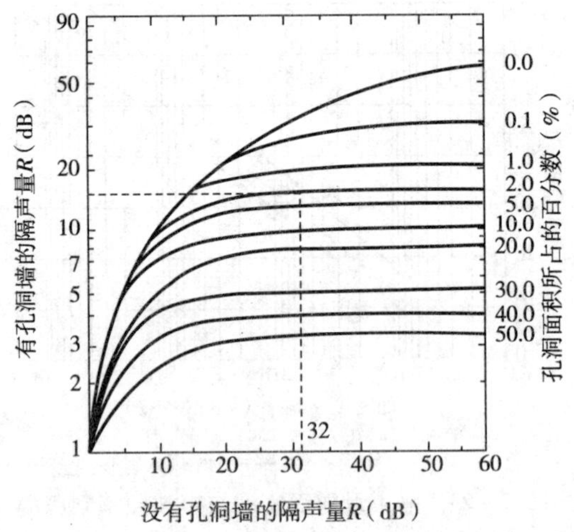

图3.2－26 理论计算的墙上开孔的影响

3.2.4.2 双层匀质密实墙

为了使单层墙的隔声量有明显的改善，就要把墙体的重量或厚度增加很多，显然，这在功能、空间、结构和经济方面的效果都不理想。这时可以采用有空气间层（或在间层中填放吸声材料）的双层墙。与单层墙相比，同样重量的双层墙有较大的隔声量，或是达到同样的隔声量而可以减轻结构的重量。

我们已经知道，墙体的隔声量与作用声波的频率有关。对于设有空气间层的双层墙，可以看作为质量—弹簧—质量系统。这种系统的固有振动频率可用下式计算：

$$f_0 = \frac{600}{\sqrt{L}}\sqrt{\frac{1}{m_1}+\frac{1}{m_2}} \tag{3.2-8}$$

式中 f_0——墙体的固有振动频率，Hz；

m_1，m_2——分别为每层墙体的面密度，kg/m²；

L——空气间层的厚度，cm。

显然，当入射声波的频率与双层墙固有振动频率相等时，声能很容易透射，即隔声量最小。图3.2－27为双层墙的隔声量与不同面密度单层匀质墙隔声特性之比较。有空气层的双层GRC（即增强玻璃纤维水泥板）轻墙比单层GRC轻墙隔声效果好，而且可达到240砖墙的隔声效果。有些轻质双层墙的固有振动频率相当高，在入射声波作用下出现的共振将导致隔声能力的降低。砖砌体或混凝土双层墙的固有振动频率一般很低；接近人的听阈。

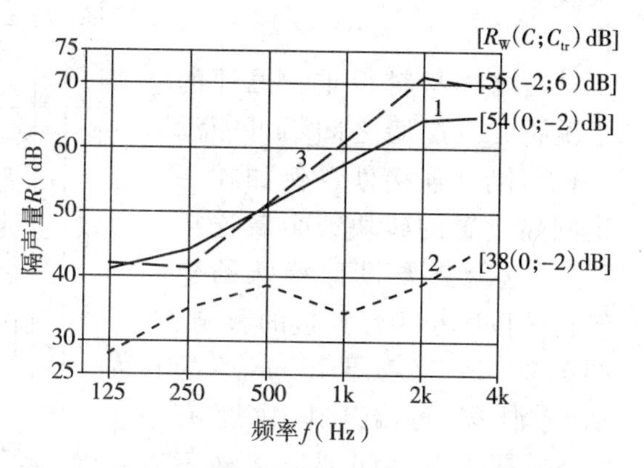

图3.2－27 双层墙的隔声量与单层墙的隔声量比较

1—240mm墙砖双面抹灰；2—GRC轻墙60mm双面抹灰；3—GRC轻墙60mm＋60mm岩棉层50mm，双面抹灰

资料来源：王峥，建筑声学材料与结构—设计和应用[M]，P.334－335，2006

当入射声波的频率远低于系统的固有频率，隔声曲线接近于一条直线，其斜率为6dB/每倍频带，相当于双层墙面密度总和条件下的质量定律。当入射声波的频率远高于系统的固有频率，隔声特性曲线的斜率为18dB/每倍频带。事实上在较高频率处，隔声量都比预计的低。

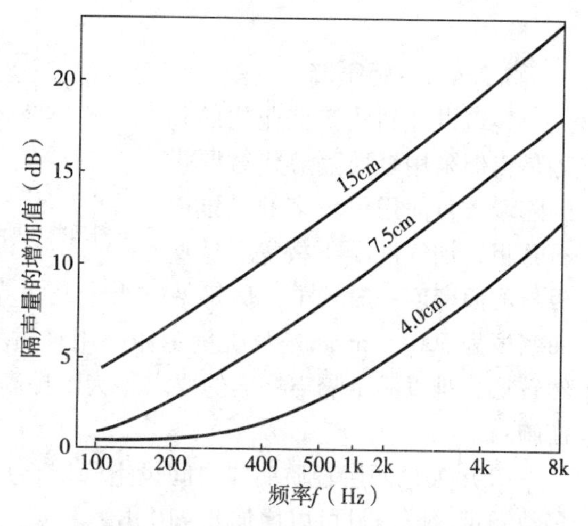

图3.2－28 面密度相同的两片墙，其间留有不同厚度空气间层时的隔声量增加值

资料来源：William J. Cavanaugh and Joseph A. Wilkes，Architectural Acoustics［M］，P.24，1999

对因设置空气层附加的隔声量，可以参考图3.2－28所示有关数值。由图可知，为了比单层墙的隔声性能有明显改进，两墙之间的空气层厚度应相对较大。如果空气层的厚度小于4cm，不可能比同样质量的单层墙有明显的改进，这也同时可以说明有些带有0.5～1.5cm厚度空气层的薄的双层玻璃隔热窗，尽管能够达到一定的绝热要求，但其隔声量令人失望。

在声波的作用下，双层墙也会出现吻合效应。如果此种构造的两层墙体的材料相同，并且厚度一样，则它们的吻合临界频率相同，隔声特性曲线出现的低谷较深。如果两层墙的面密度不同，不同的吻合临界频率将使隔声特性曲线比较平滑。

如果双层墙之间有刚性连接，则一侧墙体振动的能量将由刚性连接件传至另一侧墙体，空气层将失去弹性作用。这种刚性连接件称为声桥。在建筑施工中应注意避免碎砖与灰浆等物件落入夹层形成声桥，以致破坏空气层的弹性作用。

在墙体材料很重、很硬的情况下，双层墙之间不可能没有任何刚性连接件（例如在一定间隔设置的砖块或金属连接件），这就需要设计特殊的建筑构造以减小刚性连接的影响。图3.2－29为双层75mm厚的加气混凝土墙，其中设有75mm厚的空气间层。三种不同的刚性连接件，使隔声量的差别可达11dB。

附录Ⅳ－1列出了一些外墙的构造及隔声性能。

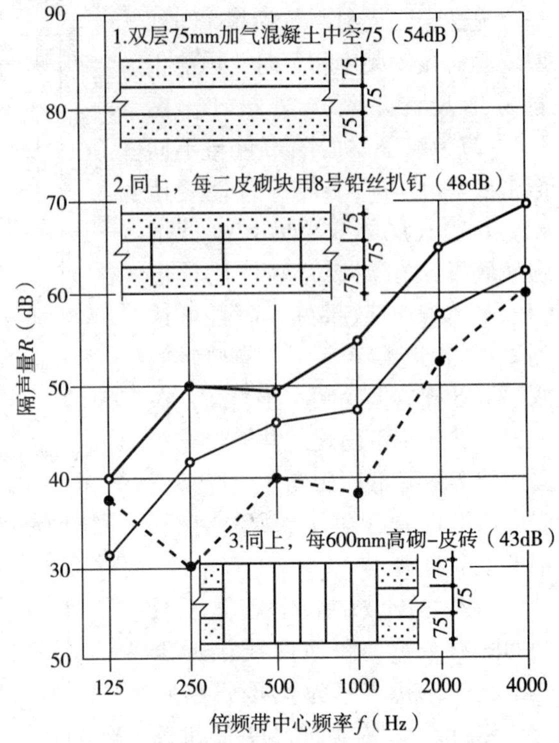

图3.2－29　不同刚性连接件的双层墙隔声量的比较

资料来源：项端祈，实用建筑声学［M］，P.56，1992

3.2.4.3　轻质墙

建筑设计和建筑工业化的趋势是提倡采用轻质隔墙代替厚重的隔墙。目前用得较多的是纸面石膏板、加气混凝土板等。这些板材的面密度一般较小，从每平方米十几千克到几十千克；而240mm厚砖墙的面密度为500kg/m^2。按照质量定律，用轻质材料做成的内隔墙，其隔声能力必然较低，难以满足隔声标准的要求。为了提高轻质墙的隔声效果，一般采用以下措施：

（1）如果两层轻质墙体之间设空气层，且空气层的厚度达到75mm，对于大多数频带，隔声量可以增加8～10dB。

（2）以多孔材料填充轻质墙体之间的空气层，可以显著提高轻质墙的隔声量。

（3）轻质墙体的材料的层数、填充材料的种类对隔声性能都有影响。

图3.2－30为单层纸面石膏板以及不同构造的几种轻质墙隔声性能的比较。图中的C及C_{tr}为依不同噪声源特性（A计权粉红噪声及A计权交通噪声）的频谱修正项。

图3.2－30说明：每增加一层纸面石膏板，其隔声量可以提高3～6dB；空气间层中填充多孔吸声材料可以提高3～8dB。适当增加空气层的厚度如75mm增到100mm，也可以提高隔声量3～6dB。此外，相同纸面石膏板，不同龙骨对隔声量也有影响，一般用钢龙骨比木龙骨的隔声量要高2～6dB左右。

附录Ⅳ－2列出了一些轻型墙体的隔声性能及适用场合。

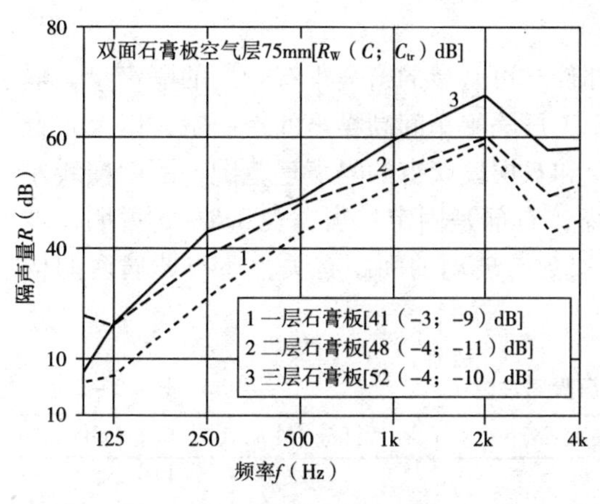

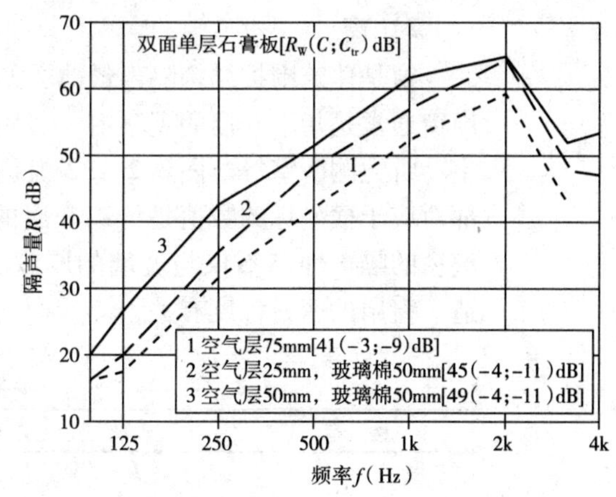

图 3.2－30　双面纸面石膏板不同构造墙体的隔声性能比较

资料来源：同济大学，2006

3.2.4.4　门和窗和屋顶

1）门

门是墙体中隔声较差的部件。因为它的面密度比墙体小，普通门周边的缝隙也是传声的途径。门的面积比墙体小，它的低频共振常发生在声频频谱的重要范围内。一般说来，通常未作隔声处理可以开启的门，其隔声量大致为20dB；质量较差的木门，常因木材的收缩与变形而出现较大的缝隙，致使隔声量有可能低于15dB。如果希望门的隔声量达到40dB，就需要作专门的设计。

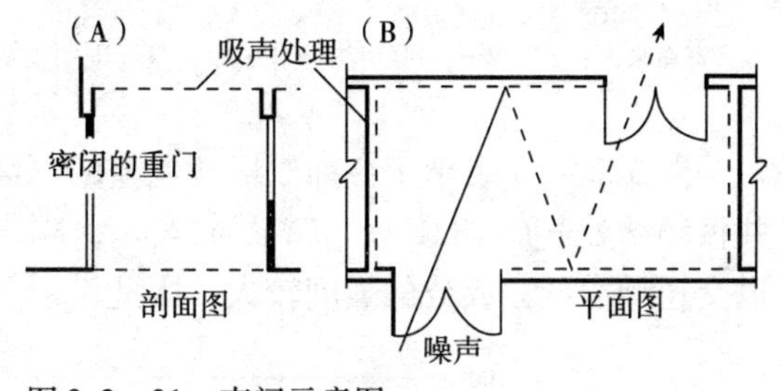

图 3.2－31　声闸示意图

提高门隔声能力的关键在于门扇及其周边缝隙的处理。隔声门应为面密度较大的复合构造，门扇周边应当密缝。轻质的夹板门易变形，致使门扇周边很难密缝。橡胶、泡沫塑料条、手动或自动调节的门碰头、垫圈等均可用于门扇边缘的密缝处理。需要经常开启的门，门扇面密度不宜过大，门缝也难于紧密。为了达到较高的隔声量，可以用设置“声闸”的方法，即设置双层门并在双层门之间的门斗内壁铺贴强吸声材料。这样可使总的隔声量接近或达到两层门隔声量之和。见图 3.2－31 所示。

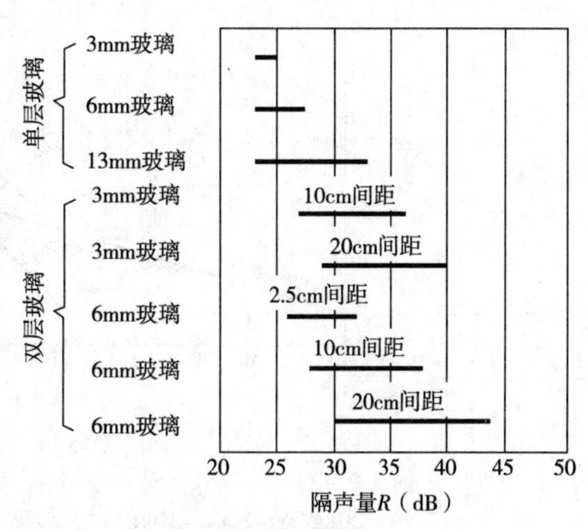

图 3.2－32　玻璃窗的隔声范围

2）窗

窗是建筑围护结构隔声最薄弱的部件。可开启的窗很难有较高的隔声量。隔声窗通常是指不开启的观察窗，多用于工厂隔绝车间高噪声的控制室，以及录音室、听力测听室等。图 3.2－32 为单层和双层玻璃窗的隔声量范围，图中横线左部对应于横坐标的数值是可以开启的窗；右部是固定的窗。表 3.2－5 说明，玻璃窗的隔声性能不仅与玻璃的厚度、层数、玻璃的间距有关，还与玻璃窗的构造、窗扇的密封程度有关。

玻璃窗隔声性能 **表 3.2－5**

构 造	玻璃与空气层厚度（cm）	计权隔声量 R_w（C；C_{tr}）（dB）
单层玻璃	3	27（－1；－4）
	5	29（－1；－2）
	8	31（－2；－3）
	12	33（0；－2）
夹层玻璃	6⁺②	32（－1；－3）
	10⁺②	34（－1；－3）
中空玻璃	4/6A－12A/4①	29（－1；－4）
	6/6A－12A/6	31（－1；－4）
	8/6A－12A/6	35（－2；－6）
	6/6A－12A/10⁺②	37（－1；－5）

①中空玻璃的表示为“玻璃/空气层厚 A/玻璃”；

②6⁺、10⁺表示夹层玻璃。

资料来源：建筑隔声与吸声构造（国家建筑标准图集 08J931，2008）

图 3.2－33 表示了一种双层玻璃窗的隔声特性。在该例中隔声量的最低值在共振频率处（$f_0 \approx 82$Hz）。如果 $m_1 = m_2$，隔声量的下降将更为明显。许多城市干道交通噪声低频成分的强度较大，因此可以预计许多沿干道住宅装置玻璃面密度

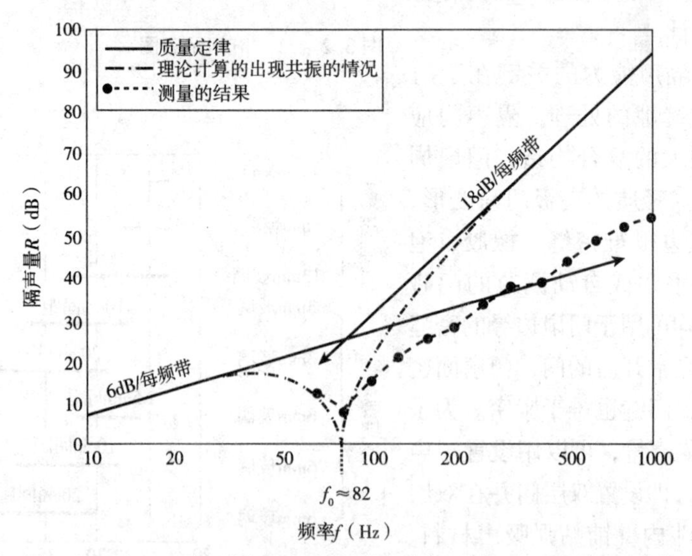

图 3.2－33 一种双层玻璃窗的隔声特性（玻璃面密度分别为 $m_1 = 20\text{kg/m}^2$ 及 $m_2 = 10\text{kg/m}^2$，玻璃间距为 8cm）

资料来源：Egbert Boeker, et al. Environmental Physics［M］, P. 323, 1995

相等的双层窗，无助于减弱交通噪声对居民的干扰。

窗的隔声性能除与窗的面密度、共振等因素有关外，在设计时还须留心以下几点：

（1）对于可开启的窗，如果没有压缝条，使用厚度超过4mm的玻璃，无助于提高其隔声性能。如果装有压缝条，选配6mm厚的玻璃则有助于隔声。对于不可开启的窗，可选配厚度超过6mm厚的玻璃。

（2）如果双层窗的一樘是固定的并且密缝，另一樘窗的缝隙不会有明显影响。但如果双层窗都是可以开启的，则应在双层窗的两侧都装置压缝条。在双层窗之间的空腔周边，也需作声学处理。

（3）双层窗的隔声量随两窗之间的空腔厚度而增加，且对改善隔绝低频噪声尤其明显。空腔厚度不宜小于100mm，如果有150mm则更好。现今有些建筑物使用带有5~10mm厚度空气层的双层玻璃绝热窗，从改善窗的隔声性能考虑并无实际价值。

（4）多层窗的隔声性能主要决定于总的有效空腔厚度，而不是决定于玻璃的层数。实验表明，通过增加玻璃分隔空气层，把双层窗改为3层窗，虽然能够改变窗的隔声特性，但并未增加平均隔声量。

窗的另一重要功能是为保证室内人居环境品质的通风换气。然而，窗的开启乃至窗缝隙都将改变其隔声性能。近年已有兼顾隔声与通风功能要求的产品设计。图3.2-34为隔声通风窗的应用实例。

(*a*)

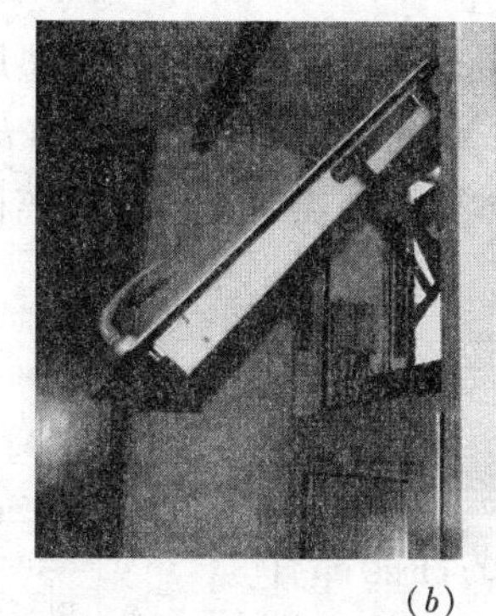

(*b*)

图3.2-34　已获国家专利的隔声通风窗的应用实例

(*a*) 闭合状态的窗；(*b*) 上部开启状态的窗

资料来源：上海申华声学装备有限公司，2008

3）屋顶

尽管并非每个房间都有屋顶，但屋顶是每幢建筑外围护结构的组成部分。屋顶所暴露的噪声环境可能与墙不同。因此，屋顶对于抑制侵扰噪声有重要作用。一般屋顶构造及隔声性能大致可归为以下几类：

（1）轻质的坡屋顶构造一般不考虑气密性，隔声量很少超过15~20dB。

（2）钢筋混凝土平屋顶的面密度一般有200kg/m^{2}甚至更大，隔声量可达45~50dB，足以抑制一般的侵扰噪声。

(3) 带有吊顶棚的轻质屋顶的隔声量可达到30～35dB；带有吊顶棚的铺瓦(或石板)斜屋顶的隔声量可达35～40dB。

(4) 屋顶如果考虑阁楼空间通风，或设置采光天窗，甚至是穹顶采光，则须依每种条件的限制综合分析对屋顶隔声性能的影响。

3.2.5　楼板隔声

楼板要承受各种荷载，按照结构强度的要求，它自身必须有一定的厚度与重量。根据前述的隔声质量定律，楼板必然具有一定的隔绝空气声的能力。但是在楼板上，由于人们的行走、拖动家具、物体碰撞等引起固体振动所辐射的噪声，对楼下房间的干扰特别严重。同时由于楼板与四周墙体的刚性连接，将振动能量沿着建筑围护结构传播，导致结构的其他部件也辐射声能，因此隔绝撞击声的矛盾显得更为突出。通常讲楼板隔声，主要是指隔绝撞击声的性能。

楼板下面的撞击声声压级，决定于楼板的弹性模量、密度、厚度等因素，但又主要决定于楼板的厚度。在其他条件不变的情况下，如果楼板的厚度增加1倍，楼板下的撞击声级可以降低10dB。改善楼板隔绝撞击声性能的主要措施有：

(1) 在承重楼板上铺放弹性面层

塑料橡胶布、地毯等软质弹性材料，有助于减弱楼板所受的撞击，对于改善楼板隔绝中、高频撞击声的性能有显著的效用。见图3.2－35 (*a*)。

(2) 浮筑构造

在楼板承重层与面层之间设置弹性垫层，以减弱结构层的振动。弹性垫层可以是片状、条状或块状的。图3.2－35 (*b*) 为此种构造楼板的举例。还应注意在楼板面层和墙体交接处需有相应的隔离构造，以免引起墙体振动，从而保证隔声性能的改善。

(3) 在承重楼板下加设吊顶

对于改善楼板隔绝空气噪声和撞击噪声的性能都有明显效用。需要注意的是吊顶层不可以用带有穿透的孔或缝的材料，以免噪声通过吊顶直接透射；吊顶与周围墙壁之间不可留有缝隙，以免漏声；在满足建筑结构要求的前提下，承重楼板与吊顶的连接点应尽量减少，悬吊点宜用弹性连接而不是刚性连接，见图3.2－35 (*c*)。

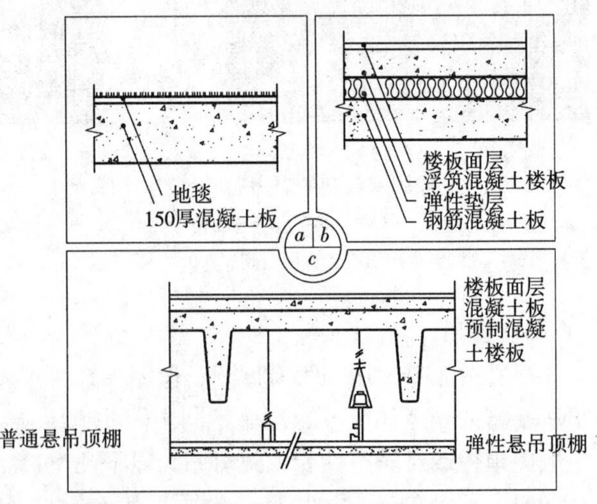

图3.2－35　提高楼板隔绝撞击声性能的途径及构造举例
(*a*) 在混凝土板上铺地毯；(*b*) 采用浮筑构造的楼板；(*c*) 在楼板层下，增设普通或弹性悬吊顶棚

附录Ⅳ－3列出了一些

楼板的构造及隔声性能。

3.2.6　建筑隔声测量与单值评价量

我国已经发布实施了《建筑和建筑构件隔声测量的系列标准》GB/T 18699.1－2005 至 GB/T 18699.7－2005 及《建筑隔声评价标准》GB/T 50121－2005。现摘选介绍如下：

3.2.6.1　隔声测量

1）空气声隔声量

（1）隔声量 R

对于实验室测量，空气声隔声量是声源室与接收室的平均声压级差，再加上接收室吸声量和被测试件面积的修正而得到的。其计算式为：

$$R=\overline{L_{p1}}-\overline{L_{p2}}+10\lg\frac{S}{A}=D+10\lg\frac{S}{A} \tag{3.2-9}$$

式中　R——空气声隔声量，dB；

$\overline{L_{p1}}$——声源室内平均声压级，dB；

$\overline{L_{p2}}$——接收室内平均声压级，dB；

D——声压级差，dB，$D=\overline{L_{p1}}-\overline{L_{p2}}$；

S——试件面积，m^2，等于测试洞口的面积；

A——接收室内的吸声量，m^2。

在 100Hz 至 3150Hz 的频率范围，按 1/3 倍频带中心频率测量，依测量数据绘成的曲线就是试件空气声隔声量频率特性曲线。

（2）标准化声压级差 D_{nT}

对于现场测量，用 $10\lg\frac{T}{T_0}$修正。计算式为

$$D_{nT}=D+10\lg\frac{T}{T_0} \tag{3.2-10}$$

式中　D_{nT}——标准化声压级差，dB；

D——声压级差，dB，$D=L_{p1}-L_{p2}$；

T——接收室的混响时间，s；

T_0——参考混响时间，对于住宅宜取 0.5s。

2）楼板撞击声级

（1）规范化撞击声压级 L_n 或 L_{pn}

用标准撞击器撞击楼板，在楼板下的房间内测定其产生的声压级，称为撞击声压级。经以接收室参考吸声量 $10m^2$ 修正后，则称为规范化撞击声压级。其计算式为：

$$L_{pn}=L_{pi}+10\lg\frac{A}{A_0} \tag{3.2-11}$$

式中 L_n或L_{pn}——规范化撞击声压级，dB；

L_{pi}——当被测楼板由标准撞击声源激励时，楼板下的接收室测得的平均撞击声压级，dB；

A——楼板下接收室的总吸声量，m^2；

A_0——参考吸声量，取$10m^2$。

在100Hz至3150Hz的频率范围，按1/3倍频带中心频率测量，依测量数据绘成的曲线就是楼板规范化撞击声压级频率特性曲线。

（2）标准化撞击声压级L'_{nT}或L'_{pnT}

对于现场测量，用$10\lg\dfrac{T}{T_0}$修正。计算式为：

$$L'_{nT}=L_{pi}-10\lg\frac{T}{T_0} \tag{3.2-12}$$

式中 L'_{nT}或L'_{pnT}——标准化撞击声压级，dB；

L_{pi}——楼板下的房间（接收室）测得的平均撞击声压级，dB；

T——楼板下接收室的混响时间，s；

T_0——基准的混响时间，对于住宅、旅馆客房和医院病房，均以0.5s为参考值。

3.2.6.2 空气声隔声单值评价量

根据1/3倍频程的空气声隔声测量数值确定单值评价量时，所规定的空气声隔声基准值及相应的曲线，如图3.2-36所示。

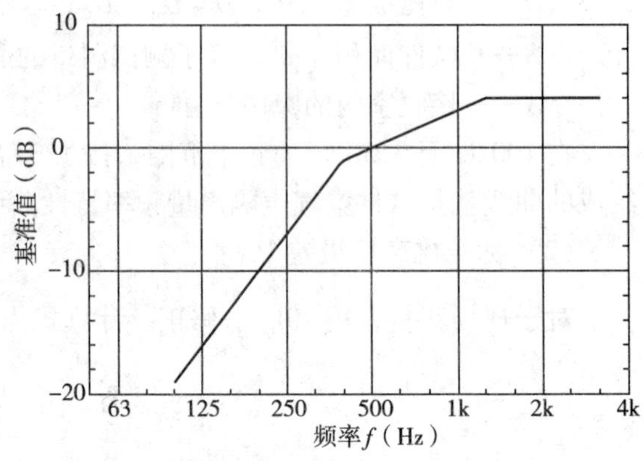

图3.2-36 空气声隔声基准曲线（1/3倍频带）

把建筑物或建筑构件自身的隔声性能按照一定的评价标准用单值反映出来，就是将所测得的隔声频率特性曲线，与规定的基准曲线（图3.2-36），按一定的方法比较后读取的数值[②]。具体的步骤如下：

（1）将测得的1/3倍频带隔声量R或标准化声压级差D_{nT}，整理成精确至0.1dB的值并绘成曲线。

（2）将具有相同坐标比例的基准曲线透明纸覆盖在上述隔声量R或标准声压级差D_{nT}曲线上，使横坐标的标度对齐，并使纵坐标中基准曲线0dB与频谱曲线的一个整数坐标对齐。

（3）将绘有基准曲线的透明纸上下移动，每步1dB，直至各频带不利偏差（指低于参考曲线的dB数）的总和尽量地大，但不超过32.0dB（对于倍频带测量，不超过10.0dB）。

（4）此时基准曲线上的0dB所对应的绘有所测得曲线的坐标纸上纵坐标的

dB 值，就是该组测量量所对应的单值评价量，即为所测建筑物或试件的空气声隔声单值评价量，并称为计权隔声量 R_w 或权标准化声压级差 $D_{nT,w}$。

3.2.6.3 撞击声隔声的单值评价量

根据 1/3 倍频带或倍频带的测量量来确定单值评价量时所规定的撞击声隔声基准值及相应的基准曲线，如图 3.2-37 所示。

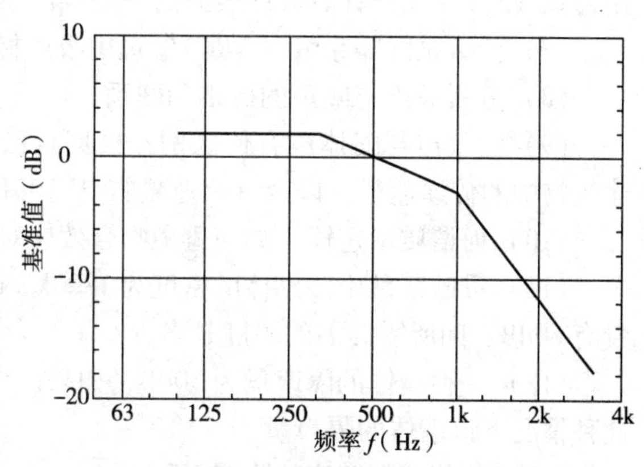

图 3.2-37 撞击声隔声基准曲线（1/3 倍频带）

撞击声隔声的单值评价量，同样用比较法确定。具体的步骤如下：

（1）将测得的 1/3 倍频带规范化撞击声压级 L_n 或标准化声压级 L'_{nT}，整理成精确至 0.1dB 的值并绘成曲线。

（2）将具有相同坐标比例的基准曲线透明纸覆盖在上述 L_n 或 L'_{nT} 曲线上，使横坐标的标度对齐，并使纵坐标中基准曲线 0dB 与频谱曲线的一个整数坐标对齐。

（3）将基准曲线向测量量的频谱曲线上下移动，每步 1dB，直至各频带不利偏差（指高于基准曲线的 dB 数）的总和尽量地大，但不超过 32.0dB（对于倍频带测量，不超过 10dB）。

（4）此时基准曲线上的 0dB 所对应的绘有测量频谱曲线的坐标纸上纵坐标的整 dB 值，就是该组测量量所对应的单值评价量。即实验室所测楼板的规范化撞击声隔声评价量，并称为计权规范化撞击声级，以 $L_{n,w}$ 表示。对于依现场测得的标准化撞击声压级 L'_{nT} 比较得到的单值评价量，则称为计权标准化撞击声压级，以 $L'_{nT,w}$ 表示。

复习思考题

（1）列表分析多孔吸声材料、共振吸声结构的吸声机理和主要吸声特性。

（2）根据材料的吸声系数（见本书附录Ⅲ），绘出下列材料对 125Hz、250Hz、500Hz、1000Hz、2000Hz 及 4000Hz 频率的吸声系数特性曲线。以不同颜色的直线分别连接标出的各不同频率的数值点，并作出适当分析说明。

① 选择一种墙体材料；

② 选择一种楼板铺面；

③ 选择一种多孔吸声材料。

（3）在混凝土表面油漆或拉毛，对其吸声系数有什么影响？分析其原因。

（4）实贴在顶棚表面的纤维板和悬吊在顶棚下的纤维板，吸声特性会有何不同？分析其原因。

(5) 厚度为5mm、面密度为3.5kg/m² 的胶合板，当其与墙体之间的空气层厚度分别为5cm、10cm时，分别计算其共振频率。

(6) 某演讲厅的尺寸为16.0m×12.5m×5.0m（高），其混响时间为1.2s。用公式（3.1-11）计算大厅表面的平均吸声系数。

(7) 什么是降噪系数（*NRC*）？选用吸声材料（构造）时应考虑哪些因素？

(8) 分析吸声与隔声的区别和联系。

(9) 空气声与固体声有何区别？根据自己所处的声环境，举例说明声音在建筑物中的传递途径，以及有效地减弱空气声和固体声干扰的措施。

(10) 何谓质量定律？如何避免吻合效应对建筑部件隔声性能的影响？

(11) 重砂浆黏土砖砌体的密度为1800kg/m³，要使其对1000Hz声音的隔声量有60dB，问所需砖墙的厚度是多少？

(12) 一种墙体的隔声量为50dB，如果该墙上留有占墙面积1/100的孔，求此种情况下该墙体的隔声量。

(13) 相邻两间客房的隔墙面积为4m×3m，墙的隔声量为30dB。隔墙上需有电线穿孔，为保证该墙体的隔声量不低于25dB，问穿孔的面积须限制在多少？

(14) 如何提高门的隔声性能？

(15) 概述提高楼板隔绝撞击噪声性能的措施。

第3.2章注释

① 图3.2-2至图3.2-4选自本章撰稿人2008年用B&K4206型驻波管、3560型PULSE分析系统及7758型材料测试仪测得的数值。测量用的玻璃棉毡正常厚度为50mm及75mm，其余的厚度均由正常厚度裁分、组合而得。

② 在《建筑隔声评价标准》GB/T 50121—2005中，还规定了用数学语言表述的确定单值评价量的方法。

第3.3章　声环境规划与噪声控制

现今在声环境方面讨论得最广泛的是城市噪声对人们工作效率及身心健康的影响。

本章首先简要介绍城市噪声及几个常用的噪声评价量，然后介绍有关的环境噪声标准和控制步骤。在综述降低噪声或者说保护人们免受噪声干扰的总原则以及为达到要求的安静标准可采取的城市规划和建筑设计措施的基础上，引入“声景”概念，较详细地分析吸声降噪和隔声降噪设计。

3.3.1　城市噪声及相关的评价量

3.3.1.1　城市噪声

我国城市噪声主要来源于道路交通噪声，其次是建筑施工噪声、工业生产噪声以及社会生活噪声等。

1）交通噪声

（1）交通干线噪声，决定于机动车类型、车流量、行驶速度、路面状况以及干道两侧的建筑物布局等因素。图3.3－1为不同类型车辆在15m远处的A声级与行驶速度的关系。

图3.3－2为重型卡车噪声的频谱。由图可见机动车噪声的声功率随其行驶速度的增加而增加，但当行驶速度超过60km/h，轮胎与路面摩擦的噪声将超过发动机噪声。匀速行驶的车辆噪声相对较低，车辆启动、变换速度均会使其噪声

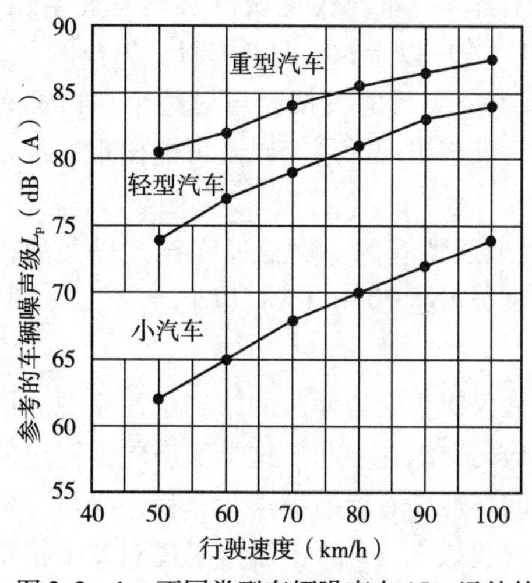

注：小 汽 车　两轴4轮，供少于9人乘坐或运货，车辆毛重小于4.5t；
轻型汽车　两轴6轮，用于货物运输，车辆毛重超过4.5t，但小于12t；
重型卡车　3轴或多轴，用于货物运输；车辆毛重超过12t.

图3.3－1　不同类型车辆噪声在15m远处的A声级与行驶速度的关系

资料来源：Marshall Long，Architectural Acoustics［M］，P.184，2006

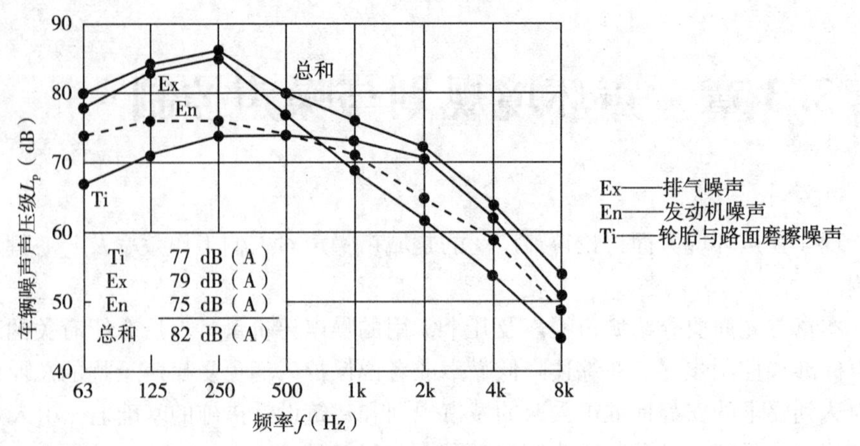

图3.3-2 重型卡车噪声的频谱

资料来源：Marshall Long，Architectural Acoustics［M］，P.189，2006

声级明显增加。

（2）铁路噪声是另一类交通噪声污染源。单列火车通过时，噪声的影响时间从数十秒至1~2分钟。铁路噪声主要是列车运行时因轮轨的摩擦和碰撞引起的，火车行驶噪声一般为75~80dB（A），风笛噪声为99dB（A），汽笛噪声可达119dB（A）。当行驶速度超过250km/h，噪声中的高频成分明显增加，在车站、编组站、岔道还有冲击噪声。铁路噪声的影响范围并不像交通干线那样遍及城市市区，但这类噪声基本上是定时出现的，这种可以预计的、规律出现的强噪声对人们的干扰更大；此外，在与铁路线距离较近的房屋中工作、生活的人还受强烈振动的干扰。地面和地下铁路交通的噪声和振动，受路堤、路堑以及桥梁的影响，出现的周期、频谱等都可能很不相同。这种噪声来自一个不变的方向，因而对城市区域各部分的影响也不同。

（3）航空噪声是一些城市新的干扰源。一座现代化城市必然有航空运输，除了飞机的频繁起降噪声（可达100dB（A）以上，参见图3.1-7及图3.1-33）对机场邻近地区的干扰外，在城市上空飞行的飞机噪声对整个城市都有干扰。飞机噪声的干扰程度取决于噪声级、噪声出现的周期以及可能出现的最强噪声源。

（4）内河航运噪声是我国南方水网地区特有的一类交通噪声，以柴油机为动力的船舶航行时，传到附近沿岸的噪声级可达70dB（A）以上。

2）建筑施工噪声

现今在城市区域，建筑施工噪声成为仅次于交通噪声的第二个污染源。许多建筑工地与居民生活区乃至文教、医疗地区交织在一起。这类噪声包括固定的噪声源和流动的噪声源，依噪声出现的时间特性则有稳态噪声和非稳态噪声。建筑施工噪声虽非永久性的，但因声级较高（见表3.3-1），城市居民对其干扰特别敏感。

一些建筑施工设备使用时的声功率级　　表3.3-1

设备名称	L_W（dB（A））
履带装卸机	109
履带挖土机	109
推土机	111
打桩机	112~130
气动粉碎机	116
混凝土泵	110
卡车搅拌机	110
配料站	105
搅拌振捣器+压缩机	102
压缩机	98~111
泵	103
起重机	103

资料来源：Duncan Templeton，et al.，Acoustics in the Built Environment［M］，P.23，2000

3）工业生产噪声

工业生产噪声是固定的噪声源，易使邻近地区受到持续时间很长的干扰。这种噪声对外界影响的程度取决于工厂边缘地带的噪声源数量、功率、设备安装情况以及到达接受点的距离等。依据调查统计，工业噪声对城市居民引起干扰的噪声级，一般处在60~70dB（A）范围，有时伴有明显的振动干扰。

4）社会生活噪声

这里主要指社区噪声，是人们在日常生活中从事各种活动（包括儿童在户外嬉戏）、机动车的启动、使用各类家用电器（尤其是各种音响设备）以及家庭舞会等伴随出现的噪声。社区噪声的声压级一般不高，但如果把家庭的音响电器音量开足，其声级也可高达100dB（A），引起对邻居的严重干扰。图3.3-3为一些家用电器在使用时的A声级范围。

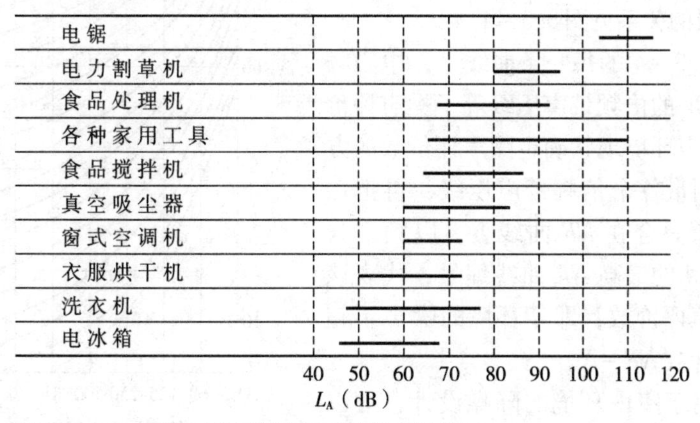

图3.3-3　一些家用电器使用时的噪声级范围

资料来源：Noise/News International［J］，Vol.1，No.2，P.70，1993

现今在一些高档社区内部的噪声源种类和噪声强度均有所增加。某些城市的社会生活噪声在城市噪声构成中约占50%，且有逐渐上升的趋势。使用有动力装置设备的休闲活动，例如摩托车比赛、汽艇、滑雪、射击，都使原先安静的地区出现明显的高声级噪声。表3.3-2为一些社会生活噪声的A声级范围。

一些社会生活噪声的*A*声级　　　　**表3.3-2**

声源	*A*声级（dB）	参考距离（m）
一般的语言交谈	60	1
婴儿尖声叫喊	100	0.15
电脑磁盘驱动	59	1
打印机	64～82	1
汽艇	63	100
室内游泳	75～85	
射击场	138～157	0.3
流行音乐演出地	107	

3.3.1.2　噪声评价量

噪声评价是指在不同条件下，采用适当的评价量和合适的评价方法，对噪声的干扰与危害进行评价。我们已经知道总声压级、A计权声级、响度级等声音的基本量度，这里介绍的是以上述量度为基础的描述噪声暴露的几个评价量。

1）噪声评价数（Noise Rating Number，简写为*NR*）

这是国际标准化组织（ISO）推荐的一组曲线，用于评价噪声的可接受性以保护听力和保证语言通信，避免噪声干扰。它与倍频带声压级的关系见图3.3-4。

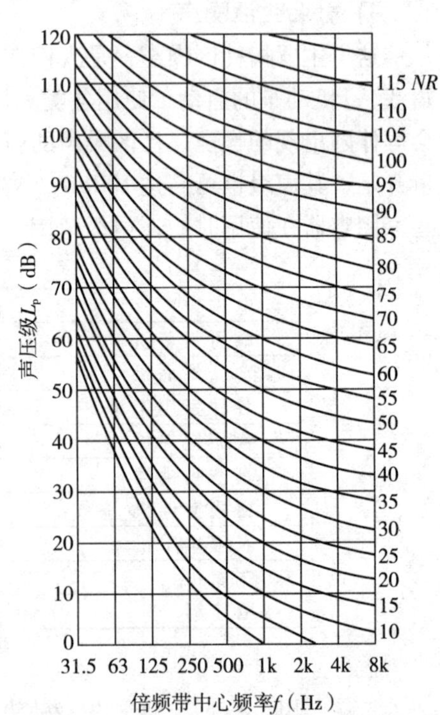

图3.3-4　噪声评价数（*NR*曲线）

在图3.3-4的每一条曲线上，中心频率为1000Hz的倍频带声压级等于噪声评价数*NR*。对声环境现状确定噪声评价数的方法是：先测量各个倍频带声压级，再把倍频带噪声谱叠合在*NR*曲线上，以频谱与*NR*曲线相切的最高*NR*曲线编号，代表该噪声的噪声评价数，即某环境的噪声不超过噪声评价数*NR*-*X*。

如果用于室内环境的降噪设计，可以提出室内环境噪声不高于某一噪声评价数*NR*的标准。现今有些安静标准只给出了*A*

声级限值，一般可作 $NR = L_A - 5$ 的近似估计，如果噪声的频谱特殊就不可这样估计。因此，在进行降噪设计考虑安静标准时，一般可依对 A 声级的限值减 5dB 得到相应的 NR 数，并据以确定对各频率噪声级的限值。例如，规定学校教室的允许噪声级 40dB（A）。可按 $NR-35$ 号线进行降噪设计，即自 31.5Hz 至 8000Hz 各倍频带中心频率的噪声级限值分别为：79dB、63dB、52dB、45dB、39dB、35dB、32dB、30dB 及 28dB。

2）语言干扰级（Speech Interference Level，简写为 *SIL*）

这是评价噪声对语言掩蔽影响的单值量。语言干扰级是取噪声在倍频带中心频率 500Hz、1000Hz 及 2000Hz 声压级的算术平均值，以 SIL 表示。图 3.3-5 表示在自由声场条件下，面对面的谈话在不同距离处交谈不熟悉的内容时，因不同的语言干扰级条件（即不同的噪声环境）得到可靠的语言通讯的关系。

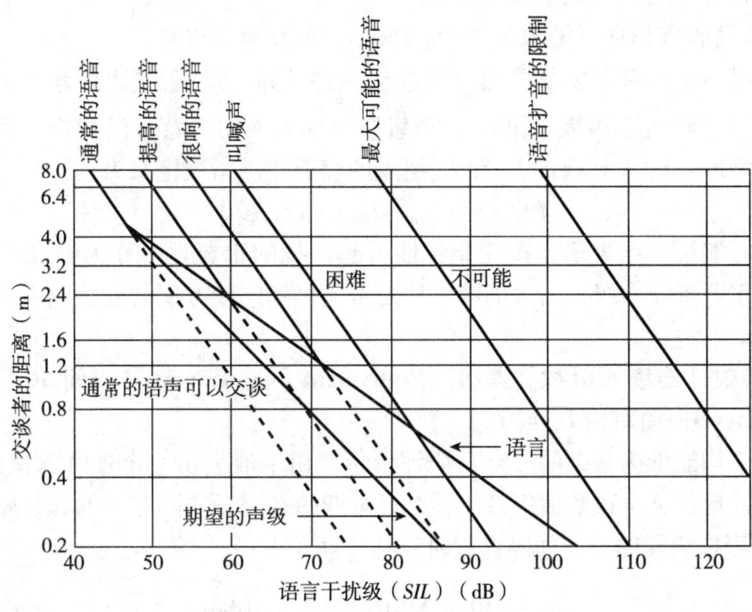

图 3.3-5　交谈效果与距离和语言声大小的关系

【例 3.3-1】 已知计算机房里的倍频带噪声级，问在此背景噪声环境中，谈话者相距 2m 远的条件下，需要用多高的声音讲话？计算机房的噪声列表如下：

倍频带中心频率（Hz）	63	125	250	500	1k	2k	4k	8k
声压级（dB）	78	75	73	78	80	78	74	70

【解】 先计算语言干扰级

$$SIL = \frac{78+80+78}{3} = 78.7\text{dB}$$

依图 3.3-5 可知在此噪声环境中，两人想要有效地交谈需大声叫喊。

3）统计百分数声级（Statistical Percentage Pressure level，简写为 L_n）

该量用于评价连续起伏的噪声。大部分城市噪声是随时间变化的，尤其是道路交通噪声。为了描述城市噪声的时间变化特性和评价与人们烦恼有关的噪声暴露，依对噪声随时间变化测量的纪录按一种规定的方法作统计分析，就得到统计百分数声级，记为 L_n。

一般来说，把低级声级看作是来自所有方向和许多声源的背景噪声，人们很难辨认其中的任何声源。这种背景声级大致占测量时间的90%，或者说低于该数值的声级仅占10%的时间。在另一个10%的时间，来自某些干扰的噪声，例如一辆卡车通过或一架飞机飞越上空，使噪声达到相当高的峰值。平均噪声级大致等于50%的声级，并且大致处于90%到10%声级的中间。分别超过90%、50%和10%时间的声级以符号 L_{90}、L_{50} 和 L_{10} 表示。这些量可以很好地反映某一地区一天里特定时间段的城市噪声状况。

4）交通噪声指数（Traffic Noise Index，简写为 *TNI*）

交通噪声指数是考虑交通噪声级起伏的评价量。L_{10} 在统计百分数声级中是噪声的平均“峰值”声级，而 L_{90} 的声级则可称为平均“背景”声级，其中有侵扰的暂态噪声。由A计权的 L_{10} 和 L_{90} 组成的交通噪声指数定义为：

$$TNI = 4\,(L_{10} - L_{90}) + L_{90} - 30 \qquad (3.3-1)$$

该式右端第一项表示噪声变化特性引起干扰的重要性，称为“噪声气候”；第二项代表背景噪声级；引入的第三项是希望得到比较方便的数值以表明可能的干扰。

5）等效［连续A计权］声级（Equivalent［Continuous A-weighted］Sound Pressure Level，简写为 L_{eq} 或 $L_{Aeq,T}$）

是以平均能量为基础的公众反应评价量，用单值表示一个连续起伏的噪声。按噪声的能量计算，该数值等效于整个观测期间在现场实际存在的起伏噪声，以 L_{eq} 表示。当按相同的时间间隔读数时，其计算式为：

$$L_{eq} = 10\lg\left(\sum_{i=1}^{n} 10^{0.1L_{Ai}}\right) - 10\lg n \qquad (3.3-2)$$

式中 L_{eq}——等效声级，dB（A）；

L_{Ai}——每次测得的A声级，dB（A）；

n——读取噪声A声级的总次数。

如果噪声随时间的变化符合正态分布，则有：

$$L_{eq} = L_{50} + d^2/60$$

$$d = L_{10} - L_{90}$$

等效声级已日益广泛地被用作城市噪声的评价量。我国的城市声环境质量标准，就是以 L_{eq} 作为评价量。

6）昼夜等效［连续］声级（Day-night Equivalent［Continuous A-weighted］Sound Pressure Level，简写为 L_{dn}）

是以平均声级和一天里的作用时间为基础的公众反应评价量。考虑到人们在夜间对噪声比较敏感，该评价量是通过增加对夜间噪声干扰的补偿以改进等效等

级 L_{eq}，就是对所有在夜间（例如在22：00至07：00时段）出现的噪声级均以比实际数值高出10dB来处理。其表示式为：

$$L_{dn}=10\lg\left[\frac{1}{24}(t_d\cdot 10^{0.1L_d}+t_n\cdot 10^{0.1(L_n+10)})\right] \tag{3.3-3}$$

式中　L_{dn}——昼夜等效声级，dB（A）；

L_d——昼间噪声级，dB（A）；

L_n——夜间噪声级，dB（A）；

t_d——昼间噪声暴露时间，h；

t_n——夜间噪声暴露时间，h。

表3.3-3为一些常用噪声评价量的特点及使用的比较。

一些噪声评价量特点及使用比较　　**表3.3-3**

名称	解　释	使　用	评　述
总声压级（L_p）	对整个可闻频率范围的所有频率成分同样重视	用于描述声音的一般特征	与C计权声级基本相同
A声级（L_A）	减少大致低于1000Hz频率成分的重要性	与许多常见声音的相对响度有良好的关系	大致与人耳对中等声级的灵敏度相联系
噪声评价数（NR）	确定评价的倍频带谱突入“声级等级”曲线族的程度	常用于评价室内噪声暴露，特定的办公室、会堂及居住区的噪声	
语言干扰级（SIL）	是涵盖语言主要频率范围的3个（或4个）倍频带声压级的算术平均值	与语言清晰度有关系	广泛用于评价飞机机舱的噪声
交通噪声指数（TNI）	A计权声级以及全部特定时间的噪声暂态统计	包括混合的噪声源的一般城市噪声	必须与打算用的预计方法相结合

3.3.2 声环境立法　标准和规范

为了从宏观上控制噪声污染以及创造增进身心健康、适宜工作的声环境，国际标准组织制定了相关的标准。我国先后发布了《中华人民共和国环境保护法》、《中华人民共和国噪声污染防治条例》以及《中华人民共和国环境噪声污染防治法》。明确指出“环境噪声，是指在工业生产、建筑施工、交通运输和社会生活中所产生的影响周围生活环境的声音”。“环境噪声污染，是指排放的环境噪声超过国家规定的环境噪声标准，妨碍人们工作、学习、生活和其他正常活动的现象”。“在制定城市、村镇建设规划时，应当合理地划分功能区和布局建筑物、构筑物、道路等，防止环境噪声污染，保障生活环境的安静”。“新建、改建、扩建的建设项目，必须遵守国家有关建设项目环境保护管理的规定。建设项目的环境影响报告书，必须对建设项目可能生产的环境噪声作出评价，规定防治措施”。“建设施工单位向周围生活环境排放噪声，应当符合国家规定的环境噪声施工场界排放标准”。“行驶的机动车辆噪声不得超过排放标准。航空器起飞、降落时产生的噪声，应当符合航空器噪声排放标准”。此外，我国还发布并施行了几种控制声环境的标准。

3.3.2.1 保护听力的噪声允许标准

为了保护听力，我国的《工业企业噪声控制设计规范》GBJ87—85 规定：每天工作 8h，允许工作环境的连续噪声级为 90dB（A）；在高噪声环境连续工作的时间减少一半，允许噪声级提高 3dB（A），依此类推。在任何情况下均不得超过 115dB（A）。如果人们连续工作所处的噪声环境 *A* 声级是起伏变化的，则应以等效声级评定。

大多数国家都采用国际标准组织建议的听力保护标准，即每天工作 8h，等效声级不得超过 90dB（A）。根据等能量的原理，若工作时间减半，允许噪声级提高 3dB（A）。

3.3.2.2 声环境质量标准

我国《声环境质量标准》GB 3096—2008 中的有关规定见表 3.3－4。

在表 3.3－4 中，0 类声环境功能分区：指康复疗养区等特别需要安静的区域。1 类声环境功能区：指以居民住宅、医疗卫生、文化教育、科研设计、行政办公为主要功能，需要保持安静的区域。2 类声环境功能区：指以商业金融、集市贸易为主要功能，或者居住、商业、工业混杂，需要维护住宅安静的区域。3 类声环境功能区：指以工业生产、仓储物流为主要功能，需要防止工业噪声对周围环境产生严重影响的区域。4 类声环境功能区：指交通干线两侧一定距离之内，需要防止交通噪声对周围环境产生严重影响的区域，包括 4a 类和 4b 类两种类型。4a 类为高速公路、一级公路、二级公路、城市快速路、城市主干路、城市次干路、城市轨道交通（地面段）、内河航道两侧区域；4b 类为铁路干线两侧区域。

环境噪声限值（L_A dB（A）） **表 3.3－4**

声环境功能区类别		昼 间	夜 间
0 类		50	40
1 类		55	45
2 类		60	50
3 类		65	55
4 类	4a	70	55
	4b	70	60

3.3.2.3 建筑施工场界噪声限值标准

《建筑施工场界噪声限值》GB12523—90 适用于城市建筑施工期间施工场地产生的噪声。对不同施工阶段作业噪声的限制见表 3.3－5。

表中所列噪声值是指与敏感区域相应的建筑施工场地边界处的限制。如果几个施工阶段同时进行，以高噪声阶段的限值为标准。

不同施工阶段作业噪声限值（L_{eq}：dB） 表3.3-5

施工阶段	主要噪声源	噪声限值	
		昼间	夜间
土石方	推土机、挖掘机、装载机等	75	55
打桩	各种打桩机	85	禁止施工
结构	混凝土搅拌机、振捣棒、电锯等	70	55
装修	吊车、升降机等	65	55

此外，对于城市环境噪声和振动的控制，国家的《铁路边界噪声限值及其测量方法》GB12525—90、《机场周围飞机噪声环境标准》GB9660—88、《城市港口及江河两岸区域环境噪声标准》GB11339—89、《工业企业厂界噪声标准》GB12348—90，以及《城市区域环境振动标准》GB10070—88等，都应是在城市规划及改造中改善声环境品质的决策依据。

3.3.3 城市声环境规划与降噪设计

城市声环境规划与降噪设计都是为了创造有益健康，宜于工作、生活的声环境。

噪声自声源发出后，经中间环境的传播、扩散到达接受者，因此解决噪声污染问题就必须依次从噪声源、传播途径和接受者三方面分别采取在经济、技术和要求上合理的措施。从声源控制噪声是最根本的措施，但使用者很难对噪声源进行根本的改造，而主要靠操作的限制（例如使用功率、操作时间等）；对于传播途径只能从规划、建筑设计上考虑（例如总平面布置、吸声、隔声等）；对于接受者则可以从合理的声学分区或采取其他措施保护。采取控制措施时还必须考虑：要求达到怎样的安静标准，并对不同措施的投资效益进行比较，以便在满足要求的前提下，选用技术上先进、经济上合理的控制措施。

必须指出的是，噪声控制并不等于噪声降低。在多数情况下，噪声控制是要降低噪声的声压级，但有时是增加噪声。例如，假使医生与病人讨论病情的谈话，不希望被候诊室的其他人听见，就可以在候诊室内给些掩蔽噪声（可以是音乐），掩蔽由诊室内可能传出的谈话声。在可容纳很多人的大面积（可达几百平方米）开放办公室，为了避免互相干扰，可以保持一个50~60dB的均匀噪声场，以掩蔽临近区域传来的声音。

3.3.3.1 声环境规划与降噪设计步骤

城市规划和建筑设计人员，一般可根据工程任务的实际情况，按以下步骤确定噪声控制的方案：

首先，调查噪声现状，以确定噪声的声压级；同时了解噪声产生的原因以及周围环境情况。

其次，根据噪声现状和有关的噪声允许标准，确定所需降低的噪声声压级数值；此外，还可以利用自然条件为人们创造愉悦的声景。

第三，根据需要和可能，采用综合的降噪措施，包括从城市规划、总图布置、单体建筑设计，直到建筑围护部件隔声、吸声降噪、消声、减振的各种措施。

图3.3－6为声环境品质与噪声控制措施费用之间的一般关系。如果从建设项目立项开始就考虑投资和环境效益的关系，可能无须特别的花费，就能得到良好的声环境品质。随着建设项目的进展，为控制噪声干扰的花费将逐渐增加，甚至比在初期所需的费用高出10～100倍。以住宅建筑的隔声为例，如果在建筑设计阶段增加总造价的0.1%～3%，可使隔声改善10dB；在建造竣工后再采取措施，则难于有同样的改善效用。

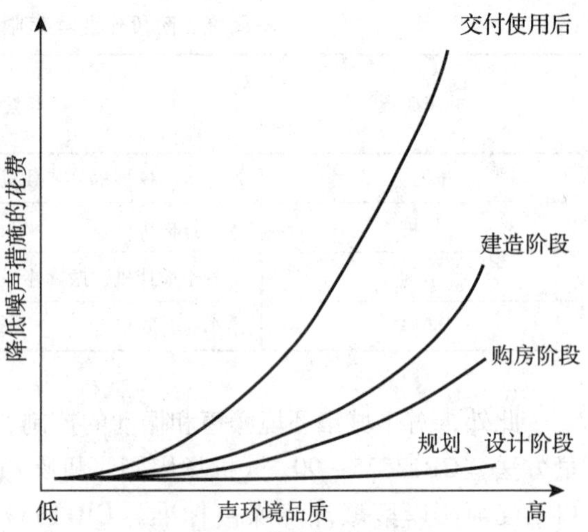

图3.3－6 声环境品质与降噪措施费用之间的关系
资料来源：Noise/News International［J］，Vol.1 No.4，P.197，1993

为了人类社会的可持续发展，现在全世界都日益注意节省能源和各种资源。任何需要消耗大量能源和资源的防噪、降噪措施即使很有效，也不可能采用。

3.3.3.2 考虑声环境的城市规划

城市的声环境是城市环境质量评价的重要指标之一。工业发达国家和我国近年来的实践证明，城市居民对城市开发和建设项目的态度，已经从数十年前的无条件支持、欢迎，转变为现在要求参与为保证城市环境质量的论证。噪声污染的出现和解决不仅不能与社会的其他问题分开，而且是与现代社会的许多方面联系在一起。

由于历史和经济的原因，我国不少城市存在功能分区不明确导致的噪声污染，但是当今经济建设的高速发展，也为城市从环境质量考虑的开发和改造提供了机遇，创造了条件。例如由于浙江镇海区和北仑港的建设，把宁波港由甬江推移扩展到东海边，宁波市突破了原来江边城市的布局，使城市用地发生根本变化，从而为经济建设和环境建设同步规划与实施提供了很好的条件。图3.3－7是一座海港城市从保护声环境质量考虑的用地规划示意图。

航空港用地一般都划定在远离市区的地方。英国伦敦希思罗机场，在1961年考虑的飞机噪声“很干扰”范围是飞机跑道两侧各约5km；但是到1972年，为达到原先的防护要求则需在跑道两侧各约11km以外。由于城市的发展，原先远离城市的广州白云机场已与城市建成区交织在一起，因城市生活和飞机安全都受到严重的影响，现今只好在数十公里外另建机场。1998年7月香港新机场建成之前，香港约有38万人长期受飞机噪声的干扰。因此，城市总体规划的编制，应能预见将会增加的噪声源及其可能的影响范围。日本现在认为解决航空港噪声干扰问题最有效的方法是把航空港建造在海面上，长崎等航空港都是在海岸线之外，大阪国际航空港是在大阪湾地区的人工岛上。

对现有城市的改建规划，应当依据城市的基本噪声源，作出噪声级等值线分布图，并据以调整城市区域对噪声敏感的用地（例如居住区），拟定解决噪声污染的综合性城市建设措施。图3.3-8为欧洲的一个57万人口城市规划方案。该城市的各种交通运输都很发达，城市噪声对居民干扰很大。为了改善城市声环境质量，依城市设施和对外联系交通工具的噪声强弱等级分类，按噪声等值线，采取同心圆的布局划分不同的噪声级限值区域。

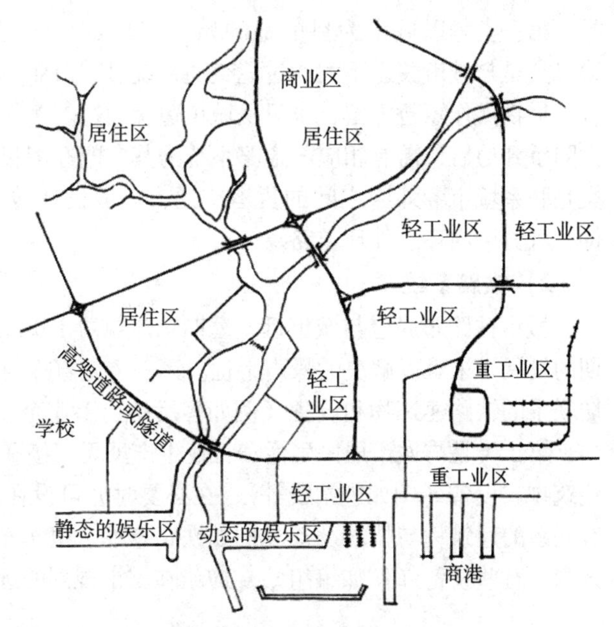

图3.3-7　某海港城市的声环境规划示意图

3.3.3.3　考虑城市声环境的交通规划

城市的经济发展要求交通运输有相应的发展。19世纪时（乃至今日的偏远地区、山区）尽管有火车噪声，但在任何地区铺设铁路都是受欢迎的，因为铁路运输既为工业和商业提供了极重要的联系，又开辟了市场。一座现代化城市不可能没有空中交通，空中交通优先考虑的是方便而不是环境问题。市内的交通以南京为例，公共交通运输线路从1997年的93条增至2003年的208条；运行里程由1532km增至3415km；营运车辆由1372辆增至4240辆；日载客量由125万人次增至260万人次。市区交通噪声不同程度地超出国家有关标准。发展交通运输与社会追求的其他目标之间存在的矛盾特别难以解决。

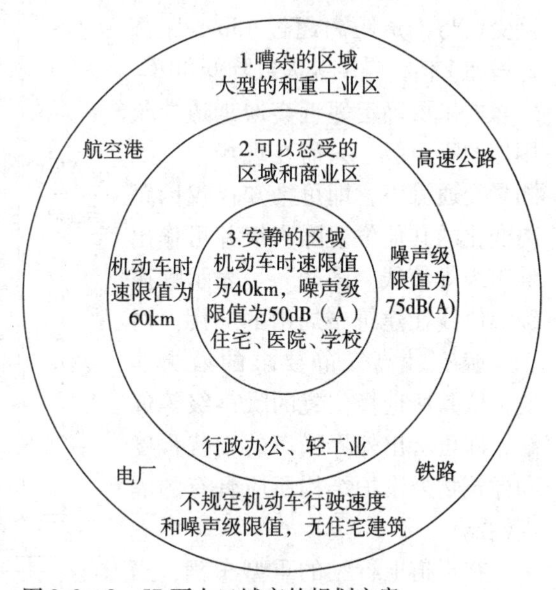

图3.3-8　57万人口城市的规划方案

1）城市干道系统

从保证城市环境质量考虑，规划城市干道的基本原则应该是既能最大限度地为城市生产、生活服务，又尽量减少对城市的干扰。依据交通运输的性质大致可以分为三类。第一类是以城市为目的地的始（终）点交通，要求路线便捷，能深入市区。第二类是与城市关系不大的过境交通，绕过城市而不进入城市，即使因上下少量旅客、货物需作短暂停留，也只从城市边缘通过。例如连云港这座海港城市，自欧亚大陆桥开通后，需有相应的道路系统为其广阔经济腹地的货物提供疏集运输。第三类是联系城市各郊区之间的货运交通，一般设环城干道，按照城市规模和用地条件，可分为内环、外环道路。

2）铁路系统

城市铁路布局应与城市近、远期总体规划密切配合、统一考虑，避免对城市远期的发展带来难以解决的噪声干扰。第一类是直接与城市居民生活、工业生产有密切联系的铁路建筑物和设备（例如客运站、工业企业的专用线等），可以设在市区内；第二类是与城市居民生活和工业生产虽无直接联系，但属于前一类不可缺少的建筑物、设备（例如进站线等），在必要时亦可设在市区；第三类是与城市设施没有联系的建筑物与技术设备（例如铁路仓库、机车车辆修理厂等），不应布置在市区内，有些设备（例如编组站）应设在城市规划的远期市区边界外。

3.3.3.4　减少城市噪声干扰的主要措施

1）与噪声源保持必要的距离

我们已经知道与点声源的距离增加一倍，声压级降低6dB。对于单一行驶的车辆或飞越上空的飞机，如果接受点所在位置与声源的距离，比声源本身的尺度大得多，这一规律也是符合的。然而，对于城市干道上成行行驶的车辆，则不能按点声源考虑，也不是真正的线声源。由于各种车辆辐射的噪声不同，车辆之间的距离也不一样，在这种情况下，噪声的平均衰减率是介于点声源和线声源之间。当与干道的距离小于15m，来自交通车流的噪声衰减，接近于反平方比定律，因为这时是单一车辆的噪声级起决定作用；如果接受点与干道距离超过15m，距离每增加1倍，噪声级大致降低4dB。

如果要确定邻近交通干道建筑用地的噪声级，只需在现场的一处测量交通噪声，即可推知仅仅因距离变化的其他位置噪声级并可作出噪声级等值线。图3.3－9表示噪声级等值线在建筑布局中的应用。对于一幢有较高安静要求的沿街建筑，依其所选择位置的噪声级等值线，即可看出外界噪声的干扰程度和建筑物外围护结构所应具有的隔声性能。

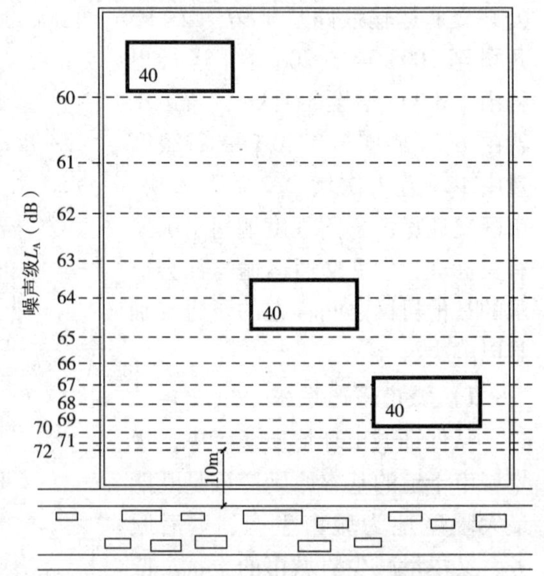

图3.3－9　随与交通干道距离变化的噪声级等值线

在干道上行驶的重型车辆，当车流量较大接近于线声源时，如果因为建筑物体形变化或已有紧邻的建筑物存在，使沿干道建筑物的接受点对干道的视线范围受到限制，这种遮挡会使接受点的噪声有所降低。表3.3－6说明相对于视线无遮挡条件下，不同遮挡情况导致的附加衰减值。

对于不同视角范围的干道交通噪声附加衰减量（L_A：dB（A））　　表3.3－6

对于道的视角范围（deg）	180	140	110	90	70	56	44	35	28	22	18
附加衰减量	0	1	2	3	4	5	6	7	8	9	10

图3.3－10表示一所学校建筑坐落在已标明交通噪声声级等值线的建筑用地上。等值线只考虑了随距离变化的噪声级衰减。由图可知，礼堂外部的噪声级为69dB（A），教室窗口外部的噪声级为64dB（A）。因为箭头表示的教室窗口视角仅为140°，所以噪声级有1dB的附加衰减。在图中也表示出建筑物内部的一些噪声级和建议的教室内允许噪声级。

当噪声经有吸收能力的地面（例如草坪）传播时，靠近地面的噪声级会因地面吸收而有所降低，并且这种吸收随传播距离的增加而增加。如果噪声掠过坚硬地面（例如混凝土地坪）传播，地面的反射会使噪声级有所增加；但是如果在噪声测量中对噪声级的第一个读数包括了地面反射的增量，在不同距离处的反射影响就不再增加了。地面条件的影响取决于声音传播的平均高度。在噪声源和建筑物之间的草坪或其他植被有助于建筑物底层房间的降噪。

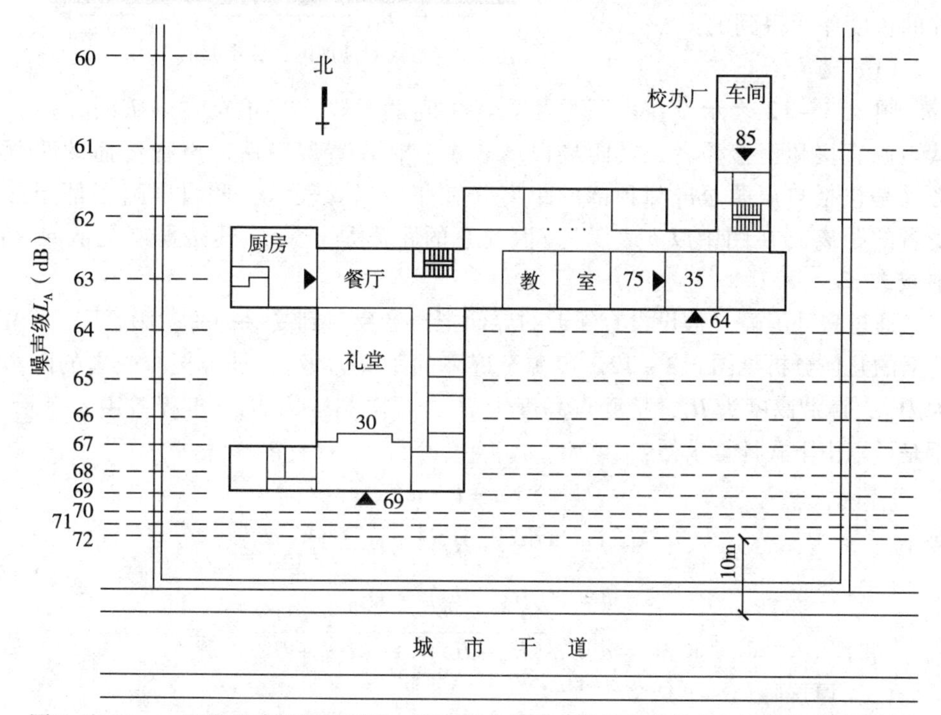

图3.3－10　一所学校建筑的平面图，图中标出的噪声级等值线是在布置学校建筑之前绘制的，反映道路交通噪声随距离的衰减

2）利用屏障降低噪声

如果在声源和接受者之间设置屏障，听到的声音就取决于绕过屏障顶部的总声能（假设屏障很长，对声音的在屏障两端的衍射忽略不计。）由第3.1章已经知道，低频声的衍射比高频多，因此噪声绕过屏障后传播，其频谱会有所变化。由于人耳对高频声比较敏感，也就有助于使人们听到的噪声响度有所降低。实体墙、路堤或类似的地面坡度变化，以及对噪声干扰不敏感的建筑物（例如沿城市干道的商业建筑），均可作为对噪声干扰敏感建筑物的声屏障。

图3.3－11表示声波透过或越过实体屏障的情况。接近屏障顶端的声波传播显然不受屏障影响。紧靠屏障顶部边缘传播的声波都被衍射而弯曲向下。站立在衍射声波到达处的接受者（即在影区内）听到的声音比处在未受衍射影响的地带（即明区）听到的声音要有所降低。声波衍射过程类似于对光波研究所考察的衍射过程。由于屏障的存在，使声音传播经历了附加的路程，因而声学屏障导致的声衰减是通过计算路程的长度差而得到的。

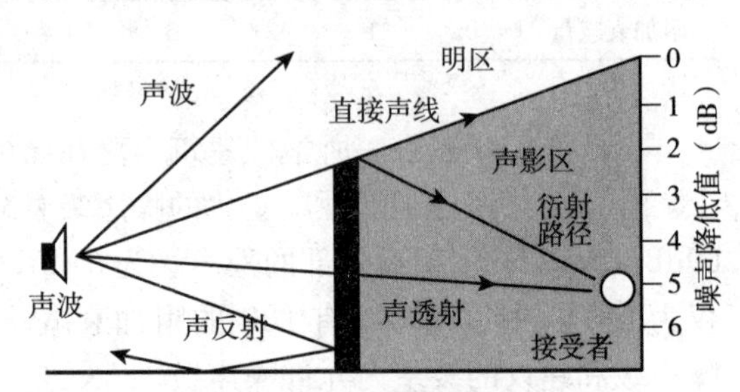

图3.3－11 屏障对声音传播的影响

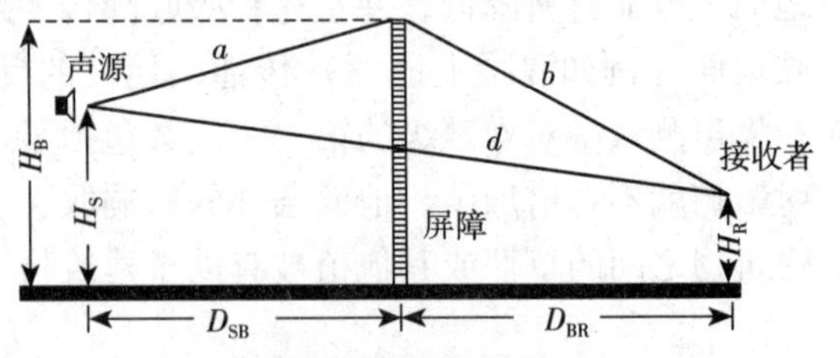

图3.3－12 对薄屏障计算声差值

（1）薄屏障

图3.3－12表示设在声源与接受者之间的屏障。当不存在屏障时，声音从声源直接传至接受者，其距离以 d 表示。在设置屏障后，声音传播的路程必须是包括自声源至屏障顶部的距离（在图中以 a 表示）和自屏障顶部至接受者的距离（在图中以 b 表示），因此总的距离是 $a+b$。其路程差是从 $a+b$ 中减去 d。

通过户外屏障（假设没有邻近的界面把声音反射到受保护的“影区”）声音传播的几何分析见图3.3－12。声源至屏障的距离为 D_{SB}，屏障至接受者的距离为 D_{BR}，声源高度为 H_S，接受点高度为 H_R，屏障高度为 H_B。声程差用 δ 表示，于是可以由下式计算求得：

$$\delta = a + b - d$$

式中

$$a = \sqrt{(H_B - H_S)^2 + {D_{SB}}^2}$$

$$b = \sqrt{(H_B - H_R)^2 + {D_{BR}}^2}$$

同时

$$d = \sqrt{(H_S - H_R)^2 + (D_{SB} + D_{BR})^2}$$

（2）厚屏障

在工程设计中，可以使用成排的城市建筑甚至高层公寓住宅作为防噪屏障（在设计和布置时，需特别小心的是要把这些建筑物中对噪声敏感的房间或区域，例如卧室、起居室、阳台等设置在建筑物背着噪声源的一面)。在这种情况下，获得若干附加的声衰减，是由于声音围绕着建筑物上端的两个边缘所产生，见图3.3－13。同样也可用声程差来计算声音的衰减。如果屏障的厚度以T表示，则声音路程差δ的计算式如下：

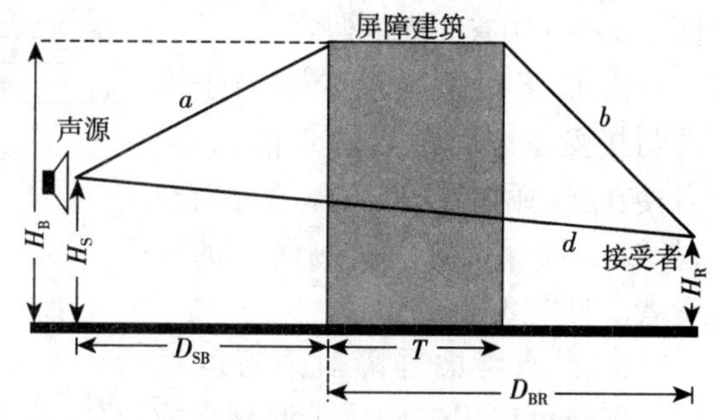

图3.3－13　对厚屏障计算声差值的路程差

$$\delta = a + b + T - d$$

式中　$a = \sqrt{(H_B - H_S)^2 + D_{SB}^2}$

$b = \sqrt{(H_B - H_R)^2 + (D_{BR} - T)^2}$

同时　$d = \sqrt{(H_S - H_R)^2 + (D_{SB} + D_{BR})^2}$

在计算δ时要特别注意的是接受者在声影区里，也就是说接受者看不见声源，这种情况将得到明显的衰减。如果虽然设有屏障，但是接受者可以看见声源，也就是处在明区，这种情况屏障导致的衰减量将很小。

一旦求得声程差δ，屏障的衰减就可以仅仅依据所考虑的声音波长或频率来计算。因为低频声音（或者说波长较长）比高频声音（或者说波长较短）更容易被衍射或弯曲，所以在确定声衰减之前，需先根据光的衍射理论，计算菲涅尔(Fresnel)数，即

$$N = \frac{2\delta}{\lambda}$$

式中　λ——声音的波长，m；

δ——声音传播的路程差，m。

由于通常都是按声音的频率考虑问题，因此上式可以改写为

$$N = \left(\frac{2f}{c}\right)\delta$$

或

$$N = \left(\frac{2f}{340}\right)\delta \tag{3.3－4}$$

图3.3－14给出了由无限长屏障提供的对点声源和线声源的衰减。该图较高的一条曲线用于点声源，例如稳定的机器噪声，小卧车或卡车噪声，或是空载的火车头噪声；较低的一条曲线适用于线声源，例如沿着交通干道的连续车流，或是来自很长的货运列车轮轨之间摩擦、撞击噪声。可以看出，屏障对线声源提供的衰减比点声源的要低。在

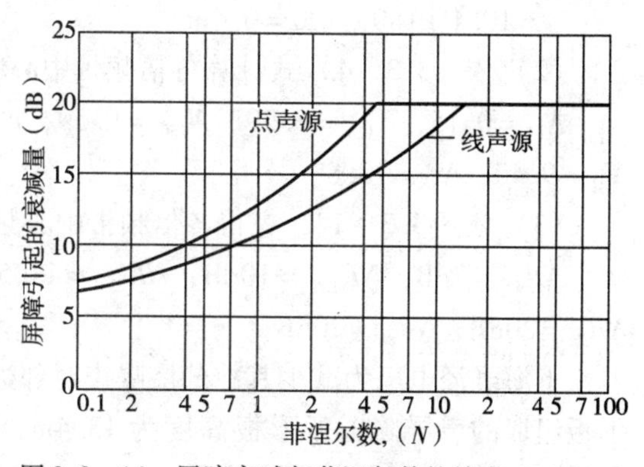

图3.3－14　屏障衰减与菲涅尔数的关系

图 3.3-13 中有如下的假定：

① 屏障很长（至少相当于声源与接受点之间距离的 8 倍），或者使在屏障两端往离声源的方向转过 90°，以保护侧向（侧面）的接受者。见图 3.3-15。

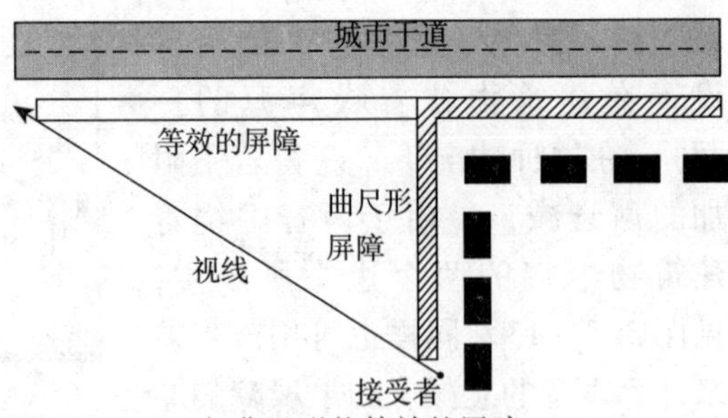

图 3.3-15 与曲尺形状等效的屏障

② 没有考虑屏障对声音的透射，屏障可以用砖砌体、混凝土或土坡做成，面密度应不少于 20kg/m^2。屏障不能有缝隙或空洞。

③ 对于点声源，屏障是与接受点和声源之间的连线垂直；对于线声源，屏障是与自接受点至平行于线声源的线垂直。

许多国家的实践经验表明，为了使屏障有最佳的防噪效用，屏障应设置在靠近噪声源或者靠近需要防护的地点（或建筑物），并完全遮断在被防护地点对干道（铁路或其他噪声源）的视线。就屏障本身而言，有效的防噪屏障应该具有足够的重量使声音衰减，保养费用很少（甚至不需要保养费），不易损坏（例如不随温湿度的循环变化及烈日暴晒而损坏）。此外，屏障应能在各种不同的现场条件下装配，并且便于分段维修，有良好的视觉效果。英国的经验是屏障高度不超过 3m，德国和加拿大的屏障高度限为 4m。一般认为，不值得做高度低于 1m 的屏障。设置屏障需要考虑的另一个重要因素是风荷载、飘雪以及冰冻等气候条件的影响。

【例 3.3-2】一幢生产用房的空调设施冷却塔与住宅建筑距离 190m。为减少冷却塔噪声对住宅建筑可能的影响，拟设置高 6m、长 15m 的隔离屏障。该屏障离冷却塔 10m（或说距住宅建筑 180m 远），假设噪声源中心和接受者的敏感区域都是高出地面 3m。试预计该屏障对于各倍频带中心频率的噪声降低量。

【解】（1）依图 3.3-12，$H_B=6m$，$H_S=3m$，$H_R=3m$，$D_{SB}=10m$，$D_{BR}=180m$。所以

$$
\begin{aligned}
\delta &= a+b-d \\
&= \sqrt{(H_B-H_S)^2+D_{SB}{}^2}+\sqrt{(H_B-H_R)^2+D_{BR}{}^2}-\sqrt{(H_S-H_R)^2+(D_{SB}+D_{BR})^2} \\
&= \sqrt{(6-3)^2+10^2}+\sqrt{(6-3)^2+180^2}-\sqrt{(3-3)^2+(10+180)^2} \\
&= 10.4+180-190=0.4m
\end{aligned}
$$

（2）依（3.3-4）式计算各倍频带中心频率的 N 数。得到

$N_{63}=0.15$，$N_{125}=0.29$，$N_{250}=0.59$，$N_{500}=1.18$，$N_{1k}=2.35$，$N_{2k}=4.70$，$N_{4k}=9.40$，$N_{8k}=18.8$。

（3）依图 3.3-14，查得各倍频带中心频率的障壁降噪量分别为

$NR_{63}=7dB$，$NR_{125}=10dB$，$NR_{250}=11.5dB$，$NR_{500}=13dB$，$NR_{1k}=16.5dB$，$NR_{2k}=20dB$，$NR_{8k}=20dB$。

上海吴泾电厂为减少其冷却塔噪声对邻近居民的干扰，设计建造了用三块弧形板组成的声屏障，弧形板高度为 13.4m，弧长分别为 60m、84m 及 44m。图 3.3-16 为建成后的声屏障外观。

图3.3－16（*a*）　上海吴泾电厂声屏障外观

图3.3－16（*b*）　上海吴泾电厂声屏障外观

资料来源：上海申华声学装备有限公司，2004

3）屏障与不同地面条件组合的降噪

图3.3－17概括了屏障与不同地面条件组合对交通干线车流噪声的降噪效用。可以看出当车流噪声经地面为软质铺装（例如草地）传播时，地面铺装及距离的综合效用是距离每增加一倍，降噪量为4.5dB。在没有表面阻抗资料的情况下，这种估计虽然不够精确，但是有效。

一排一层楼高的房屋可以提供除距离以外的若干遮挡衰减。这种附加衰减量

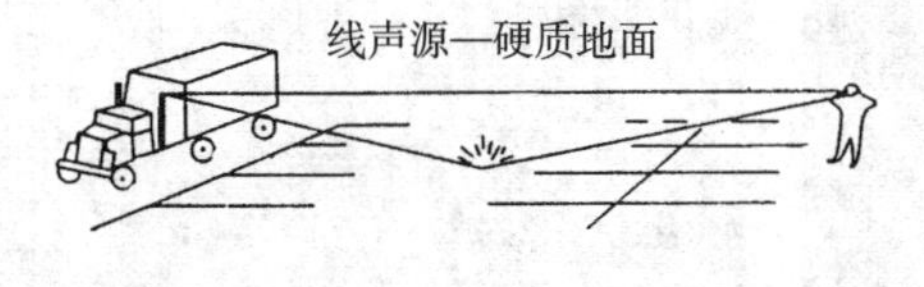

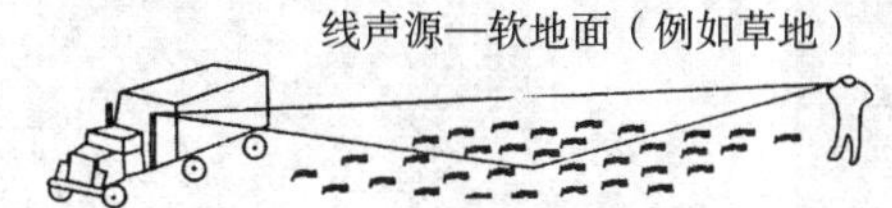

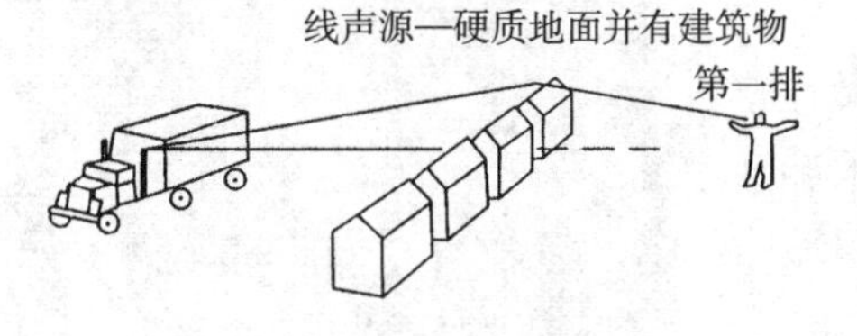

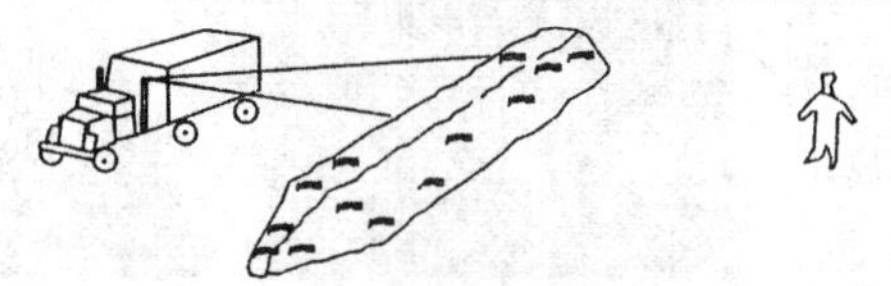

图3.3－17　交通干线车流噪声的衰减

资料来源：Marshall Long，Architectural Acoustics［M］，P.169，2006

取决于对线声源在视野范围遮挡的百分数。遮挡40%至65%，可有3dB的附加衰减量；对于65%至90%的遮挡可以有约5dB的附加衰减量。如果增加房屋的排数，则每排可另外增加约1.5dB的衰减量，直至最大值达10dB。

图3.3－18是上海中春路旁的声屏障。图3.3－19为与土坡、绿化结合的声屏障。图3.3－20为悬臂式声屏障。图3.3－21为与建筑景观结合的声屏障。图3.3－22为香港地铁在太和站的430m长隔声罩，力求减少在露天地段车辆行驶的噪声。

图3.3－18　上海中春路旁的声屏障

资料来源：上海申华声学装备有限公司，2008

图3.3－19　与土坡、绿化结合的声屏障

资料来源：香港环境保护［M］，P.155，1999

图3.3－20　悬臂式声屏障

资料来源：香港环境保护［M］，P.64，2002

图3.3－21　与建筑景观结合的声屏障

资料来源：香港环境保护［M］，P.60，2001

4）绿化减噪

在噪声源与建筑物之间的大片草坪绿地或配植由高大的常绿乔木和灌木丛组成的林带，均有助于减弱城市噪声的干扰。树木的各组成部分（干、枝、叶）是决定树木减声作用的重要因素。图3.3－23是几种成片树林减弱噪声效用的比较。尽管城市区域的绿化可以给人一种清新的感觉，但绝不意味着一般散植的树木、零星的花草绿地能够提供有效的声衰减。

图3.3－22　香港地铁在太和站430m长的隔声罩

资料来源：香港环境保护［M］，P.56，1997

从遮隔和减弱城市噪声干扰的需要考虑，应当选用常绿灌木（其高度与宽度均不少于1m）与常绿乔木组成的林带，林带宽度不少于10～15m，林带中心的树行高度超过10m，株间距以不影响树木生长成熟后树冠的展开为度，以便形成整体的“绿墙”。在选择树种时还应考虑树形的美观，花卉的气味、生长的速度以及抗御虫害和有毒气体的能力等因素。图3.3－24表示草地对行驶的火车噪声的减弱作用，可以看出与火车的距离增加1倍，噪声级降低大致5dB（A）。

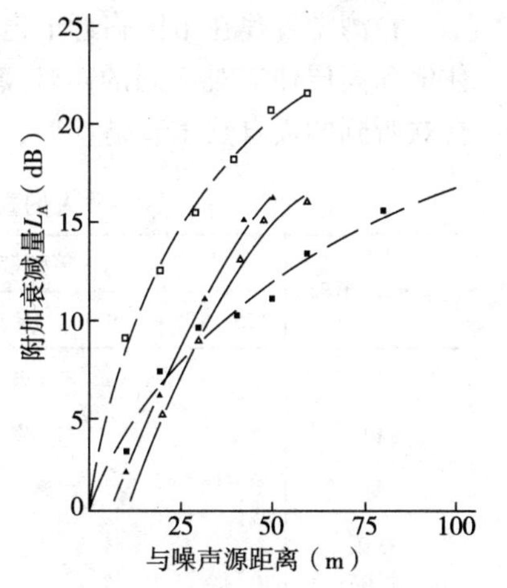

图3.3－23　几种成片树林减弱噪声效用的比较

▲ 悬铃木幼树林；△ 中山陵杂木林；× 草地；□ 植物园树林

5）降噪路面

前已指出，车辆高速行驶时，主要是轮胎与路面摩擦引起的噪声。研究表明，有空隙的铺面材料（例如空隙率达到20%）可减弱行驶

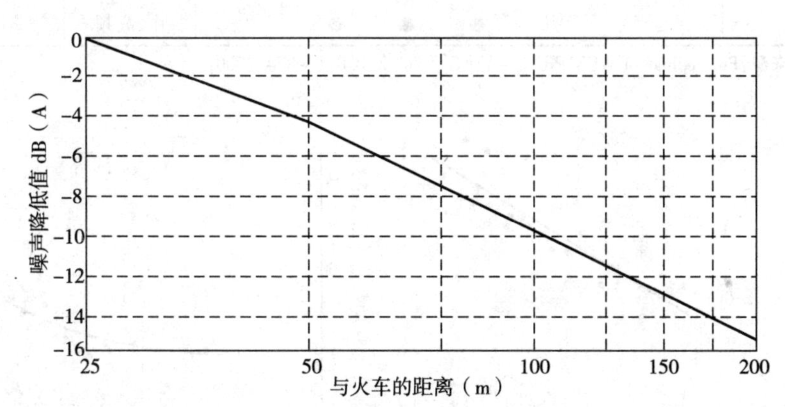

图3.3－24　草地对火车噪声传播衰减的作用

资料来源：Duncan，et al.，Acoustics in the Built Environment［M］，P.18，1997

中的摩擦噪声。香港于1989年开始实行“低噪声路面计划”，实践证明，与常用的混凝土路面相比，在路面平坦、车辆顺畅高速行驶时（重型车辆较少），多孔材料铺垫的路面可使此种摩擦噪声降低3～5dB。

3.3.4　创造愉悦的声景

随着社会对绿色建筑、健康社区的要求，出现了“可持续的声环境”、“绿色声环境”和“声景”等概念。固然有些人认为良好的声环境应该是完全没有声音，即所谓“沉寂”，但多数人认为在控制噪声干扰时，希望有自己喜欢的声音。这就要求依“与自然环境共生的理念”采取必要的措施创造宁静、私密、愉悦的宜居声环境品质。

台湾学者曾在市区临近干道的多层、低层行列式住宅及郊区邻近干道的独立住宅和高层住宅对不同的声环境样本作了许多调查和测量。结果表明80%的人喜欢听到的大自然声音是：鸟、蝉、蛙、蟋蟀、风、流水、喷泉以及树枝的摇动

人们喜爱的自然声及其频率特征 **表3.3－7**

自然声类别	倍频带中心频率(Hz)									频率特征	居民选择的百分比
	125	250	500	1k	2k	4k	8k	10k	20k		
鸟				●		●			●	中、高频	79%
树				●						中频	56%
蝉				●				●		中、高频	47%
音乐					●					全频段	46%
流水					●					中频	43%
风铃						●●		●	●●	高频	42%
雨				●						中频	39%
风				●						中频	38%
蛙					●	●	●			中、高频	31%

资料来源：Proceedings of WESTPRAC－Ⅶ[C]，Vol. 2，P. 871－874，2000。

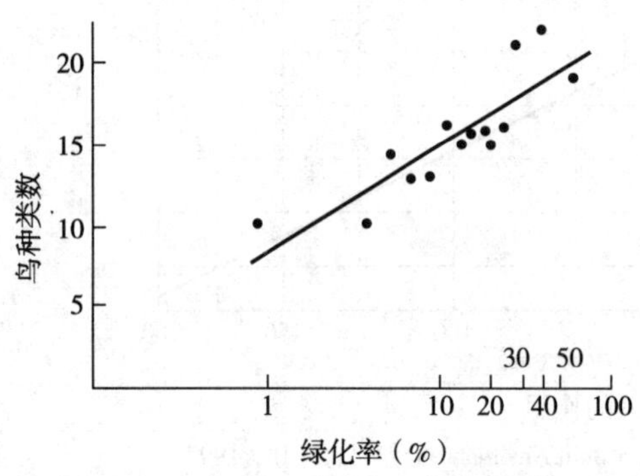

图3.3－25 绿化率与鸟类种类数量的关系

资料来源：林宪德，城乡生态［M］，p. 82～83，2001

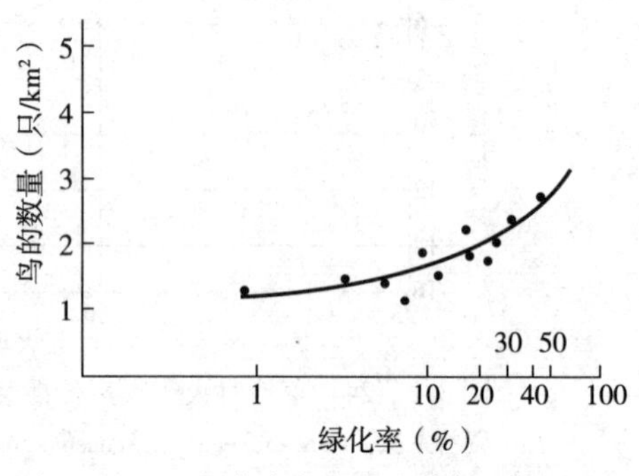

图3.3－26 绿化率与鸟类个体数量的关系

声。有62%的居民喜欢较高的自然声，认为在欣赏自然声的时候可联想到周围空间景观和地域风貌。表3.3－7是所喜欢的自然声频率范围及居民选择的百分数。

为了引来喜爱听闻的自然声，居住区的规划设计就得为鸟类等小动物提供栖息、迁徙、觅食、繁衍等生存条件。例如青蛙离开绿丛的

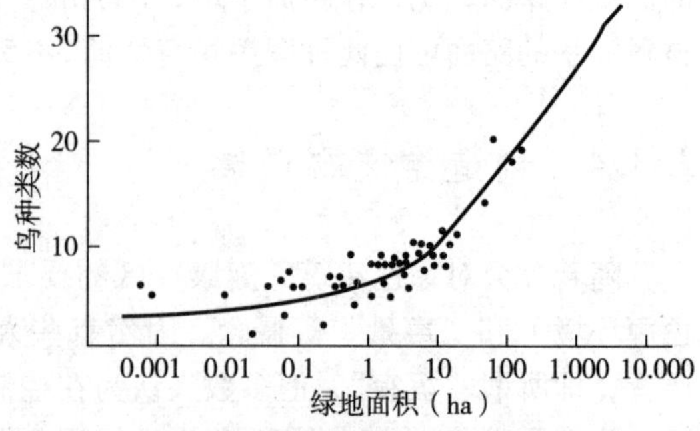

图3.3－27 绿地面积与鸟类种类数量的关系

资料来源：林宪德，城乡生态［M］，P. 82～83，2001

行动范围不超过150m，有些昆虫的活动半径不超过50m，这就对水景、地面铺装材料的设计提出了要求。图3.3－25为绿化率与鸟类种类数量的关系，图3.3－26为绿化率与鸟类个体数量的关系，图3.3－27为绿地面积与鸟种类数量的关系。

3.3.5　几类建筑声环境设计要点及工程实例

3.3.5.1　住宅建筑

1）安静标准

卧室、起居室内的噪声级应符合表3.3－8的规定。

卧室、起居室内的允许噪声级（L_A：dB（A））　　　　**表3.3－8**

房间名称	昼间		夜间	
	低限标准	高要求标准	低限标准	高要求标准
卧室	≤45	≤40	≤37	≤30
起居室	≤45	≤40	≤45	≤40

资料来源：《民用建筑隔声设计规范》（GB 50118—2010）

2）声环境设计要点

（1）为居住区、住宅配套修建的停车场、儿童乐园、健身活动场地的位置选择，应避免对住宅产生干扰。

（2）在邻近交通干道或其他高噪声环境建造住宅时，应依室外环境噪声状况及表3.3－8的限值设计具有相应隔声性能的建筑围护结构。

（3）在确定住宅建筑形体、朝向与平、剖面设计时，应仔细分析各类噪声源（例如电梯井、连接邻户的水、暖、电、气管道可能引发的噪声、振动）可

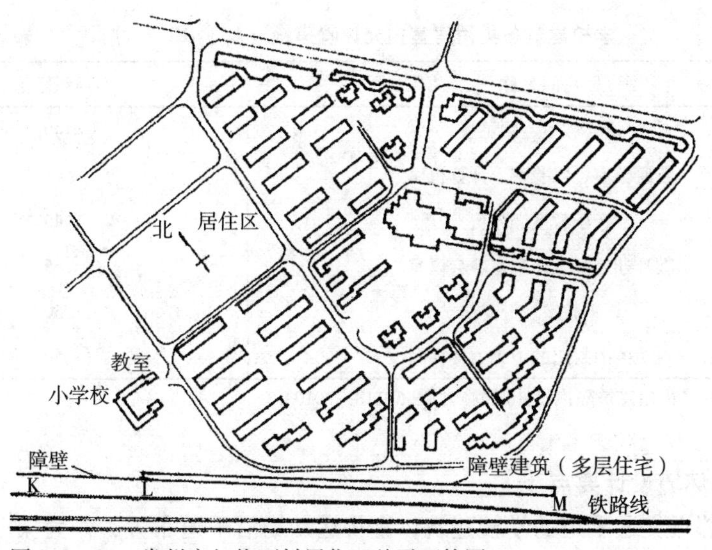

图3.3－28　常州市红梅西村居住区总平面简图

能产生的干扰，并采取适宜的降噪、隔振措施。

(4) 商住楼内严禁设置迪斯科、练歌房，也不得设置其他高噪声的商住用房。

3) 工程实例

图3.3－28是常州市红梅西村居住区总平面图。该居住区用地靠近我国最繁忙的沪宁铁路线，住宅建筑的外墙与铁路线最近的距离仅70m。昼夜均有频繁的各种列车通过，等效噪声级65dB(A)，超出声环境质量标准10dB(A)。在规划设计中采用了声屏障，图中的LM段距铁路中心线仅30m，这里建造了长300m、高12m的屏障建筑(住宅)；图中的KL段为4.5m高的实体屏障。建成后对声屏障降噪效用的测量结果见表3.3－9。由表可知在关窗条件下，屏障建筑(住宅)卧室内及小学校的教室内的侵扰噪声水平，分别低于表3.3－8及表3.3－10的相关低限值。

常州市红梅西村居住区声屏降噪效果(L_A：dB(A))　　表3.3－9

测量条件	第32幢的6层楼卧室	第40幢的6层楼卧室	第23幢的2层楼卧室	第23幢的5层楼卧室	小学校的3层楼教室	屏障建筑(住宅)的4层楼卧室
开窗	48.3	50.8	47.4	49.6	47.4	48.2
关窗	43.1	42.5	41.4	37.2	44.2	43.6

资料来源：南京大学声学研究所，1993

3.3.5.2 学校建筑

1) 安静标准

学校建筑各类用房的室内允许噪声级见表3.3－10。

学校建筑各类用房室内允许噪声级(L_A：dB(A))　　表3.3－10

房间名称	噪声级限值
语言教室、阅览室	≤40
普通教室、实验室、计算机房	≤45
音乐教室、琴房	≤45
教师办公室、休息室、会议室	≤45
舞蹈教室、健身房	≤50
教学楼中封闭的走廊、楼梯间	≤50

资料来源：《民用建筑隔声设计规范》(GB 50118—2010)

2) 声环境设计要点

(1) 邻近交通干道的学校建筑，宜将运动场沿干道布置，作为噪声隔离带。

(2) 学校建筑(建筑群)自身产生噪声的固定用房及设施(例如校办工厂、

健身房、音乐教室、餐厅等）与教学楼之间应有足够的噪声隔离带；如与其他教学用房设于统一教学楼，应分区布置并采取必要的隔离措施。参见图3.3－10。

（3）教学楼如有门窗面对学校运动场，教室外墙至运动场距离不应少于25m。

（4）音乐教室、练琴房、多媒体及语音教室应有适当的混响时间满足听音要求。

3）工程实例

南京特殊师范学校的音乐楼由演奏厅、若干大的音乐教室和数十间练琴房（单间容积不超过50m³）组成。其总平面图及音乐楼平面图见图3.3－29。

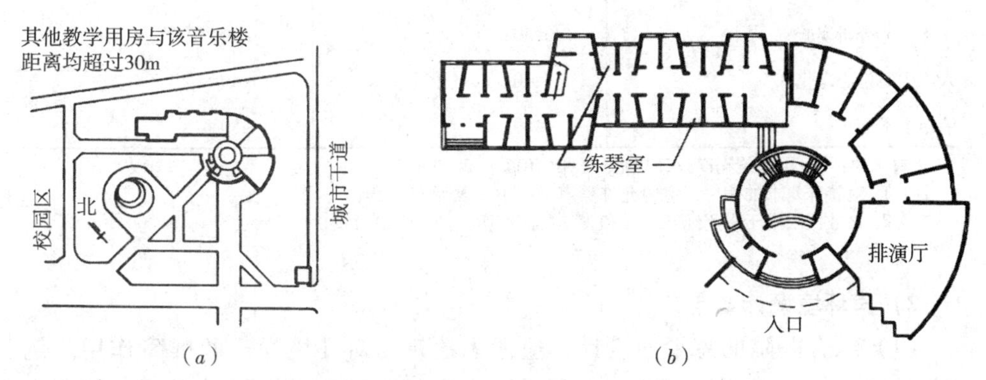

图3.3－29　南京特殊师范学校总平面图及音乐楼平面图
(a) 总平面图；(b) 音乐楼平面图

音乐楼既可能对学校的其他教学楼造成干扰，也怕受到外来噪声的干扰（包括城市交通噪声以及各练琴房间同时使用时相邻琴房之间的相互干扰）。在总图布置及音乐楼设计中采取的避免噪声干扰措施包括：在音乐楼与教学区的其他建筑物之间留出足够的距离（均超过30m）；音乐楼本身与城市干道保持必要的距离，并且大多数练琴房垂直于交通干道；相邻琴房之间的隔墙、分层楼板以及走道等，均选用有足够隔声量的材料和构造；东北向一部分练琴房的凹凸布置也有助于减少相邻琴房之间的干扰；音乐楼走廊顶棚铺贴的吸声材料减弱了通道的噪声干扰。

对有听音要求的演奏厅、练琴房采取的设计技术措施包括：不采用规则的矩形平面，以免可能出现低频房间共振的不良影响；室内界面选用适宜的吸声材料（构造）和作适当分布。竣工后的测量表明演奏厅空场混响时间（中频500～1000Hz）为1.0s，练琴房的混响时间（空场、中频）为0.36～0.40s。

3.3.5.3　医院建筑

1）安静标准

医院建筑各类用房室内允许噪声级见表3.3－11。表中规定的听力测听室内允许噪声级限用于纯音气导和骨导听阈测听法。

医院各类房间的室内允许噪声级（L_A：dB（A）） 表3.3-11

房间名称	昼间		夜间	
	低限标准	高要求标准	低限标准	高要求标准
病房、医护人员休息室	≤45	≤40	≤40	≤35[1]
各类重症监护室	≤45	≤40	≤40	≤35
诊室	≤45	≤40	≤45	≤40
手术室、分娩室	≤45	≤40	≤45	≤40
入口大厅、候诊厅	≤55	≤50	≤55	≤50
听力测听室	≤25[2]		≤25[2]	
化验室、分析实验室	≤40		≤40	
人工生殖中心净化区	≤40		≤40	
洁净手术室	≤50		≤50	

资料来源：《民用建筑隔声设计规范》（GB 50118—2010）

注：1. 对特殊要求的病房，室内允许噪声级应小于或等于30dB；

2. 该数值限用于采用纯音气导和骨导听阈测听法的听力测听室。

2）声环境设计要点

（1）综合医院的总平面设计，应考虑建筑物对环境噪声的屏障作用。例如门诊楼可沿交通干道布置，但与交通干道的距离应考虑降噪要求。若病房楼接近交通干道，病房不应设于临街一侧，否则应采取必要的隔声减噪措施。

（2）医院的医用气体站、冷冻机房、柴油发电机房等有噪声源的设施，其位置设置应避免对建筑物产生噪声干扰。条件许可时，宜将噪声源设置在地下，但不宜毗邻主体建筑或设在主体建筑下。

（3）使用时发出瞬态冲击噪声与振动的房间（例如体外震波碎石室、核磁共振检查室等）不得与病房、人工生殖中心等特别要求安静的房间毗邻，并应对其围护结构采取隔声和隔振措施。

（4）听力测听室应做全浮筑房中房设计。

3）工程实例

西北地区一新建医院包括门诊、医技、病房楼、特需病房楼、肝炎楼、高压氧舱、核医学、太平间、锅炉房、行政办公楼、值班宿舍和专家宿舍楼等。用地西侧为城市干道，北侧为城市规划路，南侧为城市景观水道，东侧为待征地。见图3.3-30。

根据用地西侧为城市干道的特点，将门诊楼与城市干道距离定为49m。门诊、医技、病房楼按“闹静分区”原则布置；将人员往来密集、社会活动噪声较高的门诊部分靠西侧布置；病房设在建筑的东南端，环境相对隐秘；医技部分设于建筑的中部作为缓冲区，既可使交通疏散流线顺畅，也符合医院的医疗流程，满足建筑不同部位的声环境要求。

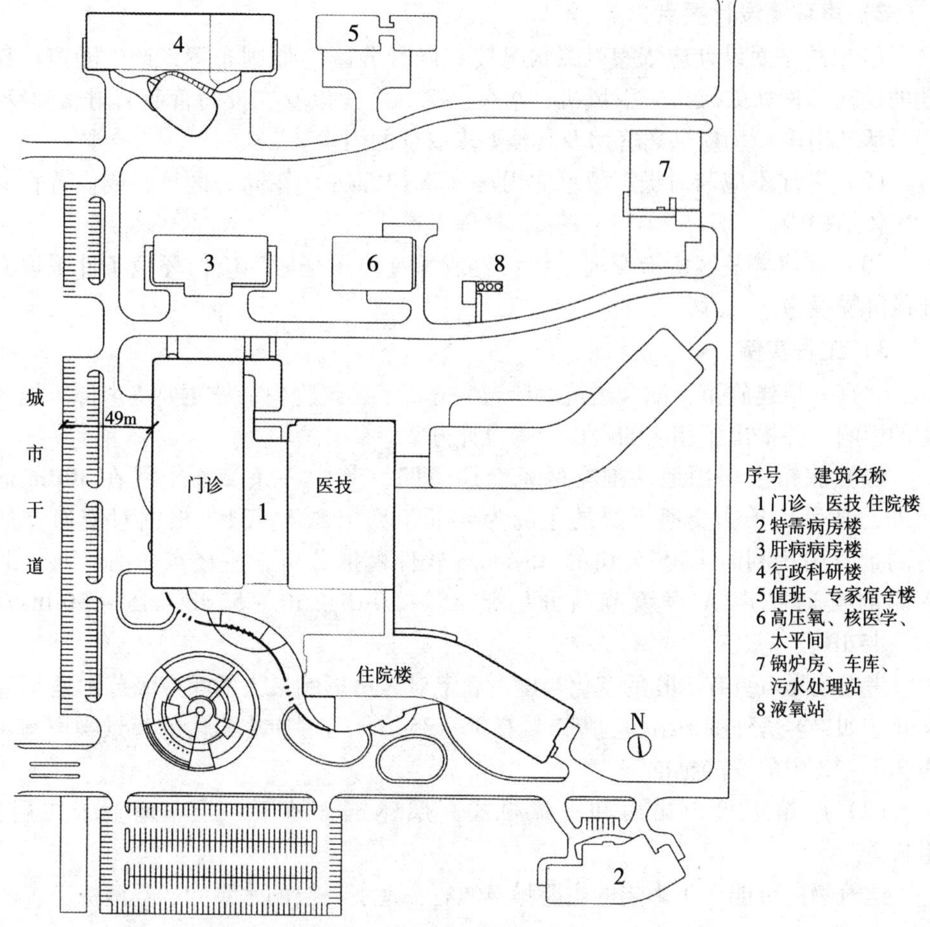

图3.3－30　西北地区某医院总平面布置示意图

资料来源：周茜（中国中元国际工程公司），西北某医院设计，2006

3.3.5.4　旅馆建筑

1）安静标准

旅馆建筑各类房间室内允许噪声级见表3.3－12。表中*A*声级的幅度范围是为了顺应不同旅馆的安静要求。

旅馆各类房间的室内允许噪声级（L_A：dB（A））　　表3.3－12

房间名称	特级		一级		二级	
	昼间	夜间	昼间	夜间	昼间	夜间
客房	≤35	≤30	≤40	≤35	≤45	≤40
办公室、会议室	≤40		≤45		≤45	
多用途厅	≤40		≤45		≤50	
餐厅、宴会厅	≤45		≤50		≤55	

资料来源：《民用建筑隔声设计规范》（GB 50118—2010）

2）声环境设计要点

（1）总平面设计应依噪声源状况按“闹静分区”原则布置，产生噪声或振动的设施（例如鼓风机、引风机、水泵、冷却塔，以及在夜间营业的附属健身、娱乐活动用房）均应远离客房及其他要求安静的用房。

（2）餐厅不应与对噪声敏感的用房（例如客房）在同一区域，或设置在同一主体结构内。

（3）客房楼及客房沿交通干线设置或邻近停车场时，应依环境条件采取必要的降噪设施。

3）工程实例

北京一拟建旅馆，配合建筑设计测量分析了建筑物内、外主要噪声源可能产生的影响，并提出了相应的隔声降噪设计方案。

（1）旅馆主楼用地外围有两条交通道路。其中一条交通干线在300m远以外，与另一条非交通干线的距离为65m，见图3.3－31。根据对交通噪声的测量及用比利时LMS公司的Raynoise软件模拟分析，主楼东、南、西、北各侧的交通噪声A声级范围分别是45～50dB、50～52dB、45～50dB及40～45dB。

考虑到噪声级有5dB的变化幅度，确定对客房影响最大的噪声级范围是55～58dB。如果客房外围护结构的隔声量有30～35dB，当可使客房内的背景噪声满足表3.3－12中的安静标准。

（2）旅馆主楼由裙房和一幢板式高层建筑（地下一层、地上十二层）组成。

建筑物内可能产生影响的主要噪声源有：地下一层的水泵间、空调机房、多

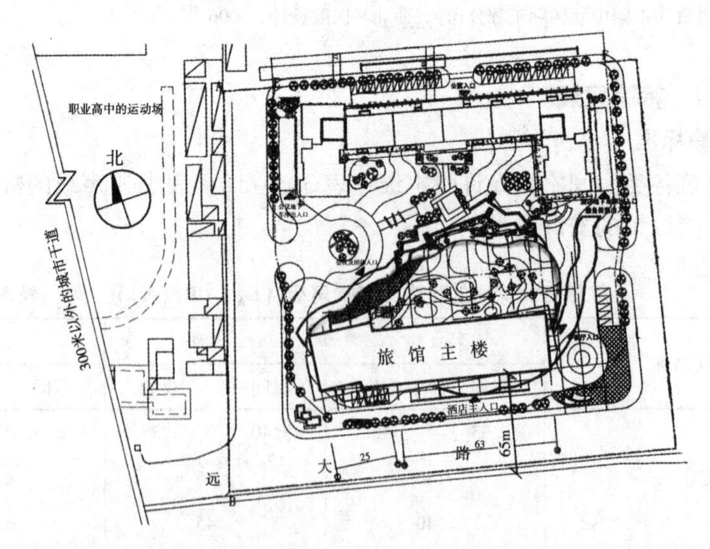

图3.3－31　北京某拟建旅馆总平面布置示意图

资料来源：王峥（北京市建筑设计研究院），北京某拟建旅馆主楼交通噪声影响评估及声学设计咨询报告，2008

功能厅；此外还有联系各楼层的电梯间以及设在楼顶的冷却塔。

依据表3.3－12中各类房间的安静要求，确定了不同房间和区域的空间分隔墙的空气声隔声量 R_w+C，具体数值为35～65dB（此处 R_w 为计权隔声量；C 为频谱修正量，见对图3.2－30的相关说明。）

3.3.5.5　办公建筑

1）安静标准

办公建筑各类房间室内允许噪声级见表3.3－13。表中的不同限值是为了适应不同办公建筑的安静要求。

办公室、会议室内允许噪声级（L_A：dB（A））　　表3.3－13

房间名称	低限标准	高要求标准
单人办公室	≤40	≤35
多人办公室	≤45	≤40
电视电话会议室	≤40	≤35
普通会议室	≤45	≤40

资料来源：《民用建筑隔声设计规范》（GB 50118—2010）

2）声环境设计要点

（1）拟建办公建筑的用地确定后，应利用对噪声不敏感的建筑物或办公建筑中的辅助用房遮挡噪声源，减少内、外噪声源对办公用房的影响。

（2）面临城市干道及户外其他高噪声环境的办公室、会议室，应依室外环境噪声状况及允许噪声级，设计具有相应隔声性能的建筑围护结构。

（3）室内声屏障设计计算

这是专门为既定范围内一个或几个确定位置设计的、用来遮挡特定噪声源的部件，是不需要改变其他环境条件设计的可拆卸或可移位的声屏障。可用作为开放式（分格式）办公室隔断及类似的场所。

① 传声途径及屏障效用的一般分析

图3.3－32分析了室内声屏障的各种传声途径。靠近声源的屏障可降低声源辐射到屏障背面空间的声音，其效果取决于屏障表面的吸声量、声源辐射的指向性以及声源被屏障围绕的程度；遮挡声源和接受点之间的直达声传播途径，可以降低直达声，其效果取决于屏障的最小尺寸、声源与屏障的距离以及接受点与屏障的距离；此外，屏障旁边的开敞情况以及开敞处周边的吸声对屏障的效果也有影响。

② 屏障的声衰减计算及测量

屏障导致的声衰减是指待遮蔽声源在屏障安装前到一处既定位置的直达声与屏障安装后的衍射声声压级差。其计算式为：

$$D_z = 10\lg\left(3 + 40\frac{z}{\lambda}\right) \qquad (3.3-5)$$

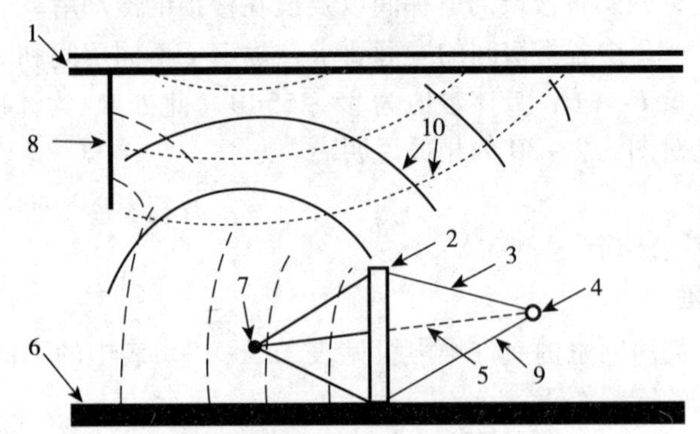

图 3.3－32 室内屏障的各种传声途径分析

1—顶棚；2—声屏障；3—衍射声；4—接收点；5—直达声；6—地面；7—声源；8—障碍物；9—透射声；10—反射及散射声

资料来源：International standard，Acoustics-Guidelines for noise control in office and workrooms by means of acoustical screens（ISO17624，First edition，2004）

式中 D_z——待遮蔽声源在屏障安装前到一处既定位置的直达声声压级与屏障安装后的衍射声声压级差，dB；

z——绕过屏障衍射效果最小的边的较长声传播路程与直达声路程之差，m；

λ——声波波长，m。

（注：该算式给出的是倍频带或 1/3 倍频带中心频率的屏障声衰减）

对位于声源混响半径之内的接收点，由于靠近声源的屏障反射和屏障衍射效果最小边的衍射，屏障导致的声衰减有所减少，减少的数值可达 3～5dB。

图 3.3－33 为一种屏障声衰减计算数值与测量结果的比较。

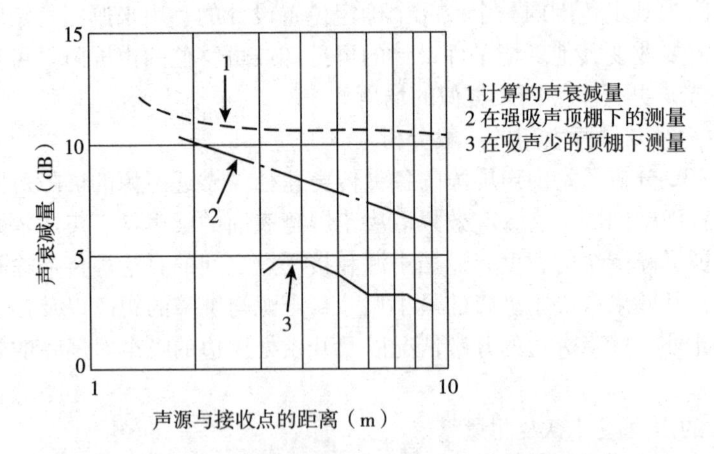

图 3.3－33 一种屏障声衰减的计算数值与测量结果的比较

资料来源：International standard，Acoustics-Guidelines for noise control in office and workrooms by means of acoustical screens（ISO17624，First edition，2004）

3.3.6 建筑物的吸声降噪

3.3.6.1 吸声降噪原理

由于总体布局或其他技术、经济的原因（例如装置有发出强烈噪声机械设备的空间），上述措施难以实现时，可在建筑物内界面装置吸声材料（构造）以改善室内的听音条件和减少噪声干扰。在室内产生的噪声可达到一定的声压级，如果室内界面有足够数量的吸声材料，则混响声的声压级可以得到显著的减弱；且任何暂态噪声（例如门的砰击声）也很快被吸收（就空气声而言），因此室内会显得比较安静。对于相邻房间的使用者来说，室内混响声压级的高低，同样有重要影响。因为“声源室”的混响声压级决定了两室之间的隔声要求，所以降低室内混响噪声既为了改善使用者所处空间的声环境，也是为了降低传到邻室去的噪声。

在走道、休息厅、门厅等交通和联系的空间，宜结合建筑装修适当使用吸声材料。如果对窄而长的走道不作吸声处理，走道就起着噪声传声筒的作用；如果在走道顶棚及侧墙墙裙以上作吸声处理，则可以使噪声局限在声源附近，从而降低走道的混响声声压级。

3.3.6.2 吸声降噪量的确定

在室内，噪声源声压级随距离变化的减弱通常只出现在与声源距离很近的几米范围内，随着接受者继续远离声源，与声源持续发出的直达声相比，接受来自房间各个界面的反射声逐渐占据主要成分。在反射声或所谓的混响声场内，不论接受者与声源的距离如何，声压级保持不变。如果房间界面基本上是硬质材料，形成的反射声级必然提高；如果房间界面是松软的多孔材料，则形成的反射声级就比较低，这说明室内界面装置吸声材料的主要作用是降低由反射声控制的混响声场的噪声级，而对于直达声随与声源距离增加不断衰减的规律没有任何影响。图3.3－34表示了声音在室外和室内有、无吸声处理情况的衰减变化比较。

室内混响声级的降低，可以用下式表示：

$$\Delta L_p = 10\lg\frac{A_2}{A_1} \tag{3.3-6}$$

式中 ΔL_p——室内两种吸声条件的混响声声压级差值，dB；

A_1——室内原有条件的总吸声量，m^2；

A_2——室内增加吸声材料后的总吸声量，m^2。

这种改进只是在房间原有混响时间较长情况下才比较明显。如果把房间的原先的硬界面改换为有效的吸声顶棚、地毯等，可以使混响声压级降低接近10dB。见图3.3－35。

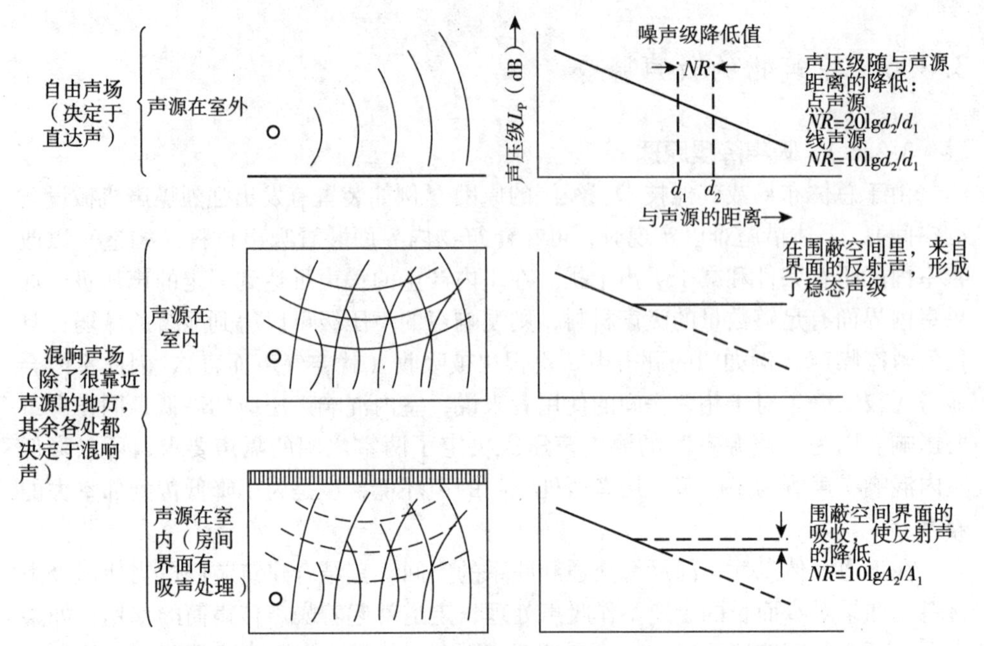

图 3.3－34　声源在户外（自由场）与声源在室内（混响场）的不同作用比较

资料来源：William J. Cavanaugh，et al.，Architectural Acoustics［M］，P. 18，1999

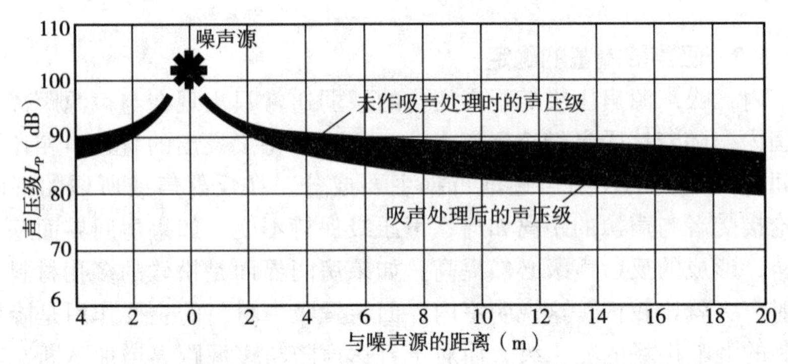

图 3.3－35　在顶棚上装置吸声材料后，不同距离处的噪声降低

3.3.6.3　吸声降噪设计

（1）测定待处理空间的噪声现状，包括噪声级和频率特征。

（2）依对该空间的使用要求，确定室内安静标准，并进而确定所需的降噪量。

（3）通过测量混响时间或计算，得到空间在处理前的平均吸声系数$\overline{\alpha_1}$及房间常数R_1。

（4）根据本书公式（3.1－13）或公式（3.3－6）计算得到所需的结果。例如预计吸声降噪效果，依确定的降噪指标计算所需吸声增量等。

【例 3.3－3】 在本书的【例 3.1－8】中，如果把房间内表面的平均吸声系数增加至 0.4，其余条件不变，求在距声源 3.0m 处的声压级。

【解】 运用本书公式（3.1－13），可知在新的条件下距声源 3.0m 处的声压级为 88dB。

【例3.3-4】 已知一间大教室的装修基本是硬质界面，其总吸声量 $A_1=10m^2$，如果在顶棚作吸声处理的增量为 $80m^2$，求改造后的吸声降噪量以及人们主观感受的变化。

【解】 依（3.3-6）式可知吸声降噪量：

$L_p=10\lg\frac{A_2}{A_1}=10\lg\frac{90}{10}=9.5dB$. 对照图3.1-30可以看出无论教室里的声源怎样吵闹，凭借新的吸声顶棚，在与声源相距较远处比原先要安静将近10dB，即主观上感觉声音减弱1/2。

【例3.3-5】 某房间的容积为 $100m^3$，现有的混响时间为2.0s。如果要使室内的声压级分别降低3dB、6dB和10dB，用赛宾公式计算该房间需要增加的吸声量。

【解】（1）室内已有的吸声量为

$$A=\frac{0.161V}{2.0}=8m^2$$

（2）分别计算为达到三种不同的降噪要求需要增加的吸声量：

$$3=10\lg\frac{8+S\alpha_1}{8}，计算得\ S\alpha_1=8m^2$$

$$6=10\lg\frac{8+S\alpha_2}{8}，计算得\ S\alpha_2=24m^2$$

$$10=10\lg\frac{8+S\alpha_3}{8}，计算得\ S\alpha_3=72m^2$$

可以看出，欲使降噪量增加3dB，室内的吸声量需要增加1倍；如果要使降噪量增加10dB，则吸声量需增加近10倍。

【例3.3-6】 一个矩形房间的尺寸是20m×10m×6m（高），各界面的吸声系数都很小：$\alpha_{墙}=0.05$，$\alpha_{地面}=0.03$，$\alpha_{顶棚}=0.03$。拟分两步用吸声降噪措施改善声环境。第一步用 $\alpha=0.65$ 的材料处理顶棚；第二步再增加用 $\alpha=0.57$ 的材料处理离地面2.0m以上的墙面。分别计算经一、二两步吸声降噪设计可取得的改善作用并作适当分析。

【解】 第一步吸声降噪设计：

$$\begin{aligned}A_1&=S_{墙}\times\alpha_{墙}+S_{地面}\times\alpha_{地面}+S_{顶棚}\times\alpha_{顶棚}\\&=360\times0.05+200\times0.03+200\times0.03\\&=30m^2\end{aligned}$$

$$A_2=360\times0.05+200\times0.03+200\times0.65=154m^2$$

将算得的 A_1 及 A_2 代入（3.3-6）式，即：

$$\Delta L_p=10\lg\frac{154}{30}=7.1dB$$

可知经第一步的吸声降噪设计取得的降噪量为7.0dB

第二步吸声降噪设计：

此时　$A_1=154m^2$

因为　$S_{墙}\times\alpha_{墙}=240\times0.57+120\times0.05=143m^2$

所以　$A_2=143+200\times0.03+200\times0.65=279m^2$

同样代入（3.3－6）式，即

$$\Delta L_{\mathrm{p}}=10\lg\frac{279}{154}=2.6\mathrm{dB}$$

可知经第一步吸声降噪处理后，第二步处理取得的降噪效用为3dB。

经上述两步的吸声降噪处理，预计总的降噪量为10dB。虽然先后两次增加的吸声量几乎相同，但第二步得到的降噪量比第一步少得多。如果有可能考虑第三步再增加130m² 的吸声量（虽然实际上不可能），由（3.3－6）式计算可知只能增加1.5dB的降噪量。本例的计算比较表明，吸声降噪改善室内声环境存在着效益递减的规律，即如果室内已有相当的吸声量，增加更多的吸收并不能取得明显的降噪效用。

3.3.6.4 吸声降噪措施的应用

（1）在有强反射面的室内空间，应使声源远离界面。从理论上讲，与声源在房间中部相比，如果声源靠近一个反射面使噪声级增加3dB；噪声源在靠近房间边缘，将使噪声级增加6dB；当噪声源位于房间的一角，噪声级的增加达9dB。见图3.3－36。

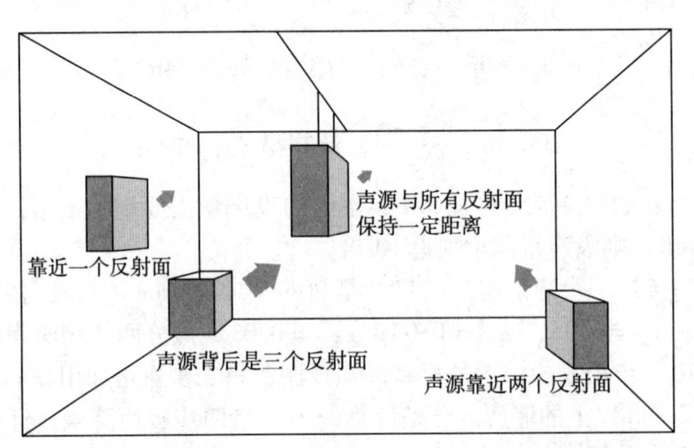

图3.3－36 声源在室内空间不同位置时，对噪声级增值的影响

资料来源：Noise/News International［J］，Vol.4，No.1，P.42，1996

（2）沿城市交通干道建造的房屋，如果在临近干道面有外挑的阳台，在阳台底面作吸声处理，可使噪声在到达建筑物外立面之前被适当吸收。见图3.3－37。

（3）声屏障可以与吸声顶棚同时使用。利用声屏障减弱高频噪声，屏障愈高，愈靠近噪声源，其降噪效果愈好。如果顶棚不作吸声处理，屏障的效用将明显减弱。见图3.3－37。

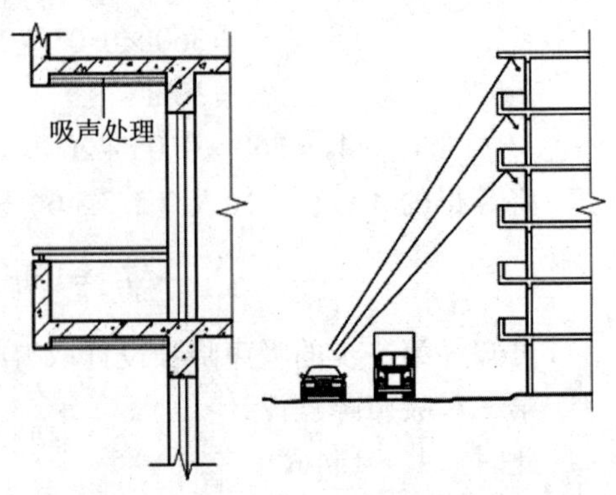

图3.3－37 在阳台底面作吸声处理，以减弱噪声影响

图3.3－38表示一个生产车间有

几条平行布置的生产线。其中一条生产线是产品的抛光，抛光的刺耳高频噪声对车间里的每一个人都有严重干扰（见图3.3－38（*a*））。采取的降噪措施是在抛光生产线两侧设置声屏障，以及在该生产线上部悬挂吸声板（见图3.3－38（*b*））。

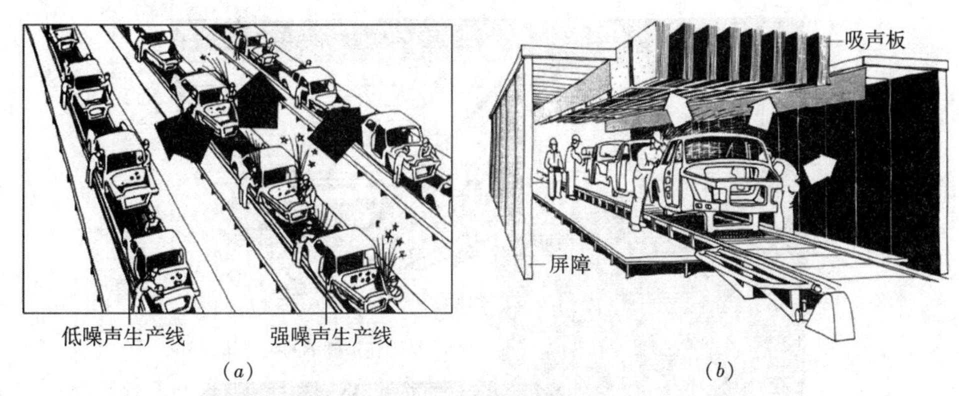

图3.3－38　在生产刺耳高频噪声的抛光生产线两侧设声屏障，上部挂吸声板

资料来源：Noise/News International［J］，Vol. 4，No. 3，P. 165，1996

图3.3－39为另一种大型制造车间，最有效的抑制噪声措施是将约为车间高度1/2的声屏障与空间吸声体同时使用，并尽量靠近噪声源，这些抑制噪声措施不影响生产过程。

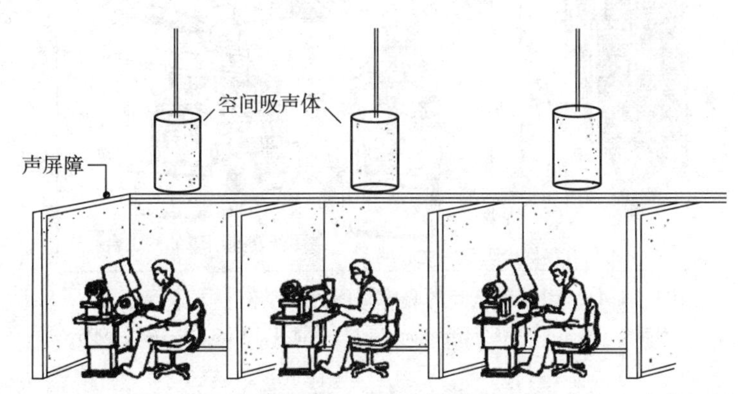

图3.3－39　在大型制造车间里同时用半高的声屏障与空间吸声体抑制噪声

资料来源：Madan Mehta，et al.，Architectural Acoustics［M］，P. 174，1999

图3.3－40为大尺度车间使用悬挂吸声体的例子。该车间噪声级很高，尤其是低频噪声；需要在整个频率范围里降低噪声级。车间里的一部分空间可以悬挂吸声板，这种吸声板的两面都能有效地吸收噪声。在有桥式吊车的空间改用水平的吸声板装置在顶棚下与顶棚的间距为20cm，以得到对低频噪声的有效吸收。经这样的吸声降噪处理，除了很靠近噪声源的地方，噪声级可降低3～10dB。

（4）图3.3－41为低转速引擎测试室，这里的低频共振会导致在靠近墙面及房间中部产生很响的声音。抑制由低频共振激发强噪声的主要措施包括用装置在龙骨上的板（即共振吸声构造）覆盖在墙上，使对出现最响声音的频率范围有最大的吸收；此外，为了在引擎转速略有变化时也能有很好的吸收，使用了有良好内阻尼的材料。其结果是清除了共振和很响的噪声。

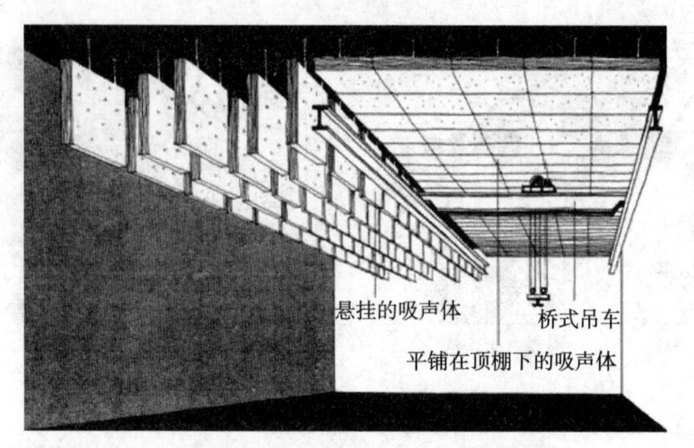

图 3.3－40　大尺度生产车间里的吸声降噪措施举例

资料来源：Noise/News International［J］，Vol. 4，No. 1，P. 45，1996

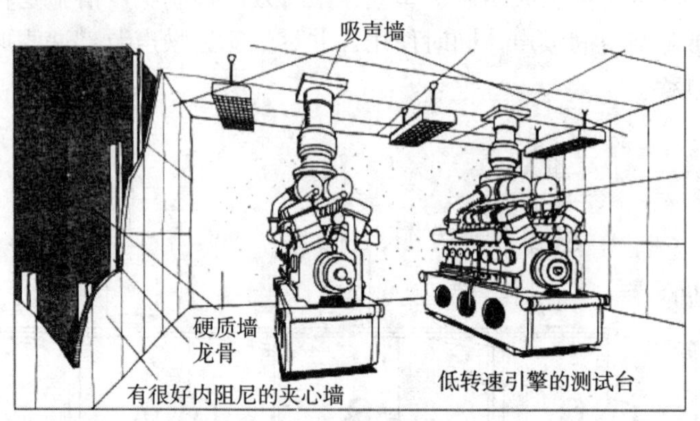

图 3.3－41　引擎测试间的吸声降噪处理举例

资料来源：Noise/News International［J］，Vol. 4，No. 3，P. 163，1996

3.3.7　建筑物的隔声降噪

根据现有的或预计会出现的侵扰噪声声压级、建筑物内部噪声源的情况以及室内安静标准（见 3.3.5 相关内容），设计人员即可确定围护结构所需的隔声能力，并据以选择适合的隔声材料和构造。就相邻两室之间的隔声减噪设计而言，要能达到预期的隔声效果，除设计隔墙自身的隔声性能外，还有一些必须考虑的影响因素。例如隔墙的面积，隔墙是否存在薄弱环节（包括与隔声性能差的门、窗部件组合，缝隙、空洞等），侧向传声途径和接受室内的背景噪声、吸声处理等。

3.3.7.1　围护结构隔声计算

噪声评价数（*NR* 曲线）（图3.3－4）可用于为保证语言通信的要求进行隔声计算。图3.3－42给出的噪声评价数，可以用作为把干扰语言通信的噪声降低到适当程度的参考。为此需要知道干扰噪声的频谱，并且决定是属于图3.3－42中哪一种情况的要求，然后进行具体的计算。

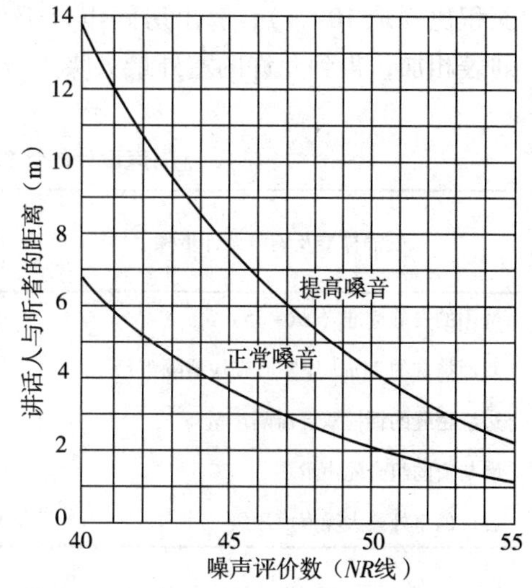

图3.3－42　噪声对语言通信的干扰

例如，为了在车间办公室里能够在相距3.5m远的情况下不费力的通话，由图3.3－42可知，从与办公室相邻的车间传入的干扰噪声，不应超过噪声评价数 *NR*－45。根据车间里噪声状况所作的计算见表3.3－14，可知选用两面抹灰的75mm厚加气混凝土墙，即能满足隔声要求。

对语言通信干扰的计算列表　　**表3.3－14**

条件及设计	倍频带中心频率（Hz）					
	125	250	500	1k	2k	4k
车间噪声的声压级（dB）	72	73	77	84	92	88
噪声评价数 *NR*－45	61	54	48	45	43	40
要求的隔声量（dB）	11	19	29	39	49	48
两面抹灰的75mm厚加气混凝土墙的隔声量（dB）	29	30	30	40	49	55

根据表3.3－12，旅馆客房夜间的室内允许噪声级为 $L_A \leqslant 40$dB，依对 $L_A - 5 = NR$ 的近似估计可引用噪声评价数 *NR*－35的限值。现依此安静标准，预计某城市拟在邻近大型飞机场的地带建造一座旅馆。为把造价控制在尽可能低的范围内，只允许使用普通的建筑材料。大型喷气客机在距地面330m高度飞行时的噪声情况如下表（大致相当于 *NR*－94曲线）。

倍频带中心频率（Hz）	125	250	500	1k	2k	4k
声压级（dB）	92	92	91.5	90.5	90	89

首先考虑无论飞机起飞或降落都不能干扰过境旅客在室内的睡眠，选择室内的安静标准为 *NR*－35。此外还假定旅馆外的噪声级昼夜保持不变。

设计计算步骤如下：房间外墙选用240mm厚的实心砌块墙；为保持外墙的高隔声量，选用钢框的双层窗，并在周边作密缝处理；依墙、窗隔声量和它们的面积比（取10∶1），算出房间组合部件隔声量；把选定的安静标准及各项设计列表相加，得到允许的室外最大噪声级，见表3.3－15

隔声设计的计算列表（单位：dB）　　**表3.3－15**

安静标准及隔声设计步骤	各倍频带中心频率声压级					
	125	250	500	1k	2k	4k
选用的安静标准（*NR*－35）	53	44	39	35	32	30
双面抹灰的24mm厚实心砌块墙隔声量	40	45	51	57	62	65
边缘密缝的钢框双层窗隔声量	25	43	57	54	54	64
墙与窗的组合隔声量	36	43	51	54	59	64
容许的室外最大噪声声压级	91	87	90	89	91	94

结论：对照现有的飞机噪声声压级看，这样设计的普通旅馆客房对于夜间睡眠没有大的干扰。

3.3.7.2　隔墙的噪声降低值

图3.3－43表示相邻两个房间声透射的简单情况。声源在发声室不断辐射声音将形成混响声场。假设声音只能经由公共隔墙透射到相邻房间，传播到受声室的声压级将取决于三个因素，即公共隔墙的隔声性能，公共隔墙的面积，以及受声室的总吸收量。由计算相邻两室隔声量的公式$\left(R=\overline{L_{p1}}-\overline{L_{p2}}+10\lg\dfrac{S}{A}\right)$可知，公共隔墙是向受声室辐射声音的大隔板，其面积$S$愈大，辐射的声能愈多；另一方面受声室里的吸声材料对于透过声能的反射有减弱作用。因此在上式中，修正项S/A反映了所使用隔墙的特定环境。这一修正项的数值通常不超过±5dB，但是相当重要，对于低频噪声尤其如此。

在考虑隔声减噪措施时，必须使透射的声压级低于受声室内的背景噪声级，才不致对受声室的使用引起干扰。

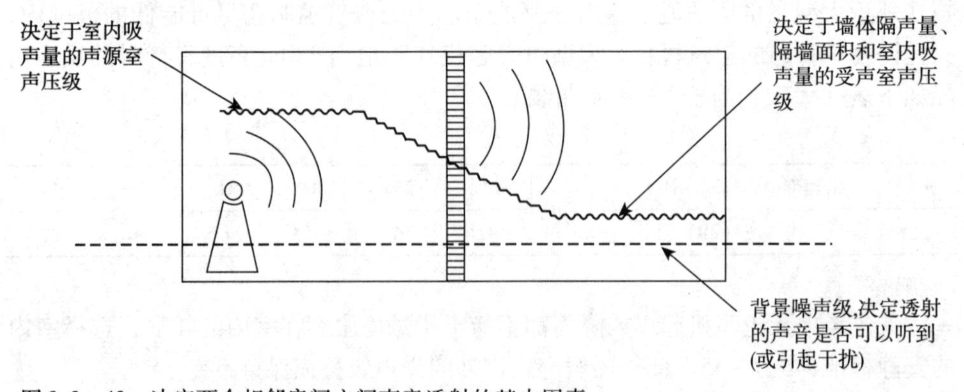

图3.3－43　决定两个相邻房间之间声音透射的基本因素

资料来源：William J. Cavanaugh，et al.，Architectural Acoustics［M］，P.22，1999

3.3.7.3　隔声设计的完整性与弹性连接的构造

1）隔声设计的完整性

除了设计的隔墙外，还须细心处理可能存在的若干侧向传声途径。

一堵具有50dB隔墙量的墙，会因为其上出现的占总面积1%的孔洞而使隔声量降低至20dB。因此，在设计中首先要考虑提高墙体最差部分（部件）的隔声量，例如缩小或排除门、窗周边的缝隙。对于设置在多孔（或缝）的吊顶下面的隔墙要细心处理。

为改善室内热环境设置的空气调节系统，因连接相邻两室之间送、回风口的风管可产生声音的横向透射（或称串话干扰），对于语言私密要求较高或隔声要求较严的房间，必须对可能的横向透射作仔细的检查。

图3.3－44为安静要求较高（即背景噪声必须很低）且相邻设置的练琴房空调管道系统设计的比较。图3.3－44（a）表示的设计显然容易引起串音干扰。图3.3－44（b）表明相邻空间的管道迂回设置，管道内壁都有25mm的吸声衬垫，并在风口处装有消声器，使得管道系统对噪声的隔绝能力与其他建筑部件相当。

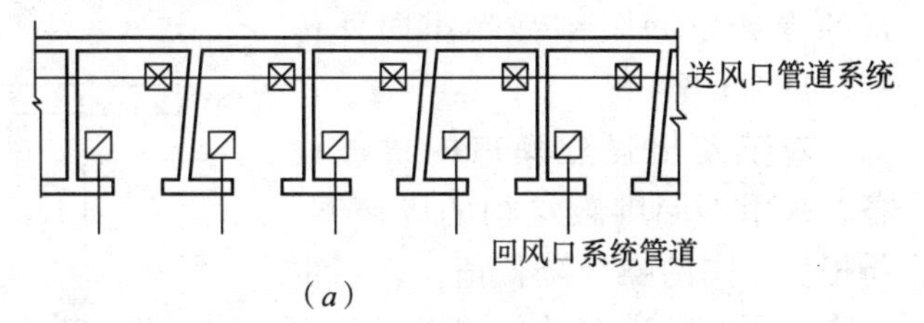

（a）

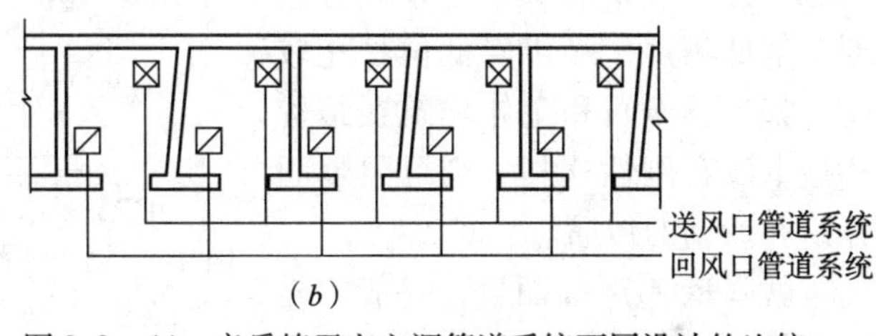

（b）

图3.3－44　音乐练习室空调管道系统不同设计的比较
（a）较差的管道分布系统；（b）较好的管道分布系统
资料来源：Marshall Long，Architectural Acoustics［M］，P.763，2006

2）弹性连接的构造

对围护结构撞击或振动的直接作用，是建筑物中许多噪声的起源。例如公寓住宅住户卫生间冲洗时，通过塑料管的流水因紊流引起管道振动经刚性连接的墙体、楼板辐射传播，在楼下单元产生的噪声级可达60～65dB（A），大大超过表3.3－8中的限值，使楼下单元的住户不能容忍。将通常的刚性连接改为弹性链接的构造，利用声学的“不连续”抑制噪声、振动再辐射的传播是隔声设计的另一个重要方面。

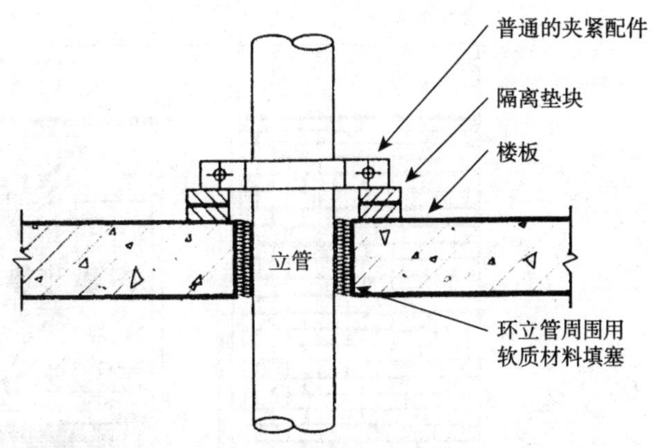

图3.3－45　立管穿过楼板处的弹性连接大样举例
资料来源：Marshall Long，Architectural Acoustics［M］，P.534，2006

多层公寓住宅主卧室卫生间的上、下水管最好为铸铁管，必要时还需作隔离处理。图3.3－45是立管穿过楼板的弹性连接构造大样举例。图3.3－46为浴缸的隔离构造处理大样举例。图3.3－47为安装在隔振基础上的水泵，用弹性吊钩与上部的钢筋混凝土板连接。

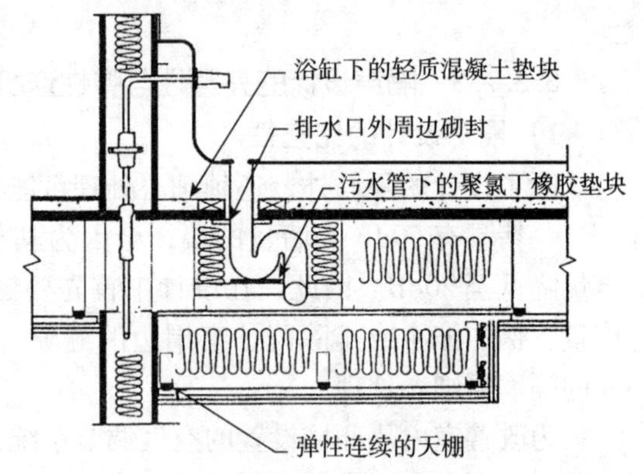

图3.3－46　浴缸设置的隔离处理大样

资料来源：Architectural Acoustics［M］，P.534，2006

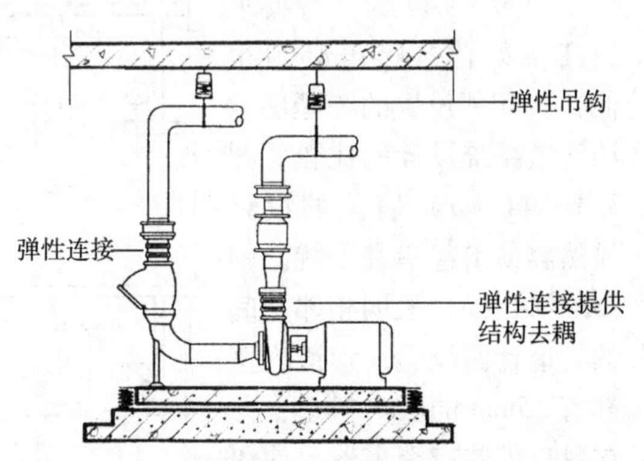

图3.3－47　水泵装置在隔振基础上，管道用弹性挂钩连接

资料来源：Architectural Acoustics［M］，P.457，2006

3.3.7.4　隔声降噪措施的应用

（1）对大的生产车间里产生强噪声的设备，用隔声量好的墙体及隔声门（包括门缝的密缝处理）组成的围蔽空间限制强噪声向外传播。见图3.3－48。

对于发出强烈噪声的机械设备，采用不同围蔽结构的隔声间，将提供不同的噪声降低值，当然也与噪声源的频谱有关。如果设备主要辐射低频声，噪声降低值将比较少。如果隔声间和主体建筑在结构构造上没有刚性连接，则可阻隔固体声和振动的传播。

就降低 A 声级而言，一般的隔声罩是5～10dB，贴有吸声材料的单层罩10～25dB，贴有吸声衬垫的

图3.3－48　用隔声性能良好的围蔽空间，限制设备噪声向外传播

资料来源：Noise/News International［J］，Vol.7，No.2，P.99，1999

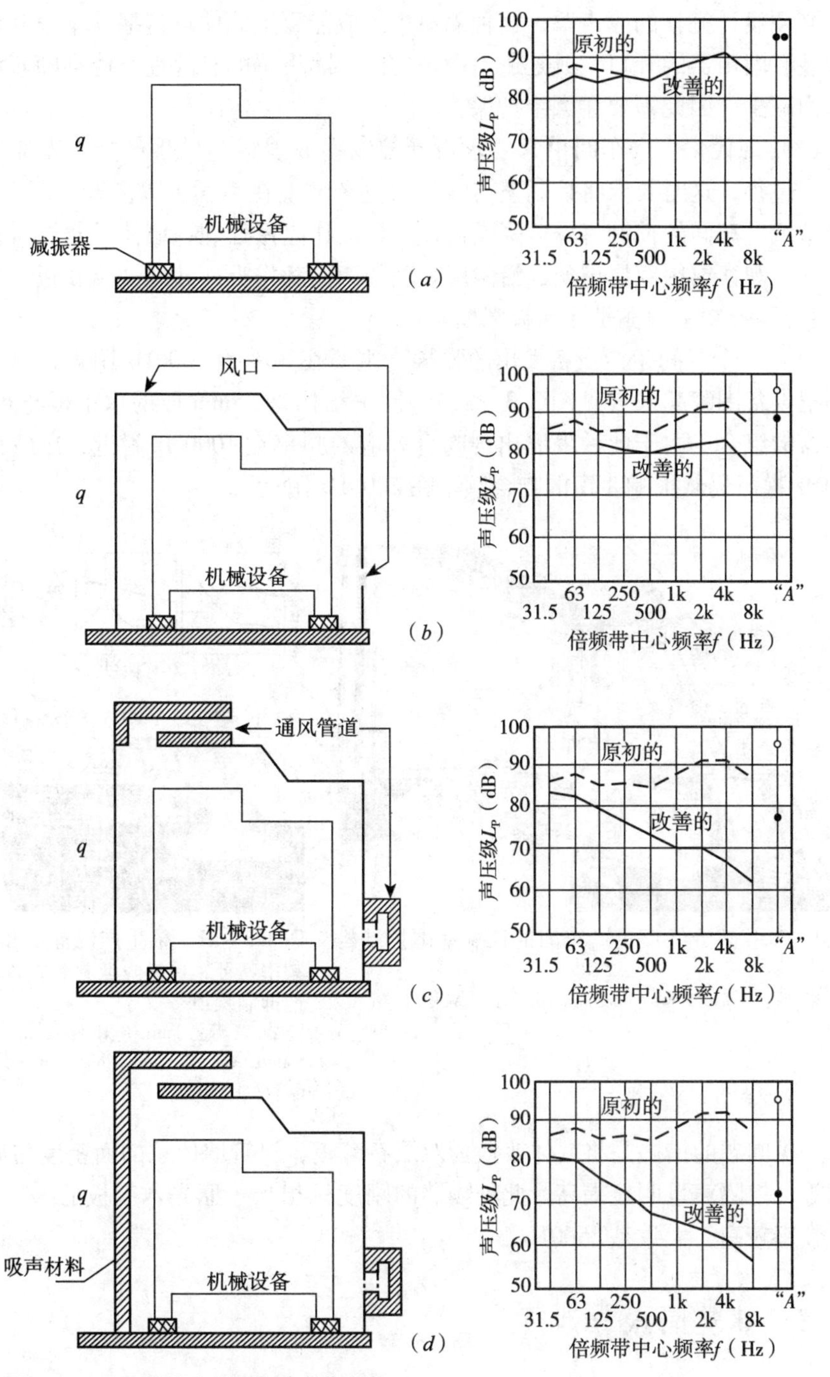

图3.3－49　不同隔声罩的噪声降低值

资料来源：国际标准（ISO 11690－2）1996（E），P.14

双层罩超过25dB。图3.3－49为不同隔声罩条件下噪声降低值与频率的关系。

需要指出的是隔声罩上如果设有开口，将显著降低其隔声的有效性，对于高频声尤其明显。例如当隔声罩带有占面积10%、1%或0.1%的孔隙时，A计权的辐射声压级降低值将分别限制在10dB、20dB或30dB。为了得到很高的噪声降低值，必须设计完整的隔声罩，这种隔声罩还应能隔绝固体声传播，不设开口或是设置装有消声器的开口，或是适当密闭的门。隔声罩的有效性可能会随着使用的时间而减少，因此需要注意维护保养。

（2）现代化生产车间里常要求设计控制室或观察室供生产操作者控制或观察生产过程，这时要求将控制室与吵闹的生产环境在声学上隔离开。图3.3－50是某造纸厂车间的控制室隔声降噪设计。地面作隔振处理；墙体是双层石膏板内填岩棉；观察窗用双层玻璃，沿两层玻璃的四周都作吸声处理（穿孔板背后填充岩棉毡），控制室顶棚是穿孔吸声板。

（3）一个车间生产设备发出的强噪声主要在频率为1000Hz附近，原先已有隔墙把设备围蔽起来（见图3.3－51）。围护结构是25mm厚的木工板与6mm厚玻璃窗的组合。由于此种隔墙出现吻合效应的频率在1000Hz附近，以致传出的1000Hz噪声仍然很响。窗的吻合频率在2000Hz附近。

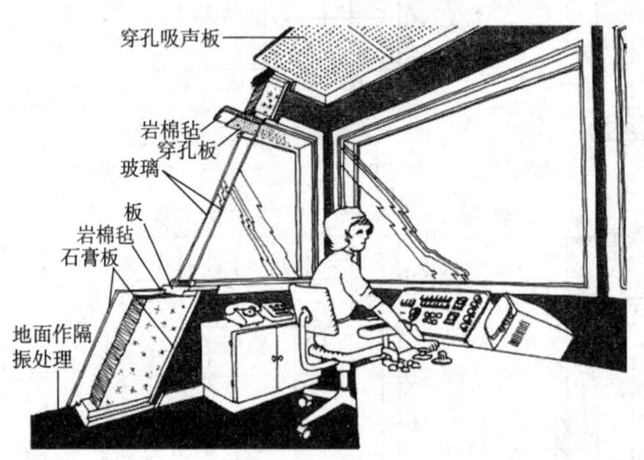

图3.3－50　某造纸厂生产车间的控制室围护结构示例

资料来源：Noise/News International［J］Vol.7，No.2，P.103，1999

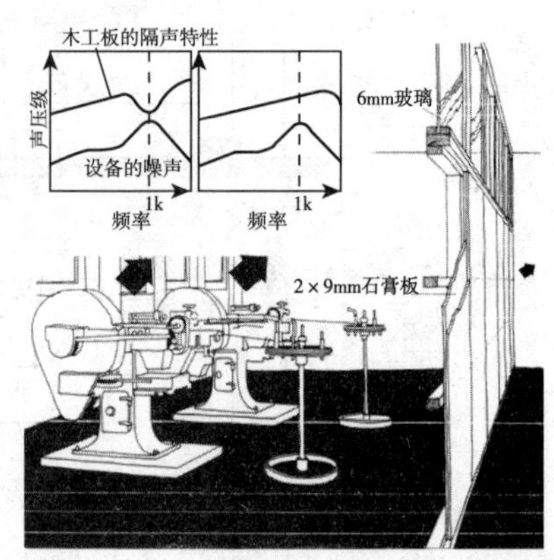

图3.3－51　依生产设备发出的噪声频率特征，更换隔墙材料，以求有效地抑制噪声

资料来源：John E.K.Foreman，et al.，Sound Analysis and Noise Control［M］，P.297.1990

解决问题的措施是将墙体改换为双层石膏板，尽管墙体总的面密度与原先大致相等，但隔声量明显提高。此种隔墙的刚度只相当于原先木工板的1/4，因此吻合频率较高，大致是2500Hz。

3.3.8　建筑隔振与消声

3.3.8.1　建筑隔振

1）振动在建筑中的传播

建筑物会因受外力（例如交通运输、尤其是地下铁路引起的振动，爆破以及风的作用）的激发而产生振动。最关键的建筑部件通常是受到水平振动力作用的墙体，整幢建筑的共振频率基本上决定于房屋建筑总高度。共振频率的范围一般从10Hz（多层建筑）到0.1Hz（60层楼甚至更高层建筑）。建筑物的主要部件，例如梁、楼板、墙等都有自身的共振频率，承受荷载的钢梁共振频率为5～50Hz，楼板共振频率是10～30Hz，住宅吊顶共振频率大致是13Hz。如果这些建筑部件分别在上述频率范围受到振动力的激发，将产生相当大的振幅。

超高层建筑在强风作用下出现的侧向摇晃会使居住者受惊。调查表明在强风作用时，有75%的高层建筑居住者感觉有晃动，并且看到灯具摆动和浴缸里的水晃动；同时普遍发现住宅的轻质墙、窗和楼板可能被来自飞机、火车及重型车辆的强烈空气声波激发产生振动，从而使室内陈设的物件滑落或咔嗒作响（例如瓦罐）。这些都增加了居住者的烦恼，甚至提出申诉。

2）建筑隔振分析

对隔振的一般要求是振动设备的能量不传至建筑物；以及保证建筑物的振动不传到对振动敏感的设备。由于振动在建筑结构中传播得很快，并且因反射、内部阻尼引起的衰减都很少，必须装置特殊的隔振器抑制设备的振动能量向建筑围护结构传播。

一个无阻尼的质量—弹簧系统的振动传递比，可按下式表示：

$$T = 1/\left[1 - (f/f_0)^2\right] \tag{3.3-7}$$

式中　T——隔振效率（隔振系统的振动传递比）；

f——激发力的频率，Hz；

f_0——隔振系统的固有频率，Hz。

（3.3－7）式说明传过的能量主要决定于激发振动的频率（即设备的扰动频率）与隔振系统固有频率之比。显然，最重要的是选择隔振系统有合适的固有频率。图3.3－52为振动的机械装置隔振系统，因对系统特性的选择不同所得到的不同隔振效用的比较。

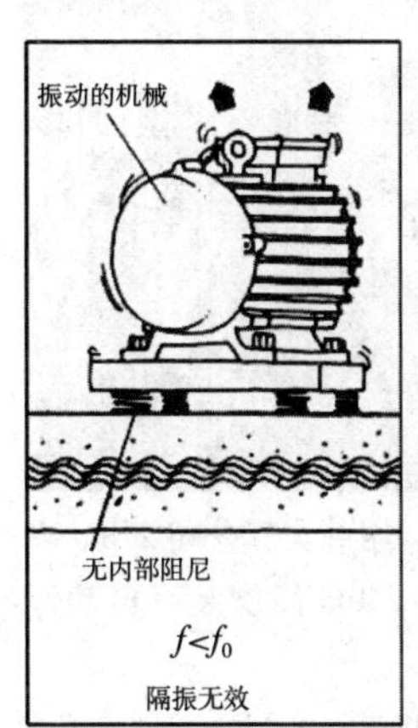

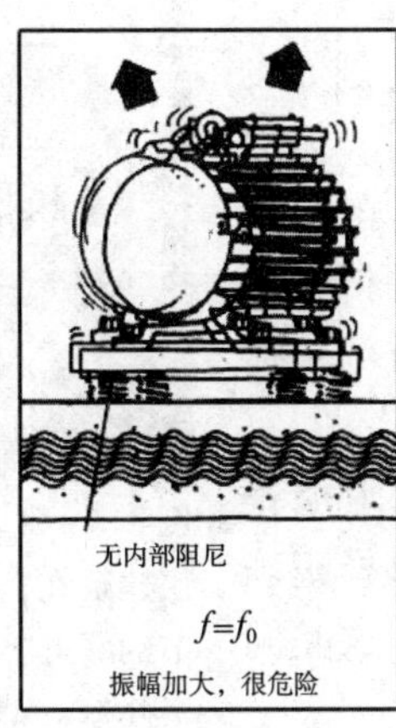

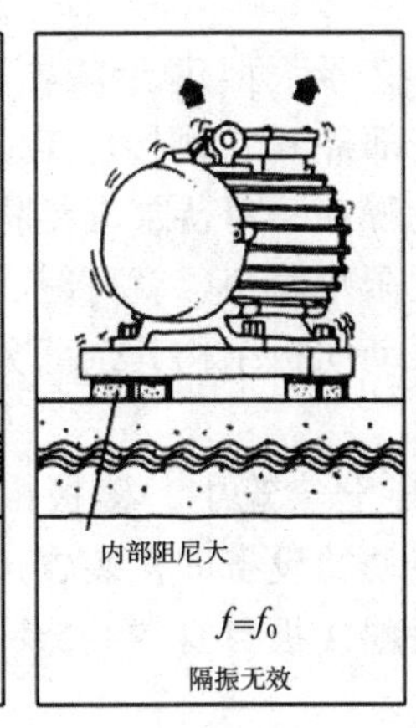

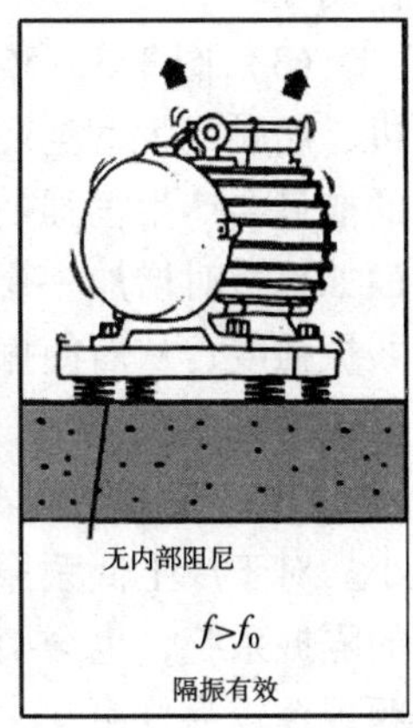

图3.3－52　不同隔振系统隔振效用的比较

资料来源：Noise/News International［J］，Vol. 6，No. 3，P. 160，1998

3）隔振设计计算

机械设备安装在隔振机座上组成一个隔振系统，该系统共振频率的计算式为：

$$f_0 = \frac{5}{\sqrt{d}} \tag{3.3-8}$$

式中 f_0——系统固有频率，Hz；

d——承受荷载时弹簧的静态压缩量，cm。

有时先把机器设备安装在较重的机座上，然后再作弹性隔振处理，以便增加机器设备的总重量，使静态压缩量增加而降低其共振频率。

隔振垫（或称减振器）的材料，可用橡胶、软木、毛毡或钢丝弹簧。钢丝弹簧的使用范围较广，特性可以控制，使用方便，但其上下最好各垫一层毛毡类的材料，以免高频振动沿着钢丝弹簧传递。图3.3－53表示了几种隔振材料的适用范围。以上各类材料的阻尼作用对隔振都有好处，近年来应用橡胶作为隔振材料有所发展，例如用于小型精密仪器的隔振，乃至临近地下铁道的房屋建筑隔振。

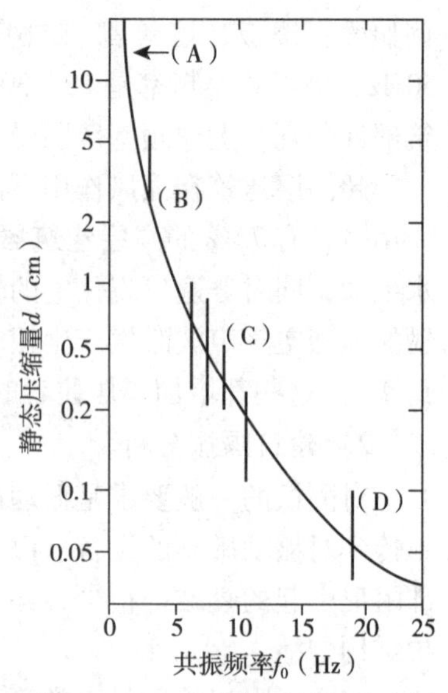

图3.3－53　几种隔振材料的应用范围

(A)—钢弹簧；(B)—150mm厚的橡胶；(C)—200～75mm厚的软木；(D)—25mm厚的毡垫

4）隔振措施的应用

(1) 南京地下铁路经过鼓楼地段的深度为地下18m。隔振设计是在120m长的铁路路基上装置弹簧垫层以消除车辆运行振动对地上鼓楼医院使用精密仪器可能的影响。

(2) 3.3－54为纽约花旗公司的278m高层建筑，该建筑在240m的高度上装有减振器。当建筑物的振动加速度达到0.003g时将自动发挥作用。

图3.3－54　纽约花旗公司278m高层建筑在其240m高度装有自动调节的减震器

资料来源：Planning and Environment Criteria for Tall Buildings (Volume PC) [M], P. 852, 1981

(3) 图3.3－55表示大型建筑结构（例如飞机、船舶或大型生产部件）在铆接加工时，振动的能量会产生很强的噪声。对待加工结构的内表面如果暂时增加一层阻尼材料，就可减弱铆接的共振强度，从而使振动向板结构其余部分的传播有明显减弱。

(4) 在钢筋混凝土建筑中，楼板内阻尼很小。对于产生低频振动的设备即使装置选择正确的隔振系统，也会引起楼板自身的共振，这类问题现今较为普遍。

图3.3－56是对与生产车间相邻的要求安静房间，综合运用隔振、隔声措施改善声环境的举例。几乎对所有的固体声都可以抑制或者至少是明显的减弱，可采取的措施是把干扰源装在弹性支撑上；在若干情况下还有必要把相邻的房间也建造在弹性支座上，以保证达到要求的隔振、隔声效果。

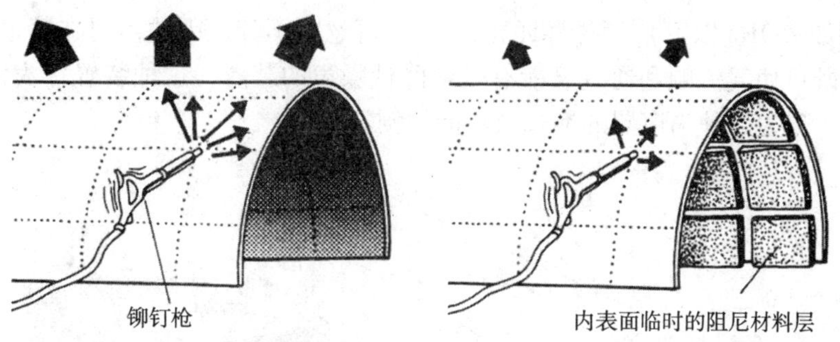

图3.3－55　为减弱大型结构物铆接时由振动转化的强噪声，在结构物内表面临时增加阻尼材料涂层

资料来源：John E. K. Foreman, et al., Sound Analysis and Noise Control [M], P. 281, 1990

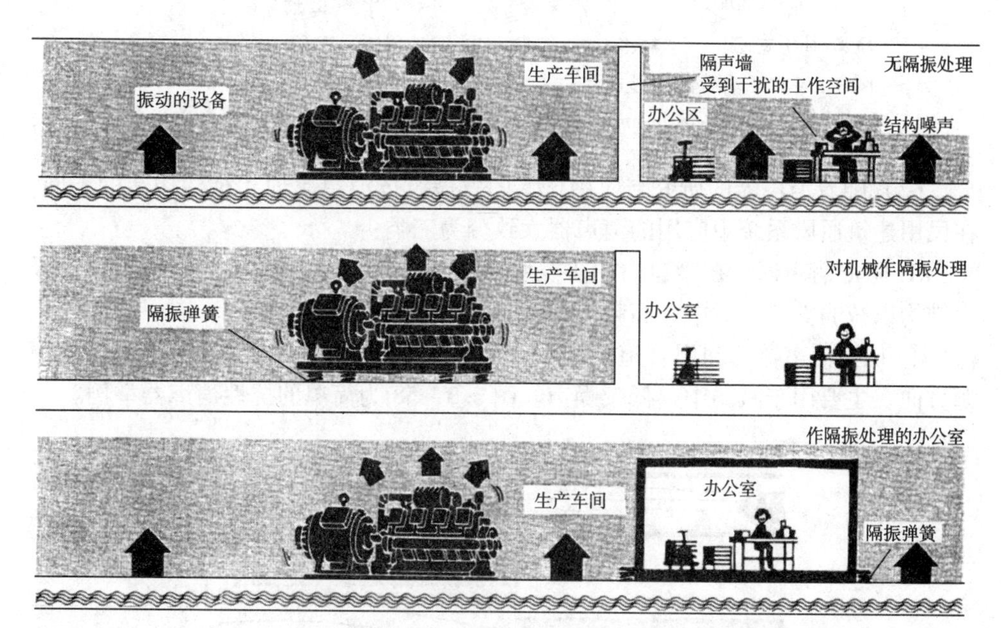

图3.3－56　对与生产车间相邻的要求安静的房间，综合运用隔振、隔声措施的举例

资料来源：Noise/News International [J], Vol. 6, No. 3, P. 158, 1998

3.3.8.2　消声降噪

1）空调系统的噪声

为改善人居室内热环境装置的空气调节系统，伴随其对室内空间的供热、制冷和通风，会引起噪声干扰，参见图3.3－44（a）。风机运转的噪声进入送风管道并沿着管道系统传播，其中一部分声能转化为管道壁的振动，管道把振动的能量辐射到其周围空间成为噪声。

空调系统噪声是现代建筑中常有的一种噪声，都要求在设计阶段作出预计，并依不同房间的安静要求，采取相应的消声降噪措施。

2）消声降噪措施

（1）空调系统噪声在横断面尺寸保持不变的管道中传播时，除在低频范围外（例如250Hz以下），所提供的噪声衰减可忽略不计。因此需要在管道系统中有一种既可使气流顺利通过又能有效地降低噪声的装置，这种装置称为消声器。图3.3－57为几种消声器的形式及功能举例。

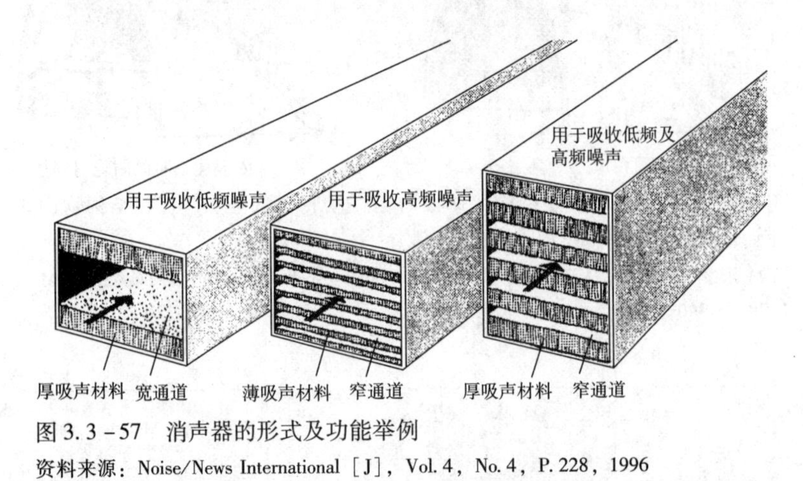

图3.3－57 消声器的形式及功能举例

资料来源：Noise/News International［J］，Vol.4，No.4，P.228，1996

（2）随着消声器的研究与应用技术的发展，按消声原理和结构构造的不同，在民用建筑通风系统中应用的消声器大致分为三类：

① 阻尼消声器 在管道内用多孔吸声材料（或称阻性材料）作成不同的吸声结构以减弱噪声，对中、高频声的降噪效用显著。

② 抗性消声器 利用管道横断面声学性能的突变处，将部分声波反射回声源方向，主要用于减弱中、低频噪声。图3.3－58为简单的抗性消声器举例。

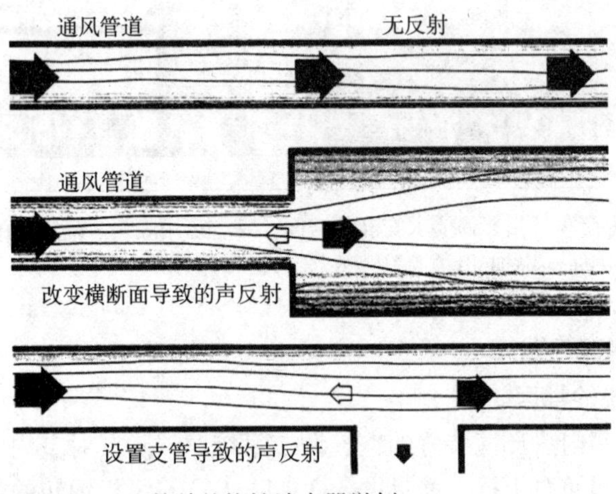

图3.3－58 简单的抗性消声器举例

③ 复合式消声器 按阻性及抗性不同消声原理组合设计的消声器，使在较宽的频率范围都有良好的消声效用。

（3）对消声器的要求

① 有较好的消声特性，当气流按一定的流速和在规定的温度、湿度、压力等工作条件下，在所要求的频率范围内，消声器有预期的消声量。

② 消声器对气流的阻力要小，气流通过消声器时所产生的气流再生噪声低。

③ 消声器的体积较小，结构简单，重量较轻，便于加工、安装及维护，使用寿命长。

上述逐项要求是相互联系和制约的，此外还需分析性能、价格比。

(4) 在建筑设计（包括对原有建筑物的改造）中，有时会有某些小空间可做成与建筑物结合在一起的消声器。图3.3－59即为一例。该图表示的吸声小室剖面各界面都铺贴有吸声材料，伴随气流进入小室的声能将被不同程度地吸收。为了阻止高频噪声通过，将吸声小室界面上的气流入、出口错开布置。此外，如果小室的空间容积较大，界面覆盖的吸声材料较厚，当可拓宽对低频噪声的消声降噪效用。

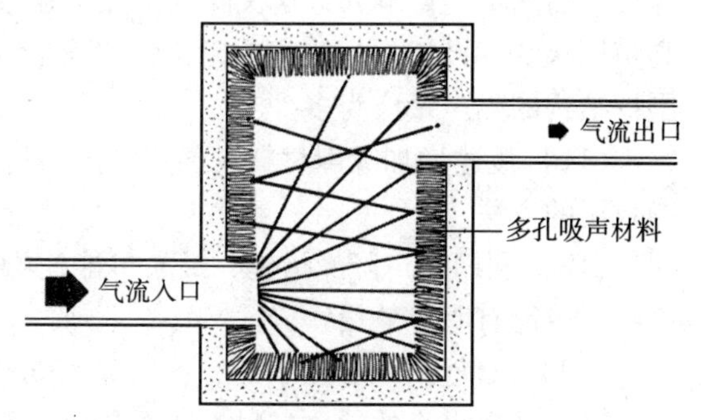

图3.3－59　用吸声小室作为消声器的举例

复习思考题

(1) 在噪声评价曲线的代号"$NR-X$"中，"X"等于倍频带哪一个中心频率的声压级？"$NR-X$"与A声级有怎样的近似关系？

(2) 简述所知道的几个噪声评价量的特点及主要使用场合。

(3) 概述城市声环境规划的重要性及减少城市噪声干扰的主要措施。

(4) 对某车间的背景噪声测量结果如下表。求①该噪声的总声压级和A声级；②该噪声的噪声评价数；③该噪声的语言干扰级。

某车间的背景噪声测量结果

倍频带中心频率（Hz）	125	250	500	1k	2k	4k
声压级（dB）	55	58	60	56	52	50

(5) 某车间的工人，每天暴露在90dB（A）的环境中5小时，95dB（A）的环境中1小时，100dB（A）的环境中0.5小时，其余1.5小时暴露在80dB（A）的环境中。求该车间工人在8小时时间里所处环境的等效声级，并与保护听力的噪声允许标准相比较。

(6) 在与城市干道相距10m远的空地上，测得城市交通噪声级的$L_{10}=82$dB（A）。如果面向干道建造的房屋，其面向道路的一侧外墙处的L_{10}不得超过74dB（A），问该建筑物临街的外墙需离道路多远？

(7) 综述对用于城市声环境降噪的声屏障的要求。

(8) 利用适当的图表，决定由无限长高速公路屏障提供的降噪衰减。该屏障比高速公路路面高3.5m，假设高速公路中心线与屏障的距离为15m，接受者距离屏障10m；同时还假设接受的高度为1.5m，高速公路噪声源的平均高度为0.75m。

(9) 概述住宅建筑声环境设计要点；在居住区规划设计中，可以怎样结合用地条件创造宜人的声景观?

(10) 某城市广播电台的音乐录音室与居住区相邻，其录音工作需要持续到深夜，而又不能影响邻近居民睡眠。如果在录音时间里，各倍频带辐射声音的最高声压级为100dB，为使住宅附近的噪声状况符合噪声评价数 $NR-45$。录音室围护结构的隔声量应为多少?

(11) 概述增加吸声材料改善室内声环境的吸声降噪原理，以及预计吸声降噪效用的方法。

(12) 利用吸声降噪措施，最大可能使噪声级降低多少? 在什么条件下吸声降噪才可能有明显效用?

(13) 某航空候机厅的尺寸是20m×20m×5m（高），大厅墙面和顶棚表面都是吸声系数很小的硬质材料，墙面和顶棚表面的平均吸声系数仅0.15。为改变这种吵闹的声环境，拟选用平均吸声系数为0.85的材料替代原先的墙面和顶棚材料。试预计经处理后大厅内的噪声降低值以及人们对这种噪声的心理感受。

(14) 某工厂拟建造一间与生产厂房邻接的办公室。为保证人们在办公室内相距1m能够听闻一般的语言交谈声，根据语言干扰级的要求，隔墙的平均隔声量应是多少? 生产厂房内的噪声声压级如下表。

厂房内的噪声声压级

倍频带中心频率（Hz）	63	125	250	500	1k	2k	4k	8k
声压级（dB）	50	53	67	74	72	87	78	64

(15) 依自己的感受，叙述并分析空调系统对室内声环境的影响；概述建筑物振动对人居生活、生产环境的影响。

(16) 选择一幢已建成的房屋（例如住宅、学校、办公楼、厂房或实验楼），通过访问、观察和分析所存在的噪声控制问题，写一份包括以下内容的报告：

① 以总平面及平、剖面简图和构造大样（例如隔声设计的不完整、刚性连接）说明该建筑物所处的外部声环境及内部空间组合情况；

② 介绍所存在的噪声问题，并且对该建筑物已采取的或尚在考虑中的降噪措施作简要评述；

③ 你自己对于如何处理、有效地解决噪声问题的建议；

④ 使用者对目前所处声环境的评价和对于减少噪声干扰的建议。

第 3.4 章　室内音质设计

通过优化室内空间设计，创造（或改善）听音条件是建筑师经常遇到的另一类技术设计即室内音质设计问题。声波在围蔽空间里的传播情况比在户外复杂得多。本章首先分析围蔽空间里的声学现象，然后分类介绍要求有良好听闻条件的各类建筑空间的音质设计技术及一些工程实例。

3.4.1　围蔽空间里的声学现象综述

声源在围蔽空间里辐射的声波，将依所在空间的形状、尺度、围护结构的材料、构造和分布情况而被传播、反射和吸收。图 3.4－1 说明声波在室内空间传播可能出现的各种现象。

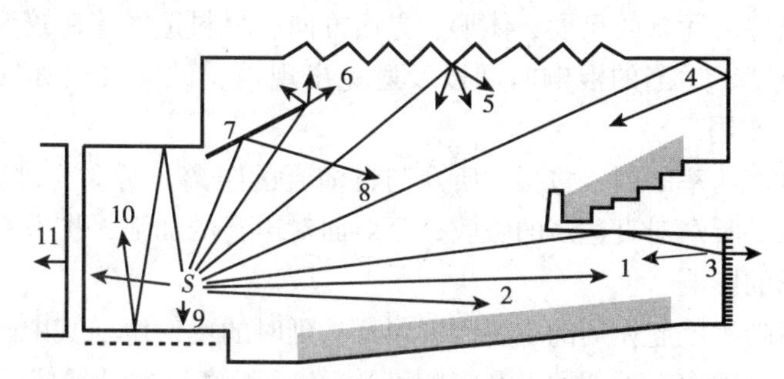

图 3.4－1　声波在围蔽空间里传播可能产生的声学现象

依图中的箭头所示，可知包括：①随传播距离增加导致的声能衰减；②听众对直达声能的反射和吸收；③房间界面对直达声的反射和吸收；④来自界面相交凹角的反射声；⑤室内装修材料表面的散射；⑥界面边缘的声衍射；⑦障板背后的声影区；⑧界面的前次反射声；⑨地板的共振；⑩平面界面之间对声波的反射及产生的驻波和混响；⑪声波的透射。

以上分析是第 3.1 章分别介绍的各种声学现象在围蔽空间里（此处仅限于二维剖面图）的总图解。对于要求有良好听闻条件的房间，建筑设计人员主要可通过空间的体形、尺度、材料和构造的设计与布置，利用、限制或消除上述若干声学现象，为获得优良的室内音质创造条件。当然在综合考虑各种有利于室内音质的因素时，应力求取得与建筑造型和艺术处理效果的统一。

有音质要求的围蔽空间，可以粗略地归纳为三类：供语言通信用，供音乐演奏用以及多用途厅堂。因为供语言通信用的空间与供音乐演奏用的空间的要求不同，所以需要对它们分别讨论。为了提高围蔽空间的利用效率，经常要求围蔽空间满足听闻语言和欣赏音乐这两种功能，就是常说的多用途厅堂。在设计中要很好地兼顾这两种功能相当困难，现今主要有两种解决问题的思路。一种是设计人员与业主权衡使用要求的主次，依主要的、经常使用的功能确定适宜的音质标准，在可能条件下兼顾另一类使用要求；二是对诸如围蔽空间的体形、容积、混响等条件对听闻有主要影响的因素，采取与建筑设计整合的技术措施，使得可以有所需的调节范围，从而较好地满足两种不同的使用功能。

3.4.2　供语言通信用的厅堂音质设计

在对任何一座厅堂进行设计时，首先考虑声源的性质和位置。对于未经放大的口语声，在3m远处测量，其A声级通常在30dB（耳语）至60dB（演讲）之间。演员可能偶尔提高其口语声达70dB。但是与管弦乐队相比，一般口语声的声级显然比较低。因此，许多口语声的可懂度是很低的。

语言的另一个重要特征是被人们理解的程度，这取决于语言短促的音节系列的清晰程度。因此，可以得出这样的结论：

语言声功率＋清晰程度＝可懂度

所以，在供语言通信用的厅堂设计中，应当考虑为声音的响度与清晰程度，提供最佳的条件。厅堂的尺度、体形、界面方向、材料选择等建筑设计元素对听闻有足够的响度、适当的混响时间以及避免出现声学缺陷（诸如回声、声聚焦等）都有重要作用。

影响语言声功率的因素包括：听众与讲演者的距离，听众与讲演者（声源）方向性的关系，听众对直达声的吸收，反射面对声音的加强，扩声系统对声音的加强以及声影的影响。

对听闻清晰程度起作用的主要因素包括：延时的反射声（其中因延迟时间和强度不同可分为回声、近似回声和混响声），由于扬声器的设置使声源“移位”，环境噪声以及侵扰噪声等。

3.4.2.1　考虑听者与声源的距离

图3.4－2表示在一座有30排席位的厅堂里，不考虑房间界面作用时，演讲者的口语声随距离的衰减变化情况。由靠近讲台处很响的语言声级70dB，至最

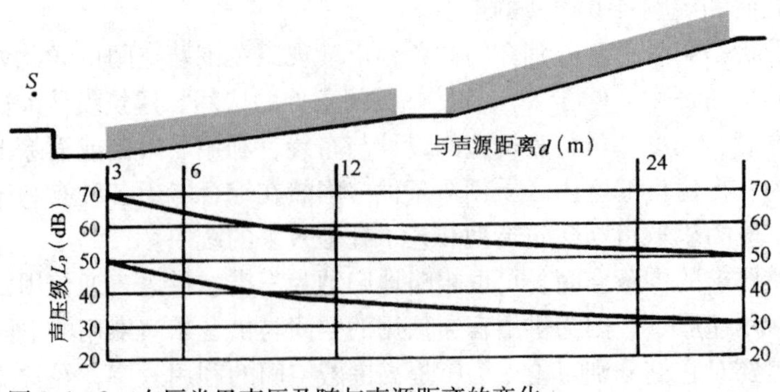

图3.4－2　在厅堂里声压及随与声源距离的变化

后排席位降低为50dB。而交谈的口语声级，则由50dB降为30dB；事实上，已经比一个较为安静的大厅里背景噪声级还低。

显然，在厅堂里适当装置反射板，可以在某种程度上改变这种状况，但更为重要的是设法缩短讲台（声源所在位置）至最后排席位的距离。因此，考虑采取下述措施：选取较经济的席位宽度；选取较经济的席位排距；在符合疏散安全要求的前提下，经济地设置厅堂的走道；选择听众席区域的最佳分布形状，以及设置挑台等，可以参考选用我国《剧场建筑设计规范》JGJ 57—2000中规定的相关指标。

对于一座已经确定容众数量的大厅，听众席位及过道的安排，可以有多种不同的布置方案。应当通过研究比较，寻求一种把演讲者（声源）与最远的听众席位距离缩得最为适宜的方案。

3.4.2.2　考虑声源的方向性

图3.1-2已经给出了人们嗓音的方向性图。研究也已表明，语言可懂度随听者与演讲者的方向性关系而有所不同。图3.4-3为口语声的可懂度等值线，演讲者面朝有箭头的方向，站在图中的*S*位置。该等值线未注明与声源距离，在等值线上任一位置的语言可懂度是同样好或同样差。然而，根据下述的评论标准，对可懂度等值线可以定出一个距离范围。以图中的*SA*代表演讲者正前方面对的听众距离。

SA=15m，听闻满意；

SA=15~20m，良好的可懂度；

SA=20~25m，听闻不费力；

SA=30m，不用扩声系统听闻的极限；

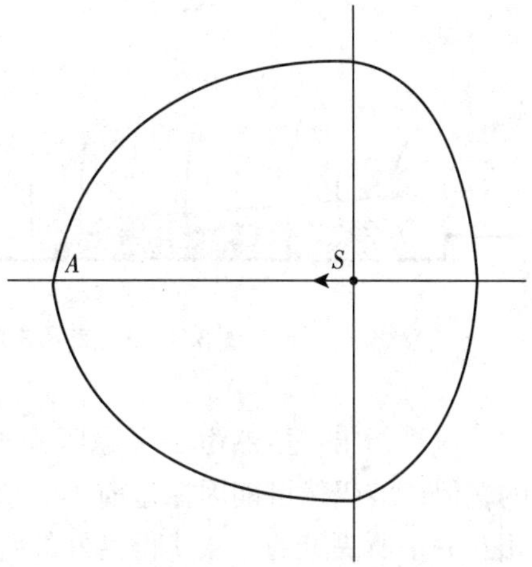

A S

图3.4-3　口语声的可懂度等值曲线

在其他方向的同样听闻条件，可以从等值线上按比例量出。必须说明的是，上述评价标准，是以房间在声学设计的其他方面都很好为前提。

因此，如果一个大厅的听众席位，相对于讲演者的一个固定位置安排，该演讲者就得以大量的时间面向听众，为了使所有听众能有最佳的听闻条件，则全部的坐席应当布置在该等值线范围内，或者接近于该等值线。由图3.4-3可以看出，如果仅仅考虑良好的听闻条件，在演讲者背后的处于等值线范围内的地区，必将比演讲者前面、超出等值线范围的席位条件好。但考虑到视线要求，在演讲者背后及过偏的地带不应布置听众席位。然而，在很多情况下，对演讲者不能只考虑相对于听众席的某一个固定的位置。考虑到听众的视线要求，在前排最外侧席位之间的夹角如果不超过140°（见图3.4-4），则边座听众都可以看清演讲者。如果在前部设有投影屏幕，则该角度应限制在125°以内。

3.4.2.3 考虑听众对直达声的吸收

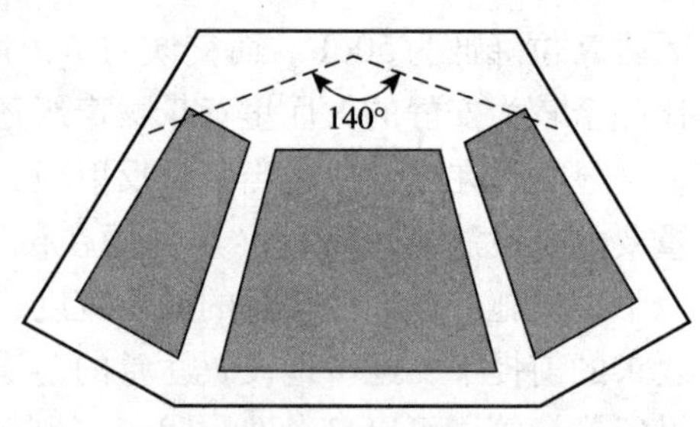

图3.4－4 报告厅坐席区前排最外侧席位之间角度限值的图示

资料来源：Marshall Long. Architectural Acoustics [M], P. 581, 2006

图3.4－5（a）表示直达声因掠过听众席区域而被吸收。这种吸收是累加的，就是说，对直达声能的吸收随着掠过听众席位的排数的增加而增加，这是水平地面大厅后部席位感到听闻困难的主要原因之一。

然而，如果把大厅地面设计成逐排或隔排升起的形状，如图3.4－5（b）所示，到达后排听众席的直达声波，远远高于前排听众的头部，因此，几乎没有或者很少被吸收。在《剧院、电影院和多用途厅堂建筑声学设计规范》GB/T 50356—2005 中规定了大厅升起的数值。

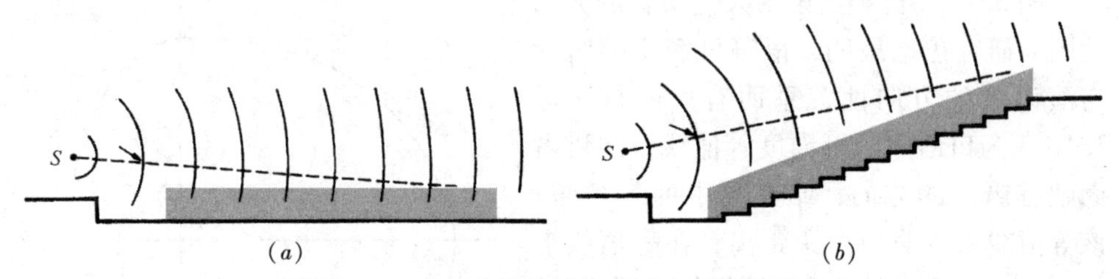

图3.4－5 直达声的传播与大厅地面坡度的关系

应当指出，虽然由于考虑听众的视线要求，大厅挑台的地面都是逐渐升起的，但声波仍然可能因掠过前排听众的头部而被吸收，这是由声源和挑台坡度的相互关系所决定的。从获得良好的听闻条件考虑，在综合安全等方面要求的条件下，挑台地面的升起高度，宜尽可能大些，并且对挑台的出挑深度加以限制。

3.4.2.4 设置有效的反射面

如果在厅堂里能够正确地设置反射面，就可以对直达声的加强起重要作用。事实上，听者听到的声音是直达声和反射声的叠加，如果这两部分的声音到达听者的时差很短，人们听到的是一个提高了的声级。对于语言这种复合频率的声音，反射声可以使声压级增加2～3dB。

有时由于种种原因，大厅地面需做成水平的，或接近水平的状况。反射板投射的反射声，将大大有助于中后部席位的听众所接受的声压级，因为这种反射声，没有经掠过前部席位的听众导致的声吸收。在这种情况下，装置在大厅顶部的反射板所起的作用，比将地面做成斜坡升起的形状更为重要。在厅堂里设置反射板，应考虑以下要点：

（1）反射板最好装于（或悬挂在）大厅的顶棚下，以使反射声能不致因掠过前部席位听众而被吸收。

（2）在满足建筑装修的同时，反射板的位置应尽可能低些，以使听众接收的直达声和反射声之间的时差减到最小。

（3）根据需要加强大厅后部听众区域听音的要求，确定反射板的位置和倾斜角度。

（4）为使后部听众区域都能得到反射声，反射板应有足够的宽度。反射板的边长不宜小于3m，以免反射声因反射板边缘的衍射而减弱。

（5）反射板应当是平面或接近于平面，对于所有频率的声音，反射板的吸声系数都应该很小。

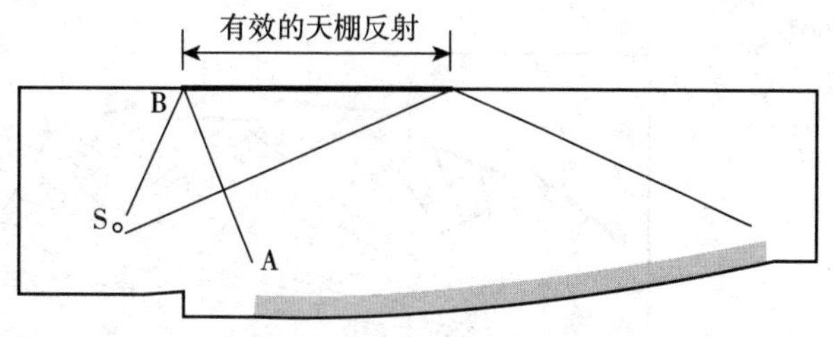

图3.4－6　在大厅顶棚的一部分装置反射板

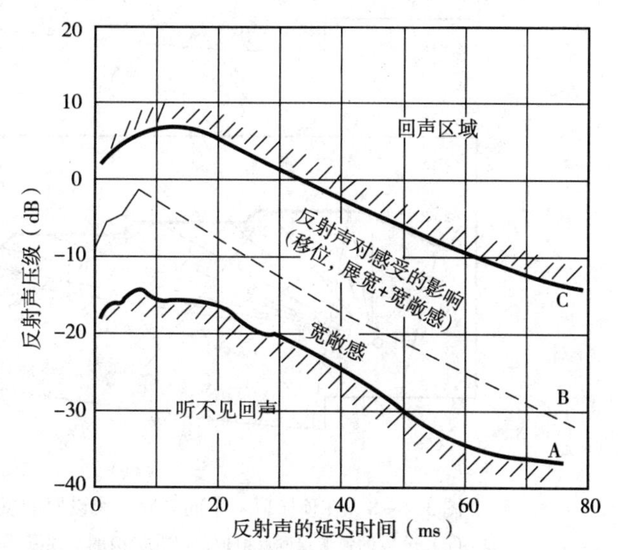

图3.4－7　不同延迟时间的侧向语言反射声与人们主观感受的关系

资料来源：Marshall Long，Architectural Acoustics［M］，P.588，2006

图3.4－6表示在大厅的一部分顶棚利用反射板的最简单情况。可以看出，有足够宽度的反射板把声音投射到后部听众席位。图中假定声源处于舞台的中心位置。此外，需要检查直达声和反射声之间的声程差（即图3.4－6中的SBA－SA）或反射声的延迟时间。声程差最好不超过7.0m。图3.4－7为不同延迟时间的侧向语言的反射声与人们主观感受的关系。

在实际情况下，大厅里的声源很少是限于某一个固定的位置。因此，反射面的尺度需按照声源各种极端的可能位置考虑。在小型会议厅里，声源可能在室内的许多位置，则应依所有可能的声源位置设置反射面。

事实上，反射板并非必须是顶棚的一部分。一些大型厅堂的顶棚往往相当高，如果利用顶棚作反射面，就可能使直达声和反射声到达听者的时差过大。因此，设计中常考虑在顶棚下悬挂反射板（水平地悬挂或是成一定的角度），其高度比顶棚低，但仍在声源的上方。图3.4－8表示了在顶棚下悬挂的不同高度、不同倾斜角度的反射板。图中表示的远离声源的反射板用于加强有较长直达声路程坐席的声音，即主要用于对远离舞台听众区域的加强作用，所以不会出现过长的延时。

到目前为止，我们所讨论的都是平面反射板设计。如果出于建筑艺术造型的需要，希望把反射板做成曲面，则必须记住，来自凸曲面的反射声，比来自平反

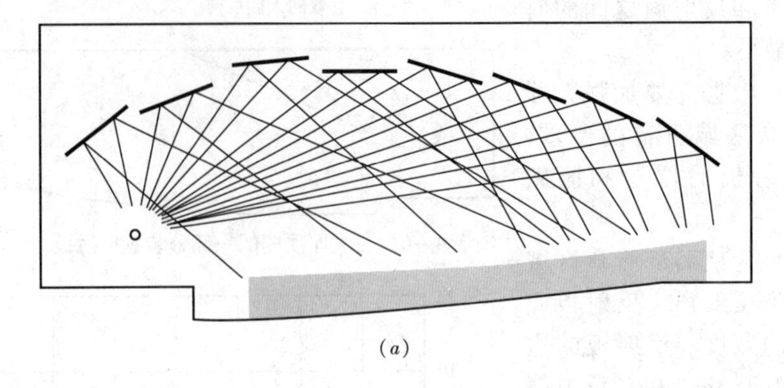

(a)

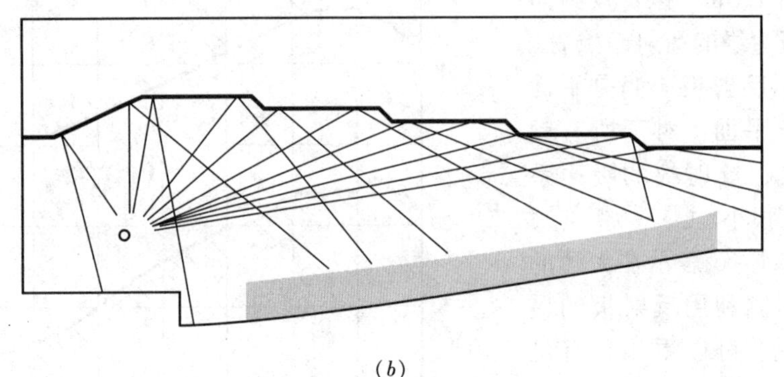

(b)

图 3.4－8　在顶棚以下不同高度分块设置的反射板

(a) 分段的弧形顶棚反射板；(b) 分级的平顶棚反射板

资料来源：Marshall Long，Architectural Acoustics［M］，P. 585，2006

射面和凹反射面的反射声都弱（见图 3.1－12、3.1－13、3.1－14）。而凹曲面将强化反射声，对这种曲面的反射效用必须在设计图上仔细地检验，以便保证不会导致反射的局限性而忽略了坐席的其他区域，或带来其他声学缺陷。

一般说来，在大厅顶部的反射板比竖直的反射板效果好。但在阶梯教室里，设置在讲台附近墙面的竖直反射板效果很好。这时演讲者可能经常站立在讲台的一侧讲话（例如在放幻灯片时），并且很有可能是背朝着部分听众。在图 3.4－9 中表示的侧墙反射面，就可以有效地将声音反射到发言者背后的那部分听众，而且这种反射声相对于直达声的延时并不长。

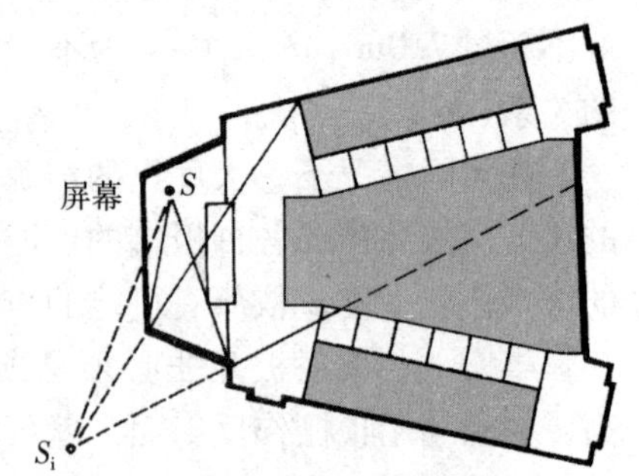

图 3.4－9　讲台附近侧墙对声波的反射分布

3.4.2.5　选用扩声系统

在大型厅堂，自然的口语声声压级一般难以满足全部席位的听闻要求，因而往往需要有扩声系统。借助于扩声系统放大声音，决不能代替优良的室内音质设计。因为人们对一座厅堂音质效果的最终判断，决定于大厅对声波的反射作用。声功率的增加，很可能也加重了原先音质设计中的缺点，还可能形成双重的声源。使用得当的扩声系统，当然有助于减少厅堂的某些声学缺陷。

扩声系统主要用于这样一些情况：厅堂很大，听众太多，需要提高口语声声压级和减弱室内、外背景噪声的干扰；电影院的放声系统；用人工混响，补充大厅混响时间不足，以满足听觉要求和得到若干其他的声音效果；在厅堂供安装助听器和某些会议的同声传译之用。

用于报告厅的最简单的扩声系统是由一个传声器、一个放大器和一个或几个扬声器组成。扩声系统的组成部件应当有相近的品质（指标），对扩声系统的基本要求是：适当的频率响应范围，足够的功率输出而不失真。

虽然扩声系统的设计是另一个特殊的工种，但是为了得到所期望的声学效果，建筑师必须了解应放在正确的位置并且与大厅的建筑装修设计很好地结合。扬声器的布置方式有三种：即集中系统，把扬声器集中设置于声源的上方，例如舞台口上方的适当位置，见图3.4－10；分散系统，把许多扬声器分散装于大厅界面适当高度的位置；立体声系统，在舞台上及大厅各个界面装置两路或几路扬声器。

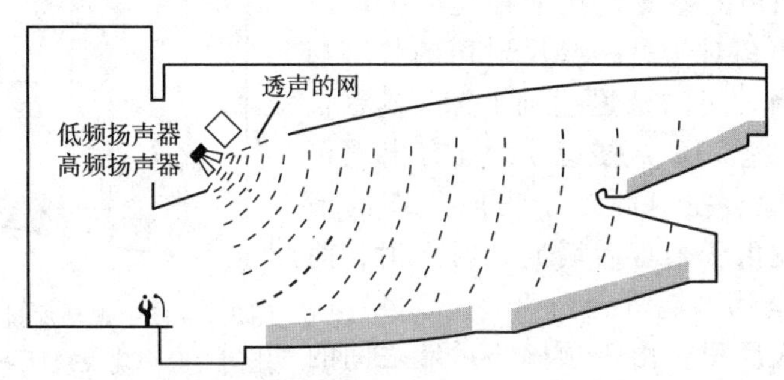

图3.4－10　集中装置于舞台口上方的扬声器

不论采用怎样的布置方式，应当使扬声器辐射的声音能够覆盖大厅全部的听众席位。此外，还需考虑不出现对声源位置的视觉与听觉感受的矛盾。在最简单的扩声系统中，扬声器需装置在比听众距离真实声源更远一些的地方。如果打算把扬声器装置在真实声源的后面，则可能产生反馈现象而引起啸叫声。在较为复杂的设备中，使用电子的时间延迟处理，以便对扬声器位置比真实声源更靠近听者的情况进行调整。

3.4.2.6　避免出现声影区、回声

声波可能由于在声源与听者之间的传播途径中存在遮挡而有所减弱。例如有挑台的剧院观众厅。在图3.4－11中，(*a*) 图表示在挑台下面的席位接受不到来自顶棚的反射声，因为这里是处于挑台形成的声影区内。当然声影区并不完全如图中所明确划出的范围，但是可以肯定在后部的声衍射很弱。如果在舞台上方设置较低、呈一定角度的反射板（图中虚线所示），将可有助于改善声影区席位的

听闻条件。在图3.4-11中（b）图总的座位排数与（a）图中相同，虽然有几排座位与舞台距离较远，但池座后排座位的听闻条件都不受挑台遮挡。

对于设置挑台的大厅，应慎重确定挑台下部空间进深与挑台开口处的比例。图3.4-12对不同听音要求观众厅挑台进深（以D表示）和挑台开口处高度（以H表示）推荐了不同的比例关系。

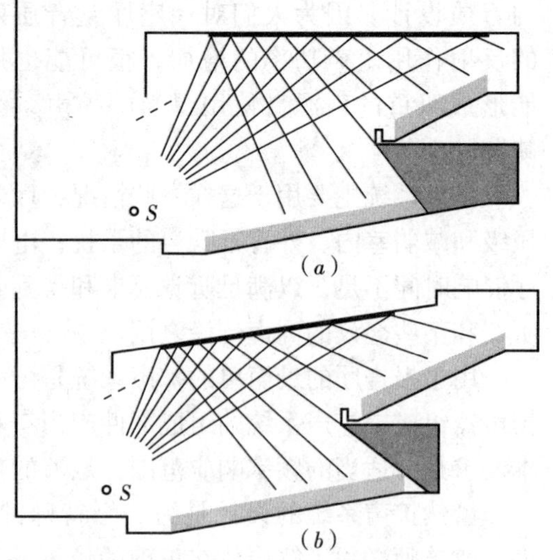

图3.4-11　观众厅设置挑台可能出现声影区及改善方法举例

根据本节前面的介绍，我们已经清楚地知道借助于反射面加强对语言声听闻的重要性。但是也需要指出，如果投射到观众席位的反射声与直达声时差过大，并且有一定的强度，就可能成为回声。

人们对回声的察觉，在某种程度上取决于某一反射声相对于另一些反射声的频率与声功率。但当时间的延迟达到1/15s或更长（相当于声程差23m或更多），就有出现可闻回声的危险。在声源处于房间一端的情况，例如剧院由于来自后墙的延时反射，前排席位的听众就可能听到回声。图3.4-13表示在一座大厅里，由于顶棚与后墙之间的凹角，以及挑台平的底面与后墙之间形成了延时过长的反射。直达声与反射声之间的时差，可以将直达声传播路程（图中的实线）与来往于反射面的总传播路程（图中的虚线）的比较作简单的估算。

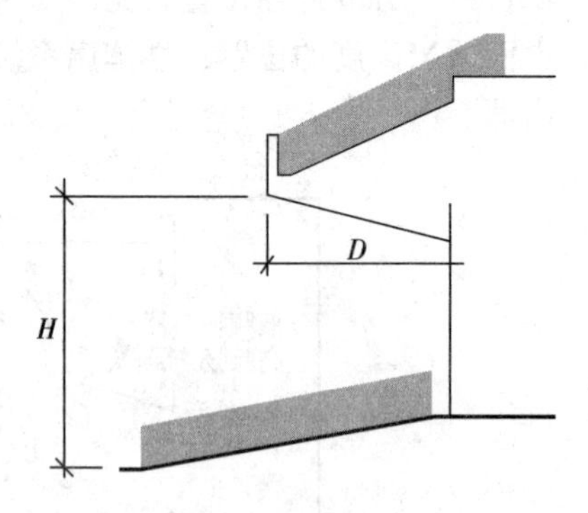

图3.4-12　观众厅挑台出挑的尺度比例一般剧院观众厅：$D\leqslant 2H$；音乐厅：$D\leqslant H$

还须指出的是，如果可能引起回声的反射面是弯曲的凹面（无论是顶棚或墙面），将使回声变得更明显。如图3.4-14所示，在音质设计中，对于可能导致回声的凹角，必须通过声线分析加以调整；对于可能产生的回声的表面必须作吸声处理。在图3.4-13中表示了可能有来自挑台栏板的反射声（栏板的高度尺寸可与语言的频率成分相比较），此外挑台栏板常沿观众厅宽度方向，设计成的凹弧面，也可能引起观众厅前部出现回声。图3.4-15表示了避免来自这些部位的回声可采取的措施。图3.4-15（a）、（b）表示设计的栏板剖面使入射的声波散射；图3.4-15（c）、（d）表示对栏板作吸声、透声处理，可以避免出现声学缺陷。

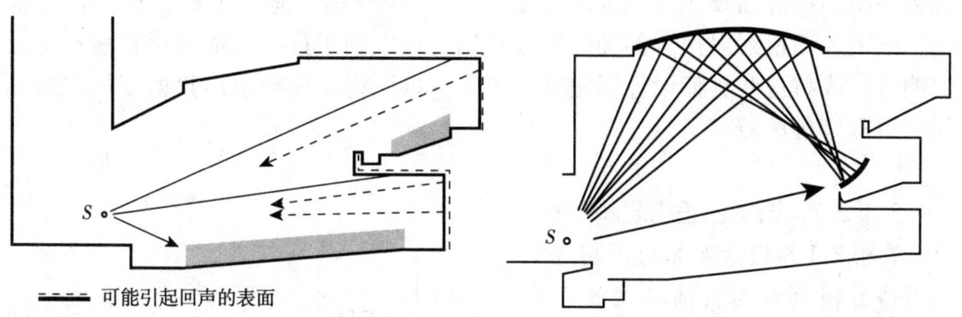

图 3.4－13　大厅内可能引起延时过长的反射声的部位　图 3.4－14　凹曲面顶棚可能引起明显的回声

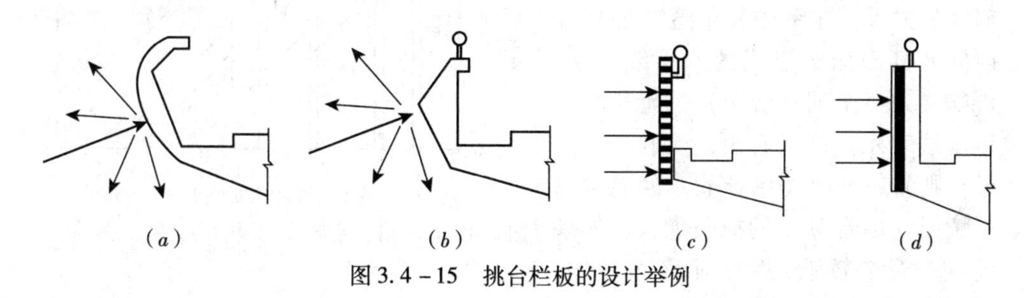

图 3.4－15　挑台栏板的设计举例

根据在第 3.1 章关于平面、凹曲面和凸曲面对声音反射状况的分析，为了避免因来自这些界面反射出现的回声，设计中可参考以下的处理比例：

平面：50% 作吸声处理或者 50% 作凸面体；

凹曲面：90% 作吸声处理或者 70% 作凸面体；

凸曲面：50% 作吸声处理或者 30% 作凸面体。

在一个能够有效地加强口语声的反射声与另一个可以引起明显的回声之间，还可能存在着若干反射声，这些是在直达声后延时 1/30 ~ 1/15s（相当于声程差 12m 至 23m）到达的反射声，将使人们听闻的语言变得模糊。这种近似回声的影响，往往与其入射角以及别的短延时反射声的声压级有关。在大厅的体形设计中应当设法减少这些中等延时反射声（近似回声），例如把可能产生这些回声的表面作成凸起的形状。一般说来，这种近似回声是由侧墙或比声源

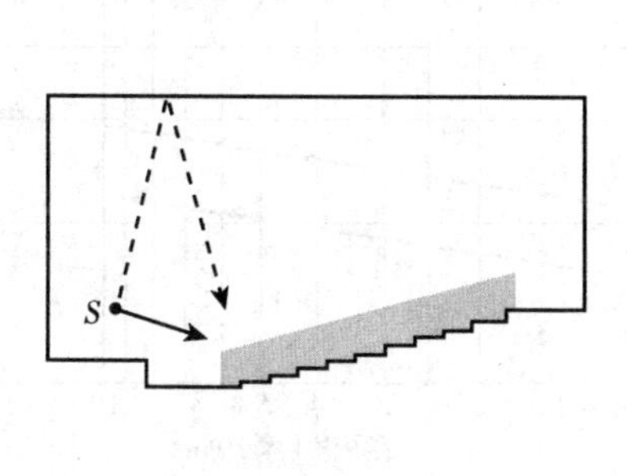

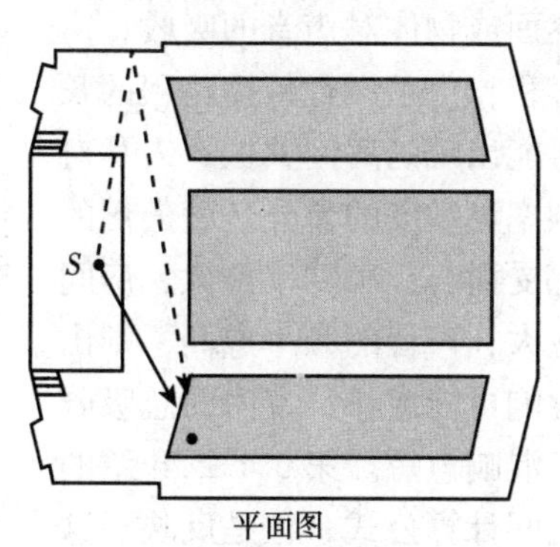

图 3.4－16　产生近似回声的图解

位置高很多的界面反射引起的。如图3.4－16所示。应当了解，在任何情况下，这类表面反射对声音的加强不起作用。可以利用这些表面提供扩散反射的混响声；或将这些界面设计得呈某一角度，以便将这些反射声投射到最需要加强的后部席位区域。

3.4.2.7 选择合适的混响时间

在第3.1章已经解释过混响现象，这里将分析其对语言清晰度的影响。图3.4－17以简化的图解形式，表示了几个词的不连续口语声声压级与持续时间的关系。在图中每个音节的持续时间与其声压级以粗的水平线表示，混响导致每个词（音节）的延长时间以虚线表示。可以看出，混响延时愈长，则前一个词（单音节）的混响对后续词（单音节）的掩蔽愈大；如果前一个音节较强，后一个音节较弱，这种掩蔽现象尤为明显。在图3.4－17中，如果没有虚线部分，就是在户外空间（无混响）的情况。为了在室内有良好的听闻条件，希望在两个词（单音节）之间有适当短的混响，语言的可懂度也部分地取决于这种短延时的混响。过长的混响，将使听到的语言模糊。因此，在室内音质设计中，对混响的控制是最重要的问题之一。

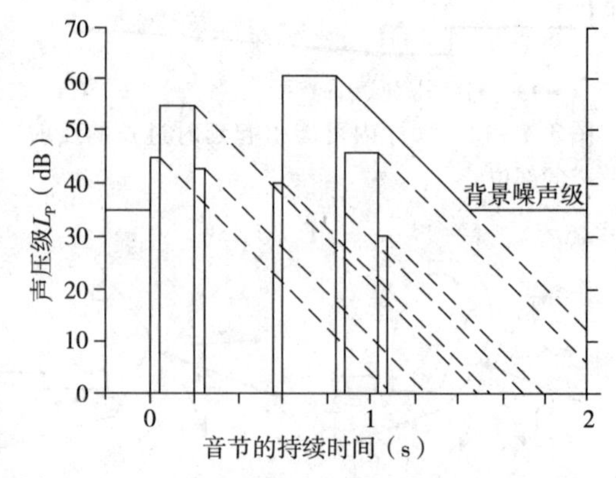

图3.4－17 音节清晰度与混响的关系

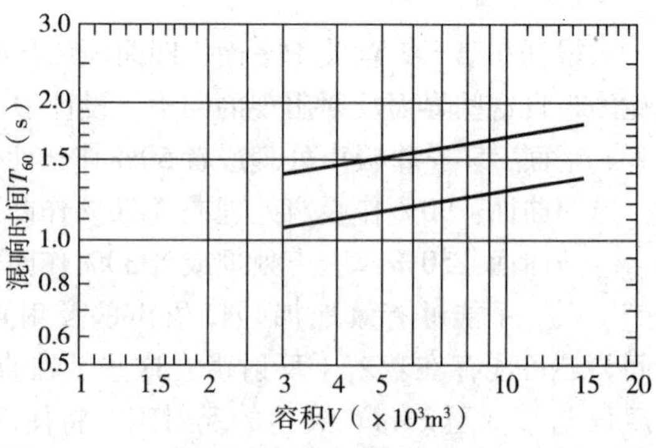

图3.4－18 歌剧院观众厅满场的合适混响时间（500～1000Hz）与大厅容积的关系

一个声音衰减到听不见的混响延时取决于：声音原有的声功率，室内界面或物体对声音的吸收；房间的容积，也是声音传播路程的长度；可能出现的房间共振；人耳对不同频率灵敏度的差异。就人们的主观感受而言，声功率愈大，房间容积愈大，声音的频率愈高，则出现的混响可能愈长：室内的总吸收愈大，混响愈短。第3.1章介绍的混响时间计算公式，正是反映了这一情况。房间共振只对某些频率的

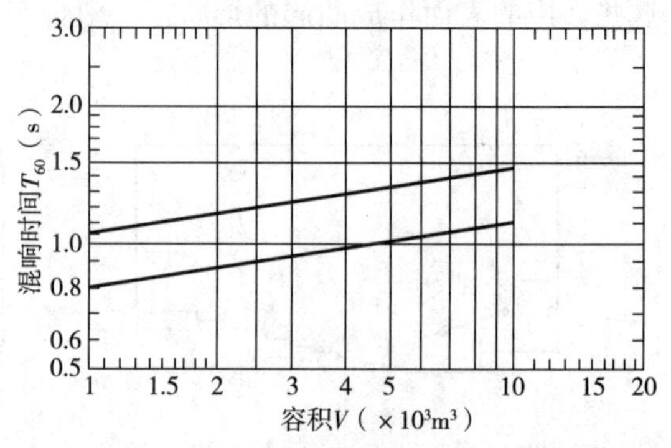

图3.4－19 戏剧、话剧院观众厅满场的合适混响时间（500～1000Hz）与大厅容积的关系

混响延时有影响。

早先介绍的混响时间定义，只规定了混响的衰减率，而不考虑初始的稳态声压级。这样就使得有可能对不同的声学环境作比较，并确定评价标准。混响时间定义也未考虑可能出现房间共振以及人耳对不同频率声音灵敏度的差异。事实上，应用“合适混响时间”的评价标准，必须是有良好体形设计的围蔽空间，也就是排除对立着的平行反射界面，以防止驻波的产生；此外，确定合适混响时间，应当考虑人耳对不同频率声音灵敏度的差异。

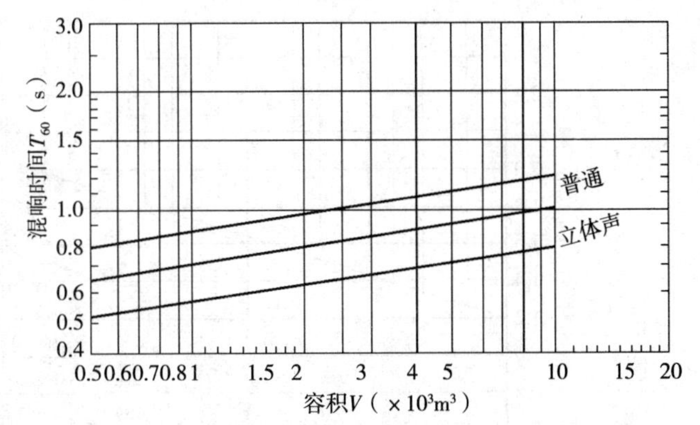

图3.4－20　电影院观众厅满场的合适混响时间（500～1000Hz）与大厅容积的关系

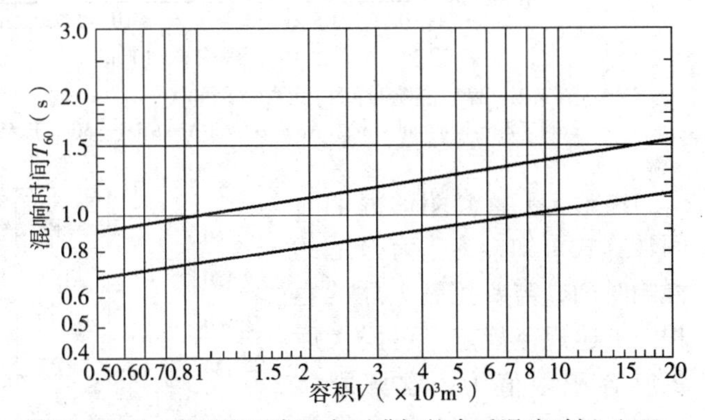

图3.4－21　多用途厅堂观众厅满场的合适混响时间（500～1000Hz）与大厅容积的关系

我国《剧院、电影院和多用途厅堂建筑声学设计规范》GB/T 50356—2005规定了这几类厅堂的合适混响时间，分别见图3.4－18、图3.4－19、图3.4－20、图3.4－21。这些数值中引入了一个新考虑的心理因素，即与空间容积大小有关的合适混响时间。图3.4－18～图3.4－20反映了空间尺度影响人们对不同功能要求的大厅理想听闻条件的判断。

实践表明，各种使用要求的房间，其合适的混响时间并非只限于某一个数值，偏离推荐数值5%～10%都是常见的。

表3.4－1为上述规范对不同用途大厅建议的混响时间频率特性。图3.4－22、图3.4－23为国外学者归纳提出的不同使用要求空间的混响时间标准及混响时间频率特性，可供工程设计中参考。

混响时间频率特性（相对于500～1000Hz的比值）　　**表3.4－1**

厅堂类别	频带中心频率（Hz）			
	125	250	2000	4000
歌剧院	1.00～1.30	1.00～1.15	0.09～1.00	0.80～1.0
戏曲、话剧院	1.00～1.20	1.00～1.10	0.09～1.00	0.80～1.0
电影院	1.00～1.20	1.00～1.10	0.09～1.00	0.80～1.00
会场、礼堂、多用途厅堂	1.00～1.30	1.00～1.15	0.09～1.00	0.80～1.00

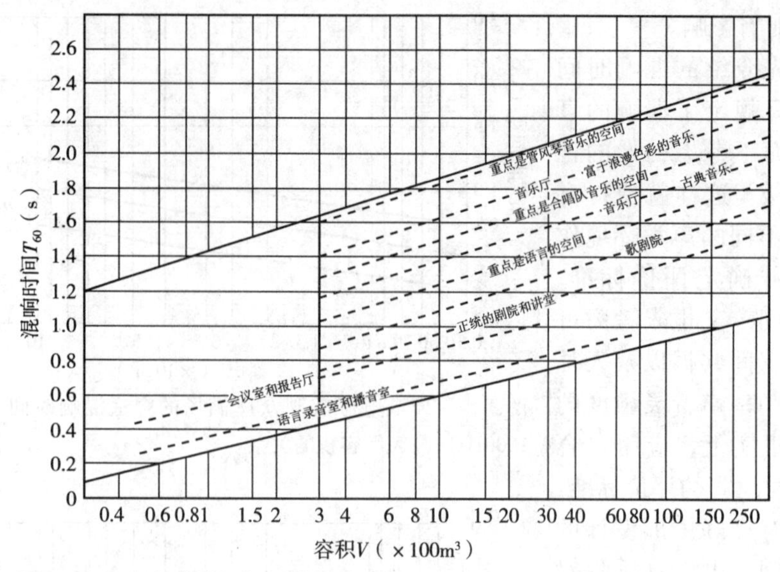

图 3.4－22　混响时间与厅堂容积的关系

资料来源：Marshall Long，Architectural Acoustics［M］，P. 586，2006

由第 3.1 章介绍的混响时间计算式可知，为了有合适的混响时间，需要控制大厅的容积。上述规范规定了各类大厅每座容积限值为：歌舞剧院 4.5～7.5m^3；话剧院及戏曲院 3.5～5.5m^3；电影院 4.0～6.0m^3；多用途厅堂 3.5～5m^3。同时还规定，以自然声为主的话剧院一般以不超过 1200 座为宜，歌剧院以不超过 1400 座为宜：如果以使用扩声系统为主则一般不受上述限制。

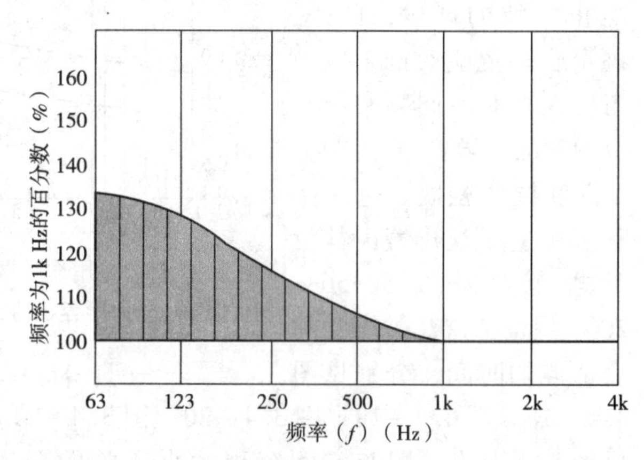

对于音乐，建议的低频与 1000Hz 混响时间之比（可依阴影表示的范围增加）。对于语言，则混响时间保持平直特性

图 3.4－23　低频与中频混响时间之比

资料来源：Marshall Long，Architectural Acoustics［M］，P. 587，2006

3.4.2.8　排除噪声干扰

背景噪声和侵扰噪声都可能干扰听闻。背景噪声，是指伴随围蔽空间使用所发出的噪声，例如听众的脚步声、翻动坐椅声、门的砰击声等，而不是那些与空间基本用途无关的噪声。由使用者引起的噪声，主要应由使用者自己控制；设计人员也可以设法降低这种噪声，例如在可翻动的席位、小的写字板背面装橡皮止动器，控制混响声也有助于减少背景噪声的干扰。

侵扰噪声是指由外界透过建筑围护结构传入室内的噪声，不仅会掩蔽语言声，甚至使语言的清晰程度人为地降低。侵扰噪声不只是道路交通噪声，对于围蔽空间来说，外界的噪声源还包括来自：门厅、过道、楼梯间的噪声，餐厅、休息室（包括演员休息室）的噪声；剧院布景制作间、仓库的噪声；放映室的噪声；以及在轻型屋盖上的落雨声等。

在设计良好的大厅里，如果人人都有一定的环境意识（即参与保护环境的自觉性），听众会保持安静，则背景噪声级将相当低。《剧院、电影院和多用途厅堂建筑声学设计规范》GB/T 50356—2005 中，对于观众厅和舞台内无人占用时，在通风、空调设备和放映设备等正常运转条件下，规定的噪声限值见表3.4－2。

观众厅内的噪声限值（噪声评价数 *NR*）　　表3.4－2

NR 数	适用场所及条件
25	歌剧、话剧、舞剧、戏曲、自然声音的标准
30	歌剧、话剧、舞剧、戏曲采用扩声系统的标准，会堂、报告厅和多用途礼堂自然声的标准，立体电影院的标准
35	单声道普通电影院的标准，会堂、报告厅和多用途礼堂采用扩声系统的标准

3.4.3　供音乐欣赏用的厅堂音质设计

音乐也是由断续的声音信号组成，但有着和语言声源不同的许多特点，主要包括：音量的起伏大，在音乐厅里演奏管弦乐时，大厅中部席位听到的音量变化可能从30dB（A）（或更低）至80dB（A）（或更高），应当使听众不失真地听到这样大的音量变化范围，其中包括一些较弱的谐音和短暂的音符；音乐的频率范围比语言宽得多（见图3.1－28）；声源的展开，一座音乐厅里可能会有100人规模的乐团演奏，再加上人数很多的合唱队，声源铺开的面积可达200m^2。

3.4.3.1　欣赏音乐的主观要求和客观评价量

对于欣赏音乐很难导出客观的评价标准，因为在人们的反映中包括了主观感受和数值判断两个方面。

1）主观感受要求

最近20年，对欣赏音乐主观感受要求的研究，主要关心的是：

（1）明晰度　指听闻乐器奏出的各个声音彼此分开的程度。这种可分辨的程度既取决于音乐自身的因素、演奏技巧和意图，也与大厅的混响时间及早期声能与混响声能的比率有关。

（2）空间感　包括早期声导致的视在声源宽度和混响导致的听闻环绕感。大厅侧墙投向听众席的反射声似乎扩展了声源宽度，使音乐有整体感；来自大厅多个界面、所有方向的80ms以后到达的混响声，使听者有被声音环绕的感受。

（3）适当的响度　建筑设计对听闻响度的影响主要是：听众与舞台的距

离、把早期声反射到听众席的分布情况和中频混响时间。

此外，还有听闻的亲切感（指感觉演奏音乐所在的空间大小适宜，主要取决于直达声与第一个反射声到达时间之差，也与总的声音能量有关）；温暖感（指感受的低音强度，取决于满场条件下低频混响时间与中频混响时间的比率）。

2）客观评价量

欣赏音乐都希望有较长的混响时间，具体要求则取决于空间尺度和音乐的类型（见图3.4－18至图3.4－23）。例如欣赏有对白的轻歌剧，1.0～1.2s的混响时间并不嫌短；而欣赏莫扎特的歌剧，最适宜的混响时间范围是1.2～1.5s；浪漫的交响乐最好是在混响时间有1.7～2.1s的大厅里；管风琴音乐和赞美诗要求的混响时间范围是2.5～3.5s。

根据主观的听音要求，先后研究和提出了许多新的评价量。主要有：

（1）早期衰减时间（Early Decay Time） 表示声音衰减的一个量，与混响时间的表示方法相同。它是指声源停止发声后，室内声场衰变过程的早期部分从0dB到10dB衰变曲线斜率所确定的混响时间。早期衰减时间与主观判断的混响感相关性比较好。

（2）明晰度（Objective Clarity） 指80ms以内到达的声能（包括直达声和早期反射声）与80ms以后到达声能之比的对数值。明晰度与在欣赏音乐时感觉清晰与混响之间的平衡有关。

（3）围蔽感（Objective Envelopment） 指80ms以内到达的侧向声能与在80ms以内到达的总声能之比。这个比值关系到欣赏音乐所感受的空间效果，当然空间感也与音乐的声压级有关。

（4）总声压级 也就是声音的强度，与人们判断的响度有关。同样的乐团在不同的大厅里演奏可能产生不同的声压级，听众对这种差别很敏感。

3.4.3.2 音乐厅设计应考虑的基本方面

虽然没有一个新的评价量可以像混响时间那样能够依据建筑师的设计图作出预计，但是在音乐厅设计中（包括平面设计、剖面设计、挑台及包厢设计、舞台及乐池设计等），都应当把上节归纳的音质要求尽可能与建筑设计全过程整合在一起考虑。音乐厅设计是非常复杂的过程，大厅的每个部分都会对最终的声学效果产生一定影响，而且大厅的基本形式、规模、配置一经确定，许多特性就难以再作变更。建筑师在与声学专业人员配合、沟通的过程中也拓宽了建筑设计创作思路。

1）音乐厅的规模、形状和容积

在尺度较小的情况下，观众厅的形状没有明显影响。但是当容众数超过1000人，随容众数量的增加，大厅的平、剖面形状对欣赏音乐有重要影响。一般认为，如果大厅的容众数超过2000人，就很难保证整个听众席区域有良好的音质。听众席至舞台的最远距离还应兼顾视线要求。如果空间的尺度过大，势必将减少甚至失去对听众席有用的声反射面，从而减少对明晰度起作用的在80ms以内到达的声音。此外，还因大空间对声能的吸收降低了声压级。这就是20世纪50年代以来已经证明的所谓“大音乐厅问题”。

顶棚的平均高度决定大厅的容积，而容积则是决定混响时间的重要因素。对于容积为10000m^3的音乐厅，建议中频混响时间为1.8s；容积为5000m^3大厅的中频混响时间可降至1.6s。同时建议每座容积为10m^3；在任何情况下，每座容积不应少于7.0m^3。

2）早期反射设计

早期反射声对明晰度、亲切感和响度都有重要作用。大厅的每个界面均可用于向听众席的不同区域提供早期侧向反射声，在观众厅前部的界面尤其重要。所谓侧向反射是指到达听众左、右耳的声音存在时间和强度的差别。来自侧墙的较强的早期反射声，有助于增加对声音的环绕感。一般说来，矩形平面大厅能够提供较多的反射声（包括早期侧向反射声）。而扇形平面则相反。因此，在音乐厅设计中，往往推荐采用矩形平面，而不是剧院观众厅所流行的马蹄形平面。

还需要说明的是，究竟要为听众提供多少反射声并没有定量的回答。就这一点而言，音乐厅的声学设计成为一种艺术。

3）挑台设计

在音乐厅设计中，除了仍然重视一般的混响声外，自20世纪60年代以来，着重研究探讨为听众提供适合的早期反射声。为了容纳较多的听众而又不致使最后排席位与管弦乐演奏台之间的距离过远。往往设置一、二层挑台。为了不致影响挑台下听众对音乐的感受，建议挑台的出挑深度不超过其开口高度，如图3.4－12所示。当然，挑台下坐席区的声音特征还受其他因素的影响。

4）演奏台（舞台）设计

最近十几年一些学者系统研究了音乐家对室内音质的要求。一个正在演奏的管弦乐团内部的声场极为复杂，这种声场包括了管弦乐谱的种类、乐器的声功率和指向性、乐团在舞台上的布置以及围蔽空间音质等因素的综合作用。演奏者主要关心相互听闻的舒适，以及感受到对自己演奏乐器声音的帮助。因此要做好舞台及其附近界面的设计，以使音乐家在舞台上的演奏能够最好地发挥。

确定演奏台面积（包括适宜的台宽及台深）的依据是音质要求与舒适的综合。当维也纳的摩西克凡赛尔（Musikvereinssaal）音乐厅的舞台面积为130m^2并且仍然很好地满足现代最大的管弦乐团使用时，在慕尼黑一座新建造音乐的舞台面积已经大到250m^2。在大的舞台空间里展开布置演奏席位，将减少音乐家相互之间的联系，席位的距离过大，将影响演奏的整体性。新近的研究提出了不同乐器组的每一演奏者所需的净面积如下：小提琴或管乐器1.25m^2；大提琴或大的管乐器5.0m^2；低音提琴1.8m^2；定音鼓10.0m^2。其他的打击乐器可能多达20.0m^2。对于一个有常用的打击乐器的100人管弦乐团，所需的净面积为150m^2。一般认为演奏台面积宜控制在200m^2（例如台宽17.0m，台深12.0m）。

如果有舞台空间，则需设置音乐罩。音乐罩的主要功能是：为乐器演奏者提供早期反射声，使他们自己及演奏者之间能够相互听闻；有助于将反射声（主要是低频声）投射到听众席区域；将乐队的演奏与舞台上部及背后的声环境隔离，并与音乐厅其他部分的建筑环境协调；使音乐罩所围合的空间成为观众厅空间的组成部分，使演奏者感觉到与听众的联系。音乐罩的材料应比较坚硬，材料面密度需有20kg/m^2，以免对低频声的吸收。为使布置在舞台后排乐器的声音可以很好地传播，从而获得演奏的整体性效果，舞台地面的后部最好设升起的台阶。音乐家总是偏爱木质材料的舞台空间（有助于音乐的“温暖”感），希望木地板的厚度为22mm，搁栅间距为600mm。因需放置三角钢琴和电视摄像设备，要求能承受较大荷载和局部范围有足够刚度的地板，当另作考虑。

演奏台如果是外露设置，要考虑将附近的墙面设计得向下倾斜，以便将反射声有效地投向演奏者。如果演奏台上部的顶棚很高，则需在其上部6～8m高处悬挂排列的反射板，以取得好的反射效果。环绕演奏平台设置的反射板，如果有一定的扩散作用，则可以避免声音过分集中，有助于增加演奏的整体性和平衡的效果。

表3.4－3归纳了在音乐厅设计中，为取得良好音质效果可采用的建筑设计措施。

音乐厅声学设计的建筑措施 **表3.4－3**

有关的听音要求	建筑设计措施
明晰度	强而均匀的直达声＋界面提供的短延时反射声
平衡的投射	由舞台（演奏台）至听众席反射的选择控制
演奏的内聚性	舞台（演奏台）上反射的控制
无回声干扰	后墙反射的控制
强的围蔽感（空间感）	侧墙反射的控制
混响声级和延时率	大厅内吸声材料的分布

3.4.3.3 声学模型（实体模型）

由于在音乐厅里声音传播的复杂性，往往利用模型分析研究。最早进行的是水波模型试验。模型可用于比较声波在三维空间里的传播特征、声波经过多次反射的情况，以及传播的各种现象。

因为高频声波与光波几乎按同样的方法反射，在厅堂设计中常借助光波做试验研究。现在随着激光费用的降低，用激光分析一、二次反射声的传播路程是比较理想的。

声学模型依据的基本等式是：

$$声速=距离/时间=频率\times波长$$

已经设定声音在空气中的传播速度是常数，对距离与时间的换算应作同样考虑，而频率的比例与波长相反。如果是1∶10的模型．时间减为1/10。当声波在传播过程中遇到障碍物，其变化特征决定于障碍物尺寸和声波波长之间的关系。所以波长须按距离的缩尺比例考虑，而频率增加为10倍。一般所作模型的比例为1/10或1/20，意味着所使用的频率应为足尺厅堂里的10倍或20倍。因此，如果所研究的频率范围是100～5000Hz，则测试声音的频率范围将是1000Hz～50000Hz或是2000Hz～100000Hz。利用模型研究时，必须使模型表面的声学特征与大厅实际表面的（包括听众席区域）相匹配。此外，在模型中可用相对湿度为3%的干空气或氮气解决对高频的吸收问题。

1/10或1/20的缩尺模型可以看出墙体、顶棚的不规则细部构造，便于改变挑台栏板，以及增设反射板、扩散体，吸声材料；此外，听众及其散射吸收特性的精细声模拟都可以实现。特别重要的是音乐声源（即小型扬声器）可以放在演奏台上，而将两只小型传声器作为耳朵装在人工头并配置在听众席的任一部位作双耳听闻评价。

计算机模型的研究始于20世纪60年代。有用声线跟踪的方法，也有用能量束的分析方法。计算机模型研究的优点是速度快、花费少；但是应用的前景还是决定于这种研究的有效性。

3.4.4 多用途厅堂音质设计

从全世界看，除了特大城市的少数厅堂外，要求一座厅堂适应不同的使用功能，正在成为一种设计准则。在设计中主要关心的一般是提供适宜的混响时间。然而不同的使用功能对于大厅体形、听众区席安排、最远视距等都有不同的要求。表3.4－4归纳了不同使用功能大厅的一些限值。在建筑声学设计中可以考虑采用以下措施：

不同使用功能大厅的一些限值 **表3.4－4**

用途	听众席位总数	与舞台最远距离（m）	最佳混响时间（s）
流行音乐	—	—	<1.0
戏剧院	1300	20	0.7～1.0
歌剧院和舞剧院	2300	30	1.2～1.6
室内乐	1200	30	1.4～1.8
管弦乐	3000	40	1.8～2.2

资料来源：Michael Barron. Auditorium Acoustics and Architectural Design [M], P. 340, 1993

3.4.4.1 可变的大厅容积

设计可移动的墙板，即改变大厅地面面积和听众席的数量，也可对混响时间有所调整。此外，设计一部分可以开、闭的墙面或调节高度的顶棚，都可以改变大厅的容积。从音质要求考虑，采用显著改变大厅容积的方法最为合理，但是花费较大。因为需要解决复杂的建筑结构、构造问题，还需特别注意使用中的安全。

3.4.4.2 可改变的声吸收

一块可以伸缩的帘幕就足以改变一座小型厅堂的声学特性。在某些情况下帘幕可以消除来自特定界面的延时过长的反射声。为了使混响时间有明显改变，往往需要有较大的可调吸声面积，因而增加的花费也比较大。此外，可改变的声吸收（即增加的吸声量），会使仅仅是自然声的口语声和音乐的声压级有所降低，也会使早期反射声能有所减弱。

3.4.4.3　可改变的反射、扩散及吸声体

法国于1977年建造的一座容纳400名听众及50名表演者的厅堂。在顶棚和墙面上使用可以转动的三棱形柱体，见图3.4-24。每个棱形柱体的三个面分别是吸声面（其中1/2控制低频声吸收，1/2控制高频声吸收），镜面反射面和扩散反射面。每三个棱柱体为一组，依使用要求，用遥控的方法，控制各不同表面的组合安排。

图3.4-24　法国一座厅堂使用的三棱形柱体内景

3.4.4.4　设置与大厅在声学上耦合的混响室

此种方法虽然能调节混响时间，但听众有时会明显感觉出混响是来自大厅空间以外。除了上述建筑声学设计措施外，还可以利用电声设备的各种音质控制系统进行调节。

3.4.5　大型厅堂音质设计工程实例

3.4.5.1　中国国家大剧院[①]

位于北京人民大会堂西侧的中国国家大剧院，东西长210m，南北长140m，高46m（地平以上的高度），建筑面积21万m^2。在这个由人工湖环绕的椭球形壳体中，有歌剧院、戏剧场和音乐厅三座独立的建筑（见图3.4-25），2007年底建成使用。4万m^2的椭球形屋面主要是钛金属板，中部为渐开式玻璃幕墙（见图3.4-26）。

国家大剧院的声学设计，在与建筑及装修设计的整合中，探讨了建筑技术的创新和有效应用。例如为减弱强降雨打击金属屋面的噪声，在屋盖板下喷涂25mm厚的纤维素材料，使屋盖的计权隔声量R_w由原先的37dB增加到47dB；在降雨强度为1mm/min时，计权规范化撞击声压级$L_{n,w}$为40dB。又如装置在观众席位下的送风口（见图3.4-27），既改善了出风口的气流分布也有助于降低气流噪声。

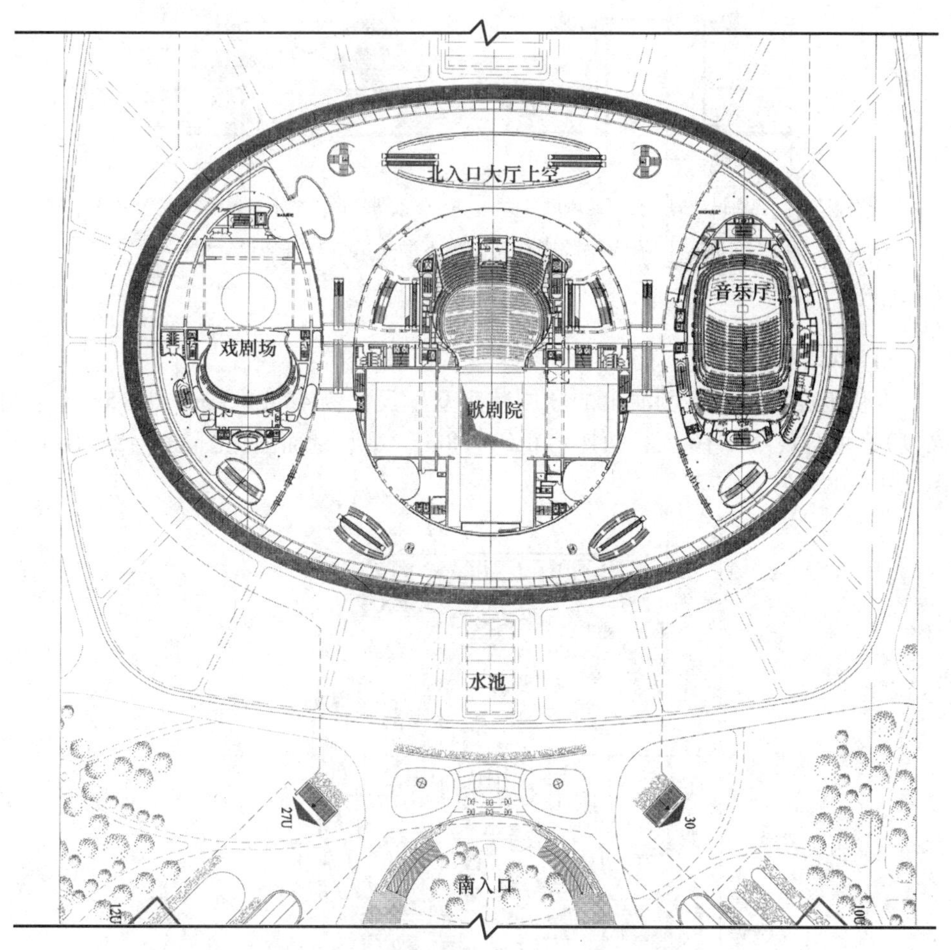

图3.4－25　水池环绕国家大剧院总平面略图

图3.4－26　国家大剧院的钛金属屋面、玻璃幕墙及入口

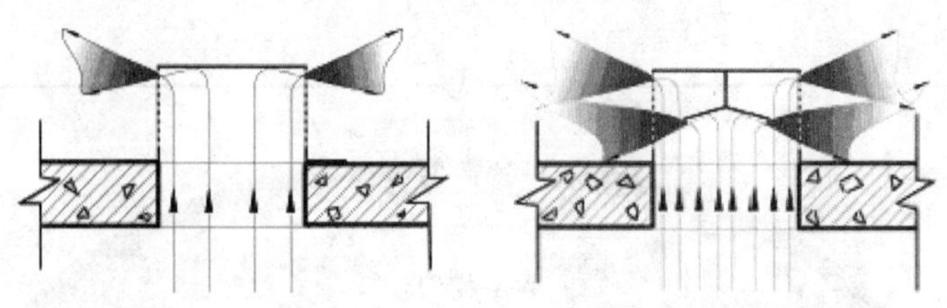

图3.4－27　国家大剧院观众席坐椅下的送风口与普通设计的送风口比较

1）歌剧院

专供歌剧和芭蕾舞剧演出的歌剧院观众厅尺寸为43m×35m×17.5m（平均高度），可容观众2416人，每座容积约7.8m^3。平、剖面图见图3.4－28（*a*）及图3.4－28（*b*）。

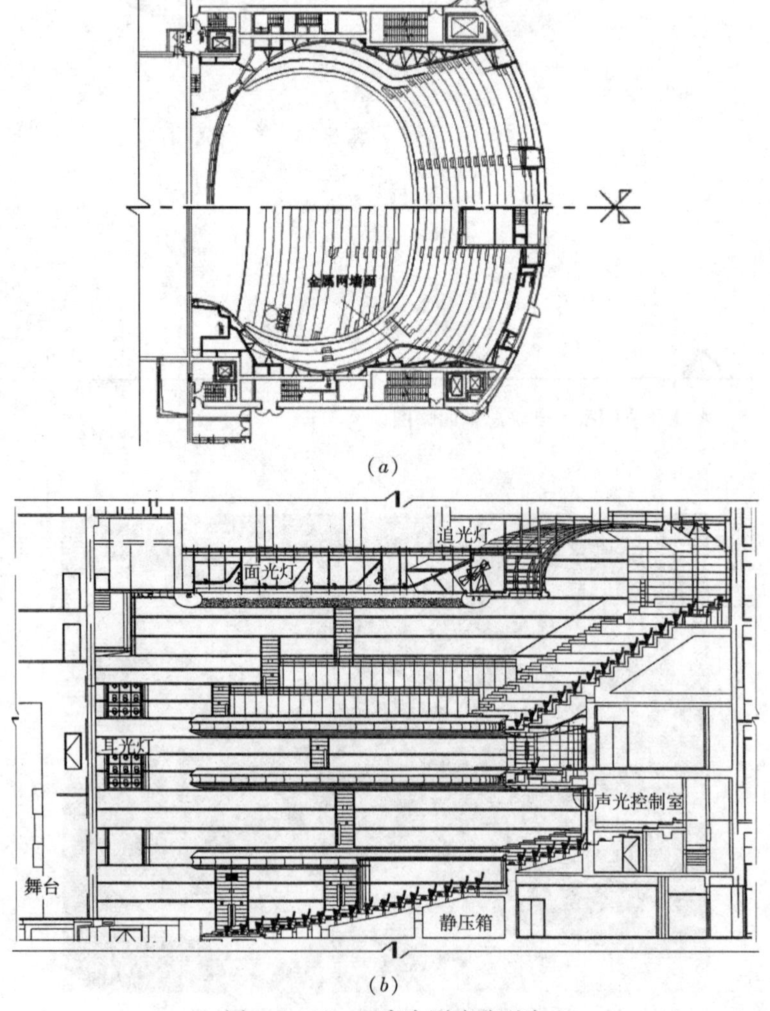

（*a*）

（*b*）

图3.4－28　国家大剧院歌剧院

（*a*）平面图；（*b*）剖面图

设计的混响时间为中频1.6s。竣工后，空场测量的中频混响时间为1.6s。环绕观众厅墙面的透声金属装饰网，给观众以“马蹄形”大厅的视觉感受；而在透声网背后则是有利于听觉的矩形界面。见图3.4－28（*a*）及图3.4－29。实木板拼接的装饰顶棚配以大型的椭圆形灯光带（见图3.4－30）。

图3.4－29（*a*）　国家大剧院歌剧院观众厅墙面装置有透声金属网，以改变观众对大厅形状的视觉感受

图3.4－29（*b*）　国家大剧院歌剧院观众厅周边墙面装置透声金属网，以改变观众对大厅形状的视觉感受

图3.4－30 国家大剧院歌剧院观众厅混凝土与实木拼板组合的反射顶棚和灯光带结合的实景

2）戏剧场

主要用于演出话剧和京剧的戏剧场观众厅，长24m，最大宽度30m，顶棚最小高度12m，可容观众1040人，每座容积约7.2m³。楼座距离舞台口22m。平、剖面图见图3.4－31及图3.4－32。

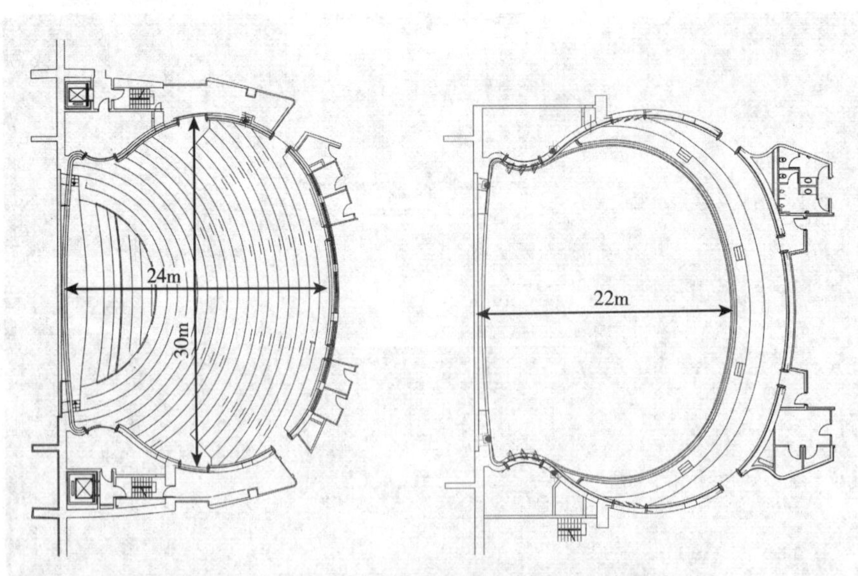

图3.4－31 国家大剧院戏剧场观众厅池座及楼座平面图

戏剧场镜框式舞台前的地面，可以升起作为舞台的延伸部分，对应的顶棚也可以启闭。在舞台向观众厅延伸的情况下，观众坐席数减为900。

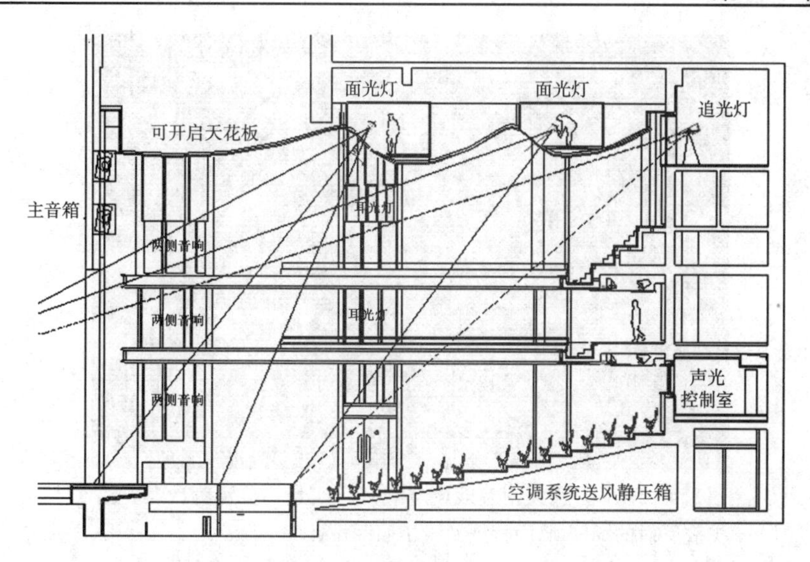

图3.4－32 国家大剧院戏剧场纵剖面图

建筑声学设计采用了法国CSTB公司的计算机模拟仿真软件。设计中频混响时间为1.2s，低频增加30%，高频减少10%；要求背景噪声低于$NR-25$。

设计的曲线形顶棚可使舞台上发出的声音均匀地投射到观众厅各区席位。为了预防顶棚因木板共振对低频声过多的吸收，在木板上浇灌了4cm厚的混凝土。观众厅墙面全部采用MLS扩散墙面（见本书3.2.2节对MLS扩散墙构造的介绍），以求为观众提供均匀、柔和的反射声。竣工后，空场测量的中频混响时间为1.3s。图3.4－33及图3.4－34为戏剧场观众厅实景。

图3.4－33 国家大剧院戏剧场观众厅实景，显示舞台的延伸部分、有利于声反射的顶棚及有利于扩散反射的MLS墙面

3）音乐厅

平面接近鞋盒形的音乐厅尺寸为50m×35m×18m（最高点），可容观众2017人，每座容积$10m^3$。平、剖面图见图3.4－35及图3.4－36。

图 3.4-34 国家大剧院戏剧场观众厅实景，显示为改善声音扩散反射的 MLS 墙面特征及人工照明设计

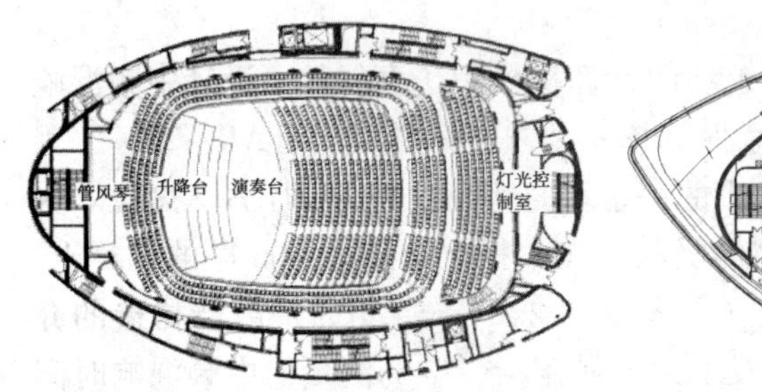

图 3.4-35（*a*） 国家大剧院音乐厅首层平面图

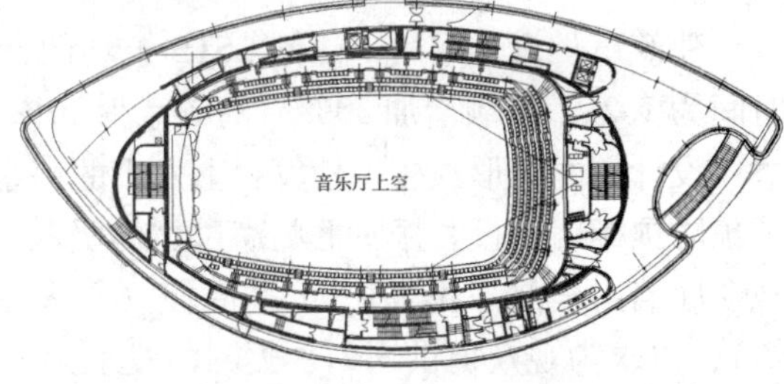

图 3.4-35（*b*） 国家大剧院音乐厅二层平面图

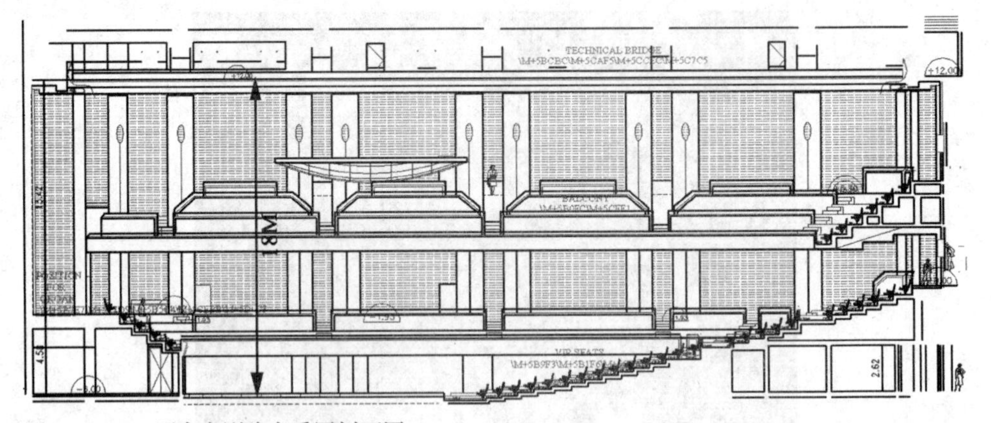

图 3.4-36 国家大剧院音乐厅剖面图

设计中频混响时间为 2.2s。顶棚选用 4cm 厚的 GRC 板（即增强玻璃纤维水泥板），墙面选用 2cm 厚的 GRC 板，采用干挂的施工工艺，以求有效地反射声音（包括低频声），使管风琴、大提琴等乐器发出的声音更具震撼力和感染力。演奏台附近的侧墙采用 MLS 扩散墙面，既增加了来自演奏台声音的扩散投射，又

可保证演奏者的自我听闻和各乐器演奏者相互听闻。

观众厅顶部悬挂的大型玻璃反射板，既可减少到达听众席的直达声与反射声之间的时差，又有助于演奏的声音向全场各个方向投射。图3.4-37及图3.4-38为音乐厅实景。

图3.4-37　国家大剧院音乐厅顶棚下悬挂大型玻璃反射板及演奏台周边的MLS扩散反射墙面实景

图3.4-38　国家大剧院音乐厅，显示“岛式”演奏台及管风琴等的设置实景

2007年12月对音乐厅进行了有听众参加（上座率达80%）的声学测试及评价音乐会。测试项目包括满场混响时间、传输频率特性、声场不均匀度、噪声水平等。满场中频混响时间2.0s。主观评价包括混响感、明晰度、亲切感、温暖感以及嘹亮感。调查对象除指挥家、钢琴、小提琴等演奏家外，还有参加音乐会的大量听众。统计表明对音乐厅音质都给予很高评价。

国家大剧院的歌剧院、戏剧场以及音乐厅均依各自的使用要求设置了扩声系统，共同的技术特点是：

（1）多声道扩声系统；

（2）在不改变设备连接等硬件系统的情况下，可依具体使用要求，实现多种“声场”设置；

（3）全数字化的扩声系统与模拟扩声系统结合；

（4）设置的扩声用各种接口，方便演出活动；

（5）多轨重放和多轨录音，便于现场效果的制作。

3.4.5.2　奥地利维也纳摩西克凡赛尔（Musikvereinssaal）音乐厅

这座音乐厅建于1870年，可容纳听众1680人，大厅的尺寸为35.7m×19.8m×17.4m（高），每座容积8.93m^3，总容积15000m^3。是欧洲“鞋盒式”古典音乐厅的代表之一。见图3.4-39。在提出任何混响理论之前的年代，由于建筑师设计的顶棚较高，使大厅空场的混响时间有2.2s，满座时的混响时间为2.0s，符合现今所认为的“合适”值。最远席位与舞台前沿的距离为40m，也是现今可以接受的标准。

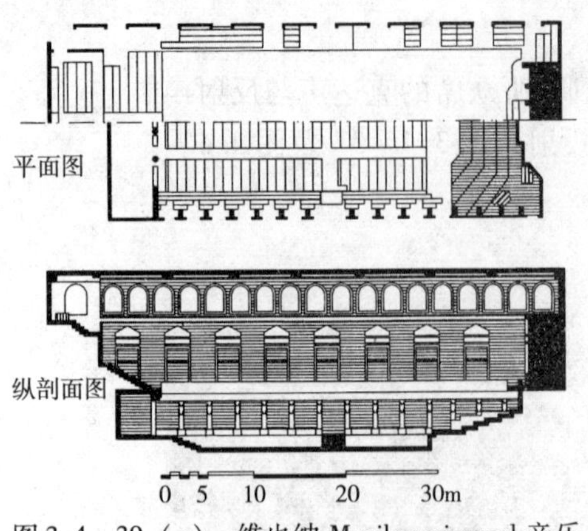

图 3.4－39（*a*） 维也纳 Musikvereinssaal 音乐厅平面、剖面

图 3.4－39（*b*） 维也纳 Musikvereinssaal 音乐厅内景

资料来源：Michael Barron. Auditorium Acoustics and Architectural Design［M］，P. 72，1993

该大厅的听众席位有三层。挑台都稍微向后延伸，大部分席位都在底层。以32尊镀金的女神像支撑挑台和用平顶镶板装饰的顶棚，都有助于声音的扩散和融合。大厅是木地板，舞台上有木台阶，墙体是砖墙抹灰，顶棚是板条抹灰；在长廊上的坐椅和面向舞台的挑台坐椅都是木质的。在排练时因为没有听众，其声音效果并不理想，混响时间超过3.0s。

听众的主观感觉认为，有人们所喜爱的低频混响时间，有足够的响度，清晰度与混响之间的平衡比较好。不足之处是大厅过多的玻璃窗导致交通噪声的干扰。此外，坐在侧面挑台的听众，只能看到管弦乐队的1/2。

3.4.5.3 德国柏林爱乐（Philharmonie）音乐厅

这座音乐厅建于1963年，容纳听众2230人。大厅设计的所谓“葡萄园阶梯”界面都是用于创造有吸引力的三维空间，同时提供了可以形成反射声的表面，并使声音投射到邻近的坐席区。其平面图、剖面图、声线分析图及内景见图3.4－40。

由图可以看出，该音乐厅在纵剖面上有多级阶梯供连续布置坐席，并将坐席分区；这样可以向后坐席区提供反射声，同时减少当声波经过大范围里听众头部掠入射的衰减影响。面向舞台的大厅突出的前部，把坐席区再划分，以提供侧向反射的表面。因为顶棚很高，在舞台上空悬挂十六块反射板，向乐队和听众提供额外的早期反射声。顶棚选择类似帐篷的凸状表面轮廓，围成的大厅容积为25000m^3，这种体形有助于声音的扩散。在顶棚较低的部分装置了136个棱锥形扩散体，这些棱锥体上开有缝隙，以便于起到亥姆霍兹共振器的作用，从而限制低频的混响。该厅满座时中频声混响时间为2.0s，低频（125Hz）提升为2.2s。管弦乐队和指挥处于被听众席包围的中心位置，不存在演出者和听者的隔离。

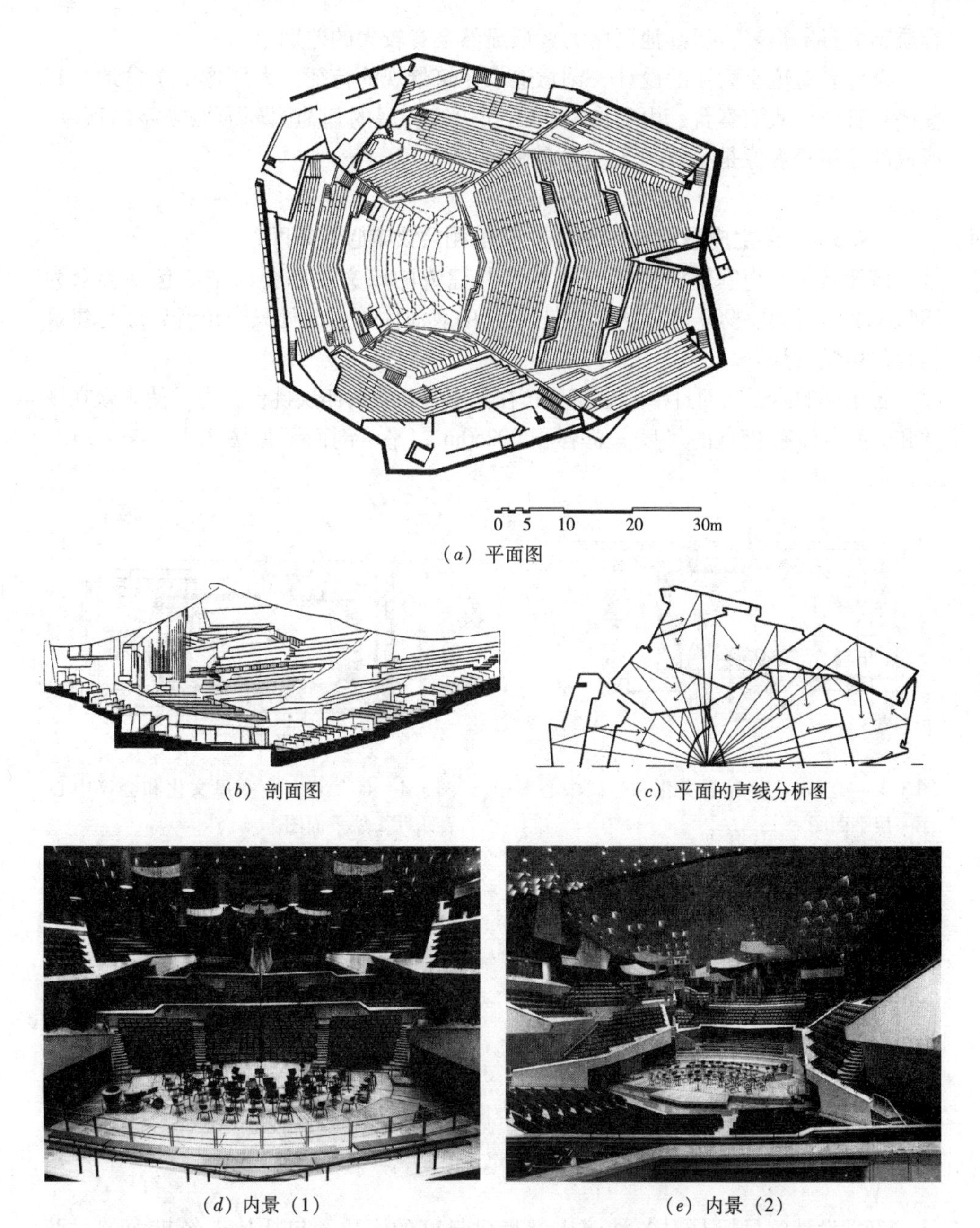

(*a*) 平面图

(*b*) 剖面图

(*c*) 平面的声线分析图

(*d*) 内景（1）

(*e*) 内景（2）

图3.4－40 柏林爱乐（Philharmonie）音乐厅平面图、剖面图、声线分析及内景

资料来源：1. Michael Barron. Auditorium Acoustics and Architectural Design［M］，P. 96－98，1993

2. Marshall Long，Architectural Acoustics［M］，P. 687，2006

这座音乐厅对反射声途径的考虑，不是依靠围绕舞台的反射，而是把听众区席再划分，从而得到许多与听众席靠得较近的可以提供反射声的表面。这一经验至今仍有很好的参考价值。

从听众的主观感受看，大多数席位听闻的声音是亲切的，在强的混响感里提供了明晰度；此外，高度扩散的混响补充了对声音的空间感。在演奏台前席位的音质感受肯定很好，但其他区席的音质显然会有较大的差别。

设计者对这座大厅的设计，刻意追求建筑景观的特征。大厅像一个盆地、其盆底是管弦乐队演奏台，由爬向邻近山丘边缘扩展的葡萄园环形似帐篷的顶棚，形成的建筑景观像是一幅“天空景色画”。

3.4.5.4 瑞士卢塞恩（Lucerne）文化和会议中心音乐厅

该建筑位于卢塞恩湖边。1998 年 8 月建成的该文化和会议中心包括容众为 1840 人的音乐厅，900 座（可伸缩坐席）的表演厅等。此处只介绍音乐厅与建筑整合的声学设计。

音乐厅的体形高而且窄，坐席分布在池座及环绕的四层挑台，力求使观众在视觉和听闻方面有相宜的尺度。总容积 $20250m^3$，平、剖面图见图 3.4－41（a）～3.4－41（d）。

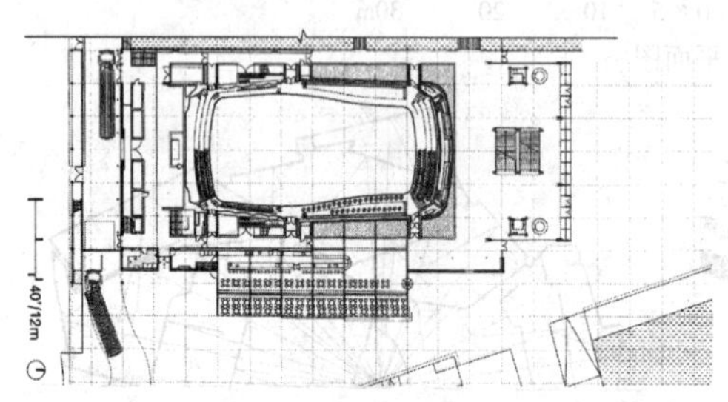

图 3.4－41（a） 卢塞恩文化和会议中心音乐厅一层平面图

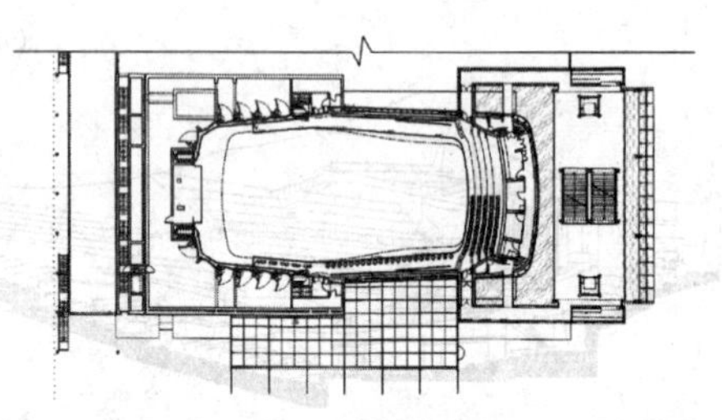

图 3.4－41（b） 卢塞恩文化和会议中心音乐厅二层平面图

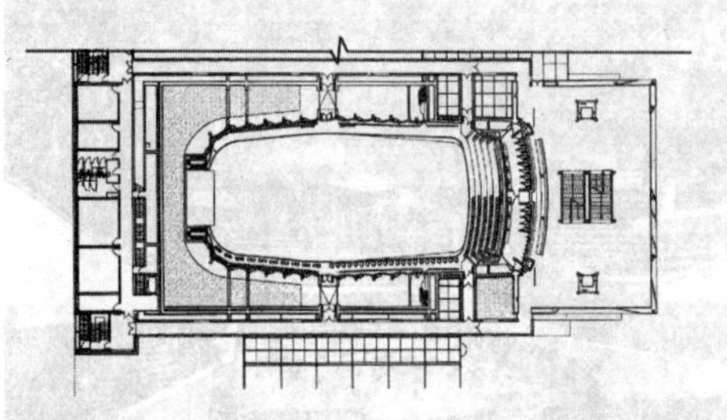

图 3.4－41（c） 卢塞恩文化和会议中心音乐厅三层平面图

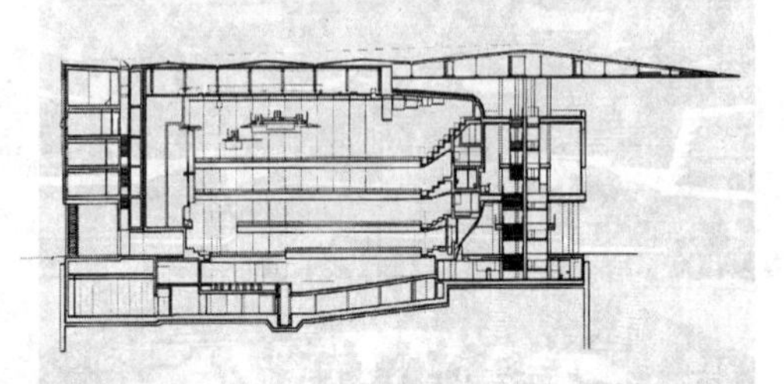

图 3.4－41（d） 卢塞恩文化和会议中心音乐厅纵剖面图

声学设计的目标是对各种演出都提供最好的音质，包括从未经扩声的六弦琴、弦乐四重奏、独唱，到伴有合唱队的 150 人规模的管弦乐演出，还要供会议使用。

为了适应各种不同的演出，环绕音乐厅周边设有容积达 $7000m^3$ 混响室，这些混响室用高度 3.0m 至 6.0m，宽度 2.4m 的 52 扇曲面门与大厅相连，根据演出要求，这些门可在 90°范围内任意启闭。全部关闭时大厅的混响时间为 2.2s，最适宜室内乐演出；把门开启后，可使混响时间异乎寻常地增加到 5.0s～6.0s，侧墙可用由计算机控制的帘幕蒙上，增加大厅的声吸收，以满足会议和排练要求。舞台上空悬吊有两组大面积樱桃木声学顶棚，用计算机控制其上、下移位可满足各种演出在视觉和音质方面的要求。对声学顶棚的移位和混响室门的启闭都有一系列预设位置，供乐队指挥选择。

与建筑设计整合的声学处理是大厅视觉设计的重要组成部分。建筑师为大厅选择了红、白、蓝三种颜色的组合及暖色的木质材料。环绕大厅的曲面石膏板门不同程度打开时，除改变厅内反射声的分布、混响状况外，还显露出混响室内由灯光照射的红色墙面。挑台和包厢下的紫色光带与红色混响室及顶棚的繁星照明组合，给人以轻松的感受。地面、舞台、座席背面及大棚都是浅黄色木料制作，管风琴前面的合唱队席也是暖色木质材料制作，使以白色为基调的大厅增加了温暖感。3.4－41（*e*）～3.4－41（*g*）显示了该音乐厅将音质设计与建筑设计、装饰照明等要求相结合的实景。

图3.4－41（*e*） 卢塞恩文化和会议中心音乐厅内景，显示音质、照明与建筑设计的整合

图3.4－41（*g*） 卢塞恩文化和会议中心音乐厅

周边设置的可调节大厅混响及反射声分布的门结合装饰照明显示的混响室

图3.4－41（*f*） 卢塞恩文化和会议中心音乐厅

周边设置可调节大厅混响及反射声分布的门

资料来源：ARTEC Consultant Inc，Russ Johnson，2004

3.4.5.5　韩国首尔（Seoul）LG 艺术中心

该建筑于1999年建成，反映了现代声学与现代建筑设计的整合，被认为是韩国剧院建筑的新模式。可容观众1103席，可供各种类型的演出活动，包括管弦乐、歌剧、舞蹈、弦乐四重奏、传统民间音乐以及放映电影。大厅的平、剖面图见图3.4-42（*a*）及图3.4-42（*b*）。

为有良好的音质效果，控制了大厅宽度。不特为官员设置炫耀的包厢，设计的两层外伸挑台及像翅膀一样展伸的曲面侧墙（包括外突部分）均有助于声音的反射。环绕大厅周边的弧形墙面，在横向木条背后铺放吸声材料，为不同类型演出提供所需的音质条件，舞台空间可依使用要求调节，供管弦乐演出的声罩是可方便装拆的木质音乐塔架和顶板。大厅建筑结构底部装置了隔振垫，以阻断外界噪声、振动的干扰。见图3.4-42（*c*）。在每个座席下设有送风孔，听众没有可察觉的气流流动但可得到良好的热舒适环境。

各种设备（包括扬声器）都装置在大厅透声墙面之后，墙面连片的横向木条装修，每六条就有一条较浅的颜色，给人以音乐家作曲乐谱的五线谱联想。图3.4-42（*d*）及图3.4-42（*e*）还显示了艺术中心大厅内景。

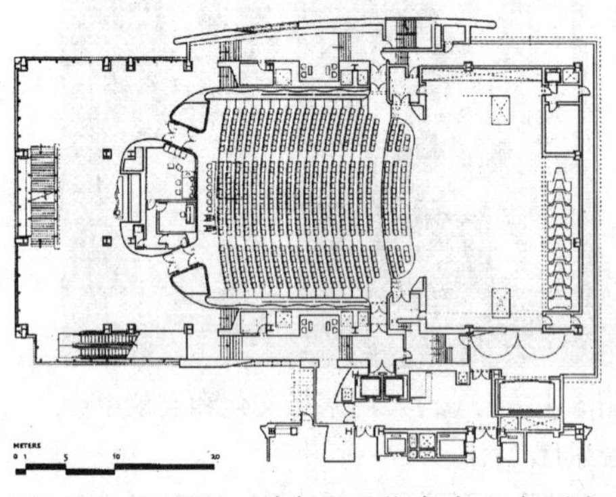

图3.4-42（*a*）　首尔 LG 艺术中心大厅底层平面图

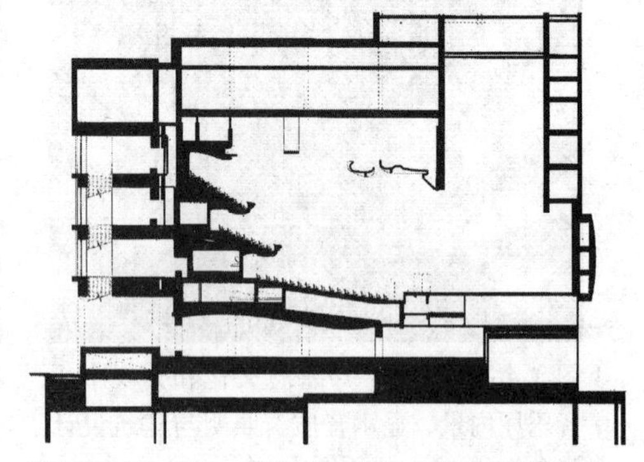

图3.4-42（*b*）　首尔 LG 艺术中心大厅剖面图

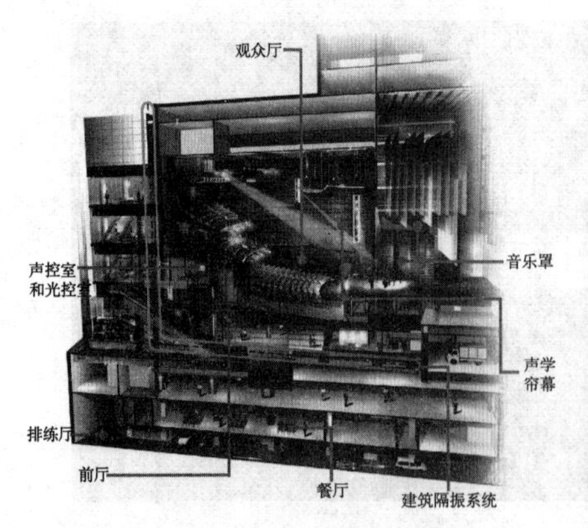

图3.4-42（*c*）　首尔 LG 艺术中心大厅的建筑隔振系统等设计分布图

图3.4-42（*e*）　首尔 LG 艺术中心的观众厅显示音质、照明与建筑设计的整合

图3.4-42（d）　首尔LG艺术中心的观众厅及舞台实景
资料来源：ARTEC Consultant Inc，Russ Johnson，2004

3.4.5.6　芬兰拉赫蒂（Lahti）西拜柳斯（Sibelius）大厅

大厅建成于2000年3月，容纳听众1100人，另有供150人的合唱队席。大厅尺寸是42m×23m×19m（高），容积为18000m^3，平面是经典“鞋盒”形。见图3.4-43。

大厅周边与总计7000m^3的混响室以188扇门相连。仔细调节打开门的数量、选择各个打开的门位置、设定门的开启程度（即开启角度）以及这些措施的组合，可以得到演出各种节目所希望的音质条件。例如，门的开启角度可将声音投射到混响室内或大厅的某些听众区席。调节大厅音质的技术措施还有装置在混响室里的帘幕、沿大厅墙面的帘幕以及在演奏台上空有可调节三个高度的声学顶棚（包括改善舞台上演奏者之间的相互听闻）。

现代音乐厅的围护结构通常都用重质材料。例如砖石砌体、混凝土等。这是出于两方面的考虑，首先，厚重材料可有效阻断外界噪声；其次，这些材料能按预定的方向有效反射声音。

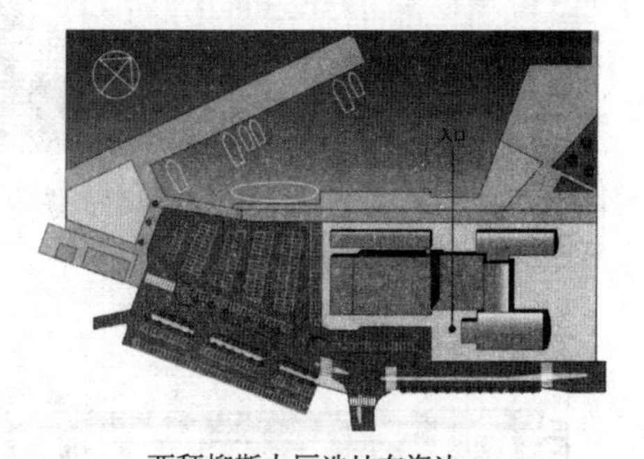

西拜柳斯大厅选址在海边
图3.4-43（a）　西拜柳斯大厅总平面图

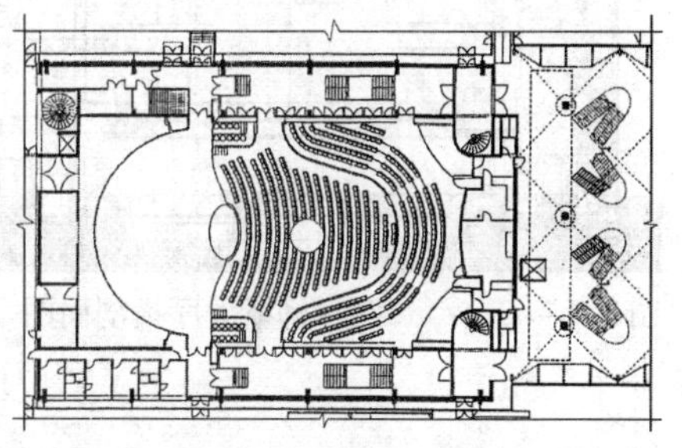

图3.4-43（b）　西拜柳斯大厅底层平面图

该大厅的建筑围护结构主要是利用木材，被称为森林大厅。大厅选址在远离闹市区的海边，只有海上船舶噪声。见图3.4-43（a）。大厅的外墙系统是玻璃盒子里的木盒子，由玻璃幕墙与300mm厚、斜的混响室外墙组成。斜墙的构造是双层预制的木质拼板（外板厚51mm，内板厚69mm），双层板之间留有180mm厚的空腔，并以粒径0.5mm～2.0mm的细砂填充，另铺一层100mm厚的矿棉。采用不同厚度拼板是考虑减少此种墙体隔声出现吻合效应的低谷。实验室测量的此种填砂墙系统计权隔声量（R_w）达到

63dB，优于 200mm 厚的混凝土墙。图 3.4－43（*b*）～3.4－43（*e*）为拉赫蒂西贝柳斯大厅平、剖面图。图 3.4－42（*f*）及图 3.4－43（*g*）为木质墙体构造以及与玻璃幕墙的组合，用于调节音质的门、顶棚与建筑及照明整合设计的内景，见图 3.4－43（*h*）～图 3.4－43（*j*）。

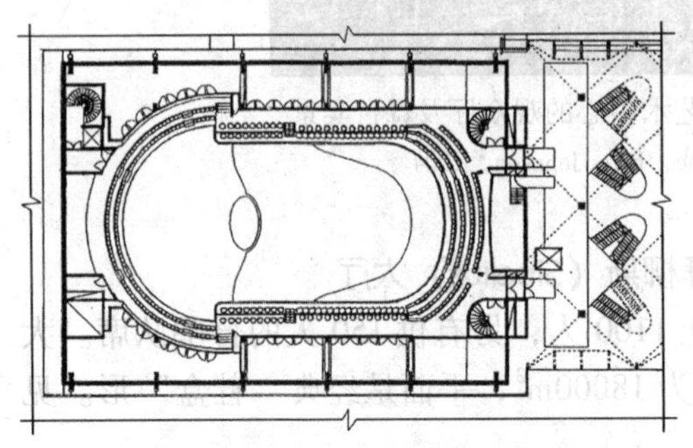

图 3.4－43（*c*） 西拜柳斯大厅二层平面图

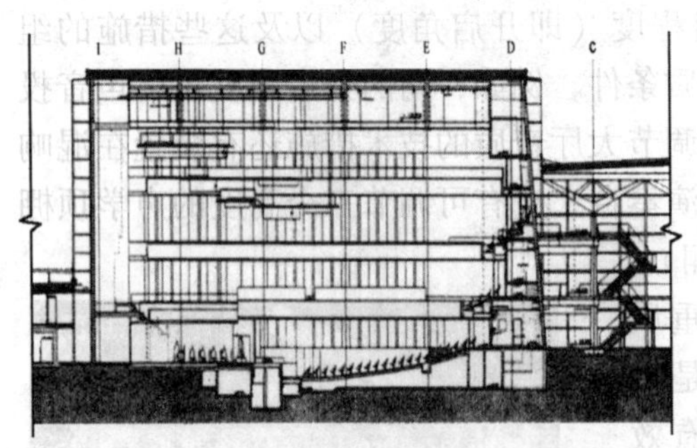

图 3.4－43（*d*） 西拜柳斯大厅纵剖面图

资料来源：ARTEC Consultant Inc，Russ Johnson，2004

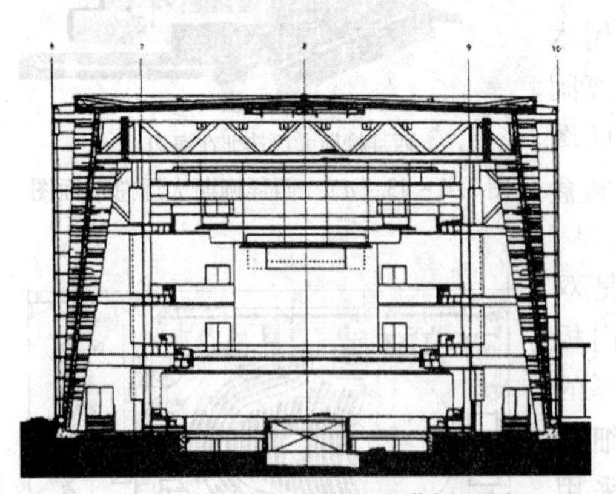

图 3.4－43（*e*） 西拜柳斯大厅横剖面图

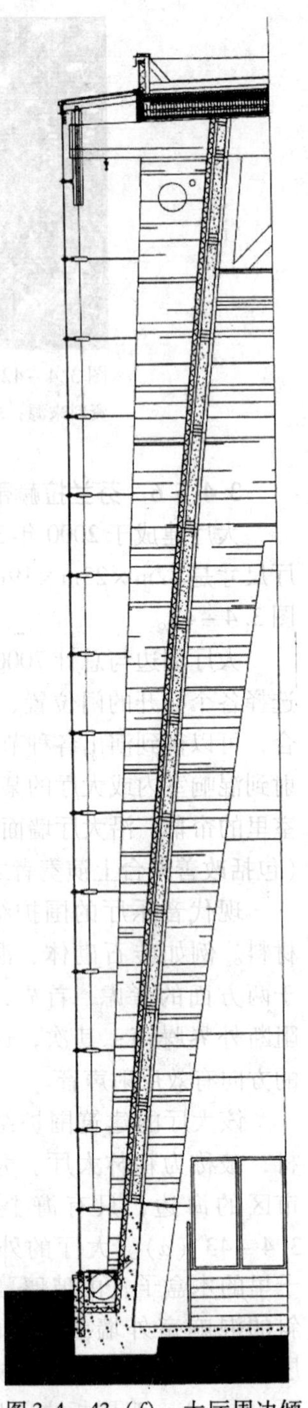

图 3.4－43（*f*） 大厅周边倾斜的木质外墙构造为双层木质拼板，内填 180mm 厚的砂；另设一层 100mm 厚的矿棉板

图3.4－43（*g*）　西拜柳斯大厅周边倾斜的木质外墙构造及外围的玻璃幕墙系统

图3.4－43（*h*）　西拜柳斯大厅音质设计与建筑设计、照明等整合的实景

图3.4－43（*i*）　西拜柳斯大厅周边设置的用于调节混响及反射声分布的可启闭的门

图3.4－43（*j*）　西拜柳斯大厅内可调节高度的顶棚

资料来源：ARTEC Consultant Inc，Russ Johnson，2004

3.4.5.7　上海大剧院

该剧院于1998年建成，主要包括容众1800席位的主剧场、650席位的中剧场、200席位的小剧场以及相关的配套空间和设施。

主剧场为多用途大厅，供歌剧、芭蕾舞及交响乐演出。钟形平面，其尺寸为30m×31m×19m（高）；设两层挑台，三层侧墙包厢；舞台口尺寸为18m×12m（高）。乐池面积为150m²，可升降用于延伸舞台或增加观众席位。大厅的平、剖面图及其内景分别见图3.4－44（*a*）及图3.4－44（*b*）。大厅总容积为13000～15000m³，

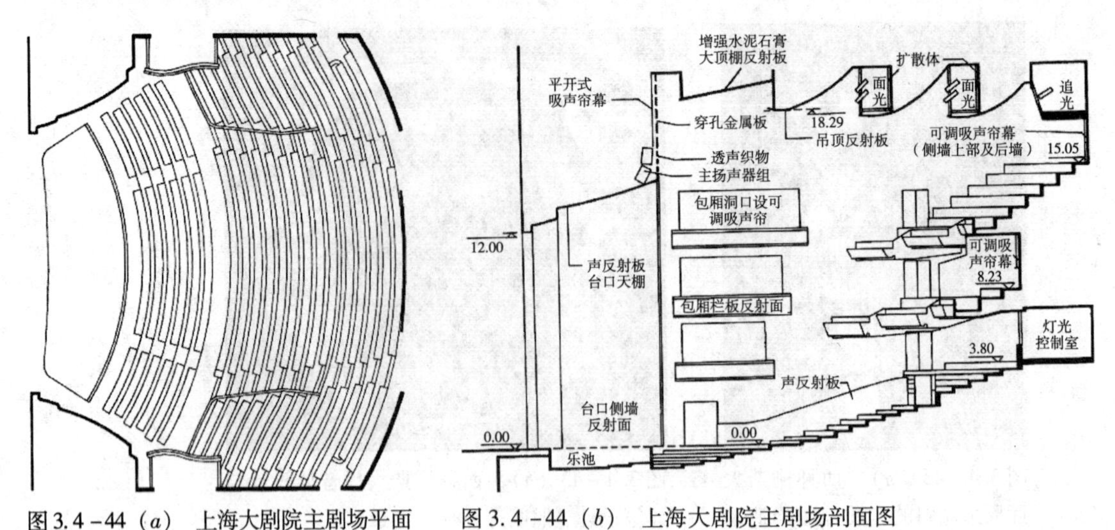

图3.4－44（*a*） 上海大剧院主剧场平面　　图3.4－44（*b*） 上海大剧院主剧场剖面图

资料来源：章奎生（华东建筑设计研究院），上海大剧院声学设计，1998

每座容积7.4～8.4m³。提出的主要技术指标为：混响时间1.35±0.05s（歌剧），1.85±0.05s（交响乐）；噪声评价数（*NR*）≤20；声场不均匀度≤±3dB。

大厅以建筑声学设计为主，包括以下诸项：台口顶棚及台口侧墙均以12°的角展开；用面密度大的材料作成波浪形顶棚，以加强顶部的声反射；听众席地面自前往后的高起坡，避免了掠过听众头部的声吸收；池座结合听众席分区设置栏板墙，以增加中区侧向反射声；包厢、挑台栏板、侧墙面等，均作扩散处理；新型的开闭式耳光照明及声反射的需要，避免了常因耳光口导致的声能损失；采用电动控制的内藏式可变吸声帘幕调整混响时间，既满足不同的使用功能，又符合建筑装修的美观要求；采用气垫移动、伸缩式大型舞台音乐反射罩，以适应大型交响乐团演出的要求；侧墙采用贴实的硬质墙面，顶棚面采用面密度大的反射板，避免对低频声过多的吸收，以保证良好的混响频率特性。

剧院竣工后，在空场、大幕拉开的条件下测量的混响时间特性曲线见图3.4－45。此外，测量结果表明，背景噪声的水平达到噪声评价数*NR*－20，大厅

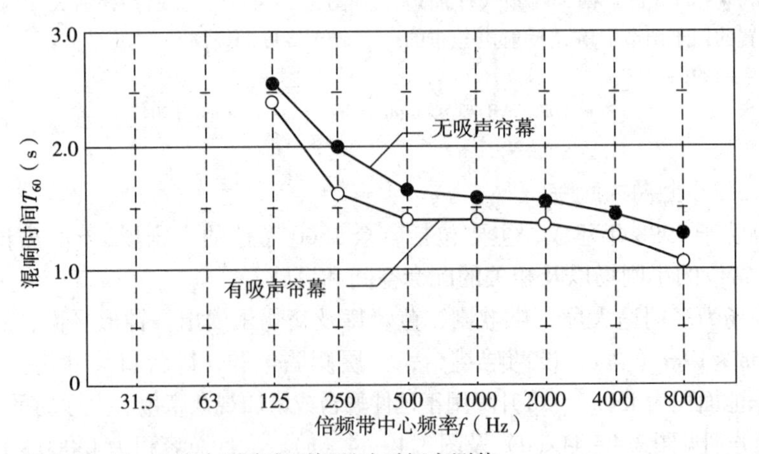

图3.4－45 上海大剧院主剧场混响时间实测值

(*a*) 主剧场各界面结合音质要求的设计

(*b*) 主剧场顶棚仰视景观

(*c*) 台口侧墙上的采光口大部分关闭；
乐池升起成为舞台的一部分

图 3.4－46　上海大剧院主剧场内景

资料来源：章奎生（华东建筑设计研究院），上海大剧院声学设计，1998

内声场分布的不均匀度≤±3dB。交付使用后，经著名歌唱家、演奏家、指挥家等评价，认为主剧场的音质效果达到预期的要求，可以在自然声条件下演出歌剧和交响乐类节目。图 3.4－46 为主剧场的内景。

3.4.5.8　北京保利剧院

该剧院于 2000 年 10 月建成，主要供歌剧、芭蕾舞和交响乐演出。观众厅的围护结构围合成六边形，但池座平面近似矩形，二层为楼座，三层是跌落式包箱。观众厅最大容量为 1428 座（其中包括乐池升起时增加的座席），用于歌剧演出时为 1320 座，有效容积 9270m^3，每座容积 7.0m^3；用于交响乐演出时容积增至 10910m^3（包括音乐罩内容积），每座容积 7.7m^3。观众厅平、剖面图及大厅内景分别见图 3.4－47，图 3.4－48 及图 3.4－50。

为适应自然声音乐演奏，舞台设有“闭合式”活动音乐罩。为使不同种类演出都有合适的混响时间，大厅墙面上设有“百叶式”调控混响装置，见图 3.4－49。依使用要求确定的音质指标包括：混响时间（中频 500Hz），歌剧、交响乐、室内乐分别是 1.4s、1.7s、1.3s，低频提升 1.1 倍；各席位声压级为 75dB（A），声场不均匀度小于 8dB；背景噪声级低于 25dB（A），空调系统正常运转时不超过 30dB（A）；此外对明晰度、早期反射声、声扩散等也有相关要求。

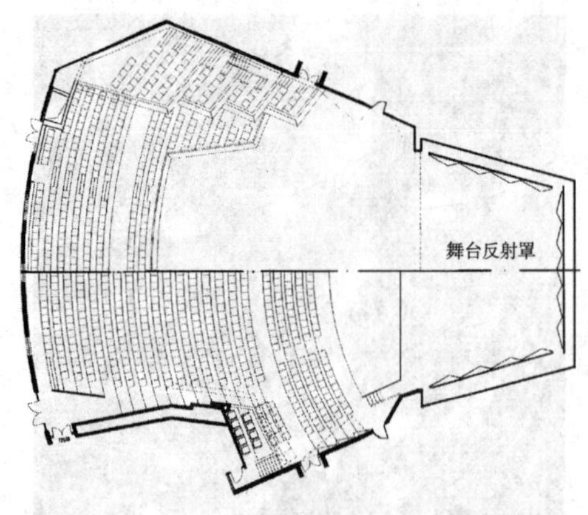

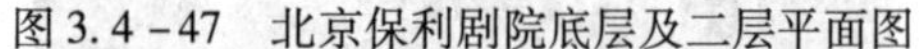

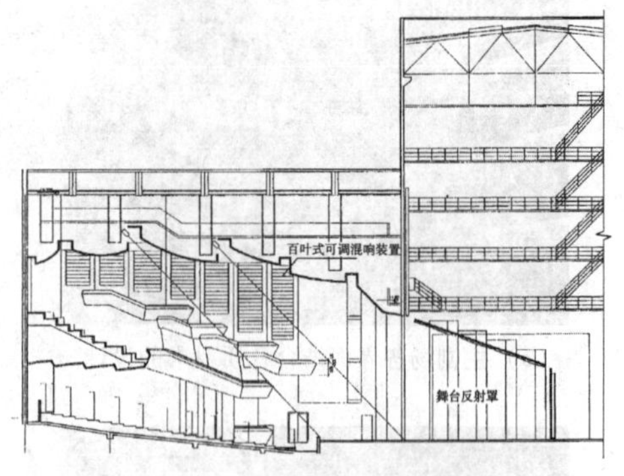

图3.4-47 北京保利剧院底层及二层平面图　　图3.4-48 北京保利剧院纵剖面图

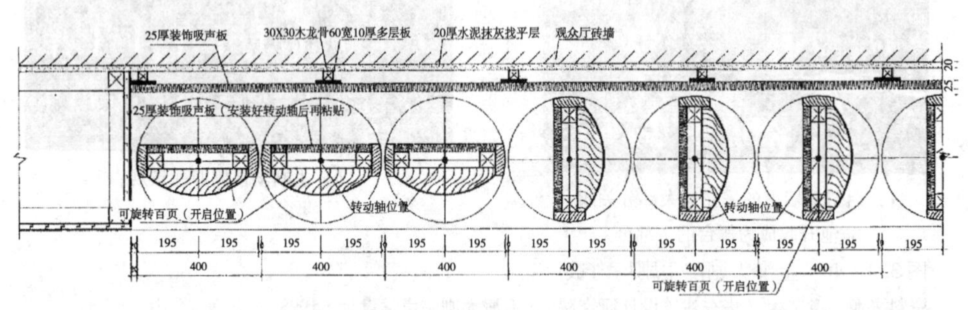

图3.4-49 北京保利剧院百叶式可调吸声构造图

对观众厅体形的考虑主要是：使前中座有足够强和覆盖面较大的侧向早期反射声；弧形的后墙和包厢栏板设置扩散面，吊顶作双向弯曲的定向反射面，加强后座的声音。

由于自然声歌剧演出和音乐演奏要有较长的混响时间，厅内各界面尽量减少声吸收。台口前侧墙局部使用石材，其他墙面为抹灰涂料，木装修都是厚实木板或复合板，吊顶为双层9mm厚石膏板。座椅除座垫和靠背局部为软垫外，其余均为硬木板。设计的混响时间可调幅度为0.5s。

图3.4-50 北京保利剧院观众厅内景

资料来源：王峥（北京市建筑设计研究院），北京保利剧院声学设计，声学设计［J］，2005

舞台的声学处理包括控制混响、消除音质缺陷和保有自然声能等诸方面。

竣工后对混响时间的可调幅度、声场分布、脉冲响应和噪声水平的测定表明均达到设计指标，专业人员及观众对歌剧、交响乐等各类演出的音质效果都给予很高评价。

3.4.6 室内音质设计各论

3.4.6.1 电影院

人们在电影院听到和看到的声音、图像都只是实际景物的再现。单声道影片的放声，要使人们听到的声音不仅在时间上与银幕中出现的画面同步，而且声音主要来自银幕。因此，从银幕后面扬声器发出的直达声，与任何界面的第一次反射声到达观众席的时差都不应超过40ms，相当于直达声和反射声的声程差为13.6m。

立体声影片的放声，应使听众能随画面中心横过银幕的移动，准确地判断视在声源，并且有声音的空间感。合理设计的4声道放声系统，可使要求的这种声音重放的品质保持在80%～85%。

本章图3.4－20及表3.4－1包括了相关的设计标准。在《电影院视听环境技术要求》GB/T 3557—94中，除对银幕画面尺寸与视距、最大仰角与最大斜视角、座位排列、视线设计、放映机房等的技术要求外，还有一些具体规定：

（1）观众厅　除有特殊需要，新建观众厅容量不宜少于100座，但不多于1000座；放映单声道35mm系列电影的观众厅不宜超过800座，放映70mm电影的观众厅可不超过1000座。此外，电影院应采用多厅化来扩大容量，而不宜设置楼座，尤其不应设置容量超过池座1/3的大容量楼座。如需设置小型楼座，不应降低相关技术要求。

（2）混响时间　在观众厅的上座率达到1/2时，中频500Hz的混响时间见表3.4－5。混响频率特性见表3.4－6。

电影院观众厅中频500Hz混响时间（s）　　表3.4－5

影厅容积（m^3）	单声道	立体声
500～2000	0.5～0.8	0.4～0.6
>2000	0.8～1.2	0.6～1.0

注：若厅内有吸声性能接近于人体之软席座椅，可按空场检测值评价。

电影院混响时间的频率特性（相对于500Hz的比值）　　表3.4－6

倍频带中心频率　（Hz）			
125	250	1k，2k	4k
1.0～1.4	1.0～1.5	1.0	0.8～1.0

（3）声场分布　观众厅内各座席间声压级的最大值与最小值之差宜不大于6dB，最大值与平均值之差宜不大于3dB。

（4）背景噪声　在电声系统不通电、无观众、空调系统及放映机（带片）运转条件下观众厅内的噪声级宜如表3.4－7所示。

电影院观众厅背景噪声限值（单位：dB（A））　　表3.4－7

单声道		立体声	
宜≤40	应≤45	宜≤45	应≤40

在观众厅体形设计中，需要检查有无来自所有凹角可能出现的回声及长延时反射声等声学缺陷。侧墙应为扩散面，并依混响计算的要求，装置必要的吸声材料。后墙的处理也应当是扩散的和吸收的。银幕背后空间的所有界面，必须作表面为暗色的强吸声处理。

3.4.6.2　体育馆

1）体育馆体形特征

我国各地的综合性体育馆，除供体育活动外，作为一种新的多用途大厅常供文艺演出、集会报告等活动使用。从声学设计的观点考察，与传统观念上的多用途大厅相比，体育馆的体形具有如下特征：

（1）不论比赛大厅容纳观众数目的多少，皆以面积很大的比赛场地为中心，分布观众席位。由于大量的席位（甚至全部）是沿比赛场地的长边布置在主席台和裁判席背后，因此许多席位观看的距离较远，视角较偏。

（2）为了保证体育比赛，中心场地上空的顶棚都相当高。与声源（舞台）在一端的多用途大厅相比，这种以比赛场地为中心的顶棚，不能随观众席自后向前的逐步下降的分布而降低顶棚的高度，致使比赛大厅的每座容积超过通常所建议的多用途大厅的容积指标。

（3）观众席所围绕的中心场地面积很大，并且都铺贴了弹性很好的拼木地板。从对声能的传播来说确实是有效的反射材料，但这种界面与观众席的相对位置并不能向听众提供有效的反射声，并且因掠过前部听众席位而导致相当多的声吸收。

（4）容纳观众数量大。一般认为容纳观众3000人左右属小型体育馆，而对声源（舞台）在一端的多用途大厅来说，这样的容众数则属大型会堂。在体育馆的比赛大厅里，只有最前及最后排的席位靠近围蔽结构界面（中心场地及后部的墙面、顶棚），绝大部分的席位都远离侧墙。

2）声学设计要求、指标和措施

《体育场馆声学设计及测量规程》JGJ/T 131—2012规定的体育馆建筑声学设计要求、指标和措施如下：

（1）体育馆比赛大厅以保证语言清晰为主。在观众席和比赛场地不得出现回声、颤动回声和声聚焦等音质缺陷，比赛大厅的建筑声学处理，应结合建筑结构形式、观众席和比赛场地配置、扬声器设置，以及防火、防潮等要求。

（2）不同容积比赛大厅满场混响时间的建议值及混响时间特性见表3.4－8及表3.4－9。游泳馆的满场混响时间，宜采用表3.4－10的建议值。有花样滑冰表演功能的溜冰馆，其比赛厅混响时间可按容积大于160000m^3的综合体育馆比赛大厅的混响时间设计。冰球馆、速滑馆、网球馆、田径馆等专项体育馆比赛厅的混响时间，可按游泳馆比赛厅混响时间设计。

（3）在体育馆建筑的用地确定后，比赛大厅及有关用房的噪声控制设计应从总体规划、平面布置以及建筑物的隔声、吸声、隔振等方面采取措施。体育场馆内对声学环境有较高要求的辅助房间的混响时间宜符合表3.4－11的规定。体育馆的噪声，不论是发自比赛大厅内的或是来自比赛大厅外其他有关设施的噪声源，对环境的影响都应符合《声环境质量标准》GB 3096—2008。

不同容积比赛大厅满场500Hz～1000Hz混响时间（T_{60}：s）　　表3.4－8

大厅容积（m^3）	<40000	40000～80000	80000～160000	>160000
混响时间	1.3～1.4	1.4～1.6	1.6～1.8	1.9～2.1

各频率混响时间相对于500Hz～1000Hz混响时间的比值　　表3.4－9

频率（Hz）	125	250	2000	4000
比值	1.0～1.3	1.0～1.2	0.9～1.0	0.8～1.0

游泳馆比赛厅500Hz～1000Hz混响时间（$T60$：s）　　表3.4－10

每座容积（m^3/人）	≤25	>25
混响时间	≤2.0	≤2.5

场馆内辅助房间500Hz～1000Hz混响时间（T_{60}：s）　　表3.4－11

房间名称	混响时间
评论员室、播音室、扩声控制室	0.4～0.6
贵宾休息室和包厢	0.8～1.0

3.4.6.3 播音室

（1）语言播音室仅供1～2人使用。考虑到房间声学特性对播、录节目的影响，通常有16～25m^2的面积、50～60m^3容积已能满足使用要求。文艺播音室的尺度，一般依节目种类、演员人数及乐器特点而有所不同，例如播、录民族乐器、地方戏一类的节目，供10余人表演，房间的面积可以考虑为120m^2，容积为700m^3。

（2）语言播音室的混响时间，一般取0.30～0.40s，以满足清晰度的要求。图3.4－22中建议的混响时间与房间容积的关系亦可参考。

（3）扩散是播音室音质的另一个指标，希望播音室内各处的声音状况一样。这类空间的尺度相对较小，低频范围出现的驻波对录音和播放有重要的影响。因此，在设计时需要特别注意房间的尺度比例。对于矩形平面播音室，房间的高∶宽∶长，推荐采用1∶1.25∶1.6或2∶3∶5，避免采用简单的整数比。室内各界面的吸声材料，采用“补丁式”的分布，以及在界面上设置不规则形状的扩散体，均有助于改善室内声音的分布状况。

（4）由于传声器拾音对声音取舍、选择能力的限制，在同样噪声背景条件下拾音，比对人们双耳听闻的干扰大。因此希望室内的噪声水平达到噪声评价数 *NR*－25，大致相当于30dB（A）。

演播室的适用范围较广，可用于录制电视剧、远距离教育的讲课，以及直播文艺节目等。为适应不同的节目要求，演播室的规模可从数十平方米到上千平方米。

演播室的混响时间，同样可以参考图3.4－22中有关数值。对控制混响时间的吸声材料（构造）的选择，侧重考虑其吸声效用，不刻意讲究建筑装修效果，因为沿周边墙面还设有600～800mm的天幕挡住视线。电化教育的小型演播室，一般不设围幕，直接在室内摄像，因而吸声处理需兼顾建筑装修效果。

演播室内工作人员、演员（甚至还有观众）本身的噪声较高，因此室内的噪声限值一般建议放宽至噪声评价数 *NR*－30，大致相当于35dB（A）。

3.4.6.4 法院审判厅

（1）根据视线和听闻的要求，法庭审判厅的排列应该力求紧凑。有些审判厅听闻条件很差，究其原因，往往是每座容积过大，加上硬的反射表面，以致混响时间过长。

（2）设计朝向听众席的反射顶棚，以便充分加强直达声。在审判人员席位的上空悬挂呈倾斜角度的反射板，也是提供有效反射声的措施。

（3）细心研究设计墙面与顶棚交角的部位，防止出现回声。所有的墙面都应作成吸声的或散射的，以免出现延时过长的反射声。

（4）当出席人数很少时，审判厅的混响时间以控制在1.0s为宜。

（5）为了保证庭审活动有安静的环境，空调系统的噪声级宜控制在噪声评价数 *NR*－30～*NR*－35；审判厅的建筑围护结构均需有较好的隔声性能。

3.4.6.5 歌舞厅

我国的《文化行业标准》WH0 301—93规定，新建或改建歌舞厅应进行声学设计。具体要求包括以下几方面：

（1）厅内各处要求有合适的响度、均匀度、清晰度和丰满度，在歌舞厅内不得出现回声、颤动回声和声聚焦等缺陷。

（2）歌舞厅合适的混响时间及歌厅、歌舞厅混响时间的频率特性见图3.4－51及表3.4－12。

歌厅、歌舞厅各频率混响时间相对于500Hz混响时间的比值　　表3.4－12

频率（Hz）	125	250	2000	4000
比值	1.0～1.4	1.0～1.2	0.8～1.0	0.7～1.0

（3）歌舞厅扩声系统的声压级，正常使用时不应超过96dB，短时间最大声压级应控制在110dB以内。对外界的影响应满足环境保护标准规定的要求。

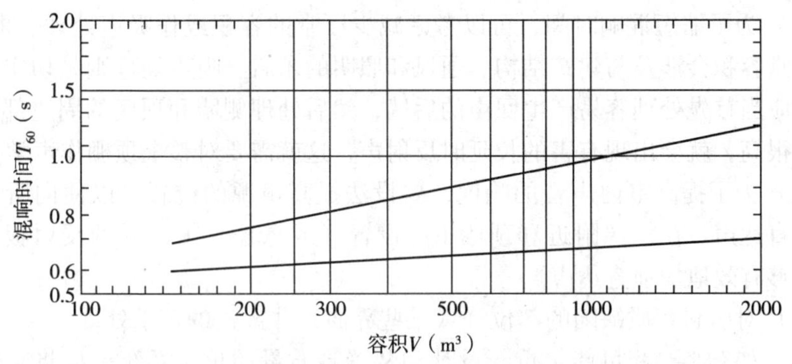

图3.4－51 歌舞厅合适混响时间（500Hz）与厅容积的关系

（4）迪斯科夜总会的吸引力是其强烈的噪声（包含了很强的低频声声压级甚至超过110dB）以及参与者疯狂的活动。声环境设计应考虑解决的主要问题是：影响邻里的突发噪声、管理人员听力损伤的危险以及在同一幢建筑物里引起的对其他设施固体声再辐射。

3.4.6.6 宗教建筑

大教堂的传统主要是一个很大容积的空间（有若干附属的小容积空间相连），教堂音乐用管风琴演奏，混响时间可长达3.0s。参见图3.4－22。

然而许多宗教活动对语言清晰度也有所要求。为改变教堂空间主要由混响声控制的状况，用扩声系统加强宗教音乐的效果以缩短混响时间，已是现今教堂建筑设计的趋势。

如果宗教仪式的要求允许，应依声学原理设计教堂空间，使座席与声源距离不超过20m，并优化空间体形，保证各座席有良好的直达声；同时依要求的混响时间，确定空间容积。如果主要是为听闻语言，每座容积当限制在3～4m^3；对于传统的教堂音乐，每座容积至少10m^3。

在许多宗教建筑中，参加活动的人数变化很大。为解决因人数变化导致的空间吸声总量变化问题，使用与人体吸收等效的软坐椅可能与传统的宗教建筑有矛盾。因此，宜考虑使用可调节的吸声处理，例如便于伸缩的吸声帘幕，两面吸收声性能不一样、可转动的板，或者可改变空间容积、能够移动的隔墙。可调节的吸声处理主要应布置在可能给参加活动的人引起延时过长的反射声部位。

3.4.6.7 现有厅堂的音质改造设计及工程实例

现今有许多厅堂建筑结构的寿命很长，但因听闻条件过差，或是业主要改变其主要功能，希望通过改造能够更好的利用。相对于新建厅堂来说，厅堂的改建可减少资源、能源消耗，减少废弃物排放，符合建设资源节约型和环境友好型社会的要求。

在一些已建成的厅堂中，听闻条件不好，可能是混响时间过长，或因响度不合适，或因存在回声、长延时反射、声聚焦、缺少短延时反射声或是扩声系统有问题，或因明显的噪声干扰。

（1）为了缩短混响时间，可以考虑减少厅堂的容积或作吸声处理。事实上，减少厅堂容积会涉及与建筑结构、通风和照明的矛盾。吸声处理则是切实可行的办法。应当首先处理容易产生回声的后墙，然后处理侧墙和顶棚的周边部分。如果顶棚很高，就会出现有害的长延时反射声，这就需要对整个顶棚作声学处理。

（2）为了提高室内声音的响度，要设法提高声源的位置，以便向听众提供足够的直达声。在声源附近和顶棚下，设置（或悬挂）大尺寸的反射板，使反射声能够有效地加强直达声。

（3）对引起音质缺陷的部位（或某些界面）作改进的声学处理。

（4）如有必要和可能，重新设计和装置高质量的扩声系统，也将有助于减少混响时间过长的影响；对整个顶棚都作吸声处理的厅堂，可以提供足够的响度；此外还能消除某些声学缺陷和减少内、外噪声的干扰。

东南大学礼堂建于1930年，是原中央大学礼堂。鉴于其悠久历史和优美的建筑造型，现为该校标志性建筑。这座容纳观众2000人的大型多用途礼堂，因其高大的穹顶及八角形平面，座席区大部分缺少有效的前次反射声，在数十年的使用中，听闻条件一直很差。为保留原有穹顶体形及建筑细部特征，1995年进行音质改建设计时主要把握三点：

① 在台口两侧增设大尺度扩散体，改变反射声在大厅里的分布状况；

② 选用铝合金微穿孔板构造增加大厅界面声吸收，尽量减少增加结构荷载；

③ 结合圆切柱扩散体设置必要的扩声系统。

改造后实测500Hz的混响时间平均1.1s，听音效果获海内外校友广泛好评。图3.4－52为礼堂改造后的内景。

图3.4－52（*a*）　东南大学礼堂改造后的内景之一，保留了原有高大穹顶

图3.4－52（*b*）　东南大学礼堂改造后的内景之二，增设的台口两侧大尺度扩散体将扬声器结合其中

图3.4－52（*c*）　东南大学礼堂改造后的内景之三，既保留原有建筑风格，又改善了听闻条件

3.4.7 混响时间的设计计算

3.4.7.1 混响时间的计算实例

某多用途厅堂，容纳听众 1000 人，大厅容积为 4300m^3，内表面积为 2430m^2。选择时间指标，要求在频率为 125～4000Hz 范围都是 1.1s。

设计大厅各界面需用的吸声材料。有关的计算项目见表 3.4－13。

混响时间计算实例的列表　　表 3.4－13

序号	项目名称	倍频带中心频率（Hz）					
		125	250	500	1000	2000	4000
1	选择的混响时间（s）	1.1	1.1	1.1	1.1	1.1	1.1
2	所需平均吸声系数（$\bar{\alpha}$）	0.26	0.26	0.26	0.26	0.26	0.26
3	所需吸声单位 $S\bar{\alpha}$（m^2）	629.4	629.4	629.4	629.4	629.4	629.4
4	已有的吸声单位（m^2）	261.9	377.1	427.8	394.1	403.8	383.9
	其中包括：地面 755m^2	7.6	7.6	15.1	15.1	22.6	30.1
	舞台口 130m^2	20.8	26.0	39.0	45.5	37.7	40.3
	台口侧墙 35m^2	3.5	3.5	3.5	3.5	3.5	3.5
	听众 1000 人	230.0	340.0	370.0	330.0	340.0	310.0
5	空气吸收 $4mV$	—	—	—	17.2	43.0	103.2
6	已有的总吸声单位（m^2）	261.9	377.1	427.6	411.3	446.8	487.1
7	需要增加的吸声单位	367.5	252.3	201.8	218.1	182.6	142.3
8	拟调整吸声处理的部位						
	顶棚						
	池座侧墙						
	楼座侧墙						
	楼座后墙						
	挑台顶棚						

3.4.7.2 混响时间计算的精确性

混响时间是人们广泛了解的评价量，是演员和听众谈论的对大厅音质最基本的判断（例如混响、共振等）。因此，在建筑声学设计中，最基本的一项工作就是进行混响时间的计算。然而，本篇介绍的公式（3.1－10）～式（3.1－12），在计算的精确性方面都受到限制，主要原因是：

（1）推导这些计算式所根据的假设，与实际存在的条件并不完全符合。例如，假设室内的声音是扩散的和无规分布的。然而，事实上很少有这样的情况。

（2）相对于一定的房间容积而言，如果总的吸声量较大（例如某些播音室、声学试验室)，应用公式计算就不准确。如果所有的界面全部吸声，室内不可能有混响，而式（3.1-10）不能反映这一实际情况。在强吸声房间里的混响时间，远小于1.0s，这时宜用式（3.1-11）或式（3.1-12）计算。

（3）式（3.1-10）~式（3.1-12）给出的混响时间仅仅取决于房间的容积和总吸收。然而自20世纪70年代以来的详细研究表明，混响时间也还取决于围蔽空间的形状和吸声材料的位置。按照考虑房间形状和材料位置影响的计算，对于房间尺度比例相近的房间（例如1:1.2:1.5或1:1.5:2)，混响计算值比按式（3.1-11）计算的结果分别低6%~15%和4%~19%（依材料分布在多大面积的墙上而定)。如果房间尺度比例为1:2:3，则依材料分布的不同墙面与式(3.1-11）计算结果有+6%~-24%（即总共可达30%）的差别。

（4）在书刊、手册中见到的材料吸声系数一般都是根据标准的测试方法测量的结果。在一座大厅里，材料的使用情况不可能完全符合这些条件。如果装置的方法明显不同，必然会有若干误差。在混响计算中遇到的另一个实际问题，是对暴露在声场中所有错综复杂的表面（包括听众席位排列得宽松或紧凑）难于准确计算。此外，还可能有若干出乎意料的共振吸收。

根据以上分析，可以预计只能期望计算的结果接近于实际的混响时间。为使两者的差别减至最小，应当考虑在房屋竣工后，能够对某些界面的处理作必要的调整。

复习思考题

（1）在厅堂设计中，为了达到优良的听音效果，可以采取哪些建筑及技术设计措施?

（2）依自己的体会与观察，由于观众厅体形不当可能产生哪些音质缺陷?怎样避免或消除?

（3）概述室内听闻的主观要求及相应的客观评价指标。

（4）简述对供听闻语言及欣赏音乐的大厅设计的不同要求。

（5）简述早期反射声的重要性，在厅堂的建筑设计中，哪些技术措施有助于争取和控制早期反射声。

（6）为使大厅内各坐席区有相近的听音条件，哪些建筑设计及技术措施有助于改进大厅内声音的分布状况。

（7）吸声量与房间的容积、混响时间的关系如何？大房间容易产生回声，还是小房间容易产生回声?

（8）一间尺寸为10.0m×20.0m×4.0m（高）的房间。用来作为供120名学生使用的教室。

① 作为一间大教室，对于500Hz频率声音合适的混响时间是多少?

② 未经训练的人耳，对于中、高频声音混响的±10%的差别，以及对低频声音+25%、-10%的差别都很难分辨。因此，该教室所希望的混响时间，对125Hz、500Hz及20001Hz频率的变动范围（指各频率混响可以容许的上、下限)

为若干？

③ 应用式（3.1－10）计算在有、无学生使用两种条件下的混响时间，并将计算结果与选择的指标作比较。

（9）某音乐厅可以容纳听众1800人，每座容积为6.0m^3，中频的混响时间为1.8s。如果按照式（3.1－10）计算的混响时间是准确的，为了使管弦乐队演出有良好的效果，要求平均每20m^{2}的吸声单位就有一件乐器。问最合适的乐队规模是多大？（即同时有多少件乐器演奏？）

（10）一座尺寸为38m×25m×8m（高）的大厅，共有1200个席位。该大厅的装修材料都是硬表面，平均吸声系数为0.05。每个席位占有地面面积0.6m^2。如果坐在席位上的每位听众吸声量为0.4m^2，每一空席位的吸声量为0.28m^2。计算在听众上座率为2/3情况下的混响时间；并依计算结果，判断在此种条件下是否适合语言听闻。

（11）叙述供语言听闻大厅的声学要求。如果准备建造一座容纳600人的报告厅，应当考虑哪些设计要点，以便保证有适宜的声学环境。

（12）一座观众为1200席的大厅，其尺寸为34m×25m×10m（高），每个坐椅的吸声量为0.10m^2，观众入席后的每座吸声量为0.4m^2。席位占地面积总共750m^2，空场500Hz频率声音的混响时间为2.9s。求：①除听众席外，大厅各界面的平均吸声系数；②满场时500Hz频率声音的混响时间；③该大厅的混响时间能否满足放电影的要求？

（13）根据混响时间的定义，它是音质设计中最重要的一个指标。你认为在一座大型的报告厅和音乐厅设计中，还应当分别考虑哪些因素？结合自己在生活中的实际感受加以分析说明。

（14）为了发挥投资效益拟建造多用途大厅，有哪些与建筑设计整合的手段可以用于调节、改变大厅的音质？

（15）怎样理解与建筑设计整合的声学处理是大厅视觉设计的重要组成部分？

第3.4章注释

① 3.4.5.1全部内容选摘自国家大剧院李国棋博士、清华大学燕翔博士及朱相栋老师等提供的论文、图片。

实验指示纲要

Outline of Building Physics Experiments

实验指示纲要列出的实验项目在于对本教材涉及的若干人居环境物理量、建筑材料（构造）物理性能参数的取得或验证。其中，有些是在实验室（或一定的实验条件下）进行，有些则在现场测量。现今我国高校安排的实验学时和具备的实验条件不尽相同，本纲要列出的实验项目、介绍的实验设备、测量方法等仅作为供选择的举例。

第1部分　建筑热工学实验

1.1　热环境参数的测定

热环境参数主要包括空气温度、空气相对湿度、风速风向以及太阳辐射照度等。这些参数的测试仪器种类较多，本节主要介绍基本的测试原理和方法。随着测试技术的发展，微型化、智能化的测试仪器设备逐步替代传统的测试仪器，有条件的高校可根据实际需求选用。

1.1.1　实验项目

（1）空气温度

（2）空气相对湿度

（3）室内风向、风速

（4）太阳辐射照度

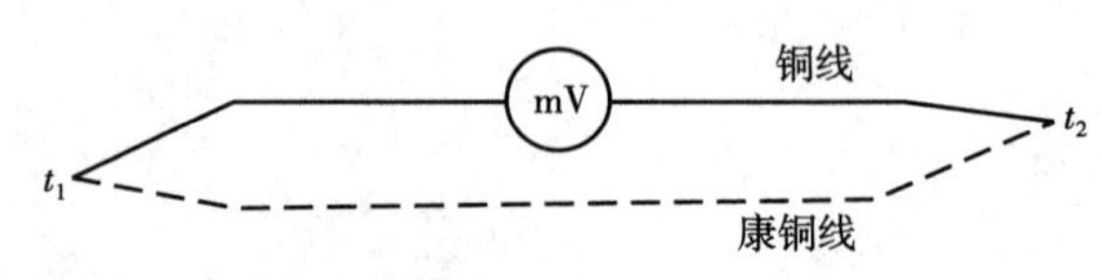

热图 -1　热电偶原理

1.1.2　实验目的

了解室内热环境参数测定的基本内容，初步了解、掌握相关仪器仪表的性能和使用方法。

1.1.3　温度的测定

在建筑热工学实验中，测量温度的仪器和传感器的种类较多，如传统的水银温度计、热敏电阻、热电偶、铂电阻以及非接触式的红外测温仪等等。在实验中可以根据各测温仪器的精度和实验要求选用。热电偶温度传感器具有制作简单、成本较低、精度较高等特点，应用较为广泛。本节主要介绍热电偶的测温原理、基本实验方法和步骤。

（1）实验仪器

铜—康铜热电偶（ϕ0.2～0.5mm），便携式电位差计（或数字电压表、自动毫伏记录仪等），切换开关，宽口保温瓶（或冰点箱）。

（2）实验原理

如热图 -1 所示，当两种金属（如铜和康铜）导线组成闭合回路时，只要两个接点的温度不同，在回路中就有热电势产生。热电势的大小与两端点的温度有关。若固定某一端的温度 t_0 为0℃，则热电势的大小就取决于另一端点的温度 t。只要在回路中接入一电压计，测得热电势值，就可换算成该端点的温度。

（3）实验步骤

① 按测点位置和被测点的温度状况，将所有测点归类编号。

② 将热电偶感温部埋设、粘贴或悬挂在被测点上。测表面温度时，热电偶感温部粘贴要牢、胶粘剂应薄，并在导线离感温部的100mm处在同一被测表面处粘牢一点；若环境热辐射较大时，热电偶感温部应用铝箔覆盖或围罩。

③ 把热电偶的冷端置于蒸馏水和碎冰混合的保温瓶（或冰点箱）中，注意热电偶感温部不要与冰块相碰，并用标准水银温度计在同一位置监测，以保持0℃。

④ 按热图－2所示，将热电偶导线的铜丝端对号接入切换开关，康铜丝端与冷端的康铜丝端连接，并接入电位差计以组成测量回路。

⑤ 按测试项目的内容和要求确定的时间间隔，定时地拨动切换开关，在电位差计上读出相应各测点的热电动势值（毫伏 mV），再按事先标定的热电势与温度间的对应关系，换算成温度。

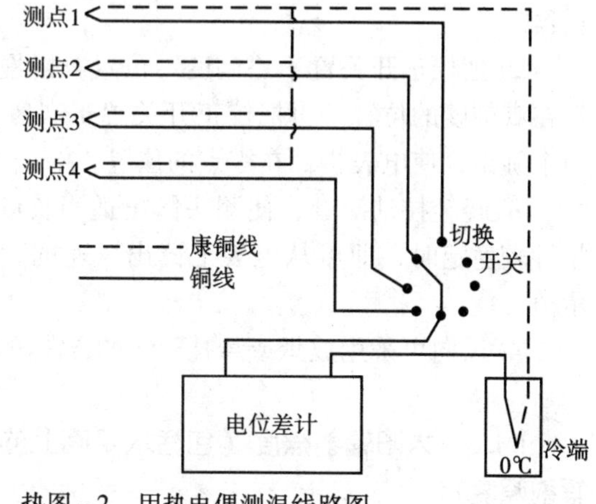

热图－2 用热电偶测温线路图

1.1.4 空气相对湿度

（1）实验仪器

通风干湿球温度计。

（2）实验原理

通风干湿球温度计是由干球温度计、湿球温度计及通风装置组成的。当把该仪器安装在空气中时，润湿湿球温度计的水分就蒸发，并冷却温度计的感受部分。空气的相对湿度愈小，经过湿球温度计感受部分的空气流速愈大，则湿球温度计被冷却的程度愈大，反应的温度就愈低。当通过湿球温度计的空气流速维持恒定时，则干、湿球温度计的数值就反应空气相对湿度的大小。

（3）实验步骤

① 在测定前10min左右，把湿球温度计感应端的纱布用洁净水润湿。

② 若为手动通风干湿球温度计，用钥匙上紧上部的发条，并把它悬挂于测点。待3～4min，当温度计数值稳定后，即可分别读取干、湿球温度计的指示值。读数时，视平线应与温度计水银柱面平齐，先读小数，后读整数。

③ 根据干、湿球温度计读数值查表，即可得到被测点空气的相对湿度。

1.1.5 室内风向、风速

（1）实验仪器

QDF型热球式电风速仪。

（2）实验原理

QDF型热球式电风速计的头部有一直径约0.8mm的玻璃球，球内绕有镍铬丝线圈和两个串联的热电偶。热电偶的冷端连接在支柱上并直接暴露于气流中。

当一定大小的电流通过镍铬丝线圈时，玻璃球的温度升高，其升高的程度和气流速度有关。当流速大时，玻璃球温度升高的程度小；反之，则升高程度大。温度升高的程度反应在热电偶产生的热电势，经校正后用气流速度在电表上表示出来，就可用它直接来测量气流速度。

(3) 实验步骤

① 把仪器测杆放直，测点朝上、滑套向下压紧，保证测头在零风速下校准仪器。

② 把校正开关置于“满度”位置，慢慢调整“满度调节”旋钮，使电表指针在满刻度的位置。再把校正开关置于“零位”的位置，用“粗调”、“细调”两个旋钮，使电表指针在零点的位置。

③ 轻轻拉动滑套，使测头露出适当长度，让测头上的红点对准迎风面，待指针较稳定时，即可从电表上读出风速的大小。若指针摇摆不定，可读取中间示值。

④ 风向可采用放烟或悬挂丝线的方法测定。

1.1.6 太阳辐射照度（包括水平面上的总辐射照度、散射辐射照度和直射辐射照度）

(1) 实验仪器

天空辐射表及辐射电流表（或具有 mV 档的万用电表）各两台。

(2) 实验原理

仪器的工作原理基于热电效应。在锰铜—康铜组成的热电堆上涂以炭黑及氧化镁，利用它们对太阳辐射热吸收系数的不同而造成热电堆冷、热端点的温差，形成热电势。用辐射电流表测出其热电流强度，这个电流强度的大小与太阳辐射照度成正比。

(3) 实验步骤

① 在太阳直射辐射不被遮挡的开阔处，安装好天空辐射表，调节底板上的 3 个螺钉，使仪器感应面成水平位置。辐射电流表安装在天空辐射表的北面，其距离应使观测者读数时不遮挡天空辐射表。

② 将天空辐射表的 2 根导线与辐射电流表的（+）、（-）端连接好，待仪器稳定后即可开始测量。

③ 测量总辐射照度时，把天空辐射表头部的金属罩取下，经 40s 后即可从电流表上读取数值；测散射辐射照度时，需用专用遮光板遮住太阳直射辐射，然后从电流表上读数；直射辐射照度可从同步测得的总辐射照度中减去散射辐射照度来求得。

④ 把上述辐射电流表上的数值按仪器使用说明书中的公式换算成辐射照度。

1.1.7 结果表达和实验报告

(1) 按事先标定的热电势与温度的对应关系，将测得的热电势值换算成该测点的温度。

（2）依读取的干、湿球温度计指示值之差，查表得被测点空气的相对湿度值。

（3）依测得的风速数值，绘出风速分布图。

（4）依读数及仪器使用说明书中的公式，换算成辐射照度。

（5）其他需说明的事项，例如测试环境表述及测量误差分析等。

1.2　保护热板法测建筑材料的导热系数

1.2.1　实验内容

利用热保护板导热仪测量相关数据，并依测得数值计算建筑材料导热系数。

1.2.2　实验仪器

单试件（或双试件）保护热板导热系数测定仪，烘箱，天平，米尺及千分卡尺。

1.2.3　实验原理

测量装置是根据通过平壁稳定导热的原理设计的。用冷、热板在试件两表面产生温差，并用控温设备控制温度的稳定，在试件周边用保护热板来避免热量散失，造成通过试件单向的稳定导热过程。热图－3为单试件保护热板法导热系数测定装置示意图。

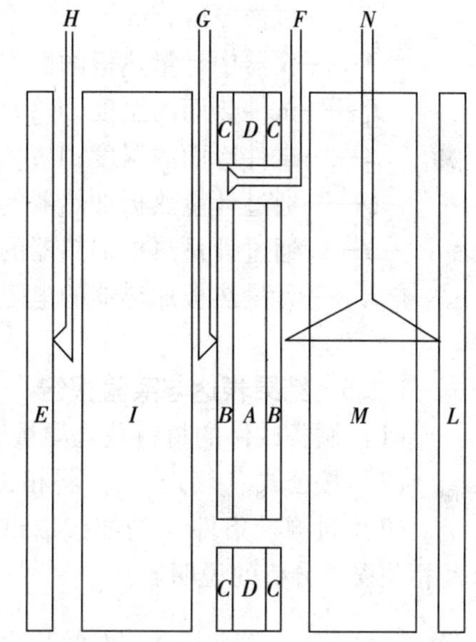

热图－3　单试件保护热板法导热系数测定装置

A—计量热板加热器；*B*—计量热板；*C*—保护板加热器；*D*—保护热板；*E*—冷板；*F*—温差热电偶；*G*—计量热板表面热电偶；*H*—冷板表面热电偶；*I*—试件；*L*—背保护板；*M*—绝热材料；*N*—防护板温差热电偶

1.2.4　实验步骤

（1）按平面尺寸与导热系数测定仪热板尺寸（直径或边长为200～300mm）基本相同，厚度为热板宽（或直径）的1/4来制备试件。

（2）对硬质试件表面要磨平，不平行度不得大于试件厚度的1%；对粉状材料应选用导热系数接近或小于被测材料导热系数的材料做围框，把粉末材料装在围框内。

（3）试件应在烘箱内烘干至含湿量<2%。

（4）称、量试件的重量和尺寸，按下式计算试件密度：

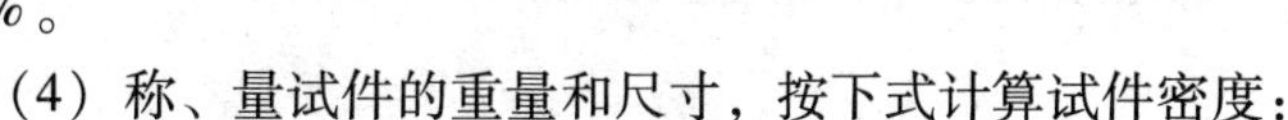

$$\rho = \frac{G}{V} \qquad \text{（热式－1）}$$

式中　ρ——试件材料的密度，kg/m^3；

　　G——试件的重量，kg；

V——试件的体积，m^3。

（5）把试件装入仪器中并压紧。对压缩易变形的试件，在四周必须用导热系数接近或小于被测材料导热系数的材料作支承块。

（6）按实际使用情况和要求，选择试件的平均温度及两表面的温差。

（7）在冷、热板上固定热电偶以测量表面温度或温差。

（8）对设备通电加热，待试件达到热稳定状态后，每隔30min测量试件两表面的温度差和热流强度。当连续四次测量结果的偏差在±1%以内，而且不是单向变化时，测量即可结束。

（9）按下式算出被测材料的导热系数：

$$\lambda=\frac{Q\cdot d}{F\ (t_1-t_2)}=\frac{I^2\cdot R\cdot d}{F\ (t_1-t_2)} \qquad \text{（热式－2）}$$

式中 λ——被测材料的导热系数，W/（m·K）；

d——试件厚度，m；

F——仪器中计量热板的面积，m^2；

t_1——试件热面的温度，℃；

t_2——试件冷面的温度，℃；

Q——通过计量热板加热器的热流量，W；

I——通过计量热板加热器的电流，A；

R——计量热板加热器的电阻，Ω。

1.2.5 结果表达与实验报告

（1）制备试件的材料及含湿量等的相关说明。

（2）按公式（热式－2）将相关读数计算出被测试件的导热系数。

（3）对测量条件（例如读取试件两表面温度差和热流强度的时间间隔等）及相关误差分析的说明。

1.3 热流计法测量构件的传热系数

1.3.1 实验内容

依相关仪器测得的数值，计算构件本身的传热系数。

1.3.2 实验仪器

冷、热室（能模拟室内、外气温并维持稳定），热流计，热电偶，电位差计（或数字电压表及其他自记式毫伏表等），烘箱，米尺，磅秤。

1.3.3 实验原理

基于单层平壁稳定导热原理，即在稳定的温度场中，通过单层平壁的热流强度与平壁冷、热侧表面温度差成正比，其比例系数即为构件的传热系数。

1.3.4　实验步骤

（1）称、量制备好的试件（面积不小于1000mm×1000mm，表面要磨平）的重量及尺寸。

（2）将试件安装在冷、热室间，试件周边用高效保温材料与其他试件隔开，而且要把缝隙堵严。

（3）在试件热侧表面中心位置粘贴一块热流计；若试件潮湿，则需在试件两侧表面各贴一块热流计，热流量取两者读数的平均值。

（4）在试件内、外表面热流计四周（离边缘20mm左右），分别布置4个热电偶测量温度，分别取其平均值作为试件内、外表面温度。

（5）在实验室的冷、热室中心离地面1.5m高度处设温、湿度监控点，调节控制温度波幅≤0.5℃、热室空气相对湿度波幅≤5%；同时，在试件附近设温度监控点，控制试件附近气温不均匀度≤0.5℃。

（6）对冷、热室分别进行降温及升温，当试件进入热稳定状态后，连续或间断采集试件冷、热侧表面温度及热流计的数据各20次及40次以上。

（7）在粘贴热流计的部位，按试件厚度分层取样，测定试件平均含水率。

（8）按下式计算构件本身的传热系数K

$$K=\frac{q}{\overline{\theta}_i-\overline{\theta}_e}=\frac{C\overline{E}}{\overline{\theta}_i-\overline{\theta}_e} \qquad \text{（热式-3）}$$

式中　K——构件本身传热系数，W/（m^2·K）；

q——通过试件的平均热流强度，W/m^2；

C——热流计的标定常数，W/（m^2·mV）；

$\overline{E}$——热流计各次读数的平均值，mV；

$\overline{\theta}_i$——试件热侧表面各温度测点历次读数的平均值，℃；

$\overline{\theta}_e$——试件冷侧表面各温度测点历次读数的平均值，℃。

1.3.5　结果表达与实验报告

（1）有关制备试件尺寸、装置及测点分布的说明。

（2）实验室温度、湿度被动情况的记录及说明。

（3）在试件冷、热侧读取相关数值的记录及说明。

（4）依读数平均值用公式（热式-3）计算的构件本身的传热系数K。

1.4　热箱法测量构件的总传热系数

1.4.1　实验内容

用热箱法测量并依测得的相关数值计算构件的总传热系数。

1.4.2　实验仪器

热箱、冷箱、保护箱及控温和测温装置（见热图-4），热流计、风速仪、尺、秤及烘箱。

1.4.3 实验原理

基于平壁的稳定传热原理，在试件两侧的箱体内建立所需要的稳定温度场及必要的风速条件和热辐射环境，在传热达到稳定状态后，根据测得的功率及试件两侧的表面温度及空气温度，即可得出总传热系数及表面换热系数。

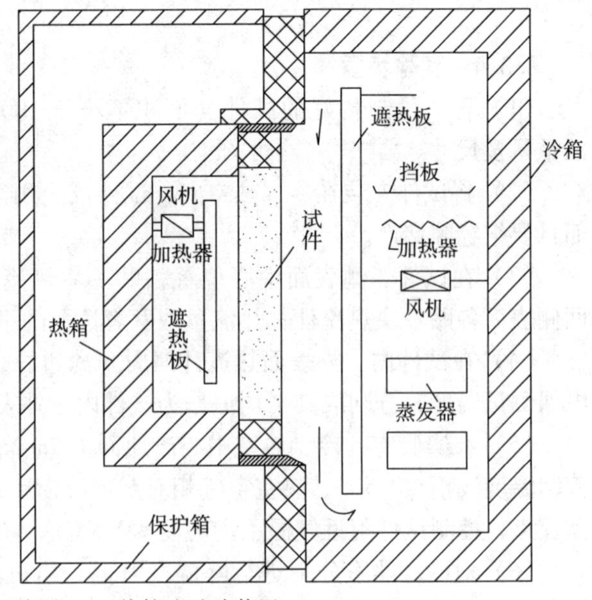

热图－4 热箱法试验装置

1.4.4 实验步骤

（1）取具有代表性的构件，其尺寸应符合箱体试件尺寸的要求。准确量测试件各部分尺寸。

（2）试件湿度应当达到正常使用情况下的平衡含湿率。在测试前、后对试件称重。测试后从试件中取出有代表性的一块进行称量和烘干，以求出试件的含湿率。

（3）冷、热箱的温度应尽可能与试件的使用温度一致，其温差宜保持在≥15℃。

（4）在热箱箱体各壁面的内、外表面至少设一对热流计，安装在其中心部分，各热流计的系数均应相同。

（5）测定以下数据：进入热箱的总功率（包括箱内加热器和电风扇的功率），热箱箱壁热流计读数，冷箱及热箱的空气温度，试件两表面温度，保护箱及实验室内空气温度，流经试件表面的风速。

（6）对冷、热箱分别进行降温和升温，当试件两表面温度及进入箱内功率出现无规律变化，而且其变化数值在4h内小于2%时，可认为已达热稳定状态，取最后4h数组的平均数作为测定值。

（7）按下列公式整理数据：

$$K_0 = \frac{Q - ME}{(t_h - t_c)\ F} \quad \text{（热式－4）}$$

$$\alpha_i = \frac{Q - ME}{(t_h - \theta_h)\ F} \quad \text{（热式－5）}$$

$$\alpha_e = \frac{Q - ME}{(\theta_c - t_e)\ F} \quad \text{（热式－6）}$$

式中 K_0——试件的总传热系数，W/（m^2·K）；

α_i——试件内表面换热系数，W/（m^2·K）；

α_e——试件外表面换热系数，W/（$m^2 \cdot K$）；

Q——进入热箱的总功率，W；

E——热箱箱壁热流计读数，mV；

M——热箱箱壁热流计换算系数（W/mV）；可用下法测定：用一块已知传热系数（≤15W/（$m^2 \cdot K$））的均质平板作标准试件，并使热箱和冷箱的空气温度差稳定在28℃或28℃以上，调整热箱外的空气温度，使其比热箱内温度高或低几度，分别记录输给热箱的稳定功率Q'、试件热面及冷面温度t_1及t_2、试件面积F'及箱体热流计电动势E，并按下式计算：

$$Q' - ME = K\ (t_1 - t_2)\ F'$$

式中　F——试件测试部分面积，m^2；

t_h——热箱的空气温度，℃；

t_c——冷箱的空气温度，℃；

θ_h——试件热表面的温度，℃；

θ_c——试件冷表面的温度，℃。

因式中试件的传热系数K为已知，故可根据测出的Q'、E、F'、t_1、及t_2值，得到热流计的换算系数M。

1.4.5　结果表达与实验报告

（1）试件材料，含湿率及装置的有关说明。

（2）依测定的进入热箱总功率，热箱箱壁热流计读数，冷、热箱的空气温度，试件冷、热表面温度等，运用公式（热式-4）、（热式-5）及（热式-6）算出试件的总传热系数K_0。

（3）有关测试条件及误差分析的说明。

1.5　建筑日照实验

1.5.1　实验内容

直接获得任意地点、任意日期和任意时刻的太阳高度角、方位角；直接绘制棒影图或结合建筑群体布局、建筑物体形分析研究日照设计。

1.5.2　实验仪器

三参数日照仪（见热图-5），平行光源。

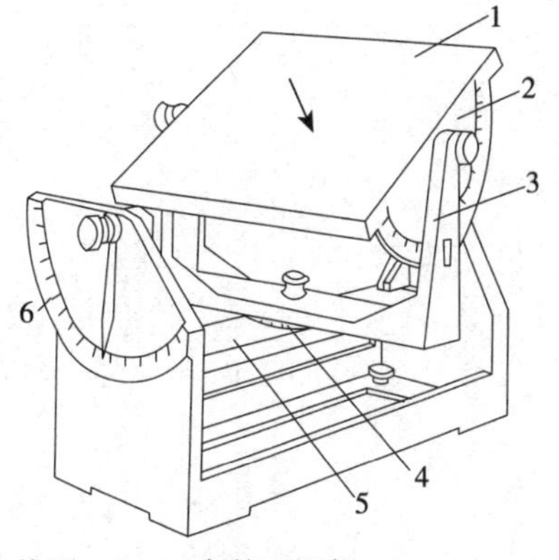

热图-5　三参数日照仪

1—地平面；2—纬度盘；3—地球自转架；4—时间刻度盘；5—控制赤纬度指针的转动支架；6—赤纬度刻度盘

1.5.3　实验原理

根据地球绕太阳运行的规律，太阳的高度角与方位角取决于地理纬度、赤纬度及时角。而当太阳的高度角及方位角确定后，棒与影的关系也就可据以确定，故在三参数日照仪上的建筑物模型，在模拟的太阳光照射下，就可直接观察到上述内容。

1.5.4 实验步骤

（1）在日照仪的地平面中心插入一根按一定比例制作的细棒。将日照仪的三个参数的指针分别置于0°的位置。移动日照仪，使地平面上所立棒处于无影的状态。

（2）转动纬度盘，使地平面处于设计所在地的纬度。

（3）转动调节赤纬度的刻度盘，使赤纬度位于要测试日期的赤纬度值上。

（4）在地平面上铺纸、立棒、转动时角刻度盘，可画出当地、当日的棒影轨迹。

（5）把预先按一定比例制作好的建筑物模型放在地平面上，使其朝向与设计朝向一致。转动时间刻度盘，即可观察该地、该日建筑物周围的阴影变化情况，室内日照时间、日照面积以及遮阳板的遮蔽情况，也可用来观察建筑物朝向与间距的关系。

1.5.5 结果表达与实验报告

（1）依观察的所在地太阳高度角、方位角读数，绘出棒影图。

（2）算出试验建筑（模型）遮挡与日照时间。

（3）依观察的该地、该建筑物周围的阴影变化情况，调整、优化建筑物朝向与间距的关系。

（4）其他需说明的相关事项。

第2部分　建筑光学实验

在建筑光学实验中，常用的仪器设备主要有照度仪和亮度计等。这些仪器设备的种类很多。随着技术发展，各种数字式、智能化的仪器设备正逐步成为建筑光学实验中的主要仪器设备，有条件的高校可根据自身情况配置、使用。

2.1　采光实验

2.1.1　试验项目

（1）室内采光实测

（2）采光模型实验

2.1.2　室内采光实测

（1）实验目的

① 检验采光设施与《建筑采光设计标准》（GB/T 50033—2001）的符合情况；

② 检验采光设施与设计方案的符合情况；

③ 进行采光设施采光效果的比较；

④ 测定采光设施随时间和环境变化的情况，确定维护和改善采光的措施，以保障视觉工作要求和节能。

（2）实验内容

测量室内测点由天空漫射光的照度和室外无遮挡的天空漫射光的照度，并计算出采光系数。

（3）实验仪器

两台照度计（附颜色和余弦校正器）；光接收器支架，使光接收器处于工作面高度，并能方便地移动到各测点上。

（4）实验原理

由立体角投影定律可知，室内测点的天空漫射光照度 E_n 是由透过窗口看到天空所形成的立体角 Ω 的投影 $\Omega \cdot \cos\theta$ 与天空的亮度乘积：

$$E_n = L_\theta \cdot \Omega \cdot \cos\theta \qquad \text{（光式-1）}$$

式中　L_θ 为由 n 点透过窗口看到的天空这部分面积上的平均亮度。

采光系数是室内某一点的天空漫射光照度（E_n）和同一时间的室外无遮挡水平面上的天空漫射光照度（E_w）的比值：

$$C = \frac{E_n}{E_w} \times 100\% \qquad \text{（光式-2）}$$

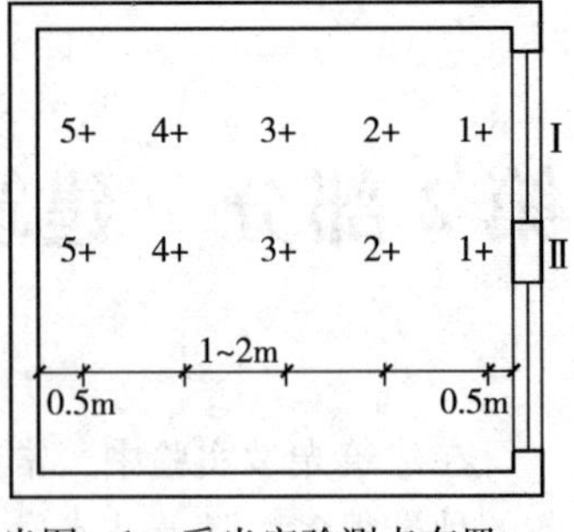

光图－1　采光实验测点布置

（5）实验要求

① 不遮挡被测量的光线；

② 操作人员着深色衣服；

③ 室外照度与室内照度的测量应同时进行；

④ 宜在全阴天空漫射光照射下测量照度值。

（6）实验步骤

① 场所和布点

选一侧窗采光房间，在窗、窗间墙中间，垂直于窗面布置二条测量线，离地高度与工作面同，间隔1～2m布置一测点（见光图－1）。

② 测量

（A）天气、朝向和时间

最好选择阴天。如无阴天，选朝北房间进行测量。时间最好在09：00～16：00，因这时室外照度变化较小。

（B）室外照度

应选择周围无遮挡的空地或在建筑物屋顶上进行测量。光接收器与周围建筑物或其他遮挡物的距离应大于遮挡物高度（自光接收器所处水平算起）的6倍以上。读数时间应与室内照度读数时间一致。

（C）室内照度

光接收器放在与实际工作面等高，或距地面0.8m高的支架水平面上。测量时应熄灭电光源照明灯。操作人员应避开光的入射方向，以防止对光接收器的遮挡。为了提高测量精度，每一测点可反复进行3次读数，然后取读数的平均值。根据测得数据即可整理成典型剖面的采光系数曲线图。

（7）结果表达与实验报告

① 列出室内、外所有测点的照度实测值（lx）及校正值（lx），并依式（光式－2）计算出采光系数最低值 $C_{\min}$（%）；

② 以表格形式给出的实验报告应包括：使用仪器（型号、编号），测量日期，时间，建筑结构类型，窗结构材料及维护情况，窗、地面积比，采光效果评价；

③ 建筑物平、剖面图（含方位、尺寸、采光系数曲线图），室外遮挡情况；

④ 与测量有关的必须说明的其他事项。

2.1.3 采光模型实验

（1）实验目的

在人工天空半球内通过采光模型了解窗口设置、室内表面的光特性对室内采光的影响。

（2）实验内容

利用人工天空半球和建筑采光模型，测量分析窗口设置和室内表面光特性的影响，并预测其天然采光设计的效果。

(3) 实验仪器

人工天空半球；两台照度计；房间模型(尺度约为人工天空直径的1/5)。

(4) 实验原理

人工天空半球（光图-2）是一个假设的天空半球，半球内表面粉刷成白色漫反射面，半球下部装有镜面投光灯照射上半球，使半球内表面的亮度按下式的规律分布：

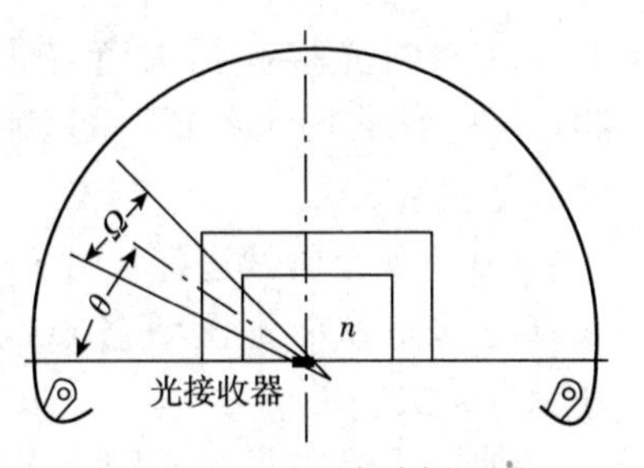

光图-2 人工天空半球剖面图

$$L_{\theta} = \frac{1 + 2\sin\theta}{3} L_{Z} \quad (\text{光式}-3)$$

式中 θ角为计算天空亮度处的高度角（仰角），L_{θ}是仰角为θ方向的天空亮度(cd/cm^2)，L_Z是天顶亮度(cd/cm^2)。当人工天空半球内表面上的亮度分布类似于CIE阴天空的亮度分布后，在半球中心处放置按照相似理论制作的建筑采光模型。

由立体角投影定律，根据式（光式-1）确定照度值后，按式（光式-2）算出采光系数。

由式（光式-3）可知，当天空半球的半径改变时，或建筑采光模型的比例尺寸改变时，并不影响投影$\Omega \cdot \cos\theta$的大小变化，因此只要保持天空半球的亮度分布规律不变，n点的照度也不改变。换句话说，对天空半球的直径和模型的比例尺寸变化不影响试验结果，这为模型试验提供了方便条件。但在实验时为了操作方便，一般将模型的几何中心对准半球中心位置，工作面放置在半球的底平面上，而房间的其他点不在半球的中心，这样就会产生误差。

测得照度值后，利用式（光式-2），两者相除就可以计算出采光系数C。

(5) 实验要求

① 模型室外照度与模型室内照度的测量应在投光灯电源稳压后进行；

② 测量时光接收器应水平放置，或平放在模拟的工作面上；

③ 采用光电式照度计时，测量前应使光接收器曝光2min后，方可开始测量。

(6) 实验步骤

① 平天窗采光模型实测

(A) 开启天空半球投光灯，并测试半球中心处的照度E_w；

(B) 安置建筑采光模型（光图-3）；

(C) 将光接收器放置在模型内，测量3次模型内各工作点的照度E_n；

(D) 计算各点的采光系数，绘制采光系数曲线图。

② 侧窗采光模型实测

对单侧采光建筑模型进行测试，见光图-4高侧窗、侧窗。测量不同进深、不同房间长度，在不同室内墙面光反射比ρ的条件下的采光系数曲线。

(A) 开启天空半球反射灯，测量半球中心处的照度值E_w；

(B) 安置单侧采光建筑模型，模型墙壁为黑色($\rho<4\%$)；

(C) 将光接收器放置在模型内，测量沿进深方向工作面上各测点的照度，并测量3次；

(D) 改变模型进深尺寸，再沿进深方向的工作面上测量各点的照度，并测量3次。

(E) 改变房间的长度，在不同房间长度下，沿进深方向的工作面上测量各点的照度，并测量3次。

(F) 将模型的墙壁内表面换成白色（$\rho>80\%$），重复（C）~（E）的操作；

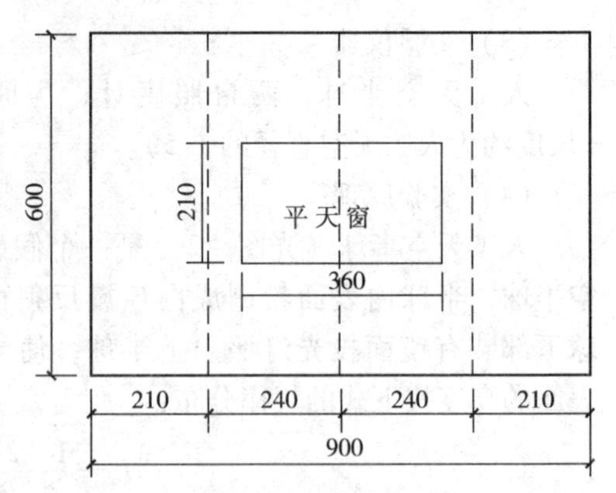

光图 -3 平天窗示意图（单位：mm）

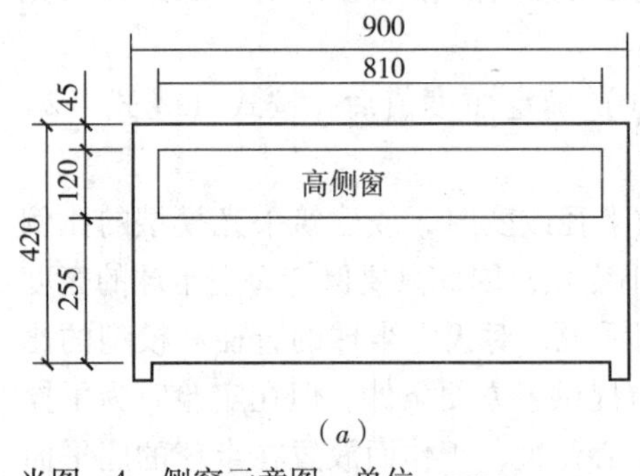

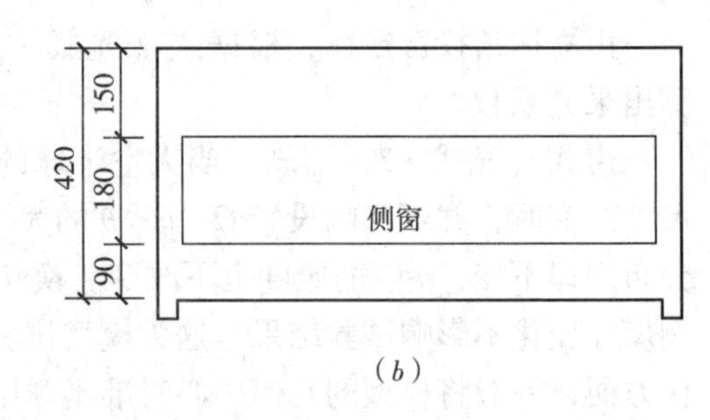

光图 -4 侧窗示意图 单位：mm

(a) 高侧窗；(b) 侧窗

(G) 计算采光系数，绘制采光系数曲线图。

(7) 结果表达与实验报告

① 列出半球中心处测得的照度值 E_w；列出模型内各工作点数次测量的照度 E_n，算出多点的平均值；并依式（光式 -2）计算采光系数 C；

② 绘出采光曲线图，并计算采光口尺寸，设置位置分析比较；

③ 与测量有关的必须说明的其他事项。

2.2 照明实验

2.2.1 实验项目

(1) 室内照明实测

(2) 照明模型实验

2.2.2 室内照明实测

(1) 实验目的

① 检验照明设施与《建筑照明设计标准》GB 50034—2004 的符合情况；

② 检验照明设施与设计条件的符合情况；

③ 进行各种照明设施的照明效果比较；

④ 测定照明随时间变化的情况，确定维护和改善照明的措施，以保障视觉工作要求和工作效率与安全，节能和保护环境。

（2）实验内容

室内照明实测的内容主要是室内工作面上各点照度的测量。对于有确定工作位置的房间（如阅览室和工厂的生产车间等），要求测定实际工作面的照度；没有固定工作地点的房间，要求测定假想工作面（距地面0.8m以上处）的平均照度；还有一些视觉工作对象是垂直工作面，如图书馆的书库、商店的货架、中心控制室的仪表盘等，要求测定垂直面上的照度。因此，要根据被测对象的不同情况，选择适合的测量内容和要求。

（3）实验仪器及测量条件

① 实验仪器

照度计（附颜色和余弦校正器），宜为光电式照度计，要求仪器的精确度达到Ⅱ级以上。

② 测量条件

（A）新安装的气体放电灯，宜先老化点燃100h，待灯的光输出基本稳定后，再进行测量；

（B）测量开始前，应将灯点燃30min~40min后，方可进行测量；

（C）宜在额定电压下进行照明测量。在测量时，应兼测量电源电压，若与额定电压偏差较大时，则按电压偏差对光通量的影响，对测量结果予以相应的修正；

（D）室内照明测量应在没有天然光和其他非被测光下进行。

（4）实验原理

室内照明被照面上的照度值，可由与测点至点光源的距离平方成反比，与光源在 i 方向的发光强度和入射角 i 的余弦成正比算得：

$$E=\frac{I_{\alpha}}{r^{2}}\cos i \qquad （光式-4）$$

式中 E——测点上照度值，lx；

I_{α}——光源在 i 方向的发光强度，cd；

r——被照面至点光源的距离，m。

（5）实验要求

① 不遮挡测量的光线；

② 测量宜在晚间进行。测量前，应开亮全部灯，待其稳定后（稳定时间为30min~40min）才能开始测量。测量时操作人员不应遮挡光接收器。

③ 操作人员着深色衣服；

④ 测量应采用中心点照度测量法或四点照度测量法。

（A）中心点法照度测量

在照度测量的区域一般将测量区域划分成矩形网格，网格宜为正方形，应在矩形网格中心点测量照度，如光图－5所示。该布点方法适用于水平照度、垂直照度或摄像机方向的垂直照度的测量，垂直照度应标明照度的指向。

○ 表示测点

光图－5　在网格中心点测量照度示意图

中心点法的平均照度按下式计算：

$$E_{av}=\frac{1}{M\cdot N}\sum_{j=1}^{n}E_j \qquad (光式－5)$$

式中　E_{av}——平均照度，lx；

E_j——第 j 个测点上的照度，lx；

M——纵向测点数；

N——横向测点数。

（B）四点法照度测量

在照度测量的区域一般将测量区域划分成矩形网格，网格宜为正方形，应在矩形网格4个角点上测量照度（见光图－6）。该布点方法适用于水平照度、垂直照度或摄像机方向的垂直照度的测量，垂直照度应标明照度的指向。

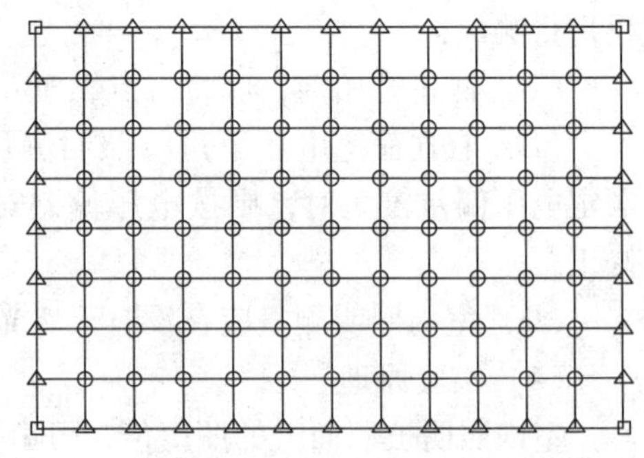

○— 场内点；△— 边线点；□— 四角点

光图－6　在网格四点测量照度示意图

四点法的平均水平面照度按下式计算：

$$E_{av}=\frac{1}{4M\cdot N}\left(\sum E_{\theta}+2\sum E_0+4\sum E\right) \qquad (光式－6)$$

式中　E_{av}——平均照度，lx；

M——纵向测点数；

N——横向测点数；

E_{θ}——测量区域四个角处的测点照度，lx；

E_0——除 E_{θ} 外，四条外边上的测点照度，lx；

E——四条外边以内的测点照度，lx。

（6）实验步骤

① 测点应当是每个工作点，并将测点位置标注在平面图上。在平面图中还应当标明灯具挂高和所处位置。以学校建筑为例，照明测量见光表－1。

学校建筑照明测量（举例）　　光表 -1

房间或场所	照度测点高度	照度测点间距	测量要求	反射比
教室、实验室、美术教室	桌面	2.0m×2.0m 或 4.0m×4.0m	每区域测量点不宜少于3个点； 一般采用功能区域分别测量，最后累加计算总量。	每种主要材料测量点不宜少于3个点。
多媒体教室	0.75m 水平面	2.0m×2.0m 或 4.0m×4.0m		
教室黑板	黑板面	0.5m×0.5m		

注：1. 照明功率密度计算按式 $LPD=\sum P_j/S$ 求出，式中 LPD 为照明功率密度（W/m^2）；P_j 为被测量照明场所中的第 j 单个照明灯具的功率（W）；S 为被测量照明场所的面积（m^2）。
2. 照度均匀度按式 $U_1=E_{min}/E_{max}$ 或 $U_2=E_{min}/E_{av}$ 计算，式中 U_1 和 U_2 是照明均匀度；E_{min} 是最小照度；E_{max} 是最大照度；E_{av} 是平均照度；照度单位均为 lx。
3. 照度测量宜采用矩形网格。

② 在标有灯具与测点位置的平面图上，在测点旁注出各点的照度实测值，或绘出等照度曲线。

（7）结果表达与实验报告

依据被测对象（配有建筑空间、照明设施现状及测点的平、剖面图），确定的测量要求，选择测量的内容及测量结果（包括计算出照明功率密度 *LPD* 等），与实验目的作比较。若有需要，提出对照明现状的改善措施。

2.2.3 照明模型实验

（1）实验目的

照明设计涉及色彩、艺术效果、生理、心理、工程技术等多方面。对要求较高的照明设计，可以在专门的照明实验室用实体模型模拟设计方案所设条件进行实验比较。当用缩小比例尺寸的照明模型进行试验时，由于灯具、色彩、艺术效果的模拟条件难以实现，因此，缩小比例尺寸的照明模型实验一般着重于照明数量、灯具配置等因素的研究。

通过本实验要求初步了解室内表面及其光学特性、灯的距高比对室内照度的影响，以及加深对“利用系数”法照度计算理论的理解。

（2）实验内容

测量照明模型地面或作业面上的照度。

（3）实验仪器

① 照明模型：矩形房间，比例 1:10，顶棚上装有六个小型的特制镜面投光灯，灯泡表面为毛玻璃表面。灯功率 25W、电压 24V（见光图 -7）；

② 照度计；

③ 供电装置：交流稳压器、变压器、交流电压表；

④ 反光材料。

（4）实验原理

模型是按原型比例缩小，应用相似理

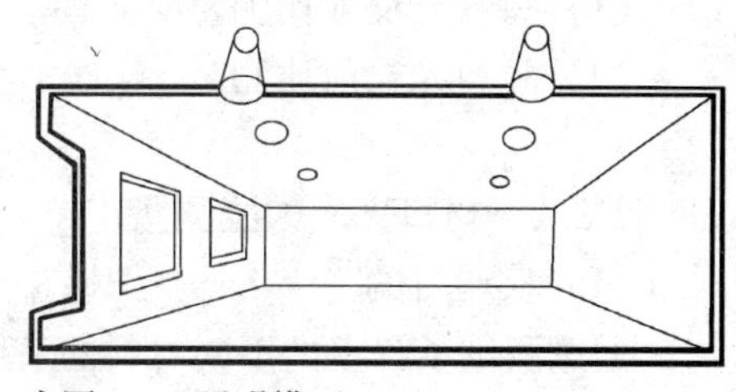

光图 -7　照明模型

论且根据实验研究的要求决定模型的模拟条件，例如比例尺寸、光源配光特性、光通量、内壁光反射比、光色等。

试验模型的平均照度 E_{av} 可由下式确定：

$$E_{av}=\frac{N\Phi C_{u}}{S} \quad (光式-7)$$

式中 N——灯的数量，个；

Φ——灯的光通量，lm；

S——房间工作平面面积，m^2；

C_u——利用系数。

（5）实验要求

① 实验模型应符合相似理论要求，照度计的光接收器应尽量小；

② 供测量的电源电压应稳定，且在灯点燃稳定后测量；

③ 测量应在没有天然光和其他非被测光下进行。

（6）实验步骤

① 将模型装好，其内表面为白色，开灯；

② 将模型的工作面表面分成坐标网格，在网格中心处测量照度 $E_{1,j}$；

③ 改变灯具挂高，再测量各测点照度；

④ 将模型内表面换成黑色，再按②、③程序进行测量各测点照度；

⑤ 计算照明模型各测点的平均照度：

$$E_{av,1}=\frac{1}{n}\sum_{j=1}^{n}E_{1,j} \quad (光式-8)$$

式中 $E_{1,j}$——照明模型中 j 测点的照度值，lx。

（7）结果表达与实验报告

① 说明基本的实验条件，例如表征房间几何形状特征的空间比（RCR）、光反射比 ρ 以及灯具悬挂高度等；

② 记录数次测得的各点照度（lx），按式（光式-8）计算其平均值 E_{av} 及照度均匀度 E_{min}/E_{av}；

③ 将实验结果与理论计算值比较、分析。

2.3 材料光学性质测量

2.3.1 实验项目

（1）材料光反射比测量

（2）材料光投射比测量

2.3.2 材料光反射比测量

（1）实验目的

通过测试了解室内不同材料的表面反射性能。

（2）实验内容

实测室内表面反射系数。可通过测量待测表面的照度，推算出该漫反射表面的光反射比。

(3) 实验仪器

照度计。

(4) 实验原理

光照射到材料表面时，其光通量一部分被材料吸收，一部分被反射，一部分被透射。如设光源的入射照度为 E_i，反射照度为 E_ρ，则根据能量守恒定律（反射光通量 Φ_ρ、吸收光通量 Φ_α 与透射光通量 Φ_τ 之和等于总入射光通量 Φ），可算得材料的光反射比为：

$$\rho = \frac{E_\rho}{E_i} \qquad \text{（光式 -9）}$$

(5) 实验要求

材料光反射比测量可采用照度计直接测量的方法。一般每个被测表面选取 3~5 个测点，然后求其算术平均值，作为该被测面的光反射比。

(6) 实验步骤

选择不受直射光影响的被测面，将照度计光接收器紧贴被测面，测得入射照度 E_i。然后将接收器的感光面对准同一被测面的原来位置，沿垂直于被测面的方向逐渐后移，待照度计读数稳定后（该距离大约 30cm），测出反射光照度 E_ρ（光图 -8），由式（光式 -9）求出光反射比 ρ 值。

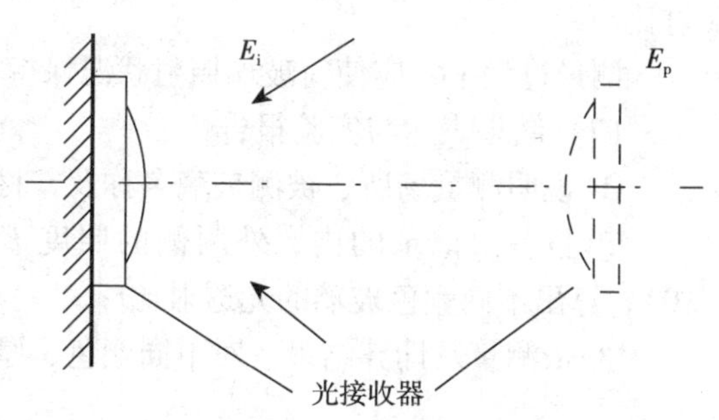

光图 -8　用照度计测定表面的光反射比

测量过程中，应使被测表面照射状况保持不变，以免影响测量精度。

(7) 结果表达与实验报告

① 说明测量场所、被测面名称及其材料、颜色；

② 记录紧贴不同被测面测量的入射光照度 E_i（lx）、数次测量的被测面各点得反射光照度 E_ρ（lx），并依式（光式 -9）计算出光反射比 ρ；

③ 比较并分析室内不同深浅颜色表面的光反射比。

2.3.3　材料光透射比测量

(1) 实验目的

通过对普通玻璃窗的光透射比的测量，了解玻璃的透光性能以及玻璃窗光透射比大小对室内采光质量的影响。

(2) 实验内容

用照度计实测窗玻璃的光透射比。

(3) 实验仪器

照度计。

（4）实验原理

光照射到材料表面后，其光通量一部分被材料吸收，一部分被反射，一部分被透射。所以，如设光源的入射照度为 E_i，则在材料入射另一侧的透射照度为 E_τ，则根据能量守恒定律（反射光通量 Φ_ρ、吸收光通量 Φ_α 与透射光通量 Φ_τ之和等于总入射光通量 Φ），于是可算得材料光透射比为：

$$\tau = \frac{E_\tau}{E_i} \qquad \text{（光式 -10）}$$

（5）实验要求

一般每个被测材料选取 3 ~ 5 个测点，然后求其算术平均值，作为该被测材料的透射比。

（6）实验步骤

用窗玻璃作为该实验的被测材料。在天空漫射光条件下，将照度计的光接收器分别贴在窗玻璃的内、外两侧，两侧的测点应处于同一轴线上。分别读出内、外两侧的照度 E_τ和 E_i，如光图 -9 所示。按式（光式 -10）求出透射比τ。

测量过程中，应使窗玻璃照射状况保持不变，以免影响测量精度。

（7）结果表达与实验报告

① 说明测量场所、被测玻璃名称及其材料、颜色。

② 依各次记录的内、外两侧的照度 E_i（lx）、E_τ（lx），利用式（光式 -10），算出不同颜色玻璃的光透射比τ；

③ 依测量及计算结果，对不同颜色、厚度玻璃分析、比较。

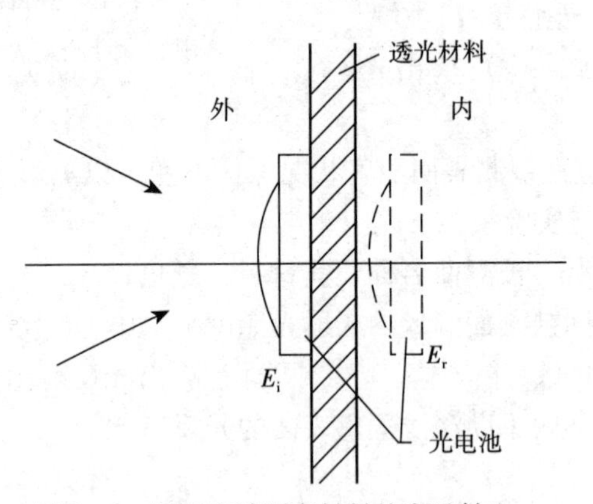

光图 -9　用照度计测定材料的光透射比

第3部分　建筑声学实验

3.1　声压级和A声级的测量

3.1.1　实验目的

了解声压级和声级测量的方法，掌握声级计的使用。

3.1.2　实验内容

测量稳态噪声的声压级和A声级。

3.1.3　实验仪器

精度为Ⅱ级以上，有线性标度（或“L”）和A计权的声级计，其性能符合《声级计电声性能及测量方法》（GB/T 3875—1983）之规定，声级校准器及三脚架。

3.1.4　实验原理

声级计是按照一定的频率计权和时间计权测量声音的声压级和声级的仪器，是声学测量的基本仪器。声级计按照用途可以分为一般声级计、积分声级计、脉冲声级计、噪声暴露计、统计声级计（噪声统计分析仪）和频谱声级计等；按其显示方式可分为模拟显示（电表、声级灯）和数字显示声级计，目前多数声级计均为数字显示；按照其准确度又分为四种类型：0型声级计，作为标准声级计；Ⅰ型声级计，作为实验室使用精密声级计；Ⅱ型作为一般用途的普通声级计；Ⅲ型声级计，作为噪声监测的普查型声级计。四种类型的区别在于容许误差的不同。随着类型数的增加，容许误差放宽。

一个声音的声压级用dB表示。按照声压级的定义，是其声压与基准声压（$2\times10^{-5}N/m^2$）之比以10为底的对数乘以20。A声级是用A计权网络测得的声压级，记为dB（A）。

3.1.5　实验步骤

（1）把声级计装于三脚架上（或手持），打开开关检查电池电力是否充足，如电力不足更换电池后再进行测量。多数声级计都有自动检测功能。

（2）频率计权开关置于“线性（L）”的位置，将校准器（或活塞发声器）装在声级计的传声器上，开启校准器开关，声级计应显示校准声压级值，如有差别，调整校准旋钮使显示标准值。

（3）将频率计权开关置于“线性（L）”或“A”的位置，在不同位置测得的数据不同。置于线型（L）时测得结果为声压级，记为 L_p。置于 A 计权时测得结果称作为 A 声级，符号为 L_A。

（4）量程开关的调节，打开声级计开关之后，试测量声级，如果声级计出现过载指示，则可以选择较大一级量程。目前声级计均为数字式，可以直接读出数值。

（5）对几种不同声源的声音（例如电钻、稳态的内燃机引擎或摩托车、空调器送风等）进行测量。测量中可以观察不同声源之间的区别，例如是高音调声还是低音调声。这种区别可以从声压级和 A 声级数值的差比较出来。

3.1.6 结果表达与实验报告

记录在相同距离（例如 2m、4m 远）测得的不同声源声音的声压级 L_p 和 A 声级 L_A，并作比较分析。

3.2 混响时间的测量

3.2.1 实验目的

混响时间是反映室内音质状况的重要指标之一，也是目前建筑专业人员进行厅堂音质设计可以量化的主要依据。通过对厅堂混响时间的测量，学会用定量的方法了解分析室内的音质情况。

3.2.2 实验内容

测量厅堂的混响时间。

3.2.3 实验仪器

噪声信号发生器，功率放大器，扬声器，传声器，声频频谱仪（倍频带滤波器或 1/3 倍频带滤波器）和声级记录仪，也可以用建筑声学分析仪以及建筑声学测试软件。仪器组合的举例如声图 -1 所示。

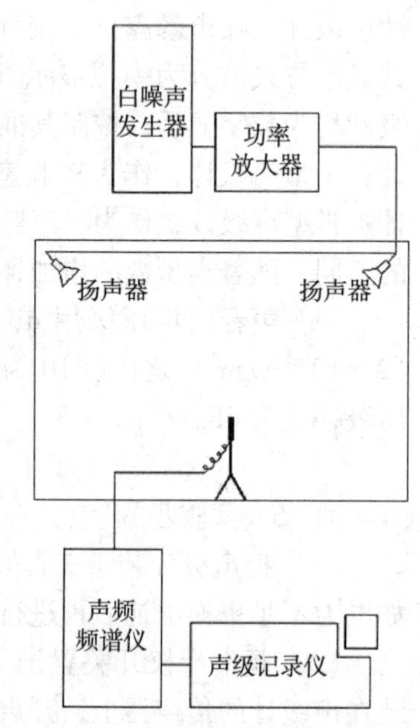

声图 -1　用白噪声源测量混响时间的设备装置

3.2.4 实验原理

混响时间，是指声音已达到稳态后声源停止发声，室内平均声能密度自原始值降至其百万分之一（衰减 60dB）所需的时间。通过测量记录这一衰减过程，可以得到厅堂的混响时间（s）。

混响时间的测量方法主要有稳态噪声切断法、脉冲响应积分法，最近不少仪器还可以使用最大长度序列（MLS）数法测量脉冲响应。

稳态噪声切断法是最常见的，使用起来也最

方便。先在房间内用声源建立一个稳定的声场，然后使声源突然停止发声，用传声器监视室内声压级的衰变，同时记录衰变曲线，最后从衰变曲线计算声压级下降60dB的时间而测得混响时间。

脉冲积分法是对常规测量方法的巨大改进。采用脉冲声源（如发令枪、电火花发生器等见声图-2所示），测量混响时间得到的曲线比较平滑，波动小，不但能很精确得出混响时间，还能算出早期衰减时间（EDT）等声学参数。

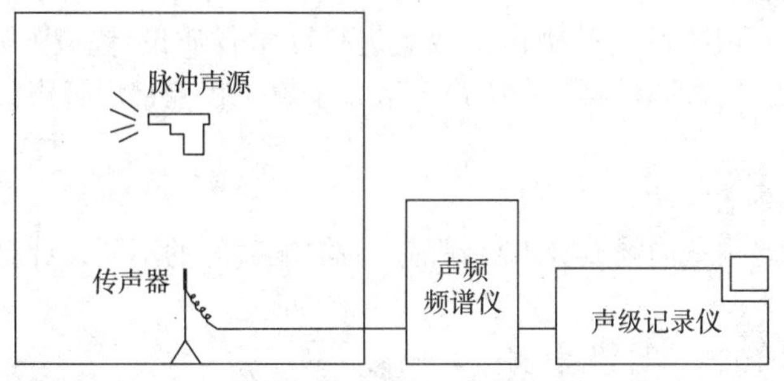

声图-2　用脉冲声源测量混响时间的设备装置

最大长度序列（MLS）数法测量混响时间也是脉冲响应积分法的一种，可以很简便地求出系统的脉冲响应，并可抑制背景噪声的影响，在低信噪比的情况下测量混响时间。如果环境很嘈杂或者房间太大，用常规的方法无法获得足够的信噪比，使用MLS模式测量可以得到较好的效果。

3.2.5　实验步骤

（1）混响时间测量时信噪比至少满足40dB要求。一般在空场条件下进行。

（2）在厅堂内测量时，扬声器位置尽可能放在实际声源位置或其附近；对于一般房间，布置在离开反射界面1m的地方，并考虑采用两个以上不同位置测量。

（3）传声器应放在厅堂内具有代表性的位置（即测点），对于有楼座的厅堂，测点应包括楼座区域。测点必须离墙1m以上，高度距地面1.5m左右。

（4）采用频率分析仪和声级记录仪时，频率分析仪自中心频率为125Hz的倍频带开始测量；并将使用50dB电位器的声级记录仪的指示调到对所产生的声压级有满刻度。记录纸速度用30mm/s（若房间的混响时间过长，纸速可取用10mm/s）。

（5）测量的频率范围是从125Hz至4000Hz之间的各个倍频带中心频率。可将传声器移动到室内其他位置作同样的测量。对低于500Hz的频率，每个位置测量6次；高于500Hz的频率，每个位置测量3次。

（6）读取或者计算混响时间。

3.2.6　结果表达与实验报告

（1）对以s计量的厅堂各倍频带中心频率的混响时间，分别计算出各点所测数据的平均值，绘出该房间（厅堂）混响时间的频率特性曲线，对照本书第3.4

章的“合适混响时间”推荐值作适当比较分析。

(2) 报告使用的仪器及其组合，实验步骤，拟说明的其他事项。

3.3 材料（构造）吸声系数测量

3.3.1 混响室法

(1) 实验目的

吸声材料（或构造）的吸声系数是进行厅堂音质设计和噪声控制时选择材料的重要依据，通过测量材料的吸声系数，了解工程上常用吸声材料的吸声性能特点。

(2) 实验内容

通过测量混响室内铺放吸声材料前、后混响时间的不同，计算得到材料的吸声系数。

(3) 实验条件、仪器与材料

① 标准混响室（容积≥$200m^3$）；

② 噪声信号发生器，功率放大器，扬声器，传声器，声频频谱仪，声级记录仪，也可以用建筑声学分析仪以及建筑声学测试软件；

③ $10m^2$ 吸声材料（构造）。

(4) 实验原理

依据计算混响时间的公式，在空室条件下有：

$$A = \frac{0.161V}{t_1} \qquad \text{（声式 -1）}$$

而对在包含有附加吸声量 ΔA 的条件下，则有：

$$A + \Delta A = \frac{0.161V}{t_2} \qquad \text{（声式 -2）}$$

所以

$$\Delta A = 0.161V\left(\frac{1}{t_2} - \frac{1}{t_1}\right)$$

因此，材料（构造）的吸声系数为：

$$\alpha_R = \frac{\Delta A}{S} = \frac{0.161V}{S}\left(\frac{1}{t_2} - \frac{1}{t_1}\right) \qquad \text{（声式 -3）}$$

式中 S——测试的材料（构造）面积，m^2。

(5) 实验步骤

① 在混响室内布置扬声器，扬声器应为无指向性，测量 300Hz 以下频段时应变换位置一次，两次位置的距离应不小于 3m；

② 传声器位置（测点）应至少要设置 3 个以上（低频段选测 6 个）；测点与声源的距离要大于 2m，与混响室任一壁面距离应在 $\lambda/4$ 以上；

③ 测量混响室未装吸声材料时的混响时间 t_1，测量自 125Hz 至 4000Hz 的 6 个倍频带中心频率；

④ 在混响室内装置 $10m^2$ 吸声材料（构造）。对所选测的位置，再作上述各

中心频率混响时间的测量，以 t_2 表示；

⑤ 对每个倍频带所增加的吸声量进行计算，然后根据表面面积算出材料（构造）的吸声系数。

(6) 结果表达与实验报告

① 分别测试空场和布置材料后混响室的混响时间，推算材料（或构造）的吸声系数 α_R。

② 报告使用的仪器及组合，测量步骤，拟说明的相关事项。

3.3.2 驻波管法

(1) 实验目的

在不具备混响室条件时，采用驻波管测量材料的垂直入射吸声系数，了解工程上常用吸声材料的吸声性能特点。

(2) 实验内容

通过测量驻波管内的声压级差计算吸声材料的垂直入射吸声系数。

(3) 实验设备

① 100mm 直径驻波管，长度 1500mm，用于频率范围 200～1800Hz 的测量；

② 30mm 直径驻波管，用于频率范围 1800～6500Hz 的测量；

③ 声频信号发生器，功率放大器，扬声器，传声器（探管），测量放大器，频谱分析仪，设备装置如声图－3 所示；

④ 吸声材料试件。

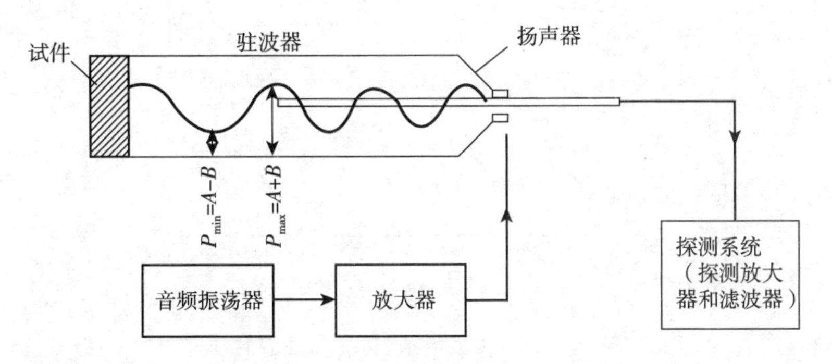

声图－3 驻波管测吸声系数的设备装置

(4) 实验原理

对于纤维质地的多孔材料，用正入射测量其吸声系数是一种简便的方法。此法不能用于对依靠共振机理吸收声音的材料（构造）的测量。驻波管法是以在一小块试件上入射和反射的纯音比较为依据。由于来自吸声材料的反射声存在 1/4 波长的相位变化，也就是说反射波的最大振幅与入射波振幅最小的位置重合。同样，入射波振幅的最大值与反射波振幅的最小值重合。

吸声系数是指入射到材料表面的声能所不被反射的部分与入射声能之比。因此正（垂直）入射吸声系数可以表示为：

$$\alpha_n = 1 - \left(\frac{B}{A}\right)^2 \qquad \text{（声式 -4）}$$

式中　A——反射波的振幅；

B——入射波的振幅。

需要注意的是声能与振幅或声压的平方成比例。测量的最大值为 $A+B$，而最小值为 $A-B$。所以

$$\frac{最大声压（p_{max}）}{最小声压（p_{min}）} = \frac{A+B}{A-B} \qquad \text{（声式 -5）}$$

令最大声压与最小声压的比率为 n，即：

$$n = \frac{A+B}{A-B}$$

所以

$$\alpha_n = \frac{4n}{n^2 + 2n + 1} \qquad \text{（声式 -6）}$$

声图 -4 表示了在一些大的混响室中测得材料吸声系数 α_R 与驻波管波法测得的材料吸声系数 α_n 的换算关系。

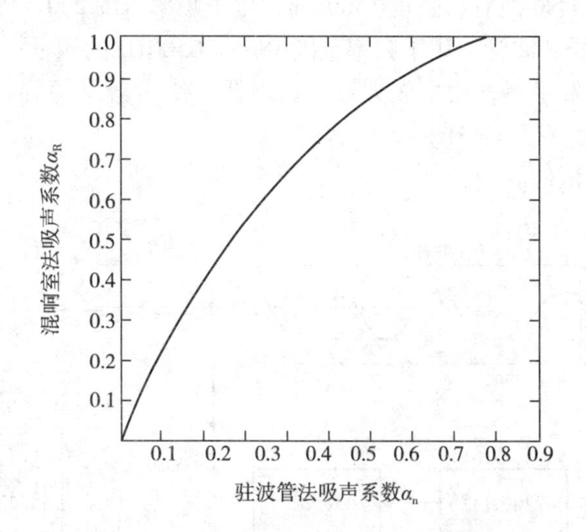

声图 -4　混响室法吸声系数 α_R 与驻波管法吸声系数 α_n 的换算关系

可以使用的驻波管最大直径，为 0.586λ（λ 为所分析声波的波长）。因此，直径为 100mm 的驻波管，能测量的最高频率仅为 1800Hz。驻波管的最小长度为 1/4 波长。为了测量像 63Hz 这样低的频率，驻波管的长度至少为 1.25m。一根长度至少为 100mm、直径为 30mm 的管子，可用于测量 800 至 6500Hz 的频率。

（5）实验步骤

① 先装置大直径的测量管。将一块直径为 100mm 的吸声材料试件，用托座装于测量管的一端。

② 将纯音振荡器调至 100Hz，并有适当的振幅。移动传声器与探管直至在测

量放大器上测到最大值并记下该值（$A+B$），如声图－3声所示。然后移动传感器和探管以得到最小值（$A-B$），并作记录。

③ 计算 $n=\dfrac{A+B}{A-B}$，利用声图－5（a）及声图－5（b）决定材料的吸声系数。

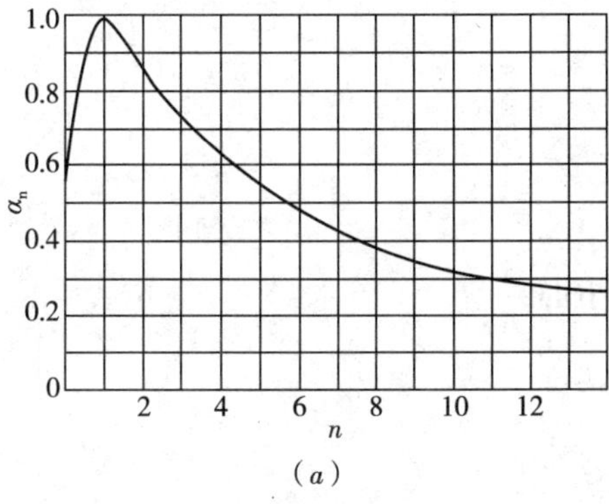

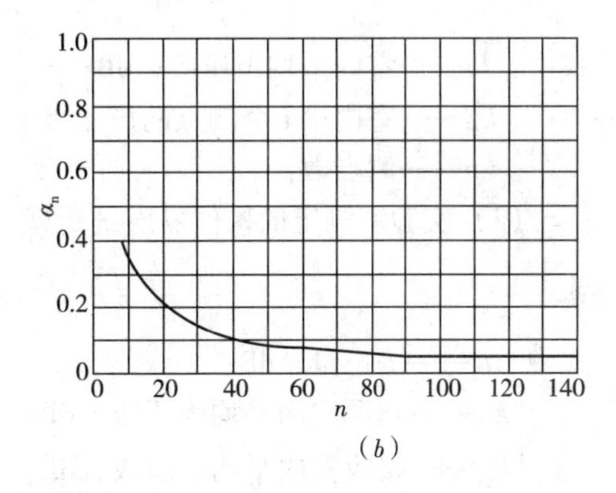

声图－5　α_n 与 n 的换算关系曲线

④ 按上述步骤测量到频率为1600Hz。

⑤ 换上装有直径为30mm的同样吸声材料试件的较小直径的测量管。对800Hz至4000Hz的频率，按上述同样步骤测量。注意由两个不同直径测量管测得的搭接部分频率的结果，以作比较。

（6）结果表达与实验报告

① 选择与混响室相同的材料试件，测量最大、最小声压比 n，并推算 α_n；

② 依实验3.3－1测得的 α_R 和本实验测得的 α_n 数值与声图－4所示的 α_R 与 α_n 关系曲线作比较分析；

③ 报告使用的仪器及组合，测量步骤，拟说明的相关事项。

3.4　隔墙隔绝空气声的测量

3.4.1　实验目的

围护结构隔绝外部传入声音的能力就是其隔绝空气声的性能，这种隔声能力可以通过计算得到；但是在实际情况下由于受到诸多因素的影响，计算结果并不一定能够真实反映围护结构的隔声量。通过在现场或者试验室进行隔声测量可以得到构件真实的隔声量。

3.4.2　实验内容

在标准隔声实验室或者现场进行隔墙隔绝空气声的测量。

3.4.3　实验仪器

噪声信号发生器，放大器，扬声器，传声器，延伸导线，传声器架，倍频带滤波器，声级记录仪，也可以采用建筑声学分析仪等设备。

3.4.4 实验原理

（1）室内平均声压级的计算

$$\overline{L}_p = 10lg\frac{1}{n}\sum_{i=1}^{n}10^{0.1L_{pi}} \quad （声式-7）$$

式中 $\overline{L}_p$——室内平均声压级，dB；

L_{pi}——室内第 i 个测点的声压级，dB；

n——测点数。

（2）实验室测定的构件隔声量计算

$$R = \overline{L}_{p1} - \overline{L}_{p2} + 10\lg\frac{S}{A} \quad （声式-8）$$

式中 R——隔声量，dB；

$\overline{L}_{p1}$——声源室内平均声压级，dB；

$\overline{L}_{p2}$——接收室内平均声压级，dB；

S——试件面积，m^2，一般为 $10m^2$；

A——接收室吸声量，m^2，$A = 0.161V/T_{60}$。

（3）现场测量时采用房间的混响时间进行修正作为统一评价构件隔声量的基础，采用标准化声压级差计算：

$$D_{nT} = \overline{L}_{p1} - \overline{L}_{p2} + 10\lg\frac{T}{T_0} \quad （声式-9）$$

式中 D_{nT}——标准化声压级差，dB；

$\overline{L}_{p1}$——声源室内平均声压级，dB；

$\overline{L}_{p2}$——接收室内平均声压级，dB；

T——接收室的混响时间，s；

T_0——基准混响时间，s，对于住宅一般取 $T_0 = 0.5s$。

3.4.5 实验步骤

（1）实验室测量时，有两个相邻的混响室组成分别选择作为声源室和接收室（标准要求两室的体积均不应小于 $50m^3$，体积差值应大于10%。两室之间留有安装试件的洞口）。环境噪声级尽量低。现场测量可以选择夜间进行，现场测量可根据具体情况和测量的方便选择声源室和接收室。

（2）仪器的装置如声图-6所示。两个房间的传声器都放在第一个测点。选择的传声器位置，应保证与室内任何大物件的距离不小于1.0m，声源室内传声器也要

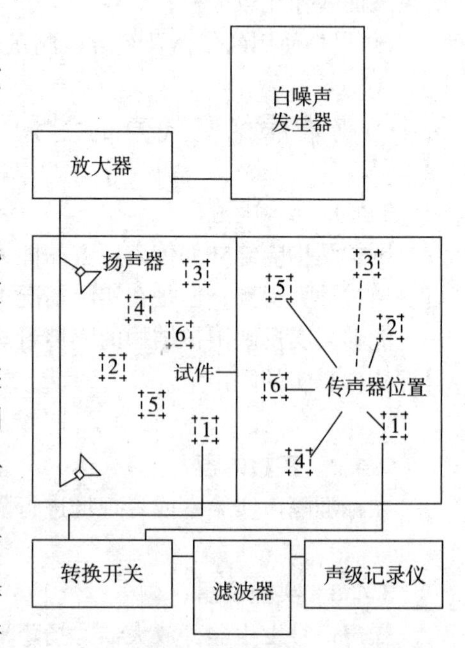

声图-6 测量隔墙隔绝空气声的设备装置

保证离开声源位置1.0m。

（3）在声源室里发出白噪声，记录在声源室和受声室测得的声压级。测量的频率范围为从100Hz~3150Hz的1/3倍频带。

（4）传声器位置在1/3倍频带中心频率低于和等于500Hz时可取6点，高于500Hz时取3点。每个测点每个频率用5s平均时间读取数值。

（5）按实验3.2测量接收室的混响时间。

（6）计算声源室和接收室的平均声压级。

3.4.6　结果表达与实验报告

（1）依测量数值按3.2章介绍的方法，求出隔墙隔绝空气声的单位评价量；

（2）报告使用的仪器及组合，测量步骤，拟说明的其他事项。

3.5　楼板隔绝撞击声的测量

3.5.1　实验目的

楼板对撞击声的隔声能力是目前城市住宅隔声中的薄弱环节，通过对于楼板撞击声隔声的测量，了解和分析楼板隔声的能力与考虑改善措施。

3.5.2　实验内容

在标准隔声实验室或者现场进行楼板隔绝撞击声的测量。

3.5.3　实验仪器

标准撞击器，传声器，倍频带滤波器，校准器，三脚架，声级记录仪等。

3.5.4　实验原理

（1）室内平均声压级的计算见式（声式-7），即：

$$\overline{L}_{\mathrm{p}} = 10\lg \frac{1}{n}\sum_{i=1}^{n} 10^{0.1L_{\mathrm{pi}}}$$

（2）试验室测量时规范化撞击声压级的计算

考虑接收室吸声条件的影响，在撞击声压级上增加一个修正项，称为规范化撞击声压级，其计算公式如下：

$$L_{\mathrm{pn}} = \overline{L}_{\mathrm{pi}} + 10\lg \frac{A}{A_0} \qquad \text{（声式-10）}$$

式中　L_{pn}——规范化撞击声压级，dB；

$\overline{L}_{\mathrm{pi}}$——接收室内平均撞击声压级，dB；

A——接收室的等效吸声量，m^2，$A = 0.161V/T_{60}$；

A_0——参考吸声量，m^2，一般为$10m^2$。

（3）现场测量时的标准化撞击声压级计算

标准化撞击声压级是测试者给建筑物使用者所提供的测试房间撞击声隔声效

果的表达，应对所有频率按下式计算后提供：

$$L'_{pnT}=\overline{L}_{pi}-10\lg\frac{T}{T_0} \qquad (声式-11)$$

式中 L'_{pnT}——标准化撞击声压级，dB；

$\overline{L}_{pi}$——接收室内平均撞击声压级，dB；

T——接收室的混响时间，s；

T_0——参考混响时间，对于住宅 $T_0=0.5$s。

3.5.5 实验步骤

（1）设备的安装如声图－7所示。把撞击器放置在待测楼板的接近中心处。与滤波器连接的声级计，经校准后安装在三脚架上。传声器与室内任何大物件的距离应不小于1.0m。

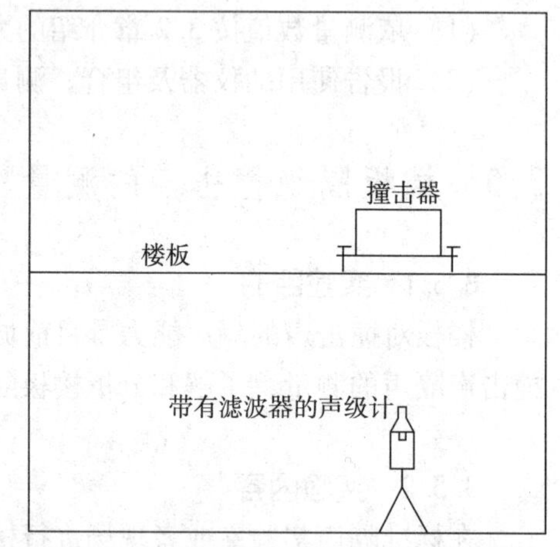

声图－7 测量楼板隔绝撞击声的设备装置

（2）测量的频率范围与实验3.4相同。

（3）撞击器在楼板上至少放置4个不同的位置，各位置间的距离应不小于0.5m。

（4）对每个撞击器位置宜采用一个或一个以上的传声器位置。在每个传声器位置上的每个频带用5s的平均时间读取声压级平均值。

（5）按实验3.2测量接收室的混响时间。

3.5.6 结果表达与实验报告

（1）依测量数值，按3.2章介绍的方法，求出楼板隔绝撞击声的单值评价量；

（2）报告使用的仪器及组合，测量步骤，拟说明的其他事项。

3.6 环境噪声测量

3.6.1 实验目的

学会用定量的方法分析城市环境噪声，了解国家标准《声环境质量标准》GB 3096—2008。

3.6.2 实验内容

测量城市环境噪声，用累计分布声级 L_n，等效声级 L_{eq}，昼夜等效连续A声级 L_{dn} 整理测量结果。

3.6.3 实验仪器

精度为Ⅱ型及Ⅱ型以上的积分平均声级计或者噪声分析仪，三脚架、校准器、风罩和钢卷尺。

3.6.4 实验原理

将记录的200个数据从大到小的顺序排列，第20个数值就是L_{10}，L_{10}是在测量时间的10%里超过的A声级，反映交通噪声的峰值；第100个数值就是L_{50}，第180个数值就是L_{90}，L_{90}是在测量时间的90%里超过的A声级，反映交通噪声的背景噪声值。等效声级反映了在测量的时间段内声能的平均分布情况，可以利用累计分布声级推算：

$$L_{eq} = L_{50} + \frac{d^2}{60} \qquad \text{（声式-12）}$$

式中 $d = L_{10} - L_{90}$。

现有的某些声级计或噪声分析仪可以直接读出测量时段内的等效连续声级。

3.6.5 实验步骤

（1）测点位置选择：在一般户外，距离任何反射物（地面除外）至少3.5m，距地面高度1.2m以上。其他测点要求见标准GB 3096—2008。

（2）检查声级计或噪声分析仪的电池电力，并采用校准器对其进行校准。

（3）将经校准的声级计可用手持或者装在三脚架上。测量应在无雨雪、无雷电天气，风速5m/s以下时进行。一般传声器应加防风罩以避免风噪声干扰。大风时应停止测量。

（4）声级计计权开关置于“dB（A）”和“慢”档。

（5）记录声级计读数值，每隔5s读一个数值，共记录200个数值。

3.6.6 结果表达与实验报告

（1）依测量的数据，按实验原理介绍的方法，计算出L_{10}、L_{50}、L_{90}、L_{eq}以及L_{dn}；

（2）依计算结果，对照《声环境质量标准》GB 3096—2008作适当比较、分析；

（3）拟说明的其他事项（例如现场测量的环境条件等）。

常用分析软件与工具介绍

Introduction of Analysis Software and Tools

1. 建筑热工分析软件

1.1 DOE-2 软件

DOE-2 是公认的能耗分析结果最为准确的软件之一。许多软件将 DOE-2 作为测试基准，来判定自己的分析结果的准确程度。DOE-2 软件的功能非常强大，不仅有建筑的能耗分析结果，还有与建筑能耗相关的系统分析、设备分析以及经济分析等结果，为建筑采暖制冷设备系统的设计提供了强有力的支持。它采用了称为典型气象年（TMY）的逐时气象数据。这种气象数据是通过对长期的气象数据进行筛选后而得的。典型气象年数据可以反映某地区长期的气候状况，避免了某年气候异常所产生的偶然性，因而得到很多能耗分析软件采用，但各软件所用的具体格式会有一定的差异。

DOE-2 沿用了以前版本的建筑描述语言 BDL 来解决建筑体型、材料、构造以及设备、运行状况等诸多输入问题，操作较为繁琐。为了解决这个问题，有一些软件利用 DOE-2 的计算内核，重点改进输入、输出的界面问题，如 Visual-DOE、eQuest 等。国内常用的建筑节能分析软件如由中国建筑科学研究院开发的 PBEC、深圳深圳市斯维尔科技有限公司研发的 BECS 等均采用了 DOE-2 的计算内核。

在美国，除了 DOE-2 外，另外一个比较有名的动态能耗分析软件是由美国军队建筑工程研究实验室（the U. S. Army Construction Engineering Research Laboratory，简称 CERL）开发的 BLAST（Building Loads Analysis and System Thermodynamics）。该软件通过热平衡法计算房间逐时的能耗以及不同温度区的热量交换，通过反应系数法求解建筑围护结构（外墙和屋顶）的瞬时传热，并考虑了 HVAC 系统的性能。为解决 DOE-2 与 BLAST 软件的相互兼容的问题，并改善两者的操作界面，两个开发实验室于 2001 年联合开发了新一代的建筑能耗分析软件 EnergyPlus。

1.2 TRNSYS 软件

TRNSYS 的全称为 TRaNsient SYstem Simulation Program，即瞬时系统模拟程序。该软件由美国威斯康星大学建筑技术与太阳能利用研究所开发，并在欧洲一些研究所的共同努力下逐步完善，到今天版本已达到 16.0。

该系统最大的特色在于其模块化的分析方式。所谓模块分析，即认为所有的热传输系统均由若干个细小系统（即模块）所组成。一个模块实现一种特定功能，如热水器模块，单温度场分析模块、太阳辐射分析模块、输出模块等。因此只要调用实现特定功能的这些模块，给定输入条件，这些模块程序就可以对某种特定热传输现象进行模拟，最后汇总就可对整个系统进行瞬时模拟分析。

标准的TRNSYS系统包括一个图形界面，一个模拟分析内核以及一个模块数据库。这个模块数据库涵盖的范围非常广泛，从各种建筑部件模块到标准的采暖、通风以及制冷设备部件，再到一些可再生能源的模拟等等。同时该系统是一个非常开放的软件。在TRNSYS中有一个编译器，用户可以自己编制符合系统要求的特殊模块，甚至可以在互联网上下载由其他用户开发的专业模块。也正是由于其多样化的模块库，使得该系统在多个领域得到广泛运用。如采暖、通风、制冷系统的容量计算、多温度场的能耗及气流分析、太阳能利用、建筑热性能及控制分析等等。

TRNSYS分析系统主要由几个子程序组成：核心计算程序TRNSYS、文件调试及编译程序TRNSHELL、模块架构及系统流程构建程序IISiBat（Intelligent Interface for the Simulation of Buildings，由法国建筑技术研究中心CSTB开发）以及专门为建筑多分区温度场建模的预处理程序PreBid（由德国TRANSSOLAR公司开发）或由其他的绘图软件如SimCAD等生成建筑的体型等数据。使用者可以通过IISiBat相对直观地创建一个系统的计算流程以及设置输入、计算以及输出的参数；也可以直接在TRNSHELL中编写执行的过程，但相对复杂得多。后者一般适用于较为简单的系统分析。对于大型的、复杂的系统分析则必须借助于IISiBat。

1.3 ESP-r软件

ESP-r是由英国斯特拉斯克莱德大学（Strathclyde University）开发的基于UNIX系统平台的建筑能耗模拟分析软件，在欧洲应用广泛。1977年斯特拉斯克莱德大学的Joe Clarke在其博士论文中提出了ESP-r软件最初的框架。之后得英国政府的科学基金资助以及能耗模拟研究小组（Energy Simulation Research Unit，简称ESRU）的帮助，程序得以进一步完善。

ESP-r是一个集成的模拟分析工具，可以模拟建筑的声、光、热性能，还可以对建筑能耗以及温室气体排放作出评估以用于环境系统控制。可模拟的领域几乎涵盖建筑物理及环境控制的各个方面。在建筑的热性能以及能耗分析方面，该软件可以对影响建筑能耗以及环境品质的各种因素作深度的研究。其基本的分析方法为计算流体力学（Computing Fluid Dynamic，简称CFD）中的有限容积法（Finite Volume Method），可以对建筑内外空间的温度场、空气流场以及水蒸气的分布进行模拟，因此它不仅可以模拟建筑能耗，还可以对建筑的舒适度，采暖、通风、制冷设备的容量及效率，气流状态等参量作出综合的评估。除此之外，该软件还集成了对新的可再生能源技术（如光伏系统、风力系统等）的分析手段。

ESP-r软件采用典型参考年（TRY）的逐时气候数据，力求最大限度地符合实际气候条件。建筑的体型数据可以由系统集成的模块产生，亦可由其他的绘图软件如AutoCAD等产生。这些体型数据不仅在该软件中采用，还可以与其他的分析软件共享，如建筑采光软件 Radiance 等。根据分析要求的不同，使用者可以选择不同的计算模型，因此该软件适用于从初步方案到施工图的阶段等各个层次的模拟分析以及对建成后的建筑的评估。

1.4 ECOTECT 软件

Ecotect 是一个全面的技术性能分析辅助设计软件，主要用于建筑方案的设计与优化。该软件可进行建筑热工与节能、建筑日照、建筑采光以及房间声学等多物理性能参数的分析，是较为全面的建筑物理分析软件之一。软件提供交互式的分析方法，只要输入一个简单的模型，就可以提供数字化的可视分析图，随着设计的深入，分析也越来越详细。ECOTECT 可提供许多即时性分析，比如改变地面材质，就可以比较房间里声音的反射、混响时间、室内照度和内部温度等的变化；加一扇窗户，立刻就可以看到它所引起的室内热效应、室内光环境等的变化，甚至可以分析整栋建筑的投资。软件操作界面友好，与建筑师常用的辅助设计软件 SketchUp、ArchiCAD、3DMAX、AutoCAD 有很好的兼容性，3DS、DXF 格式的文件可以直接导入，而且软件自带了功能强大的建模工具，可以快速建立起直观、可视的三维模型。然后只需根据建筑的特定情况，输入经、纬度，海拔高度，选择时区，确定建筑材料的技术参数，即可在该软件中完成对模型的太阳辐射、热、光学、声学、建筑投资等综合的技术分析。分析过程简单快捷，结果直观。模型最后还可以输出到渲染器 Radiance 中进行逼真的效果图渲染，还可以导出成为 VRML 动画，为人们提供一个三维动态的观赏途径。

Ecotect 和 RADIANCE、POV Ray、VRML、EnergyPlus、HTB2 热分析软件均有导入导出接口，尤其和 SketchUp 的配合使用可充分体现设计师作品向生态建筑的方向延伸。

1.5 DeST 软件

DeST 是建筑热环境设计模拟工具包（Designer's Simulation Toolkit）的简称。它是用于建筑环境及 HVAC 系统模拟的软件平台。该软件基于清华大学江亿院士提出的状态空间分析法，并结合清华大学建筑学院的科研成果为理论基础，将现代模拟技术和独特的模拟思想运用到建筑环境的模拟和 HVAC 系统的模拟中去，为建筑环境的相关研究和建筑环境的模拟预测、性能评估提供了方便实用可靠的软件工具，为建筑设计及 HVAC 系统的相关研究和系统的模拟预测、性能优化提供了一流的软件工具。目前 DeST 有两个版本，应用于住宅建筑的住宅版本（DeST-h）及应用于商业建筑的商建版本（DeST-c）。

住宅建筑热环境模拟工具包（简称“DeST-h”）为面向住宅类建筑的设计、性能预测及评估并集成于 AutoCAD R14 上的辅助设计计算软件，主要用于住宅建筑热特性的影响因素分析、住宅建筑热特性指标的计算、住宅建筑的全年动态负荷计算、住宅室温计算、末端设备系统经济性分析等领域。

DeST-c 是专用于商业建筑辅助设计的版本，根据建筑及其空调方案设计的阶段性，DeST-c 对商业建筑的模拟分成建筑室内热环境模拟、空调方案模拟、输配系统模拟、冷热源经济性分析几个阶段，对应地服务于建筑设计的初步设计（研究建筑物本身的特性）、方案设计（研究系统方案）、详细设计（设备选型、管路布置、控制设计等）几个阶段，很好的根据各个阶段设计模拟分析反馈以指导各阶段的设计。

1.6 BECS 节能设计软件

BECS 节能设计软件由深圳市斯维尔科技有限公司研发，用于居住建筑和公共建筑的节能设计。该软件构建于 AutoCAD 平台，具有较强的易用性。

BECS 由建筑建模、图形检查、热工设置、节能分析和结果输出五个模块构成。建模手段丰富，图档兼容性强，建筑热工模型可以通过多种途径获取，可以利用主流建筑设计软件的图形文件，或者应用软件内置的建模工具直接建模。提供了多种图形检查手段和工具，自动和批量地处理图形存在的不完善问题，提高建模效率。BECS 根据所设置参数和属性的特点，分别采用专用对话框和对象特性表的方式进行参数设置，如工程信息和建筑类型的设置，房间功能和遮阳形式的设置，围护结构的设置等等。BECS 采用外挂定制文件的方式支持不同的节能标准——响应速度快捷，管理手段灵活，对新节能标准可以快速定制。节能分析模块与设计流程保持一致，支持规定指标检查和性能权衡评价两种判定途径，采用表格的形式罗列出限值和计算值进行逐项对比，得出是否节能的结论。性能权衡依据所选节能设计标准分为静态能耗计算法和动态能耗计算法，其中动态计算由内置的能耗模拟核心 DOE-2 或 DeST 承担。此外，BECS 还提供了必要的热工检查工具，如隔热检查、结露验算等。节能分析的结果输出形式丰富多样，有 Word 格式的节能报告和报审表，有 Excel 格式的热工计算表等，便于交换和打印。

BECS 采用三维建模，具有高度的可视化和易用性，其建筑模型可通过模型观察查看，既可以检查建筑内部布局，也可以查看建筑外形，同时可以核对围护结构的热工属性。BECS 紧扣各地节能标准，提供地方标准配套的围护结构库，在设计中可以直接调用。材料库和构造库均采用开放的维护管理模式，支持用户编辑修改和增补添加，操作方式直观简便。

1.7 TSun 建筑日照分析软件

TSun 建筑日照分析软件源于我国建筑设计行业主流的专业设计软件天正建筑 TArch，是国内应用最为广泛的专业日照分析软件之一。该软件较为全面地解决了全国各地不同建筑气候区域内的日照分析问题，计算科学准确，使用简单方便。该软件主要包括如下功能：

（1）日照建模　日照模型采用易于修改的平板对象创建，并可导入天正建筑 TArch 设计的平面图，异形遮挡物可采用体量建模方法；提供了屋顶、异形曲面（坡屋顶）、阳台、日照窗的建模，日照模型更加精确。

（2）动态日照仿真　应用三维渲染技术，提供可视化的日照仿真，直观的指导建筑规划布局，并可以作为最具有说服力的日照计算的验证方法。

（3）编组分析　把日照模型按照建设单位或建设阶段划分为若干编组，直接获得各个建设项目对客体建筑的日照影响，为理清日照事故的责任提供量化的依据；遮挡分析表与窗报批表分析联动技术，解决了大规模建筑群的日照分析难题。

（4）方案优化　采用相关的“可控制人工智能优化分析”算法，在满足给定窗户最少日照标准要求前提下，自动计算给定地块上最大建筑三维空间形体方案，用于指导方案设计；计算速度快，自动生成的建筑三维空间形体经过优化、实用性强。

（5）最大容积率估算　能同时支持累计和连续日照统计方法，并提供能同时控制建筑高度及最大容积率限值等约束条件下的优化算法。

TH-Sun 由深圳市斯维尔科技有限公司研发的建筑日照分析软件。软件构建于 AutoCAD 平台，由设置定制、建筑建模、日照分析和结果输出四个模块构成。

软件提供日照标准的定制，通过日照标准描述日照计算规则，定制全面考虑了影响日照时间的各种基础参数，用户可根据当地日照规范建立本地日照标准，用于当地工程项目的日照分析，适用于全国不同建筑气候区域内的建筑日照分析。此外，TH-Sun 还支持米制和毫米制两种工程图常用基本单位。

在分析手段上，TH-Sun 既提供常规定量分析功能，如线上日照、区域分析、等照时线、窗日照表等，还提供了高级分析工具，如建筑方案优化和日照仿真。对于前期方案特别是外窗的位置还未定位的体量方案，可以采用线上日照、区域分析和等照时线的方法进行先期分析。方案优化功能主要基于拟建建筑对周边建筑形成遮挡的分析，根据限定条件形成最经济合理的建筑方案。日照仿真采用计算机渲染技术模拟日照真实状态，既可以用于浏览，也可以用于检查日照窗的日照时间，甚至可以应用到发生日照遮挡纠纷后的模拟演示。

2. 建筑光学软件

现行的光环境设计软件，可大体分为两大类：一类是以建筑物天然采光计算为主的天然光计算软件；另一类则是以电光源照明计算为主的照明设计软件，这类软件同时也可进行简单的采光计算。

2.1 Radiance 光环境模拟软件

Radiance 是物理真实模拟光环境的工业标准光能传递引擎，最早由美国能源部出于节能研究的需要资助开发，后由瑞士联邦政府提供资金，用于对人工光和天然光利用效率的研究，同时定量表示心理量和物理量。它对天然光的模拟十分强大，先进的表面反射模型可以在复杂的场景内正确地模拟漫反射与镜面反射，基于光能传递算法的漫反射计算，使它能分析像遮光板之类的照明光学系统，电光源照明模型可通过由生产商提供的光度分布数据建立。Radiance 的目的是预测照度和渲染具有心理真实性的虚拟建筑图，在建筑完成前提高照明设计质量，真实感的图片只是一个副产品，图像的精确才是基本的目的。这个程序中，加入了互动漫反射计算和类似于光能传递的组件，同时也能处理流行的 CAD 系统的数据并能在可以接受的时间内得出结果。其特点是计算精度高，可同时模拟电光源照明和天然采光，可自由下载。

2.2 照明设计软件

2.2.1 LUMEN DESIGNER 软件

该软件是室内外、道路及复杂工程的照明设计辅助工具，支持大多数操作系统。软件提供了 Radiosity 和 hybrid 两种不同的计算方法，根据需要进行选择，可按条件变化及时重新计算；软件内置 IESNA PR-8 道路设计标准，可以快速简单进行道路照明计算；软件可以计算不同平面上的各种类型照度，如水平照度、垂直照度、半柱面照度和柱面照度等；软件具有 AutoCAD 操作界面，可对自建或输入的任何复杂模型进行随意编辑；并可对输入的 DWG 文件作为底图或输入的 DXF、3D 文件进行随意编辑，并拥有类似 AutoCAD 图层管理器和材质贴图功能。软件的灯具数据库输入了 70 余家制造商的 20000 种灯具配光资料，支持其他多种配光格式文件，如 IES、LDT、ELX、BUL、TM4、CIB、CIE 和 LTL 等；并可对自定义灯杆式样进行修改和存储，随时调用；可以对自定义的灯具图标根据图纸比例进行缩放。输出功能方面有：快速输出计算表格，输出 DWG 格式文件（平面图、立面图、剖面图等），DXF 和 3DS 格式（效果图）；输出 HTML 格式文件与客户进行远程沟通；输出 VRML、QuickTime 格式文件可以更直接看到设计效果；还可输出灯具资料（包括配光曲线、型号等），维护计划和经济分析等资料。该软件特点是拥有简单易用的 Windows 操作界面，充分的功能解说和超文本链接的电子手册，便于初学者使用。

2.2.2 Agi32 软件

Agi32 是一个用 Microsoft Visual Basic 编写的大型综合性照明计算软件。该软件为商业软件，开发和服务相对独立，自身不附带任何灯具配光文件和数据库，但兼容 .IES 等配光文件格式。由于是商业软件，安装过程较为复杂，但软件兼容性较好，运行较稳定。软件开放性强，在各照明企业的灯具配光文件支持下可进行任何一种应用方式的照明计算，并可以选择在计算时是否计入建筑结构对光分布的影响，加入建筑模型后，可渲染出虚拟光分布效果图。软件界面亲和，秉承了 AutoCAD 以及 Microsoft Office 系列软件的操作风格。可计算的参数包含照度、亮度、眩光指数（*GR*）、功率密度分析等，可以通过直接打印报表以及导出为 AutoCAD 兼容的 DXF 文件等方式输出。

该软件可通过散点、直线、曲线、空间平面等多种方式布置照度计算点，以计算相对于摄像机的垂直照度、最多 10 个观察位置上的眩光指数（*GR*）、照度梯度和区域功率密度等参数。由于采用类似 AutoCAD 的操作界面，实时调整灯具瞄准点十分简便，非常适合进行体育场馆的照明计算。

由于开放性较强，在灯具布置和计算点布置上智能化不够，操作较繁琐，熟悉较慢。对于布灯较为规则的室内和道路照明来说显得不太方便。

2.2.3 DIALux 软件

DIALux 由德国 DIAL 股份有限公司在多家世界知名照明企业（如 Philips、BEGA、THORN、ERCO、OSRAM、BJB、Meyer、Louis Poulsen 等）的支持下开发并提供相关技术服务。该软件为免费软件，可在其网站上自由下载，具有英语、中文等多种语言平台。该软件可以进行室内、室外、道路和天然采光等光环境的计算和三维光分布效果模拟，可以输出包括照度（亮度）值的等值线和数据分析报表、灯具配光、统一眩光指数（*UGR*）、照明场景功率密度等数据，在安装了其自带的 POV Ray 插件后，DIAL 可以按照用户定义的模式对其所计算的光环境进行光线渲染操作，并可输出简单的照明效果图。该软件自身仅含有较少的灯具配光文件，多数计算过程是依靠各个照明企业提供的灯具数据库插件来进行不同灯具的选择，照明企业的数据库插件可以从厂家网站上免费下载获得。值得一提的是，国内知名企业雷士照明作为第一个与 DIAL 进行合作的国内照明企业，为 DIALux 提供了第一个也是目前唯一的中文数据库插件。软件兼容 .IES、.LDT 等配光文件格式，兼容 PDF 虚拟打印机输出，通过 .DXF、.SAT 等文件格式与 AutoCAD 兼容相关电子版图纸。

DIALux 是由专业照明工程师开发并维护的综合性照明计算软件，各计算物理量设置合理，使用灵活。计算结果中计入建筑表面对光线的第一次反射效果。

并允许用户自行搭建室内和室外照明场景，包括输入灯具外观模型、家具模型等，渲染后可以手动方式进行动态观看三维照明模拟效果；具有专业的道路照明模版，配合多种照明标准要求；天然采光计算预制了世界各主要城市的纬度数据和万年历。在同一种布灯方式的情况下可以计算多种开关灯模式形成的不同照明效果。

DIALux 软件的缺点是构建复杂的建筑模型不太方便；不适合计算体育照明等需要对灯具瞄准角度进行复杂调整的场景；没有考虑材料的镜面反射特性；天然光计算功能较差；对计算机的 CPU、内存、显卡等硬件要求较高，计算复杂场景时，系统资源消耗较大。

3. 建筑声学软件

3.1 ODEON 建筑声学设计软件

ODEON 是丹麦技术大学自 1984 年开始研究开发，并较早商品化的建筑声学设计软件。软件采用基于几何声学原理的虚声源法与声线跟踪法相结合的混合法进行声场仿真计算模拟，可应用于房间声学、厅堂声学、噪声控制等方面的设计。

3.1.1 基本特点

软件计算模型的表面数量没有限制，对不同尺度的表面考虑其反射或者衍射效应。吸声材料的使用数量没有限制，对任一表面，都可以赋予一种吸声材料及其扩散系数，每一种吸声材料均给出 8 个倍频带（63Hz ~ 8kHz）的吸声系数。同时数据库是开放式的，用户可随时根据实际情况对其增补修改，如修改声源的方向性、声功率，根据自己的需要添加吸声材料等。对于工厂车间的设计，软件内置大而复杂的三种基本类型声源（点声源、线声源、表面声源），并且每个点声源均可独立定义位置、声功率、指向性图、延迟时间等，允许多达 99 个活动声源同时进行计算。建筑模型可以由软件本身自带的工具建模，也可以由 CAD 软件导入。

3.1.2 软件功能

通过软件的模拟分析，可以确定某特定反射面的一次反射声所覆盖的区域，声源发出的声线的三维反射路径；对厅堂内特定位置，提供该位置的声能衰变曲线、早期反射声的回声图及其反射路径、声线方向分布刺猬图，双耳脉冲响应等。可以计算包括声压级，*A* 声级、早期衰减时间 *EDT*，混响时间 *RT*、侧向声能因子 *LF*、语言传输指数 *STI*、空间衰变率 DL_2、清晰度 D_{50}、明晰度 C_{80}、重心时间 T_s、强度因子 *G*、舞台参数支持 *ST* 等音质参数。同时可以利用人工头传输函数，实现双耳可听化和多通道可听化（最多 10 个通道混合）。

3.2 EASE 声学模拟软件

EASE 是 the Enhanced Acoustic Simulator for Engineers 的缩写，意为增强的工程师声学模拟软件。EASE 最早是在 1990 年，由 ADA（Ahnert 声学设计公司）在 Montreux 举行的 88 届 AES 大会上介绍的。1999 年，该公司发布了 ESAE3.0 版。2002 年 8 月正式发布 EASE4.0 及相关的使用手册和指南。作为优秀的商品化扩声、建声设计软件，EASE 使建筑师、音响工程师、声学顾问和业主可以预计建筑的声学特性和扩声系统（特别是扬声器布置方案设计）特性。

EASE 软件混合使用了声线跟踪法和声像法，结合了前者模拟速度快而后者精度高的特点。在 EASE 主程序之外，还包括不同的计算模块。其中有 AURA 房间声学分析模块（基于 CAESAR 算法）；EARS4.0 双耳试听模块，包含 Vmax Transaural Stereo Imaging Software；EARS RT4.0 双耳试听模块，包括 Lake Convolution and Vmax Transaural Stereo Imaging Software。这些外挂的计算模块和 EASE 主程序中的各大计算模块一起完成建声扩声设计的任务。

EASE 软件首先可以建立预测厅堂的三维模型，这种模型的构件可以在 EASE 中直接建模，也可以利用 AutoCAD 等通用软件建立模型，然后输出为 DXF 文件，导入 EASE 中。为了保证可以计算，EASE 需要检查建立的模型是否完整（即模型有无洞口漏声）。在为各个面布置材料，选择音箱，布置音箱位置以及延时等等，然后进行计算和模拟，可以根据计算结果不断调整上述选择，直到得到满意的结果为止。

软件中包括了完整的音箱数据，具有丰富的声学材料的吸声系数数据库并支持长文件名，支持对所有材料的完整描述；在工程数据检查程序中提供更详细的信息。

EASE 可以计算的项目包括：直达声声压级，总声压级，早期衰减时间 *EDT*，混响时间 *RT*（包括 T_{10}、T_{20}、T_{30} 等），清晰度 D_{50}，重心时间，侧向声能因子 *LF*，声强分布，演讲回声（Echo Speech）和音乐回声（Echo Music），辅音清晰度损失 *Alcons*，快速语言传输指数 *RASTI*、调制转移函数 *MTF* 等，并能够实现厅堂音质模拟的可听化。

3.3 RAYNOISE 声场模拟软件系统

RAYNOISE 是比利时声学设计公司 LMS 开发的一种大型声场模拟软件系统。其主要功能是对封闭空间或者敞开空间以及半闭空间的各种声学现象加以模拟，能够较准确地模拟声传播的物理过程，这包括：镜面反射、扩散反射、墙面和空气吸收、衍射和透射等现象并能模拟重放接收位置的听音效果。该系统可以广泛应用于厅堂音质设计、工业噪声预测和控制、录音设备设计、机场、地铁和车站等公共场所的语音系统设计以及公路、铁路和体育场的噪声估计等。

3.3.1 基本原理

RAYNOISE 系统实质上也可以认为是一种音质可听化系统。它主要以几何声学为理论基础。几何声学假定声学环境中声波以声线的方式向四周传播，声线在与介质或界面（如墙壁）碰撞后能量会损失一部分，这样，在声场中不同位置声波的能量累积方式也有所不同。如果把一个声学环境当作线性系统，则只需知道该系统的脉冲响应就可由声源特性获得声学环境中任意位置的声学效果。计算脉冲响应有两种著名的方法：虚源法（Mirror Image Source Method，简称 MISM）

和声线跟踪法（Ray Tracing Method，简称 RTM）。两种方法各有利弊。后来，又产生了一些将它们相结合的方法，如圆锥束法（Conical Beam Method，简称 CBM）和三棱锥束法（Triangular Beam Method，简称 TBM）。RAYNOISE 将这两种方法混合使用作为其计算声场脉冲响应的核心技术。

3.3.2 系统应用

RAYNOISE 可以广泛用于工业噪声预测和控制、环境声学、建筑声学以及模拟现实系统的设计等领域，但设计者的初衷还是在室内声学，即主要用于厅堂音质的计算机模拟。进行厅堂音质设计，首先要求准确快速地建立厅堂的三维模型，因为它直接关系到计算机模拟的精度。RAYNOISE 系统为计算机建模提供了友好的交互界面。用户既可以直接输入由 AutoCAD 或 HYPERMESH 等产生的三维模型，也可以由用户选择系统模型库中的模型并完成模型的定义。

RAYNOISE 在屏幕上从各个不同角度来观看所定义的模型及其内部不同结构的特性。通过计算可以获得接收场中某点的声压级、A 声级、回声图、和频率脉冲响应函数等声学参量。此外，软件还具备基于双耳传输函数的虚拟可听化功能。

尽管 RAYNOISE 3.0 系统在以前版本基础上作了较大改进，无论是在使用上还是在计算精度上都有所突破，但由于它始终都是以几何声学为理论基础，因而必然就会受到几何声学的限制。例如它在低频或小尺度空间的模拟效果比较差，这必然会大大限制其应用范围。再如，它只能给出简单声源（如点源）在给定点的模拟结果，而对于动态声源、分布式声源、指向性声源以及更为复杂的情况则显得力不从心。

3.4 SoundPLAN 环境噪声预测分析软件

SoundPLAN 软件自 1986 年由 Braunstein + Berndt GmbH 软件设计师和咨询专家颁布以来，迅速成为德国环境噪声分析软件的标准，并逐渐成为世界关于噪声预测、绘图以及评估的领先软件之一。软件基于各国声环境评价标准，可对交通、机场、工厂等噪声源以及空气污染扩散作出准确预测，与常用建筑绘图软件（AutoCAD 等）完全兼容，模型输入简单。目前软件的销售范围超过 25 个国家，有 4000 多个用户。

软件包括建模模块、计算分析模块、隔声屏障优化模块、专家系统、报告生成模块以及图形或动画显示模块等。其主要特点有：

（1）模块方式　通过不同模块的集成适应不同需求；

（2）合理的软件结构　清晰的数据结构定义，CAD 文件兼容，虚拟三维显示，详尽的噪声源数据库；

（3）结果可靠　分析模型及评估模型完全符合国际标准，计算速度快，可进行在线和批处理分布式计算；

（4）使用便捷　具有详尽的计算协议，深入彻底的结果表述，可进行输入数据的校准，提供计算过程日志，便于使用。

3.5 RAMSETE 声学仿真软件

RAMSETE 是由意大利帕尔玛大学的 Angelo Farina 等于 1995 年开发并应用于音乐厅、厅堂、剧院、工厂声学处理以及户外噪声分析等方面的声学仿真软件。

RAMSETE 采用棱锥束跟踪算法，具有计算速度快，脉冲响应分辨率较高的特点。它不同于传统的声线跟踪和圆锥束跟踪方法，能解决大的围蔽空间和户外空间的声扩散问题，考虑了反射、衍射等声现象。软件由材料管理、声源管理、RAMSETE CAD、RAMSETE 视图、棱锥束跟踪、音频转换器、卷积器等模块组成，每个模块的功能均由一个运行程序完成。

材料管理模块中包括了各种声学材料的吸声系数、散射系数、隔声指数等，用户可以在其中添加或删除各种材料；声源管理模块的主要功能对各种声源数据进行添加、修改和显示，如声源的方向性、各倍频带的声压级等；RAMSETE CAD 模块主要是建立模拟空间的三维声学模型。它可直接导入由 AutoCAD 建立的 DXF 文件，也可利用软件本身建立三维空间模型。棱锥束跟踪模块是 RAMSETE 模块的核心，根据各界面材料、声源、接收点位置等设定参数进行棱锥束声线跟踪，并将其结果保存；运行 RAMSETE 视图模块可显示棱锥束声线跟踪模块计算的结果。计算得到的接收点位置的声学参数有：声压级，混响、直达声能比，混响时间 RT，早期衰减时间 EDT，清晰度 D_{50}，明晰度 C_{80}，强度指数，语言传输指数 STI，侧向声能因子 LF 等。RAMSETE 视图同时给出了各接收点位置的声能衰变曲线及声线反射路径。音频转换器模块将由棱锥束声线跟踪模块计算得到的结果转换成脉冲响应；卷积器模块将脉冲响应与在消声室录制的“干信号”进行卷积，获得房间的“实际”信号，从而实现虚拟可听化。

附　录

Appendix

附录 I　建筑材料的热工指标

序号	材料名称	干密度 ρ_0 (kg/m^3)	计算参数			
			导热系数 λ [W/(m·K)]	蓄热系数 S (周期 24h) [W/(m^2·K)]	比热容 c [kJ/(kg·K)]	蒸汽渗透系数 μ [g/(m·h·Pa)]
1	混凝土					
1.1	普通混凝土					
	钢筋混凝土	2500	1.74	17.20	0.92	0.0000158 *
	碎石、卵石混凝土	2300	1.51	15.36	0.92	0.0000173 *
		2100	1.28	13.57	0.92	0.0000173 *
1.2	轻骨料混凝土					
	膨胀矿渣珠混凝土	2000	0.77	10.49	0.96	
		1800	0.63	9.05	0.96	
		1600	0.53	7.87	0.96	
	自燃煤矸石、炉渣混凝土	1700	1.00	11.68	1.05	0.0000548 *
		1500	0.76	9.54	1.05	0.0000900
		1300	0.56	7.63	1.05	0.0001050
	粉煤灰陶粒混凝土	1700	0.95	11.40	1.05	0.0000188
		1500	0.70	9.16	1.05	0.0000975
		1300	0.57	7.78	1.05	0.0001050
		1100	0.44	6.30	1.05	0.0001350
	黏土陶粒混凝土	1600	0.84	10.36	1.05	0.0000315
		1400	0.70	8.93	1.05	0.0000390
		1200	0.53	7.25	1.05	0.0000405
	页岩渣、石灰、水泥混凝土	1300	0.52	7.39	0.98	0.0000855
	页岩陶粒混凝土	1500	0.77	9.65	1.05	0.0000315 *
		1300	0.63	8.16	1.05	0.0000390 *
		1100	0.50	6.70	1.05	0.0000435 *
	火山灰渣、砂、水泥混凝土	1700	0.57	6.30	0.57	0.0000395 *
	浮石混凝土	1500	0.67	9.09	1.05	
		1300	0.53	7.54	1.05	0.0000188 *
		1100	0.42	6.13	1.05	0.0000353 *
1.3	轻混凝土					
	加气混凝土、泡沫混凝土	700	0.22	3.59	1.05	0.0000998 *

续表

序号	材料名称	干密度 ρ_0 (kg/m^3)	计算参数 导热系数 λ [W/(m·K)]	蓄热系数 S (周期24h) [W/(m^2·K)]	比热容 c [kJ/(kg·K)]	蒸汽渗透系数 μ [g/(m·h·Pa)]
		500	0.19	2.81	1.05	0.0001110*
2	砂浆和砌体					
2.1	砂浆					
	水泥砂浆	1800	0.93	11.37	1.05	0.0000210*
	石灰水泥砂浆	1700	0.87	10.75	1.05	0.0000975*
	石灰砂浆	1600	0.81	10.07	1.05	0.0000443*
	石灰石膏砂浆	1500	0.76	9.44	1.05	
	保温砂浆	800	0.29	4.44	1.05	
2.2	砌体					
	重砂浆砌筑黏土砖砌体	1800	0.81	10.63	1.05	0.0001050*
	轻砂浆砌筑黏土砖砌体	1700	0.76	9.96	1.05	0.0001200
	灰砂砖砌体	1900	1.10	12.72	1.05	0.0001050
	硅酸盐砖砌体	1800	0.87	11.11	1.05	0.0001050
	炉渣砖砌体	1700	0.81	10.43	1.05	0.0001050
	重砂浆砌筑26、33及36孔黏土空心砖砌体	1400	0.58	7.92	1.05	0.0000158
3	热绝缘材料					
3.1	纤维材料					
	矿棉、岩棉、玻璃棉板	80以下	0.050	0.59	1.22	
		80~200	0.045	0.75	1.22	0.0004880
	矿棉、岩棉、玻璃棉毡	70以下	0.050	0.58	1.34	
		70~200	0.045	0.77	1.34	0.0004880
	矿棉、岩棉、玻璃棉松散料	70以下	0.050	0.46	0.84	
		70~120	0.045	0.51	0.84	0.0004880
	麻刀	150	0.070	1.34	2.10	
3.2	膨胀珍珠岩、蛭石制品					
	水泥膨胀珍珠岩	800	0.26	4.37	1.17	0.0000420*
		600	0.21	3.44	1.17	0.0000900*
		400	0.16	2.49	1.17	0.0001910
	沥青、乳化沥青膨胀珍珠岩	400	0.12	2.28	1.55	0.0000293*
		300	0.093	1.77	1.55	0.0000675
	水泥膨胀蛭石	350	0.14	1.99	1.05	
3.3	泡沫材料及多孔聚合物					
	聚乙烯泡沫塑料	100	0.047	0.70	1.38	

续表

序号	材料名称	干密度 ρ_0 (kg/m^3)	计算参数			
			导热系数 λ [W/(m·K)]	蓄热系数 S (周期 24h) [W/(m^2·K)]	比热容 c [kJ/(kg·K)]	蒸汽渗透系数 μ [g/(m·h·Pa)]
	聚苯乙烯泡沫塑料	30	0.042	0.36	1.38	0.0000162
	聚氨酯硬泡沫塑料	30	0.033	0.36	1.38	0.0000234
	聚氯乙烯硬泡沫塑料	130	0.048	0.79	1.38	
	钙塑	120	0.049	0.83	1.59	
	泡沫玻璃	140	0.058	0.70	0.84	0.0000225
	泡沫石灰	300	0.116	1.70	1.05	
	炭化泡沫石灰	400	0.14	2.33	1.05	
	泡沫石膏	500	0.19	2.78	1.05	0.0000375
4	木材、建筑板材					
4.1	木材					
	橡木、枫树（热流方向垂直木纹）	700	0.17	4.90	2.51	0.0000562
	橡木、枫树（热流方向顺木纹）	700	0.35	6.93	2.51	0.0003000
	松、木、云杉(热流方向垂直木纹)	500	0.14	3.85	2.51	0.0000345
	松、木、云杉（热流方向顺木纹）	500	0.29	5.55	2.51	0.0001680
4.2	建筑板材					
	胶合板	600	0.17	4.57	2.51	0.0000225
	软木板	300	0.093	1.95	1.89	0.0000255*
		150	0.058	1.09	1.89	0.0000285*
	纤维板	1000	0.34	8.13	2.51	0.0001200
		600	0.23	5.28	2.51	0.0001130
	石棉水泥板	1800	0.52	8.52	1.05	0.0000135*
	石棉水泥隔热板	500	0.16	2.58	1.05	0.0003900
	石膏板	1050	0.33	5.28	1.05	0.0000790*
	水泥刨花板	1000	0.34	7.27	2.01	0.0000240*
		700	0.19	4.56	2.01	0.0001050
	稻草板	300	0.13	2.33	1.68	0.0003000
	木屑板	200	0.065	1.54	2.10	0.0002630
5	松散材料					
5.1	无机材料					
	锅炉渣	1000	0.29	4.40	0.92	0.0001930
	粉煤灰	1000	0.23	3.93	0.92	
	高炉炉渣	900	0.26	3.92	0.92	0.0002030
	浮石、凝灰岩	600	0.23	3.05	0.92	0.0002630
	膨胀蛭石	300	0.14	1.79	1.05	
		200	0.10	1.24	1.05	

续表

序号	材料名称	干密度 ρ_0 (kg/m^3)	计算参数			
			导热系数 λ [W/(m·K)]	蓄热系数 S (周期24h) [W/(m^2·K)]	比热容 c [kJ/(kg·K)]	蒸汽渗透系数 μ [g/(m·h·Pa)]
	硅藻土	200	0.076	1.00	0.92	
	膨胀珍珠岩	120	0.07	0.84	1.17	
		80	0.058	0.63	1.17	
5.2	有机材料					
	木屑	250	0.093	1.84	2.01	0.0002630
	稻壳	120	0.06	1.02	2.01	
	干草	100	0.047	0.83	2.01	
6	其他材料					
6.1	土壤					
	夯实黏土	2000	1.16	12.95	1.01	
		1800	0.93	11.03	1.01	
	加草黏土	1600	0.76	9.37	1.01	
		1400	0.58	7.69	1.01	
	轻质黏土	1200	0.47	6.36	1.01	
	建筑用砂	1600	0.58	8.26	1.01	
6.2	石材					
	花岗岩、玄武岩	2800	3.49	25.49	0.92	0.0000113
	大理石	2800	2.91	23.27	0.92	0.0000113
	砾石、石灰岩	2400	2.04	18.03	0.92	0.0000375
	石灰石	2000	1.16	12.56	0.92	0.0000600
6.3	卷材、沥青材料					
	沥青油毡、油毡纸	600	0.17	3.33	1.47	
	沥青混凝土	2100	1.05	16.39	1.68	0.0000075
	石油沥青	1400	0.27	6.73	1.68	
6.4	玻璃					
	平板玻璃	2500	0.76	10.69	0.84	
	玻璃钢	1800	0.52	9.25	1.26	
6.5	金属					
	紫铜	8500	407	324	0.42	
	青铜	8000	64.0	118	0.38	
	建筑钢材	7850	58.2	126	0.48	
	铝	2700	203	191	0.92	
	铸铁	7250	49.9	112	0.48	

资料来源：《民用建筑热工设计规范》GB 50176—93。

表中带*号者为测试值。有关的系数修正方法见《规范》。

附录Ⅱ　灯具光度数据示例

灯　具	型号名称	BYGG4－1 玻璃钢教室照明灯		
灯具尺寸 （mm）	l：1320 B：170 H：160	CIE 分类		直　接
		上射光通比		0
光源 灯头型号	RL－40	下射光通比		75.8%
		灯具效率		75.8%
灯具重量	2.7kg	最大允许距高比 （l/h_{rc}）	A－A	1.2
遮光角	A－A：20° B－B：22°		B－B	1.6

简图

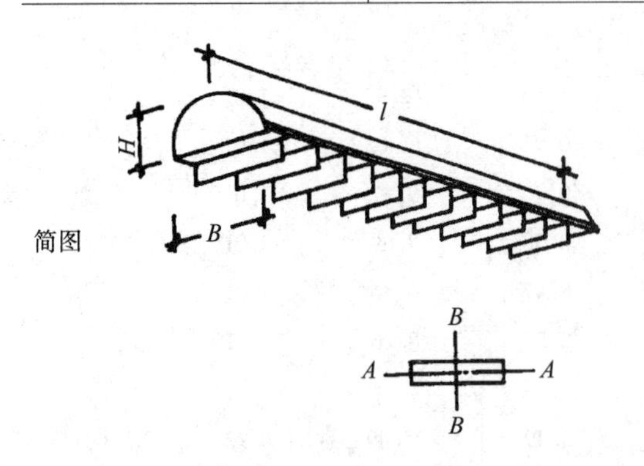

配光曲线（cd/1000lm）

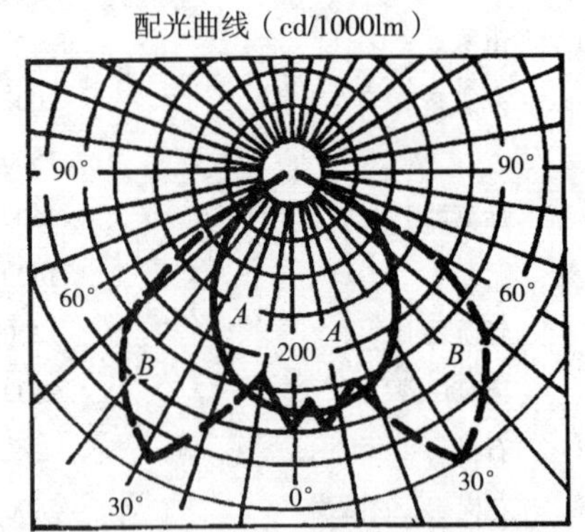

光强值 （cd/1000lm）												
	A－A	θ	0°	2.5°	7.5°	12.5°	17.5°	22.5°	27.5°	32.5°	37.5°	42.5°
		I_θ	262.5	257.4	251.6	248.8	238.7	230.1	212.8	195.6	178.3	153.3
		θ	47.5°	52.5°	57.5°	62.5°	67.5°	72.5°	77.5°	82.5°	87.5°	
		I_θ	132.3	109.3	89.2	67.6	46.0	31.6	23.0	10	4.3	
	B－B	θ	0°	2.5°	7.5°	12.5°	17.5°	22.5°	27.5°	32.5°	37.5°	42.5°
		I_θ	262.5	263.1	248.8	232.9	250.2	303.4	349.4	333.6	317.8	300.5
		θ	47.5°	52.5°	57.5°	62.5°	67.5°	72.5°	77.5°	82.5°	87.5°	
		I_θ	267.5	161.0	71.9	40.3	14.4	5.73	2.88	2.9	0	

简图

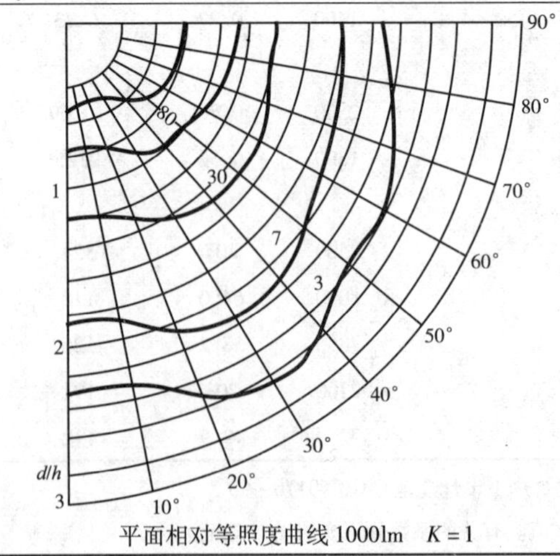

平面相对等照度曲线 1000lm　$K=1$

利用系数表（$K=1$）

ρ值													
顶棚 ρ_{cc}	0.7			0.5			0.3			0.1			0
墙 ρ_w	0.5	0.3	0.1	0.5	0.3	0.1	0.5	0.3	0.1	0.5	0.3	0.1	0
地面	0.2			0.2			0.2			0.2			0
室空间比	利用系数												
	0.79	0.77	0.75	0.76	0.74	0.72	0.73	0.71	0.70	0.70	0.69	0.68	0.66
2	0.71	0.67	0.63	0.68	0.65	0.62	0.66	0.63	0.61	0.64	0.61	0.60	0.58
3	0.63	0.59	0.55	0.62	0.57	0.54	0.59	0.56	0.53	0.58	0.54	0.53	0.50
4	0.57	0.51	0.47	0.55	0.50	0.46	0.52	0.49	0.46	0.52	0.48	0.45	0.44
5	0.51	0.45	0.40	0.49	0.44	0.40	0.48	0.43	0.40	0.46	0.42	0.39	0.38
6	0.45	0.39	0.34	0.44	0.39	0.35	0.43	0.38	0.34	0.42	0.37	0.34	0.33
7	0.41	0.34	0.31	0.40	0.34	0.30	0.38	0.34	0.30	0.38	0.33	0.30	0.28
8	0.36	0.30	0.26	0.35	0.30	0.26	0.34	0.29	0.26	0.33	0.30	0.26	0.24
9	0.32	0.26	0.22	0.32	0.26	0.22	0.31	0.26	0.22	0.30	0.25	0.22	0.21
10	0.29	0.24	0.20	0.29	0.23	0.19	0.28	0.23	0.19	0.27	0.22	0.19	0.18

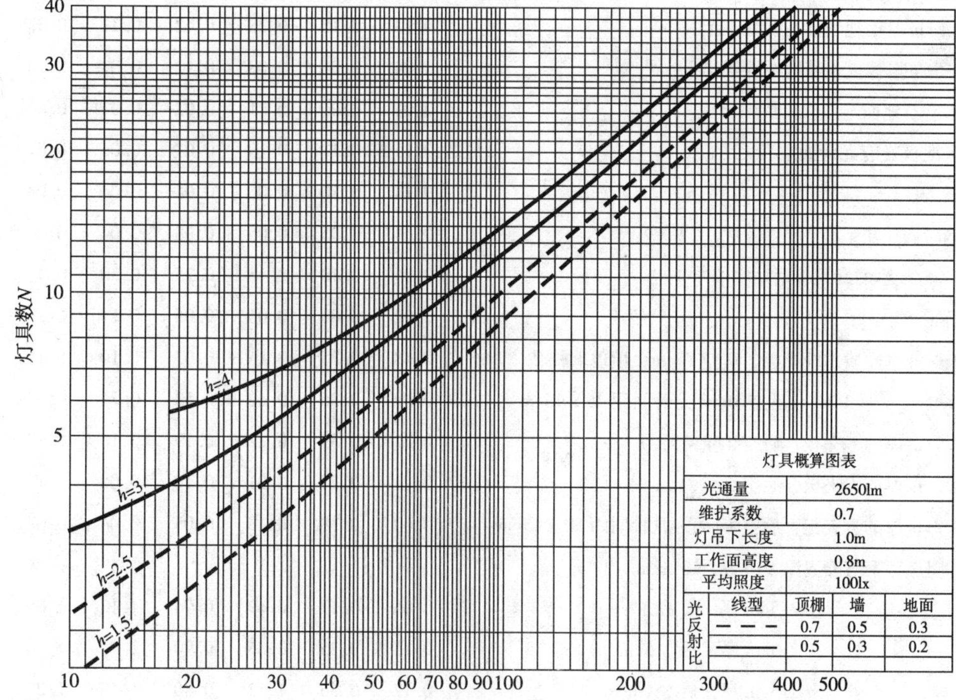

灯具亮度值（cd/m^2）

γ值	不同平面	
	0°~180°	90°~270°
85°	1166	153
75°	1493	148
65°	1905	578
55°	2446	1810
45°	2873	3580

附录Ⅲ　常用建筑材料的吸声系数和吸声单位

材料和构造的情况	频率（Hz）					
	125	250	500	1000	2000	4000
清水砖墙	0.05	0.04	0.02	0.04	0.05	0.05
砖墙抹灰	0.03	0.03	0.03	0.04	0.05	0.07
混凝土地面（厚度10cm以上）	0.01	0.01	0.02	0.02	0.02	0.03
混凝土地面（涂油漆）	0.01	0.01	0.01	0.02	0.02	0.02
混凝土地面上铺漆布或软木板	0.02	0.03	0.03	0.03	0.03	0.02
1.1cm厚毛地毯铺在混凝土上	0.12	0.10	0.28	0.42	0.21	0.33
0.5cm厚橡皮地毯铺在混凝土上	0.04	0.04	0.08	0.12	0.03	0.10
水磨石地面	0.01	0.01	0.01	0.02	0.02	0.02
木地板（有龙骨架空）	0.15	0.11	0.10	0.07	0.06	0.07
板条抹灰、抹光	0.14	0.10	0.06	0.04	0.04	0.03
钢丝网抹灰	0.04	0.05	0.06	0.08	0.04	0.06
1.25cm厚的纤维板紧贴实墙	0.05	0.10	0.15	0.25	0.30	0.30
石棉板	0.02	0.03	0.05	0.06	0.11	0.28
0.4cm厚硬质木纤维板，后空10cm，填玻璃棉毡	0.48	0.25	0.15	0.07	0.10	0.11
木丝板（厚3cm），后空10cm龙骨间距45×45cm	0.09	0.36	0.62	0.53	0.71	0.87
0.7cm厚的五夹板，后空5cm	0.22	0.39	0.22	0.19	0.10	0.12
0.3cm厚的五夹板，后空5cm	0.21	0.74	0.21	0.10	0.08	0.12
0.3cm厚的五夹板，后空10cm，龙骨间距50×45cm	0.60	0.38	0.18	0.05	0.04	0.08
* 阻燃型聚氨酯泡沫吸声板，$26kg/m^3$：						
2.5cm厚，实贴	0.05	0.17	0.49	0.94	1.13	1.05
2.5cm厚，后空5cm	0.11	0.35	0.85	0.90	1.02	1.16
2.5cm厚，后空10cm	0.17	0.56	1.13	0.80	1.17	1.27
5cm厚，实贴	0.19	0.72	1.12	0.96	1.07	0.98
5cm厚，后空5cm	0.26	1.11	1.02	0.88	1.07	1.01
5cm厚，后空10cm	0.47	0.87	0.94	0.90	1.12	1.21
* 吸声泡沫玻璃，$210kg/m^3$：2cm厚，实贴	0.08	0.29	0.51	0.55	0.55	0.51
5cm厚，实贴	0.21	0.29	0.42	0.46	0.55	0.72
* 矿渣棉板，$100kg/m^3$：5cm厚，实贴	0.17	0.59	0.96	1.04	1.01	1.01
5cm厚，后空5cm	0.29	0.78	1.08	1.04	1.01	1.01
5cm厚，后空10cm	0.36	0.86	1.04	1.01	1.04	1.04

续表

材料和构造的情况	频率（Hz）					
	125	250	500	1000	2000	4000
*离心玻璃毡，16kg/m³：5cm厚，实贴	0.20	0.48	0.72	0.84	0.84	0.80
5cm厚，后空5cm	0.20	0.56	0.68	0.76	0.72	0.72
5cm厚，厚空10cm	0.22	0.64	0.80	0.76	0.72	0.76
*离心玻璃板，24kg/m³：5cm厚，实贴	0.29	0.56	0.93	1.02	0.99	0.99
5cm厚，后空5cm	0.32	0.72	0.98	0.99	1.03	1.06
5cm厚，后空10cm	0.32	0.87	1.06	0.96	1.05	1.06
*离心玻璃板，80kg/m³：2.5cm厚，实贴	0.06	0.36	0.81	1.07	1.09	1.04
2.5cm厚，后空5cm	0.31	0.73	1.03	1.08	1.10	1.02
2.5cm厚，后空10cm	0.55	0.84	1.03	1.05	1.06	1.00
2.5cm厚，后空20cm	0.61	0.83	0.96	1.03	1.07	1.01
**玻璃钢板，2000kg/m³：						
0.8cm厚，后空40cm（四周不封闭）	0.21	0.10	0.10	0.11	0.14	0.16
0.8cm厚，后空40cm（四周封闭）	0.11	0.11	0.07	0.06	0.10	0.05
水表面	0.008	0.008	0.013	0.015	0.020	0.025
玻璃窗扇（玻璃厚0.3cm）	0.35	0.25	0.18	0.12	0.07	0.04
通风口及类似物，舞台开口	0.16	0.20	0.30	0.35	0.29	0.310
听众席（包括听众、乐队所占地面，加周边1.0m宽的走道）	0.52	0.68	0.85	0.97	0.93	0.85
空听众席（条件同上，坐椅为软垫）	0.44	0.60	0.77	0.89	0.82	0.70
听众（坐在软垫椅上，每人）	0.19	0.40	0.47	0.47	0.51	0.47
听众（坐在人造革坐椅上，每人）	0.23	0.34	0.37	0.33	0.34	0.31
乐队队员带着乐器（坐在椅子上，每人）	0.38	0.79	1.07	1.30	1.21	1.12
*高靠背软垫椅，排距100cm，空椅（每只）	0.19	0.43	0.44	0.40	0.42	0.40
坐人，穿夏装（衬衫）	0.32	0.47	0.51	0.58	0.62	0.63
坐人，穿冬装（棉大衣）	0.38	0.71	0.95	0.99	0.98	0.92
*定型海绵垫椅，排距100cm：空椅（每只）	0.25	0.55	0.60	0.64	0.74	0.69
坐人，穿夏装（衬衫）	0.24	0.58	0.74	0.75	0.78	0.83
坐人，穿冬装（棉大衣）	0.50	0.91	0.89	1.00	1.03	1.01
木椅（椅背和椅座均为胶合板制成）	0.014	0.019	0.023	0.028	0.046	0.046

*同济大学声学研究所1996~1998年按1/3倍频带中心频率测量数据；

**南京大学声学研究所1997年按1/3倍频带中心频率测量数据。

附录Ⅳ 建筑材料的隔声指标

常用外墙的隔声性能 Ⅳ-1

编号	构造简图	构造	墙厚(mm)	面密度(kg/m^2)	计权隔声量 R_w(dB)	频谱修正量① C(dB)	频谱修正量① C_{tr}(dB)	附注
1	120	钢筋混凝土	120	276	49	-2	-5	需增加抹灰层方可满足外墙隔声要求
2	150	钢筋混凝土	150	360	52	-1	-5	满足外墙隔声要求
3	200	钢筋混凝土	200	480	57	-2	-5	满足外墙隔声要求
4	20 190 20 230	蒸压加气混凝土砌块 390×190×190 双面抹灰	230	284	49	-1	-3	满足外墙隔声要求
5	15 190 15 220	蒸压加气混凝土砌块 390×190×190 双面抹灰	220	259	47	0	-2	满足外墙隔声要求
6	10 240 250	实心砖墙 10厚抹灰	250	440	52	0	-2	满足外墙隔声要求
7	10 190 10 210	轻集料空心砌块 390×190×190 双面抹灰	210	240	46	-1	-2	需加厚抹灰层或空腔填充混凝土方可满足外墙隔声要求
8	20 290 20 330	轻集料空心砌块 390×190×290 双面抹灰	330	284	49	-1	-3	满足外墙隔声要求
9	20 290 20 330	陶粒空心砌块 390×190×190 双面抹灰	220	332	47	0	-2	满足外墙隔声要求

资料来源:中国建筑标准设计研究院,国家建筑标准设计图集(08J931),2008

① 因空气声隔声频谱不同而对空气声隔声单值评价量的修正值。日常活动(例如谈话、音乐、收音机和电视)、儿童游戏、轨道交通等声源,宜用频谱修正量 C,即 R_w+C;城市交通、DISCO 音乐、主要辐射中低频噪声的设施,宜用频谱修正量 C_{tr},即 R_w+C_{tr}。

轻型墙体的隔声性能　　Ⅳ－2

编号	构造简图	构造	墙厚（mm）	面密度（kg/m²）	计权隔声量 R_w（dB）	频谱修正量① C（dB）	频谱修正量① C_{tr}（dB）	附注
1	60 50 60 170	GRC 轻质多孔条板 60 厚 9 孔 + 50 厚岩棉 + 60 厚 9 孔	170	74	45	0	－2	满足住宅分户墙隔声要求
2	10 60 50 60 10 190	GRC 轻质多孔条板 60 厚 9 孔 + 50 厚岩棉 + 60 厚 9 孔双面抹灰	190	110	51	－2	－6	满足医院、办公、学校有高安静要求房间的隔声要求
3	60 50 60 170	GRC 轻质多孔条板 60 厚 9 孔 + 50 厚岩棉 + 60 厚 7 孔	170	80	49	－1	－3	满足住宅分户墙隔声要求
4	10 60 50 60 10 190	GRC 轻质多孔条板 60 厚 9 孔 + 50 厚岩棉 + 60 厚 7 孔双面抹灰	190	116	51	－1	－4	满足医院、办公、学校有高安静要求房间的隔声要求
5	60 50 60 170	石膏珍珠岩轻质多孔条板 60 厚 9 孔 + 50 厚岩棉 + 60 厚 9 孔	170	120	49	－2	－6	满足住宅分户墙隔声要求（耐火极限 3.75h）
6	10 60 50 60 10 190	石膏珍珠岩轻质多孔条板 60 厚 9 孔 + 50 厚岩棉 + 60 厚 9 孔双面抹灰	190	168	51	－1	－5	满足医院、办公、学校有高安静要求房间的隔声要求（耐火极限 3.75h）
7	150 190	蒸压加气混凝土条板 150 厚双面抹灰	190	108	48	－1	－4	满足住宅分户墙隔声要求（耐火极限 3.00h）
8	90 130	GRC 轻质多孔条板 90 厚 7 孔双面抹灰	130	128	46	0	－2	满足住宅分户墙隔声要求（耐火极限 1.75h）

续表

编号	构造简图	构造	墙厚(mm)	面密度(kg/m²)	计权隔声量 R_w(dB)	频谱修正量① C(dB)	频谱修正量① C_{tr}(dB)	附注
9	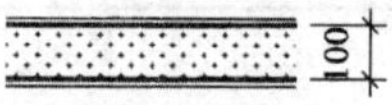 100	磷石膏砌块	106	122	40	−1	−3	需加厚抹灰层方可满足住宅卧室分室墙隔声要求
10	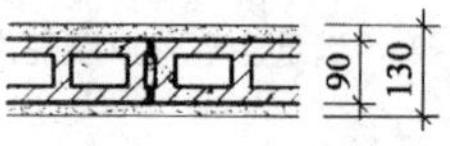 90 130	轻集料空心砌块 390 × 190 × 90 双面抹灰	130	234	45	−1	−2	满足住宅卧室分室墙隔声要求
11	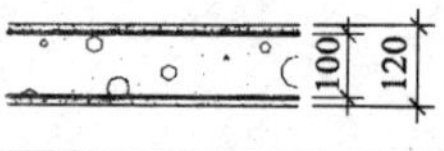 100 120	蒸压加气混凝土砌块 600 × 200 × 100 双面抹灰	120	125	43	−1	−3	满足住宅卧室分室墙隔声要求
12	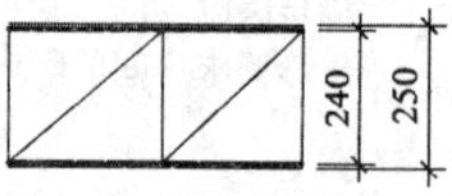 240 250	页岩空心砖双面抹灰	250	202	44	−1	−3	满足住宅卧室分室墙隔声要求

资料来源：中国建筑标准设计研究院，国家建筑标准设计图集(08J931)，2008

① 因空气声隔声频谱不同而对空气声隔声单值评价量的修正值。日常活动(例如谈话、音乐、收音机和电视)、儿童游戏、轨道交通等声源，宜用频谱修正量 C，即 $R_w + C$；城市交通、DISCO 音乐、主要辐射中低频噪声的设施，宜用频谱修正量 C_{tr}，即 $R_w + C_{tr}$。

各类楼板的计权标准化撞击声压级 Ⅳ −3

编号	构造简图	面密度(kg/m²)	计权标准化撞击声压级 $L'_{nT,w}$(dB)
1	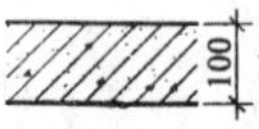 100 厚钢筋混凝土楼板	240	80 ~ 85 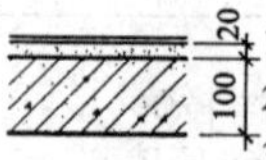
2	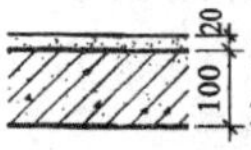 1. 20 厚水泥砂浆 2. 100 厚钢筋混凝土楼板	270	80 ~ 82 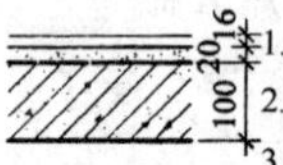
3	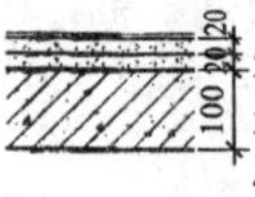 1. 通体砖 2. 20 厚水泥砂浆结合层 3. 20 厚水泥砂浆 4. 100 厚钢筋混凝土楼板	300	82 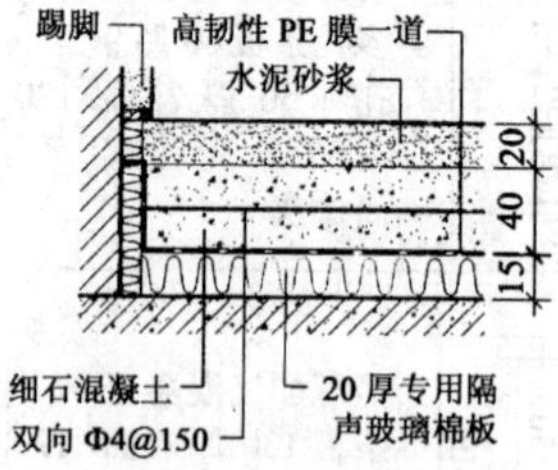
4	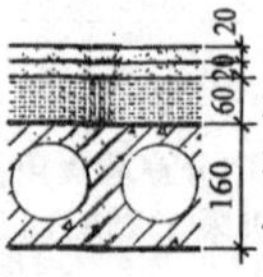 1. 20 厚水泥砂浆 2. 20 厚水泥砂浆找平层 3. 60~70 厚焦渣层 4. 160 厚圆孔空心楼板	300	<75
5	1. 地毯 2. 20 厚水泥砂浆 3. 100 厚钢筋混凝土楼板	270	52
6	1. 16 厚柞木木地板 2. 20 厚水泥砂浆 3. 100 厚钢筋混凝土楼板	275	63
7	踢脚；高韧性 PE 膜一道；水泥砂浆；细石混凝土 双向 Φ4@150；20 厚专用隔声玻璃棉板	137	≤65
8	踢脚；高韧性 PE 膜一道；地砖；水泥砂浆；细石混凝土 双向 Φ4@150；20 厚专用隔声玻璃棉板	154	≤65

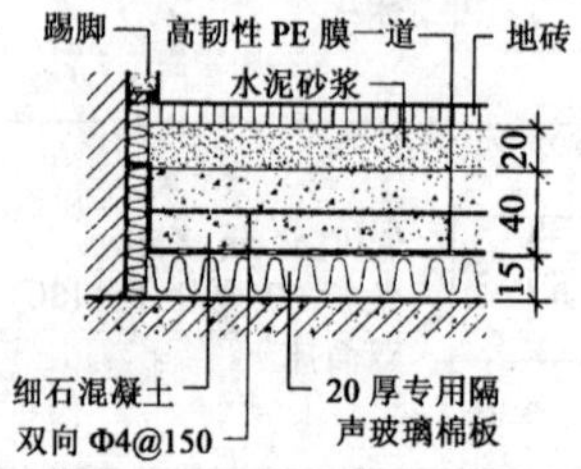

续表

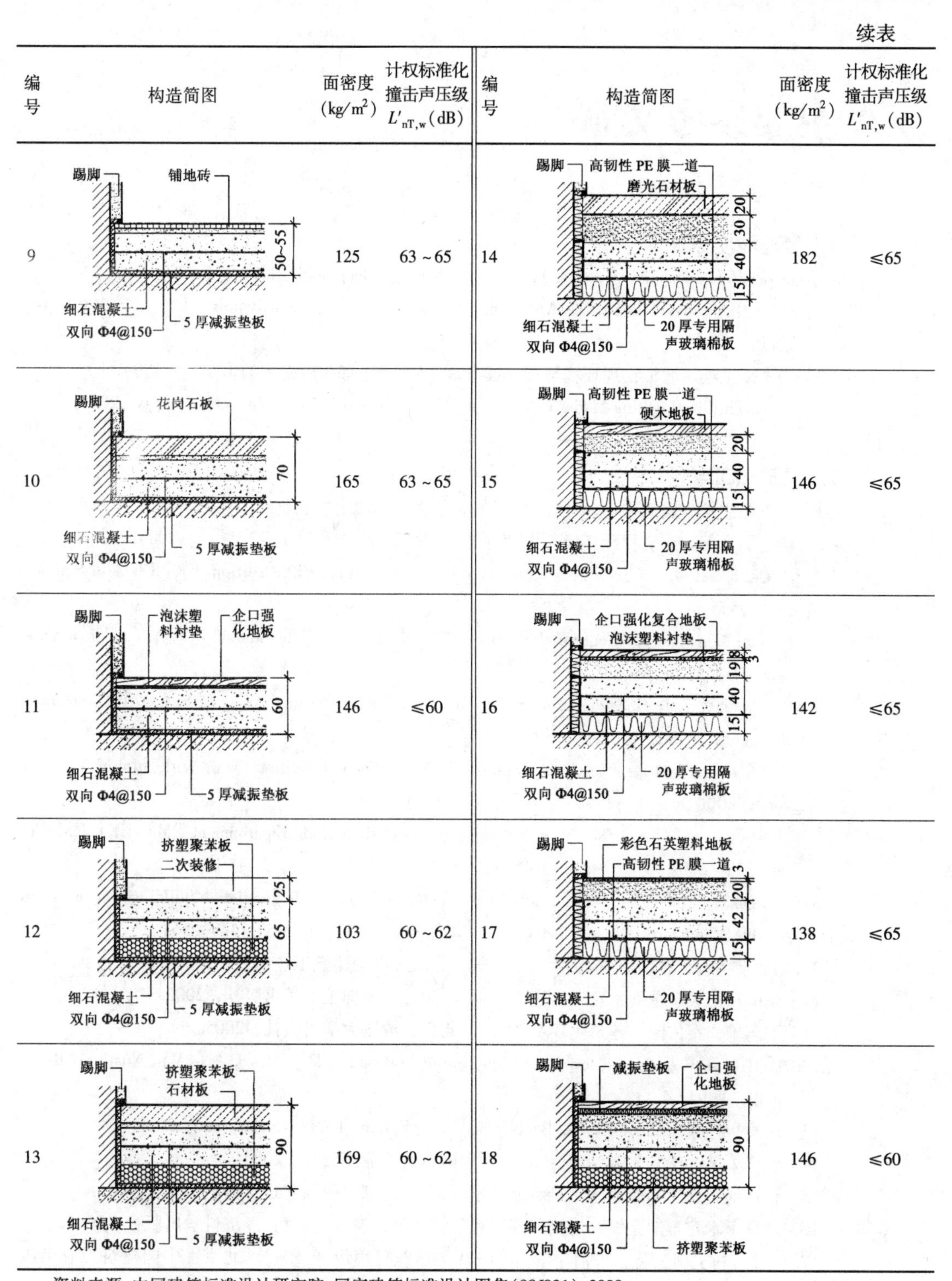

编号	构造简图	面密度 (kg/m²)	计权标准化撞击声压级 $L'_{nT,w}$(dB)	编号	构造简图	面密度 (kg/m²)	计权标准化撞击声压级 $L'_{nT,w}$(dB)
9	踢脚；铺地砖；50~55；细石混凝土；双向 Φ4@150；5 厚减振垫板	125	63 ~ 65	14	踢脚；高韧性 PE 膜一道；磨光石材板；20；30；40；15；细石混凝土；双向 Φ4@150；20 厚专用隔声玻璃棉板	182	≤65
10	踢脚；花岗石板；70；细石混凝土；双向 Φ4@150；5 厚减振垫板	165	63 ~ 65	15	踢脚；高韧性 PE 膜一道；硬木地板；20；40；15；细石混凝土；双向 Φ4@150；20 厚专用隔声玻璃棉板	146	≤65
11	踢脚；泡沫塑料衬垫；企口强化地板；60；细石混凝土；双向 Φ4@150；5 厚减振垫板	146	≤60	16	踢脚；企口强化复合地板；泡沫塑料衬垫；8；3；19；40；15；细石混凝土；双向 Φ4@150；20 厚专用隔声玻璃棉板	142	≤65
12	踢脚；挤塑聚苯板；二次装修；25；65；细石混凝土；双向 Φ4@150；5 厚减振垫板	103	60 ~ 62	17	踢脚；彩色石英塑料地板；高韧性 PE 膜一道；3；20；42；15；细石混凝土；双向 Φ4@150；20 厚专用隔声玻璃棉板	138	≤65
13	踢脚；挤塑聚苯板；石材板；90；细石混凝土；双向 Φ4@150；5 厚减振垫板	169	60 ~ 62	18	踢脚；减振垫板；企口强化地板；90；细石混凝土；双向 Φ4@150；挤塑聚苯板	146	≤60

资料来源：中国建筑标准设计研究院，国家建筑标准设计图集（08J931），2008

主要参考文献

1. 物理环境概论

[1] Jasper Becker. China's Growing Pains [J]. National Geographic. 2004, March.

[2] Anna Ray-Jones. Sustainable Architecture in Japan [M]. Great Britain: John Wiley & Sons, 2000.

[3] 柳孝图主编. 城市物理环境与可持续发展 [M]. 南京: 东南大学出 1999.

[4] Derek Phillips. Lighting Modern Buildings [M]. Great Britain: Architectural ss, 2000.

2. 建筑热工学

[1] 柳孝图主编. 建筑物理 [M]. 第二版. 北京: 中国建筑工业出版社, 2000.

[2] 柳孝图主编. 建筑物理环境与设计 [M]. 北京: 中国建筑工业出版社, 2008.

[3] C. Gallo, et al. Architecture: Comfort and Energy [M]. Fifth Edition. UK: Elsevier Science Ltd. 1998.

[4] Randall Mcmullan. Environmental Science in Buildings [M]. Fifth Edition. U. S. A.: Palgrave Publishers Ltd, 2002.

[5] B. Givoni. Climate Considerations in Building and Urban Design [M]. U. S. A.: Van Nostrand Reinhold, 1998.

[6] N. Lechner. Heating, Cooling, Lighting [M]. Second Edition. New York: John Wiley & Sons, 2000.

[7] M. Santamouris, et al. Energy and Climate in the Urban Built Environment [M]. UK: James & James Ltd. 2001.

[8] de Dear R, Richard J, Brager G S. Thermal comfort in naturally ventilation buildings: revisions to ASHRAE Standard 55 Energy and Buildings, 2002, 34 (6): 549 - 561.

[9] 刘加平主编. 建筑物 . 第三版. 北京: 中国建筑工业出版社, 2000.

[10] 华南理工大学主编. 建筑物理 [M]. 广州: 华南理工大学出版社, 2002.

[11] 刘念雄, 秦佑国. 建筑热环境 [M]. 北京: 清华大学出版社, 2005.

[12] B. Givoni. Passive and low energy cooling of buildings [M]. U. S. A.: Van Nostrand Reinhold, 1994.

[13] B. Keller. Bautechnologie III -Bauphysik [M]. Zurich: ETHZ, Switzerland, 2001.

[14] 江亿等著. 住宅节能 [M]. 北京: 中国建筑工业出版社, 2006.

[15] 付祥钊. 夏热冬冷地区建筑节能技术 [M]. 北京: 中国建筑工业出版社, 2002.

[16] 北京土木建筑学会编. 建筑节能工程设计手册 [M]. 北京: 经济科学出版社, 2005.

[17] [日] 村上周三著, 朱清宇等译. CFD 与建筑环境设计 [M]. 北京: 中国建筑工业出版社, 2007.

[18] [英] T·A·马克斯, E·N·莫里斯著. 陈士驎译. 建筑物·气候·能量[M]. 北京: 中国建筑工业出版社, 1990.

[19] 叶歆. 建筑热环境 [M]. 北京: 清华大学出版社, 1996.

[20] 卜毅. 建筑日照设计 [M]. 第二版. 北京: 中国建筑工业出版社, 1988.

3. 建筑光学

[1] 杨公侠. 视觉与视觉环境 (修订版) [M]. 上海: 同济大学出版社, 2002.
[2] 詹庆璇. 建筑光环境 [M]. 北京: 清华大学出版社, 1988.
[3] 杨光璿, 罗茂羲. 建筑采光和照明设计 [M]. 第二版. 北京: 中国建筑工业出版社, 1988.
[4] Robbins, Claude L.. Daylighting [M]. U. S. A.: Van Nostrand Reinhold Co., 1986.
[5] William M. C. Lam. Sunlighting as Formgiver for Architecture [M]. U. S. A.: Van Nostrand Reinhold, 1986.
[6] Н. М. Гусев. Еетественное Освещение зданий [M]. ГИС, 1961.
[7] 日本建筑学会. 采光设计 [M]. 东京: 彰国社, 1972.
[8] 肖辉乾等译. 日光与建筑 [M]. 北京: 中国建筑工业出版社, 1988.
[9] CIE. Guide On Interior Lighting (Draft). Publication CIE No. 29/2 (TC-4.1), 1983.
[10] IES. IES Lighting Hand book [M]. U. S. A.: Wallerly Press Inc., 1982.
[11] 日本照明学会编. 李农, 杨燕译. 照明手册 [M]. 第二版. 北京: 科学出版社, 2005.
[12] 詹庆璇等译. 建筑光学译文集——电气照明 [M]. 北京: 中国建筑工业出版社, 1982.
[13] D. Philips. Lighting in Architecture Design [M]. U. S. A.: McGraw-Hill Book Co., 1964.
[14] J. R. 柯顿, A. M. 马斯登主编. 陈大华等译. 光源与照明 [M]. 上海: 复旦大学出版社, 2000.
[15] А. С. щипанов. Освещение в Архитиктуре Интерьера [M]. ГИС, 1961.
[16] 北京照明学会照明设计专业委员会编. 照明设计手册 [M]. 北京: 中国电力出版社, 2006.

4. 建筑声学

[1] 柳孝图主编. 建筑物理 [M]. 第二版. 北京: 中国建筑工业出版社, 2000.
[2] Madan Mehta, et al. Architectural Acoustics [M]. U. S. A.: Prentice-Hall Inc. 1999.
[3] William J. Cavanaugh, et. al. Architectural Acoustics [M]. Canada: John Wiley & Sons, Inc. 2000.
[4] 林宪德. 城乡生态 [M]. 第二版. 台北: 詹氏书局, 2001.
[5] Duncan Templeton, et al. Acoustics in the Built Environment [M]. Second Edition. England: Reed Educational and Professional Publishing Ltd. 1997.
[6] Henning E. von Gierke, et al. Effects of Noise on People [J]. Noise / News International. 1993. Vol. 1, No. 2.
[7] 环境保护署. 香港环境保护 [M]. 香港: 香港政府印务局印, 1998, 1999, 2001.
[8] John E. K. Foreman, et al. Sound Analysis and Noise Control [M]. U. S. A.: Van Nostrand Rienhold, 1990.
[9] Stig Ingemansson. Noise Control-Principles and Practice (Part 9) [J]. Noise / News International, 1996, Vol. 4, No. 3.
[10] Stig Ingemansson. Noise Control-Principles and Practice (Part 10) [J]. Noise / News International, 1996, Vol. 4, No. 4.
[11] Stig Ingemansson. Noise Control-Principles and Practice (Part 13) [J]. Noise / News International, 1998, Vol. 6, No. 3.
[12] Stig Ingemansson. Noise Control-Principles and Practice (Part 15) [J]. Noise / News International-

al, 1999, Vol. 7, No. 2.
[13] Michael Barron. Auditorium Acoustics and Architectural Design [M], England: E & FN SPON, 1993.
[14] [美] 白瑞纳克著. 王季卿等译. 音乐厅和歌剧院 [M]. 上海：同济大学出版社，2002.
[15] Russ Johnson. Tonal Quality [J]. Architecture (Canada), 1999, Feb.
[16] [日] 子安胜著. 高履泰译. 建筑吸声材料 [M]. 北京：中国建筑工业出版社，1975.
[17] Marshall Long. Architectural Acoustics [M]. UK: Elsevier Academic Press. 2006.

尊敬的读者：

感谢您选购我社图书！建工版图书按图书销售分类在卖场上架，共设22个一级分类及43个二级分类，根据图书销售分类选购建筑类图书会节省您的大量时间。现将建工版图书销售分类及与我社联系方式介绍给您，欢迎随时与我们联系。

★建工版图书销售分类表（详见下表）。

★欢迎登陆中国建筑工业出版社网站www.cabp.com.cn，本网站为您提供建工版图书信息查询，网上留言、购书服务，并邀请您加入网上读者俱乐部。

★中国建筑工业出版社总编室　电　话：010—58337016

传　真：010—68321361

★中国建筑工业出版社发行部　电　话：010—58337346

传　真：010—68325420

E-mail：hbw@cabp.com.cn

建工版图书销售分类表

一级分类名称（代码）	二级分类名称（代码）	一级分类名称（代码）	二级分类名称（代码）
建筑学（A）	建筑历史与理论（A10）	园林景观（G）	园林史与园林景观理论（G10）
	建筑设计（A20）		园林景观规划与设计（G20）
	建筑技术（A30）		环境艺术设计（G30）
	建筑表现・建筑制图（A40）		园林景观施工（G40）
	建筑艺术（A50）		园林植物与应用（G50）
建筑设备・建筑材料（F）	暖通空调（F10）	城乡建设・市政工程・环境工程（B）	城镇与乡（村）建设（B10）
	建筑给水排水（F20）		道路桥梁工程（B20）
	建筑电气与建筑智能化技术（F30）		市政给水排水工程（B30）
	建筑节能・建筑防火（F40）		市政供热、供燃气工程（B40）
	建筑材料（F50）		环境工程（B50）
城市规划・城市设计（P）	城市史与城市规划理论（P10）	建筑结构与岩土工程（S）	建筑结构（S10）
	城市规划与城市设计（P20）		岩土工程（S20）
室内设计・装饰装修（D）	室内设计与表现（D10）	建筑施工・设备安装技术（C）	施工技术（C10）
	家具与装饰（D20）		设备安装技术（C20）
	装修材料与施工（D30）		工程质量与安全（C30）
建筑工程经济与管理（M）	施工管理（M10）	房地产开发管理（E）	房地产开发与经营（E10）
	工程管理（M20）		物业管理（E20）
	工程监理（M30）	辞典・连续出版物（Z）	辞典（Z10）
	工程经济与造价（M40）		连续出版物（Z20）
艺术・设计（K）	艺术（K10）	旅游・其他（Q）	旅游（Q10）
	工业设计（K20）		其他（Q20）
	平面设计（K30）	土木建筑计算机应用系列（J）	
执业资格考试用书（R）		法律法规与标准规范单行本（T）	
高校教材（V）		法律法规与标准规范汇编/大全（U）	
高职高专教材（X）		培训教材（Y）	
中职中专教材（W）		电子出版物（H）	

注：建工版图书销售分类已标注于图书封底。